I0074350

Heinrich Dörrie

Quadratische Gleichungen

Mit 22 Bildern

München und Berlin 1943
Verlag von R. Oldenbourg

Druck und Einband von R. Oldenbourg, München
Printed in Germany

Vorwort

Zahlreiche geometrische und physikalische Probleme, die ihre Lösung auf arithmetischem Wege finden, werden auf quadratische Gleichungen zurückgeführt. Es ist deshalb eine wichtige und lohnende Aufgabe, sich mit diesen quadratischen Gleichungen und ihren Anwendungen näher zu befassen. Befremdlicherweise hat dieses Thema jedoch in der Lehrbuchliteratur bis jetzt keine eigene ausführliche Behandlung erfahren. Um diesem offensichtlichen Mangel abzuhelfen, hat der Verfasser in der vorliegenden Arbeit den Versuch gemacht, die bemerkenswertesten Dinge aus dem Gebiet der quadratischen Gleichungen im Rahmen eines Lehrbuches zu vereinigen, in einem Buche, welches sowohl alles Nötige aus der Theorie der quadratischen Gleichungen enthält, als auch den Anwendungen der quadratischen Gleichungen den ihnen gebührenden Platz einräumt.

Wenn sich dabei herausgestellt hat, daß der Umfang der Arbeit weit größer ausgefallen ist als eine vorherige naive Abschätzung vermuten ließ, so liegt die Erklärung für diesen Umstand in der gewaltigen Stoffmenge, die zu verarbeiten war.

Die Sichtung und Anordnung dieses Stoffes führt ungezwungen auf folgende Sechsteilung des Inhalts:

Im ersten Teile wird die algebraische Theorie der quadratischen Gleichung entwickelt.

Im unmittelbaren Anschluß daran erscheinen im zweiten Teile vier Abschnitte Anwendungen:

1. Anwendungen der quadratischen Gleichungen auf die Behandlung einer Klasse häufig vorkommender Extremaufgaben, die es mit Fug und Recht verdient, näher bekannt zu werden.

2. Anwendungen auf die Lösung besonders markanter geometrischer Probleme, wobei, um den Umfang des Buches nicht noch stärker anschwellen zu lassen, leider nur eine knappe Auswahl getroffen werden konnte.

3. und 4. durften die Anwendungen der quadratischen Gleichungen einerseits auf Gleichungen höheren Grades, die die Reduktion auf quadratische Gleichungen gestatten, im besonderen auf kubische und biquadratische Gleichungen, anderseits auf die außerordentlich häufig vorkommenden quadratischen Gleichungen mit zwei und drei Unbekannten nicht außer acht gelassen werden.

Auf diesen zweiten Teil des Buches folgt die Theorie der quadratischen Irrationellen, d. h. der Wurzeln quadratischer Gleichungen mit ganzzahligen Koeffizienten. Da hierbei den Eigenschaften der Kettenbrüche eine ausschlaggebende Bedeutung zukommt, wird dieser Teil mit den hierher gehörigen Sätzen aus der Lehre von den Kettenbrüchen eingeleitet. Den krönenden Abschluß des dritten Teiles bildet die Theorie der Legendrezahlen und die Lagrangesche Lösung der Fermatschen Gleichung.

Der vierte Teil des Buches besteht aus einem elementaren zahlentheoretischen Exkurs, dessen Kern die wichtigsten Eigenschaften der quadratischen Kongruenzen ausmachen. Dieser zahlentheoretische Abschnitt mußte eingefügt werden, da in den letzten beiden Teilen des Buches mehrfach auf zahlentheoretische Gesetzmäßigkeiten Bezug genommen wird. Schließlich ist es ja nicht gerade verwunderlich, wenn in einem umfangreichen Werk über quadratische Gleichungen auch der mit ihnen verwandten quadratischen Kongruenzen gedacht wird.

Der nun folgende fünfte Teil ist den von Gauß entdeckten Kreisteilungsgleichungen gewidmet, zumal jenen, deren Lösung sich durch quadratische Gleichungen bewerkstelligen läßt, und die das uralte Problem der Konstruktion der regulären Polygone zum Abschluß gebracht haben.

Der sechste und letzte Teil des Buches handelt von den diophantischen quadratischen Gleichungen und gipfelt in der Gaußschen Theorie der quadratischen Formen, soweit letztere für die Lösung diophantischer quadratischer Gleichungen in Frage kommt.

So ist, im ganzen genommen, kein trockenes Lehrgebäude entstanden — wie der Titel des Buches auf den ersten Blick vermuten lassen könnte —, sondern ein abwechslungs- und farbenreiches Gesamtbild, in welchem Höhepunkte auftreten — ich nenne hier nur die an künstlerischer Wirkung etwa Liszts Präludien um nichts nachstehende wunderbare Lagrangesche Lösung der Fermatgleichung sowie die erstaunliche Gaußsche Konstruktion des regulären Siebzehnecks, welcher Gauß selbst den größten Wert beimaß —, die das Entzücken jedes Mathematikers, jedes für die Schönheit mathematischer Gedanken empfänglichen Menschen bilden.

Für das Studium der in diesem Buche dargestellten Dinge dürfte ein besonderer Anreiz darin liegen, daß es sich durchweg um ganz elementare Betrachtungen handelt.

Da der Verfasser zudem den verschiedenen Seiten des Themas, der theoretischen, der praktischen und der ästhetischen gleiche Aufmerksamkeit und Sorgfalt zugewandt hat, gibt er sich der Hoffnung hin, daß das neue Buch allen Kreisen gute Dienste leisten möge, die auf irgendeine Weise mit der Mathematik in Berührung kommen.

Wiesbaden, im Frühjahr 1943.

Heinrich Dörrie.

Inhaltsverzeichnis

Erster Teil

Algebraische Theorie der quadratischen Gleichungen

Zweiter Teil

Anwendungen der quadratischen Gleichungen

Erster Abschnitt

Anwendungen der quadratischen Gleichung auf die Lösung von Extremaufgaben

Zweiter Abschnitt

Anwendungen der quadratischen Gleichung auf die Lösung geometrischer Probleme

Dritter Abschnitt

Gleichungen mit einer Unbekannten, die sich auf quadratische Gleichungen zurückführen lassen

Fünfter Teil

Die Kreisteilungsgleichung

Sechster Teil

Die diophantische quadratische Gleichung mit zwei Unbekannten

Erster Abschnitt

Zurückführung auf Normalformen

Zweiter Abschnitt

Quadratische Formen

Erster Teil

Algebraische Theorie der quadratischen Gleichung

§ 1. Algebraische Lösung der quadratischen Gleichung

Grundaufgabe: Die quadratische Gleichung

(1) $$a x^2 + b x + c = 0,$$

in der a, b, c gegebene Koeffizienten sind, x eine Unbekannte ist, aufzulösen.

Lösung. Wir multiplizieren die Gleichung mit $4a$ und erhalten

$$4a^2x^2 + 4abx + 4ac = 0.$$

Hier sind $4a^2x^2$ und $4abx$ die beiden ersten Glieder des Quadrats der Linearfunktion

$$2ax + b.$$

Wenn wir also auf beiden Seiten der multiplizierten Gleichung das dritte Glied (b^2) des Quadrats dieser Linearfunktion — die sog. quadratische Ergänzung zu

$$4a^2x^2 + 4abx$$

hinzufügen und gleichzeitig $4ac$ auf die rechte Seite bringen, so ergibt sich

$$4a^2x^2 + 4abx + b^2 = b^2 - 4ac,$$

wo nun die linke Seite das Quadrat der Linearfunktion $2ax + b$ ist.

Die rechte Seite:

$$b^2 - 4ac$$

der gefundenen Gleichung spielt in der Theorie der quadratischen Gleichung und in ihrer Anwendung eine beherrschende Rolle, man nennt sie die Diskriminante der quadratischen Gleichung $ax^2 + bx + c = 0$ oder des Trinoms $ax^2 + bx + c$ und bezeichnet sie meist mit dem Buchstaben D, so daß

(2) $$\boxed{D = b^2 - 4ac}$$

ist.

Nunmehr schreibt sich die umgeformte quadratische Gleichung

$$(2ax + b)^2 = D,$$

und hieraus folgt

(3) $$2ax + b = \sqrt{D},$$

wobei aber die auf der rechten Seite stehende Quadratwurzel doppeldeutig ist, sowohl mit positivem als auch mit negativem Vorzeichen genommen werden kann.

Den durch Vermittlung von (2) vollzogenen Übergang von (1) nach (3) nennen wir

Reduktion der quadratischen Gleichung (1) auf die lineare Form (3);

die quadratische Gleichung (1) ist auf eine lineare Gleichung — genauer gesagt: auf zwei lineare Gleichungen (wegen der Doppeldeutigkeit der Quadratwurzel aus D) — zurückgeführt.

Wir bezeichnen die eine der beiden Quadratwurzeln aus der Diskriminante D mit r — bei positivem D gewöhnlich die positive Quadratwurzel —; dann ist die andere $-r$, und wir haben

entweder $2ax + b = r$ oder $2ax + b = -r$.

Demnach hat die quadratische Gleichung (1) zwei Lösungen:

$$x = \frac{-b + r}{2a} \quad \text{und} \quad x = \frac{-b - r}{2a},$$

die die Wurzeln der quadratischen Gleichung genannt und meist mit x_1 und x_2 oder bequemer mit α und β bezeichnet werden.

Unser Ergebnis lautet:

Die Wurzeln der quadratischen Gleichung

$$ax^2 + bx + c = 0$$

sind

$$\alpha = \frac{-b + r}{2a} \quad \text{und} \quad \beta = \frac{-b - r}{2a},$$

wobei r die Quadratwurzel aus der Diskriminante

$$D = b^2 - 4ac$$

bedeutet.

Wir fügen hinzu:

Bei reellen Koeffizienten a, b, c sind die Wurzeln α und β reell oder komplex, je nachdem die Diskriminante D positiv oder negativ ist. Bei verschwindender Diskriminante besitzt die quadratische Gleichung zwei gleiche reelle Wurzeln: $\alpha = \beta$ oder, wie man auch sagt, eine Doppelwurzel α.

Aus diesen Unterschieden erklärt sich der Name »Diskriminante«.

Die Größen α und β werden auch die Nullstellen der quadratischen Funktion

$$f(x) = ax^2 + bx + c$$

genannt, weil diese Funktion an den beiden Stellen α und β verschwindet:

$$f(\alpha) = 0 \quad \text{und} \quad f(\beta) = 0.$$

Auch die Bezeichnung »Wurzeln der Funktion $f(x)$« für α und β ist gebräuchlich.

Wir wenden das gefundene Ergebnis auf einige Beispiele an.

1⁰

$$15x^2 - 31x + 14 = 0.$$

Die Diskriminante ist

$$D = 31^2 - 4 \cdot 15 \cdot 14 = 121,$$

ihre Quadratwurzel

$$r = 11.$$

Daher sind

$$\alpha = \frac{31 + r}{30} = 1\tfrac{2}{5} \quad \text{und} \quad \beta = \frac{31 - r}{30} = \frac{2}{3}$$

die Wurzeln der vorgelegten Gleichung.

2⁰

$$x^2 - 8x + 25 = 0.$$

Hier ist

$$D = 8^2 - 4 \cdot 25 = -36 = 36i^2,$$

$$r = 6i$$

und

$$\alpha = \frac{8 + r}{2} = 4 + 3i, \qquad \beta = \frac{8 - r}{2} = 4 - 3i.$$

Die beiden Wurzeln sind konjugiertkomplexe Zahlen.

3⁰

$$x^2 + 3x + 2{,}25 = 0.$$

Hier wird

$$D = 3^2 - 4 \cdot 2{,}25 = 0$$

und

$$\alpha = -1{,}5 \quad , \quad \beta = -1{,}5.$$

Die quadratische Gleichung hat zwei zusammenfallende Wurzeln oder die Doppelwurzel $-1{,}5$.

Zusatz. Vielfach wird die quadratische Gleichung in der Form

$$ax^2 + 2bx + c = 0$$

zugrunde gelegt, bei welcher der mittlere Koeffizient nicht schlicht b, sondern $2b$ genannt wird. Bei dieser Form braucht man nicht mit $4a$ zu multiplizieren, genügt der Faktor a:

$$a^2x^2 + 2abx + ac = 0.$$

Weiter wird

$$a^2 x^2 + 2\,abx + b^2 = b^2 - ac$$

oder, unter Einführung der »Diskriminante« $d = b^2 - ac$ (die man »Kleine Diskriminante« nennen könnte)

$$(ax + b)^2 = d$$

und schließlich

$$\alpha = \frac{-b + r}{a}, \quad \beta = \frac{-b - r}{a} \qquad \text{mit } r = \sqrt{d}.$$

Welche der beiden Grundformen

$$ax^2 + bx + c \quad \text{bzw.} \quad ax^2 + 2bx + c$$

die vorteilhaftere ist, läßt sich schwerlich entscheiden, indem jede gewisse ihr eigentümliche Vorteile besitzt. Es ist daher am besten, man gewöhnt sich an beide, zumal Verwechslungen kaum zu befürchten sind. Ob $b^2 - 4\,ac$ (bei der Form $ax^2 + bx + c$) oder $b^2 - ac$ (bei der Form $ax^2 + 2\,bx + c$) als Diskriminante fungiert, wird jeweils aus dem Zusammenhange hervorgehen.

Hätte man z. B. das obige Beispiel

$$x^2 - 8\,x + 25 = 0$$

auf die zweite Form bezogen, so hätte man als Diskriminante

$$d = 4^2 - 1 \cdot 25 = -9 = 9\,i^2,$$

als ihre Quadratwurzel

$$r = 3\,i$$

gehabt. Aber nach wie vor ist

$$\alpha = \frac{4 + r}{1} = 4 + 3\,i, \quad \beta = 4 - 3\,i.$$

§ 2. Beziehungen zwischen Koeffizienten und Wurzeln

Um die wichtigen Beziehungen, die zwischen den Koeffizienten und Wurzeln einer quadratischen Gleichung bestehen, übersichtlich darzustellen, gibt man der quadratischen Gleichung zweckmäßig die »Normalform«, in welcher der Koeffizient des quadratischen Gliedes die Einheit ist, und die man aus der vorgelegten Gleichung erhält, wenn man sie durch den Koeffizienten des quadratischen Gliedes — falls er noch nicht gleich 1 sein sollte — dividiert.

Demnach knüpfen wir unsere Betrachtungen an die »Normalgleichung«

$$x^2 + px + q = 0.$$

Die Diskriminante ist

$$D = p^2 - 4\,q;$$

die Wurzeln sind

$$\alpha = \frac{-p + r}{2}, \qquad \beta = \frac{-p - r}{2} \qquad \text{mit } r = \sqrt{D}.$$

Durch Addition der Wurzeln ergibt sich

$$\alpha + \beta = -p,$$

durch Multiplikation

$$\alpha\beta = \frac{p^2 - r^2}{4} = \frac{p^2 - D}{4} = \frac{4q}{4} = q.$$

Demnach gilt folgender fundamentaler

Doppelsatz:

Die Summe der Wurzeln einer Normalgleichung

$$x^2 + p\,x + q = 0$$

ist gleich dem entgegengesetzten Koeffizienten der Unbekannten:

$$\boxed{\alpha + \beta = -p}.$$

Das Produkt der Wurzeln einer Normalgleichung ist gleich dem Freigliede:

$$\boxed{\alpha\beta = q}.$$

Man achte darauf, daß diese Sätze bisweilen verwandt werden können, aus dem Anblick der Gleichung sofort die Wurzeln zu erkennen (ohne erst die obige Lösungsmethode anwenden zu müssen). Handelt es sich z. B. um die Auffindung der Wurzeln α und β der Gleichung

$$x^2 - 10\,x + 21 = 0,$$

so braucht man nur zu beachten, daß nach obigem Doppelsatz

$$\alpha + \beta = 10, \qquad \alpha\beta = 21$$

sein muß, um sofort $\alpha = 7$, $\beta = 3$ hinzuschreiben.

Auch die Differenz der Wurzeln α und β steht in einer bemerkenswerten Beziehung zu den Koeffizienten der Gleichung. Aus

$$\alpha - \beta = r$$

folgt durch Quadrierung

$$\boxed{(\alpha - \beta)^2 = D},$$

in Worten:

Die quadrierte Wurzeldifferenz einer Normalgleichung ist gleich der Diskriminante ($D = p^2 - 4\,q$).

§ 3. Verwandlung des quadratischen Trinoms in ein Produkt von Linearfaktoren

Fundamentalaufgabe: Das Trinom

$$x^2 + px + q$$

in ein Produkt von Linearfaktoren zu verwandeln.

Um diese Aufgabe zu lösen, führen wir die Nullstellen des Trinoms, d. h. die Wurzeln α und β der quadratischen Gleichung

$$x^2 + px + q = 0$$

ein. Nach dem Doppelsatz ist

$$\alpha + \beta = -p, \qquad \alpha\beta = q.$$

Demgemäß ersetzen wir in unserem Trinom p durch $-(\alpha + \beta)$ und q durch $\alpha\beta$ und erhalten

$$x^2 + px + q = x^2 - (\alpha + \beta)\,x + \alpha\beta = (x - \alpha)\,(x - \beta),$$

womit die geforderte Verwandlung vollzogen ist. Die gesuchten Linearfaktoren sind $x - \alpha$ und $x - \beta$.

Wir haben den **Satz:**

Das Trinom $x^2 + px + q$ ist das Produkt der beiden Linearfaktoren $x - \alpha$ und $x - \beta$:

$$\boxed{x^2 + px + q = (x - \alpha)\cdot(x - \beta)},$$

wobei α und β die Wurzeln des Trinoms bedeuten.

Erscheint das Trinom nicht in der Normalform

$$x^2 + px + q,$$

sondern in der allgemeinen Form

$$ax^2 + bx + c,$$

so schreiben wir

$$ax^2 + bx + c = a\,(x^2 + px + q)$$

mit

$$p = \frac{b}{a} \quad \text{und} \quad q = \frac{c}{a},$$

bestimmen die Nullstellen α und β von $x^2 + px + q$ — die mit denen von $ax^2 + bx + c$ übereinstimmen —, und erhalten

$$ax^2 + bx + c = a\,(x - \alpha)\,(x - \beta),$$

so daß wir, etwas allgemeiner, sagen können:

Ein beliebiges Trinom

$$ax^2 + bx + c$$

läßt sich stets als Produkt von zwei Linearfaktoren darstellen:

$$\underline{a x^2 + b x + c = a (x - \alpha) (x - \beta),}$$

wo α und β die Wurzeln des Trinoms sind. Dabei ist a nach Belieben zu der einen oder anderen Klammer gehörig zu denken. Man kann auch a in zwei geeignete Faktoren h und k spalten: $a = hk$ und den einen mit $x - \alpha$, den andern mit $x - \beta$ vereinigen:

$$a x^2 + b x + c = (h x - h\alpha) \cdot (k x - k\beta).$$

Beispiel: Das Trinom $10 x^2 - 7 x - 12$ in ein Produkt von Linearfaktoren zu verwandeln.

Lösung. Man löse zunächst die Gleichung

$$10 x^2 - 7 x - 12 = 0.$$

Die Diskriminante ist $D = 7^2 + 4 \cdot 10 \cdot 12 = 529$, ihre Quadratwurzel $r = 23$. Die Wurzeln sind

$$\alpha = \frac{7 + 23}{20} = \frac{3}{2}, \qquad \beta = \frac{7 - 23}{20} = -\frac{4}{5}.$$

Mithin wird

$$10 x^2 - 7 x - 12 = 10 (x - \alpha) (x - \beta) = 10 \left(x - \frac{3}{2}\right) \left(x + \frac{4}{5}\right).$$

Hier nehmen wir $h = 2$, $k = 5$ und bekommen

$$10 x^2 - 7 x - 12 = (2 x - 3) (5 x + 4),$$

was durch Ausmultiplizieren leicht nachgeprüft werden kann.

§ 4. Vorzeichen des Trinoms $ax^2 + bx + c$

Es ist oft erforderlich, das Vorzeichen der Zahl $a x^2 + b x + c$ anzugeben, falls a, b, c gegebene reelle Größen sind und x ein vorgelegter beliebiger reeller Wert des Arguments ist.

Zur Erledigung dieser Aufgabe benötigen wir wieder die beiden Trinomwurzeln α und β. Mit ihrer Hilfe schreibt sich das Trinom

$$a x^2 + b x + c = a (x - \alpha) (x - \beta).$$

Nun müssen wir drei Fälle unterscheiden:

I. Die Wurzeln α und β sind reell und voneinander verschieden,
II. die Wurzeln α und β sind einander gleich,
III. die Wurzeln α und β sind komplex.

Im ersten Falle ist $(x - \alpha) \cdot (x - \beta)$ positiv oder negativ, je nachdem x außerhalb oder innerhalb des von den beiden Wurzeln auf der

Zahlenachse begrenzten Intervalls (α, β) liegt. Liegt nämlich x außerhalb dieses Intervalls, so sind die Faktoren $x - \alpha$ und $x - \beta$ des Produkts $(x - \alpha) \cdot (x - \beta)$ beide positiv oder beide negativ; liegt es innerhalb des Intervalls, so ist einer der beiden Faktoren positiv, der andere negativ.

Der Ausdruck $ax^2 + bx + c$, der das $a$fache des Produkts $(x - \alpha) \cdot (x - \beta)$ ausmacht, hat also das Vorzeichen von a oder das entgegengesetzte Vorzeichen, je nachdem x außerhalb oder innerhalb des genannten Intervalls (α, β) liegt; wir wollen kurz sagen: je nachdem x außerhalb oder innerhalb der beiden Wurzeln liegt.

An den Stellen $x = \alpha$ und $x = \beta$ verschwindet unser Ausdruck, ist also weder positiv noch negativ.

Im zweiten Falle ist das Produkt $(x - \alpha)\ (x - \beta) = (x - \alpha)^2$ überall positiv mit Ausnahme der Stelle $x = \alpha$, wo es verschwindet, hat also das Trinom $ax^2 + bx + c$ stets das Vorzeichen von a, ausgenommen an der Stelle $x = \alpha$, wo es verschwindet.

Im dritten Falle endlich haben wir

$$\alpha = m + n\,i, \quad \beta = m - n\,i \qquad \text{mit } i^2 = -1$$

und

$$(x - \alpha)\ (x - \beta) = (x - m)^2 + n^2.$$

Da dieser Wert **stets** positiv ist, hat das Trinom

$$ax^2 + bx + c = a\,[(x - m)^2 + n^2]$$

für jeden Wert des Arguments x das Vorzeichen von a.

Das Ergebnis unserer Betrachtung ist folgender

Satz über das Vorzeichen des Trinoms $ax^2 + bx + c$.

Hat das Trinom zwei voneinander verschiedene reelle Wurzeln, so hat es das Vorzeichen von a oder das entgegengesetzte Vorzeichen, je nachdem das Argument x außerhalb oder innerhalb der Wurzeln liegt. Hat das Trinom eine Doppelwurzel α, so hat es für jeden von α verschiedenen Wert von x das Vorzeichen von a.

Hat das Trinom endlich komplexe Wurzeln, so hat es für jeden Argumentwert das Vorzeichen von a.

Beispiele: I. Der Ausdruck $x^2 - 101\,x + 100$ ist positiv für jedes oberhalb $\alpha = 100$ und jedes unterhalb $\beta = 1$ gelegene x, während er für jeden zwischen 1 und 100 liegenden Wert negativ ausfällt.

II. Der Ausdruck $3\,x^2 + 42\,x + 147$ ist für jedes von -7 verschiedene x positiv, während er für $x = -7$ (die Nullstelle des Ausdrucks) verschwindet.

III. Das Trinom $9\,x^2 - 12\,x + 29$ hat die Wurzeln $(2 + 5\,i) : 3$ und $(2 - 5\,i) : 3$, ist mithin für jeden Argumentwert positiv.

§ 5. Schaukurve des Trinoms $ax^2 + bx + c$

Bei vielen Aufgaben, namentlich geometrischen und physikalischen, spielt auch die — zweckmäßig auf ein rechtwinkliges Koordinatensystem xy bezogene — Schaukurve der quadratischen Funktion

$$y = ax^2 + bx + c$$

eine große Rolle. Um ihre Natur zu erkennen, formen wir die Kurvengleichung passend um. Wir schreiben zunächst

$$\frac{y}{a} = x^2 + 2 \cdot \frac{b}{2a} x + \left(\frac{b}{2a}\right)^2 - \frac{D}{4a^2},$$

wo wieder

$$D = b^2 - 4ac$$

die Diskriminante des Trinoms $ax^2 + bx + c$ bedeutet. Hieraus wird dann

$$\left(x + \frac{b}{2a}\right)^2 = \frac{1}{a}\left(y + \frac{D}{4a}\right)$$

oder durch Einführung der Abkürzungen

$$b : 2a = -x_0, \qquad D : 4a = -y_0, \qquad 1 : a = 4k$$

$$(x - x_0)^2 = 4k(y - y_0).$$

Zur Vereinfachung der Kurvengleichung führen wir ein neues XY-Koordinatensystem ein, dessen Ursprung O im alten System die Koordinaten x_0, y_0 hat, dessen Achsen die Richtungen der alten Achsen haben. In diesem neuen System bekommt der Punkt P, der bisher die Koordinaten x, y hatte, die Koordinaten X, Y, und es gelten die Transformationsgleichungen

$$x = X + x_0, \qquad y = Y + y_0$$

Die Kurvengleichung im neuen System lautet also

$$X^2 = 4kY.$$

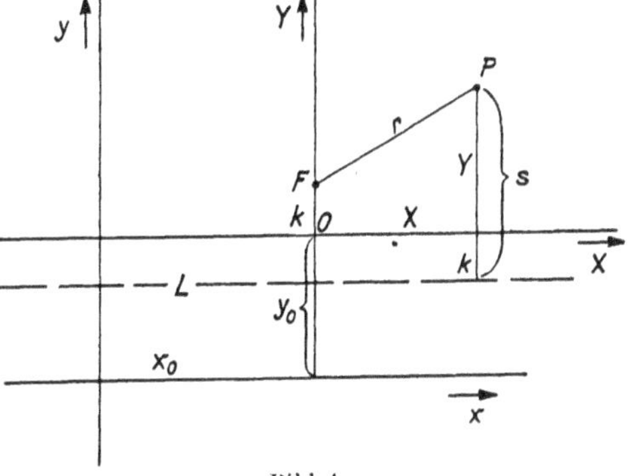

Bild 1,

Um ihre geometrische Bedeutung zu erkennen, schreiben wir, unter Voraussetzung eines positiven k, ihre rechte Seite als quadratische Differenz: $(Y + k)^2 - (Y - k)^2$, so daß sie die Form der pythagoreischen Gleichung

$$(Y + k)^2 = X^2 + (Y - k)^2$$

annimmt.

Nun stellt $Y + k$ den Abstand s des Punktes P von einer festen Geraden L dar, die von der X-Achse um k entfernt ist, während

$\sqrt{X^2 + (Y - k)^2}$ den Abstand r des Punktes P von einem festen Punkte F bedeutet, der auf der Y-Achse im Abstande k von der X-Achse liegt. Damit schreibt sich unsere Gleichung

$$s = r$$

und sagt in Worten:

Die Schaukurve der Funktion

$$y = ax^2 + bx + c$$

ist der Ort eines Punktes, der von einem festen Punkte F und einer festen Geraden L gleichweit entfernt bleibt.

Dieser Ort ist aber bekanntlich eine Parabel mit dem Brennpunkt F und der Leitlinie (Direktrix) L. Die Achse dieser Parabel fällt mit der Y-Achse, der Scheitel mit dem Ursprunge O zusammen. Die Parabel wendet ihre hohle Seite nach der Richtung der positiven Y-Achse.

Wenn k negativ ist, erhält die obige pythagoreische Gleichung die Form

$$(-Y - k)^2 = (-Y + k)^2 + X^2.$$

Jeder Kurvenpunkt (X, Y) liegt dann unterhalb der X-Achse (hat eine negative Ordinate Y), ebenso liegt der Brennpunkt F (um $-k$) unterhalb, die Leitlinie L (um $-k$) oberhalb der X-Achse. Diesmal wendet die Parabel ihre hohle Seite nach unten, nach der Richtung der negativen Y-Achse.

Ergebnis.

Die Schaukurve

$$y = ax^2 + bx + c$$

des Trinoms $ax^2 + bx + c$ ist eine Parabel, deren Achse der y-Achse parallel läuft, deren Parameter der Betrag von $1:a$ ist. Die Parabel wendet ihre Höhlung nach oben oder unten, je nachdem a positiv oder negativ ist. Ihr Scheitel endlich hat die Koordinaten

$$x_0 = -\frac{b}{2a}, \qquad y_0 = -\frac{D}{4a}.$$

§ 6. Numerische Auflösung

Wir stellen uns jetzt die Aufgabe, eine quadratische Gleichung, deren Koeffizienten bestimmte — im Dezimalsystem geschriebene — Zahlen sind, numerisch aufzulösen, d. h. die Wurzeln der Gleichung als Dezimalzahlen niederzuschreiben. Dabei beschränken wir uns auf Normalgleichungen [in denen der Koeffizient des quadratischen Gliedes 1 ist], da jede quadratische Gleichung durch Division mit dem Koeffizienten des quadratischen Gliedes leicht in eine Normalgleichung verwandelt werden kann.

Wir behandeln zunächst den einfachsten, durch eine Gleichung von der Form

$$x^2 + a x = b$$

dargestellten Fall, wobei a und b gegebene positive Dezimalzahlen sind, also z. B. die Gleichung

$$x^2 + 16{,}743\, x = 65{,}14.$$

Sie hat eine positive Wurzel α und eine negative β; und zwar genügt es, α zu berechnen, da sich aus der Wurzel-Koeffizienten-Relation

$$\alpha + \beta = -a$$

β sofort als Differenz von $-a$ und α hinschreiben läßt.

Etwas genauer lautet also unsere Aufgabe:

Die positive Wurzel x der Gleichung

$$\text{(G)} \qquad \boxed{x^2 + a x = b}$$

zu berechnen, in der a und b gegebene positive numerische Werte sind.

Um eine bequeme Ausdrucksweise zu haben, nennen wir x die Wurzel des Zahlenpaares $(a \mid b)$ und schreiben $x = \sqrt{a \mid b}$; auch nennen wir b die Hauptzahl, a die Nebenzahl des Paares.

Wir bestimmen zunächst — durch Probieren — die größte ganze Zahl r, deren Produkt mit der um a größeren Zahl $r + a$ die Zahl b nicht übertrifft. Diese Zahl r nennen wir den Rang des Paares $(a \mid b)$.

Der Rang des Paares $(7 \mid 31)$ ist z. B. 3, da $3 \cdot 10 < 31$, $4 \cdot 11$ dagegen > 31 ist.

Ebenso ist der Rang des Paares $(2{,}3 \mid 47{,}56)$ 5, da $5 \cdot 7{,}3 < 47{,}56$, $6 \cdot 8{,}3$ dagegen $> 47{,}56$ ist. Es wird sich weiter unten herausstellen, daß auch bei Paaren von größeren Zahlen der Rang leicht zu finden ist.

Wir haben nunmehr

$$r^2 + a r < b \qquad \text{und} \qquad (r+1)^2 + a(r+1) > b.$$

Aus dem Anblick dieser Ungleichungen geht hervor, daß die positive Wurzel x im allgemeinen zwischen r und $r + 1$ liegt; nur im Falle $r^2 + a r$ gleich b ist x gleich r. Wir dürfen daher setzen:

$$\text{(S)} \qquad x = r + \frac{x'}{10},$$

wo x' eine nichtnegative unterhalb 10 liegende Zahl ist.

Substituieren wir diesen Wert von x in (G), so entsteht

$$\left(r + \frac{x'}{10}\right)^2 + a\left(r + \frac{x'}{10}\right) = b$$

oder nach Zusammenfassung und Multiplikation mit 100

$$\text{(G')} \qquad \boxed{x'^2 + a'\,x' = b'},$$

wobei

$$\boxed{a' = 10\,[a + 2\,r], \qquad b' = 100\,[b - r\,(r + a)]}$$

ist.

Das entstandene Zahlenpaar $(a' \mid b')$ heiße **Ableitung des Paares** $(a \mid b)$.

Zwei Beispiele mögen das Rechenschema für die Bildung der Ableitung eines Zahlenpaares zeigen:

I. $\underline{a = 7,\ b = 31.}$

		Rang
7	31	3
6	30	
10	100	

Hier ist $2\,r = 6$, $r\,(a + r) = 30$ und $\underline{a' = 10,\ b' = 100.}$

II. $\underline{a = 2{,}3,\ b = 47{,}56.}$

		Rang
2,3	47,56	5
10	36,5	
123	1106	

Hier ist $2\,r = 10$, $r\,(r + a) = 36{,}5$ und $\underline{a' = 123,\ b' = 1106.}$

Die quadratische Gleichung (G') zeigt:

x' **ist die Wurzel der Ableitung** $(a' \mid b')$,

die Substitution (S) lehrt:

Der zehnfache Überschuß der Wurzel über den Rang eines Paares ist die Wurzel der Ableitung des Paares.

In der beschriebenen Weise können wir nun vom Paare $(a' \mid b')$ und seiner Wurzel x' zur Ableitung $(a'' \mid b'')$ dieses Paares oder **zweiten Ableitung des Paares** $(a \mid b)$ und der Wurzel x'' von $(a'' \mid b'')$ übergehen. Wir benötigen dazu den Rang r' des Paares $(a' \mid b')$. Da dieser der Substitution

$$\text{(S')} \qquad x' = r' + \frac{x''}{10}$$

gemäß wegen der Ungleichungen $0 \leq x' < 10$, $0 \leq x'' < 10$ eine nichtnegative Zahl < 10 sein muß, ist er **eine der Ziffern** 0, 1, 2, . . ., 9!

Ebenso sind die Ränge r'', r''', . . ., mit deren Hilfe wir den Übergang von den Paaren $(a'' \mid b'')$, $(a''' \mid b''')$, . . . und ihren Wurzeln x'', x''', . . . zu den Ableitungen $(a''' \mid b''')$, $(a^{IV} \mid b^{IV})$, . . . dieser Paare — der dritten, vierten, . . . Ableitung des Ausgangspaares $(a \mid b)$ — bewerkstelligen, **Ziffern.**

Aus dem Gleichungssystem

$$x = r + \frac{x'}{10},$$
$$x' = r' + \frac{x''}{10},$$
$$x'' = r'' + \frac{x'''}{10},$$
$$\vdots$$

und der Tatsache, daß alle Wurzeln x', x'', x''', ... nichtnegative unterhalb 10 gelegene Zahlen sind, folgt nun:

Die gesuchte Wurzel x hat den Wert

$$x = r, r' r'' r''' \ldots$$

wo der Rang r die Kennzahl*) von x, die Ränge r', r'', r''' ... die erste, zweite, dritte, ... Dezimale von x darstellen.

Die sukzessiven Dezimalstellen der Wurzel eines Paares sind also die Ränge der sukzessiven Ableitungen des Paares.

Die Durchführung der Rechnung bei praktischen Beispielen ist überaus einfach.

Beispiel 1:

$$x^2 + 6x = 89$$

	Nebenzahl	Hauptzahl	Rang
	6	89	6
	12	72	
1. Ableitung	180	1700	8
	16	1504	
2. Ableitung	1960	19600	9
	18	17721	
3. Ableitung	19780	187900	9
	18	178101	
4. Ableitung	197980	979900	4
	. . . .	. . . .	

Die positive Wurzel unserer Gleichung ist

$$x = 6{,}8994\ldots$$

Tatsächlich ist

$$x = -3 + \sqrt{89 + 3^2} = \sqrt{98} - 3 = 6{,}89949.$$

*) Kennzahl von x ist die größte ganze Zahl, die in x steckt.

Beispiel 2:

$$x^2 + 16{,}743\,x = 65{,}14.$$

	16,743 6	65,14 59,229	3
1. Ableitung	227,43 4	591,10 458,86	2
2. Ableitung	2314,3 10	13224 11596,5	5
3. Ableitung	23243	162750 162750	7
		0	

Die auf den Rang 7 der dritten Ableitung folgenden Ränge verschwinden, »die Rechnung geht auf«. Es ist

$$x = 3{,}257.$$

Das Beispiel 2 zeigt, daß unser Kalkül schneller zum Ziele führt als die gewöhnliche Methode, nach welcher x durch die Formel

$$x = -8{,}3715 + \sqrt{8{,}3715^2 + 65{,}14}$$

ermittelt wird.

Zusatz 1. Ist der Rang r des gegebenen Paares $(a \mid b)$ nicht auf den ersten Blick zu ermitteln, so rücke man das Komma in a eine hinreichende Anzahl, etwa n Stellen, in b doppelt soviel, also $2\,n$ Stellen nach links und berechne die Wurzel des entstandenen neuen Paares. Rückt man in ihr das Komma um n Stellen nach rechts, so hat man die Wurzel x des vorgelegten Paares $(a \mid b)$.

Dies folgt ohne weiteres aus

$$\left(\frac{x}{10^n}\right)^2 + \frac{a}{10^n}\cdot\left(\frac{x}{10^n}\right) = \frac{b}{10^{2n}}.$$

Beispiel:

$$x^2 + 9753\,x = 21\,654\,088$$

9,753 2	21,654088 10,753	1
117,53 16	1090,1088 1004,24	8
1335,3 12	8586,88 8047,8	6
13473	53908 53908	4

$$x = 1864.$$

Zusatz 2. Bedeutet $(A \mid B)$ eine der sukzessiven Ableitungen des vorgelegten Paares $(a \mid b)$, deren Nebenzahl A eine hinreichend hohe Anzahl von Stellen, etwa N Stellen, vor dem Komma besitzt, X ihre Wurzel, so daß

$$X^2 + A\,X = B, \text{ mithin } X = \frac{B}{A} - \frac{X^2}{A}$$

ist, so folgt wegen $X < 10$

$$\frac{B}{A} - X = \frac{X^2}{A} < \frac{1}{10^{N-3}}.$$

Demnach stimmen X und $B:A$ auf mindestens $(N-3)$ Stellen hinter dem Komma überein.

Die Division $B:A$ liefert zur Wurzel des vorgelegten Paares $(a \mid b)$ mindestens $(N-2)$ weitere richtige Dezimalen, wenn A N Stellen vor dem Komma besitzt.

Dieser wichtige Umstand gestattet auch, schon nach wenigen Schritten die Ränge der sukzessiven Paare in einfachster Weise zu erhalten: nämlich jeweils als Kennzahl des Quotienten aus Haupt- und Nebenzahl, wie man an den Beispielen leicht bestätigen wird.

Zusatz 3. Bei verschwindender Nebenzahl heißt die vorgelegte Gleichung

$$x^2 = b,$$

und unser Rechenverfahren kommt auf die bekannte Methode des Quadratwurzelziehens hinaus.

Die Quadratwurzel aus der Zahl z ist die Wurzel des Zahlenpaares $(0 \mid z)$.

Beispiel. $\sqrt{262\,144}$

0	26,2144	5
10	25	
100	121,44	1
2	101	
1020	2044	2

$$\sqrt{262\,144} = 512.$$

Zusatz 4. Heißt die vorgelegte quadratische Gleichung

$$x^2 - a\,x = b,$$

wo a und b positive Zahlen sind, so setze man $x = a + \xi$, so daß

$$\xi^2 + a\,\xi = b$$

wird. Die positive Wurzel dieser Gleichung ist die Wurzel des Paares $(a \mid b)$. Folglich:

Die positive Wurzel der Gleichung

$$x^2 - ax = b \qquad (a > 0,\ b > 0)$$

ist

$$x = a + \sqrt{(a|b)}.$$

Zusatz 5. Wir setzten der Einfachheit wegen b bislang als positiv voraus. Eine einfache Überlegung zeigt, daß der beschriebene Algorithmus auch auf den noch nicht erörterten Fall

$$x^2 + ax = b$$

mit negativem a und b anwendbar ist.

Beispiele werden genügen, die Sache klar zu machen.

I. $$x^2 - 12{,}3\,x = -32{,}523296.$$

Unser Paar ist $(a = -12{,}3 \mid b = -32{,}523296)$. Sein Rang r ist die ganze positive Zahl, für die $r\ (r + a) < b$, $(r + 1)\ (r + 1 + a) > b$ ausfällt, d. h. die Zahl $r = 8$. Damit erhalten wir folgendes Rechenschema:

— 12,3	— 32,523296	8
16	— 34,4	
37	187,6704	4
8	164	
450	2367,04	5
10	2275	
4600	9204	2
	9204	

Eine Wurzel unserer Gleichung ist

$$x = 8{,}452,$$

die andere $12{,}3 - 8{,}452 = 3{,}848$.

Es kann vorkommen, daß in unserem Falle (a und b negativ) überhaupt kein r existiert, welches die Bedingungen

$$r\,(r + a) \leqq b, \qquad (r + 1)\,(r + 1 + a) > b$$

erfüllt. Das ereignet sich, wenn zwischen den beiden Wurzeln der Gleichung $x^2 + ax = b$ keine ganze Zahl liegt. So ist z. B. bei der Gleichung $x^2 - 7\,x = -12{,}08$

$$\alpha = 3{,}5 + \sqrt{0{,}17} = 3{,}912, \quad \beta = 3{,}5 - \sqrt{0{,}17} = 3{,}088.$$

Wir setzen dann ein hinreichendes Vielfaches, etwa das 10fache oder, wenn nötig, das 100fache, 1000fache usw. von x gleich einer neuen Unbekannten X, bilden die quadratische Gleichung für X und suchen X.

In unserm Beispiel genügt das 10fache: $10\,x = X$; die Gleichung lautet dann

$$X^2 - 70\,X = -1208.$$

Hier ist $39 \cdot (39 - 70) = 39 \cdot -31 = -1209$ kleiner, dagegen $40 \cdot (40 - 70) = 40 \cdot -30 = -1200$ größer als -1208. Daher ist der Rang $r = 39$, und das Schema gestaltet sich folgendermaßen:

— 70	— 1208	39
78	— 1209	
80	100	1
2	81	
820	1900	2
4	1644	
8240	25600	3

Wir erhalten $X = 39{,}123\ldots$ und $x = 3{,}9123\ldots$ (die andere Wurzel ist $7 - 3{,}9123\ldots = 3{,}0877\ldots$).

§ 7. Geometrische Lösung der quadratischen Gleichung

Bei der in diesem Paragraphen zu erörternden Auflösung der quadratischen Gleichung handelt es sich darum,

eine Strecke x zu konstruieren, die die quadratische Gleichung

$$x^2 \pm c\,x = \pm\, ab$$

befriedigt, in welcher a, b, c gegebene Strecken bedeuten, von denen die dritte, c, auch verschwinden kann.

Es gibt verschiedene Methoden, diese Aufgabe zu lösen, z. B. die klassische, aber umständliche, bei welcher die algebraische, durch die Formel

$$x = \sqrt{\left(\frac{c}{2}\right)^2 \pm a\,b} \mp \frac{c}{2}$$

gekennzeichnete Lösung der Gleichung wörtlich ins Geometrische übersetzt wird, und die der Leser sich leicht selbst zurechtlegen kann, eine einfachere, auf dem Spitzentransversalensatze beruhende Methode, die von jener algebraischen Umformung absieht, eine Methode, bei der nur Zirkelkonstruktionen ausgeführt werden, usw.

Wir beschränken uns hier auf das Spitzentransveralensatzverfahren, welches sich durch größte Einfachheit auszeichnet.

Da der Spitzentransversalensatz noch nicht allgemein bekannt ist, leiten wir ihn kurz her.

ABS sei ein gleichschenkliges Dreieck mit der Basis AB, mit der Spitze S, mit dem Schenkel $SA = SB = s$. Nehmen wir auf der Basis einen beliebigen Punkt T an, so »erzeugt« dieser auf der Basis zwei Abschnitte $AT = u$ und $BT = v$ und bestimmt zugleich durch die Verbindungslinie TS die »Spitzentransversale« $ST = t$.

Der Spitzentransversalensatz lautet:

Der quadratische Unterschied zwischen Spitzentransversale und Schenkel ist gleich dem Produkt der erzeugten Basisabschnitte. Es ist

$$\boxed{s^2 - t^2 = uv} \quad \text{oder} \quad \boxed{t^2 - s^2 = uv},$$

je nachdem der Punkt T zwischen A und B liegt oder nicht.

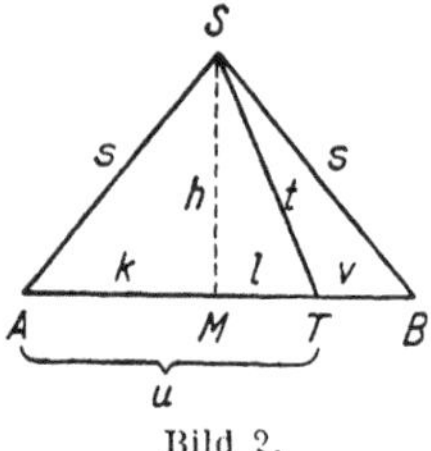

Bild 2.

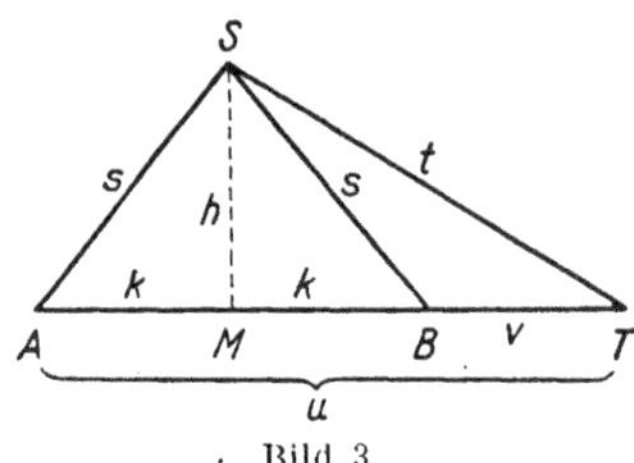

Bild 3.

Zum Beweise ziehe man die Basishöhe $SM = h$, die beiden Basishälften $MA = MB = k$, sowie die Hilfsstrecke $MT = l$ heran.

Nach Pythagoras ist nun

$$s^2 = h^2 + k^2 \quad \text{und} \quad t^2 = h^2 + l^2.$$

Durch Subtraktion dieser beiden Gleichungen ergibt sich

$$s^2 - t^2 = k^2 - l^2 \quad \text{oder} \quad t^2 - s^2 = l^2 - k^2,$$

je nachdem T zwischen A und B liegt oder nicht.

In der ersten Gleichung ist die rechte Seite $(k + l) \cdot (k - l)$, in der zweiten $(l + k) \cdot (l - k)$, und jedes dieser beiden Produkte gestattet die Schreibung $u \cdot v$. Damit wird in der Tat

$$s^2 - t^2 = uv \quad \text{oder} \quad t^2 - s^2 = uv,$$

je nachdem T zwischen A und B liegt oder nicht.

Anwendung des Spitzentransversalensatzes zur geometrischen Lösung der quadratischen Gleichung.

I. Die reinquadratische Gleichung:

$$\boxed{x^2 = ab},$$

in der a und b zwei gegebene Strecken bedeuten und x eine gesuchte

Strecke, die sog. mittlere Proportionale zwischen a und b, ist.

Konstruktion von x.

Auf einer Geraden tragen wir die kleinere der beiden gegebenen Strecken, etwa b, als $AB = b$ ab. Darauf beschreiben wir mit dem Halbmesser a um A und B Kreisbögen, die die Verlängerungen von AB und BA in C und D schneiden, um C und D Kreisbögen, die sich, etwa oberhalb der Geraden, in S schneiden. Dann ist

$$AS = BS = x = \sqrt{ab}.$$

Der gesamte Konstruktionsaufwand besteht aus einer Geraden und fünf Kreisbögen!

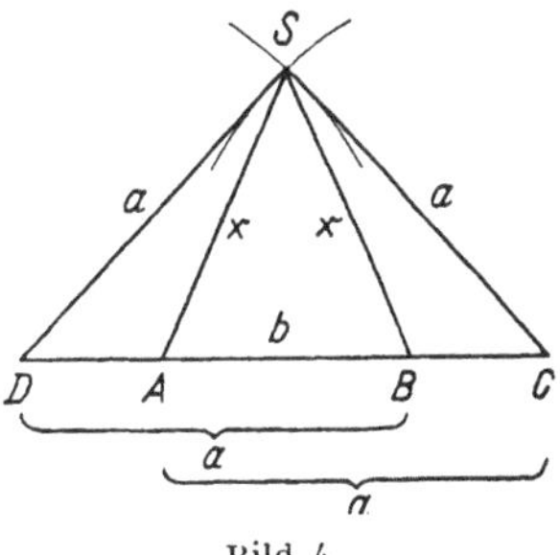

Bild 4.

Der Beweis für die Richtigkeit dieser eleganten Konstruktion folgt ohne weiteres aus dem auf das gleichschenklige Dreieck ABS mit den Schenkeln $AS = BS = x$ und der Spitzentransversale $CS = a$ angewandten Spitzentransversalensatze, nach dem

$$a^2 - x^2 = CA \cdot CB = a(a - b)$$

also

$$x^2 = ab$$

ist.

Auch die folgende, von dem Franzosen Lemoine herrührende geometrographische Konstruktion der mittleren Proportionale $x = \sqrt{ab}$ ist den klassischen Konstruktionen gegenüber von überragender Einfachheit.

Wir zeichnen den Rhombus $ADBC$, in dem die Seiten AD DB,, BC, CA und die Diagonale AB die gemeinsame Länge b haben und bestimmen den Schnittpunkt S der Rhombusdiagonale CD mit dem durch A laufenden Kreise vom Halbmesser a, dessen Mittelpunkt M auf der Verlängerung von AB liegt. Jetzt ist

$$AS = BS = x = \sqrt{ab}.$$

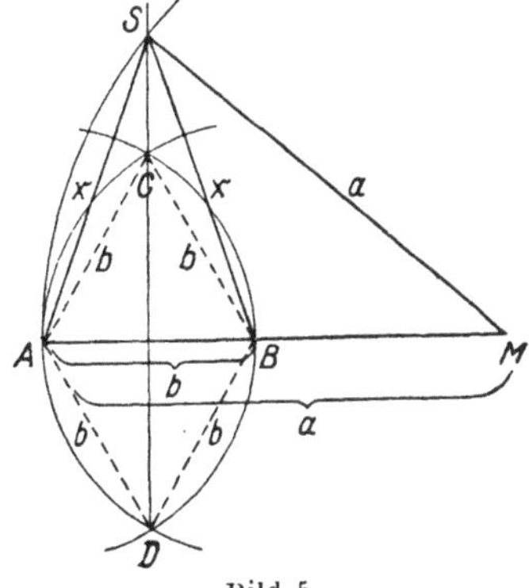

Bild 5.

Die Reihenfolge der Zeichenoperationen wählt man zweckmäßig so, daß man mit der Strecke $AM = a$ beginnt, dann den Kreis um M mit a und um A mit b zeichnet, welch letzterer den Punkt B bestimmt, darauf den Kreis um B mit b zeichnet, der die Schnittpunkte C und D festlegt und endlich den Schnittpunkt S der Mittelsenkrechten von AB mit dem ersten Kreise ermittelt. Der gesamte Konstruktionsaufwand beträgt zwei Gerade und drei Kreisbögen.

Der Beweis folgt wieder aus dem Spitzentransversalensatze, angewandt auf das gleichschenklige Dreieck ABS mit den Schenkeln $AS = BS = x$ und der Spitzentransversale $SM = a$. Ihm zufolge ist

$$a^2 - x^2 = MA \cdot MB = a(a-b),$$

mithin

$$x^2 = ab.$$

II. Die gemischtquadratische Gleichung:

$$\boxed{x^2 \pm cx = \pm ab},$$

in der a, b, c gegebene Strecken sind und die Strecke x konstruiert werden soll.

Es handelt sich um folgende zwei Fälle:

I. $x^2 \pm cx = ab$, II. $x(c-x) = ab$,

die wir getrennt betrachten.

I.

$$\boxed{x^2 \pm cx = ab}.$$

Konstruktion der Strecke x.

Auf einer Geraden tragen wir die drei Strecken $AB = a$, $BC = b$, $CD = c$ ab, errichten über AC als Basis ein gleichschenkliges Dreieck ACS mit dem Schenkel $AS = CS = s$ und der Spitzentransversale $SB = t$ beliebig, jedoch so, daß $2t > c$ ausfällt, darauf über CD als Basis ein zweites gleichschenkliges Dreieck CDT mit dem Schenkel $CT = DT = t$. Schlagen wir dann von T aus mit der Zirkelöffnung s auf die Verlängerung von CD ein, so ist der Abstand des entstehenden Schnittpunktes X von D oder C die gesuchte Strecke x, je nachdem in der vorgelegten Gleichung das obere oder untere Vorzeichen gilt.

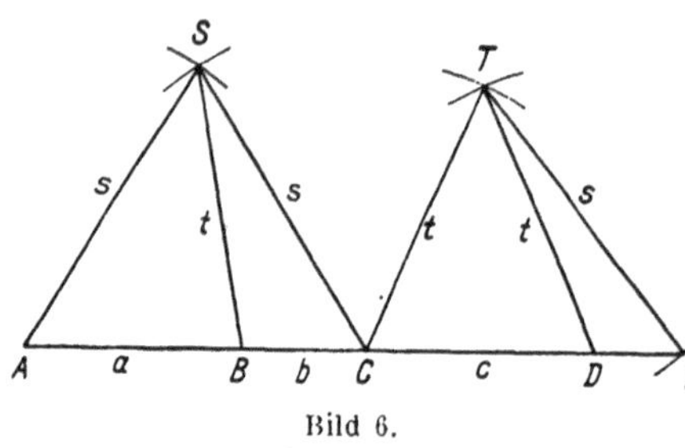

Bild 6.

Konstruktionsaufwand: eine Gerade, acht Kreisbögen.

Der Beweis folgt aus dem, auf die gleichschenkligen Dreiecke ACS und CDT angewandten Spitzentransversalensatze. Im ersten Dreieck ist

$$s^2 - t^2 = ab,$$

im zweiten

$$s^2 - t^2 = x(x \pm c),$$

je nachdem x die Strecke DX oder CX bedeutet. Aus diesen Gleichungen ergibt sich

$$x^2 \pm cx = ab.$$

II.

$$\boxed{x(c - x) = ab}.$$

Konstruktion der Strecke x.

Wieder tragen wir auf einer Geraden $AB = a$, $BC = b$, $CD = c$ ab, errichten über AC als Basis ein beliebiges gleichschenkliges Dreieck ACS mit dem Schenkel $AS = CS = s$ und der Transversale $BS = t$ so, daß $2s > c$ wird und über CD ein zweites gleichschenkliges Dreieck CDT gleichfalls mit dem Schenkel $CT = DT = s$. Schlagen wir dann von T aus mit der Zirkelöffnung t auf die Basis CD ein, so ist jeder der beiden Abstände des entstehenden Schnittpunktes X von den Basisenden C und D eine Wurzel x der vorgelegten Gleichung $x(c - x) = ab$.

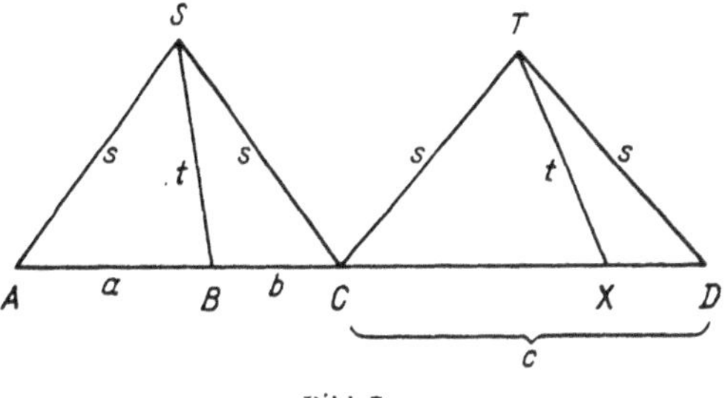

Bild 7.

Konstruktionsaufwand: eine Gerade, sieben Kreisbögen.

Der Beweis gestaltet sich wie bei I durch Anwendung des Spitzentransversalensatzes auf die beiden gleichschenkligen Dreiecke ACS und CDT mit den Spitzentransversalen $SB = t$ und $TX = t$.

Zusatz. Während die Gleichung I stets eine reelle positive Wurzel besitzt, kann II auch komplexe Wurzeln haben, welcher Umstand sich geometrisch darin äußert, daß der Kreis um T mit dem Radius t die Basis CD nicht trifft. In diesem Falle ist $s^2 - t^2$ wegen des zu kleinen t größer als das Quadrat der Hälfte von $CD = c$. (Man wende auf das Dreieck MCT, wo M die Mitte von CD ist, den Satz von Pythagoras an.) Ist also auch

$$ab > \left(\frac{c}{2}\right)^2$$

oder

$$c^2 - 4ab < 0.$$

In diesem ungünstigen Falle ist in der Tat die Diskriminante $D = c^2 - 4ab$ der quadratischen Gleichung $x^2 - cx + ab = 0$ negativ.

§ 8. Gleichungspaar

Es kommt häufig vor, namentlich bei Anwendungen, daß gleichzeitig zwei quadratische Gleichungen

(1) $$a x^2 + b x + c = 0$$
und
(2) $$a' x^2 + b' x + c' = 0$$

in Erscheinung treten, die eine gemeinsame Wurzel besitzen. Ist ω diese Wurzel, so gelten die Gleichungen

(1′) $$a \omega^2 + b \, \omega + c = 0$$
und
(2′) $$a' \omega^2 + b' \omega + c' = 0.$$

Durch Addition der mit c' multiplizierten Gleichung (1′) und der mit $-c$ multiplizierten Gleichung (2′) entsteht

$$(ac' - ca') \omega^2 + (bc' - cb') \omega = 0$$

oder

(3) $$\omega = \frac{b c' - c b'}{c a' - a c'}.$$

Durch Addition der mit a' multiplizierten Gleichung (1′) und der mit $-a$ multiplizierten Gleichung (2′) ergibt sich

$$(ba' - ab') \omega + ca' - ac' = 0$$

oder

(4) $$\omega = \frac{c a' - a c'}{a b' - b a'}.$$

Auf Grund von (3) und (4) führen wir die drei »Determinanten« (Koeffizientendeterminanten)

$$\boxed{A = b c' - c b', \quad B = c a' - a c', \quad C = a b' - b a'}$$

ein und haben kürzer

(3′) $$\omega = A : B$$
und
(4′) $$\omega = B : C.$$

Anmerkung. Man kann zu den Formeln (3′) und (4′) bequemer gelangen, wenn man die Gleichungen (3) und (4) als ein Homogensystem für die drei Größen ω^2, ω, 1 auffaßt. Man erhält dann sofort das Verhältnis dieser Größen zu

$$\omega^2 : \omega : 1 = A : B : C.$$

Aus (3′) und (4′) folgt nun

$$A : B = B : C$$

oder

$$B^2 = AC.$$

Diese Bedingung ist sonach erfüllt, wenn die gegebenen Gleichungen (1) und (2) eine gemeinsame Wurzel ω besitzen.

Wir zeigen jetzt umgekehrt, daß bei Erfülltsein der Bedingung $B^2 = AC$ die beiden Gleichungen (1) und (2) — wofern sie nicht beide linear sind — eine gemeinsame Wurzel haben.

Wir notieren zunächst die beiden leicht nachzuprüfenden bei unserm Nachweis nötigen Identitäten

$$\left\{\begin{array}{l} A\,a + B\,b + C\,c = 0 \\ A\,a' + B\,b' + C\,c' = 0 \end{array}\right\}$$

für die Determinanten A, B, C.

Wir unterscheiden zwei Fälle:

$$\text{I. } C = 0, \qquad \text{II. } C \neq 0.$$

Im ersten Falle folgt aus $B^2 = AC$, daß auch B verschwindet, darauf aus

$$Aa + Bb + Cc = 0$$

$Aa = 0$ und hieraus (a sei von Null verschieden), daß auch A verschwindet.

Wenn aber alle drei Determinanten verschwinden, gilt die Proportion

$$a : b : c = a' : b' : c'.$$

In diesem Falle stellen die Gleichungen (1) und (2) eigentlich nur eine quadratische Gleichung dar. Jedenfalls stimmen sie jetzt sogar in beiden Wurzeln überein.

Im zweiten Falle halten wir die beiden Unterfälle: $B = 0$ und $B \neq 0$ auseinander. Bei verschwindendem B verschwindet (wegen $B^2 = AC$) auch A und wegen der beiden Determinantenidentitäten sowohl c wie auch c'; die Gleichungen sehen so aus:

$$ax^2 + bx = 0, \qquad a'x^2 + b'x = 0$$

und haben die Wurzel Null gemeinsam.

Bei nicht verschwindendem B setzen wir jeden der gleichen Quotienten $B : C$ und $A : B$ gleich ω, so daß auch noch $\omega^2 = A : C$ ist, und bekommen

$$a\,\omega^2 + b\,\omega + c = a\,\frac{A}{C} + b\,\frac{B}{C} + c = \frac{A\,a + B\,b + C\,c}{C} = 0$$

und

$$a'\,\omega^2 + b'\,\omega + c' = a'\,\frac{A}{C} + b'\,\frac{B}{C} + c' = \frac{A\,a' + B\,b' + C\,c'}{C} = 0.$$

Die Gleichungen (1) und (2) haben daher die Wurzel ω gemeinsam.

Ergebnis. Satz vom Gleichungspaar:

Zwei quadratische Gleichungen

$$ax^2 + bx + c = 0 \quad \text{und} \quad a'x^2 + b'x + c' = 0$$

haben dann und nur dann eine gemeinsame Wurzel, wenn die drei Koeffizientendeterminanten

$$A = bc' - cb', \quad B = ca' - ac', \quad C = ab' - ba'$$

eine stetige Proportion bilden:

$$\boxed{A : B = B : C} \quad \text{oder} \quad \boxed{B^2 = AC}.$$

Die gemeinsame Wurzel wird durch jede Seite der Proportion dargestellt.

Die Koeffizientenverbindung

$$R = B^2 - AC = (ca' - ac')^2 - (bc' - cb')(ab' - ba'),$$

deren Verschwinden anzeigt, daß die beiden Gleichungen

$$ax^2 + bx + c = 0, \qquad a'x^2 + b'x + c' = 0$$

eine gemeinsame Wurzel besitzen, heißt die Resultante der beiden Gleichungen oder auch der Trinome $ax^2 + bx + c$ und $a'x^2 + b'x + c'$ und wird durch den Buchstaben R bezeichnet.

Wir können also sagen:

Resultantensatz:

Die notwendige und hinreichende Bedingung dafür, daß zwei quadratische Gleichungen

$$ax^2 + bx + c = 0 \quad \text{und} \quad a'x^2 + b'x + c' = 0$$

eine gemeinsame Wurzel besitzen, ist das Verschwinden ihrer Resultante

$$R = B^2 - AC$$

mit $A = bc' - cb', \qquad B = ca' - ac', \qquad C = ab' - ba'.$

Zweiter Teil

Anwendungen der quadratischen Gleichungen

Erster Abschnitt

Anwendungen der quadratischen Gleichung auf die Lösung von Extremaufgaben

§ 9. Das Prinzip, an Beispielen erläutert

In diesem Kapitel soll die Verwendungsfähigkeit der quadratischen Gleichungen zur Lösung von Extremaufgaben gezeigt werden. Das Lösungsprinzip ist überaus einfach und wird zweckmäßig zunächst an einigen markanten Beispielen klar gemacht.

Beispiel 1. Aufgabe: Welchen Querschnitt muß der Draht einer Fernleitung elektrischer Energie haben, damit die jährlichen Gesamtkosten der Leitung ein Minimum sind?

Lösung: Die jährlichen Kosten setzen sich aus zwei Posten I und II zusammen. Der erste gibt den Betrag der jährlichen Schuldentilgung für das Anlagekapital und ist dem erforderlichen Kupferquantum, also, bei gegebener Leitungslänge, dem Querschnitt Q des Leitungsdrahtes proportional:

$$I = aQ,$$

wobei a die bekannte Proportionalitätskonstante bedeutet, die von der Länge der Leitung, dem Marktpreis des Kupfers und dem Zinssatz abhängt. Der zweite Posten gibt den Geldwert der durch die unvermeidliche Stromwärme in der Leitung jährlich vergeudeten Energie wieder und ist bei vorgeschriebener Stromstärke dem Widerstande der Leitung, mithin, da die Leitungslänge gegeben ist, dem reziproken Leitungsquerschnitt proportional:

$$II = b : Q,$$

wobei die bekannte Proportionalitätskonstante b von der Länge der Leitung, der Leitfähigkeit des Leitungsmetalles und vom Marktpreis der elektrischen Energie abhängt.

Die gesamte Jahresausgabe ist demnach

$$P = aQ + \frac{b}{Q};$$

und unsere Aufgabe besteht darin, Q so zu wählen, daß P ein Minimum wird.

Zur Lösung dieser Aufgabe fassen wir die Gleichung für P als quadratische Gleichung für die Unbekannte Q auf:

$$aQ^2 - PQ + b = 0.$$

Damit diese Gleichung eine reelle Wurzel Q hat, darf ihre Diskriminante

$$D = P^2 - 4ab$$

nicht negativ werden, muß vielmehr

$$\boxed{D \geq 0}$$

sein.

Wegen des Wertes für D schreibt sich diese Bedingung

$$P^2 \geq 4ab \qquad \text{oder} \qquad P \geq 2\sqrt{ab}.$$

Die geringstmögliche Ausgabe ist demnach

$$P = P_{\min} = 2\sqrt{ab}.$$

Sie kommt zustande, wenn die Diskriminante verschwindet, d. h. wenn sich für die Wurzel — in diesem Falle Doppelwurzel — der quadratischen Gleichung für Q die Lineargleichung

$$2aQ - P = 0$$

und für Q der Wert

$$Q = \frac{P}{2a} = \frac{P_{\min}}{2a} = \sqrt{\frac{b}{a}}$$

ergibt.

Der verlangte Leitungsquerschnitt ist

$$Q = \sqrt{\frac{b}{a}};$$

es ist derjenige Querschnitt, für den die beiden Ausgabeposten I und II einander gleich werden:

$$I = II = \sqrt{ab}.$$

Beispiel 2. Aufgabe: Den Scheitel einer Wurflinie zu finden, wenn der Wurfwinkel ε und die Anfangsgeschwindigkeit c des Geschosses bekannt sind. (Vom Luftwiderstand wird abgesehen.)

Lösung: Wir beziehen die Wurflinie auf ein xy-Koordinatensystem, dessen Ursprung mit dem Standort des Geschützes zusammenfällt, dessen x-Achse waagrecht, dessen y-Achse lotrecht läuft. Die Koordinaten des Geschosses zur Zeit t sind dann

$$x = c\,o\,t, \qquad y = c\,i\,t - \frac{1}{2}g\,t^2,$$

wenn o den Cosinus, i den Sinus des Wurfwinkels ε und g die Fallbeschleunigung bedeutet. Setzen wir den aus der ersten Gleichung folgenden Wert von t in die zweite ein, so entsteht die Gleichung

$$y = a\,x - \frac{x^2}{P}$$

der Wurflinie. In ihr bedeutet a den Tangens des Wurfwinkels und P den Ausdruck $2\,c^2 o^2 : g$.

Wir fassen die Gleichung der Wurflinie als quadratische Gleichung für die Unbekannte x auf:

$$x^2 - P\,a\,x + P\,y = 0.$$

Damit diese reelle Wurzeln x hat, muß ihre Diskriminante D nichtnegativ sein, muß also

$$\boxed{D \geq 0},$$

d. h. wegen

$$D = P^2 a^2 - 4\,P\,y$$

$$y \leq \frac{P\,a^2}{4} = \frac{c^2\,i^2}{2\,g}$$

sein.

Die größte Erhebung $y_{max} = Y$ der Wurflinie ist demnach

$$Y = \frac{c^2\,i^2}{2\,g}.$$

Die zugehörige Abszisse X berechnet sich aus unserer quadratischen Gleichung, unter Berücksichtigung des Verschwindens der Diskriminante D, vermöge der Lineargleichung

$$2\,X - P\,a = 0$$

zu

$$X = \frac{P\,a}{2} = \frac{c^2\,o\,i}{g},$$

wird sonach, wie zu vermuten war, gleich der halben Wurfweite $(P\,a : 2)$.

Beispiel 3. Bei welchem Wurfwinkel wird die Wurfweite am größten?

Lösung: Die Wurfweite W folgt unmittelbar aus der Gleichung $y = a\,x - x^2 : P$ der Wurfbahn (durch den Ansatz $y = 0$) zu

$$W = P\,a \qquad \text{mit } P = 2\,c^2 o^2 : g.$$

Wir führen als Konstante die größte Wurfhöhe $h = c^2 : 2\,g$ ein, die sich bei gegebener Anfangsgeschwindigkeit erreichen läßt, und als Variable den Tangens T des Wurfwinkels. Wir haben dann $a = T$ und wegen der bekannten Formel $\sec^2 \varepsilon - \operatorname{tg}^2 \varepsilon = 1$, $\sec^2 \varepsilon = 1 : o^2 = 1 + T^2$, also für T die quadratische Gleichung $W\,(1 + T^2) = 4\,h\,T$ oder

$$W T^2 - 4\,h T + W = 0.$$

Damit ein Wurf mit dem Wurfwinkel $\varepsilon = \operatorname{arc\,tg} T$ überhaupt möglich ist, muß diese Gleichung reelle Wurzeln haben, ihre Diskriminante also ≥ 0 sein: $4\,h^2 \geq W^2$. Das gibt die Bedingung

$$W \leq 2\,h.$$

Die größtmögliche Wurfweite ist also $2\,h$, d. h. das Doppelte der maximalen Wurfhöhe.

Sie wird erreicht, wenn die quadratische Gleichung eine Doppelwurzel hat, d. h. bei $W T = 2\,h$ oder $T = 1$ oder $\varepsilon = 45^0$.

Der Wurfwinkel der größten Wurfweite ist 45^0.

Beispiel 4. Aufgabe: Die Maximalordinate einer Lemniskate zu bestimmen.

Lösung: Die Gleichung der Lemniskate in Cartesischen Koordinaten lautet bekanntlich

$$(x^2 + y^2)^2 = 2\,e^2\,(x^2 - y^2),$$

wobei e die Exzentrizität der Lemniskate, d. h. den Abstand des Brennpunkts vom Zentrum der Kurve bedeutet.

Es liegt nahe, die Abkürzungen

$$X = x^2, \qquad Y = y^2, \qquad E = e^2$$

zu benutzen, da sich die Gleichung dann einfacher

$$(X + Y)^2 = 2\,E\,(X - Y)$$

schreibt.

Wir fassen diese Relation als eine quadratische Gleichung für die Unbekannte X auf:

$$X^2 + 2\,(Y - E)\,X + [Y^2 + 2\,E\,Y] = 0.$$

Damit diese Gleichung reelle Wurzeln X hat, muß ihre Diskriminante D nichtnegativ sein:

$$\boxed{D \geq 0}.$$

Wegen

$$D = 4\,[(Y - E)^2 - (Y^2 + 2\,E\,Y)] = 4\,E\,(E - 4\,Y)$$

bedeutet das, daß

$$4\,Y \leq E$$

sein muß.

Der größtmögliche Wert für Y ist daher

$$Y = E : 4.$$

Der zugehörige X-Wert folgt, unter Berücksichtigung des Verschwindens der Diskriminante, aus der quadratischen Gleichung zu

$$X = E - Y = \frac{3}{4} E.$$

Die größte Ordinate der Lemniskate

$$(x^2 + y^2)^2 = 2 e^2 (x^2 - y^2)$$

ist

$$\boxed{y_{\max} = \frac{e}{2}};$$

sie gehört zur Abszisse

$$x = \frac{e}{2} \sqrt{3}$$

und zum

Radiusvektor $\boxed{r = e}$.

Die Lösung dieser Aufgabe mittels Differentialrechnung ist weit umständlicher!

Beispiel 5. Zu zeigen, daß der Ausdruck

$$\frac{x^2 - 3x + 4}{x^2 + 3x + 4}$$

bei reellem x niemals größer als 7 und niemals kleiner als $^1/_7$ sein kann.

Lösung: Wir setzen den Ausdruck gleich y und schreiben die Relation

$$y = \frac{x^2 - 3x + 4}{x^2 + 3x + 4}$$

als quadratische Gleichung für die Unbekannte x:

$$(y - 1) x^2 + 3 (y + 1) x + 4 (y - 1) = 0.$$

Da x reell sein soll, darf die Diskriminante D dieser Gleichung nicht negativ werden, muß demnach

$$\boxed{D \geq 0}$$

sein.

Hier wird

$$D = 9 (y + 1)^2 - 16 (y - 1)^2 = -[7 y^2 - 50 y + 7].$$

Die Verwandlung des in der eckigen Klammer stehenden quadratischen Ausdrucks in ein Produkt von Linearfaktoren (§ 3) gibt

$$7 y^2 - 50 y + 7 = 7 (y - 7) \left(y - \frac{1}{7}\right),$$

so daß

$$D = -7(y-7)\left(y-\frac{1}{7}\right)$$

wird. Damit dieser Ausdruck $\geqq 0$ bleibt, muß das Produkt

$$P = (y-7)\left(y-\frac{1}{7}\right)$$

negativ ausfallen oder verschwinden. Das ist aber nur möglich, wenn y zwischen den beiden Zahlen $\frac{1}{7}$ und 7 liegt, oder wenn y einen der beiden Werte 7 und $\frac{1}{7}$ annimmt.

Der vorgelegte Ausdruck kann also höchstens den Wert 7 erreichen und kann tiefstens bis auf den Wert $\frac{1}{7}$ herabsinken. Zwischen diesen beiden Grenzwerten nimmt er jeden Wert an; außerhalb dieser beiden Grenzwerte liegende Werte kann er dagegen nicht annehmen.

Beispiel 6. Das Maximum der Funktion

$$y = (c-x)(x+\sqrt{a^2+x^2})$$

zu ermitteln.

Lösung: Es ist

$$\sqrt{a^2+x^2} = \frac{y}{c-x} - x,$$

mithin

$$a^2 + x^2 = \frac{y^2}{(c-x)^2} + x^2 - \frac{2xy}{c-x}$$

oder

$$a^2(c-x)^2 = y^2 - 2x(c-x)y.$$

Diese Gleichung fassen wir als quadratische Gleichung für die Unbekannte x auf und schreiben sie demgemäß

$$(a^2-2y)x^2 + 2c[y-a^2]x + \{a^2c^2 - y^2\} = 0.$$

Da x reell sein soll, muß die Diskriminante D dieser Gleichung nichtnegativ sein, muß also

$$\boxed{D > 0}$$

sein.

Hier ist

$$D = 4[c^2(y-a^2)^2 - (a^2-2y)(a^2c^2-y^2)] = 4[(a^2+c^2)y^2 - 2y^3]$$

oder

$$D = 8y^2\left[\frac{a^2+c^2}{2} - y\right].$$

Mithin muß

$$y \leqq \frac{a^2 + c^2}{2}$$

sein.

Der höchste Wert, den y erreichen kann, ist

$$y_{\max} = \frac{a^2 + c^2}{2}.$$

Die Lösung dieser Aufgabe mittels Differentialrechnung ist umständlicher.

Beispiel 7. Die Hauptachsen der Ellipse

$$a x^2 + 2 b x y + c y^2 = 1$$

zu bestimmen.

Lösung: Bedeutet r den Abstand eines beliebigen Ellipsenpunktes (x, y) vom Ellipsenzentrum, das hier mit dem Koordinatenursprung zusammenfällt, so ist

$$r^2 = x^2 + y^2,$$

und das Maximum von r stellt die große Halbachse, das Minimum von r die kleine Halbachse der Ellipse dar. Unsere Aufgabe besteht also darin, das Maximum und Minimum der Größe

$$R = r^2$$

zu bestimmen.

Um diese Aufgabe zu lösen, schreiben wir

$$R = r^2 = x^2 + y^2 = \frac{x^2 + y^2}{1} = \frac{x^2 + y^2}{a x^2 + 2 b x y + c y^2}.$$

Hier erweitern wir mit $1 : x^2$, setzen

$$y : x = t$$

und bekommen

$$R = \frac{1 + t^2}{a + 2 b t + c t^2}.$$

Diese Beziehung fassen wir als quadratische Gleichung für das Koordinatenverhältnis t $(= y : x)$ eines die Ellipse durchlaufenden Mobils auf:

$$(Rc - 1) t^2 + 2 R b t + (R a - 1) = 0.$$

Da diese Gleichung keine komplexen Wurzeln t haben darf, muß ihre Diskriminante D nichtnegativ sein:

$$\boxed{D \geqq 0}.$$

Da

$$D = -4\,[(Ra-1)(Rc-1) - R^2 b^2]$$

ist, so sagt diese Bedingung aus, daß der in der eckigen Klammer stehende quadratische Ausdruck

$$Q = \delta R^2 - \varepsilon R + 1,$$

in welchem

$$\delta = ac - b^2, \qquad \varepsilon = a + c$$

ist, negativ oder Null sein muß.

Um über das Vorzeichen von Q zu entscheiden, verwandeln wir Q in ein Produkt von zwei Linearfaktoren (§ 3):

$$Q = \delta\,(R - G)\,(R - K),$$

wobei

$$G = \frac{\varepsilon + \omega}{2\delta}, \quad K = \frac{\varepsilon - \omega}{2\delta} \quad \text{und} \quad \omega = +\sqrt{\varepsilon^2 - 4\delta}$$

ist.

Da die Kurve eine Ellipse sein soll, die Koeffizientenfunktion $\delta = ac - b^2$ also positiv ist, so wird Q negativ, wenn R zwischen seiner unteren Grenze K und seiner oberen Grenze G liegt; an den beiden Stellen $R = K$ und $R = G$ verschwindet Q (und damit D). Diese beiden Stellen sind also der kleinste und größte Wert, den R zu erreichen vermag. Folglich:

Die Halbachsenquadrate der Ellipse

$$ax^2 + 2bxy + cy^2 = 1$$

sind $(\varepsilon \pm \omega) : 2\delta$, wobei

$$\delta = ac - b^2, \qquad \varepsilon = a + c, \qquad \omega = \sqrt{\varepsilon^2 - 4\delta}$$

ist.

Unser Verfahren liefert auch die Lage der Achsen.

Für $R = G$ und $R = K$ wird nämlich unserer quadratischen Gleichung für die Unbekannte t zufolge (wegen $D = 0$)

$$(Rc - 1)\,t + Rb = 0$$

und damit

für die große Halbachse	$t = Gb : (1 - Gc)$
» » kleine »	$t = Kb : (1 - Kc)$

Die Tangenten der Winkel, die die große und kleine Ellipsenachse mit der x-Achse bilden, sind demnach $b\,(\varepsilon \pm \omega) : [2\delta - c\,(\varepsilon \pm \omega)]$. Dieser Quotient läßt sich noch etwas vereinfachen. Schreibt man nämlich [wegen $(\varepsilon + \omega)(\varepsilon - \omega) = 4\delta$]

$$t = \frac{b}{\dfrac{2\delta}{\varepsilon \pm \omega} - c} = \frac{b}{\dfrac{\varepsilon \mp \omega}{2} - c} = \frac{2b}{a - c \mp \omega},$$

so ergibt sich die einfache Regel:

Die Neigungen der großen und kleinen Achse der Ellipse

$$a x^2 + 2 b x y + c y^2 = 1$$

gegen die x-Achse haben die Tangenten

$$\frac{2b}{a - c \mp \omega} \qquad \text{mit } \omega^2 = (a - c)^2 + 4 b^2.$$

Beispiel 8. Zwei Schiffe begegnen einander; wann kommen sie sich am nächsten, wenn ihre Anfangsstellungen, ihre Kurse und ihre Geschwindigkeiten bekannt sind?

Lösung: Die Aufgabe wird am bequemsten vektorisch gelöst. Dabei werden Kurs und Geschwindigkeit durch den Geschwindigkeitsvektor $\mathfrak{c}$ bzw. $\mathfrak{C}$ des ersten bzw. zweiten Schiffes und die Anfangsstellung durch den vektorischen Abstand $\mathfrak{a}$ des zweiten Schiffes vom ersten im Zeitpunkt Null festgelegt. Der vektorische Abstand des zweiten Schiffes vom ersten ist dann zur Zeit t $\mathfrak{r} = \mathfrak{a} + \mathfrak{C}t - \mathfrak{c}t$ oder

$$\mathfrak{r} = \mathfrak{a} + \mathfrak{d} t \qquad \text{mit } \mathfrak{d} = \mathfrak{C} - \mathfrak{c}.$$

Durch Quadrierung folgt hieraus $\mathfrak{r}^2 = \mathfrak{a}^2 + 2\,\mathfrak{a}\mathfrak{d}t + \mathfrak{d}^2 t^2$ oder, wenn wir die Beträge von $\mathfrak{a}$, $\mathfrak{d}$, $\mathfrak{r}$ wie üblich mit den gleichnamigen lateinischen Buchstaben a, d, r, das Skalarprodukt $\mathfrak{a}\,\mathfrak{d}$ mit S bezeichnen, die quadratische Gleichung

$$d^2 t^2 + 2\,S t + (a^2 - r^2) = 0.$$

Die (kleine) Diskriminante $D = S^2 - d^2\,(a^2 - r^2)$ dieser Gleichung muß > 0 sein, d. h. es ist $S^2 > d^2\,(a^2 - r^2)$ oder

$$d^2\, r^2 \geq a^2\, d^2 - S^2.$$

Nun stehen aber die Beträge $|\,S\,|$ und V des Skalar- und Vektorprodukts von $\mathfrak{a}$ und $\mathfrak{d}$ in der pythagoreischen Beziehung $a^2 d^2 = S^2 + V^2$. Folglich wird

$$d^2 r^2 \geq V^2$$

oder

$$\boxed{r \geq V : d}.$$

Man erhält also die kleinste Entfernung der beiden Schiffe, indem man den Betrag des Vektorprodukts der beiden Vektoren $\mathfrak{a}$ und $\mathfrak{d} = \mathfrak{C} - \mathfrak{c}$ durch den Betrag von $\mathfrak{d}$ teilt. Diesen Minimalabstand haben die Schiffe (wegen $d^2 t + S = 0$) zur Zeit

$$t = -S : d^2 = -\,\mathfrak{a}\mathfrak{d} : d^2.$$

Aus den verschiedenartigen hier behandelten Beispielen erkennt der Leser mühelos das folgende allgemeine

Prinzip zur Lösung von Extremaufgaben: Um das Maximum oder Minimum einer variablen Größe zu ermitteln, die von einem Argument abhängt, suche man letzteres als Unbekannte einer quadratischen Gleichung darzustellen, deren Koeffizienten und damit auch Diskriminante D von jener Größe abhängen, und schließe aus der Diskriminantenbedingung

$$\boxed{D \geq 0}$$

auf den Bereich der Werte, die die Größe annehmen kann.

Gewiß besitzt dieses Verfahren zur Ermittlung von Extremaufgaben bei weitem nicht die Allgemeinheit der Differentialmethode; doch ist die Anzahl der Fälle, auf die es angewandt werden kann, so groß und die Ausübung des Verfahrens, wie die obigen Beispiele zeigen, so einfach und übersichtlich, daß es lohnt, das Verfahren kennenzulernen.

Da die Ausdrücke, deren Extreme nach dieser Methode zu ermitteln sind, auf rationale quadratische Funktionen von der allgemeinen Form

$$y = \frac{A\,x^2 + 2\,B\,x + C}{a\,x^2 + 2\,b\,x + c}$$

zurückgeführt werden, so wird unsere Aufgabe vornehmlich darin bestehen, die Extreme dieser Funktion bei Zugrundelegung allgemeiner Koeffizientenwerte A, B, C, a, b, c zu bestimmen.

Da bei dem herzuleitenden allgemeinen Satze auch geometrische Betrachtungen, und zwar über harmonische Punkte eine Rolle spielen, so schicken wir unserer Untersuchung einen Exkurs über Harmonie und ihre Beziehungen zu quadratischen Gleichungen voraus.

§ 10. Teilverhältnis und Doppelverhältnis

Trägt man die — reellen — Wurzeln X_1 und X_2 einer vorgelegten quadratischen Gleichung

$$A\,X^2 + 2\,B\,X + C = 0$$

auf der Zahlenachse $\mathfrak{z}$ ab, so bilden die (vom Nullpunkt um X_1 und X_2 abstehenden) Endpunkte P_1 und P_2 der Abtragungen — die die Zahlen X_1 und X_2 geometrisch darstellen (auch selbst wohl als die »Zahlen« X_1 und X_2 bezeichnet werden) — ein Punktepaar, das die Strecke $P_1\,P_2$ begrenzt.

Um dann die Lage eines beliebigen Punktes P der Geraden $\mathfrak{z}$ zu bestimmen, bedient man sich häufig der »Standgröße« $P_1\,P = \xi_1$ des Punktes P, worunter man den Abstand des Punktes P von der Stelle P_1 versteht, wobei dieser Abstand positiv oder negativ gerechnet wird, je nachdem die von P_1 nach P führende Richtung mit der von P_1 nach P_2 führenden Richtung übereinstimmt oder nicht.

Man könnte die Lage des Punktes P ebensogut durch seine auf P_2 bezogene Standgröße $P_2 P = \xi_2$ bestimmen, wobei ξ_2 positiv oder negativ zu rechnen ist, je nachdem die von P_2 nach P führende Richtung mit der von P_2 nach P_1 führenden übereinstimmt oder nicht.

Damit besitzt dann der Punkt P zwei Standgrößen ξ_1 und ξ_2, die aber voneinander abhängen, insofern ihre Summe gleich der Länge der Strecke $P_1 P_2$ ist.

Der Punkt P liegt zwischen P_1 und P_2 oder nicht, je nachdem seine beiden Standgrößen gleiche oder entgegengesetzte Vorzeichen haben.

Da zur Festlegung des Punktes P die Angabe beider Standgrößen überflüssig ist, begnügt man sich meist mit der Angabe ihres Verhältnisses

$$\lambda = P_1 P : P_2 P = \xi_1 : \xi_2;$$

dieses Verhältnis heißt das Teilverhältnis des Punktes P in der Strecke $P_1 P_2$ oder das Teilverhältnis des Punktes P für das Punktepaar (P_1, P_2), wobei aber auf die Reihenfolge der Punkte P_1 und P_2 zu achten ist.

Durch das Teilverhältnis ist die Lage des Punktes eindeutig bestimmt.

In der Tat: Durchläuft der Punkt P die Gerade $\mathfrak{z}$ von $-\infty$ bis $+\infty$, so durchläuft das Teilverhältnis λ alle reellen Werte, und zwar jeden genau einmal; und zwar läuft λ von -1 bis 0, wenn P aus dem negativen Unendlichen nach P_1 geht, es läuft von 0 bis $+\infty$, wenn P von P_1 aus die Strecke $P_1 P_2$ durcheilt, beim Passieren der Stelle P_2 springt es von $+\infty$ auf $-\infty$, um schließlich, wenn P von P_2 bis ins positive Unendliche läuft, von $-\infty$ bis auf -1 anzusteigen. Demnach kommt nur der Wert $\lambda = -1$ doppelt vor: einmal im negativen und einmal im positiven Unendlichen. Da aber in der Geometrie der geraden Linie nur ein unendlich ferner Punkt zugeschrieben wird, so ist dieses doppelte Vorkommen nur Schein; wir müssen sagen: das Teilverhältnis hat im Unendlichen den Wert -1.

Neben der geometrischen Schreibung

$$\lambda = P_1 P : P_2 P$$

des Teilverhältnisses ist die analytische Schreibweise zu merken.

Wenn der Punkt P auf der Zahlenachse $\mathfrak{z}$ die Zahl X darstellt, d. h. wenn sein Abstand vom Nullpunkt — seine Koordinate — X ist, dann haben wir

$$P_1 P = X - X_1 \quad \text{und} \quad P_2 P = X_2 - X$$

und

$$\lambda = \frac{X - X_1}{X_2 - X}.$$

Wir prägen uns ein:

Das Teilverhältnis des Punktes P_3 für das Punktepaar (P_1, P_2) hat den Wert

$$\boxed{\lambda = \frac{P_1 P_3}{P_2 P_3} = \frac{X_3 - X_1}{X_2 - X_3}},$$

wobei X_1, X_2, X_3 die Koordinaten der drei Punkte bedeuten.

Nunmehr sei

$$a x^2 + 2 b x + c = 0$$

eine zweite quadratische Gleichung mit gegebenen Koeffizienten. Auch ihre Wurzeln x_1 und x_2 seien zunächst reell. Die Abtragung dieser Wurzeln auf der Zahlenachse $\mathfrak{z}$ führe zu den Zahlen x_1 und x_2, den Punkten p_1 und p_2.

Jeder der beiden Punkte p_1 und p_2 bestimmt mit dem obigen Punktepaar (P_1, P_2) ein Teilverhältnis, der erste das Teilverhältnis

$$\lambda_1 = \frac{P_1 p_1}{P_2 p_1} = \frac{x_1 - X_1}{X_2 - x_1},$$

der zweite das Teilverhältnis

$$\lambda_2 = \frac{P_1 p_2}{P_2 p_2} = \frac{x_2 - X_1}{X_2 - x_2}.$$

Durch Division der beiden Teilverhältnisse entsteht das sogenannte

Doppelverhältnis der Punktepaare (P_1, P_2) und (p_1, p_2)

oder der Wurzelpaare (X_1, X_2) und (x_1, x_2) oder, wie man meist sagt, das

Doppelverhältnis der vier Punkte P_1, P_2, p_1, p_2,

wobei die Reihenfolge zu beachten ist.

Das Doppelverhältnis der vier Punkte P_1, P_2, p_1, p_2 — geschrieben: $(P_1 P_2 p_1 p_2)$ — hat den Wert

$$\boxed{(P_1 P_2 p_1 p_2) = \frac{P_1 p_1}{P_2 p_1} : \frac{P_1 p_2}{P_2 p_2}}.$$

Heißen die Punkte A, B, C, D, so wird

$$\boxed{(A B C D) = \frac{A C}{B C} : \frac{A D}{B C}}.$$

Durch Einführung der Koordinaten X_1, X_2, x_1, x_2 der vier Punkte, schreibt sich das Doppelverhältnis

$$(P_1 P_2 p_1 p_2) = \frac{x_1 - X_1}{X_2 - x_1} : \frac{x_2 - X_1}{X_2 - x_2}$$

oder auch, vielleicht etwas bequemer,

$$(P_1\,P_2\,p_1\,p_2) = \frac{x_1 - X_1}{x_1 - X_2} : \frac{x_2 - X_1}{x_2 - X_2}.$$

Natürlich können wir auch die Abkürzung $(X_1\,X_2\,x_1\,x_2)$ für das Doppelverhältnis wählen und haben dann:

Das Doppelverhältnis der vier Punkte mit den Koordinaten X_1, X_2, x_1, x_2 ist

$$(X_1\,X_2\,x_1\,x_2) = \frac{x_1 - X_1}{x_1 - X_2} : \frac{x_2 - X_1}{x_2 - X_2}.$$

[Heißen die Koordinaten x_1, x_2, x_3, x_4, so wird ihr Doppelverhältnis

$$\boxed{(x_1\,x_2\,x_3\,x_4) = \frac{x_3 - x_1}{x_3 - x_2} : \frac{x_4 - x_1}{x_4 - x_2}}\,\Big].$$

Bis jetzt setzten wir die Wurzeln (X_1, X_2) und (x_1, x_2) als reell voraus. Es macht aber nicht die geringsten Schwierigkeiten, unsere Begriffe »Teilverhältnis« und »Doppelverhältnis« auch auf komplexe Zahlentripel (X_1, X_2, x_1) bzw. Zahlenquadrupel (X_1, X_2, x_1, x_2) zu übertragen, worauf weiter unten zu achten sein wird.

§ 11. Harmonie

Zwei Punktepaare (P_1, P_2) und (p_1, p_2) einer Geraden, zwei Koordinatenpaare (X_1, X_2) und (x_1, x_2), die Wurzelpaare (X_1, X_2) und (x_1, x_2) zweier quadratischen Gleichungen

$$A\,X^2 + 2\,B\,X + C = 0 \quad \text{und} \quad a\,x^2 + 2\,b\,x + c = 0,$$

heißen zueinander harmonisch, wenn ihr Doppelverhältnis den Wert -1 hat. Außerdem heißen dann die Punkte P_1 und P_2 des einen Paares, ebenso die Punkte p_1 und p_2 des andern Paares einander zugeordnet oder konjugiert. Die Gesamtheit der vier Punkte P_1, P_2, p_1, p_2 nennt man einen harmonischen Wurf. Auch kann man die beiden Strecken $P_1\,P_2$ und $p_1\,p_2$ zueinander harmonisch (harmonische Strecken) nennen. Die Berechtigung der Redeweise »zueinander harmonisch« erkennt man unmittelbar, wenn man (p_1, p_2) statt (P_1, P_2) als Ausgangspaar nimmt und die Definitionsgleichung

$$(P_1\,P_2\,p_1\,p_2) = -1 \quad \text{oder} \quad P_1\,p_1 : P_2\,p_1 = -\,P_1\,p_2 : P_2\,p_2$$
$$(p_1\,p_2\,P_1\,P_2) = -1 \quad \text{oder} \quad p_1\,P_1 : p_2\,P_1 = -\,p_1\,P_2 : p_2\,P_2$$

schreibt

An unsere Definition knüpfen sich sofort zwei wichtige Fragen:

I. Zu welchen geometrischen Deutungen führt die Harmonie zweier Paare?

II. Wie wirkt sich die Harmonie der beiden Wurzelpaare auf die Koeffizienten der zugehörigen quadratischen Gleichungen aus?

I. Geometrische Deutungen der Harmonie.

(A, B) und (P, Q) seien zwei (zueinander) harmonische Punktpaare, so daß

$$(A\,B\,P\,Q) = -1$$

oder

$$A\,P : B\,P = -A\,Q : B\,Q$$

ist. Wenn aber die Teilverhältnisse zweier Punkte P und Q für das Paar (A, B) entgegengesetzt gleich sind, muß der eine der beiden Punkte, etwa P, innerhalb, der andere, Q, außerhalb der Strecke $A\,B$ liegen.

Wir denken uns die Gerade, die den harmonischen Wurf (A, B, P, Q) enthält, so, daß die Punkte, von links nach rechts gesehen, in der Reihenfolge A, P, B, Q erscheinen:

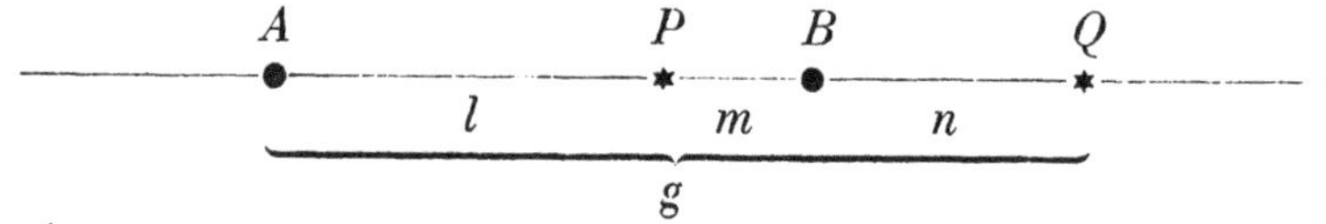

und setzen

$$A\,P = l, \quad P\,B = m, \quad B\,Q = n, \quad A\,Q = g.$$

Dann ist

$$A\,P : B\,P = l : m, \qquad A\,Q : B\,Q = -g : n,$$

folglich

$$l : m = g : n$$

oder

(1) $$\boxed{m\,g = l\,n}\,.$$

Drei sukzessive Strecken

$$A\,P = l, \quad P\,B = m, \quad B\,Q = n$$

einer Geraden erzeugen dann und nur dann zwei harmonische Punktpaare (A, B) und (P, Q), wenn

$$m\,g = l\,n \qquad \text{mit } g = l + m + n$$

ist.

Wir schreiben diese fundamentale Relation für zwei harmonische Strecken $A\,B$ und $P\,Q$ um. Zu dem Zwecke führen wir den Mittelpunkt einer der beiden Strecken, etwa den Mittelpunkt M der Strecke $A\,B$ und die (positiven) Abstände

$$M\,A = r, \quad M\,B = r, \quad M\,P = p, \quad M\,Q = q$$

der vier harmonischen Punkte A, B, P, Q von M ein.

Dann ist

$$r = \frac{l+m}{2} = \frac{g-n}{2}, \quad p = \frac{l-m}{2}, \quad q = \frac{g+n}{2},$$

mithin wegen der Harmoniebedingung $mg = ln$

$$r^2 = \frac{l+m}{2} \cdot \frac{g-n}{2} = \frac{lg-mn}{4}, \quad pq = \frac{lg-mn}{4}$$

und

(2) $$\boxed{r^2 = pq}.$$

In Worten:

Der Abstand der Endpunkte einer von zwei harmonischen Strecken von ihrer Mitte M ist mittlere Proportionale zwischen den Abständen der Endpunkte der andern Strecke von M.

Umgekehrt folgt leicht aus (2) (1).

Zeichnen wir den Kreis $\mathfrak{C}$ mit dem Durchmesser $AB = 2r$, so heißen bekanntlich zwei auf der Geraden AB und zwar auf derselben Seite von M gelegene Punkte P und Q, deren Zentralen $MP = p$ und $MQ = q$ das Produkt r^2 haben, in bezug auf diesen Kreis Spiegelbilder voneinander. Folglich:

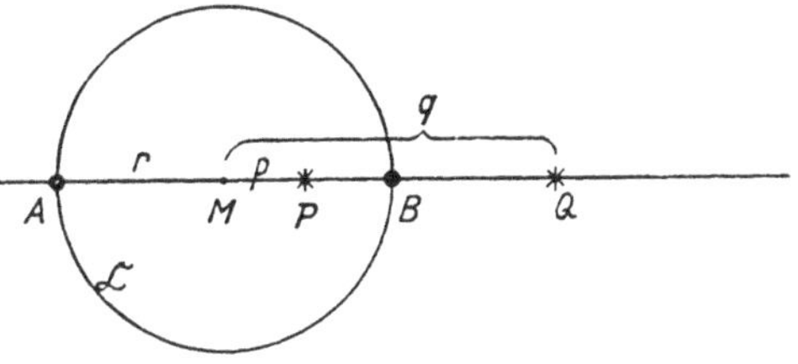

Bild 8.

Spiegelt man einen Punkt P in einem Kreise nach Q und schneidet die Verbindungslinie PQ den Kreis in A und B, so sind (A, B) und (P, Q) harmonische Punktpaare.

Zeichnet man weiter einen durch die Punkte P und Q laufenden Kreis Γ mit beliebigem Radius ϱ, so hat seine Potenz in M einerseits den Wert $MP \cdot MQ = pq = r^2$, anderseits den Wert $z^2 - \varrho^2$, wenn z den Abstand des Punktes M vom Zentrum von Γ bedeutet.

Daher wird

$$z^2 - \varrho^2 = r^2 \quad \text{oder} \quad z^2 = r^2 + \varrho^2.$$

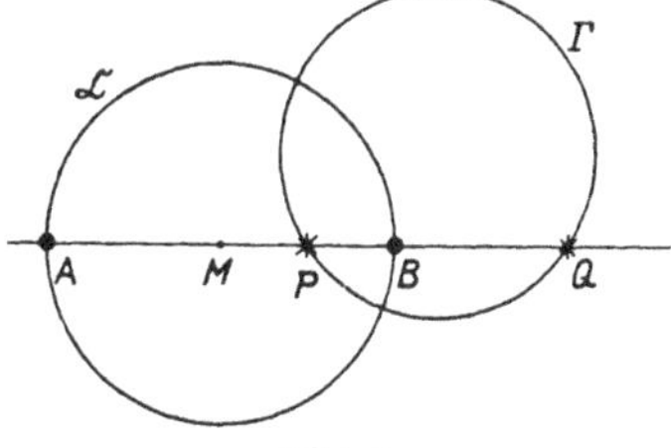

Bild 9.

Letztere Gleichung sagt aber aus, daß die Kreise $\mathfrak{C}$ und Γ aufeinander senkrecht stehen.

Haben wir umgekehrt zwei Orthogonalkreise $\mathfrak{C}$ und Γ mit den Radien r und ϱ, und sind P und Q die Punkte, in denen ein beliebiger Durchmesser AB von $\mathfrak{C}$ den Kreis Γ schneidet, so ist die Potenz von Γ im Mittelpunkte M von $\mathfrak{C}$ einerseits $MP \cdot MQ$, anderseits $z^2 - \varrho^2$, unter z die Zentrale der beiden Kreise verstanden, und es gilt die Gleichung

$$MP \cdot MQ = z^2 - \varrho^2.$$

Wegen der Orthogonalität der beiden Kreise ist aber

$$z^2 = r^2 + \varrho^2.$$

Aus den beiden letzten Gleichungen folgt

$$MP \cdot MQ = r^2.$$

Q ist also Spiegelbild von P in $\mathfrak{C}$, und das Punktpaar (P, Q), in dem die Gerade AMB den Kreis Γ schneidet, ist harmonisch zu (A, B).

Daher gilt der Satz:

Zieht man durch das Zentrum eines von zwei Orthogonalkreisen eine Sekante, so bilden ihre Schnittpunkte mit den Kreisen zwei harmonische Punktpaare.

Zu einer vierten geometrischen Deutung der Harmonie führt das Vierseit.

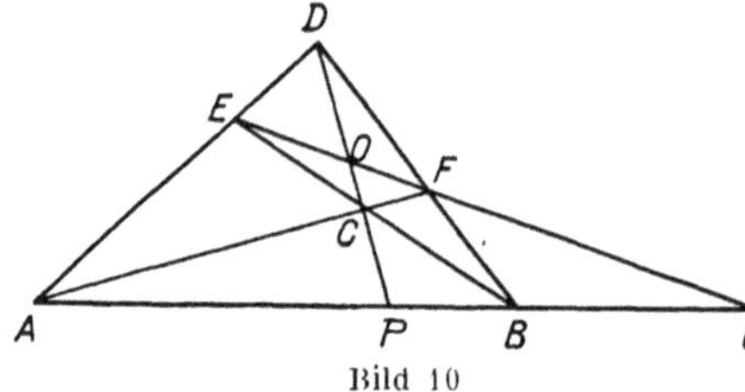

Bild 10

Ein (vollständiges) Vierseit ist der Inbegriff von vier Geraden der Ebene, von denen keine drei durch einen Punkt laufen. Wählt man zwei von den vier Seiten willkürlich aus, so bildet ihr Schnittpunkt eine Ecke des Vierseits, der Schnittpunkt der andern beiden Seiten die zugeordnete Ecke oder kurz Gegenecke. Da die Auswahl auf drei Weisen getroffen werden kann, besitzt das Vierseit im ganzen sechs Ecken, drei Gegeneckenpaare. Die Verbindungslinie von zwei Gegenecken heißt Diagonale des Vierseits. Ein Vierseit hat drei Diagonalen. Die Schnittpunkte der Diagonalen werden Diagonalpunkte genannt. Das gezeichnete Vierseit hat die vier Seiten AED, ACF, BCE und BFD, die sechs Ecken A, B, C, D, E, F. (A, B), (C, D) und (E, F) sind Gegeneckenpaare, demnach AB, CD, EF die drei Diagonalen. Die Schnittpunkte von AB und CD, dann von AB und EF, endlich von CD und EF sind die drei Diagonalpunkte P, Q, O.

Nun ist nach dem auf das Dreiseit ABD mit den drei Cevatransversalen AC, BC, DC angewandten Satze von Ceva

$$\frac{AP}{BP} \cdot \frac{BF}{DF} \cdot \frac{DE}{AE} = +1,$$

sodann nach dem auf dasselbe Dreiseit mit der Transversale EFQ angewandten Satze von Menelaos

$$\frac{AQ}{BQ} \cdot \frac{BF}{DF} \cdot \frac{DE}{AE} = -1,$$

wobei jedes Teilverhältnis mit dem der obigen Verabredung entsprechenden Vorzeichen zu denken ist.

Die Division dieser beiden Gleichungen gibt

$$\frac{AP}{BP} : \frac{AQ}{BQ} = -1.$$

Das Doppelverhältnis der vier Punkte A, B, P, Q bzw. der beiden Punktpaare (A, B) und (P, Q) ist -1, d. h. aber: diese Punktpaare sind harmonisch.

Wendet man dieselbe Schlußweise auf das Dreiseit DEF mit den Cevatransversalen DC, EC, FC, mit der Menelaostransversale QBA an, so entsteht die Gleichung

$$\frac{EO}{FO} : \frac{EQ}{FQ} = -1$$

und bei Benutzung des Dreiseits CDF mit den Cevatransversalen CE, DE, FE, mit der Menelaostransversale BAP die Gleichung

$$\frac{DO}{CO} : \frac{DP}{CP} = -1.$$

Damit sind auch (E, F) und (O, Q) sowie auch (D, C) und (O, P) als harmonische Punktpaare erkannt. Es gilt demnach der

Satz vom Vierseit:

Je zwei Gegenecken eines Vierseits und die auf ihrer Verbindungslinie liegenden Diagonalpunkte sind harmonische Punktpaare.

Die angegebenen Sätze setzen uns instand, folgende zwei Fundamentalaufgaben zu lösen:

I. Von zwei harmonischen Punktpaaren (A, B) und (P, Q) ist das erste und ein Punkt, etwa P, des zweiten gegeben; den zu P zugeordneten Punkt Q des zweiten Paares zu zeichnen.

II. Zu zwei gegebenen Punktpaaren (A, B) und (C, D) einer Geraden die gemeinsame harmonische Ergänzung, d. h. das sowohl zu (A, B) als auch zu (C, D) harmonische Punktpaar (P, Q) zu zeichnen.

Lösungen von I.

Erste Lösung: Man zeichne zwei durch A und B laufende Parallelen und bringe sie in H und K mit einer beliebigen, durch P laufenden Geraden zum Schnitt. Man spiegle K in B nach L; der Schnittpunkt der Verbindungslinie HL mit der Geraden AB ist der zu P zugeordnete Punkt Q.

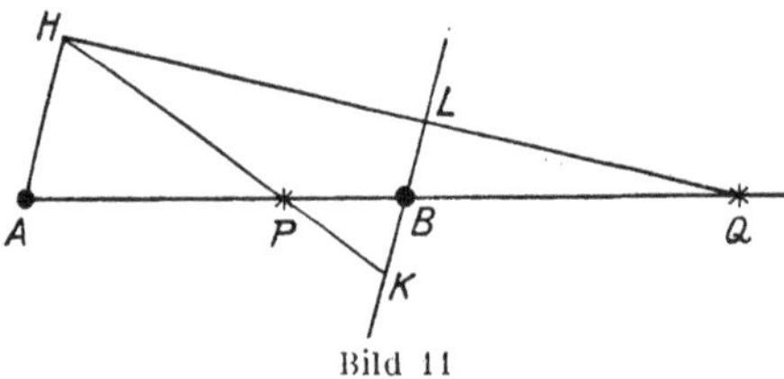

Bild 11

Der Beweis folgt ohne weiteres aus dem Strahlensatze. Dieser liefert die beiden Proportionen (ohne Vorzeichenberücksichtigung)

$$AP : BP = AH : BK$$

und $\quad AQ : BQ = AH : BL,$

aus denen dann die Gleichheit der Teilverhältnisse $AP : BP$ und $AQ : BQ$ (ohne Vorzeichenberücksichtigung) hervorgeht. Der weitere Umstand, daß Q außerhalb oder innerhalb der Strecke AB liegt, je nachdem P innerhalb oder außerhalb von AB liegt, vervollständigt den Beweis.

Zweite Lösung: Man zeichne den Kreis $\mathfrak{C}$ vom Durchmesser AB und spiegle P in $\mathfrak{C}$; das Spiegelbild ist der gesuchte, zu P zugeordnete Punkt Q.

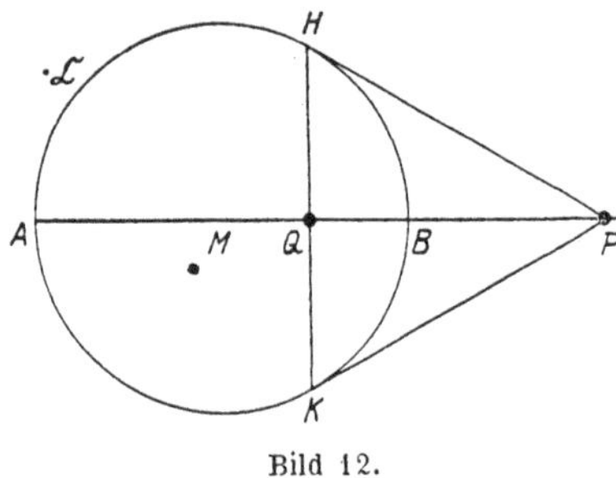

Bild 12.

Anmerkung. Das Spiegelbild Q eines Punktes P in einem Kreise $\mathfrak{C}$ vom Zentrum M kann man z. B. folgendermaßen bekommen. Liegt P außerhalb von C, so zeichnet man die Tangenten PH und PK an $\mathfrak{C}$; der Schnittpunkt von HK mit MP ist Q. Liegt P innerhalb von $\mathfrak{C}$, so errichte man in P auf MP die Senkrechte bis zum Schnitt H mit $\mathfrak{C}$; die in H an $\mathfrak{C}$ gelegte Tangente trifft MP in Q. Der Beweis erfolgt durch Anwendung des Satzes vom Kathetenquadrat auf die Kathete MH des rechtwinkligen Dreiecks MHP bzw. MHQ.

$$(MH^2 = MQ \cdot MP$$

oder $\quad MP \cdot MQ = r^2.)$

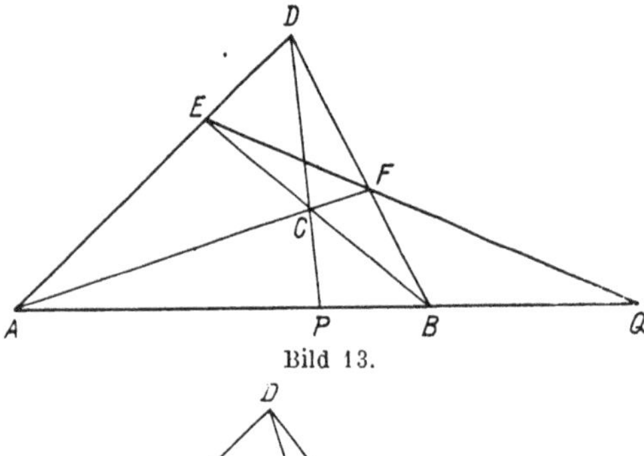

Bild 13.

Dritte Lösung: Man verbinde einen beliebigen Punkt D außerhalb von AB mit A und B.

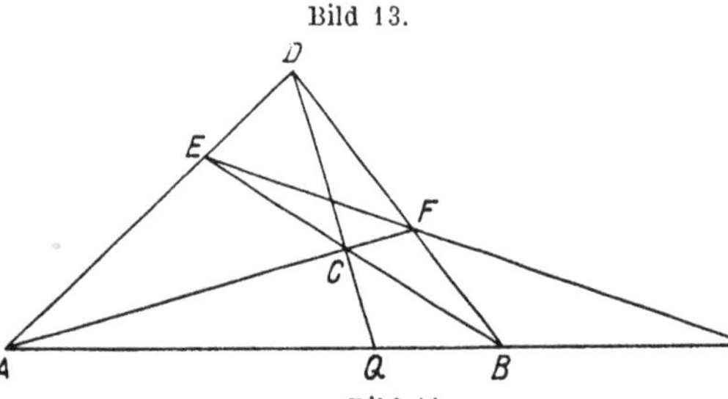

Bild 14.

Liegt nun P innerhalb von AB, so verbinde man P mit D, bringe diese Verbindungslinie und BD mit einer beliebigen, durch A laufenden Transversale in C und F zum Schnitt und bringe BC mit AD in E zum Schnitt; die Verbindungslinie EF schneidet die Gerade AB in Q.

Liegt P dagegen außerhalb von AB, so bringe man AD und BD mit einer beliebigen, von P ausgehenden Transversale in E und F zum Schnitt und zeichne den Schnittpunkt C von AF und BE; die Verbindungslinie DC trifft AB im gesuchten Punkte Q.

Das Bemerkenswerteste an dieser Konstruktion ist der Umstand, daß sie mit dem Lineal allein ausgeführt werden kann; sie ist eine sog. Linealkonstruktion.

Zum Ausbau einer reinen Zirkelkonstruktion eignet sich am besten die zweite Lösung unserer Aufgabe, insofern es sehr einfach ist, einen Punkt in einem Kreise mit alleiniger Benutzung des Zirkels zu spiegeln. [Liegt P z. B. außerhalb von $\mathfrak{C}$, so schlage man mit der Zirkelöffnung MP auf $\mathfrak{C}$ ein und beschreibe um die erhaltenen Schnittpunkte I und II Kreise mit dem Halbmesser $MI = MII$; der zwischen M und P gelegene Schnittpunkt dieser Kreise ist das Spiegelbild Q von P in $\mathfrak{C}$. (Beweis nach dem auf das gleichschenklige Dreieck MQI mit der Spitzentransversale IP angewandten Spitzentransversalensatze.) Liegt P innerhalb von $\mathfrak{C}$, so gilt dieselbe Konstruktion, falls MP größer ist als der halbe Halbmesser von $\mathfrak{C}$. Wenn diese Bedingung nicht erfüllt ist, muß die Konstruktion etwas umgestaltet werden, worauf wir hier aber nicht weiter eingehen wollen.]

Lösung von II.

Wenn das gesuchte Punktpaar (P, Q) sowohl zu (A, B) als auch zu (C, D) harmonisch sein soll, so muß jeder durch P und Q laufende Kreis $\mathfrak{K}$ die Kreise I und II mit den Durchmessern AB und CD senkrecht schneiden, wie auch jeder zu I und II orthogonale Kreis $\mathfrak{K}$ die Gerade $ABCD$ in einem Punktpaare (P, Q) schneidet, das sowohl zu (A, B) als auch zu (C, D) harmonisch ist (wobei wir allerdings die Existenz solcher Schnittpunkte voraussetzen müssen).

Aus dieser Bemerkung resultiert folgende

Konstruktion:

Man zeichne die Kreise I und II mit den Durchmessern AB und CD, sowie einen Kreis $\mathfrak{K}$, der auf I und II senkrecht steht; dieser schneidet die Gerade $ABCD$ in dem gesuchten Punktpaare (P, Q). Die Konstruktion gelingt jedoch nur, wenn I und II keinen Punkt gemeinsam haben; wenn sich I und II schneiden, versagt sie; wenn sich I und II berühren, fallen P und Q mit dem Berührungspunkte zusammen.

Einen Kreis $\mathfrak{K}$, der auf zwei vorgelegten Kreisen I und II senkrecht steht, bekommt man leicht folgendermaßen. Es gibt unendlich viele Kreise, die auf I und II senkrecht stehen: ihre Zentra liegen auf der

Chordale χ von I und II; und der Radius des zu einem beliebigen Punkte O von χ gehörigen auf I und II senkrechten Kreises $\mathfrak{K}$ ist eine der von O an I oder II gelegten (gleich langen) Tangenten.

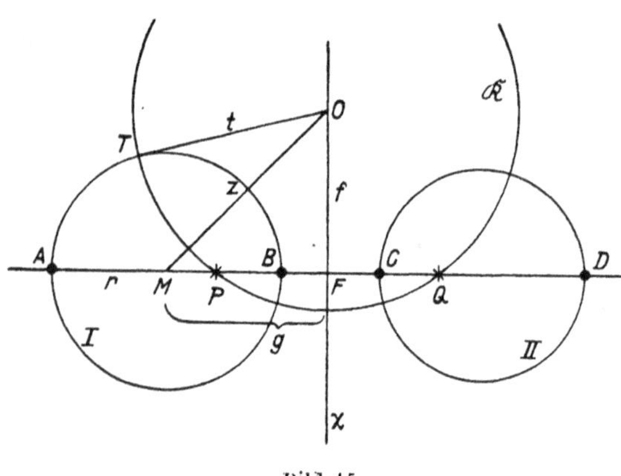

Bild 15.

Wenn sich I und II in H und K schneiden, so ist die Chordale χ bekanntlich die gemeinsame Sekante HK. Wenn F der Schnittpunkt von χ und AB und $OF = f$, $FH = FK = s$ ist, wenn ferner OT die von O an I gelegte Tangente, zugleich der Halbmesser t des zu I und II orthogonalen Kreises $\mathfrak{K}$ ist, so hat die Potenz von I in O den Wert

$$t^2 = OH \cdot OK = (f - s)(f + s) = f^2 - s^2.$$

Folglich ist t kürzer als das von O auf die Zentrale von I und II gefällte Lot $OF = f$, und der Kreis $\mathfrak{K}$ kann die Zentrale nicht schneiden; die gesuchten Punkte P und Q existieren nicht.

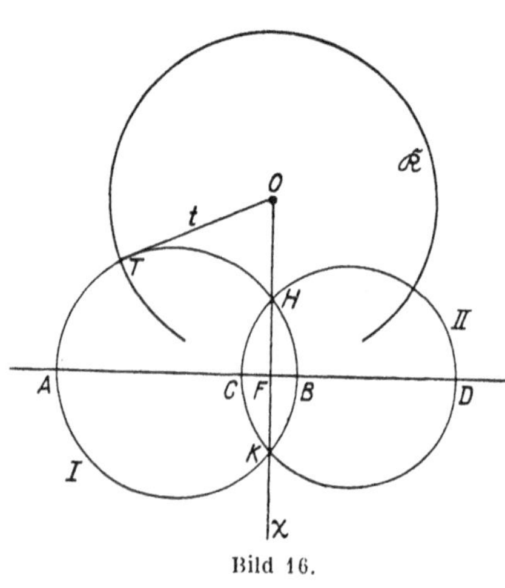

Bild 16.

Wenn I und II keinen Punkt gemeinsam haben, verläuft ihre Chordale χ ganz außerhalb der beiden Kreise I und II, liegt also auch ihr Schnittpunkt F mit der Zentrale von I und II außerhalb von I und II. Ist nun z. B. M der Mittelpunkt, r der Radius von I, O wieder irgendein Punkt der Chordale, $OT = t$ die Tangente von O an I, zugleich der Radius des zu I und II normalen Kreises $\mathfrak{K}$ mit dem Mittelpunkte O, endlich $OM = z$, $OF = f$ und $MF = g$, so erhalten wir für die Potenz des Kreises I in O den Wert

$$t^2 = z^2 - r^2,$$

für den Abstand f des Punktes O von der Zentrale der Kreise I und II die pythagoreische Gleichung

$$f^2 = z^2 - g^2.$$

Da aber F außerhalb von I liegt, g also größer als r ist, so folgt aus diesen beiden Gleichungen

$$t > f,$$

so daß der Kreis $\mathfrak{K}$ die Zentrale von I und II in zwei Punkten P und Q schneidet.

Das Punktpaar (P, Q) ist zu jedem der beiden Punktpaare (A, B) und (C, D) harmonisch.

Die Konstruktion gelingt, wenn die Kreise I und II keinen Punkt gemeinsam haben; ob (wie in unserer Figur) der eine Kreis ganz außerhalb, oder ob er ganz innerhalb des andern liegt, macht bei ihrer Ausführung keinen Unterschied.

Wir sehen auch noch, daß in dem Grenzfalle, wo die Kreise I und II sich berühren, die Punkte P und Q im Berührungspunkte zusammenfallen.

Daß im übrigen jeder der unendlich vielen Kreise $\mathfrak{K}$, deren Zentra O auf der Chordale liegen, deren Halbmesser t Tangenten an I und II sind, die Zentrale von I und II stets an denselben Stellen P und Q schneidet, folgt so: Setzen wir $FP = FQ = x$, so erhalten wir für die Potenz von $\mathfrak{K}$ in M die Relation

$$z^2 - t^2 = MP \cdot MQ = (g - x) \cdot (g + x) = g^2 - x^2,$$

aus der Orthogonalität von $\mathfrak{K}$ und I die Gleichung

$$z^2 = t^2 + r^2.$$

Die Verbindung dieser beiden Gleichungen liefert für die Unbekannte x die Gleichung

$$g^2 - x^2 = r^2,$$

so daß

$$x = \sqrt{g^2 - r^2}$$

ein für alle Kreise $\mathfrak{K}$ unveränderlicher Wert ist. Das heißt aber: jeder auf I und II senkrechte Kreis $\mathfrak{K}$ läuft durch dieselben Punkte P und Q der Zentrale von I und II.

Um das Ergebnis dieser Betrachtungen bequem aussprechen zu können, wollen wir zwei Strecken AB und CD bzw. zwei Punktpaare (A, B) und (C, D) einer Geraden verkettet nennen, wenn von den beiden Punkten C und D der eine innerhalb, der andere außerhalb der Strecke AB liegt. Wir haben dann folgenden

Satz von der harmonischen Ergänzung:

Zwei Punktpaare (A, B) und (C, D) einer Geraden haben nur dann eine gemeinsame harmonische Ergänzung (P, Q), wenn die gegebenen Punktpaare nicht verkettet sind, und zwar ist in diesem Falle das zu (A, B) und (C, D)

harmonische Paar (P, Q) das Schnittpunktpaar, das irgendein zu den Kreisen mit den Durchmessern AB und CD orthogonaler Kreis auf der Geraden $ABCD$ erzeugt.

§ 12. Quadratische Gleichungen und Harmonie

Nach diesen geometrischen Erörterungen kommen wir zur Behandlung der zweiten obigen Frage »Welche Beziehung besteht zwischen den Koeffizienten der quadratischen Gleichungen

$$AX^2 + 2BX + C = 0 \quad \text{und} \quad ax^2 + 2bx + c = 0,$$

deren Wurzelpaare (X_1, X_2) und (x_1, x_2) zueinander harmonisch sind?«

Wir erhalten die gesuchte Beziehung durch Verknüpfung der Harmoniebedingung

$$(X_1 X_2 x_1 x_2) = -1 \quad \text{oder} \quad \frac{X_1 - x_1}{X_2 - x_1} : \frac{X_1 - x_2}{X_2 - x_2} = -1$$

mit den bekannten Wurzel-Koeffizienten-Relationen

$$X_1 + X_2 = -\frac{2B}{A}, \quad X_1 X_2 = \frac{C}{A}, \quad x_1 + x_2 = -\frac{2b}{a}, \quad x_1 x_2 = \frac{c}{a}$$

aus § 2. Wir schreiben die Harmoniebedingung

$$(X_1 - x_1)(X_2 - x_2) + (X_1 - x_2)(X_2 - x_1) = 0$$

oder

$$2X_1 X_2 + 2x_1 x_2 = (X_1 + X_2)(x_1 + x_2)$$

und bekommen

$$2\frac{C}{A} + 2\frac{c}{a} = \frac{2B}{A} \cdot \frac{2b}{a}$$

oder endlich

$$\boxed{Ac + Ca - 2Bb = 0},$$

welche Gleichung die gesuchte Beziehung darstellt.

Die Koeffizientenverbindung

$$\boxed{H = Ac + Ca - 2Bb}$$

heißt die harmonische Invariante der Trinome $Ax^2 + 2Bx + C$ und $ax^2 + 2bx + c$ bzw. Gleichungen

$$Ax^2 + 2Bx + C = 0 \quad \text{und} \quad ax^2 + 2bx + c = 0,$$

und unser Ergebnis lautet:

Satz von der harmonischen Invariante.

Zwei quadratische Gleichungen haben harmonische Wurzelpaare, wenn ihre harmonische Invariante verschwindet.

Dieser Satz gilt auch dann, wenn einer der Erstkoeffizienten A oder a verschwindet. Ist z. B. $A = 0$, so hat die quadratische Gleichung $A x^2 + 2 B x + C$ eine unendlich große Wurzel $X_1 = \infty$ und die Wurzel $X_2 = - C : 2 B$.

Das obige Doppelverhältnis nimmt den Wert

$$\frac{X_1 - x_1}{X_2 - x_1} : \frac{X_1 - x_2}{X_2 - x_2} = \frac{X_2 - x_2}{X_2 - x_1} = -1$$

an, und es ist

$$x_1 + x_2 = 2 X_2$$

oder

$$-\frac{2b}{a} = -\frac{C}{B}.$$

oder

$$Ca - 2 Bb = 0.$$

Anmerkung. Der Ausdruck »Invariante« erklärt sich folgendermaßen.

Sind

$$F = A x^2 + 2 B x y + C y^2 \quad \text{und} \quad f = a x^2 + 2 b x y + c y^2$$

zwei, wie man sie nennt, quadratische Formen in den Veränderlichen x und y, und substituiert man in ihnen für x und y zwei Linearformen

$$x = \alpha x' + \beta y', \qquad y = \gamma x' + \delta y'$$

mit dem »Substitutionsmodul«

$$\Delta = \alpha \delta - \beta \gamma,$$

so gehen sie in zwei Formen

$$F' = A' x'^2 + 2 B' x' y' + C' y'^2 \text{ und } f' = a' x'^2 + 2 b' x' y' + c' y'^2$$

über, und eine einfache Rechnung zeigt, daß die neue »Invariante«

$$H' = A' c' + C' a' - 2 B' b'$$

mit der alten

$$H = A c + C a - 2 B b$$

durch die einfache Formel

$$H' = \Delta^2 H$$

verknüpft ist. Die Koeffizientenkombination H ist der Substitution gegenüber — vom Zusatzfaktor Δ^2 abgesehen — »invariant« geblieben.

Nach dieser Betrachtung über die harmonische Invariante sind wir imstande, das im vorigen Paragraphen geometrisch erörterte Problem

»Zu zwei vorgelegten Paaren die gemeinsame harmonische Ergänzung zu suchen« algebraisch zu behandeln.

Die beiden gegebenen Paare seien die Wurzelpaare (X_1, X_2) und (x_1, x_2) der quadratischen Gleichungen

$$A X^2 + 2 B X + C = 0 \quad \text{und} \quad a x^2 + 2 b x + c = 0.$$

Die Angehörigen $\mathfrak{x}_1$ und $\mathfrak{x}_2$ des gleichzeitig zu (X_1, X_2) und (x_1, x_2) harmonischen Paares fassen wir gleichfalls als Wurzeln einer quadratischen Gleichung auf, die wir aus sogleich hervortretenden Gründen

$$\mathfrak{C}\mathfrak{x}^2 - \mathfrak{B}\mathfrak{x} + \mathfrak{A} = 0$$

schreiben.

Nach dem Satze von der harmonischen Invariante sind die Bedingungen für die Harmonie der Paare (X_1, X_2) und $(\mathfrak{x}_1, \mathfrak{x}_2)$ und der Paare (x_1, x_2) und $(\mathfrak{x}_1, \mathfrak{x}_2)$

$$\left.\begin{cases} A\,\mathfrak{A} + B\,\mathfrak{B} + C\,\mathfrak{C} = 0 \\ a\,\mathfrak{A} + b\,\mathfrak{B} + c\,\mathfrak{C} = 0 \end{cases}\right\}.$$

Diese beiden linearen Gleichungen für die unbekannten Koeffizienten $\mathfrak{A}$, $\mathfrak{B}$, $\mathfrak{C}$ sind aber befriedigt durch das Werttripel

$$\mathfrak{A} = Bc - Cb, \qquad \mathfrak{B} = Ca - Ac, \qquad \mathfrak{C} = Ab - Ba.$$

Damit erhalten wir folgenden

Satz von der harmonischen Ergänzung:

Das zu den Wurzelpaaren der beiden Gleichungen

$$A x^2 + 2 B x + C = 0 \quad \text{und} \quad a x^2 + 2 b x + c = 0$$

gemeinsame harmonische Paar — ihre harmonische Ergänzung — ist das Wurzelpaar der »Ergänzungs«-Gleichung

$$\underline{\mathfrak{C}\,x^2 - \mathfrak{B}\,x + \mathfrak{A} = 0}$$

mit

$$\underline{\mathfrak{A} = Bc - Cb, \qquad \mathfrak{B} = Ca - Ac, \qquad \mathfrak{C} = Ab - Ba.}$$

Um zu erfahren, wann die harmonische Ergänzung reell ist, d. h. aus reellen Wurzeln besteht, müssen wir die Diskriminante

$$\boxed{\mathfrak{D} = \mathfrak{B}^2 - 4\,\mathfrak{A}\mathfrak{C}}$$

der Ergänzungsgleichung betrachten. Sie ist

$$\mathfrak{D} = (Ca - Ac)^2 - 4\,(Bc - Cb)\,(Ab - Ba)$$

oder, ausgerechnet,

$$\mathfrak{D} = A^2c^2 + C^2a^2 - 2\,ACac - 4\,ABbc - 4\,BCab + 4\,ACb^2 + 4\,B^2ac.$$

Es liegt nahe, diesen Wert mit dem Quadrat der harmonischen Invariante $H = Ac + Ca - 2\,Bb$

$$H^2 = A^2c^2 + C^2a^2 + 4\,B^2b^2 + 2\,ACac - 4\,ABbc - 4\,BCab$$

zu vergleichen. Durch Subtraktion findet sich

$$H^2 - \mathfrak{D} = 4\,B^2b^2 + 4\,ACac - 4\,ACb^2 - 4\,B^2ac$$

oder

$$H^2 - \mathfrak{D} = 4(B^2 - AC)(b^2 - ac)$$

oder endlich

$$\boxed{\mathfrak{D} = H^2 - 4Dd},$$

wo

$$D = B^2 - AC \qquad \text{und} \qquad d = b^2 - ac$$

die (kleinen) Diskriminanten der beiden Ausgangsgleichungen sind. Zugleich stellen wir fest, daß die Diskriminante $\mathfrak{D}$ der Ergänzungsgleichung

$$\mathfrak{C}x^2 - \mathfrak{B}x + \mathfrak{A} = 0$$

nichts anderes ist als die Resultante R (§ 8) des Gleichungspaares

$$Ax^2 + 2Bx + C = 0, \qquad ax^2 + 2bx + c = 0:$$

$$\boxed{\mathfrak{D} = R}.$$

Das Wurzelpaar ($\mathfrak{x}_1$, $\mathfrak{x}_2$) ist reell, wenn R nichtnegativ ausfällt.

Aus dem Anblick von $\mathfrak{D}$ folgt aber, daß $\mathfrak{D}$ positiv wird, wenn eine der beiden Ausgangsdiskriminanten D und d negativ, die andere positiv ist.

Wir zeigen, daß $\mathfrak{D} = R$ auch positiv wird, wenn beide Ausgangsdiskriminanten negativ sind. In diesem Falle ist nämlich, unter Δ und δ die positiven Größen $-D$ und $-d$ verstanden, $B^2 - AC = -\Delta$, $b^2 - ac = -\delta$, mithin A und a von Null verschieden, daraufhin

$$C = \frac{B^2 + \Delta}{A} \qquad \text{und} \qquad c = \frac{b^2 + \delta}{a}$$

und

$$\mathfrak{D} = H^2 - 4\Delta\delta = \left(A\frac{b^2+\delta}{a} + a\frac{B^2+\Delta}{A} - 2Bb\right)^2 - 4\Delta\delta$$

oder

$$A^2a^2\mathfrak{D} = [(Ab - Ba)^2 + A^2\delta + a^2\Delta]^2 - 4A^2a^2\Delta\delta$$

oder endlich

$$A^2a^2\mathfrak{D} = (Ab - Ba)^4 + 2(Ab - Ba)^2(A^2\delta + a^2\Delta) + (A^2\delta - a^2\Delta)^2.$$

Da die rechte Seite dieser Gleichung aus drei nichtnegativen Posten besteht, ist auch $\mathfrak{D}$ nichtnegativ.

Wir können sogar behaupten, daß $\mathfrak{D}$ positiv ist. Wäre nämlich $\mathfrak{D} = 0$, so müßte

$$Ab - Ba \text{ und zugleich } A^2\delta - a^2\Delta$$

verschwinden. Da die zweite Bedingung auf $A^2(ac - b^2) = a^2(AC - B^2)$ und diese Gleichung wegen der ersten Bedingung auf $Ac = Ca$ führt, so hätte man

$$A b = B a \quad \text{und} \quad A c = C a$$

oder

$$A : B : C = a : b : c.$$

Dann wären aber die Ausgangspaare (X_1, X_2) und (x_1, x_2) identisch, welcher Fall natürlich ohne Interesse ist.

Die Wurzeln der Ergänzungsgleichung sind daher sicher reell, wenn mindestens eine der beiden Ausgangsdiskriminanten D und d negativ ist. Sind beide Diskriminanten positiv, so fällt $\mathfrak{D} = R$ positiv aus, wenn $4\,Dd < H^2$ ist.

Ergebnis.

Bei reellen Ausgangswurzelpaaren wird ihre harmonische Ergänzung reell, wenn

$$R > 0$$

ist; dieser Fall liegt vor, wenn die Punktpaare (X_1, X_2) und (x_1, x_2) auf der Zahlenachse nicht verkettet sind. Es gibt aber noch einen zweiten Fall, in dem die harmonische Ergänzung der vorgelegten Paare reell ausfällt: den nämlich, wo mindestens eine der quadratischen Ausgangsgleichungen komplexe Wurzeln hat, und in dem ganz von selbst

$$R \geqq 0$$

ausfällt.

§ 13. Die Extreme der rationalen quadratischen Funktion

$$y = \frac{A\,x^2 + 2\,B\,x + C}{a\,x^2 + 2\,b\,x + c}.$$

Die Erörterungen des vorigen Paragraphen über Harmonie quadratischer Gleichungen werden uns den Überblick über unser eigentliches Problem »die Extreme eines Quotienten quadratischer Trinome zu bestimmen« außerordentlich erleichtern. Wir schreiben die Ausgangsgleichung

$$y = \frac{A\,x^2 + 2\,B\,x + C}{a\,x^2 + 2\,b\,x + c},$$

in der die Koeffizienten reelle Werte bedeuten, als quadratische Gleichung für die Unbekannte x:

$$(ay - A)\,x^2 + 2\,(by - B)\,x + (cy - C) = 0.$$

Sie liefert für x die beiden Werte

$$x = \frac{B - b\,y \pm \sqrt{\Theta}}{a\,y - A},$$

wo

$$\Theta = (by - B)^2 - (ay - A)(cy - C)$$

die Diskriminante der quadratischen Gleichung bedeutet.

Für reelle x-Werte kommt nur eine nichtnegative Diskriminante in Frage. Daher ist der dem x zugehörige Funktionswert y der Bedingung

$$\boxed{\Theta > 0}$$

unterworfen, so daß alles darauf ankommt, das Vorzeichen des Trinoms

$$\Theta = dy^2 + Hy + D$$

zu bestimmen, dessen Koeffizienten die Werte

$$d = b^2 - ac, \qquad D = B^2 - AC, \qquad H = Ac + Ca - 2Bb$$

haben. Wir beachten, daß die Außenkoeffizienten d und D die Diskriminanten der quadratischen Gleichungen

$$ax^2 + 2bx + c = 0 \qquad \text{und} \qquad Ax^2 + 2Bx + C = 0$$

sind, während der Mittelkoeffizient die harmonische Invariante dieser Gleichungen ist.

Zur Vorzeichenermittlung müssen wir (§ 4) das Polynom Θ in ein Produkt von Linearfaktoren verwandeln:

$$\Theta = d(y - y_1)(y - y_2),$$

wo y_1 und y_2 die Wurzeln der Gleichung $\Theta = 0$ sind, und d als von Null verschieden vorausgesetzt wird.

Die Nullstellen y_1 und y_2 von Θ sind komplex oder reell, je nachdem die Diskriminante

$$\mathfrak{D} = H^2 - 4Dd$$

der quadratischen Funktion Θ von y negativ ist oder nicht, wobei daran erinnert werde, daß diese Diskriminante zugleich die Resultante R der quadratischen Ausdrücke $Ax^2 + 2Bx + C$ und $ax^2 + 2bx + c$ ist:

$$\mathfrak{D} = R = H^2 - 4Dd = \mathfrak{B}^2 - 4\mathfrak{A}\mathfrak{C}$$

mit

$$\mathfrak{A} = Bc - Cb, \qquad \mathfrak{B} = Ca - Ac, \qquad \mathfrak{C} = Ab - Ba.$$

(Vgl. §§ 8 und 12.)

Sind die Nullstellen y_1 und y_2 von Θ komplex oder reell und gleich groß, so ist das Produkt $(y - y_1)(y - y_2)$ für jedes (reelle) y nichtnegativ, und da in diesen Fällen ($\mathfrak{D} \leqq 0$) d positiv sein muß [im vorigen Paragraphen wurde gezeigt, daß $\mathfrak{D}$ bei negativem d positiv ausfällt], so ist auch Θ für jedes y nichtnegativ. Die Funktion y kann also in diesen Fällen jeden Wert annehmen; sie erreicht weder ein Maximum noch ein Minimum.

Sind die Nullstellen y_1 und y_2 $(> y_1)$ von Θ reell und ungleich $(\mathfrak{D} > 0)$, so wird das Produkt $(y - y_1)(y - y_2)$ negativ oder nicht, je nachdem y zwischen y_1 und y_2 liegt oder nicht.

Hier sind zwei Unterfälle auseinanderzuhalten: $d > 0$ und $d < 0$.

Im Falle eines positiven d muß y außerhalb des offenen Intervalls (y_1, y_2) liegen, stellt also y_1 ein Maximum, y_2 ein Minimum der Funktion y dar. Das Maximum ist aber kleiner als das Minimum.

Bei negativem d darf y nur zwischen y_1 und y_2 liegen, allenfalls diese beiden Schranken erreichen. y_1 ist das Minimum, y_2 das Maximum der Funktion; diesmal ist das Maximum größer als das Minimum.

Die Verwandlung von Θ in ein Produkt von zwei Linearfaktoren ist nicht möglich, wenn die Diskriminante d verschwindet. In diesem Falle ist

$$\Theta = Hy + D.$$

Nun kann aber H nicht auch noch verschwinden.

Wären nämlich d und H gleichzeitig Null, so ließe sich der Zähler $Ax^2 + 2Bx + C$ unseres Bruches folgendermaßen in ein Produkt von zwei Linearfaktoren zerlegen:

$$a(Ax^2 + 2Bx + C) = (ax + b)\left(Ax + \frac{2Ba - Ab}{a}\right).$$

[Das rechts stehende Produkt ist

$$Aax^2 + 2Bax + \left\{2Bb - A\frac{b^2}{a}\right\}.$$

Da aber $b^2 = ca$ sein soll, ist $\{\quad\} = 2Bb - Ac$, und dies ist wegen des verschwindenden H gleich Ca, so daß das Produkt gleich $a(Ax^2 + 2Bx + C)$ wird.]

In diesem Falle hätte man also

$$y = \frac{Ax^2 + 2Bx + C}{ax^2 + 2bx + c} = \frac{a(Ax^2 + 2Bx + C)}{a^2x^2 + 2abx + ac} = \frac{(ax + b)(Ax + \beta)}{(ax + b)^2}$$

oder

$$y = \frac{Ax + \beta}{ax + b} \qquad \text{mit } \beta = \frac{2Ba - Ab}{a},$$

wäre sonach y im Gegensatze zu unserer Ausgangsvoraussetzung gar keine quadratische, sondern eine gebrochene lineare Funktion von x, ein Fall, der uns hier nicht interessiert, bei dem zudem auch nie Extreme auftreten können.

Zwar mußte bei dieser Schlußweise a als von Null verschieden vorausgesetzt werden. Doch führt uns die Annahme $a = 0$ gleichfalls auf die Linearität von y, insofern aus $a = 0$ und $d = b^2 - ac = 0$ zunächst $b = 0$ und $c \neq 0$, darauf aus $H = Ac + Ca - 2Bb = 0$ noch $A = 0$, mithin

$$y = (2Bx + C) : c$$

folgt. Jetzt ist y sogar eine ganze lineare Funktion. Demnach ist im Falle eines verschwindenden d

$$\Theta = Hy + D \qquad \text{mit } H \neq 0.$$

Schreiben wir jetzt

$$\Theta = H\left(y + \frac{D}{H}\right)$$

so erkennen wir, daß

$$y \geqq y_0 \qquad \text{oder} \qquad y \leqq y_0 \qquad \text{mit } y_0 = -D:H$$

bleiben muß, je nachdem H positiv oder negativ ist.

Im Ausnahmefalle verschwindender Diskriminante d besitzt die Funktion y ein Minimum oder Maximum $y_0 = -D:H$, je nachdem H positiv oder negativ ist.

Nachdem wir uns so über das Vorkommen von Extremen der quadratischen rationalen Funktion y unterrichtet haben, sehen wir uns nach den Stellen des Arguments x um, an denen y einen Extremwert annimmt.

Da für jeden Extremwert von y die Diskriminante Θ der quadratischen Gleichung

$$(ay - A)\,x^2 + 2\,(by - B)\,x + (cy - C) = 0$$

verschwindet, besteht zwischen einem Extrem y unserer Funktion und dem zugehörigen Argumentwert x der Zusammenhang

$$x = \frac{B - by}{ay - A}$$

oder

$$y = \frac{Ax + B}{ax + b}.$$

Da aber auch

$$y = \frac{Ax^2 + 2Bx + C}{ax^2 + 2bx + c}$$

ist, können wir schreiben

$$y = \frac{Ax^2 + 2Bx + C - x(Ax + B)}{ax^2 + 2bx + c - x(ax + b)} = \frac{Bx + C}{bx + c}.$$

Durch Gleichsetzung der beiden für y gefundenen Werte entsteht die Bedingungsgleichung

$$\boxed{\frac{Ax + B}{ax + b} = \frac{Bx + C}{bx + c}}$$

oder

$$\begin{vmatrix} Ax + B & Bx + C \\ ax + b & bx + c \end{vmatrix} = 0$$

für die gesuchten Argumentwerte. Sie ist quadratisch, da im allgemeinen zwei Extreme auftreten. Im Falle $d = 0$, wo nur ein Extrem auftritt, wird sie natürlich linear, wie aus ihrer Schreibung

$$\frac{A\,x + B}{B\,x + C} = \frac{a\,x + b}{b\,x + c}$$

sofort hervorgeht, wenn man

$$\frac{a\,x + b}{b\,x + c} = \frac{b}{c}$$

setzt [was wegen der Bedingung $d = 0$ oder $b^2 = ac$ möglich ist].

Das Ergebnis unserer Untersuchung ist folgender

Satz von den Extremen des Quotienten quadratischer Trinome:

Der Quotient

$$y = \frac{A\,x^2 + 2\,B\,x + C}{a\,x^2 + 2\,b\,x + c}$$

der beiden quadratischen Trinome

$$T = A\,x^2 + 2\,B x + C \quad \text{und} \quad t = a x^2 + 2\,b\,x + c$$

besitzt nur dann Extreme, wenn die Resultante R der beiden Trinome T und t positiv ist, geometrisch gesprochen: wenn das zu den Wurzelpaaren der quadratischen Gleichungen $T = 0$ und $t = 0$ gemeinsame harmonische Paar aus nichtzusammenfallenden reellen Punkten besteht.

Diese Extreme sind die Wurzeln des Trinoms

$$\Theta = d y^2 + H y + D,$$

wo d die Diskriminante des Nenners t, D die des Zählers T und H die harmonische Invariante von T und t bedeutet, und die zugehörigen x-Werte sind die Wurzeln der Gleichung

$$\frac{A\,x + B}{a\,x + b} = \frac{B\,x + C}{b\,x + c}.$$

Im Ausnahmefalle $d = 0$ hat diese Gleichung nur eine Wurzel, und es gibt nur ein Extrem.

Ein Extrem $y = e$ ist ein Maximum oder Minimum, je nachdem den unterhalb oder den oberhalb der Stelle $y = e$ liegenden y-Werten positive Werte des Trinoms Θ entsprechen.

Zusatz. Wenn der Quotient y in der Gestalt

$$y = \frac{A\,x^2 + B\,x + C}{a\,x^2 + b\,x + c}$$

vorgelegt ist, kann man statt mit dem obigen auch mit folgendem Formelwerk arbeiten:

$$d = b^2 - 4ac, \qquad D = B^2 - 4AC, \qquad H = 2Ac + 2Ca - Bb$$
$$\Theta = dy^2 + 2Hy + D,$$
$$\frac{2Ax + B}{2ax + b} = \frac{Bx + 2C}{bx + 2c}.$$

Sonst bleibt alles wie dort.

Zweiter Abschnitt

Anwendungen der quadratischen Gleichung auf die Lösung geometrischer Probleme

§ 14. Apollonius' Taktionsproblem

Einen Kreis zu zeichnen, der drei gegebene Kreise berührt.

Lösung von Gauß (Werke, Bd. IV, S. 399).

Wir nennen die gegebenen Kreise $\mathfrak{h}$, $\mathfrak{k}$, $\mathfrak{K}$, den gesuchten $\mathfrak{R}$, ihre Radien h, k, K, R, die Zentralen der Kreispaare ($\mathfrak{h}$, $\mathfrak{R}$), ($\mathfrak{k}$, $\mathfrak{R}$), ($\mathfrak{K}$, $\mathfrak{R}$), z, $\mathfrak{z}$, $\mathfrak{Z}$.

Bringen wir die drei verschiedenen Möglichkeiten der Berührung zweier Kreise, etwa der Kreise $\mathfrak{R}$ und $\mathfrak{k}$ zeichnerisch zur Darstellung, so bekommen wir je nach der Art der Berührung eine der drei Formeln

$$\mathfrak{z} = R + k, \quad \mathfrak{z} = R - k, \quad \mathfrak{z} = k - \mathfrak{R},$$

die wir aber in die eine Formel

$$\mathfrak{z} = \mathfrak{u}\,R + \mathfrak{o}\,k$$

zusammenfassen können, in welcher $\mathfrak{u}$ und $\mathfrak{o}$ Einheiten bedeuten, die gleichartig oder ungleichartig sind, je nachdem die Berührung äußerlich oder innerlich ist. Wir multiplizieren diese Berührungsrelation mit $\mathfrak{u}$ und bekommen

(1) $$\mathfrak{u}\mathfrak{z} = R + \mathfrak{e}\,\mathfrak{k}, \qquad (\mathfrak{e} = \mathfrak{o}\,\mathfrak{u}),$$

worin nunmehr die Einheit $\mathfrak{e}$ positiv oder negativ ist, je nachdem die Berührung äußerlich oder innerlich ist.

Für die Kreispaare ($\mathfrak{R}$, $\mathfrak{K}$) und ($\mathfrak{R}$, $\mathfrak{h}$) bekommen wir gerade so die Formeln

(2) $$\mathfrak{U}\,\mathfrak{Z} = R + \mathfrak{E}\,\mathfrak{K}$$

und

(3) $$u\,z = R + e\,\mathfrak{h},$$

wo $\mathfrak{E}$ bzw. e die positive oder negative Einheit bedeutet, je nachdem die Berührung der Kreise $\mathfrak{R}$ und $\mathfrak{K}$ bzw. $\mathfrak{R}$ und $\mathfrak{h}$ äußerlich oder innerlich ist, und wo speziell u den Wert $+1$ hat, wenn der Kreis $\mathfrak{R}$ den Kreis $\mathfrak{h}$ äußerlich berührt oder aber umschlingt, während u gleich -1 ist, wenn $\mathfrak{R}$ im Innern von $\mathfrak{h}$ liegt.

Für das weitere legen wir ein rechtwinkliges Koordinatensystem (x, y) zugrunde, dessen Ursprung der Mittelpunkt des Kreises $\mathfrak{h}$ ist, und in dem die Mittelpunkte der Kreise $\mathfrak{k}$, $\mathfrak{K}$, $\mathfrak{R}$ die Koordinaten (a, b), (A, B), (x, y) haben, so daß das Gleichungstripel

$$(x-a)^2 + (y-b)^2 = \mathfrak{z}^2, \quad (x-A)^2 + (y-B)^2 = \mathfrak{Z}^2, \quad x^2 + y^2 = z^2$$

gilt. Um die Unbekannten $\mathfrak{z}$ und $\mathfrak{Z}$ aus ihnen zu entfernen, subtrahieren wir (3) von (1) und (2) und erhalten

$$\mathfrak{u}\,\mathfrak{z} = uz + c \qquad \text{und} \qquad \mathfrak{U}\,\mathfrak{Z} = uz + C,$$

wobei

$$c = \mathfrak{e}\,\mathfrak{k} - e\,\mathfrak{h}, \qquad C = \mathfrak{E}\,\mathfrak{K} - e\,\mathfrak{h}$$

nach Festsetzung der Berührungsarten bekannte Strecken sind.

Setzen wir diese Werte in die beiden ersten Relationen des obigen Gleichungstripels ein [es ist $(\mathfrak{u}\,\mathfrak{z})^2 = \mathfrak{z}^2$, $(\mathfrak{U}\,\mathfrak{Z})^2 = \mathfrak{Z}^2$], so nimmt das Tripel die Form

$$(x-a)^2 + (y-b)^2 = (uz+c)^2, \qquad (x-A)^2 + (y-B)^2 = (uz+C)^2,$$
$$x^2 + y^2 = z^2$$

an. Damit ist das apollonische Problem auf drei quadratische Gleichungen mit drei Unbekannten x, y, z zurückgeführt. Doch fallen beim Ausquadrieren wegen $u^2z^2 = z^2 = x^2 + y^2$ die quadratischen Glieder fort, und es bleibt das Gleichungspaar

$$ax + by + ucz = d, \qquad Ax + By + uCz = D$$

mit

$$2\,d = a^2 + b^2 - c^2, \qquad 2\,D = A^2 + B^2 - C^2.$$

Durch Division seiner beiden Gleichungen entsteht

$$\frac{Ax + By + uCz}{ax + by + ucz} = \frac{D}{d}$$

und hieraus, wenn wir den Gleichungen

$$x = z\cos\varphi, \qquad y = z\sin\varphi$$

gemäß den Hilfswinkel φ einführen,

$$\frac{A\cos\varphi + B\sin\varphi + uC}{a\cos\varphi + b\sin\varphi + uc} = \frac{D}{d}$$

oder

$$\alpha\cos\varphi + \beta\sin\varphi + \gamma = 0$$

mit $\alpha = Ad - Da, \quad \beta = Bd - Db, \quad \gamma = u\,(Cd - Dc).$

Um die für φ gefundene Gleichung zu lösen, wählen wir als eigentliche einzige Unbekannte des Problems den Tangens t des halben Hilfswinkels:

$$t = \operatorname{tg} \frac{\varphi}{2}.$$

Dann erhalten wir nach den bekannten Formeln

$$\cos \varphi = \frac{1 - t^2}{1 + t^2}, \qquad \sin \varphi = \frac{2t}{1 + t^2}$$

$$(\gamma - \alpha) t^2 + 2 \beta t + (\gamma + \alpha) = 0,$$

womit das apollonische Taktionsproblem auf eine quadratische Gleichung zurückgeführt ist.

Um die Konstruktion auszuführen, kann man sowohl rechnerisch als auch zeichnerisch vorgehen. Größere Zeichengenauigkeit gewährt wie gewöhnlich das rechnerische Verfahren.

§ 15. Eulers Schließungsdreiecke

Lehrsatz: Besteht zwischen den Radien r und ϱ zweier Kreise $\mathfrak{U}$ und $\mathfrak{J}$ und der Zentrale e der Kreise die Eulersche Relation

$$\boxed{2 r \varrho = r^2 - e^2},$$

so gibt es unendlich viele Dreiecke, die $\mathfrak{U}$ ein- und $\mathfrak{J}$ umbeschrieben sind, und zwar kann man jeden Punkt von $\mathfrak{U}$ als Ecke eines solchen Dreiecks wählen.

Beweis: Die Mittelpunkte der Kreise seien U und J. Wir zeichnen von irgendeinem Punkte C von $\mathfrak{U}$ an $\mathfrak{J}$ die Tangenten CX und CY, verlängern CX und CY bis zu den Schnittpunkten B und A mit $\mathfrak{U}$ und setzen $UX = u$, $UY = v$, $JC = w$, $CX = CY = z$, $BX = y$, $AY = x$. Wir müssen zeigen, daß AB den Kreis $\mathfrak{J}$ berührt. Wir achten zunächst auf die Abhängigkeit der Strecke u von z. Da die Winkel CXU und UXJ sich zu 90^0 ergänzen, haben ihre Cosinus die Norm 1:

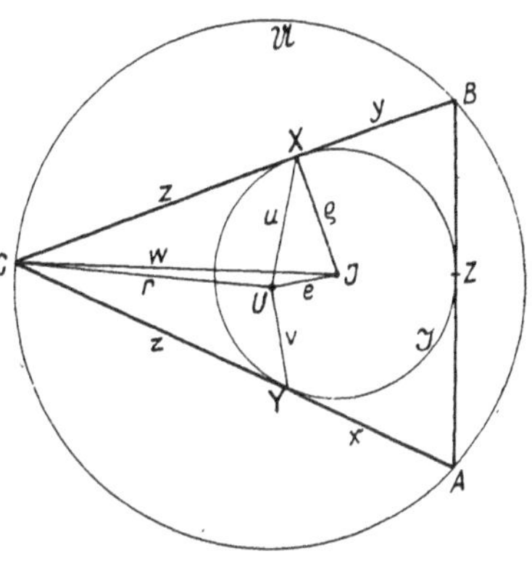

Bild 17.

$$\left(\frac{z^2 + u^2 - r^2}{2 z u}\right)^2 + \left(\frac{u^2 + \varrho^2 - e^2}{2 u \varrho}\right)^2 = 1.$$

So entsteht für $\Phi = u^2$ die quadratische Gleichung

$$(\varrho^2 + z^2) \Phi^2 - 2 (r^2 \varrho^2 + e^2 z^2) \Phi + [\varrho^2 (z^2 - r^2)^2 + z^2 (\varrho^2 - e^2)^2] = 0.$$

Sie hat die beiden Wurzeln u^2 und v^2, wo v die Strecke UY bedeutet. (Für $\Psi = v^2$ ergibt sich aus der Figur $CUJY$ dieselbe Gleichung wie für Φ.)

Uns interessiert hier nur die Summe der Wurzeln; sie ist

$$u^2 + v^2 = 2(r^2 \varrho^2 + e^2 z^2) : (\varrho^2 + z^2). \tag{1}$$

Diese Summe läßt sich auch mit Hilfe der beiden gleichschenkligen Dreiecke BUC und AUC durch x, y, z ausdrücken. Nach dem Spitzentransversalensatze ist

$$\text{einerseits } r^2 - u^2 = yz, \quad \text{anderseits } r^2 - v^2 = xz.$$

Hieraus folgt

$$u^2 + v^2 = 2r^2 - z(x + y). \tag{2}$$

Aus (1) und (2) resultiert

$$x + y = \frac{2z(r^2 - e^2)}{\varrho^2 + z^2} = \frac{4r\varrho z}{w^2}. \tag{I}$$

Nennen wir den Winkel JCX k, so ist $\sphericalangle ACB = 2k$, mithin

$$AB = 2r\sin 2k = 4r\sin k\cos k = 4r\frac{\varrho}{w}\cdot\frac{z}{w} = 4\frac{r\varrho z}{w^2}. \tag{II}$$

Aus (I) und (II) ergibt sich

$$\boxed{AB = x + y}.$$

Die drei Gleichungen

$$y + z = BC, \quad z + x = CA, \quad x + y = AB$$

bestimmen aber die von den Ecken A, B, C des Dreiecks ABC an seinen Inkreis gelegten Tangenten

$$AY = AZ = x, \quad BZ = BX = y, \quad CX = CY = z,$$

so daß $\mathfrak{J}$ diesen Inkreis darstellt, mit andern Worten AB den Kreis $\mathfrak{J}$ berührt.

§ 16. Die Sicherheitsfläche

Von einer Stelle O einer waagrechten Ebene kann ein Geschütz Kugeln mit der Anfangsgeschwindigkeit c nach allen Richtungen schießen; welche Form und Lage hat die Fläche, außerhalb welcher man sich in Sicherheit befindet? (Vom Luftwiderstand wird abgesehen.)

Lösung: Die gesuchte Fläche — die sog. Sicherheitsfläche — ist offenbar eine Rotationsfläche, die durch Drehung ihrer Meridiankurve um die den Punkt O enthaltende Lotrechte entsteht, so daß es genügt, die Meridiankurve der Fläche zu bestimmen. Der lotrecht oberhalb O

liegende Scheitel der Meridiankurve heiße S, A und B seien die Schnittpunkte der Kurve mit der durch O laufenden Horizontalebene.

Es ist dann

$$OS = h = c^2 : 2g \quad \text{und} \quad OA = OB = 2h,$$

da die größte zur Anfangsgeschwindigkeit gehörige Wurfhöhe $h = c^2 : 2g$, die größte Wurfweite (§ 9, Beispiel 3) $2h$ ist.

Wir wählen OA als x-Achse, OS als y-Achse eines Koordinatensystems. Wird dann ein Punkt $P(x, y)$ durch eine unter dem Erhebungswinkel ε abgefeuerte Kugel getroffen, so gelten die beiden Wurfbahngleichungen

$$x = c\,o\,t, \quad y = c\,i\,t - \frac{1}{2} g\,t^2$$

in denen o den Cosinus, i den Sinus von ε bedeutet. Die Wurfbahn selbst hat die Gleichung

$$y = i\,x : o - x^2 : l o^2 \qquad \text{mit } l = 4h.$$

Durch Einführung der Tangente $T = \operatorname{tg} \varepsilon$ des Wurfwinkels ε nimmt sie (wegen $1 : o^2 = 1 + T^2$) die Form an: $y = Tx - x^2(1 + T^2) : l$ oder

$$x^2 T^2 - l x T + (l y + x^2) = 0.$$

Dies ist eine quadratische Gleichung für T. Wenn P getroffen werden soll, muß sie reelle Wurzeln haben, muß also ihre Diskriminante

$$d = l^2 x^2 - 4\,x^2 (l y + x^2)$$

nichtnegativ sein. Die Bedingung, den Punkt P zu treffen, lautet daher $d \geqq 0$ oder

$$l^2 \geqq 4\,(l y + x^2)$$

oder wegen $l = 4h$

$$h \geqq y + \frac{x^2}{4h}.$$

Durch Einführung eines neuen Koordinatensystems ξ, η mit dem Ursprung S, dessen ξ-Achse der x-Achse gleichgerichtet ist, dessen η-Achse lotrecht nach unten läuft, und in welchem der Punkt P die Koordinaten $\xi = x$, $\eta = h - y$ hat, nimmt diese Ungleichung die einfache Form an:

$$\boxed{\xi^2 \leqq 4\,h\,\eta}.$$

Nun, die Kurve $\xi^2 = 4\,h\eta$ ist eine Parabel mit dem Scheitel S und dem Brennpunkt O, mit der Achse SO. Alle Punkte für die $\xi^2 < 4\,h\eta$ ist, liegen innerhalb dieser Parabel, die Punkte, für welche $\xi^2 = 4\,h\eta$ ist, liegen auf ihr, und in den außerhalb der Parabel gelegenen, durch die

Bedingung $\xi^2 > 4\,h\eta$ gekennzeichneten Punkten befindet man sich vor den Geschossen in Sicherheit.

Die Sicherheitsfläche ist ein Rotationsparaboloid, dessen Brennpunkt mit der Geschützstellung zusammenfällt.

§ 17. Sonnen- und Mondfinsternisse

Anfang und Ende einer Sonnenfinsternis, sowie den maximalen Bruchteil der verfinsterten Sonnenscheibe zu bestimmen, wenn für zwei der Zeit der Finsternis hinreichend nahe Zeitpunkte die Rektaszensionen, Deklinationen und Radien von Sonne und Mond bekannt sind.

Beispiel: Bei der berühmten Sonnenfinsternis, die während des Peloponnesischen Krieges am 3. August 431 v. Chr. zu Athen stattfand, hatten die genannten Größen nachmittags ½5 und ½6 mittlerer Athener Zeit die Werte

$$A_0 = 126^0 51'52'', \quad \varDelta_0 = 19^0 23'46'', \quad R_0 = 15'52'',$$
$$\alpha_0 = 126^0 40'55'', \quad \delta_0 = 19^0 38'58'', \quad r_0 = 15'38{,}5''$$

und

$$A_1 = 126^0 54'21'', \quad \varDelta_1 = 19^0 23'11'', \quad R_1 = 15'52'',$$
$$\alpha_1 = 127^0\ 8'49'', \quad \delta_1 = 19^0 24'30'', \quad r_1 = 15'36{,}5''.$$

Eine Sonnenfinsternis kann nur zu einer Zeit stattfinden, zu welcher der Mond an der Himmelskugel der Sonne hinreichend nahe kommt, d. h. zu welcher die Unterschiede $a = \alpha - A$ und $d = \delta - \varDelta$ zwischen den Rektaszensionen und Deklinationen der beiden Gestirne hinreichend klein ausfallen.

Der sphärische Cosinussatz für den sphärischen Abstand z der Mittelpunkte der beiden Gestirne (ihre Zentrale) die Formel

$$\cos z = \sin \varDelta \sin \delta + \cos \varDelta \cos \delta \cos a.$$

Hier ersetzen wir $\cos z$ und $\cos a$ durch

$$1 - 2\sin^2\frac{z}{2} \quad \text{und} \quad 1 - 2\sin^2\frac{a}{2}$$

und erhalten

$$1 - 2\sin^2\frac{z}{2} = \cos d - 2\cos \varDelta \cos \delta \sin^2\frac{a}{2}.$$

Schreiben wir auch noch für $\cos d$

$$1 - 2\sin^2\frac{d}{2},$$

so entsteht

$$\sin^2\frac{z}{2} = \cos \varDelta \cos \delta \sin^2\frac{a}{2} + \sin^2\frac{d}{2}.$$

Bedenken wir nun, daß nach Voraussetzung a und d und damit auch z kleine Winkel sind, die jedenfalls 1^0 nicht überschreiten, so können wir ihre Sinus durch die Winkel selbst ersetzen und schreiben

$$z^2 = a^2 \cos \Delta \cos \delta + d^2.$$

Führen wir noch die Abkürzungen

$$\sqrt{\cos \Delta \cos \delta} = g \qquad \text{und} \qquad a g = x$$

ein und schreiben noch y statt d, so erhalten wir die einfache Formel

$$z^2 = x^2 + y^2.$$

Die Größen a, x, y und z messen wir zweckmäßig in Winkelsekunden.

Sind die Rektaszensionen und Deklinationen von Mond und Sonne für zwei der Finsterniszeit nahe Zeitpunkte, von denen der erste als Nullpunkt der Zeit gelten möge, bekannt, etwa α_0, A_0, δ_0 und Δ_0 für den ersten, α_1, A_1, δ_1, Δ_1 für den zweiten, so kennen wir auch die Werte a, d und g, also auch $x = g a$ und $y = d$ für diese Zeitpunkte und können daraus auch die stündlichen Zuwächse h und k von x und y berechnen. Da die Finsternis nur kurze Zeit dauert, dürfen wir annehmen, daß sich die Größen x und y in der hier betrachteten Zeit gleichmäßig ändern, daß also zur Zeit t, das heißt t Stunden nach dem Augenblicke 0,

$$x = x_0 + h t \qquad \text{und} \qquad y = y_0 + k t$$

ist. Setzen wir diese Werte oben ein, so erhält unsere Gleichung die Form

$$z^2 = (x_0 + h t)^2 + (y_0 + k t)^2,$$

welche gestattet, für jeden Augenblick t die Zentrale der beiden Körper zu berechnen.

Die Finsternis beginnt und endigt in den Augenblicken, wo die Zentrale z gleich der Summe s der beiden Radien R und r ist. In der betrachteten Zeit ändert sich der Sonnenradius nicht ($R = R_0 = R_1$), während der Mondradius den schwachen stündlichen Zuwachs $\varrho = -2''$ aufweist, so daß

$$r = r_0 + \varrho t \quad \text{und} \quad s = R + r = R + r_0 + \varrho t = s_0 + \varrho t \text{ ist.}$$

Mithin erhalten wir für den gesuchten Zeitpunkt t des Anfangs (und auch des Endes) der Finsternis die sogenannte

Finsternisgleichung:

$$(x_0 + h t)^2 + (y_0 + k t)^2 = (s_0 + \varrho t)^2.$$

Diese quadratische Gleichung für die Unbekannte t hat zwei Wurzeln; die kleinere, t', gibt den Beginn, die größere, t'', das Ende der Finsternis an.

Die stärkste Verfinsterung tritt in dem Augenblicke τ ein, in dem die Zentrale z ihren kleinsten Wert ζ erreicht.

Nun haben wir

$$z^2 = z_0^2 + 2\,m\,t + n^2 t^2,$$

wobei

$$z_0^2 = x_0^2 + y_0^2, \qquad m = x_0 h + y_0 k, \qquad n^2 = h^2 + k^2$$

ist. Schreiben wir

$$z^2 = z_0^2 - \frac{m^2}{n^2} + \left[n\,t + \frac{m}{n}\right]^2,$$

so erkennen wir, daß z seinen kleinsten Wert annimmt, wenn die eckige Klammer verschwindet.

Also wird

$$\tau = -\frac{m}{n^2} \qquad \text{und} \qquad \zeta = \sqrt{z_0^2 - \frac{m^2}{n^2}}.$$

Im Augenblicke der stärksten Verfinsterung hat sich der Mond um $(R + r - \zeta) : 2R$ des Sonnendurchmessers über die Sonnenscheibe geschoben.

Auch der Bruchteil der Sonnenscheibe, der in diesem Augenblicke vom Monde bedeckt ist, läßt sich aus ζ leicht berechnen.

Durchführung der Rechnung für die Athener Sonnenfinsternis.

$a_0 = -657\ (-10'57'')$, $\qquad a_1 = +868\ (+14'28'')$,
$\lg g_0 = 9{,}97428$, $\qquad \lg g_1 = 9{,}97462$,
$x_0 = -619{,}2$, $\qquad x_1 = 818{,}7$,
$y_0 = +912\ (+15'12'')$, $\qquad y_1 = +79\ (1'19'')$,
$h = x_1 - x_0 = 1438$, $\qquad k = y_1 - y_0 = -833$,
$s_0 = 1890{,}5$, $s_1 = 1888{,}5$, $\qquad \varrho = s_1 - s_0 = -2$.

Finsternisgleichung:

$$(-619 + 1438\,t)^2 + (912 - 833\,t)^2 = (1890{,}5 - 2\,t)^2$$

oder

$$2761729\,t^2 - 3292074\,t - 2359085 = 0$$

oder

$$t^2 - 1{,}192034\,t = 0{,}8542059159.$$

Ihre Wurzeln sind

$$t' = -0{,}50373, \qquad t'' = 1{,}69576.$$

Durch Umwandlung der Dezimalen in Minuten und Sekunden erhalten wir $-30^m 13^s$ bzw. $1^h 41^m 45^s$.

Folglich:

Beginn der Finsternis: $3^h 59^m 47^s$,
Ende der Finsternis: $6^h 11^m 45^s$.

Die Dauer der Finsternis war demnach $2^h 12^m$, der Augenblick der größten Verfinsterung $5^h 5^m 46^s$ [$2\tau = t' + t''$ gibt $\tau = 0{,}596$]. Die

Zentrale von Sonne und Mond in diesem Augenblicke ergibt sich aus

$$\zeta^2 = (619 - 1438 \cdot 0{,}596)^2 + (912 - 833 \cdot 0{,}596)^2$$

zu

$$\zeta = \sqrt{238^2 + 415{,}5^2} = 479, \text{ d. h. zu } 8'.$$

Der Mond bedeckt dann $\frac{1410}{1904}$, d. h. 74% des zentralen Sonnendurchmessers und 67% der Sonnenscheibe.

Mondfinsternisse werden ähnlich behandelt. Nur tritt an Stelle der Sonne der sogenannte Schattenkreis, d. h. der im Mondabstand befindliche Querschnitt des Schattenkegels der sonnenbeleuchteten Erde. Sein Winkelradius $\mathfrak{R}$ ist gleich $p - \varkappa$, unter p die Mondparallaxe[1]), unter $\varkappa$ den halben Öffnungswinkel des Schattenkegels verstanden. $\varkappa$ ist der Überschuß des Winkelradius R über die Parallaxe[1]) P der Sonne.

[In beistehender Figur sei S das Zentrum der Sonne, E das der Erde, K der Scheitel des Schattenkegels, AB der Durchmesser des Schattenkreises, se eine Außentangente an Sonne und Erde, EF das von E auf Ss gefällte Lot, also $\sphericalangle EAe = p$, $\sphericalangle AEK = \mathfrak{R}$ und $\sphericalangle FES = \sphericalangle eKE = \varkappa$.

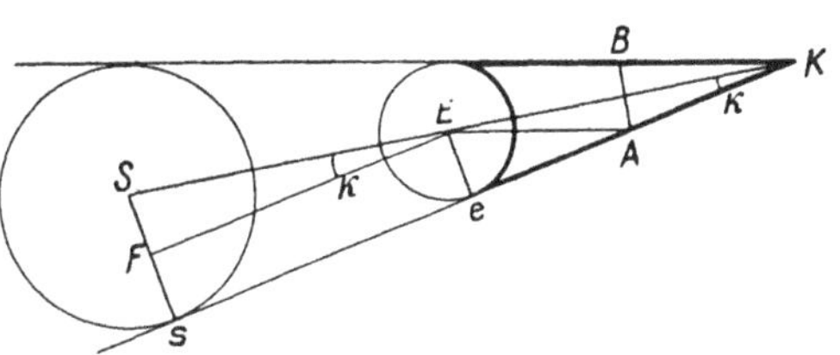

Bild 18.

Da p Außenwinkel des Dreiecks EKA ist, haben wir $p = \mathfrak{R} + \varkappa$. Ferner folgt aus $\triangle\, SEF$

$$\sin\varkappa = \frac{SF}{SE} = \frac{Ss}{SE} - \frac{Ee}{SE}.$$

Da der Minuend der rechten Seite der Sinus des Winkelradius der Sonne, der Subtrahend der Sinus der Sonnenparallaxe ist, so gilt

$$\sin\varkappa = \sin R - \sin P$$

oder wegen der Kleinheit der beteiligten Winkel ($\varkappa$ ist kleiner als $16{,}2'$, $R < 16{,}3'$ und $P < 8{,}9''$)

$$\varkappa = R - P,$$

wie oben behauptet wurde.]

Die Rektaszension des Schattenkreiszentrums ist die um 180° vermehrte oder verminderte Sonnenrektaszension, die Deklination der entgegengesetzte Wert der Sonnendeklination.

Infolge der Strahlenbrechung ist der Berechnung einer Mondfinsternis statt des obigen theoretischen Wertes $\mathfrak{R} = p + P - R$ ein um 2% größerer Schattenkreisradius zugrunde zu legen.

---

[1]) Parallaxe des Mondes bzw. der Sonne ist der Winkelradius der Erde auf dem Monde bzw. der Sonne.

§ 18. Transversalenaufgabe von G. Brocard

Die drei gleichlangen Cevatransversalen eines gegebenen Dreiecks zu bestimmen.

Lösung von G. Brocard. Wir nennen die Seiten des gegebenen Dreiecks ABC a, b, c, die gemeinsame Länge der drei gesuchten gleichen Cevatransversalen AA', BB', CC' mit dem Schnittpunkt O q. Die Stücke, in die diese Transversalen die Seiten BC, CA, AB zerlegen, lassen sich auf Grund des Cevaschen Satzes mittels dreier geeigneter Parameter u, v, w folgendermaßen darstellen:

$$BA' = a\frac{v}{v+w}, \quad A'C = a\frac{w}{v+w}, \quad CB' = b\frac{w}{w+u},$$

$$B'A = b\frac{u}{w+u}, \quad AC' = c\frac{u}{u+v}, \quad C'B = c\frac{v}{u+v}.$$

Wenden wir auf jede der drei Transversalen Stewarts Satz an, so ergeben sich mit Benutzung der Abkürzungen

$$A = a^2, \qquad B = b^2, \qquad C = c^2, \qquad Q = q^2,$$

$$\mathfrak{A} = \frac{B+C-A}{2}, \qquad \mathfrak{B} = \frac{C+A-B}{2}, \qquad \mathfrak{C} = \frac{A+B-C}{2};$$

die drei Gleichungen

$$\left\{\begin{array}{l}(Q-B)v^2 + 2(Q-\mathfrak{A})\,v\,w + (Q-C)w^2 = 0\\ (Q-C)w^2 + 2(Q-\mathfrak{B})\,w\,u + (Q-A)u^2 = 0\\ (Q-A)u^2 + 2(Q-\mathfrak{C})\,u\,v + (Q-B)v^2 = 0\end{array}\right\},$$

die nach Einführung der drei Quotienten

$$v : w = x, \qquad w : u = y, \qquad u : v = z$$

in die quadratischen Gleichungen

$$x^2 + 2\frac{Q-\mathfrak{A}}{Q-B}x + \frac{Q-C}{Q-B} = 0, \qquad y^2 + 2\frac{Q-\mathfrak{B}}{Q-C}y + \frac{Q-A}{Q-C} = 0,$$

$$z^2 + 2\frac{Q-\mathfrak{C}}{Q-A}z + \frac{Q-B}{Q-A} = 0$$

für die Unbekannten x, y, z übergehen.

Um eine Gleichung zu bekommen, die nur die Unbekannte Q enthält, müssen wir x, y, z aus diesen drei Gleichungen diminieren. Dabei benutzen wir die Relation

$$xyz = 1$$

und die Beziehungen zwischen den Koeffizienten und Wurzeln einer quadratischen Gleichung.

Sind (x, X), (y, Y), (z, Z) die Wurzelpaare der drei Gleichungen, so gelten die sechs Relationen

$$X + x = 2\frac{\mathfrak{A} - Q}{Q - B}, \quad X x = \frac{Q - C}{Q - B}; \quad Y + y = 2\frac{\mathfrak{B} - Q}{Q - C}, \quad Y y = \frac{Q - A}{Q - C};$$

$$Z + z = 2\frac{\mathfrak{C} - Q}{Q - A}, \quad Z z = \frac{Q - B}{Q - A},$$

wozu wegen

$$X x \cdot Y y \cdot Z z = 1 \quad \text{und} \quad x y z = 1$$

noch die weitere Relation

$$X Y Z = 1$$

tritt.

Nun bilden wir auf Grund der acht uns zur Verfügung stehenden Relationen das Produkt

$$\Pi = (X + x)(Y + y)(Z + z).$$

Es hat einerseits den Wert

$$\Pi = 8\frac{\mathfrak{A} - Q}{Q - A}\,\frac{\mathfrak{B} - Q}{Q - B}\,\frac{\mathfrak{C} - Q}{Q - C}; \tag{1}$$

anderseits entsteht durch Ausmultiplizieren:

$$\Pi = X Y Z + x y z + X y z + x Y Z + Y z x + y Z X + Z x y + z X Y,$$

welcher Ausdruck wegen

$$X Y Z = 1 \qquad \text{und} \qquad x y z = 1$$

sich

$$\Pi = 2 + \frac{X}{x} + \frac{x}{X} + \frac{Y}{y} + \frac{y}{Y} + \frac{Z}{z} + \frac{z}{Z}$$

schreiben läßt. Hieraus wird weiter

$$\Pi = \frac{(X + x)^2}{X x} + \frac{(Y + y)^2}{Y y} + \frac{(Z + z)^2}{Z z} - 4$$

und schließlich auf Grund der obigen Werte für die Wurzelsummen und -produkte

$$\Pi = 4\left[\frac{(Q - \mathfrak{A})^2}{(Q - B)(Q - C)} + \frac{(Q - \mathfrak{B})^2}{(Q - C)(Q - A)} + \frac{(Q - \mathfrak{C})^2}{(Q - A)(Q - B)}\right] - 4. \tag{2}$$

Durch Gleichsetzung der beiden Werte für Π aus (1) und (2) entsteht die gesuchte Gleichung für die Unbekannte Q:

$$2(Q - \mathfrak{A})(Q - \mathfrak{B})(Q - \mathfrak{C}) + (Q - A)(Q - \mathfrak{A})^2 + (Q - B)(Q - \mathfrak{B})^2 + (Q - C)(Q - \mathfrak{C})^2 - (Q - A)(Q - B)(Q - C) = 0.$$

Die Gleichung ist nur scheinbar kubisch, da ihr Freiglied

$$A B C\left[1 - \left(\frac{\mathfrak{A}}{b c}\right)^2 - \left(\frac{\mathfrak{B}}{c a}\right)^2 - \left(\frac{\mathfrak{C}}{a b}\right)^2 - 2\frac{\mathfrak{A}}{b c}\cdot\frac{\mathfrak{B}}{c a}\cdot\frac{\mathfrak{C}}{a b}\right]$$

$$= A B C[1 - \cos^2\alpha - \cos^2\beta - \cos^2\gamma + 2\cos\alpha\cos\beta\cos\gamma]$$

verschwindet. Demgemäß wird einfacher

$$4Q^2 - 4(\mathfrak{A} + \mathfrak{B} + \mathfrak{C})Q + [2\mathfrak{B}\mathfrak{C} + 2\mathfrak{C}\mathfrak{A} + 2\mathfrak{A}\mathfrak{B} + \mathfrak{A}^2 + \mathfrak{B}^2 + \mathfrak{C}^2 + 2A\mathfrak{A} + 2B\mathfrak{B} + 2C\mathfrak{C} - BC - CA - AB] = 0.$$

Nun überzeugt man sich auf Grund der bekannten Relation für den Inhalt $\varDelta$ des Dreiecks ABC

$$16\varDelta^2 = 2BC + 2CA + 2AB - A^2 - B^2 - C^2$$

leicht von der Richtigkeit der drei Formeln

$$4\varDelta^2 = BC - \mathfrak{A}^2 = CA - \mathfrak{B}^2 = AB - \mathfrak{C}^2,$$
$$4\varDelta^2 = \mathfrak{B}\mathfrak{C} + \mathfrak{C}\mathfrak{A} + \mathfrak{A}\mathfrak{B},$$
$$8\varDelta^2 = A\mathfrak{A} + B\mathfrak{B} + C\mathfrak{C}.$$

Wendet man diese Formeln auf die verschiedenen in der letzten eckigen Klammer stehenden Ausdrücke an, so resultiert für diese Klammer der einfache Wert $12\varDelta^2$.

Die runde Klammer der für Q gefundenen quadratischen Gleichung ist

$$S = \frac{A + B + C}{2}.$$

Folglich haben wir für das Quadrat

$$Q = q^2$$

der gesuchten Cevatransversale q die quadratische Gleichung

$$\boxed{Q^2 - SQ + 3\varDelta^2 = 0}.$$

Die Diskriminante dieser quadratischen Gleichung ist

$$D = S^2 - 12\varDelta^2 = \frac{(A+B+C)^2 - 3(2BC + 2CA + 2AB - A^2 - B^2 - C^2)}{4}$$
$$= A^2 + B^2 + C^2 - BC - CA - AB$$

oder
$$D = \frac{(B-C)^2 + (C-A)^2 + (A-B)^2}{2};$$

sie fällt demnach nie negativ aus. Damit folgt aus

$$2Q = S \pm \sqrt{S^2 - 12\varDelta^2}:$$

Die Brocardsche Aufgabe hat stets zwei reelle Lösungen, die nur beim gleichseitigen Dreieck in eine zusammenfallen.

§ 19. Trieder-Aufgabe von Lagrange

Ein gegebenes Trieder durch eine Ebene so zu schneiden, daß der Schnitt mit einem vorgelegten Dreieck übereinstimmt.

Die Aufgabe wurde von Lagrange in den Mémoires de l'Académie de Berlin von 1773 gestellt und auf eine Gleichung 8. Grades zurückgeführt. Im Jahre 1795 bewerkstelligte er dann ihre Reduktion auf eine Gleichung 4. Grades.

Lösung: Nennen wir die gesuchten Abstände der drei Schnittecken vom Triederscheitel x, y, z, die Zwischenwinkelkosinus dieser Abstände l, m, n, die bekannten Seiten des vorgelegten Dreiecks a, b, c, so gelten die Gleichungen

$$y^2 + z^2 - 2\,lyz = a^2, \quad z^2 + x^2 - 2\,mzx = b^2, \quad x^2 + y^2 - 2\,nxy = c^2;$$

das sind drei quadratische Gleichungen mit drei Unbekannten.

Mit Lagrange führen wir gemäß der Substitution

$$x = z\,\eta, \qquad y = z\,\xi$$

die neuen Unbekannten ξ und η ein und bekommen durch Elimination von z die beiden Gleichungen

$$\frac{1 + \xi^2 - 2\,l\,\xi}{\xi^2 + \eta^2 - 2\,n\,\xi\,\eta} = \frac{a^2}{c^2} \quad \text{und} \quad \frac{1 + \eta^2 - 2\,m\,\eta}{\xi^2 + \eta^2 - 2\,n\,\xi\,\eta} = \frac{b^2}{c^2}$$

für die Unbekannten ξ und η.

Diese stellen geometrisch zwei Kegelschnitte dar, deren (vier) Schnittpunkte bekanntlich (§ 27) durch eine Gleichung vierten Grades bestimmt werden. Und zwar folgendermaßen: Wir schreiben die gefundenen Gleichungen als

Paar quadratischer Gleichungen:

$$\begin{cases} A\,\eta^2 + B\,\eta + C = 0 \\ A'\,\eta^2 + B'\,\eta + C' = 0 \end{cases}$$

$$\text{mit} \quad \begin{cases} A = a^2, & B = -2\,a^2 n\,\xi, \quad C = (a^2 - c^2)\,\xi^2 + 2\,c^2 l\,\xi - c^2 \\ A' = b^2 - c^2, & B' = 2\,(c^2 m - b^2 n\,\xi), \quad C' = b^2\xi^2 - c^2 \end{cases}$$

für die Unbekannte η. Die Elimination von η aus diesem Gleichungspaar liefert

$$\boxed{\mathfrak{B}^2 = \mathfrak{C}\mathfrak{A}} \qquad \text{mit} \begin{cases} \mathfrak{A} = BC' - CB' \\ \mathfrak{B} = CA' - AC' \\ \mathfrak{C} = AB' - BA' \end{cases},$$

eine biquadratische Gleichung für die Unbekannte ξ.

Die Lösung dieser Gleichung (§ 26) liefert ξ. Danach wird (§ 8) $\eta = \mathfrak{B} : \mathfrak{C}$. Die Substitution von $x = \eta z$ und $y = \xi z$ in die dritte der drei Ausgangsgleichungen gibt z und damit auch x und y.

Der arithmetische Kern der Lagrangeschen Triederaufgabe ist ein Gleichungstripel von der Form

$$y^2 + z^2 + a\,yz = A, \qquad z^2 + x^2 + b\,zx = B, \qquad x^2 + y^2 + c\,xy = C.$$

Wir haben gesehen, daß dieses Gleichungstripel auf eine biquadratische Gleichung führt. Es gibt aber Fälle, in denen man den Weg über die biquadratische Gleichung vermeiden kann. Zwei besonders markante — die Probleme von Malfatti und Torricelli — sollen im folgenden betrachtet werden.

Malfattis Aufgabe.

In ein gegebenes Dreieck drei Kreise zu zeichnen, die einander und je zwei Dreieckseiten berühren.

Lösung nach Schellbach (Crelles Journal, Bd. 45). Wir nennen das gegebene Dreieck ABC, seine Seiten a, b, c, die Tangenten seiner Halbwinkel $\mathfrak{A}$, $\mathfrak{B}$, $\mathfrak{C}$, seinen Halbumfang s, die Ergänzungen $s-a$, $s-b$, $s-c$ der Seiten zu s $\mathfrak{a}$, $\mathfrak{b}$, $\mathfrak{c}$, den Inkreisradius ϱ, die drei die Seitenpaare (b, c), (c, a) und (a, b) berührenden Malfattikreise $\mathfrak{U}$, $\mathfrak{V}$, $\mathfrak{W}$, ihre Radien U, V, W, endlich die von den Dreiecksecken an sie laufenden Tangenten u, v, w. Dann gelten die Gleichungen

$$s\varrho^2 = \mathfrak{a}\mathfrak{b}\mathfrak{c}, \quad \varrho = \mathfrak{A}\mathfrak{a} = \mathfrak{B}\mathfrak{b} = \mathfrak{C}\mathfrak{c}, \quad \mathfrak{A}\mathfrak{B}\mathfrak{C} = \varrho : s,$$
$$\mathfrak{B}\mathfrak{C} = \mathfrak{a} : s, \quad \mathfrak{C}\mathfrak{A} = \mathfrak{b} : s, \quad \mathfrak{A}\mathfrak{B} = \mathfrak{c} : s, \quad U = \mathfrak{A}u, \quad V = \mathfrak{B}v, \quad W = \mathfrak{C}w.$$

Da die Projektion der Zentrale $U + V$ der beiden Kreise $\mathfrak{U}$ und $\mathfrak{V}$ auf die Seite c bzw. auf die Normale zu dieser Seite die auf c liegende gemeinsame Tangente t von $\mathfrak{U}$ und $\mathfrak{V}$ bzw. der Unterschied der beiden Radien U und V ist, so haben wir

$$(U+V)^2 = (U-V)^2 + t^2, \qquad \text{d. h. } t = 2\sqrt{UV} = 2\sqrt{\mathfrak{A}\mathfrak{B}uv}$$

oder

$$t = 2\sqrt{\frac{\mathfrak{c}}{s}}\sqrt{uv}.$$

Da sich die Seite c aus den drei Stücken u, t, v zusammensetzt, entsteht die Gleichung

$$u + v + 2\sqrt{\frac{\mathfrak{c}}{s}}\sqrt{uv} = c.$$

Ganz ähnlich erhält man die Formeln

$$v + w + 2\sqrt{\frac{\mathfrak{a}}{s}}\sqrt{vw} = a, \qquad w + u + 2\sqrt{\frac{\mathfrak{b}}{s}}\sqrt{wu} = b$$

für die drei Unbekannten u, v, w.

Um sie auf eine übersichtlichere Form zu bringen, führen wir die neuen Unbekannten

$$x = \sqrt{\frac{u}{s}}, \qquad y = \sqrt{\frac{v}{s}}, \qquad z = \sqrt{\frac{w}{s}}$$

ein.

Die Gleichungen erhalten dann die Form

$$\left\{\begin{aligned} y^2 + z^2 + 2\sqrt{\frac{\mathfrak{a}}{s}}\, y z &= \frac{a}{s} \\ z^2 + x^2 + 2\sqrt{\frac{\mathfrak{b}}{s}}\, z x &= \frac{b}{s} \\ x^2 + y^2 + 2\sqrt{\frac{\mathfrak{c}}{s}}\, x y &= \frac{c}{s} \end{aligned}\right\}.$$

Die Identitäten

$$\frac{a}{s} + \frac{\mathfrak{a}}{s} = 1, \quad \frac{b}{s} + \frac{\mathfrak{b}}{s} = 1, \quad \frac{c}{s} + \frac{\mathfrak{c}}{s} = 1$$

legen es nahe, drei Hilfswinkel λ, μ, ν durch die Ansätze

$$\sin^2\lambda = \frac{a}{s} \,\Big|\, \cos^2\lambda = \frac{\mathfrak{a}}{s}, \quad \sin^2\mu = \frac{b}{s} \,\Big|\, \cos^2\mu = \frac{\mathfrak{b}}{s}, \quad \sin^2\nu = \frac{c}{s} \,\Big|\, \cos^2\nu = \frac{\mathfrak{c}}{s}$$

einzuführen. Die drei quadratischen Gleichungen für x, y, z schreiben sich dann

$$\left\{\begin{aligned} y^2 + z^2 + 2\, y z \cos\lambda &= \sin^2\lambda \\ z^2 + x^2 + 2\, z x \cos\mu &= \sin^2\mu \\ x^2 + y^2 + 2\, x y \cos\nu &= \sin^2\nu \end{aligned}\right\}$$

und erhalten damit die Form des Gleichungstripels der Lagrangeschen Triederaufgabe.

Um das Tripel zu lösen, fassen wir die positiven echten Brüche x, y, z als Sinus von drei unbekannten Winkeln ξ, η, ζ auf und haben dann

$$\left\{\begin{aligned} \sin^2\eta + \sin^2\zeta + 2\sin\eta\sin\zeta\cos\lambda &= \sin^2\lambda \\ \sin^2\zeta + \sin^2\xi + 2\sin\zeta\sin\xi\cos\mu &= \sin^2\mu \\ \sin^2\xi + \sin^2\eta + 2\sin\xi\sin\eta\cos\nu &= \sin^2\nu \end{aligned}\right\}.$$

Die dritte dieser Gleichungen z. B. bedeutet geometrisch:

ξ, η und $\bar{\nu} = 180^0 - \nu$ sind Winkel eines Dreiecks.

Das gibt $\xi + \eta = \nu$. Ähnlich gibt die erste Gleichung $\eta + \zeta = \lambda$, die zweite $\zeta + \xi = \mu$.

Die drei unbekannten Hilfswinkel ξ, η, ζ bestimmen sich also aus dem Gleichungstripel

$$\eta + \zeta = \lambda, \qquad \zeta + \xi = \mu, \qquad \xi + \eta = \nu.$$

Mit ξ, η, ζ hat man $x = \sin\xi$, $y = \sin\eta$, $z = \sin\zeta$ und schließlich

$$u = s\sin^2\xi, \qquad v = s\sin^2\eta, \qquad w = s\sin^2\zeta,$$

welche Ausdrücke damit nicht nur rechnerisch, sondern auch zeichnerisch ermittelt werden können.

Torricellipunkt.

Die Abstände des Torricellipunktes eines Dreiecks von den Dreiecksecken als Funktionen der Dreiecksseiten darzustellen.

Anmerkung: Der Torricellipunkt eines Dreiecks ist bekanntlich der Punkt, in dem die drei Dreiecksseiten gleich groß (also unter 120°) erscheinen.

Lösung: Wir nennen die Dreiecksseiten a, b, c, die Abstände des Torricellipunktes von den Ecken x, y, z, den Doppelinhalt des Dreiecks j, die Quadrate der Seiten A, B, C, die halbe Summe dieser Quadrate S und die Überschüsse von S über A, B, C bzw. $\mathfrak{A}$, $\mathfrak{B}$, $\mathfrak{C}$. Dann gelten die Gleichungen

$$S = \frac{A+B+C}{2},$$

$$S - A = \frac{B+C-A}{2} = \mathfrak{A}, \quad S - B = \frac{C+A-B}{2} = \mathfrak{B},$$

$$S - C = \frac{A+B-C}{2} = \mathfrak{C}.$$

Aus den drei vom Torricellipunkt zu erfüllenden Bedingungen gewinnen wir mit Hilfe des Cosinussatzes das Gleichungstripel

$$\left\{\begin{matrix} y^2 + z^2 + yz = A \\ z^2 + x^2 + zx = B \\ x^2 + y^2 + xy = C \end{matrix}\right\}.$$

Dieses Torricellische Gleichungstripel hat wie das Malfattische die Form des Lagrangeschen Tripels des Triederproblems.

Unsere Aufgabe lautet, die drei Unbekannten x, y, z dieses Gleichungssystems zu bestimmen.

Das Gleichungssystem läßt sich auf die durch quadratische Gleichungen lösbare Form

$$\left\{\begin{matrix} (h\, x + k\, y + l\, z)\, p + K\, q = A \\ (h'\, x + k'\, y + l'\, z)\, p + K'\, q = B \\ (h''\, x + k''\, y + l''\, z)\, p + K''\, q = C \end{matrix}\right\} \quad \text{mit} \left\{\begin{matrix} p = x + y + z \\ q = yz + zx + xy \end{matrix}\right.$$

bringen, in der h, k, l, K, ..., l'', K'' gegebene Koeffizienten sind (§ 34). Hier wird

$$\left\{\begin{matrix} (y+z)\, p - q = A \\ (z+x)\, p - q = B \\ (x+y)\, p - q = C \end{matrix}\right\}.$$

Durch Addition dieser Gleichungen entsteht

$$2\, p^2 - 3\, q = 2\, S,$$

durch Auflösung der Gleichungen nach x, y, z (wobei man so tut, als ob p und q gegebene Größen wären)

$$2\,px = 2\,\mathfrak{A} + q, \qquad 2\,py = 2\,\mathfrak{B} + q, \qquad 2\,pz = 2\,\mathfrak{C} + q.$$

Aus diesem Gleichungstripel ergibt sich das neue Tripel

$$\begin{cases} 4\,p^2\,y\,z = 4\,\mathfrak{B}\,\mathfrak{C} + 2\,\mathfrak{B}\,q + 2\,\mathfrak{C}\,q + q^2 \\ 4\,p^2\,z\,x = 4\,\mathfrak{C}\,\mathfrak{A} + 2\,\mathfrak{C}\,q + 2\,\mathfrak{A}\,q + q^2 \\ 4\,p^2\,x\,y = 4\,\mathfrak{A}\,\mathfrak{B} + 2\,\mathfrak{A}\,q + 2\,\mathfrak{B}\,q + q^2 \end{cases}$$

und aus diesem durch Addition, wobei die Relationen

$$\mathfrak{B}\mathfrak{C} + \mathfrak{C}\mathfrak{A} + \mathfrak{A}\mathfrak{B} = j^2 \qquad \text{und} \qquad \mathfrak{A} + \mathfrak{B} + \mathfrak{C} = S$$

angewandt werden,

$$4\,p^2 q = 4\,j^2 + 4\,S q + 3\,q^2.$$

Hier ersetzen wir, der obigen Gleichung für $2\,p^2$ gemäß, $4\,p^2$ durch $4\,S + 6\,q$ und bekommen

$$3\,q^2 = 4\,j^2$$

oder

$$\boxed{q = 2\,j : \sqrt{3}}\,.$$

Darauf wird (wegen $2\,p^2 = 2\,S + 3\,q$)

$$\boxed{p = \sqrt{S + j\sqrt{3}}}\,.$$

Schließlich ergeben sich die gesuchten Abstände zu

$$\boxed{x = \frac{\mathfrak{A} + j : \sqrt{3}}{p}, \quad y = \frac{\mathfrak{B} + j : \sqrt{3}}{p}, \quad z = \frac{\mathfrak{C} + j : \sqrt{3}}{p}}\,.$$

Die Lösung ist unmöglich, wenn die Zähler dieser Brüche negativ ausfallen oder verschwinden. Diese Erscheinung könnte sich aber höchstens einmal ereignen, etwa beim dritten Zähler und nur dann, wenn $\mathfrak{C}$ einen betraglich zu hohen negativen Wert besitzt. Um den Sachverhalt zu übersehen, formen wir den Zähler um.

Aus

$$\mathfrak{C} = ab\cos\gamma, \qquad j = ab\sin\gamma$$

(γ ist der von den Seiten a und b eingeschlossene Dreieckswinkel) ergibt sich

$$\text{Zähler} = Z = \frac{2\,a\,b}{\sqrt{3}}\left[\frac{\sqrt{3}}{2}\cos\gamma + \frac{1}{2}\sin\gamma\right]$$

oder, da die eckige Klammer den Wert

$$\sin 60^0 \cdot \cos \gamma + \cos 60^0 \cdot \sin \gamma = \sin (\gamma + 60^0)$$

hat,

$$Z = \frac{2ab}{\sqrt{3}} \sin (\gamma + 60^0).$$

Unser Zähler verschwindet also oder sinkt ins Negative hinab, wenn

$$\gamma > 120^0$$

wird.

Tatsächlich ist die Existenz des Torricellischen Punktes an die Bedingung geknüpft, daß jeder Dreieckswinkel kleiner als 120° sein muß. (Vgl. des Verfassers „Triumph der Mathematik", Aufgabe Nr. 91.)

§ 20. Catalans Toroidenaufgabe

Die Gleichung der Toroide zu ermitteln.

Die Toroide entsteht, wenn man in jedem Punkte einer Ellipse auf dieser nach außen ein Lot von unveränderlicher Länge errichtet; die Endpunkte dieser Lote bilden die Toroide.

Lösung: Bedeuten x und y die Koordinaten des die Ellipse $b^2 x^2 + a^2 y^2 = a^2 b^2$ durchlaufenden Punktes p, X und Y die Koordinaten des im Abstande h von p auf der Toroide und der gemeinsamen Normale der beiden Kurven liegenden Punktes P, λ und μ die Richtungskosinus von pP, so gelten die Formeln

$$X = x + h\lambda, \qquad Y = y + h\mu$$

mit $\lambda = b^2 x : W, \qquad \mu = a^2 y : W, \qquad W^2 = b^4 x^2 + a^4 y^2.$

Wir schreiben

$$\frac{X - x}{b^2 x} = \frac{Y - y}{a^2 y} = h : W = 1 : q$$

und haben

$$x = Xq : (b^2 + q), \qquad y = Yq : (a^2 + q),$$

$$X - x = b^2 X : (b^2 + q), \qquad Y - y = a^2 Y : (a^2 + q).$$

Diese Werte setzen wir in die Gleichungen

$$b^2 x^2 + a^2 y^2 = a^2 b^2 \quad \text{und} \quad (X - x)^2 + (Y - y)^2 = h^2$$

ein und bekommen

(1) $b^2 X^2 (a^2 + q)^2 q^2 + a^2 Y^2 (b^2 + q)^2 q^2 = a^2 b^2 (a^2 + q)^2 (b^2 + q)^2$

(2) $b^4 X^2 (a^2 + q)^2 + a^4 Y^2 (b^2 + q)^2 = h^2 (a^2 + q)^2 (b^2 + q)^2$

Durch Elimination von q aus (1) und (2) entsteht die Toroidengleichung.

Um zu eliminieren, bilden wir $q^2 \cdot (2) - b^2 \cdot (1)$ sowie $a^2 \cdot (1) - q^2 \cdot (2)$ und erhalten

$$\begin{Bmatrix} (3) & a^2 e^2 Y^2 q^2 = (h^2 q^2 - a^2 b^4)(a^2 + q)^2 \\ (4) & b^2 e^2 X^2 q^2 = (a^4 b^2 - h^2 q^2)(b^2 + q)^2 \end{Bmatrix} \quad \text{mit } e^2 = a^2 - b^2.$$

Darauf bilden wir $(3) + (4)$ und $b^2 \cdot (3) + a^2 \cdot (4)$ und bekommen

$$\begin{Bmatrix} (5) & 2h^2 q^3 - E q^2 - a^4 b^4 = 0 \\ (6) & h^2 q^3 + a^2 b^2 K q - 2 a^4 b^4 = 0 \end{Bmatrix} \text{mit} \begin{Bmatrix} E = b^2 X^2 + a^2 Y^2 - a^2 b^2 - c^2 h^2 \\ K = X^2 + Y^2 - h^2 - c^2 \\ c^2 = a^2 + b^2 \end{Bmatrix}.$$

Endlich bilden wir $2 \cdot (6) - (5)$ und $2 \cdot (5) - (6)$ und erhalten für den Quotienten q das

quadratische Gleichungspaar

$$\begin{Bmatrix} E q^2 + 2 a^2 b^2 K q - 3 a^4 b^4 = 0 \\ 3 h^2 q^2 - 2 E q - a^2 b^2 K = 0 \end{Bmatrix}$$

für die Unbekannte q.

Zur Erzielung einer kleinen Vereinfachung setzen wir

$$q : a^2 b^2 = \zeta \quad \text{und} \quad a^2 b^2 h^2 = \Pi.$$

Das gibt

$$\begin{Bmatrix} E \zeta^2 + 2 K \zeta - 3 = 0 \\ 3 \Pi \zeta^2 - 2 E \zeta - K = 0 \end{Bmatrix}.$$

Wenn aber eine Größe ζ gleichzeitig diese beiden quadratischen Gleichungen befriedigt, so gilt die Relation

$$\boxed{\mathfrak{B}^2 = \mathfrak{C}\mathfrak{A}}$$

mit

$$\mathfrak{A} = BC' - CB', \quad \mathfrak{B} = CA' - AC', \quad \mathfrak{C} = AB' - BA',$$

wo A, B, C die Koeffizienten der ersten, A', B' C' die der zweiten Gleichung bedeuten (§ 8). Hier ist bei umgekehrter Anordnung der beiden Gleichungen

$$\mathfrak{A} = 6E + 2K^2, \quad \mathfrak{B} = 9\Pi - EK, \quad \mathfrak{C} = 2E^2 + 6K\Pi,$$

und

die Gleichung der Toroide wird

$$\boxed{(9\Pi - EK)^2 = 4(3E + K^2)(E^2 + 3K\Pi)},$$

wobei

$$\boxed{E = b^2 X^2 + a^2 Y^2 - a^2 b^2 - c^2 h^2} \text{ und } \boxed{K = X^2 + Y^2 - c^2 - h^2}$$

mit $c^2 = a^2 + b^2$ und $\Pi = a^2 b^2 h^2$ ist.

Die Toroide ist also eine algebraische Kurve achter Ordnung.

§ 21. Aufgabe von Painvin

Die Achsen des Kegelschnitts zu ermitteln, in dem eine gegebene Quadrik von einer gegebenen Ebene geschnitten wird.

Lösung von Maffiotti. Die Gleichung der gegebenen Quadrik sei

$$F \equiv ax^2 + by^2 + cz^2 + 2\alpha yz + 2\beta zx + 2\gamma xy + 2Ax + 2By + 2Cz + D = 0,$$

die der gegebenen Ebene in der Hesseform

$$H \equiv \lambda x + \mu y + \nu z + \pi = 0,$$

so daß π den entgegengesetzten Wert des vom Ursprung auf die Ebene gefällten Lotes bedeutet. Wir setzen zur Abkürzung

$$\left\{\begin{array}{l} U = ax + \gamma y + \beta z + A \\ V = \gamma x + by + \alpha z + B \\ W = \beta x + \alpha y + cz + C \\ T = Ax + By + Cz + D \end{array}\right\}, \quad \left\{\begin{array}{l} u = al + \gamma m + \beta n \\ v = \gamma l + bm + \alpha n \\ w = \beta l + \alpha m + cn \end{array}\right\},$$

$$f = al^2 + bm^2 + cn^2 + 2\alpha mn + 2\beta nl + 2\gamma lm,$$
$$\varphi = a\lambda^2 + b\mu^2 + c\nu^2 + 2\alpha\mu\nu + 2\beta\nu\lambda + 2\gamma\lambda\mu.$$

Dabei sind U, V, W die Halbableitungen von F nach x, y, z, weiter l, m, n gewisse Hilfsvariablen und u, v, w die Halbableitungen von f nach l, m, n. Außerdem gelten die Identitäten

$$F \equiv Ux + Vy + Wz + T$$
$$f \equiv ul + vm + wn.$$

Es seien nunmehr x, y, z die Koordinaten des Kegelschnittzentrums O, l, m, n die Richtungscosinus einer beliebigen in der Ebene $H = 0$ liegenden, durch O laufenden Geraden, so daß die Koordinaten X, Y, Z des Schnittpunktes S dieser Geraden mit dem Kegelschnitt (mit der Fläche $F = 0$) die Form

$$X = x + lr, \quad Y = y + mr, \quad Z = z + nr$$

haben, wobei

$$r = OS$$

ist.

Setzen wir diese Koordinaten in die Quadrikgleichung ein, so entsteht für r die quadratische Gleichung

$$fr^2 + 2(Ul + Vm + Wn)r + F = 0.$$

Da O der Mittelpunkt des Kegelschnitts ist, muß diese Gleichung rein quadratisch, mithin

(1) $$Ul + Vm + Wn = 0$$

sein, so daß die Gleichung die Form

$$fr^2 + F = 0$$

erhält.

Außer (1) befriedigen die drei Richtungscosinus l, m, n noch die Orthogonalitätsbedingung

(2) $$\lambda l + \mu m + \nu n = 0.$$

Wir addieren die mit einem vorläufig noch unbestimmten Faktor g multiplizierte Gleichung (2) zu (1) und bekommen die Gleichung

$$(U + g\lambda)\, l + (V + g\mu)\, m + (W + g\nu)\, n = 0.$$

Wir wählen g so, daß $W + g\nu$ verschwindet, womit die Gleichung in

$$(U + g\lambda)\, l + (V + g\mu)\, m = 0$$

übergeht. Da diese Gleichung für unendlich viele Wertepaare l, m gilt, müssen auch die Koeffizienten $U + g\lambda$ und $V + g\mu$ verschwinden.

Durch das Gleichungstripel

(3) $$U + g\lambda = 0, \quad V + g\mu = 0, \quad W + g\nu = 0$$

und die Relation

$$\lambda x + \mu y + \nu z + \pi = 0$$

sind die Koordinaten x, y, z des Zentrums O sowie der Multiplikator g festgelegt.

Denken wir uns jetzt den Radiusvektor OS in der Ebene $H = 0$ um O rotierend, so sind seine Richtungscosinus l, m, n Funktionen der Zeit, und wir bekommen die gesuchten Halbachsen unseres Kegelschnitts — als Extreme des Radiusvektor —, indem wir den Anstieg von r oder — was auf dasselbe hinauskommt — den von

$$-F : r^2 = f$$

gleich Null setzen. Das gibt die Extrembedingung

$$u\dot{l} + v\dot{m} + w\dot{n} = 0$$[1].

Dazu kommen die beiden Bedingungsgleichungen

$$l\dot{l} + m\dot{m} + n\dot{n} = 0$$

und

$$\lambda\dot{l} + \mu\dot{m} + \nu\dot{n} = 0.$$

Wir behaften sie mit den Lagrangefaktoren h und k und addieren sie dann zur Extrembedingung.

[1] Eigentlich: $\dot{u}l + \dot{v}m + \dot{w}n + u\dot{l} + v\dot{m} + w\dot{n} = 0$; aber es ist identisch:

$$\dot{u}l + \dot{v}m + \dot{w}n = u\dot{l} + v\dot{m} + w\dot{n}.$$

Das gibt

$$(u + hl + k\lambda)\dot{l} + (v + hm + k\mu)\dot{m} + (w + hn + k\nu)\dot{n} = 0.$$

Wir wählen h und k so, daß zwei von den runden Klammern dieser Gleichung verschwinden; dann verschwindet auch die dritte, und es ergeben sich die drei Gleichungen

$$(4) \qquad u + hl + k\lambda = 0, \quad v + hm + k\mu = 0, \quad w + hn + k\nu = 0,$$

ausführlich geschrieben und mit Hinzufügung der Orthogonalitätsbedingung:

$$\left\{\begin{array}{rrrr} (a+h)\,l + & \gamma\,m + & \beta\,n + & \lambda\,k = 0 \\ \gamma\,l + & (b+h)\,m + & \alpha\,n + & \mu\,k = 0 \\ \beta\,l + & \alpha\,m + & (c+h)\,n + & \nu\,k = 0 \\ \lambda\,l + & \mu\,m + & \nu\,n + & 0\,k = 0 \end{array}\right\}.$$

Aus diesem Homogensystem für die vier „Unbekannten" l, m, n, k folgt nach Bézouts Satze das Verschwinden der Determinante

$$\begin{vmatrix} a+h & \gamma & \beta & \lambda \\ \gamma & b+h & \alpha & \mu \\ \beta & \alpha & c+h & \nu \\ \lambda & \mu & \nu & 0 \end{vmatrix}$$

d. h. die Gleichung

$$h^2 + Kh - \delta = 0$$

mit

$$K = a + b + c - \varphi \quad \text{und} \quad \delta = \begin{vmatrix} a & \gamma & \beta & \lambda \\ \gamma & b & \alpha & \mu \\ \beta & \alpha & c & \nu \\ \lambda & \mu & \nu & 0 \end{vmatrix}.$$

Die Größe h hat einen einfachen Wert. Um ihn zu bekommen, addieren wir die mit l, m, n multiplizierten Gleichungen (4) und erhalten

$$h = -(ul + vm + wn) = -f = F : r^2.$$

Mit Benutzung dieses Wertes geht die für h gewonnene quadratische Gleichung über in

$$F^2 : r^4 + KF : r^2 - \delta = 0.$$

Hier drücken wir noch F (statt durch x, y, z) durch die gegebenen Koeffizienten λ, μ, ν, π aus.

Zunächst addieren wir die mit x, y, z multiplizierten Gleichungen (3) und erhalten

$$Ux + Vy + Wz + g\,(\lambda x + \mu y + \nu z) = 0$$

oder

$$T - F + \pi g = 0.$$

Auf Grund dieser Gleichung sowie der Gleichungen (3) und $H = 0$ entsteht nunmehr das folgende Homogensystem:

$$\left.\begin{cases} a x + \gamma y + \beta z + A t + \lambda g = 0 \\ \gamma x + b y + \alpha z + B t + \mu g = 0 \\ \beta x + \alpha y + c z + C t + \nu g = 0 \\ A x + B y + C z + (D - F) t + \pi g = 0 \\ \lambda x + \mu y + \nu z + \pi t + 0 g = 0 \end{cases}\right\} \quad \text{mit } t = 1.$$

Nach Bézouts Satze verschwindet seine Determinante:

$$\begin{vmatrix} a & \gamma & \beta & A & \lambda \\ \gamma & b & \alpha & B & \mu \\ \beta & \alpha & c & C & \nu \\ A & B & C & D-F & \pi \\ \lambda & \mu & \nu & \pi & 0 \end{vmatrix} = 0.$$

Wir entwickeln diese Determinante nach der vierten Zeile, indem wir uns diese

$$A + O \quad B + O \quad C + O \quad D - F \quad \pi + 0$$

geschrieben denken und zugleich den Additionssatz anwenden. Das gibt

$$\begin{vmatrix} a & \gamma & \beta & A & \lambda \\ \gamma & b & \alpha & B & \mu \\ \beta & \alpha & c & C & \nu \\ A & B & C & D & \pi \\ \lambda & \mu & \nu & \pi & 0 \end{vmatrix} - F \begin{vmatrix} a & \gamma & \beta & \lambda \\ \gamma & b & \alpha & \mu \\ \beta & \alpha & c & \nu \\ \lambda & \mu & \nu & 0 \end{vmatrix} = 0$$

oder, indem wir

$$\begin{vmatrix} a & \gamma & \beta & A & \lambda \\ \gamma & b & \alpha & B & \mu \\ \beta & \alpha & c & C & \nu \\ A & B & C & D & \pi \\ \lambda & \mu & \nu & \pi & 0 \end{vmatrix} = \Delta$$

setzen,

$$\Delta - F\delta = 0$$

und

$$F = \Delta : \delta.$$

Durch Substitution dieses Wertes in die für r^2 gefundene quadratische Gleichung ergibt sich

$$\frac{1}{r^4} + \frac{\delta}{\Delta} K \cdot \frac{1}{r^2} - \frac{\delta^3}{\Delta^2} = 0$$

oder bei Einführung der Abkürzungen

$$1 : r^2 = \mathfrak{R}, \qquad \delta : \Delta = q$$

$$\boxed{\mathfrak{R}^2 + Kq\mathfrak{R} - \delta q^2 = 0}.$$

Diese quadratische Gleichung in $\mathfrak{R}$ hat die reziproken Halbachsenquadrate des Kegelschnitts, in dem die gegebene Ebene die gegebene Quadrik schneidet, zu Wurzeln.

Dritter Abschnitt

Gleichungen mit einer Unbekannten, die sich auf quadratische Gleichungen zurückführen lassen

§ 22. Reziproke Gleichungen

Eine Gleichung heißt reziprok, wenn sie durch Verwandlung der Unbekannten in ihren reziproken Wert in sich selbst übergeht.

Für uns kommen hier nur reziproke Gleichungen dritten, vierten und fünften Grades in Betracht.

I. Reziproke kubische Gleichungen.

Die kubische Gleichung

$$ax^3 + bx^2 + cx + d = 0$$

geht durch die Verwandlung von x in $1 : x$ in die Gleichung

$$dx^3 + cx^2 + bx + a = 0$$

über. Die neue Gleichung stimmt mit der vorgelegten überein, wenn die Proportion

$$\frac{d}{a} = \frac{c}{b} = \frac{b}{c} = \frac{a}{d}$$

gilt, d. h. wenn

$$d = \mu a, \qquad c = \mu b, \qquad b = \mu c, \qquad a = \mu d$$

ist, wo μ den gemeinsamen Wert der vier Verhältnisse der Proportion bedeutet.

Aus $d = \mu a$ und $a = \mu d$ (ebenso auch aus $c = \mu b$ und $b = \mu c$) folgt, daß μ sich selbst reziprok, d. h. daß entweder $\mu = 1$ oder $\mu = -1$ ist.

Es gibt daher zwei Arten von reziproken kubischen Gleichungen:

$$\boxed{a x^3 + b x^2 + b x + a = 0}$$

und

$$\boxed{a x^3 + b x^2 - b x - a = 0}.$$

Die erste Art hat — wie der bloße Anblick der Gleichung lehrt — stets die Wurzel -1, die zweite stets die Wurzel $+1$. Die linke Seite der ersten Art hat daher stets den Faktor $x+1$, die der zweiten den Faktor $x-1$. Durch Division mit diesem Faktor findet man

$$ax^2-(a-b)x+a \quad \text{bzw.} \quad ax^2+(a+b)x+a$$

als zweiten Faktor, der, mit dem ersten multipliziert, die linke Seite ergibt. Die erste Gleichung läßt sich daher schreiben:

$$(x+1)\cdot[ax^2-(a-b)x+a]=0,$$

die zweite

$$(x-1)\cdot[ax^2+(a+b)x+a]=0.$$

Damit kommt die erste Gleichung auf die lineare Gleichung

$$x+1=0$$

und die quadratische Gleichung

$$ax^2-(a-b)x+a=0,$$

die zweite auf die lineare Gleichung

$$x-1=0$$

und die quadratische Gleichung

$$ax^2+(a+b)x+a=0$$

hinaus.

Zu beachten ist, daß die quadratische Gleichung, auf die die reziproke kubische Gleichung zurückgeführt wird, auch **reziprok** ist.

II. Reziproke biquadratische Gleichungen.

Die biquadratische Gleichung

$$ax^4+bx^3+cx^2+dx+e=0$$

geht durch Verwandlung von x in $1:x$ in

$$ex^4+dx^3+cx^2+bx+a=0$$

über; und diese Gleichung stimmt mit der Ausgangsgleichung überein, wenn die Bedingung

$$\frac{e}{a}=\frac{d}{b}=\frac{c}{c}=\frac{b}{d}=\frac{a}{e}$$

erfüllt ist.

Die vorgelegte Gleichung ist also (auch bei verschwindendem c) sicher reziprok, wenn

$$e=a \quad \text{und zugleich} \quad d=b$$

ist. Mit a. W.:

Eine biquadratische Gleichung ist reziprok, wenn ihre Koeffizienten von rechts nach links gelesen genau so lauten wie von links nach rechts gelesen.

Bei verschwindendem c ist die Gleichung aber auch dann reziprok, wenn

$$e = -a \quad \text{und} \quad d = -b$$

ist, d. h. wenn die Gleichung die Gestalt

$$a x^4 + b x^3 - b x - a = 0$$

hat.

Um die reziproke biquadratische Gleichung

$$\boxed{a x^4 + b x^3 + c x^2 + b x + a = 0}$$

zu lösen, teilt man sie zunächst durch x^2:

$$a\left(x^2 + \frac{1}{x^2}\right) + b\left(x + \frac{1}{x}\right) + c = 0,$$

ersetzt dann

$$x + \frac{1}{x} \text{ durch die neue Unbekannte } y,$$

mithin zugleich

$$x^2 + \frac{1}{x^2} \text{ durch } y^2 - 2$$

und führt dadurch die biquadratische Gleichung auf die quadratische Gleichung

$$a y^2 + b y + (c - 2a) = 0$$

zurück.

Sind α und β die Wurzeln dieser quadratischen Hilfsgleichung, so ergeben sich die vier Wurzeln der biquadratischen Gleichung durch Auflösung der beiden quadratischen Gleichungen

$$x + \frac{1}{x} = \alpha \quad \text{und} \quad x + \frac{1}{x} = \beta.$$

Die reziproke biquadratische Gleichung mit verschwindendem Mittelkoeffizienten

$$\boxed{a x^4 + b x^3 - b x - a = 0}$$

wird folgendermaßen gelöst:

Man schreibt sie

$$a(x^4 - 1) + b x (x^2 - 1) = 0$$

oder

$$(x^2 - 1)(a x^2 + b x + a) = 0$$

und zerlegt sie damit in die beiden reziproken quadratischen Gleichungen

$$x^2 - 1 = 0 \qquad \text{und} \qquad a x^2 + b x + a = 0.$$

III. Reziproke Gleichungen fünften Grades.

Die Gleichung fünften Grades

$$a x^5 + b x^4 + c x^3 + d x^2 + e x + f = 0$$

geht durch Verwandlung von x in $1 : x$ in

$$f x^5 + e x^4 + d x^3 + c x^2 + b x + a = 0$$

über; und diese Gleichung stimmt mit der vorgelegten überein, wenn die Bedingung

$$\frac{f}{a} = \frac{e}{b} = \frac{d}{c} = \frac{c}{d} = \frac{b}{e} = \frac{a}{f} = \mu$$

erfüllt ist. Aus

$$(f = a\mu,\ a = f\mu), \quad (e = b\mu,\ b = e\mu), \quad (d = c\mu,\ c = d\mu)$$

folgt, daß μ sich selbst reziprok sein muß, daß also

$$\text{entweder } \mu = 1 \qquad \text{oder} \qquad \mu = -1$$

sein muß.

Eine reziproke Gleichung fünften Grades hat also eine der beiden Formen

$$\boxed{\begin{aligned} a x^5 + b x^4 + c x^3 + c x^2 + b x + a = 0 \\ a x^5 + b x^4 + c x^3 - c x^2 - b x - a = 0 \end{aligned}}.$$

Ähnlich wie bei den reziproken kubischen Gleichungen hat die linke Seite der ersten Form den Faktor $x + 1$, die der zweiten den Faktor $x - 1$. Die Division durch $x + 1$ bzw. $x - 1$ liefert

$$a x^4 + (b - a) x^3 + (a - b + c) x^2 + (b - a)\, x + a$$

bzw.

$$a x^4 + (a + b\,) x^3 + (a + b + c) x^2 + (a + b)\, x + a$$

als Quotient.

Die Wurzeln der ersten Form sind daher -1 und die vier Wurzeln der reziproken biquadratischen Gleichung

$$a x^4 - (a - b) x^3 + (a - b + c) x^2 - (a - b) x + a = 0,$$

die der zweiten $+1$ und die vier Wurzeln der reziproken biquadratischen Gleichung

$$a x^4 + (a + b) x^3 + (a + b + c) x^2 + (a + b) x + a = 0.$$

§ 23. Gleichungen, die sich durch Einführung einer neuen Unbekannten auf quadratische Gleichungen zurückführen lassen.

1. Bisweilen gelingt es, die biquadratische Gleichung

$$x^4 + a x^3 + b x^2 + c x + d = 0$$

vermittels Hinzufügung der quadratischen Ergänzung zu ihren beiden Anfangsgliedern auf die Form

$$\left(x^2 + \frac{a}{2} x\right)^2 + H\left(x^2 + \frac{a}{2} x\right) + K = 0$$

zu bringen. Die beiden notierten Gleichungen sind identisch, wenn sich die drei Bedingungen

$$\left(\frac{a}{2}\right)^2 + H = b, \qquad H \cdot \frac{a}{2} = c, \qquad K = d$$

erfüllen lassen; und das ist der Fall, wenn

$$\boxed{\frac{a}{2} \cdot \left[b - \left(\frac{a}{2}\right)^2\right] = c}$$

sein sollte.

Durch Einführung der neuen Unbekannten

$$y = x^2 + \frac{a}{2} x$$

geht dann die biquadratische Gleichung in die quadratische Hilfsgleichung

$$y^2 + H y + K = 0$$

über, in welcher

$$H = c : \frac{a}{2}, \qquad K = d$$

ist. Bedeuten h und k die Wurzeln der quadratischen Hilfsgleichung, so liefert die Gleichung

$$x^2 + \frac{a}{2} x = h$$

die ersten beiden Wurzeln α und β, die Gleichung

$$x^2 + \frac{a}{2} x = k$$

die beiden andern Wurzeln γ und δ der biquadratischen Gleichung. Aus

$$\alpha + \beta = -\frac{a}{2} \qquad \text{und} \qquad \gamma + \delta = -\frac{a}{2}$$

folgt dann:

Die Wurzeln der biquadratischen Gleichung lassen sich so zu Paaren (α, β) und (γ, δ) zusammenstellen, daß die Summe der Wurzeln des einen Paares der Summe der Wurzeln des andern gleicht.

Ist umgekehrt eine biquadratische Gleichung

$$x^4 + a x^3 + b x^2 + c x + d = 0$$

mit den Wurzeln α, β, γ, δ vorgelegt derart, daß

$$\alpha + \beta = \gamma + \delta$$

ist, so gehen die bekannten Relationen [vgl. § 26]

$$\alpha + \beta + \gamma + \delta = -a, \qquad \alpha\beta + \gamma\delta + \alpha\gamma + \alpha\delta + \beta\gamma + \beta\delta = b,$$
$$\alpha\beta\gamma + \alpha\beta\delta + \gamma\delta\alpha + \gamma\delta\beta = -c$$

in

$$\left(\alpha + \beta = -\frac{a}{2}\right), \; \alpha\beta + \gamma\delta + (\alpha + \beta)(\gamma + \delta) = b, \; \alpha\beta(\gamma + \delta) + \gamma\delta(\alpha + \beta) = -c$$

oder in

$$\left(\alpha + \beta = -\frac{a}{2}\right), \; \alpha\beta + \gamma\delta = b - \left(\frac{a}{2}\right)^2, \; \alpha\beta + \gamma\delta = c : \frac{a}{2}$$

über, so daß

$$\boxed{\frac{a}{2} \cdot \left[b - \left(\frac{a}{2}\right)^2\right] = c}$$

wird.

Die gerahmte Gleichung ist also die notwendige und hinreichende Bedingung dafür, daß zwei gewisse Wurzeln der biquadratischen Gleichung dieselbe Summe wie die beiden andern Wurzeln haben.

Beispiel 1: $\qquad x^4 - 12x^2 + 49x^2 - 78x + 40 = 0.$

Die Gleichung

$$-78 = -6 \cdot [49 - 6^2]$$

lehrt, daß durch Einführung der neuen Unbekannten

$$y = x^2 - 6x$$

die vorgelegte biquadratische Gleichung auf die quadratische Hilfsgleichung

$$y^2 + 13y + 40 = 0$$

zurückgeführt wird, deren Wurzeln -8 und -5 sind. Die Wurzeln der quadratischen Gleichungen

$$x^2 - 6x + 8 = 0 \qquad \text{und} \qquad x^2 - 6x + 5 = 0:$$
$$\alpha = 4, \quad \beta = 2, \quad \gamma = 5, \quad \delta = 1$$

sind die Wurzeln der biquadratischen Gleichung.

Beispiel 2: $\qquad x^4 - 8x^3 - 24x^2 + 160x - 41 = 0.$

Die Gleichung

$$160 = -4 \cdot [-24 - 4^2]$$

führt zur Substitution

$$y = x^2 - 4x$$

und zur quadratischen Hilfsgleichung

$$y^2 - 40y - 41 = 0.$$

mit den Wurzeln 41 und -1.

Die Wurzeln der quadratischen Gleichungen

$$x^2 - 4x - 41 = 0 \qquad \text{und} \qquad x^2 - 4x + 1 = 0:$$

$$\alpha = 2 + 3\sqrt{5},\ \beta = 2 - 3\sqrt{5},\ \gamma = 2 + \sqrt{3},\ \delta = 2 - \sqrt{3}$$

sind die gesuchten Wurzeln.

Beispiel 3: $$(x^2 - 1)(x - c)^2 = x^2$$

(Die Gleichung erscheint auch in der irrationalen Form

$$\frac{x}{\sqrt{x^2 - 1}} = c - x.)$$

Ordnet man nach Potenzen von x, so entsteht die biquadratische Gleichung

$$x^4 - 2cx^3 + (c^2 - 2)x^2 + 2cx - c^2 = 0.$$

Die zur Reduktion auf eine quadratische Gleichung mit der Unbekannten

$$y = x^2 - cx$$

notwendige Bedingung ist erfüllt.

Beispiel 4:

$$x^4 + 2(a - b)x^3 + (a^2 + b^2)x^2 + 2ab(a - b)x + ab(a^2 + ab + b^2) = 0.$$

Die Gleichung zerfällt in die beiden quadratischen Gleichungen

$$x^2 + (a - b)x + ab = \pm i\sqrt{ab(a^2 + b^2)}.$$

2. $$(x + a)(x + 2a)(x + 3a)(x + 4a) = b.$$

Auch bei dieser biquadratischen Gleichung lassen sich die Wurzeln zu Paaren: (α, β) und (γ, δ) ordnen, so daß die Wurzeln des einen Paares dieselbe Summe haben wie die des andern. Schreiben wir nämlich die linke Seite der Gleichung

$$[(x + 2a)(x + 3a)] \cdot [(x + a)(x + 4a)],$$

so verwandelt sich die Gleichung in

$$[x^2 + 5ax + 6a^2][x^2 + 5ax + 4a^2] = b$$

oder, wenn wir

$$x^2 + 5ax = y$$

setzen, in die quadratische Gleichung

$$(y + 6a^2)(y + 4a^2) = b.$$

Sind h und k die Wurzeln dieser Gleichung, so liefern die Gleichungen

$$x^2 + 5ax = h \qquad \text{und} \qquad x^2 + 5ax = k$$

die Wurzeln α, β, γ, δ der vorgelegten Gleichung. Aus

$$\alpha + \beta = -5a \qquad \text{und} \qquad \gamma + \delta = -5a$$

folgt tatsächlich

$$\alpha + \beta = \gamma + \delta.$$

3. $$(x + a)^3 + (x + b)^3 = (a - b)^3.$$

Durch die Substitution

$$x + a = y + h, \qquad x + b = y - h,$$

wobei

$$2h = a - b.$$

ist, geht die vorgelegte Gleichung in

$$(y + h)^3 + (y - h)^3 = 8h^3$$

d. h. in

$$y^3 + 3h^2y = 4h^3$$

über.

Der Anblick dieser kubischen Gleichung lehrt, daß sie die Wurzel $y = h$ hat. Daher ist $y^3 + 3h^2y - 4h^3$ durch $y - h$ ohne Rest teilbar:

$$y^3 + 3h^2y - 4h^3 = (y - h)(y^2 + hy + 4h^2),$$

und die kubische Gleichung für y zerfällt in die beiden Gleichungen

$$y - h = 0 \qquad \text{und} \qquad y^2 + hy + 4h^2 = 0.$$

Aus den drei sich ergebenden Wurzeln dieser Gleichungen folgen dann vermöge der obigen Substitution die gesuchten x-Werte.

4. $$(x + a)^4 + (x + b)^4 = 2c.$$

Hier führt dieselbe Substitution

$$x + a = y + h, \qquad x + b = y - h \qquad (2h = a - b)$$

zum Ziel. Sie führt die vorgelegte Gleichung in die quadratischeGleichung

$$(y + h)^4 + (y - h)^4 = 2c$$

oder

$$y^4 + 6h^2y^2 + (h^4 - c) = 0$$

für die Unbekannte y^2 über. Diese liefert zwei Werte für y^2, also vier Werte für y, aus denen dann der Substitution gemäß die vier gesuchten x-Werte resultieren.

5. $$(a - x)^5 + (x - b)^5 = 2c.$$

Hier wird substituiert

$$a - x = h + y, \qquad x - b = h - y \qquad\qquad (2h = a - b).$$

Das gibt

$$(h + y)^5 + (h - y)^5 = 2c$$

oder

$$5hy^4 + 10h^3y^2 + (h^5 - c) = 0.$$

Fortsetzung wie bei 4.

6. $$(x + b + c)(x + c + a)(x + a + b) + abc = 0.$$

Hier setzen wir

$$x = y - a - b - c$$

und bekommen

$$(y - a)(y - b)(y - c) + abc = 0$$

oder

$$y^3 - (a + b + c)y^2 + (bc + ca + ab)y = 0.$$

Eine Wurzel dieser Gleichung ist $y = 0$; die andern beiden Wurzeln liefert die quadratische Gleichung

$$y^2 - (a + b + c)y^2 + (bc + ca + ab) = 0.$$

Mit den y-Werten hat man auch die x-Werte.

7. $$ax^4 + bx^3 + cx^2 - bx + a = 0.$$

Diese Gleichung ist zwar keine reziproke Gleichung, läßt sich aber trotzdem ähnlich wie jene (§ 22) lösen.

Wir teilen durch x^2 und bekommen

$$a\left(x^2 + \frac{1}{x^2}\right) + b\left(x - \frac{1}{x}\right) + c = 0.$$

Wir führen die neue Unbekannte

$$y = x - \frac{1}{x}$$

ein, deren Quadrat $x^2 + \frac{1}{x^2} - 2$ ist, und haben

$$ay^2 + by + (2a + c) = 0.$$

Diese Gleichung liefert y, die quadratische Gleichung für x

$$x - \frac{1}{x} = y$$

sodann x.

8. $$a(x^2 + x + 1)^2 + b(x^2 + 1)(x + 1)^2 = 0.$$

Wegen

$$(x^2 + 1)(x + 1)^2 = (x^2 + x + 1 + x)(x^2 + x + 1 - x)$$

schreibt sich die Gleichung

$$a(x^2 + x + 1)^2 + b[(x^2 + x + 1)^2 - x^2] = 0$$

oder

$$a + b\left[1 - \left(\frac{x}{x^2 + x + 1}\right)^2\right] = 0.$$

Die Substitution

$$y = \frac{x}{x^2 + x + 1}$$

führt auf

$$b y^2 = a + b,$$

wodurch y bestimmt ist. x findet sich dann aus der quadratischen Gleichung

$$y x^2 + (y - 1)x + y = 0.$$

9. $$(x^2 + a x + 1)(x^2 + 1) + b x^2 = 0.$$

Die Division durch x^2 gibt

$$\left(x + \frac{1}{x} + a\right)\left(x + \frac{1}{x}\right) + b = 0,$$

die Substitution

$$y = x + \frac{1}{x}$$

$$y(y + a) + b = 0.$$

10. $$\frac{(x+a)(x+b)}{(x-a)(x-b)} + \frac{(x-a)(x-b)}{(x+a)(x+b)} = \frac{(x+c)(x+d)}{(x-c)(x-d)} + \frac{(x-c)(x-d)}{(x+c)(x+d)}.$$

Substituieren wir

$$u = \frac{(x+a)(x+b)}{(x-a)(x-b)}, \quad v = \frac{(x+c)(x+d)}{(x-c)(x-d)},$$

so haben wir

$$u + \frac{1}{u} = v + \frac{1}{v}.$$

Aus dieser Gleichung folgt

entweder $v = u$ oder $v = 1 : u$

also entweder

$$\frac{(x+c)(x+d)}{(x-c)(x-d)} = \frac{(x+a)(x+b)}{(x-a)(x-b)}$$

oder

$$\frac{(x+c)(x+d)}{(x-c)(x-d)} = \frac{(x-a)(x-b)}{(x+a)(x+b)}.$$

Die beiden gefundenen Gleichungen führen nach Beseitigung der Brüche wegen des Verschwindens der Glieder mit x^4 und der Freiglieder $(abcd)$ auf kubische Gleichungen von der Form

$$Ax^3 + Bx^2 + Cx = 0,$$

die den beiden Gleichungen

$$x = 0 \qquad \text{und} \qquad Ax^2 + Bx + C = 0$$

äquivalent sind. Damit ist dann die Aufgabe auf zwei quadratische Gleichungen zurückgeführt.

11. $$ax^6 + bx^5 + cx^4 - cx^2 - bx - a = 0$$

Dies ist eine reziproke Gleichung sechsten Grades. Sie hat die beiden Wurzeln $+1$ und -1, ihre linke Seite also den Faktor $x^2 - 1$, so daß sie sich schreibt

$$[x^2 - 1][ax^4 + bx^3 + (a + c)x^2 + bx + a] = 0$$

und somit auf die beiden Gleichungen

$$x^2 - 1 = 0 \qquad \text{und} \qquad ax^4 + bx^3 + (a + c)x^2 + bx + a = 0$$

hinauskommt. Die zweite ist eine reziproke Gleichung vierten Grades, die durch die Substitution

$$y = x + \frac{1}{x}$$

auf eine quadratische Gleichung für y zurückgeführt wird (§ 22).

12. $$\left(\frac{Ap + Bq + Cx}{ap + bq + cx}\right)^2 = \frac{Hp + Kq + Lx}{hp + kq + lx},$$

wobei p und q zwei beliebige Parameter sind und

$$\left\{\begin{array}{c|c} A, B, C & H, K, L \\ a, b, c & h, k, l \end{array}\right\}$$

Zahlenkoeffizienten bedeuten derart, daß die linksseitigen Koeffizientenüberschüsse den rechtsseitigen proportional sind:

$$(A - a) : (B - b) : (C - c) = (H - h) : (K - k) : (L - l).$$

Lösung: Wir setzen x gleich einer neuen Unbekannten y vermehrt um ein passendes Linearkompositum $up + vq$ von p und q:

$$x = y + up + vq.$$

Dadurch verwandelt sich die vorgelegte Gleichung in

$$\left(\frac{A'p + B'q + Cy}{a'p + b'q + cy}\right)^2 = \frac{H'p + K'q + Ly}{h'p + k'q + ly}$$

mit

$$\left\{\begin{array}{l} A' = A + Cu, \; B' = B + Cv \\ a' = a + cu, \; b' = b + cv \end{array}, \quad \begin{array}{l} H' = H + Lu, \; K' = K + Lv \\ h' = h + lu, \; k' = k + lv \end{array}\right\}.$$

Wir wählen u und v so, daß

$$A' = a', \qquad B' = b', \qquad H' = h', \qquad K' = k'$$

ist, was sich wegen der vorausgesetzten Proportionalität ermöglichen läßt.

Die Gleichung in y lautet dann

$$\left(\frac{a'p + b'q + Cy}{a'p + b'q + cy}\right)^2 = \frac{h'p + k'q + Ly}{h'p + k'q + ly}.$$

Nach Befreiung von den Brüchen erscheint sie in der Form

$$\alpha y^3 + \beta y^2 + \gamma y = 0.$$

Sie besitzt also die Wurzel $y = 0$ und ist auf die quadratische Gleichung

$$\alpha y^2 + \beta y + \gamma = 0$$

zurückgeführt.

Beispiel:

$$\left(\frac{5p + 7q + 2x}{4p + 3q - 5x}\right)^2 = \frac{4p + 7q + 19x}{2p - q + 5x}.$$

§ 24. Auf quadratische Gleichungen zurückführbare Wurzelgleichungen

1. $$\sqrt{x + a} + \sqrt{x + b} = c.$$

Diese Gleichung ist allgemein bekannt. Sie wird gewöhnlich so gelöst, daß man eine Wurzel auf die rechte Seite bringt, die entstehende Gleichung quadriert, die auf der rechten Seite neu entstehende Wurzel isoliert und die Gleichung dann nochmals quadriert.

Folgende Methode ist aber vorzuziehen: Man multipliziert die Gleichung mit

$$\sqrt{x + a} - \sqrt{x + b}$$

und erhält

$$\sqrt{x + a} - \sqrt{x + b} = \frac{a - b}{c}.$$

Die Addition dieser und der vorgelegten Gleichung gibt

$$2\sqrt{x + a} = c + \frac{a - b}{c}$$

und die Quadrierung dieser Gleichung x.

Beispiel: $$\sqrt{(a^2 + x)^3} - \sqrt{(a^2 - x)^3} = 3ax.$$

Durch Multiplikation mit $\sqrt{(a^2 + x)^3} + \sqrt{(a^2 - x)^3}$ bekommen wir

$$\sqrt{(a^2 + x)^3} + \sqrt{(a^2 - x)^3} = 2a^3 + \frac{2}{3a}x^2,$$

und, wenn wir diese Gleichung zur Ausgangsgleichung addieren,

$$\sqrt{(a^2+x)^3} = a^3 + \frac{3a}{2}x + \frac{1}{3a}x^2.$$

Die Quadrierung dieser Gleichung gibt

$$3a^2x^2 = \frac{35}{12}a^2x^2 + \frac{1}{9a^2}x^4$$

oder

$$x^2(4x^2 - 3a^4) = 0$$

und folglich

$$x = 0 \qquad \text{und} \qquad x = \frac{\sqrt{3}}{2}a^2.$$

2. $$\sqrt{\alpha x + a} + \sqrt{\beta x + b} + \sqrt{\gamma x + c} = 0.$$

Diese Gleichung wird gewöhnlich durch sukzessives Rationalisieren gelöst:

Man bringt eine Wurzel ($\sqrt{\gamma x + c}$) auf die rechte Seite und quadriert. Man isoliert die verbleibende Wurzel ($\sqrt{(\alpha x + a)(\beta x + b)}$) und quadriert abermals. Es ergibt sich eine quadratische Gleichung für x.

Will man diese schnell hinschreiben, so stelle man sich die auf der linken Seite unserer Gleichung stehenden Wurzeln als Seiten h, k, l eines Dreiecks vor. Nach Heron bestimmt sich der Dreiecksinhalt Δ durch die Formel

$$\begin{aligned} 16\Delta^2 &= (h+k+l)(k+l-h)(l+h-k)(h+k-l) \\ &= 2k^2l^2 + 2l^2h^2 + 2h^2k^2 - h^4 - k^4 - l^4. \end{aligned}$$

Aus

$$h + k + l = 0$$

folgt

$$2k^2l^2 + 2l^2h^2 + 2h^2k^2 = h^4 + k^4 + l^4.$$

Daher lautet die rationalisierte Gleichung

$$\begin{aligned} (\alpha x + a)^2 + (\beta x + b)^2 + (\gamma x + c)^2 &= 2(\beta x + b)(\gamma x + c) \\ &+ 2(\gamma x + c)(\alpha x + a) + 2(\alpha x + a)(\beta x + b). \end{aligned}$$

Wie man weiß, entscheidet erst die Probe, welche von den Wurzeln dieser Gleichung die vorgelegte Gleichung befriedigen. (Durch die Einführung der Faktoren $k + l - h$, $l + h - k$, $h + k - l$ tauchen möglicherweise Lösungen auf, die zu der vorgelegten Gleichung nicht passen.)

3. $$\sqrt{x+a} + \sqrt{x+b} = \sqrt{x+c} - \sqrt{x+d}.$$

Quadrierung ergibt

$$\sqrt{x^2 + (a+b)x + ab} = e - \sqrt{x^2 + (c+d)x + cd} \text{ mit } e = \frac{c+d-a-b}{2}.$$

Abermalige Quadrierung liefert

$$h x + k = -2 e \sqrt{x^2 + (c + d) x + c d} \qquad \text{mit} \begin{cases} h = a + b - c - d \\ k = a b - c d - e^2 \end{cases}.$$

Die dritte Quadrierung führt dann auf eine quadratische Gleichung für x.

Beispiel:

$$\boxed{\sqrt{\frac{1}{a^2} - \frac{1}{x^2}} + \sqrt{\frac{1}{b^2} - \frac{1}{x^2}} + \sqrt{\frac{1}{c^2} - \frac{1}{x^2}} = \sqrt{\frac{1}{a^2} + \frac{1}{b^2} + \frac{1}{c^2} - \frac{1}{x^2}}}.$$

Wir ersetzen zunächst $1 : a^2$, $1 : b^2$, $1 : c^2$, $1 : x^2$ durch α, β, γ, ξ und haben, mehr im Einklange mit dem obigen Typ,

$$\sqrt{\alpha - \xi} + \sqrt{\beta - \xi} + \sqrt{\gamma - \xi} = \sqrt{\delta - \xi} \qquad \text{mit } \delta = \alpha + \beta + \gamma.$$

Die oben beschriebene Rechnung gibt

$$4 \xi = 2(\alpha + \beta + \gamma) - \frac{\beta\gamma}{\alpha} - \frac{\gamma\alpha}{\beta} - \frac{\alpha\beta}{\gamma}$$

oder

$$4 a^2 b^2 c^2 = x^2 [2 b^2 c^2 + 2 c^2 a^2 + 2 a^2 b^2 - a^4 - b^4 - c^4].$$

Faßt man a, b, c als Seiten eines Dreiecks mit dem Doppelinhalt j auf, so ist die eckige Klammer gleich $4 j^2$ und

$$\boxed{x = a b c : j}.$$

Die durch die Gleichung

$$\sqrt{\frac{1}{a^2} - \frac{1}{x^2}} + \sqrt{\frac{1}{b^2} - \frac{1}{x^2}} + \sqrt{\frac{1}{c^2} - \frac{1}{x^2}} = \sqrt{\frac{1}{a^2} + \frac{1}{b^2} + \frac{1}{c^2} - \frac{1}{x^2}}$$

bestimmte Größe x ist demnach der Umkreisdurchmesser des Dreiecks mit den Seiten a, b, c.

4. $$\sqrt{\frac{(X-B)(X-C)}{BC}} + \sqrt{\frac{(X-C)(X-A)}{CA}} + \sqrt{\frac{(X-A)(X-B)}{AB}} = 1.$$

Am bequemsten ist folgende Lösung. Wir setzen

$$A = a^2, \qquad B = b^2, \qquad C = c^2, \qquad X = x^2$$

und erhalten für x die Gleichung

$$\sqrt{\left(\frac{x^2}{b^2} - 1\right)\left(\frac{x^2}{c^2} - 1\right)} + \sqrt{\left(\frac{x^2}{c^2} - 1\right)\left(\frac{x^2}{a^2} - 1\right)} + \sqrt{\left(\frac{x^2}{a^2} - 1\right)\left(\frac{x^2}{b^2} - 1\right)} = 1$$

oder, durch x^2 teilend und mit 2 multiplizierend,

$$2\sqrt{\left(\frac{1}{b^2} - \frac{1}{x^2}\right)\left(\frac{1}{c^2} - \frac{1}{x^2}\right)} + 2\sqrt{\left(\frac{1}{c^2} - \frac{1}{x^2}\right)\left(\frac{1}{a^2} - \frac{1}{x^2}\right)}$$
$$+ 2\sqrt{\left(\frac{1}{a^2} - \frac{1}{x^2}\right)\left(\frac{1}{b^2} - \frac{1}{x^2}\right)} = \frac{2}{x^2}.$$

Hieraus wird zwanglos

$$\left(\sqrt{\frac{1}{a^2}-\frac{1}{x^2}}+\sqrt{\frac{1}{b^2}-\frac{1}{x^2}}+\sqrt{\frac{1}{c^2}-\frac{1}{x^2}}\right)^2=\frac{1}{a^2}+\frac{1}{b^2}+\frac{1}{c^2}-\frac{1}{x^2}$$

oder endlich

$$\sqrt{\frac{1}{a^2}-\frac{1}{x^2}}+\sqrt{\frac{1}{b^2}-\frac{1}{x^2}}+\sqrt{\frac{1}{c^2}-\frac{1}{x^2}}=\sqrt{\frac{1}{a^2}+\frac{1}{b^2}+\frac{1}{c^2}-\frac{1}{x^2}}.$$

Diese Gleichung wurde aber unter 3. gelöst; es ist

$x = abc : j$ mit $4j^2 = 2b^2c^2 + 2c^2a^2 + 2a^2b^2 - a^4 - b^4 - c^4$.

Folglich wird

$X = ABC : j^2$ mit $4j^2 = 2BC + 2CA + 2AB - A^2 - B^2 - C^2$.

5.
$$\frac{1}{\sqrt{1+x}}+\frac{1}{\sqrt{1-x}}=c$$

Durch Multiplikation mit dem Hauptnenner erhalten wir

$$\sqrt{1+x}+\sqrt{1-x}=c\sqrt{1-x^2}$$

und hieraus durch Quadrierung

$$2+2\sqrt{1-x^2}=c^2\sqrt{1-x^2}^2.$$

Daher wird man $\sqrt{1-x^2}$ als neue Unbekannte y einführen, wodurch für y die quadratische Gleichung

$$c^2y^2-2y-2=0$$

entsteht. Nach Ermittlung von y folgt

$$x=\sqrt{1-y^2}.$$

6.
$$\frac{1}{x}+\frac{1}{\sqrt{1-x^2}}=c.$$

Analog der vorigen Aufgabe führt man das Produkt der beiden Nenner als neue Unbekannte ein:

$$y=x\sqrt{1-x^2}.$$

Die Quadrierung der vorgelegten Gleichung gibt

$$\frac{1}{x^2}+\frac{1}{1-x^2}+\frac{2}{y}=c^2$$

oder

$$\frac{1}{x^2(1-x^2)}=c^2-\frac{2}{y}$$

oder endlich

$$\frac{1}{y^2}=c^2-\frac{2}{y}.$$

Diese quadratische Gleichung liefert y, darauf die quadratische Gleichung

$$x^2(1 - x^2) = y^2$$

(für die Unbekannte x^2) x.

7. $$\frac{1}{\sqrt{a-x}} + \frac{1}{\sqrt{x-b}} = c$$

Auch hier empfiehlt es sich, das Nennerprodukt als neue Unbekannte einzuführen:

$$y = \sqrt{a-x}\,\sqrt{x-b}.$$

Die Quadrierung der vorgelegten Gleichung gibt

$$\frac{1}{a-x} + \frac{1}{x-b} = c^2 - \frac{2}{y}$$

oder

$$\frac{a-b}{y^2} = c^2 - \frac{2}{y}.$$

Wieder ist für y eine quadratische Gleichung entstanden. Jede ihrer Wurzeln liefert der Gleichung

$$(a-x)(x-b) = y^2$$

gemäß zwei x-Werte.

8. $$\sqrt[3]{a-x} + \sqrt[3]{b-x} = \sqrt[3]{a+b-2x}.$$

Die einfachste Lösung dieser Aufgabe besteht in der Kubierung der Gleichung nach der Identität

$$\boxed{(u+v)^3 = u^3 + v^3 + 3uv(u+v)}.$$

Das gibt

$$(a-x) + (b-x) + 3\sqrt[3]{a-x}\sqrt[3]{b-x}\sqrt[3]{a+b-2x} = a+b-2x$$

oder

$$\sqrt[3]{a-x}\sqrt[3]{b-x}\sqrt[3]{a+b-2x} = 0$$

und damit

$$x = a, \qquad x = b, \qquad x = \frac{a+b}{2}$$

als (einzige) Wurzeln der vorgelegten Gleichung.

9. $$\sqrt[3]{a-x} + \sqrt[3]{x-b} = c.$$

Die Anwendung der eben benutzten Identität liefert

$$a - x + x - b + 3c\sqrt[3]{a-x}\sqrt[3]{x-b} = c^3,$$

so daß wir für x die quadratische Gleichung

$$27\,c^3\,(a - x)\,(x - b) = (c^3 - a + b)^3$$

bekommen.

10. $$\sqrt[4]{a - x} + \sqrt[4]{x - b} = c.$$

Wir erheben die Gleichung nach der Identität

$$\boxed{(u + v)^4 = u^4 + v^4 + 4\,u\,v\,(u + v)^2 - 2\,u^2\,v^2}$$

in die vierte Potenz. Das gibt

$$(a - x) + (x - b) + 4\,c^2\sqrt[4]{(a + x)\,(x - b)} - 2\sqrt{(a - x)\,(x - b)} = c^4,$$

d. h. für die neue Unbekannte

$$y = \sqrt[4]{(a - x)\,(x - b)}$$

die quadratische Gleichung

$$2\,y^2 - 4\,c^2 y + (c^4 - a + b) = 0.$$

Nach Ermittlung von y liefert die quadratische Gleichung

$$(a - x)\,(x - b) = y^4$$

x.

11. $$\sqrt[5]{a - x} + \sqrt[5]{x - b} = c.$$

Wir erheben die Gleichung nach der Identität

$$\boxed{(u + v)^5 = u^5 + v^5 + 5\,u\,v\,(u + v)^3 - 5\,u^2 v^2\,(u + v)}$$

in die 5. Potenz. Das gibt

$$(a - x) + (x - b) + 5\,c^3\sqrt[5]{(a - x)\,(x - b)} - 5\,c\,\sqrt[5]{(a - x)\,(x - b)}^{\,2} = c^5,$$

d. h. für die Unbekannte

$$y = \sqrt[5]{(a - x)\,(x - b)}$$

die quadratische Gleichung

$$5\,c\,y^2 - 5\,c^3 y + (c^5 - a + b) = 0.$$

Aus y findet man dann x gemäß der quadratischen Gleichung

$$(a - x)\,(x - b) = y^5.$$

12. $$\frac{1}{\sqrt[3]{a - x}} + \frac{1}{\sqrt[3]{x - b}} = c\,\sqrt[3]{a - x}\,\sqrt[3]{x - b}.$$

Die Kubierung der Gleichung unter Benutzung der Identität

$$(u + v)^3 = u^3 + v^3 + 3\,u\,v\,(u + v)$$

gibt mit Einführung der neuen Unbekannten

$$y = \sqrt[3]{a - x}\,\sqrt[3]{x - b}$$

$$\frac{1}{a - x} + \frac{1}{x - b} + 3c = c^3 y^3$$

oder

$$c^3 y^3 = \frac{a - b}{y^3} + 3c.$$

Diese quadratische Gleichung für y^3 liefert y^3, darauf die für x quadratische Gleichung

$$(a - x)(x - b) = y^3$$

x.

§ 25. Kubische Gleichungen

Die einfachste kubische Gleichung heißt

$$x^3 = 1;$$

sie betrachten wir zuerst.

Nach der bekannten Identität

$$a^3 - b^3 = (a - b)(a^2 + ab + b^2)$$

ist

$$x^3 - 1 = (x - 1)(x^2 + x + 1),$$

so daß sich unsere kubische Gleichung auch

$$(x - 1)(x^2 + x + 1) = 0$$

schreiben läßt. Sie zerfällt sonach in die lineare Gleichung

$$x - 1 = 0$$

und die quadratische Gleichung

$$x^2 + x + 1 = 0.$$

Erstere hat die Wurzel

$$x_1 = 1,$$

letztere die beiden Wurzeln

$$J = \frac{-1 + i\sqrt{3}}{2} \quad \text{und} \quad \bar{J} = \frac{-1 - i\sqrt{3}}{2},$$

wo $i^2 = -1$ ist.

Die zweite Wurzel der quadratischen Gleichung läßt sich schreiben:

$$\bar{J} = J^2,$$

die Wurzel der linearen Gleichung, da $J\bar{J} = 1$ ist,

$$x_1 = J^3.$$

Die kubische Gleichung

$$x^3 = 1$$

hat demnach die drei Wurzeln

$$J, \ J^2, \ J^3,$$

wo

$$\boxed{J = \frac{-1 + i\sqrt{3}}{2}}$$

ist.

Da unsere kubische Gleichung auch

$$x = \sqrt[3]{1}$$

geschrieben werden kann, mithin die dritte Wurzel aus 1 sowohl J; als auch J^2, als auch J^3 sein kann, so heißen die drei Werte

$J, \ J^2, \ J^3$ Dritte Einheitswurzeln.

Man achte darauf, daß die Reihe

$$J, \ J^2, \ J^3, \ J^4, \ J^5, \ J^6, \ \ldots.$$

der Potenzen von J aus identischen dreigliedrigen Perioden besteht, da

$$J^4 = J, \quad J^5 = J^2, \quad J^6 = J^3,$$
$$J^7 = J, \quad J^8 = J^2, \quad J^9 = J^3,$$

usw.

ist.

Die allgemeine kubische Gleichung schreiben wir in der Form

(1) $$x^3 + 3\,a x^2 + 3\,b x + c = 0.$$

Um sie zu lösen, bringen wir sie durch Einführung der neuen Unbekannten

$$y = x + a$$

auf die reduzierte Form, die dadurch gekennzeichnet ist, daß das quadratische Glied (Glied mit y^2) in ihr fehlt.

Aus der vorgelegten Gleichung entsteht nämlich durch die Substitution

$$x = y - a$$

die Reduzierte

(1′) $$\boxed{y^3 = 3\,p y + q}$$

mit

$$p = a^2 - b \qquad \text{und} \qquad q = 3\,ab - c - 2\,a^3.$$

Es ist nun leicht, die Reduzierte

$$y^3 = 3\,p y + q$$

vermittels einer quadratischen Gleichung zu lösen. Wir vergleichen sie zu dem Zwecke mit der bekannten Identität

$$Y^3 = 3\,PY + Q,$$

in welcher

$$Y = u + v, \quad P = uv, \quad Q = u^3 + v^3$$

ist. Wenn es nun gelingt, zwei Unbekannte u und v so zu ermitteln, daß

$$uv = p \qquad \text{und} \qquad u^3 + v^3 = q$$

ist, so stellt sicher

$$Y = u + v$$

eine Wurzel y_1 der Reduzierten dar. Aus den beiden Bestimmungsgleichungen für u und v ergibt sich aber für die Unbekannte

$$U = u^3$$

die quadratische Gleichung, die sog. Resolvente

$$\boxed{U^2 - qU + p^3 = 0}\,.$$

Die Dikriminante dieser quadratischen Hilfsgleichung ist

$$\boxed{D = q^2 - 4\,p^3}\,,$$

und die Wurzeln der Hilfsgleichung bestimmen sich durch die Linearvorschrift

$$2\,U - q = \pm\sqrt{D}\,.$$

Diese Wurzeln sind natürlich die beiden Werte u^3 und v^3. So bekommen wir

$$u^3 = \frac{q + \sqrt{D}}{2}, \qquad v^3 = \frac{q - \sqrt{D}}{2}$$

$$u = \sqrt[3]{\frac{q + \sqrt{D}}{2}}, \qquad v = \sqrt[3]{\frac{q - \sqrt{D}}{2}}$$

und die sog. Cardanische Formel

$$\boxed{y_1 = u + v = \sqrt[3]{\frac{q + \sqrt{D}}{2}} + \sqrt[3]{\frac{q - \sqrt{D}}{2}}}\,.$$

Die kubische Gleichung (1') hat außer der angegebenen Wurzel y_1 noch zwei andere Wurzeln

$$\boxed{y_2 = u\,J + v\,J^2 \qquad \text{und} \qquad y_3 = u\,J^2 + v\,J}\,,$$

wie man sofort erkennt, wenn man

$$u\,J = u', \qquad v\,J^2 = v'; \qquad u\,J^2 = u'', \qquad v\,J = v''$$

setzt und das Erfülltsein der Bedingungen

$$u'\,v' = p, \qquad u'^3 + v'^3 = q;$$
$$u''\,v'' = p, \qquad u''^3 + v''^3 = q$$

feststellt.

Beziehungen zwischen Koeffizienten und Wurzeln.

Die gefundenen Wurzeln y_1, y_2, y_3 der reduzierten Gleichung (1′) ermöglichen die rasche Ermittlung der Beziehungen, die zwischen den Wurzeln x_1, x_2, x_3 und den Koeffizienten der vorgelegten kubischen Gleichung (1) bestehen.

Mit Benutzung der Gleichungen $J^3 = 1$ und $J^2 + J = -1$ bekommen wir zunächst die drei Produkte

$$y_2 y_3 = u^2 + v^2 - uv,\quad y_3 y_1 = u^2 J^2 + v^2 J - uv,\quad y_1 y_2 = u^2 J + v^2 J^2 - uv,$$

darauf mit Hilfe der Relation $J^2 + J + 1 = 0$ das Formeltripel

$$y_1 + y_2 + y_3 = 0,\; y_2 y_3 + y_3 y_1 + y_1 y_2 = -3uv = -3p,\; y_1 y_2 y_3 = u^3 + v^3 = q.$$

Hieraus entstehen dann für die Wurzeln

$$x_1 = y_1 - a, \qquad x_2 = y_2 - a, \qquad x_3 = y_3 - a$$

der vorgelegten Gleichung (1) die fundamentalen

Koeffizienten-Wurzel-Relationen:

$$x_1 + x_2 + x_3 = -3a,\quad x_2 x_3 + x_3 x_1 + x_1 x_2 = +3b,\quad x_1 x_2 x_3 = -c.$$

Nennen wir eine kubische Gleichung, in der wie bei (1) das kubische Glied (x^3) den Koeffizienten 1 besitzt, eine Normalgleichung, so haben wir folgende

drei Regeln für die kubische Normalgleichung:

1⁰ Die Summe der Wurzeln ist gleich dem entgegengesetzten Koeffizienten des quadratischen Gliedes.

2⁰ Die Summe der drei Produkte aus je zwei Wurzeln ist gleich dem Koeffizienten des linearen Gliedes.

3⁰ Das Produkt der Wurzeln ist gleich dem entgegengesetzten Freiglied.

Die Cardanische Formel

$$y_1 = \sqrt[3]{\frac{q + \sqrt{D}}{2}} + \sqrt[3]{\frac{q - \sqrt{D}}{2}}$$

»versagt« gewissermaßen, wenn die Diskriminante der quadratischen Hilfsgleichung negativ ausfällt, was dann eintritt, wenn p positiv und zugleich $4\,p^3 > q^2$ ist.

In diesem Falle — »casus irreducibilis« — bringen wir die Resolvente

$$U^2 - qU + p^3 = 0$$

zur Koinzidenz mit der quadratischen Gleichung

$$U^2 - 2\,ROU + R^2 = 0,$$

wo R ein durch die Forderung

$$R^2 = p^3$$

bestimmter Betrag, O der Cosinus eines durch die Forderung

$$2\,RO = q$$

bestimmten Winkels Φ ist. Die erste Forderung liefert

$$R = \sqrt{p^3},$$

die zweite

$$\cos\Phi = \frac{q}{2R}$$

[Daß die rechte Seite der letzten Gleichung einen echten Bruch darstellt, folgt aus $q^2 < 4\,R^2 = 4\,p^3$.]

Nunmehr erscheinen die Wurzeln U und V der Resolvente der angesetzten quadratischen Gleichung gemäß in der Form

$$U = R\,(\cos\Phi + i\,\sin\Phi), \qquad V = R\,(\cos\Phi - i\,\sin\Phi).$$

Führen wir also den dritten Teil des Winkels Φ als neuen Hilfswinkel φ, die (gewöhnliche) Kubikwurzel aus R als neuen Betrag r ein, so kommt nach Moivres Formel

$$u = \sqrt[3]{U} = r\,(\cos\varphi + i\sin\varphi), \qquad v = \sqrt[3]{V} = r\,(\cos\varphi - i\sin\varphi).$$

Hieraus ergibt sich dann

$$y_1 = u + v = 2\,r\cos\varphi.$$

Da man statt des obigen Winkels Φ ebensogut den um 360° größeren oder kleineren Winkel $\Phi \pm 360^0$, mithin statt des obigen Winkels φ auch $\varphi + 120^0$ oder $\varphi - 120^0$ nehmen kann, so sind die andern beiden Wurzeln der kubischen Gleichung

$$y_2 = 2\,r\cos(\varphi + 120^0) \qquad \text{und} \qquad y_3 = 2\,r\cos(\varphi - 120^0).$$

Im irreduziblen Falle ($D < 0$) bestimmt man also einen Hilfsbetrag

$$r = \sqrt{p}$$

und einen Hilfswinkel φ aus

$$\cos 3\,\varphi = q : 2\,rp;$$

die drei Wurzeln der Gleichung

$$y^3 = 3\,py + q$$

sind dann

$$y_1 = 2\,r\cos\varphi, \quad y_2 = 2\,r\cos(\varphi + 120^0), \quad y_3 = 2\,r\cos(\varphi - 120^0)$$

Aus der vorstehenden Untersuchung folgt noch:

Die kubische Gleichung

$$y^3 = 3\,py + q$$

hat dann und nur dann drei reelle Wurzeln, wenn die Diskriminante

$$D = q^2 - 4\,p^3$$

der quadratischen Resolvente

$$U^2 - q\,U + p^3 = 0$$

negativ ist.

Dieser wichtige Sachverhalt kann auch folgendermaßen erkannt werden. Es sei die Aufgabe vorgelegt,

die kubische Gleichung zu bilden, deren Wurzeln die quadrierten Wurzeldifferenzen der kubischen Gleichung

$$x^3 = 3\,px + q \tag{1'}$$

sind.

Wir nennen die Wurzeln dieser kubischen Gleichung α, β, γ und setzen z. B.

$$\Lambda = 3\,\lambda = (\alpha - \beta)^2.$$

Dann ist

$$3\,\lambda = (\alpha + \beta)^2 - 4\,\alpha\beta$$

oder, da auf Grund der Wurzel-Koeffizienten-Relationen

$$\alpha + \beta + \gamma = 0 \quad \text{und} \quad \alpha\beta\gamma = q$$

ist,

$$3\lambda = \gamma^2 - \frac{4\,q}{\gamma}$$

oder

$$\gamma^3 = 3\,\lambda\gamma + 4\,q.$$

Vergleicht man diese Gleichung mit

$$\gamma^3 = 3\,p\gamma + q,$$

so ergibt sich zunächst (durch Subtraktion)

$$\gamma = \frac{q}{p - \lambda},$$

darauf

$$\left(\frac{q}{p-\lambda}\right)^3 = 3p\frac{q}{p-\lambda} + q$$

oder

$$\lambda^3 - 6p\lambda^2 + 9p^2\lambda + D = 0.$$

Die kubische Gleichung

$$x^3 - 6px^2 + 9p^2x + D = 0$$

hat daher die Drittel der quadrierten Wurzeldifferenzen:

$$\lambda = (\alpha - \beta)^2 : 3, \quad \mu = (\beta - \gamma)^2 : 3, \quad \nu = (\gamma - \alpha)^2 : 3$$

der vorgelegten kubischen Gleichung zu Wurzeln. Die gesuchte Gleichung, deren Wurzeln Λ, M, N die quadrierten Wurzeldifferenzen von (1′) sind, heißt also

$$X^3 - 18p\,X^2 + 81\,p^2\,X + 27\,D = 0.$$

Folglich ist z. B.

$$\Lambda\,M\,N = -27\,D$$

oder

$$\boxed{(\alpha - \beta)^2 (\beta - \gamma)^2 (\gamma - \alpha)^2 = -27\,D}.$$

Durch diese bemerkenswerte Formel wird das Produkt der quadrierten Wurzeldifferenzen der kubischen Gleichung $x^3 = 3px + q$ in Beziehung gebracht zur Diskriminante D ihrer quadratischen Resolvente $U^2 - qU + p^3 = 0$.

Da besagtes Produkt nur positiv ist, wenn die drei Wurzeln von

$$x^3 = 3\,px + q$$

reell sind, so hat die kubische Gleichung nur dann lauter reelle Wurzeln, wenn die Diskriminante

$$D = q^2 - 4\,p^3$$

nichtpositiv ausfällt.

§ 26. Biquadratische Gleichungen

Einen der bequemsten Zugänge zur Lösung der allgemeinen biquadratischen Gleichung

$$x^4 + Kx^3 + Lx^2 + Mx + N = 0$$

gewährt das kartesische Verfahren. Descartes verwandelt das biquadratische Polynom

$$f(x) = x^4 + Kx^3 + Lx^2 + Mx + N$$

in ein Produkt zweier quadratischer Trinome:

$$f(x) = (x^2 + ax + b)\,(x^2 + cx + d),$$

deren Koeffizienten $a, b; c, d$ so zu bestimmen sind, daß die angesetzte Gleichung identisch befriedigt wird.

Setzt man zu diesem Zwecke, nachdem man rechts ausmultipliziert hat, die beiderseitigen Koeffizienten gleichhoher Potenzen von x einander gleich, so ergeben sich zur Bestimmung der vier Unbekannten a, b, c, d die vier Bedingungen

$$a + c = K, \quad b + d + ac = L, \quad ad + bc = M, \quad bd = N.$$

Wir führen die Hilfsunbekannte

$$t = b + d = L - ac$$

ein und ziehen zur Gewinnung einer Bestimmungsgleichung für t Eulers Relation

$$(a^2 + c^2)(b^2 + d^2) = (ad - bc)^2 + (ab + cd)^2$$

heran.

Den vier Gleichungen

$$\begin{aligned} a^2 + c^2 &= (a + c)^2 - 2ac &&= K^2 - 2L + 2t, \\ b^2 + d^2 &= (b + d)^2 - 2bd &&= t^2 - 2N, \\ (ad - bc)^2 &= (ad + bc)^2 - 4ac \cdot bd &&= M^2 - 4N(L - t), \\ (ab + cd) &= (a + c)(b + d) - M &&= Kt - M \end{aligned}$$

gemäß erhalten wir dann

$$(K^2 - 2L + 2t)(t^2 - 2N) = (M^2 - 4LN + 4Nt) + (Kt - M)^2$$

oder

$$t^3 - Lt^2 + (KM - 4N)t + (4LN - M^2 - K^2N) = 0,$$

d. h. eine kubische Gleichung für t, die sog. kubische Resolvente der vorgelegten biquadratischen Gleichung.

Nach Ermittlung einer Wurzel t der kubischen Resolvente — für unsere Zwecke genügt eine einzige Wurzel — finden wir a und c aus

$$a + c = K, \quad ac = L - t$$

sodann b und d aus

$$b + d = t, \quad ad + bc = M.$$

Schließlich erhalten wir in den Wurzeln α und β der quadratischen Gleichung $x^2 + ax + b = 0$ und den Wurzeln γ und δ der quadratischen Gleichung $x^2 + cx + d = 0$ die vier Wurzeln $\alpha, \beta, \gamma, \delta$ der biquadratischen Gleichung.

Dieses Ergebnis liefert auch zugleich die wichtigen Beziehungen zwischen diesen vier Wurzeln und den Koeffizienten der Ausgangsgleichung. Wir bekommen sukzessive

$$\begin{aligned} \alpha + \beta + \gamma + \delta &= (\alpha + \beta) + (\gamma + \delta) = -a - c = -K, \\ \alpha\beta + \alpha\gamma + \alpha\delta + \beta\gamma + \beta\delta + \gamma\delta &= \alpha\beta + \gamma\delta + (\alpha + \beta) \cdot (\gamma + \delta) = b + d + a \cdot c = +L, \\ \alpha\beta\gamma + \alpha\beta\delta + \alpha\gamma\delta + \beta\gamma\delta &= \alpha\beta \cdot (\gamma + \delta) + \gamma\delta \cdot (\alpha + \beta) = -b \cdot c - da = -M' \\ \alpha\beta\gamma\delta &= \alpha\beta \cdot \gamma\delta = b \cdot d = N, \end{aligned}$$

in übersichtlicher Zusammenstellung:

$$\boxed{\begin{array}{c} \alpha + \beta + \gamma + \delta = -K \\ \alpha\beta + \alpha\gamma + \alpha\delta + \beta\gamma + \beta\delta + \gamma\delta = +L \\ \alpha\beta\gamma + \alpha\beta\delta + \alpha\gamma\delta + \beta\gamma\delta = -M \\ \alpha\beta\gamma\delta = +N \end{array}},$$

in Worten:

Vier Regeln für die biquadratische Normalgleichung:

1° Die Summe der Wurzeln ist gleich dem entgegengesetzten Koeffizienten des kubischen Gliedes.

2° Die Summe der sechs Produkte aus je zwei Wurzeln ist gleich dem Koeffizienten des quadratischen Gliedes.

3° Die Summe der vier Produkte aus je drei Wurzeln ist gleich dem entgegengesetzten Koeffizienten des linearen Gliedes.

4° Das Produkt der vier Wurzeln ist gleich dem Freigliede.

Beispiel. $x^4 - 10\,x^3 + 62\,x^2 - 178\,x + 325 = 0.$

Die kubische Resolvente wird

$$t^3 - 62\,t^2 + 480\,t + 16416 = 0.$$

Eine ihrer Wurzeln ist $t = 38$. Demgemäß ergeben sich a und c aus dem Gleichungspaar

$$a + c = K = -10, \qquad ac = L - t = 24$$

zu etwa

$$a = -6, \qquad c = -4.$$

sodann b und d aus dem Gleichungspaar

$$b + d = t = 38, \qquad ad + bc = -6d - 4b = M = -178$$

zu

$$b = 25, \qquad d = 13.$$

Damit zerfällt die biquadratische Gleichung in die beiden quadratischen Gleichungen

$$x^2 - 6\,x + 25 = 0 \qquad \text{und} \qquad x^2 - 4\,x + 13 = 0$$

und hat folglich die Wurzeln

$$\alpha = 3 + 4i, \qquad \beta = 3 - 4i, \qquad \gamma = 2 + 3i, \qquad \delta = 2 - 3i.$$

Vierter Abschnitt

Quadratische Gleichungen mit mehreren Unbekannten

§ 27. Zurückführung des allgemeinen quadratischen Gleichungspaares mit zwei Unbekannten auf eine biquadratische Gleichung

Zwei quadratische Gleichungen mit zwei Unbekannten haben im allgemeinen die Form

$$(1)\qquad \begin{cases} a\,x^2 + b\,xy + c\,y^2 + d\,x + e\,y + f = 0 \\ a'\,x^2 + b'\,xy + c'\,y^2 + d'\,x + e'\,y + f' = 0 \end{cases},$$

wo x und y die gesuchten Unbekannten, die andern in den Gleichungen vorkommenden Buchstaben gegebene Koeffizienten bedeuten.

Um das vorgelegte Gleichungspaar zu lösen, d. h. um ein Wertepaar (x, y) zu finden, welches das Gleichungspaar (1) befriedigt, schreiben wir (1) folgendermaßen:

$$\begin{cases} a\,x^2 + (b\,y + d)\,x + [c\,y^2 + e\,y + f] = 0 \\ a'\,x^2 + (b'\,y + d')\,x + [c'\,y^2 + e'\,y + f'] = 0 \end{cases}$$

oder

$$(2)\qquad \begin{cases} A\,x^2 + B\,x + C = 0 \\ A'\,x^2 + B'\,x + C' = 0 \end{cases}$$

mit $\begin{cases} A = a, & B = by + d, & C = cy^2 + ey + f, \\ A' = a', & B' = b'y + d', & C' = c'y^2 + e'y + f'. \end{cases}$

Nach dem Resultantensatze von § 8 kann das Gleichungspaar (2) nur bestehen, wenn seine Resultante verschwindet, d. h. wenn

$$(CA' - AC')^2 = (BC' - CB') \cdot (AB' - BA')$$

ist.

Setzen wir hier die obigen Werte von A, B, C, A', B', C' ein, so ergibt sich

$$(3)\quad \begin{aligned} &[(ca' - ac')\,y^2 + (ea' - ae')\,y + (fa' - af')]^2 \\ &\quad = [(bc' - cb')\,y^3 + (be' - eb' + dc' - cd')\,y^2 + (bf' - fb' + de' - ed')\,y \\ &\qquad + (df' - fd')] \cdot [(ab' - ba')\,y + (ad' - da')]. \end{aligned}$$

Dies ist eine biquadratische Gleichung für die Unbekannte y, die nach dem in § 26 auseinandergesetzten Verfahren gelöst werden kann. Sie hat vier Wurzeln y_1, y_2, y_3, y_4.

Bedeutet y eine beliebige von ihnen, so folgt das zugehörige x aus (2) [durch Elimination von x^2] zu

$$x = \frac{CA' - AC'}{AB' - BA'}.$$

Demnach gibt es zu jedem y_ν (im allgemeinen) ein einziges zugehöriges x_ν.

Das vorgelegte Gleichungspaar (1) hat also (im allgemeinen) vier Lösungen oder vier Wurzelpaare:

$$(x_1, y_1), \qquad (x_2, y_2), \qquad (x_3, y_3), \qquad (x_4, y_4).$$

Dies Ergebnis gestattet eine einfache geometrische Deutung. Man stelle jede der beiden vorgelegten Gleichungen graphisch dar. Man erhält im allgemeinen jedesmal einen Kegelschnitt; und unser Satz nimmt die Form an:

Zwei Kegelschnitte schneiden sich (im allgemeinen) in vier Punkten.

Die Auflösung der biquadratischen Gleichung (3) ist meist mit ziemlicher Mühe verbunden. Es gibt aber zahlreiche Sonderfälle, in denen sich die Lösung des Gleichungspaares (1) in einfachster Weise auf quadratische Gleichungen zurückführen läßt. Von den wichtigeren dieser Fälle sowie von einer Reihe von Fällen, in denen selbst Gleichungen mit zwei oder drei Unbekannten von höherem als zweitem Grade auf quadratische Gleichungen zurückführbar sind, wird in den §§ 28 bis 34 die Rede sein.

§ 28. Die ± - Methode

Bei vielen Gleichungen mit zwei Unbekannten x und y findet man die Lösung, indem man x und y als Summe und Differenz einer neuen Unbekannten t und einer bekannten Hilfsgröße h darstellt, also

entweder $x = t + h, \qquad y = t - h$
oder $x = h + t, \qquad y = h - t$

schreibt. Da die beiden Binome $t + h$ und $t - h$ bzw. $h + t$ und $h - t$ sich nur durch das Vorzeichen voneinander unterscheiden, nennen wir die Methode kurz die ±-Methode. Ihre Anwendung wird aus den folgenden Beispielen verständlich.

1⁰.
$$\begin{Bmatrix} x + y = a \\ xy = b \end{Bmatrix}.$$

Wir setzen

$$x = h + t, \qquad y = h - t \qquad \text{mit} \quad h = a:2,$$

wodurch die erste Gleichung befriedigt wird, und erhalten statt der zweiten Gleichung

$$h^2 - t^2 = b.$$

Diese rein quadratische Gleichung für t liefert t und damit x und y.

2⁰.
$$\begin{Bmatrix} x + y = a \\ x^2 + y^2 = b \end{Bmatrix}.$$

Dieselbe Substitution verwandelt die zweite Gleichung in

$$2h^2 + 2t^2 = b,$$

welche Gleichung wieder rein quadratisch für t ist.

3⁰.
$$\begin{Bmatrix} x + y = a \\ x^3 + y^3 = b \end{Bmatrix}.$$

Die Substitution $x = h + t$, $y = h - t$ mit $2h = a$ führt die zweite Gleichung in die quadratische Gleichung

$$2h^3 + 6ht^2 = b$$

für t über.

4⁰.
$$\begin{Bmatrix} x + y = a \\ x^4 + y^4 = b \end{Bmatrix}.$$

Dieselbe Substitution liefert

$$(h + t)^4 + (h - t)^4 = b$$

oder

$$2h^4 + 12h^2t^2 + 2t^4 = b,$$

d. h. eine quadratische Gleichung für die Unbekannte $T = t^2$. Aus ihr findet man T, sodann $t = \sqrt{T}$ und zuletzt $x = h + t$ und $y = h - t$.

5⁰.
$$\begin{Bmatrix} x + y = a \\ x^5 + y^5 = b \end{Bmatrix}.$$

Unsere Substitution verwandelt die zweite Gleichung in

$$(h + t)^5 + (h - t)^5 = b$$

oder in

$$2h^5 + 20h^3t^2 + 10ht^4 = b.$$

Diese quadratische Gleichung für $T = t^2$ liefert T usw.

6⁰.
$$\begin{Bmatrix} x + y = a \\ (x + \alpha)^2 + (y + \beta)^3 = b \end{Bmatrix}.$$

Hier führen wir zunächst die beiden neuen Unbekannten

$$X = x + \alpha \qquad \text{und} \qquad Y = y + \beta$$

ein und erhalten das System

$$\begin{Bmatrix} X + Y = a + \alpha + \beta = A \\ X^3 + Y^3 = b \end{Bmatrix},$$

welches dann durch die Substitution $X = H + t$, $Y = H - t$ mit $2H = A$ gelöst wird.

7⁰. $$\left\{\begin{matrix} x + y = a \\ \sqrt[5]{x + \alpha} + \sqrt[5]{y + \beta} = b \end{matrix}\right\}.$$

Hier werden $\sqrt[5]{x + \alpha}$ und $\sqrt[5]{y + \beta}$ als neue Unbekannten X und Y gewählt, wodurch sich das System

$$\left\{\begin{matrix} X + Y = b \\ X^5 + Y^5 = a + \alpha + \beta \end{matrix}\right\}$$

schreibt, welches dann weiter nach 5⁰ gelöst wird. Zum Schluß ergeben sich x und y aus $x + \alpha = X^5$ und $y + \beta = Y^5$.

8⁰. $$\left\{\begin{matrix} x - y = a \\ x^3 - y^3 = b \end{matrix}\right\}.$$

Wir setzen $x = t + h$, $y = t - h$ mit $2h = a$ und bekommen statt der zweiten Gleichung

$$6ht^2 + 2h^3 = b,$$

eine rein quadratische Gleichung für die Hilfsunbekannte t.

9⁰. $$\left\{\begin{matrix} x - y = a \\ x^4 + y^4 = b \end{matrix}\right\}.$$

Die Substitution $x = t + h$, $y = t - h$ mit $2h = a$ verwandelt die zweite Gleichung in

$$2t^4 + 12h^2t^2 + 2h^4 = b,$$

welche quadratische Gleichung (für $T = t^2$) T und damit t liefert.

10⁰. $$\left\{\begin{matrix} x - y = a \\ x^5 - y^5 = b \end{matrix}\right\}.$$

Dieselbe Substitution führt auf

$$10ht^4 + 20h^3t^2 + 2h^5 = b,$$

d. h. ebenfalls auf eine quadratische Gleichung für $T = t^2$.

11⁰. $$\left\{\begin{matrix} x + y = a \\ \sqrt[4]{x + \alpha} - \sqrt[4]{y + \beta} = b \end{matrix}\right\}.$$

Zunächst verwandelt die Substitution $\sqrt[4]{x + \alpha} = X$, $\sqrt[4]{y + \beta} = Y$ das System in

$$\left\{\begin{matrix} X - Y = b \\ X^4 + Y^4 = a + \alpha + \beta \end{matrix}\right\},$$

und dieses wird wie 9⁰ gelöst.

§ 29. Die Verhältnis-Methode

Oft gelingt es, ein System von zwei Gleichungen mit zwei Unbekannten mit Hilfe des Verhältnisses der Unbekannten zu lösen; sei es, daß dieses Verhältnis von vornherein bekannt ist oder aus den gegebenen Gleichungen ermittelt wird. Wir nennen diese Methode deshalb die Verhältnismethode. Sie ist im folgenden an Beispielen auseinandergesetzt.

1⁰. $$\left\{\begin{matrix} x:y=m:n \\ x^4+y^4=a \end{matrix}\right\}.$$

Hier ist das Verhältnis $x:y$ von vornherein bekannt:

$$x:y=m:n.$$

Beim Vorliegen einer derartigen Verhältnisgleichung führt man zweckmäßig eine neue Unbekannte t nach den Formeln

$$\boxed{x=mt, \qquad y=nt}$$

ein.

Die Substitution dieser Werte für x und y in die zweite Gleichung gibt

$$(m^4+n^4)\,t^4=a.$$

Hieraus folgt

$$t=\sqrt[4]{\frac{a}{m^4+n^4}}.$$

und (mit diesem t-Werte) $x=mt$, $y=nt$.

2⁰. $$\left\{\begin{matrix} \dfrac{\alpha x+\beta y}{\gamma x+\delta y}=\dfrac{\mu}{\nu} \\ a x^2+b x y+c y^2=d \end{matrix}\right\}.$$

Hier ist das Verhältnis $x:y$ nicht direkt gegeben, kann aber aus der ersten Gleichung sofort gefunden werden:

$$x:y=m:n \qquad \text{mit} \qquad m=\delta\mu-\beta\nu, \qquad n=\alpha\nu-\gamma\mu.$$

Die Substitution

$$x=mt, \qquad y=nt$$

in die zweite Gleichung liefert die rein quadratische Gleichung

$$(am^2+bmn+cn^2)\,t^2=d$$

für die Hilfsunbekannte t. Nach Berechnung von t gibt die Substitution x und y.

3⁰ $$ax^2+bxy+cy^2=\alpha x+\beta y=\gamma x+\delta y.$$

Aus $\alpha x+\beta y=\gamma x+\delta y$ folgt $x:y=m:n$ mit $m=\delta-\beta$, $n=\alpha-\gamma$.

Darauf liefert der Ansatz $x = mt$, $y = nt$ die Bestimmungsgleichung

$$(am^2 + bmn + cn^2)\,t^2 = (\alpha m + \beta n)\,t,$$

aus der sich t leicht berechnet.

4⁰. $$\boxed{\begin{array}{l} a\,x^2 + b\,x\,y + c\,y^2 = d \\ \alpha\,x^2 + \beta\,x\,y + \gamma\,y^2 = \delta \end{array}}.$$

Die Addition der mit δ multiplizierten ersten Gleichung und der mit $-d$ multiplizierten zweiten gibt

$$A\,x^2 + B\,xy + C\,y^2 = 0$$

mit $$A = a\delta - d\alpha, \qquad B = b\delta - d\beta, \qquad C = c\delta - d\gamma$$

oder $$A\,q^2 + Bq + C = 0 \qquad \text{mit} \quad q = x : y.$$

Diese in q quadratische Gleichung liefert das Verhältnis $q = x : y$, die Substitution $x = qy$ in die erste der gegebenen Gleichungen eine quadratische Gleichung für y und damit y. Schließlich wird $x = qy$.

5⁰. $$\left\{\begin{array}{l} a\,x^2 + b\,x\,y + c\,y^2 = m\,x + n\,y \\ \alpha\,x^2 + \beta\,x\,y + \gamma\,y^2 = \mu\,x + \nu\,y \end{array}\right\} \qquad \text{mit} \ \frac{m}{n} = \frac{\mu}{\nu}.$$

Man setze $\mu : m = \nu : n = h$, schreibe $\mu x + \nu y = h\,(mx + ny)$ und teile die Gleichungen durcheinander. Das gibt

$$(\alpha x^2 + \beta xy + \gamma y^2) : (a x^2 + b xy + c y^2) = h$$

oder

$$(\alpha - ah)\,x^2 + (\beta - bh)\,xy + (\gamma - ch)\,y^2 = 0.$$

Aus dieser quadratischen Gleichung für das Verhältnis $x : y = q$ findet man q. Die Substitution von $x = yq$ in eine der gegebenen Gleichungen führt auf eine freigliedlose quadratische Gleichung für y.

§ 30. Die NP-Methode

Zahlreiche Gleichungen mit zwei Unbekannten x, y lassen sich dadurch lösen, daß man

die Norm $\boxed{N = x^2 + y^2}$ und das Produkt $\boxed{P = xy}$

von x und y als neue Unbekannte einführt, so daß man von einer NP-Methode sprechen kann. Wenn dann N und P ermittelt sind, findet man leicht x und y aus

$$(x + y)^2 = N + 2P, \qquad (x - y)^2 = N - 2P.$$

Bei der Einübung dieses Verfahrens spielen folgende Formeln, in denen s die Summe $x + y$ und u den Unterschied $x - y$ der Unbekannten bedeuten, eine wichtige Rolle:

$$s^2 = N + 2P, \qquad u^2 = N - 2P,$$
$$x^3 + y^3 = s(N - P), \qquad x^3 - y^3 = u(N + P),$$
$$x^4 + y^4 = N^2 - 2P^2, \qquad x^4 - y^4 = suN,$$
$$x^5 + y^5 = s(N^2 - NP - P^2), \qquad x^5 - y^5 = u(N^2 + NP - P^2).$$

Beispiele.

1⁰. $$(x + y) : (x^2 + y^2) : (x^3 + y^3) = a : b : c.$$

Die Gleichungen schreiben sich

$$bs = aN, \qquad cs = as(N - P)$$

oder

$$b^2(N + 2P) = a^2N^2, \qquad c = a(N - P).$$

Durch Multiplikation der beiden letzten Gleichungen entsteht

$$b^2(N - P)(N + 2P) = acN^2$$

oder

$$N : P = q$$

gesetzt,

$$b^2(q - 1)(q + 2) = acq^2$$

(wobei allerdings der Faktor P unterdrückt wurde). Wir haben also für die Unbekannte q die quadratische Gleichung

$$dq^2 + b^2q - 2b^2 = 0 \qquad \text{mit} \quad d = b^2 - ac.$$

Sie liefert q. Substituieren wir $N = qP$ in die Gleichung $c = a(N - P)$, so entsteht für P die lineare Gleichung $a(q - 1)P = c$, welche P gibt, woraufhin $N = qP$ ebenfalls bekannt wird. Aus den bekannten Werten für N und P findet man s und u und damit x und y.

Die Untersuchung des Falles $P = 0$ ist einfach.

2⁰. $$(x + y) : (x^3 + y^3) : (x^5 + y^5) = a : b : c.$$

Wir haben das Gleichungspaar

$$a(N - P) = b, \qquad a(N^2 - NP - P^2) = c.$$

Vermöge der ersten dieser Gleichungen substituieren wir in der zweiten $N = P + \frac{b}{a}$ und bekommen eine quadratische Gleichung für P und damit P und weiter $N = P + \frac{b}{a}$.

3⁰. $$\left\{\begin{array}{l} x + xy + y = a \\ x^2 + x^2y^2 + y^2 = b \end{array}\right\}.$$

Aus der ersten Gleichung ergibt sich $s = a - P$ oder $s^2 = N + 2P = (a - P)^2$, mithin

$$N = a^2 - 2(a + 1)P + P^2.$$

Substituiert man diesen Wert in die $N + P^2 = b$ geschriebene zweite Gleichung, so entsteht für P die quadratische Gleichung

$$2 P^2 - 2(a + 1) P + a^2 - b = 0.$$

Diese liefert P. Darauf wird $N = a^2 - 2(a + 1) P + P^2$.

4⁰. $$\left\{\begin{aligned} x^2 + x\,y + y^2 &= a \\ x^4 - x^2 y^2 + y^4 &= b \end{aligned}\right\}.$$

Die erste Gleichung schreibt sich $N = a - P$, die zweite $N^2 - 3 P^2 = b$. So entsteht für P die quadratische Gleichung

$$(a - P)^2 - 3 P^2 = b.$$

Aus P ergibt sich $N = a - P$.

5⁰. $$\left\{\begin{aligned} x^3 y + x^2 y^2 + x y^3 &= a \\ x^4 + x^2 y^2 + y^4 &= b \end{aligned}\right\}.$$

Die beiden Gleichungen nehmen durch Einführung von N und P die Form

$$P(N + P) = a, \qquad N^2 - P^2 = b$$

an. Die Division der neuen Gleichungen ergibt

$$a(N^2 - P^2) = b(NP + P^2)$$

oder die quadratische Gleichung

$$a q^2 - b q - (a + b) = 0$$

für die neue Unbekannte $q = N : P$. Aus q folgt zunächst $N = qP$, darauf durch Einsetzung in eine der Ausgangsgleichungen, z. B. die erste, $(q + 1) P^2 = a$ und damit P und schließlich $N = qP$.

6⁰. $$\left\{\begin{aligned} x^3 : y^3 &= (a x + b y) : (a y + b x) \\ x^4 + x^3 y + 3 x^2 y^2 + x y^3 + y^4 &= c \end{aligned}\right\}.$$

Aus der ersten Gleichung folgt durch entsprechende Addition und Subtraktion

$$\frac{x^3 + y^3}{x^3 - y^3} = \frac{(a + b)(x + y)}{(a - b)(x - y)}$$

und hieraus durch Kürzung [im Hinblick auf die Identitäten

$$x^3 + y^3 = (x + y)(x^2 + y^2 - xy), \qquad x^3 - y^3 = (x - y)(x^2 + y^2 + xy)]$$

$$\frac{N - P}{N + P} = \frac{a + b}{a - b}$$

oder

$$N = qP \qquad \text{mit} \quad q = -a : b.$$

Die Substitution dieses N-Wertes in die zweite gegebene Gleichung, nachdem man dieser die Form

$$N^2 + NP + P^2 = b$$

gegeben hat, führt auf eine quadratische Gleichung für P. Nach Ermittlung von P folgt $N = qP$.

7°.
$$\left\{\begin{array}{l}(x^2 + y^2)(x^3 + y^3) = a \\ (x + y)\ (x^4 + y^4) = b\end{array}\right\}.$$

Die Gleichungen schreiben sich

$$Ns(N - P) = a, \qquad s(N^2 - 2P^2) = b,$$

so daß wir durch Division

$$\frac{N^2 - NP}{N^2 - 2P^2} = \frac{a}{b},$$

darauf durch die Substitution $N = qP$ für die Unbekannte q die Gleichung

$$(a - b)q^2 + bq - 2a = 0$$

erhalten.

Die Multiplikation der beiden Ausgangsgleichungen für N und P gibt

$$s^2(N^2 - NP)(N^2 - 2P^2) = ab \text{ oder } (N + 2P)(N^2 - NP)(N^2 - 2P^2) = ab$$

und die Substitution $N = qP$ in dieser Gleichung

$$(q + 2)(q^2 - q)(q^2 - 2)P^5 = ab$$

oder

$$P = \sqrt[5]{ab : [(q + 2)(q^2 - q)(q^2 - 2)]}.$$

Darauf wird $N = qP$.

8°.
$$x^3 + y^3 = a(x^5 + y^5) = b(x + y)^5.$$

Mit Unterdrückung des Faktors $s = x + y$ (der Fall $s = 0$ ist leicht zu erledigen) schreibt sich die vorgelegte Gleichung

$$N - P = a(N^2 - NP - P^2) = b(N + 2P)^2,$$

so daß wir die quadratische Gleichung

$$(a - b)N^2 - (a + 4b)NP - (a + 4b)P^2 = 0$$

erhalten, die durch die Substitution $N = qP$ in

$$(a - b)q^2 - (a + 4b)q - (a + 4b) = 0$$

übergeht. Damit wird q bekannt. Durch die Substitution $N = qP$ in der Gleichung $N - P = a(N^2 - NP - P^2)$ bekommen wir die quadratische Gleichung

$$a(q^2 - q - 1)P^2 = (q - 1)P$$

für P. Aus q und P folgt $N = qP$.

9°. $$\frac{x^2 + y^2}{x + y} = a, \qquad \frac{x^3 + y^3}{x^2 + y^2} = b.$$

Hier ist zunächst

$$N = as, \qquad s(N - P) = bN,$$

also

$$N - P = ab.$$

Wir setzen, unter t eine neue Unbekannte verstanden,

$$N = t + h, \qquad P = t - h \qquad \text{mit} \quad 2h = ab$$

und substituieren diese Werte in der quadratischen Gleichung $N = as$ $[N^2 = a^2(N + 2P)]$. Dadurch entsteht die quadratische Gleichung

$$(t + h)^2 = a^2(3t - h)$$

für t. Aus t ergeben sich N und P, hieraus x und y.

10°. $$\frac{x^2 + y^2}{x + y} = a, \qquad \frac{x^4 + y^4}{x^3 + y^3} = b.$$

Hier wird

$$N = as, \qquad N^2 - 2P^2 = bs(N - P),$$

mithin

$$a(N^2 - 2P^2) = bN(N - P).$$

Ähnlich wie oben liefert diese Gleichung den Quotient $q = N : P$. Durch die Substitution $N = qP$ in $N^2 = a^2s^2 = a^2(N + 2P)$ entsteht die quadratische Gleichung

$$q^2P^2 = a^2(q + 2)P$$

für P. Aus q und P folgt $N = qP$.

11°. $$\frac{x^3 - y^3}{x^2 - y^2} = a, \qquad \frac{x^5 - y^5}{x^4 - y^4} = b.$$

Hier wird

$$N + P = as, \qquad N^2 + NP - P^2 = bNs$$

und hieraus

$$a(N^2 + NP - P^2) = bN(N + P),$$

eine quadratische Gleichung für N und P, die durch die Substitution $N = qP$i n

$$(a - b)q^2 + (a - b)q - (a + b) = 0$$

übergeht. Aus q folgen ähnlich wie in 10° P und N.

§ 31. Die Identitätenmethode

Vielfach werden zur Lösung von Gleichungen Identitäten benutzt. Wir erläutern dieses Identitätenverfahren an einer Reihe von Beispielen.

1⁰. $x^3 + y^3 = a(x + y), \qquad x^3 - y^3 = b(x - y).$

Auf Grund der beiden bekannten Identitäten

$$\boxed{x^3 + y^3 = (x + y)(x^2 - xy + y^2), \quad x^3 - y^3 = (x - y)(x^2 + xy + y^2)}$$

schreibt sich das Gleichungspaar

$$x^2 - xy + y^2 = a, \qquad x^2 + xy + y^2 = b$$

oder (§ 30)

$$2N = a + b, \qquad 2P = b - a.$$

Hieraus wird

$$s^2 = N + 2P, \qquad u^2 = N - 2P$$

und

$$x = \frac{s + u}{2}, \qquad y = \frac{s - u}{2}.$$

2⁰. $x^3 + 3kxy^2 = a, \qquad ky^3 + 3x^2y = b.$

Durch Einführung der Hilfsgröße $h = \sqrt{k}$ schreibt sich das Gleichungspaar

$$x^3 + 3xh^2y^2 = a, \qquad 3x^2hy + h^3y^3 = bh.$$

Nach den bekannten Identitäten

$$\boxed{(u + v)^3 = u^3 + 3u^2v + 3uv^2 + v^3, \quad (u - v)^3 = u^3 - 3u^2v + 3uv^2 - v^3}$$

ist nun

$$(x + hy)^3 = x^3 + 3x^2hy + 3xh^2y^2 + h^3y^3 = a + bh,$$
$$(x - hy)^3 = x^3 - 3x^2hy + 3xh^2y^2 - h^3y^3 = a - bh,$$

mithin

$$x + hy = \sqrt[3]{a + bh}, \qquad x - hy = \sqrt[3]{a - bh}.$$

Die Addition bzw. Subtraktion der beiden letzten Gleichungen liefert x bzw. y.

3⁰. $x + y = h, \qquad \sqrt[3]{x + a} + \sqrt[3]{y + b} = k.$

Hier wenden wir auf die linke Seite der zweiten Gleichung die Identität

$$\boxed{(u + v)^3 = u^3 + v^3 + 3uv(u + v)}$$

an. Das gibt

$$x + a + y + b + 3\sqrt[3]{(x + a)(y + b)}\,k = k^3$$

oder im Hinblick auf die erste Gleichung

$$27k^3(x + a)\cdot(y + b) = (k^3 - a - b - h)^3.$$

Diese Gleichung liefert das Produkt der beiden Größen $X = x + a$ und $Y = y + b$, die erste gegebene Gleichung die Summe $(a + b + h)$ dieser Größen. Damit sind X und Y bekannt [§ 28, 1⁰].

4⁰. $x - y = h, \qquad \sqrt[3]{x + a} - \sqrt[3]{y + b} = k.$

Die Lösung ist ähnlich wie bei 3⁰. Die zu benutzende Identität heißt

$$\boxed{(u - v)^3 = u^3 - v^3 - 3\,u\,v\,(u - v)}\,.$$

5⁰. $x^2 + xy + y^2 = a, \qquad x^4 + x^2y^2 + y^4 = b.$

Die Lösung wird leicht durch die Identität

$$\boxed{(x^2 + x\,y + y^2)\,(x^2 - x\,y + y^2) = x^4 + x^2\,y^2 + y^4}\,.$$

Die Division der gegebenen Gleichungen gibt

$$x^2 - xy + y^2 = b : a,$$

und die Kombination dieser mit der gegebenen ersten Gleichung führt zu den Gleichungen

$$2\,N = a + \frac{b}{a}, \qquad 2\,P = a - \frac{b}{a}$$

für Norm und Produkt der beiden Unbekannten x und y.

6⁰. $x^2 + 2xy + 2\,y^2 = a, \qquad x^4 + 4\,y^4 = b.$

Die Lösung wird bewirkt durch die Identität

$$\boxed{x^4 + 4\,y^4 = (x^2 + 2\,x\,y + 2\,y^2)\,(x^2 - 2\,x\,y + 2\,y^2)}$$

von Sophie Germain.

Teilt man die zweite Gleichung durch die erste, so kommt

$$x^2 - 2\,xy + 2\,y^2 = b : a.$$

Die Kombination dieser Gleichung mit der ersten vorgelegten Gleichung gibt

$$2\,x^2 + 4\,y^2 = a + \frac{b}{a}, \qquad 4\,x\,y = a - \frac{b}{a},$$

welche beiden Gleichungen nach dem gewöhnlichen Substitutionsverfahren gelöst werden können.

7⁰. $x^2 + xy - y^2 = a, \qquad x^4 - 3\,x^2y^2 + y^4 = b.$

Hier wird die Identität

$$\boxed{(x^2 + x\,y - y^2)\,(x^2 - x\,y - y^2) = x^4 - 3\,x^2\,y^2 + y^4}$$

benutzt und liefert

$$x^2 - xy - y^2 = b : a.$$

Die Lösung verläuft dann weiter wie in 6°.

8°. $$\begin{Bmatrix} x^4 + x^3 y + x^2 y^2 + x y^3 + y^4 = a \\ x^8 + x^6 y^2 + x^4 y^4 + x^2 y^6 + y^8 = b \end{Bmatrix}.$$

Hier hilft die Identität

$$\boxed{\begin{aligned}(x^4 + x^3 y + x^2 y^2 + x y^3 + y^4)\,(x^4 - x^3 y + x^2 y^2 - x y^3 + y^4)\\ = x^8 + x^6 y^2 + x^4 y^4 + x^2 y^6 + y^8\end{aligned}},$$

die man durch Ausführung der Multiplikation verifiziert. Das vorgelegte System reduziert sich damit auf das folgende:

$$\begin{Bmatrix} x^4 + x^3 y + x^2 y^2 + x y^3 + y^4 = a \\ x^4 - x^3 y + x^2 y^2 - x y^3 + y^4 = c \end{Bmatrix} \qquad \text{mit } c = b : a,$$

welches seinerseits durch additive und subtraktive Kombination in

$$\begin{Bmatrix} x^4 + x^2 y^2 + y^4 = A \\ x^3 y + x y^3 \quad = B \end{Bmatrix} \qquad \text{mit} \begin{Bmatrix} 2A = a + c \\ 2B = a - c \end{Bmatrix}$$

verwandelt wird. Hieraus entsteht durch Einführung der Norm $N = x^2 + y^2$ und des Produkts $P = xy$ der ursprünglichen Unbekannten das Gleichungspaar

$$\begin{Bmatrix} N^2 - P^2 = A \\ N P \quad = B \end{Bmatrix}.$$

Dieses Paar liefert sofort N und P und damit (§ 30) x und y.

9°. $$\frac{x^5 + y^5}{x + y} = a, \qquad \frac{x^5 - y^5}{x - y} = b.$$

Mit Hilfe der Identitäten

$$\boxed{\begin{aligned} x^5 + y^5 &= (x + y)\,(x^4 - x^3 y + x^2 y^2 - x y^3 + y^5) \\ x^5 - y^5 &= (x - y)\,(x^4 + x^3 y + x^2 y^2 + x y^3 + y^5) \end{aligned}}$$

schreibt sich das Gleichungspaar

$$\begin{Bmatrix} x^4 + x^3 y + x^2 y^2 + x y^3 + y^4 = b \\ x^4 - x^3 y + x^2 y^2 - x y^3 + y^4 = a \end{Bmatrix},$$

das sich schon in 8° ergeben hatte und wie dort weiter behandelt wird.

10°. $$\begin{Bmatrix} x^3 + y^3 - 3cxy \quad = a \\ x^2 + y^2 - xy - cx - cy = b \end{Bmatrix}.$$

Die Lösung beruht auf der bekannten Identität

$$\boxed{x^3 + y^3 + z^3 - 3xyz = (x + y + z)\,(x^2 + y^2 + z^2 - yz - zx - xy)},$$

welche für $z = c$ in

$$x^3 + y^3 - 3cxy + c^3 = (x + y + c)[x^2 + y^2 - xy - cx - cy + c^2]$$

übergeht. Nach dem vorgelegten Gleichungspaar hat die linke Seite dieser Gleichung den bekannten Wert $A = a + c^3$, die eckige Klammer der rechten Seite den bekannten Wert $B = b + c^2$. Unsere Hilfsgleichung schreibt sich demgemäß

$$A = (x + y + c)\,B$$

und liefert für die Summe $x + y$ der Unbekannten den Wert

$$x + y = \frac{A}{B} - c = 2h.$$

Die Substitution

$$x = h + t, \qquad y = h - t$$

in die zweite gegebene Gleichung führt auf eine quadratische Gleichung für die neue Unbekannte t und liefert nach Ermittlung von t die Unbekannten.

§ 32. Reduktion auf eine reziproke Gleichung

In manchen Fällen läßt sich aus dem vorgelegten Gleichungspaar eine reziproke Gleichung etwa von der Form

$$Ax^4 + Bx^3y + Cx^2y^2 + Bxy^3 + Ay^4 = 0$$

gewinnen. Die Gleichung heißt reziprok, weil die aus ihr hervorgehende Gleichung

$$A\Theta^4 + B\Theta^3 + C\Theta^2 + B\Theta + A = 0$$

für das Verhältnis $\Theta = y : x$ reziprok ist (§ 22).

Aus einer derartigen reziproken Gleichung kann demnach das Verhältnis Θ der Unbekannten mittels zweier einfacher quadratischer Gleichungen gefunden werden (§ 22).

Man kann aber auch die Norm N und das Produkt P der Unbekannten x und y einführen und die Gleichung auf die Form

$$A(x^4 + y^4) + Bxy(x^2 + y^2) + C(xy)^2 = 0$$

oder $[x^4 + y^4 = N^2 - 2P^2]$

$$AN^2 + BNP + (C - 2A)P^2 = 0$$

bringen, welche sofort das Verhältnis $q = N : P$ liefert, womit dann der Anschluß an die NP-Methode gewonnen ist (§ 30).

Das Wesen des Verfahrens wird am besten aus Beispielen klarwerden.

1⁰. $\quad x^2y + xy^2 = a(x - y)^2, \qquad x^3 + y^3 = b(x - y)^2.$

Die Division der Gleichungen gibt

$$a\,(x^3 + y^3) = b\,(x^2y + xy^2)$$

oder, wenn das Verhältnis $\Theta = y : x$ eingeführt wird,

$$a\,(1 + \Theta^3) = b\Theta\,(1 + \Theta).$$

Diese reziproke Gleichung reduziert sich nach Ausscheidung der Wurzel $\Theta = -1$ (für welche die Lösung $x = 0$, $y = 0$ resultiert) auf die quadratische Gleichung

$$a\,(\Theta^2 - \Theta + 1) = b\,\Theta.$$

Nach Berechnung von Θ substituiert man $y = \Theta x$ in eine der gegebenen Gleichungen und bekommt x, sodann $y = \Theta x$.

2°. $$x^4 = ax + by, \qquad y^4 = bx + ay.$$

Die Addition und Subtraktion der Gleichungen gibt

$$\frac{x^4 + y^4}{x + y} = \alpha, \qquad \frac{x^4 - y^4}{x - y} = \beta \qquad \text{mit} \begin{Bmatrix} \alpha = a + b \\ \beta = a - b \end{Bmatrix}.$$

Schreibt man die zweite dieser Gleichungen

$$x^3 + x^2y + xy^2 + y^3 = \beta$$

und teilt die erste durch die neue Gleichung, so entsteht

$$\frac{x^4 + y^4}{x^4 + 2\,x^3y + 2\,x^2y^2 + 2\,xy^3 + y^4} = \frac{\alpha}{\beta}$$

oder

$$(\alpha - \beta)\,x^4 + 2\alpha x^3y + 2\alpha x^2y^2 + 2\alpha xy^3 + (\alpha - \beta)\,y^4 = 0.$$

Diese Gleichung verwandelt sich durch die Substitution $y = \Theta x$ in die reziproke biquadratische Gleichung

$$(\alpha - \beta)\,\Theta^4 + 2\alpha\Theta^3 + 2\alpha\Theta^2 + 2\alpha\Theta + (\alpha - \beta) = 0,$$

die dann Θ liefert. Die Substitution $y = \Theta x$ (mit dem berechneten Θ) in eine der Ausgangsgleichungen gibt x und schließlich $y = \Theta x$.

3°. $$\frac{x^3 - y^3}{x + y} = a, \qquad \frac{x^5 - y^5}{x^3 + y^3} = b.$$

Die Division der zweiten Gleichung durch die erste gibt

$$\frac{x^4 + x^3y + x^2y^2 + xy^3 + y^4}{(x^2 + xy + y^2)\,(x^2 - xy + y^2)} = \frac{b}{a}$$

oder

$$\frac{x^4 + x^3y + x^2y^2 + xy^3 + y^4}{x^4 + x^2y^2 + y^4} = \frac{b}{a}.$$

Diese reziproke Gleichung für x und y verwandelt sich durch die Substitution $y = \Theta x$ in eine reziproke biquadratische Gleichung für Θ.

Damit haben wir Θ. x finden wir durch Substitution von $y = \Theta x$ in die erste Ausgangsgleichung und dann y aus $y = \Theta x$.

4⁰. $$\frac{x+y}{1+xy} = a, \qquad \frac{x^2+y^2}{1+x^2y^2} = b.$$

Man suche zunächst die Hilfsunbekannte

$$P = xy.$$

Aus

(1) $$x + y = aP + a$$

folgt durch Quadrierung $(x + y)^2$ und hieraus

(2) $$x^2 + y^2 = a^2P^2 + (2a^2 - 2)P + a^2.$$

Damit verwandelt sich die zweite Gleichung in die reziproke quadratische Gleichung

$$(a^2 - b)P^2 + (2a^2 - 2)P + (a^2 - b) = 0$$

für die Hilfsunbekannte P. Nach Ermittlung von P liefert die erste gegebene Gleichung sofort die Summe s der beiden Unbekannten, und aus P und s findet man leicht x und y.

5⁰. $$\frac{x+y}{1+xy} = a, \qquad \frac{x^3+y^3}{1+x^3y^3} = b.$$

Auch hier suche man

$$P = xy.$$

Aus $x^3 + y^3 = (x + y)(x^2 + y^2 - xy)$ und den Gleichungen (1) und (2) ergibt sich

$$x^3 + y^3 = (aP + a)[a^2P^2 + (2a^2 - 3)P + a^2] \text{ oder}$$

(3) $$x^3 + y^3 = a^3P^3 + (3a^3 - 3a)P^2 + (3a^3 - 3a)P + a^3.$$

Man bemerkt, daß die rechten Seiten von (1), (2), (3) reziproke Polynome 1., 2., 3. Grades von P sind (d. h. Polynome, deren Koeffizienten eine symmetrische Folge bilden). Infolge (3) geht die zweite gegebene Gleichung in

$$\frac{AP^3 + BP^2 + BP + A}{P^3 + 1} = b \qquad \text{mit} \begin{cases} A = a^3 \\ B = 3a^3 - 3a \end{cases}$$

über. Damit erhalten wir die reziproke kubische Gleichung

$$(A - b)P^3 + BP^2 + BP + (A - b) = 0$$

für P, die nach dem in § 22 beschriebenen Verfahren schnell zu lösen ist. Nach Berechnung von P liefert die erste gegebene Gleichung s.

6⁰. $$\frac{x+y}{1+xy} = a, \qquad \frac{x^4+y^4}{1+x^4y^4} = b.$$

Wieder wird $P = xy$ gesucht.

Aus (2) folgt durch Quadrierung $x^4 + y^4 + 2P^2$ und hieraus

(4) $$x^4 + y^4 = AP^4 + BP^3 + CP^2 + BP + A,$$

d. h. die Darstellung von $x^4 + y^4$ als reziprokes biquadratisches Polynom von P, wobei die Koeffizienten die Werte haben:

$$A = a^4, \qquad B = 4a^4 - 4a^2, \qquad C = 6a^4 - 8a^2 + 2.$$

Nunmehr schreibt sich die zweite gegebene Gleichung

$$\frac{AP^4 + BP^3 + CP^2 + BP + A}{P^4 + 1} = b$$

oder

$$(A - b)P^4 + BP^3 + CP^2 + BP + (A - b) = 0,$$

d. h. als reziproke biquadratische Gleichung für die Hilfsunbekannte P, deren Lösung nach § 22 leicht gelingt. Durch Substitution des gefundenen P-Wertes in die erste gegebene Gleichung erhält man s und aus P und s die Unbekannten x und y.

7°. $$\frac{x + y}{1 + xy} = a, \qquad \frac{x^5 + y^5}{1 + x^5 y^5} = b.$$

Auch hier führt die Benutzung der Hilfsunbekannte P zum Ziele.

Aus der Identität

$$x^5 + y^5 = (x^3 + y^3)(x^2 + y^2) - x^2 y^2 (x + y)$$

und den Formeln (1), (2) und (3) findet man

(5) $$x^5 + y^5 = \mathfrak{A}P^2 + \mathfrak{B}P^4 + \mathfrak{C}P^3 + \mathfrak{C}P^2 + \mathfrak{B}P + \mathfrak{A},$$

d. h. das Binom $x^5 + y^5$ als reziprokes Polynom 5. Grades von P, wobei die Koeffizienten die Werte haben:

$$\mathfrak{A} = a^5, \quad \mathfrak{B} = 5a^5 - 5a^3, \quad \mathfrak{C} = 10a^5 - 15a^3 + 5a.$$

Die zweite der gegebenen Gleichungen erhält damit die Form

$$\frac{\mathfrak{A}P^5 + \mathfrak{B}P^4 + \mathfrak{C}P^3 + \mathfrak{C}P^2 + \mathfrak{B}P + \mathfrak{A}}{P^5 + 1} = b$$

oder

$$(\mathfrak{A} - b)P^5 + \mathfrak{B}P^4 + \mathfrak{C}P^3 + \mathfrak{C}P^2 + \mathfrak{B}P + (\mathfrak{A} - b) = 0,$$

d. h. die Form einer reziproken Gleichung 5. Grades. Diese ist nach § 22 leicht zu lösen und gibt P. Darauf liefert die erste der gegebenen Gleichungen $s = x + y$, und aus P und s findet man x und y.

8°. $$\frac{1 - x}{1 + x}\,\frac{1 - y}{1 + y} = a, \qquad \frac{1 - x^n}{1 + x^n}\,\frac{1 - y^n}{1 + y^n} = b,$$

wo n einen der Werte 2, 3, 4, 5 hat.

Die Gleichungen lassen sich schreiben:

$$\frac{x+y}{1+xy}=\alpha, \qquad \frac{x^n+y^n}{1+x^n y^n}=\beta$$

mit

$$\alpha=\frac{1-a}{1+a}, \qquad \beta=\frac{1-b}{1+b}$$

und sind damit auf die in 4⁰, 5⁰, 6⁰, 7⁰ behandelten Formen zurückgeführt.

9⁰. $$\frac{1-x}{1+x}\,\frac{1-y}{1+y}=a, \qquad \frac{(1-x)^n}{1+x^n}\,\frac{(1-y)^n}{1+y^n}=b,$$

wo n einen der Werte 2, 3, 4, 5 bedeutet.

Die erste Gleichung schreibt sich (cfr. 8⁰)

$$s=\alpha(P+1),$$

die zweite

$$\frac{(1-s+P)^n}{1+P^n+x^n+y^n}=b$$

oder wegen des Wertes für s

$$\frac{(P+1)^n}{P^n+1+(x^n+y^n)}=B \qquad \text{mit } B=\frac{b}{(1-\alpha)^n}.$$

Nach (2), (3), (4), (5) läßt sich x^n+y^n als reziprokes Polynom $n$ten Grades von P schreiben. Demgemäß sind Zähler und Nenner der linken Seite der gefundenen Gleichung reziproke Polynome $n$ten Grades von P, und die Gleichung ist eine reziproke Gleichung $n$ten Grades. Aus ihr findet man P, darauf laut $s=\alpha P+\alpha$ die Summe s und zuletzt aus P und s die Unbekannten selbst.

9⁰. $$\frac{x+\frac{1}{x}}{y+\frac{1}{y}}=a, \qquad \frac{x^n+\frac{1}{x^n}}{y^n+\frac{1}{y^n}}=b,$$

wo n einen der Werte 2, 3, 4, 5 bedeutet. Durch Einführung

des Produkts $\boxed{P=xy}$ und des Quotienten $\boxed{Q=x:y}$

der Unbekannten schreiben sich die Gleichungen (wegen $x^2=PQ$, $y^2=P:Q$)

$$\frac{1+PQ}{P+Q}=a, \qquad \frac{1+P^nQ^n}{P^n+Q^n}=b$$

und sind damit auf eine der in 4⁰, 5⁰, 6⁰, 7⁰ behandelten Formen zurückgeführt.

10⁰. $$\frac{x-y}{x+y}\cdot\frac{1-xy}{1+xy}=a,\qquad \frac{x^n-y^n}{x^n+y^n}\cdot\frac{1-x^ny^n}{1+x^ny^n}=b,$$

wo n einen der Werte 2, 3, 4, 5 bedeutet. Man schreibe z. B. die erste Gleichung

$$\frac{x+xy^2-y-x^2y}{x+xy^2+y+x^2y}=\frac{a}{1}$$

und folgere hieraus nach dem Satze von der korrespondierenden Addition und Subtraktion

$$\frac{x+xy^2}{y+x^2y}=\frac{a+1}{1-a}\quad\text{oder}\quad\frac{y+\frac{1}{y}}{x+\frac{1}{x}}=\alpha\qquad\text{mit }\alpha=\frac{a+1}{1-a}.$$

Genau so findet man aus der zweiten Gleichung

$$\frac{y^n+\frac{1}{y^n}}{x^n+\frac{1}{x^n}}=\beta\qquad\text{mit }\beta=\frac{b+1}{1-b}.$$

Damit sind die vorgelegten Gleichungen auf 9⁰ zurückgeführt.

§ 33. Goniometrisches Verfahren

Bisweilen läßt sich die Lösung eines Gleichungspaares mit zwei Unbekannten mittels goniometrischer Formeln bewerkstelligen. Die folgenden Beispiele legen das Verfahren klar.

1⁰. $$\left\{\begin{matrix} x+y=a \\ x\sqrt{1-y^2}+y\sqrt{1-x^2}=b\end{matrix}\right\}.$$

Da die zweite Gleichung an das Additionstheorem

$$\sin\varphi\cos\psi+\sin\psi\cos\varphi=\sin(\varphi+\psi)$$

erinnert, versuchen wir die gegebenen Gleichungen durch den Ansatz

$$x=\sin\varphi,\qquad y=\sin\psi$$

zu lösen, bei dem φ und ψ zwei zu bestimmende Hilfswinkel bedeuten. Wegen

$$\sin\varphi+\sin\psi=2\sin\frac{\varphi+\psi}{2}\cos\frac{\varphi-\psi}{2}$$

schreibt sich das Gleichungspaar dann

$$\left\{\begin{matrix} 2\sin\sigma\cos\delta=a \\ \sin 2\sigma\quad=b\end{matrix}\right\}\qquad\text{mit}\ \left\{\begin{matrix} 2\sigma=\varphi+\psi \\ 2\delta=\varphi-\psi\end{matrix}\right\}.$$

Aus der zweiten Gleichung folgt

$$\cos 2\sigma = B \qquad \text{mit } B = \sqrt{1 - b^2},$$

hieraus

$$2\cos^2\sigma = 1 + B, \qquad 2\sin^2\sigma = 1 - B,$$

sodann aus der ersten Gleichung des neuen Paares

$$\cos\delta = a : \sqrt{2 - 2B}, \qquad \sin\delta = \sqrt{2 - 2B - a^2} : \sqrt{2 - 2B}.$$

Demnach wird

$$x = \sin\varphi = \sin(\sigma + \delta) = \sin\sigma\cos\delta + \cos\sigma\sin\delta$$

$$= \frac{1}{2}\left[a + \sqrt{\frac{1+B}{1-B}(2 - 2B - a^2)}\right]$$

$$y = \sin\psi = \sin(\sigma - \delta) = \frac{1}{2}\left[a - \sqrt{\frac{1+B}{1-B}(2 - 2B - a^2)}\right].$$

2^0
$$\left\{\begin{aligned} x\sqrt{1-x^2} + y\sqrt{1-y^2} &= a \\ x\sqrt{1-y^2} + y\sqrt{1-x^2} &= b \end{aligned}\right\}.$$

Wir bringen das Gleichungspaar durch den Ansatz

$$x = \sin\varphi, \qquad y = \sin\psi$$

mit dem Formelpaar

$$\left\{\begin{aligned} \sin\varphi\cos\varphi + \sin\psi\cos\psi &= a \\ \sin\varphi\cos\psi + \sin\psi\cos\varphi &= b \end{aligned}\right\}$$

oder

$$\left\{\begin{aligned} \sin 2\varphi + \sin 2\psi &= 2a \\ \sin(\varphi + \psi) &= b \end{aligned}\right\}$$

oder

$$\left\{\begin{aligned} \sin 2\sigma\cos 2\delta &= a \\ \sin 2\sigma &= b \end{aligned}\right\} \qquad \text{mit } \left\{\begin{aligned} \varphi + \psi &= 2\sigma \\ \varphi - \psi &= 2\delta \end{aligned}\right\}$$

zur Übereinstimmung.

Aus der zweiten Gleichung des letzten Paares folgt

$$\cos 2\sigma = B \qquad \text{mit } B = \sqrt{1 - b^2},$$

darauf aus der ersten Gleichung dieses Paares

$$\cos 2\delta = A \qquad \text{mit } A = a : b.$$

Nach den Formeln

$$2\cos^2 w = 1 + \cos 2w, \qquad 2\sin^2 w = 1 - \cos 2w$$

wird nun

$$2\cos^2\sigma = 1 + B, \qquad 2\sin^2\sigma = 1 - B,$$
$$2\cos^2\delta = 1 + A, \qquad 2\sin^2\delta = 1 - A.$$

Zuletzt erhalten wir

$$x = \sin\varphi = \sin(\sigma + \delta) = \sin\sigma\cos\delta + \cos\sigma\sin\delta$$

$$= \frac{\sqrt{(1-B)(1+A)} + \sqrt{(1+B)(1-A)}}{2},$$

$$y = \sin\psi = \sin(\sigma - \delta) = \frac{\sqrt{(1-B)(1+A)} - \sqrt{(1+B)(1-A)}}{2}.$$

3⁰
$$\left\{\begin{array}{r} \sqrt{x-x^2} + \sqrt{y-y^2} = a \\ \sqrt{x-xy} + \sqrt{y-xy} = b \end{array}\right\}.$$

Wir setzen

$$\cdot x = \sin^2\varphi, \qquad 1 - x = \cos^2\varphi, \qquad y = \sin^2\psi, \qquad 1 - y = \cos^2\psi$$

und verwandeln dadurch das vorgelegte Gleichungspaar in

$$\left\{\begin{array}{r} \sin\varphi\cos\varphi + \sin\psi\cos\psi = a \\ \sin\varphi\cos\psi + \sin\psi\cos\varphi = b \end{array}\right\},$$

das schon in 2⁰ auftrat und .

$$\sin\varphi = \frac{\sqrt{(1+A)(1-B)} + \sqrt{(1-A)(1+B)}}{2},$$

$$\sin\psi = \frac{\sqrt{(1+A)(1-B)} - \sqrt{(1-A)(1+B)}}{2}$$

ergab. Demgemäß ist

$$x = 1 - AB + \sqrt{b^2 - a^2}, \qquad y = 1 - AB - \sqrt{b^2 - a^2}.$$

4⁰
$$\left\{\begin{array}{c} x + y = a \\ xy + \sqrt{1-x^2}\sqrt{1-y^2} = b \end{array}\right\}.$$

Wir setzen

$$x = \cos\varphi, \qquad y = \cos\psi$$

und bekommen das Paar

$$\left\{\begin{array}{r} \cos\varphi + \cos\psi = a \\ \cos(\varphi - \psi) = b \end{array}\right\}$$

oder mit den schon mehrfach verwandten Bezeichnungen σ und δ

$$\left\{\begin{array}{r} 2\cos\sigma\cos\delta = a \\ \cos 2\delta = b \end{array}\right\}.$$

Aus der zweiten Gleichung dieses Paares folgt

$$2\cos^2\delta = 1 + b, \qquad 2\sin^2\delta = 1 - b,$$

worauf die erste Gleichung cos σ und damit auch sin ϱ liefert. Schließlich wird

$$x = \cos \varphi = \cos(\sigma + \delta) = \cos \sigma \cos \delta - \sin \sigma \sin \delta,$$
$$y = \cos \psi = \cos(\sigma - \delta) = \cos \sigma \cos \delta + \sin \sigma \sin \delta.$$

5⁰
$$\left\{\begin{array}{l} x\sqrt{h^2 - y^2} - y\sqrt{h^2 - x^2} = a \\ x\,y - \sqrt{h^2 - x^2}\sqrt{h^2 - y^2} = b \end{array}\right\}.$$

Die Substitution

$$x = h \sin \varphi, \qquad y = h \sin \psi$$

verwandelt die Aufgabe in

$$\left\{\begin{array}{l} \sin(\varphi - \psi) = A \\ \cos(\varphi + \psi) = B \end{array}\right\} \quad \text{mit} \quad \left\{\begin{array}{l} A = a : h^2 \\ B = b : h^2 \end{array}\right\}.$$

Die erste dieser beiden Gleichungen liefert sin 2 δ und damit $\cos 2\delta = \sqrt{1 - A^2}$ und hieraus cos δ und sin δ, die zweite $\cos 2\sigma = B$ und hieraus cos σ und sin σ. Für die Unbekannten erhalten wir

$$x = h \sin \varphi = h \sin(\sigma + \delta) = h(\sin \sigma \cos \delta + \cos \sigma \sin \delta),$$
$$y = h \sin \psi = h \sin(\sigma - \delta) = h(\sin \sigma \cos \delta - \cos \sigma \sin \delta).$$

6⁰
$$\left\{\begin{array}{l} \dfrac{x + y}{1 - x\,y} = a \\[2ex] \dfrac{x - y}{1 + x\,y} = b \end{array}\right\}.$$

Die Gleichungen erinnern an das Additions- und Subtraktionstheorem der Tangensfunktion. Demgemäß versuchen wir, sie durch den Ansatz

$$x = \operatorname{tg} \varphi, \qquad y = \operatorname{tg} \psi$$

zu lösen. Sie erhalten dann die Form

$$\left\{\begin{array}{l} \operatorname{tg}(\varphi + \psi) = a \\ \operatorname{tg}(\varphi - \psi) = b \end{array}\right\}$$

oder mit $\varphi + \psi = 2\sigma$, $\varphi - \psi = 2\delta$

$$\left\{\begin{array}{l} \operatorname{tg} 2\sigma = a \\ \operatorname{tg} 2\delta = b \end{array}\right\}.$$

Hieraus erhalten wir

$$\left\{\begin{array}{l} \cos 2\sigma = A \\ \cos 2\delta = B \end{array}\right\} \quad \text{mit} \quad \left\{\begin{array}{l} A = 1 : \sqrt{1 + a^2} \\ B = 1 : \sqrt{1 + b^2} \end{array}\right\}.$$

Nunmehr folgt

$$\cos \sigma = \sqrt{\frac{1 + A}{2}}, \quad \sin \sigma = \sqrt{\frac{1 - A}{2}}, \quad \cos \delta = \sqrt{\frac{1 + B}{2}}, \quad \sin \delta = \sqrt{\frac{1 - B}{2}}$$

und zum Schluß

$$x = \operatorname{tg}\varphi = \operatorname{tg}(\sigma+\delta) = \frac{\sin(\sigma+\delta)}{\cos(\sigma+\delta)} = \frac{\sin\sigma\cos\delta+\cos\sigma\sin\delta}{\cos\sigma\cos\delta-\sin\sigma\sin\delta},$$

$$y = \operatorname{tg}\psi = \operatorname{tg}(\sigma-\delta) = \frac{\sin\sigma\cos\delta-\cos\sigma\sin\delta}{\cos\sigma\cos\delta+\sin\sigma\sin\delta},$$

wo rechts nur noch die obigen Werte einzusetzen sind.

§ 34. Gleichungen mit drei Unbekannten

1⁰ $$yz = a, \qquad zx = b, \qquad xy = c.$$

Die Multiplikation der drei Gleichungen gibt $x^2y^2z^2 = abc$ oder

$$xyz = \sqrt{abc}.$$

Hieraus folgt

$$x = \sqrt{bc}:a, \quad y = \sqrt{ca}:b, \quad z = \sqrt{ab}:c.$$

2⁰ $$\frac{yz}{x} = a, \qquad \frac{zx}{y} = b, \qquad \frac{xy}{z} = c.$$

Diesmal gibt die Multiplikation

$$xyz = abc,$$

und man erhält

$$x = \sqrt{bc}, \quad y = \sqrt{ca}, \quad z = \sqrt{ab}.$$

3⁰ $$\frac{yz}{y+z} = a, \qquad \frac{zx}{z+x} = b, \qquad \frac{xy}{x+y} = c.$$

Durch Bildung der reziproken Werte nehmen die Gleichungen die Form

$$\frac{1}{y}+\frac{1}{z}=\frac{1}{a}, \quad \frac{1}{z}+\frac{1}{x}=\frac{1}{b}, \quad \frac{1}{x}+\frac{1}{y}=\frac{1}{c}$$

an. Dies sind aber drei lineare Gleichungen für die drei Unbekannten $\frac{1}{x}, \frac{1}{y}, \frac{1}{z}$.

4⁰ $$\frac{yz}{x+y+z} = a, \qquad \frac{zx}{x+y+z} = b, \qquad \frac{xy}{x+y+z} = c.$$

Wir setzen

$$x+y+z = s$$

und tun für den Augenblick, als ob s bekannt wäre. Dann entsteht wie bei 1⁰

$$x = \alpha\sqrt{s}, \; y = \beta\sqrt{s}, \; z = \gamma\sqrt{s} \quad \text{mit } \alpha = \sqrt{\frac{bc}{a}}, \quad \beta = \sqrt{\frac{ca}{b}}, \quad \gamma = \sqrt{\frac{ab}{c}}.$$

Durch Addition der gefundenen Gleichungen ergibt sich nun

$$s = \varepsilon \sqrt{s} \qquad \text{mit } \varepsilon = \alpha + \beta + \gamma,$$

woraus

$$\sqrt{s} = \varepsilon$$

und

$$x = \alpha \varepsilon, \qquad y = \beta \varepsilon, \qquad z = \gamma \varepsilon$$

resultiert.

5⁰ $$\frac{yz}{y^2 + z^2} = a, \qquad \frac{zx}{z^2 + x^2} = b, \qquad \frac{xy}{x^2 + y^2} = c.$$

Durch Bildung der reziproken Werte erhält das Gleichungstripel die Form

$$\frac{y}{z} + \frac{z}{y} = \frac{1}{a}, \qquad \frac{z}{x} + \frac{x}{z} = \frac{1}{b}, \qquad \frac{x}{y} + \frac{y}{x} = \frac{1}{c}.$$

Diese Gleichungen liefern bzw. die Unbekannten $y:z$, $z:x$, $x:y$, so daß das Verhältnis der drei Größen x, y, z bekannt wird, etwa

$$x:y:z = \alpha:\beta:\gamma.$$

Diese Proportion läßt sich unter Einführung des Wertes t der drei gleichen Quotienten $x:\alpha$, $y:\beta$, $z:\sigma$ schreiben

$$x = \alpha t, \qquad y = \beta t, \qquad z = \gamma t,$$

und die Substitution dieser Werte in eine der drei Ausgangsgleichungen liefert t und damit x, y, z.

6⁰ $$x^3 + y^3 + z^3 = ayz = bzx = cxy.$$

Wir setzen

$$x^3 + y^3 + z^3 = W,$$

schreiben

$$yz = W:a, \qquad zx = W:b, \qquad xy = W:c$$

und finden wie in 1⁰

$$x = \sqrt{W}:\alpha, \qquad y = \sqrt{W}:\beta, \qquad z = \sqrt{W}:\gamma$$

mit $a\alpha^2 = bc$, $b\beta^2 = ca$, $c\gamma^2 = ab$.

Die Kubierung und darauffolgende Addition der gefundenen Gleichungen gibt

$$W = W^{1,5}:\varepsilon \quad \text{mit} \quad \frac{1}{\varepsilon} = \frac{1}{\alpha^3} + \frac{1}{\beta^3} + \frac{1}{\gamma^3}.$$

Hieraus wird

$$\sqrt{W} = \varepsilon$$

und

$$x = \varepsilon:\alpha, \qquad y = \varepsilon:\beta, \qquad z = \varepsilon:\gamma.$$

7⁰ $$yz + zx + xy = a - x^2 = b - y^2 = c - z^2.$$

Man schreibe die Gleichungen

$$yz + zx + xy + x^2 = a, \qquad yz + zx + xy + y^2 = b,$$
$$yz + zx + xy + z^2 = c$$

oder

$$(y + x)(z + x) = a, \quad (z + y)(x + y) = b, \quad (x + z)(y + z) = c$$

oder

$$YZ = a, \qquad ZX = b, \qquad XY = c,$$

wo die neuen Unbekannten X, Y, Z die Binome $y + z$, $z + x$, $x + y$ bedeuten, und bestimme nach 1⁰ zunächst X, Y, Z. Man hat dann nur noch die drei Lineargleichungen

$$y + z = X, \qquad z + x = Y, \qquad x + y = Z$$

nach x, y, z aufzulösen.

8⁰ $$y + z = x + \frac{a}{x}, \qquad z + x = y + \frac{b}{y}, \qquad x + y = z + \frac{c}{z}.$$

Man führe die neuen Unbekannten

$$u = \frac{y + z - x}{2}, \qquad v = \frac{z + x - y}{2}, \qquad w = \frac{x + y - z}{2}$$

ein, die mit x, y, z durch die Beziehungen

$$v + w = x, \qquad w + u = y, \qquad u + v = z$$

verbunden sind. Die Gleichungen schreiben sich dann

$$2u(v + w) = a, \qquad 2v(w + u) = b, \qquad 2w(u + v) = c.$$

Hieraus folgt sofort durch Addition und Subtraktion

$$vw = h, \qquad wu = k, \qquad uv = l$$

mit

$$4h = b + c - a, \quad 4k = c + a - b, \quad 4l = a + b - c.$$

Nachdem man u, v, w aus den gefundenen Gleichungen (nach 1⁰) bestimmt hat, erhält man $x = v + w$, $y = w + u$, $z = u + v$.

9⁰ $$ayz = x(y^2 + z^2), \quad bzx = y(z^2 + x^2), \quad cxy = z(x^2 + y^2).$$

Wir schreiben die Gleichungen

$$x^2(y^2 + z^2) = aP, \quad y^2(z^2 + x^2) = bP, \quad z^2(x^2 + y^2) = cP,$$

wo P das Produkt xyz der Unbekannten bedeutet, und finden durch Addition und Subtraktion wie in 8⁰

$$y^2z^2 = hP, \qquad z^2x^2 = kP, \qquad x^2y^2 = lP$$

mit $2h = b + c - a, \quad 2k = c + a - b, \quad 2l = a + b - c.$

Hieraus wird durch Multiplikation

$$x^4 y^4 z^4 = hkl P^3 \quad \text{oder} \quad P = hkl,$$

womit P bekannt geworden ist. Zuletzt löst man noch wie in 1^0 die Gleichungen

$$yz = \sqrt{hP}, \qquad zx = \sqrt{kP}, \qquad xy = \sqrt{lP}.$$

10^0 $\qquad yz = a - y - z, \qquad zx = b - z - x, \qquad xy = c - x - y.$

Die Gleichungen schreiben sich

$$1 + y + z + yz = a + 1, \qquad 1 + z + x + zx = b + 1,$$
$$1 + x + y + xy = c + 1$$

oder

$$(y + 1)(z + 1) = a + 1, \qquad (z + 1)(x + 1) = b + 1,$$
$$(x + 1)(y + 1) = c + 1.$$

Durch die drei letzten Gleichungen lassen sich die drei Unbekannten $X = x + 1$, $Y = y + 1$, $Z = z + 1$ wie in 1^0 bestimmen.

11^0 $\qquad yz - x^2 = a, \qquad zx - y^2 = b, \qquad xy - z^2 = c.$

Durch Multiplikation der Gleichungen mit bzw. y, z, x und Addition der entstehenden drei Gleichungen ergibt sich

$$cx + ay + bz = 0,$$

durch Multiplikation der Gleichungen mit z, x, y und nachfolgende Addition

$$bx + cy + az = 0.$$

Die beiden gefundenen Lineargleichungen liefern das Verhältnis der Unbekannten

$$x : y : z = \alpha : \beta : \gamma$$

mit

$$\alpha = a^2 - bc, \qquad \beta = b^2 - ca, \qquad \gamma = c^2 - ab.$$

Wir können also setzen

$$x = \alpha t, \qquad y = \beta t, \qquad z = \gamma t,$$

wo t eine neue Unbekannte bedeutet.

Die Substitution dieser Werte in eine der Ausgangsgleichungen gibt t und damit x, y, z.

12^0 $\quad y^2 + z^2 + yz = a^2, \quad z^2 + x^2 + zx = b^2, \quad x^2 + y^2 + xy = c^2.$

In geometrischer Einkleidung lautet diese Aufgabe: „In einem Dreieck mit den Seiten a, b, c den Punkt zu bestimmen, in dem die drei Seiten gleich groß erscheinen“. x, y, z sind dann die Abstände des Punktes von den Dreiecksecken. (Vgl. § 19.)

Die Gleichungen lassen sich schreiben:

$$\begin{cases} (y+z-x)(x+y+z)+[x^2+y^2+z^2]=2a^2 \\ (z+x-y)(x+y+z)+[x^2+y^2+z^2]=2b^2 \\ (x+y-z)(x+y+z)+[x^2+y^2+z^2]=2c^2 \end{cases}$$

oder kürzer, die Summe und Norm der Unbekannten s und N nennend,

$$\begin{cases} s(y+z-x)+N=2a^2 \\ s(z+x-y)+N=2b^2 \\ s(x+y-z)+N=2c^2 \end{cases}.$$

Durch Addition dieser drei Gleichungen entsteht die Beziehung

$$s^2+3N=2E \qquad \text{mit} \quad E=a^2+b^2+c^2$$

zwischen s und N.

Fassen wir die drei Gleichungen als System linearer Gleichungen für x, y, z auf, so findet sich

$$x=\frac{A-N}{s}, \quad y=\frac{B-N}{s}, \quad z=\frac{C-N}{s}$$

mit

$$A=b^2+c^2, \quad B=c^2+a^2, \quad C=a^2+b^2.$$

Hieraus bekommen wir für die Norm von x, y, z

$$N=\frac{(A-N)^2+(B-N)^2+(C-N)^2}{s^2},$$

d. h. für N die quadratische Gleichung

$$N(2E-3N)=(A-N)^2+(B-N)^2+(C-N)^2.$$

Nach Ausrechnung von N liefert obige Beziehung s und zum Schluß das für x, y, z gefundene Gleichungstripel die gesuchten Unbekannten.

Aufgabe 12 ist nur ein Sonderfall der allgemeineren Aufgabe

13⁰
$$\begin{cases} (a\,x+b\,y+c\,z)s+d\,N=F \\ (a'\,x+b'\,y+c'\,z)s+d'\,N=F' \\ (a''\,x+b''\,y+c''\,z)s+d''\,N=F'' \end{cases},$$

in welcher a, b, c, d, F, a', b' usw. gegebene Konstanten, s und N die Summe und Norm der Unbekannten x, y, z bedeuten. Um die allgemeine Aufgabe zu lösen, fassen wir das vorgelegte Gleichungstripel als System linearer Gleichungen für die Unbekannten sx, sy, sz auf, wobei wir zunächst so tun, als ob s und N bekannt wären. Wir lösen das System in üblicher Weise und bekommen die Unbekannten als Linearfunktionen

$$sx=\alpha N+A, \quad sy=\beta N+B, \quad sz=\gamma N+C$$

von N mit bekannten Koeffizienten. Darauf liefert die Summierung dieser Gleichungen die Beziehung

$$s^2 = \varepsilon N + E$$

zwischen s und N (mit $\varepsilon = \alpha + \beta + \gamma$, $E = A + B + C$), während die Quadrierung und nachfolgende Addition

$$N s^2 = (\alpha N + A)^2 + (\beta N + B)^2 + (\gamma N + C)^2$$

liefert. Durch Kombinierung der beiden für s^2 und Ns^2 gefundenen Gleichungen ergibt sich die quadratische Gleichung

$$N(\varepsilon N + E) = (\alpha N + A)^2 + (\beta N + B)^2 + (\gamma N + C)^2$$

für die Unbekannte N. Nach Ermittlung von N bekommt man s und schließlich x, y, z.

14⁰ $\qquad yz - x^2 = h, \quad zx - y^2 = k, \quad xy - z^2 = l.$

Man versuche, die linke Seite jeder Gleichung auf die in 13⁰ betrachtete Form

$$(ax + by + cz)\,s + dN$$

zu bringen. Bei der ersten Gleichung z. B. müssen a, b, c, d die Bedingungen

$$a + d = -1, \quad b + d = 0, \quad c + d = 0, \quad a + b = 0, \quad a + c = 0, \quad b + c = 1$$

erfüllen. Das gibt

$$a = -\frac{1}{2}, \quad b = \frac{1}{2}, \quad c = \frac{1}{2}, \quad d = -\frac{1}{2}.$$

Tatsächlich ist

$$\frac{y + z - x}{2}(x + y + z) - \frac{1}{2}(x^2 + y^2 + z^2) = yz - x^2.$$

Demgemäß schreiben sich unsere Gleichungen

$$\left\{\begin{aligned} s(y + z - x) - N &= 2h \\ s(z + x - y) - N &= 2k \\ s(x + y - z) - N &= 2l \end{aligned}\right\},$$

womit das vorgelegte System auf die Form 13⁰ geschafft ist und wie dort gelöst werden kann. [Man vergleiche die Lösung von 11⁰.]

15⁰
$$\left\{\begin{aligned} y^2 + z^2 - zx - xy &= a \\ z^2 + x^2 - xy - yz &= b \\ x^2 + y^2 - yz - xx &= c \end{aligned}\right\}.$$

Auch hier läßt sich die linke Seite jeder Gleichung auf die Form

$$(ax + by + cz)\,s + dN$$

bringen. Das System erhält die Gestalt

$$N - sx = a, \quad N - sy = b, \quad N - sz = c.$$

Aus

$$sx = N - a, \quad sy = N - b, \quad sz = N - c$$

folgt durch Addition

$$s^2 = 3N - a - b - c,$$

durch Quadrierung und Addition

$$s^2 N = (N - a)^2 + (N - b)^2 + (N - c)^2 \text{ usw.}$$

wie in 13⁰.

16⁰
$$\left.\begin{cases} y^2 + 5yz + 4zx + 5xy = 56 \\ 2x^2 + 4y^2 + 6yz + 4zx + 8xy = 82 \\ 12yz + 13zx + 3xy - 9x^2 - 10y^2 = 68 \end{cases}\right\}.$$

Die linke Seite jeder Gleichung läßt sich auf die Form

$$(ax + by + cz)s + dN$$

bringen. Das System schreibt sich dementsprechend

$$\left.\begin{cases} (2x + 3y + 2z)s - 2N = 56 \\ (3x + 5y + z)s - N = 82 \\ (2x + y + 11z)s - 11N = 68 \end{cases}\right\}.$$

Hieraus wird

$$xs = 6, \quad ys = 12, \quad zs = N + 4.$$

Die Addition dieser Gleichungen gibt

$$s^2 = N + 22,$$

die Quadrierung und Addition

$$Ns^2 = N^2 + 8N + 196.$$

Die Gleichung für N lautet

$$14N = 196$$

und gibt

$$N = 14,$$

so daß

$$s^2 = 36, \quad s = \pm 6$$

wird. Hieraus folgt

$$x = \pm 1, \quad y = \pm 2, \quad z = \pm 3.$$

17⁰ $x + y = 2az, \quad x^2 + y^2 = 2bz^2, \quad x^4 + y^4 = 2cz^5.$

Wir setzen, unter t eine neue Unbekannte verstanden,

$$x = az + t, \quad y = az - t,$$

substituieren dies zunächst in der zweiten Gleichung, wodurch

$$t^2 = dz^2 \qquad \text{mit} \quad d = b - a^2$$

entsteht, sodann in der dritten Gleichung und erhalten

$$a^4z^4 + 6\,a^2z^2t^2 + t^4 = cz^5$$

oder wegen des Wertes für t^2

$$cz = a^4 + 6\,a^2d + d^2.$$

Damit ist z, weiterhin t und schließlich x bzw. y bekannt.

18⁰ $\quad x + y = 2\,az, \quad z^2(x^2 + y^2) = 2\,b, \quad x^4 + y^4 = 2\,cz^4.$

Die Substitution

$$x = az + t, \qquad y = az - t$$

gibt in der zweiten Gleichung

$$t^2 = \frac{b}{z^2} - a^2\,z^2,$$

in der dritten

$$a^4z^4 + 6\,a^2z^2t^2 + t^4 = cz^4$$

oder, im Hinblick auf den gefundenen Wert für t^2, die quadratische Gleichung

$$(c + 4\,a^4)\,\zeta^2 - 4\,a^2b\zeta - b^2 = 0$$

für die Unbekannte $\zeta = z^4$.

Aus ζ ergeben sich sukzessive z, t, x, y.

19⁰ Eine geometrische Reihe zu bestimmen, von der die Summe a der Glieder, die Summe b^2 der Gliederquadrate und die Summe c^3 der Gliederkuben bekannt sind.

Nennen wir das Anfangsglied x, den Quotient y, die Anzahl der Glieder n, so gelten die drei Gleichungen

$$x\frac{y^n - 1}{y - 1} = a, \qquad x^2\frac{y^{2n} - 1}{y^2 - 1} = b^2, \qquad x^3\frac{y^{3n} - 1}{y^3 - 1} = c^3$$

oder, wenn $y^n = z$ gesetzt wird,

$$x\frac{z - 1}{y - 1} = a, \qquad x^2\frac{z^2 - 1}{y^2 - 1} = b^2, \qquad x^3\frac{z^3 - 1}{y^3 - 1} = c^3.$$

Teilen wir die zweite Gleichung durch die quadrierte erste, so entsteht

$$\frac{y - 1}{y + 1}\cdot\frac{z + 1}{z - 1} = \frac{b^2}{a^2}.$$

Es liegt daher nahe, eine Hilfsunbekannte t gemäß den Formeln

$$\frac{y - 1}{y + 1} = \frac{b}{a}\,t, \qquad \frac{z + 1}{z - 1} = \frac{b}{a} : t$$

einzuführen. Dadurch wird

$$y = \frac{a + bt}{a - bt}, \qquad z = \frac{b + at}{b - at}.$$

Zugleich gibt die erste Gleichung

$$x = b\,\frac{b - at}{a - bt}.$$

Teilen wir die dritte gegebene Gleichung durch die erste, so kommt

$$x^2\,\frac{z^2 + z + 1}{y^2 + y + 1} = c^3 : a.$$

In dieser neuen Gleichung substituieren wir nun die Werte, die x, y, z als homographische Funktionen von t darstellen, und erhalten die lineare Gleichung

$$\frac{a^2 t^2 + 3 b^2}{b^2 t^2 + 3 a^2} = \frac{c^3}{a b^2}$$

für die Unbekannte $T = t^2$. Aus t folgen sofort x, y, z.

Die Gliederzahl n ist $\lg z : \lg y$.

20⁰ Eine geometrische Reihe zu bestimmen, von der die Summe a der Glieder, die Summe b^2 der Gliederquadrate und die Summe d^4 der Gliederbiquadrate gegeben sind.

Bedeutet wieder x das Anfangsglied, y den Quotient, z die Gliederzahl, z die $n$te Potenz von y, so gelten die drei Gleichungen

$$x\,\frac{z - 1}{y - 1} = a, \qquad x^2\,\frac{z^2 - 1}{y^2 - 1} = b^2, \qquad x^4\,\frac{z^4 - 1}{y^4 - 1} = d^4.$$

Durch die Hilfsunbekannte t der vorhergehenden Aufgabe drücken sich auch hier x, y, z den Formeln

$$x = b\,\frac{b - at}{a - bt}, \qquad y = \frac{a + bt}{a - bt}, \qquad z = \frac{b + at}{b - ab}$$

gemäß aus.

Hier aber teilen wir die dritte gegebene Gleichung durch die zweite. Das gibt

$$x^2\,\frac{z^2 + 1}{y^2 + 1} = \frac{d^4}{b^2}$$

oder nach Substitution der drei Werte für x, y, z

$$\frac{a^2 t^2 + b^2}{b^2 t^2 + a^2} = \frac{d^4}{b^4}.$$

Nach Berechnung von t aus dieser Gleichung haben wir den obigen homographischen Ausdrücken für x, y, z zufolge auch die gesuchten Unbekannten.

Dritter Teil

Die quadratische Irrationelle

Erster Abschnitt

Kettenbrüche

§ 35. Eulerpolynome

Als Ausgangspunkt der folgenden Untersuchung dienen zwei Argumente, d. h. zwei voneinander unabhängige Größen p und q, die wir uns im allgemeinen variabel denken, sowie eine Reihe von unbestimmten Größen, sog. Parametern oder Elementen $a, b, c, d, \ldots$. Mit ihrer Hilfe bilden wir neue Variablen $r, s, t, u, v, w, x, \ldots$ nach folgendem

Eulerschen Algorithmus:

(1) $$r = aq + p$$
(2) $$s = br + q$$
(3) $$t = cs + r$$
(4) $$u = dt + s$$
(5) $$v = eu + t$$
(6) $$w = fv + u$$
(7) $$x = gw + v.$$
$$\cdots\cdots\cdots$$

Setzen wir den Wert von r aus (1) in (2) ein, so ergibt sich

(2′) $$s = (ab + 1)\,q + bp.$$

Setzen wir diesen Wert von s und den Wert von r aus (1) in (3) ein, so erhalten wir

(3′) $$t = (abc + a + c)\,q + (bc + 1)\,p.$$

Substituieren wir die Werte von s und t aus (2′) und (3′) in (4), so entsteht

(4′) $$u = (abcd + ab + cd + ad + 1)\,q + (bcd + b + d)\,p.$$

Durch Ausdehnung dieses Verfahrens auf die folgenden Variablen $v, w, x, \ldots$ ergeben sich weitere ähnlich gebaute Gleichungen, in denen die Variablen als Linearkomposita der Argumente q und p erscheinen.

So wird beispielsweise

$$x = \alpha q + \beta p,$$

wo α bzw. β ein Polynom der Größen $a, b, c, \ldots, g$ bzw. $b, c, \ldots, g$ ist, das wir, um seine Abhängigkeit von $a, b, c, \ldots, g$ kenntlich zu machen,

$$\alpha = \overline{a, b, c, \ldots, g} \quad \text{bzw.} \quad \beta = \overgroup{b, c, \ldots, g}$$

schreiben, so daß ausführlicher

$$\text{(I)} \qquad \boxed{x = \overline{a, b, c, \ldots, g} \cdot q + \overgroup{b, c, \ldots, g} \cdot p}$$

geschrieben werden kann.

Auf Grund der Gleichungen (2′), (3′), (4′) sieht man, daß z. B.

$$\overline{a} = a, \qquad \overline{a, b} = ab + 1, \qquad \overline{a, b, c} = abc + a + c,$$
$$\overline{a, b, c, d} = abcd + ab + cd + ad + 1$$

ist.

Da nach Eulers Algorithmus einerseits

$$x = \overline{a, b, c, \ldots, g} \cdot q + \overgroup{b, c, \ldots, g} \cdot p,$$

anderseits

$$x = \overline{b, c, \ldots, g} \cdot r + \overgroup{c, d, \ldots, g} \cdot q$$

also gemäß (1)

$$x = \left[a \cdot \overline{b, c, \ldots, g} + \overgroup{c, d, \ldots, g}\right] q + \overline{b, c, \ldots, g} \cdot p$$

ist, so folgt durch Gleichsetzung der beiden für x gefundenen Linearkomposita von p und q

$$\text{(II)} \qquad \boxed{\overgroup{b, c, \ldots, g} = \overline{b, c, \ldots, g}}$$

und [man bedenke, daß laut (II) statt $\overgroup{c, d, \ldots, g}$ $\overline{c, d, \ldots, g}$ geschrieben werden darf]

$$\text{(III)} \qquad \boxed{\overline{a, b, c, \ldots, g} = a \cdot \overline{b, c, \ldots, g} + \overline{c, d, \ldots, g}}\,.$$

Es braucht kaum gesagt zu werden, daß es bei den Formeln (I), (II) und (III) auf die Anzahl der Elemente $a, b, c, \ldots$ nicht ankommt.

Formel (II) lehrt, daß (I) nunmehr bequemer

$$\text{(I)} \qquad \boxed{x = \overline{a, b, c, \ldots, g} \cdot q + \overline{b, c, \ldots, g} \cdot p}$$

geschrieben wird, und daß wir in der Folge nur noch eine Art von Polynomen, nämlich Polynome der Gestalt

$$\overline{a, b, c, \ldots, g}$$

zu betrachten haben, die wir kurz Eulerpolynome nennen, weil dieser große Mathematiker sie zuerst betrachtet hat.

[Solutio problematis arithmetici de inveniendo numero, qui per datos numeros divisus, relinquat data residua. Commentarii Academiae scientiarum Imperialis Petropolitanae, VII.]

Formel (III), die wir kurz Linksformel nennen wollen, ist eine sog. Rekursions- oder Rückgriffsformel. Sie gestattet, ein Eulerpolynom von beliebig vielen Parametern auf zwei Eulerpolynome einer um 1 bzw. 2 geringeren Parameterzahl zurückzuführen.

Dieser Linksformel steht eine ähnlich gebaute Rechtsformel gegenüber, die wir bekommen, wenn wir $p = 0$ und $q = 1$ setzen und die vier Formeln

$$\begin{aligned} v &= \overline{a, b, \ldots, e} \cdot q + \overline{b, \ldots, e} \cdot p \\ w &= \overline{a, b, \ldots, f} \cdot q + \overline{b, \ldots, f} \cdot p \\ x &= \overline{a, b, \ldots, g} \cdot q + \overline{b, \ldots, g} \cdot p \\ x &= g w + v \end{aligned}$$

miteinander kombinieren. Dadurch wird

$$v = \overline{a, \ldots, e}, \qquad w = \overline{a, \ldots, f}, \qquad x = \overline{a, \ldots, g}$$

und die zweite Gleichung für x verwandelt sich in

$$\text{(IV)} \qquad \boxed{\overline{a, b, \ldots, g} = \overline{a, b, \ldots, f} \cdot g + \overline{a, b, \ldots, e}}\,.$$

Dies ist die erwähnte Rechtsformel; auch sie ist eine Rückgriffsformel, sie führt ein Eulerpolynom auf zwei Eulerpolynome einer um 1 bzw. 2 geringeren Parameterzahl zurück.

Die Links- und Rechtsformel gestatten sofort, die Umkehrungsformel

$$\text{(V)} \qquad \boxed{\overline{a, b, \ldots, g, h} = \overline{h, g, \ldots, b, a}}$$

zu beweisen, die speziell für zwei-, drei- und viergliedrige Polynome aus den obigen Formeln

$$\overline{a, b} = ab + 1, \quad \overline{a, b, c} = abc + a + c, \quad \overline{a, b, c, d} = abcd + ab + cd + ad + 1$$

unmittelbar hervorgeht.

Wir führen den Beweis durch Induktion. Wir nehmen an, die Umkehrungsformel sei schon für n Parameter (Variable) $a, b, \ldots, g$ bewiesen und zeigen, daß sie dann auch für die $(n + 1)$ Parameter $a, b, \ldots, g, h$ gilt.

Nach der Links- und Rechtsformel ist

$$\left.\begin{aligned} \overline{h, g, \ldots, a} &= h \cdot \overline{g, \ldots, a} + \overline{f, \ldots, a} \\ \text{und} \qquad \overline{a, \ldots, g, h} &= \overline{a, \ldots, g} \cdot h + \overline{a, \ldots, f} \end{aligned}\right\},$$

nach Voraussetzung

$$\overline{a,\ldots,g} = \overline{g,\ldots,a} \qquad \text{sowie} \qquad \overline{a,\ldots,f} = \overline{f,\ldots,a}.$$

Aus diesen vier Gleichungen folgt

$$\overline{a,b,\ldots,g,h} = \overline{h,g,\ldots,b,a}.$$

Damit ist die Umkehrungsformel allgemein bewiesen.

Wir stellen noch eine dritte Rückgriffsformel auf, die die Links- und Rechtsformel als „Sonderfälle" umfaßt.

Aus Eulers Algorithmus lesen wir ab:

$$y = \overline{a,b,\ldots,g,h}\cdot q + \overline{b,\ldots,g,h}\cdot p,$$

ebenso:

$$y = \overline{e,\ldots,h}\cdot u + \overline{f,\ldots,h}\cdot t$$

und

$$u = \overline{a,\ldots,d}\, q + \overline{b,\ldots,d}\, p$$

sowie

$$t = \overline{a,\ldots,c}\, q + \overline{b,\ldots,c}\, p.$$

Substituieren wir die Werte von u und t der letzten beiden Gleichungen in der drittletzten Gleichung, so ergibt sich

$$y = (\overline{e,\ldots,h}\cdot\overline{a,\ldots,d} + \overline{f,\ldots,h}\cdot\overline{a,\ldots,c})\, q + (\overline{e,\ldots,h}\cdot\overline{b,\ldots,d} + \overline{f,\ldots,h},\overline{b,c})\, p.$$

Damit haben wir y zweimal als Linearkompositum von q und p dargestellt. Die Gleichsetzung dieser beiden Ausdrücke und der dann folgende Ansatz $p = 0$, $q = 1$ liefert die angekündigte **Rekursionsformel**:

$$\text{(VI)} \qquad \boxed{\overline{a,\ldots,h} = \overline{a,\ldots,d}\cdot\overline{e,\ldots,h} + \overline{a,\ldots,c}\cdot\overline{f,\ldots,h}}\,.$$

Wie die Links- und Rechtsformel gestattet auch diese allgemeine Rekursionsformel Eulerpolynome von vielen Parametern auf solche von wenig Parametern zurückzuführen. Es handle sich z. B. darum, den Ausdruck

$$A = \overline{1,2,3,4,5,6,7,8,9}$$

zu berechnen, d. h. den Wert des neunparametrigen Eulerpolynoms

$$\overline{a,\ b,\ c,\ d,\ e,\ f,\ g,\ h,\ i}$$

an der Stelle

$$a = 1,\ b = 2,\ c = 3,\ d = 4,\ e = 5,\ f = 6,\ g = 7,\ h = 8,\ i = 9$$

zu bestimmen.

Nach der Rekursionsformel ist

$$A = \overline{1,2,3,4,5}\cdot\overline{6,7,8,9} + \overline{1,2,3,4}\cdot\overline{7,8,9}.$$

Nun ist z. B. nach derselben Formel

$$\overline{1,2,3,4,5} = \overline{1,2,3} \cdot \overline{4,5} + \overline{1,2} \cdot \overline{5} = 10 \cdot 21 + 3 \cdot 5 = 225,$$

ferner

$$\overline{6,7,8,9} = \overline{6,7} \cdot \overline{8,9} + \overline{6} \cdot \overline{9} = 43 \cdot 73 + 54 = 3193,$$

$$\overline{1,2,3,4} = \overline{1,2} \cdot \overline{3,4} + \overline{1} \cdot \overline{4} = 3 \cdot 13 + 4 = 43,$$

$$\overline{7,8,9} = 504 + 7 + 9 = 520.$$

Demnach ist

$$\overline{1,2,3,4,5,6,7,8,9} = 740\,785.$$

Durch unsere Rekursionsformeln sind wir imstande, ein beliebig vorgelegtes Eulerpolynom durch Zurückführung auf andere einfachere Eulerpolynome zu berechnen.

Es ist aber auch von Nutzen, eine independente Darstellung der Eulerpolynome zu haben.

Um diese zu gewinnen, betrachten wir neben dem Eulerpolynom

$$P_n = \overline{p_1, p_2, \ldots, p_n}$$

der n Parameter $p_1, p_2, \ldots, p_n$ die rationale Funktion

$$R_n = p_1 p_2 \ldots p_n \left(1 + \frac{1}{p_1 p_2}\right)\left(1 + \frac{1}{p_2 p_3}\right)\left(1 + \frac{1}{p_3 p_4}\right) \ldots \left(1 + \frac{1}{p_{n-1} p_n}\right)$$

dieser Parameter*). Sie setzt sich, wie das Ausmultiplizieren der Klammern zeigt, für $n > 2$ aus einem ganzen rationalen Bestandteil E_n und einem gebrochenen rationalen Bestandteil F_n zusammen:

$$R_n = E_n + F_n.$$

Für $n = 3$ ist z. B.

$$E_3 = p_1 p_2 p_3 + p_1 + p_3, \qquad F_3 = \frac{1}{p_2},$$

für $n = 4$

$$E_4 = p_1 p_2 p_3 p_4 + p_1 p_2 + p_3 p_4 + p_1 p_4 + 1, \qquad F_4 = \frac{p_4}{p_2} + \frac{p_1}{p_3} + \frac{1}{p_2 p_3}.$$

Die Beziehungen

$$E_1 = P_1,\ E_2 = P_2,\ E_3 = P_3,\ E_4 = P_4,\ E_5 = P_5, \ldots$$

lassen vermuten, daß für jeden Zeiger n

(VII) $$\boxed{E_n = P_n}$$

---

*) Für $n = 1$ setzen wir $R_n = R_1 = p_1$ fest, für $n = 2$ ist natürlich

$$R_n = R_2 = p_1 p_2 \left(1 + \frac{1}{p_1 p_2}\right) = p_1 p_2 + 1.$$

ist. Um diese Vermutung zur Gewißheit zu erheben, brauchen wir nur zu zeigen, daß die beiden Rückgriffsformeln

(VIII)
$$\boxed{\begin{aligned} P_n &= p_n P_{n-1} + P_{n-2} \\ E_n &= p_n E_{n-1} + E_{n-2} \end{aligned}}$$

gelten.

Die erste folgt aber unmittelbar aus der Rechtsformel, während sich die zweite folgendermaßen ergibt.

Es ist

$$R_n = p_n R_{n-1}\left(1 + \frac{1}{p_{n-1} p_n}\right) = p_n R_{n-1} + \frac{R_{n-1}}{p_{n-1}}$$

und ebenso für den Zeiger $n-1$

$$R_{n-1} = p_{n-1} R_{n-2} + \frac{R_{n-2}}{p_{n-2}}.$$

Durch Substitution dieses Wertes von R_{n-1} im Zähler der rechten Seite der Gleichung für R_n wird

$$R_n = p_n R_{n-1} + R_{n-2} + \frac{R_{n-2}}{p_{n-1} p_{n-2}}.$$

Ersetzen wir hier für jeden Zeiger ν R_ν durch $E_\nu + F_\nu$, so entsteht

$$E_n + F_n = p_n E_{n-1} + E_{n-2} + p_n F_{n-1} + F_{n-2} + \frac{E_{n-2} + F_{n-2}}{p_{n-1} p_{n-2}}.$$

In dieser Gleichung ist keiner der vier Ausdrücke

$$F_n, \qquad p_n F_{n-1}, \qquad F_{n-2}, \qquad \frac{E_{n-2} + F_{n-2}}{p_{n-1} p_{n-2}}$$

ganzrational, so daß E_n, p_n, E_{n-1} und E_{n-2} die einzigen in ihr vorkommenden ganzrationalen Funktionen der p sind. Mithin ist tatsächlich

$$E_n = p_n E_{n-1} + E_{n-2}.$$

Demnach besteht für jeden Zeiger n Übereinstimmung zwischen dem Eulerpolynom P_n und dem ganzrationalen Bestandteil E_n der Rationalfunktion R_n:

(VII)
$$\boxed{P_n = E_n},$$

ausführlich geschrieben:

(IX)
$$\boxed{\begin{aligned} \overline{p_1, p_2, \ldots, p_n} = p_1 p_2 \ldots p_n \Big[1 &+ \Sigma \frac{1}{p_\lambda p_{\lambda+1}} + \Sigma \frac{1}{p_\lambda p_{\lambda+1}} \cdot \frac{1}{p_{\mu+1} p_{\mu+2}} \\ &+ \Sigma \frac{1}{p_\lambda p_{\lambda+1}} \cdot \frac{1}{p_{\mu+1} p_{\mu+2}} \cdot \frac{1}{p_{\nu+2} p_{\nu+3}} + \ldots \Big] \end{aligned}}.$$

Dies ist die oben angekündigte independente Darstellung des Eulerpolynoms $P_n = E_n = \overline{p_1, p_2, \ldots, p_n}$. Bei ihr durchläuft in der ersten Summe des rechts stehenden Klammerausdrucks der Zeiger λ alle Zahlen von 1 bis $n-1$, in der zweiten Summe das Zeigerpaar (λ, μ) mit $\lambda < \mu$ alle zweitklassigen Kombinationen der Zahlen von 1 bis $n-2$, in der dritten Summe das Zeigertripel (λ, μ, ν) mit $\lambda < \mu < \nu$ alle drittklassigen Kombinationen der Zahlen von 1 bis $n-3$ usw.

So ist z. B. das Eulerpolynom $\overline{a, b, c, d, e, f}$ das Produkt aus $abcdef$ und dem Ausdruck

$$\left\{\begin{array}{l} 1 + \frac{1}{ab} + \frac{1}{bc} + \frac{1}{cd} + \frac{1}{de} + \frac{1}{ef} \\ + \frac{1}{ab}\cdot\frac{1}{cd} + \frac{1}{ab}\cdot\frac{1}{de} + \frac{1}{ab}\cdot\frac{1}{ef} + \frac{1}{bc}\cdot\frac{1}{de} + \frac{1}{bc}\cdot\frac{1}{ef} + \frac{1}{cd}\cdot\frac{1}{ef} \\ + \frac{1}{ab}\cdot\frac{1}{cd}\cdot\frac{1}{ef}. \end{array}\right.$$

Es hat also den Wert

$$\left\{\begin{array}{l} abcdef + cdef + adef + abef + abcf + abcd \\ \qquad + ef + cf + cd + af + ad + ab + 1 \end{array}\right\},$$

welcher Wert sich natürlich auch aus der Rekursionsformel

$$\overline{a, b, c, d, e, f} = \overline{a, b, c} \cdot \overline{d, e, f} + \overline{a, b} \cdot \overline{e, f}$$

ergibt, deren rechte Seite ja

$$(abc + a + c) \cdot (def + d + f) + (ab + 1)(ef + 1)$$

ist.

Die independente Darstellung setzt uns auch sofort instand, die Gliederzahl eines Eulerpolynoms zu ermitteln.

Da die Summen des Klammerausdrucks der Darstellung sukzessive $\binom{n-1}{1}, \binom{n-2}{2}, \binom{n-3}{3}, \ldots$ Glieder enthalten, so haben wir den Satz:

Das Eulerpolynom $p_1, p_2, \ldots, p_n$ enthält im ganzen

$$\left[\binom{n}{0} + \binom{n-1}{1} + \binom{n-2}{2} + \binom{n-3}{3} + \ldots\right] \text{ Glieder.}$$

Eine weitere wichtige Formel berichtet über die Veränderung, die ein Eulerpolynom erfährt, wenn jedes seiner Argumente in seinen entgegengesetzten Wert verwandelt wird. Um sie übersichtlich herzuleiten, bezeichnen wir für den Augenblick den entgegengesetzten Wert einer mit einem kleinen Buchstaben benannten Größe durch den gleichnamigen großen Buchstaben. Dementsprechend bilden wir aus dem obigen Euleralgorithmus den folgenden neuen Euleralgorithmus:

$$\begin{aligned} R &= Aq + P, \\ s &= BR + q, \\ T &= Cs + R, \\ u &= DT + s, \\ V &= Eu + T, \end{aligned}$$

mit den Variablen $P, q, R, s, T, u, V, \ldots$, den Parametern $A, B, C, D, E, \ldots$. Aus ihm lesen wir ab:

$$\begin{aligned} s &= \overline{A, B}\cdot q && + \overline{B}\cdot P \\ T &= \overline{A, B, C}\cdot q && + \overline{B, C}\cdot P \\ u &= \overline{A, B, C, D}\cdot q && + \overline{B, C, D}\cdot P \\ V &= \overline{A, B, C, D, E}\cdot q && + \overline{B, C, D, E}\cdot P \\ &\vdots \end{aligned}$$

oder, zu den alten Variablen zurückkehrend:

$$\begin{aligned} s &= \overline{A, B}\cdot q && - \overline{B}\cdot p \\ t &= -\overline{A, B, C}\cdot q && + \overline{B, C}\cdot p \\ u &= \overline{A, B, C, D}\cdot q && - \overline{B, C, D}\cdot p \\ v &= -\overline{A, B, C, D, E}\cdot q && + \overline{B, C, D, E}\cdot p. \\ &\vdots \end{aligned}$$

Der Vergleich dieses Systems mit dem ursprünglichen:

$$\begin{aligned} s &= \overline{a, b}\cdot q && + \overline{b}\cdot p \\ t &= \overline{a, b, c}\cdot q && + \overline{b, c}\cdot p \\ u &= \overline{a, b, c, d}\cdot q && + \overline{b, c, d}\cdot p \\ v &= \overline{a, b, c, d, e}\cdot q && + \overline{b, c, d, e}\cdot p \end{aligned}$$

liefert die Beziehungen

$$\overline{A} = -\overline{a}, \quad \overline{A, B} = \overline{a, b}, \quad \overline{A, B, C} = -\overline{a, b, c}, \quad \overline{A, B, C, D} = \overline{a, b, c, d}, \ldots,$$

die wir in die eine Formel, „Gegenformel",

$$\text{(X)} \qquad \boxed{\overline{L_1, L_2, \ldots, L_n} = \iota^n\, \overline{l_1, l_2, \ldots, l_n}}\ ^{*)} \qquad \text{mit } L_\nu = -l_\nu$$

zusammenziehen können.

Auch die passende Schreibweise der Eulerschen Gleichungen (1), (2), (3), ... in umgekehrter Reihenfolge führt zu einem beachtlichen Resultat. Schreiben wir etwa die Gleichungen (1) bis (5) folgendermaßen in umgekehrter Reihenfolge:

$$\begin{aligned} t &= Eu + v, \\ s &= Dt + u, \\ r &= Cs + t, \\ q &= Br + s, \\ p &= Aq + r, \end{aligned}$$

---

*) ι bedeutet die negative Einheit.

so ergibt sich aus diesem System zunächst

$$p = \overline{E, D, \ldots, A} \cdot u + \overline{D, C, \ldots, A} \cdot v,$$

hieraus dann durch die Substitutionen

$$u = \overline{a, b, c, d} \cdot q + \overline{b, c, d} \cdot p \quad \text{und} \quad v = \overline{a, b, c, d, e} \cdot q + \overline{b, c, d, e} \cdot p$$

sowie durch Heranziehung der Gegenformel und Umkehrungsformel

$$(\text{z. B. } \overline{E, D, \ldots, A} = \iota^5 \overline{e, d, \ldots, a} = \iota^5 \overline{a, b, \ldots, e})$$

$$p = \iota^5 \overline{a, \ldots, e} (\overline{a, \ldots, d} q + \overline{b, \ldots, d} p) + \iota^4 \overline{a, \ldots, d} (\overline{a, \ldots, e} q + \overline{b, \ldots, e} p).$$

Aus dieser Gleichung folgt (für $q = 0$, $p = 1$)

$$\boxed{\overline{a, b, \ldots, d, e} \cdot \overline{b, \ldots, d} - \overline{a, b, \ldots, d} \cdot \overline{b, \ldots, d, e} = \iota^5}.$$

Man sieht zugleich, daß es durchaus nicht auf die Anzahl 5 der hier vorliegenden Variablen (a, b, c, d, e) ankommt, daß vielmehr ganz allgemein die folgende bemerkenswerte Formel, „Einheitsformel", gilt:

$$\boxed{\overline{x_1, x_2, \ldots, x_m} \cdot \overline{x_2, x_3, \ldots, x_n} - \overline{x_1, x_2, \ldots, x_n} \cdot \overline{x_2, x_3, \ldots, x_m} = \iota^m} \quad (m = n + 1).$$

§ 36. Die lineare diophantische Gleichung

Die binäre Gleichung

Eulers Polynome gestatten eine einfache Lösung der fundamentalen Aufgabe:

Zu zwei vorgelegten teilerfremden positiven Ganzzahlen a und b zwei gleichfalls teilerfremde Ganzzahlen x und y zu bestimmen derart, daß

$$\boxed{a x + b y = 1}$$

ist.

Wir wählen etwa a als die größere der beiden gegebenen Ganzzahlen und bilden mit a und b den bekannten Euklidischen Algorithmus bis zur vorletzten Zeile, bei der also die Einheit (der größte gemeinsame Divisor von a und b) als Rest erscheint:

$$\begin{cases} a = \alpha b + c, & c < b \\ b = \beta c + d, & d < c \\ c = \gamma d + e, & e < d \\ d = \delta e + f, & f < e \\ e = \varepsilon f + 1, & \end{cases}$$

wobei wir also etwa annehmen, daß der Rest 1 in der 5. Zeile erscheint. Um von hier zu einem Euleralgorithmus zu gelangen, nennen wir die entgegengesetzten Werte der Quotienten α, β, γ, δ, ε α', β', γ', δ', ε' und schreiben

$$\left\{\begin{array}{l} c = \alpha' b + a \\ d = \beta' c + b \\ e = \gamma' d + c \\ f = \delta' e + d \\ 1 = \varepsilon' f + e \end{array}\right\}$$

Aus dem Anblick dieses Euleralgorithmus folgt die Relation

$$1 = \overline{\alpha', \beta', \gamma', \delta', \varepsilon'} \cdot b + \overline{\beta', \gamma', \delta', \varepsilon'} \cdot a,$$

die die Lösung unserer Aufgabe enthält. Es ist

$$x = \overline{\beta', \gamma', \delta', \varepsilon'}, \quad y = \overline{\alpha', \beta', \gamma', \delta', \varepsilon'}.$$

Das Ergebnis unserer Betrachtung lautet:

Die diophantische Gleichung

$$\boxed{a\,x + b\,y = 1} \qquad \text{mit } a > b > 0$$

hat die Lösung

$$\boxed{y = \iota^n\, \overline{q_1, q_2, \ldots, q_n}, \qquad x = \iota^{n-1}\, \overline{q_2, q_3, \ldots, q_n}},$$

wo $q_1, q_2, \ldots, q_n$ die sukzessiven Quotienten des bis zur vorletzten Zeile durchgeführten euklidischen Algorithmus der Division $a:b$ sind.

Die Lösung ist leicht zu merken, insofern zum größeren der beiden Koeffizienten a und b der betraglich kleinere Lösungswert gehört; und das Vorzeichen jedes der beiden Lösungswerte ist + oder —, je nachdem die Anzahl seiner Elemente gerade oder ungerade ist.

Zwei Beispiele werden die Sache vollends klarmachen.

1^0 $$163\,x + 30\,y = 1.$$

Wir schreiben den zugehörigen Euklidalgorithmus einfach

163	30	13	4	1
	5	2	3	

[5, 2, 3 sind die sukzessiven Quotienten, 13, 4, 1 die Reste.]

Demnach ist

$$x = \overline{2,3}, \qquad y = -\overline{5, 2, 3},$$

also

$$x = 7, \qquad y = -38,$$

was die Probe bestätigt.

2^0 $$607\,x + 116\,y = 1.$$

Euklidalgorithmus:

607	116	27	8	3	2	1
	5	4	3	2	1	

$$x = \overline{4, 3, 2, 1}, \qquad y = -\overline{5, 4, 3, 2, 1},$$

$$x = 43, \qquad y = -225.$$

Zusatz 1. Außer der durch Eulers Algorithmus vermittelten Lösung x, y besitzt die diophantische Gleichung

$$ax + by = 1$$

noch unendlich viele andere Lösungen. Sie alle werden, wie man leicht bestätigt, geliefert durch das Formelpaar

$$\boxed{X = x + bt, \quad Y = y - at},$$

wo t eine beliebige Ganzzahl ist.

Zusatz 2. Die diophantische Gleichung

$$ax + by = c \qquad (a \text{ prim zu } b)$$

läßt sich auf die obige diophantische Gleichung zurückführen.

Ist nämlich x_0, y_0 eine Lösung von

$$ax + by = 1,$$

so stellt

$$x = cx_0, \quad y = cy_0$$

eine solche von

$$ax + by = c$$

dar. Und die Gesamtheit aller Lösungen von

$$ax + by = c \qquad (a \text{ prim zu } b)$$

wird wieder durch das Formelpaar

$$\boxed{X = x + bt, \quad Y = y - at}$$

geliefert, wenn t alle Ganzzahlen von $-\infty$ bis $+\infty$ durchläuft.

Die ternäre diophantische Gleichung

Unser Ergebnis über die binäre diophantische Gleichung $ax + by = 1$ setzt uns instand, auch die ternäre Gleichung

$$ax + by + cz = 1$$

zu lösen, in welcher die drei Koeffizienten a, b, c teilerfremd sind.

Es sei d der größte gemeinsame Teiler von a und b und

$$a = a'd, \qquad b = b'd,$$

wo nun a' und b' teilerfremd sind.

Wir bestimmen zunächst nach dem obigen Verfahren zwei Ganzzahlen x' und y' so, daß

$$a'x' + b'y' = 1$$

ist, darauf, was wegen der Teilerfremdheit von d und c möglich ist, ebenso zwei Ganzzahlen ζ und z derart, daß

$$d\zeta + cz = 1$$

wird. Beides ist auf unendlich viele Weisen möglich. Nunmehr ist

$$(a'x' + b'y')\,d\zeta + cz = 1$$

oder

$$ax'\zeta + by'\zeta + cz = 1$$

oder endlich

$$ax + by + cz = 1 \qquad \text{mit} \quad x = \zeta x', \ y = \zeta y'.$$

Folglich: Zu jedem Tripel teilerfremder Zahlen a, b, c lassen sich unendlich viele Ganzzahlentripel x, y, z bestimmen derart, daß

$$ax + by + cz = 1$$

ist.

Zwei Anwendungen der binären diophantischen Gleichung.

1. Ein Franzose hat einem Deutschen einen Betrag von 1 Mk. zu zahlen. Der eine hat aber nur Hundertfrankscheine im Werte von je 81 Mk., der andre nur Hundertmarkscheine bei sich; wie wird die Schuld ausgeglichen?

Lösung. Angenommen, der Franzose zahlt dem Deutschen x Hundertfrankscheine, und der Deutsche gibt ihm y Hundertmarkscheine zurück. Dann muß sein

$$81x - 100y = 1.$$

Der Euklidische Algorithmus lautet

100	81	19	5	4	1
	1	4	3	1	

Folglich ist

$$x = \overline{1,\ 4,\ 3,\ 1} = 21, \qquad y = \overline{4,\ 3,\ 1} = 17.$$

Der Franzose zahlt 21 Hundertfrankscheine im Werte von 1701 M., der Deutsche gibt 17 Hundertmarknoten zurück.

2. Aufgabe von Chybiorz. Ein Händler kauft auf dem Markte 123 Stück Vieh für 456 Gulden, und zwar drei Sorten. Von der ersten Sorte kostet das Stück $1\frac{2}{3}$ Gulden, von der zweiten $4\frac{5}{6}$, von der dritten $7\frac{8}{9}$ Gulden; wieviel Stück von jeder Sorte kauft er?

Lösung. Wenn er von der ersten Sorte x Stück, von der zweiten y und von der dritten z Stück kauft, gelten die beiden Gleichungen

$$\left\{\begin{array}{c} x + y + z = 123 \\ 1\frac{2}{3}x + 4\frac{5}{6}y + 7\frac{8}{9}z = 456 \end{array}\right\}.$$

Durch Elimination von x folgt aus ihnen

$$57y + 112z = 4518.$$

Wir lösen zunächst

$$57\eta + 112\zeta = 1.$$

112	57	55	2	1
	1	1	27	

$$\eta = -55, \qquad \zeta = 28,$$
$$y = -55 \cdot 4518, \qquad z = 28 \cdot 4518.$$

Die allgemeine Lösung ist daher

$$y = -55 \cdot 4518 + 112\,t, \quad z = 28 \cdot 4518 - 57\,t.$$

Damit sie positiv ausfällt, muß

$$112\,t > 55 \cdot 4518 \quad \text{und} \quad 57\,t < 28 \cdot 4518$$

sein. Das gibt

$$2218 < t < 2219$$

und damit

$$t = 2219$$

und

$$y = 38, \quad z = 21, \quad x = 64.$$

Der Händler kauft 64 Stück von der ersten Sorte, 38 Stück von der zweiten und 21 Stück von der dritten.

§ 37. Kettenbrüche

Unter einem Kettenbruch versteht man einen Bruch von der Form

$$a + \cfrac{\beta}{b + \cfrac{\gamma}{c + \cfrac{\delta}{d + \cfrac{\varepsilon}{e} \cdots}}}$$

bequemer und übersichtlicher geschrieben:

$$a + \frac{\beta}{b} + \frac{\gamma}{c} + \frac{\delta}{d} + \frac{\varepsilon}{e} \cdots$$

der Raumersparnis wegen auch so geschrieben:

$$a + \frac{\beta}{b+}\Big|\frac{\gamma}{c+}\Big|\frac{\delta}{d+}\Big|\frac{\varepsilon}{e+}\cdots,$$

noch kürzer endlich

$$\left[a, \frac{\beta}{b}, \frac{\gamma}{c}, \frac{\delta}{d}, \frac{\varepsilon}{e}, \ldots\right],$$

wo $a, b, c, \ldots, \beta, \gamma, \delta, \ldots$ im allgemeinen beliebige Zahlen sind. Die Größen $a, b, c, \ldots$ heißen die Teilnenner, die Größen $\beta, \gamma, \delta, \ldots$ die Teilzähler, die Größen $a, \frac{\beta}{b}, \frac{\gamma}{c}, \frac{\delta}{d}, \ldots$ die Glieder des Kettenbruchs.

Einer der ältesten bekannten Kettenbrüche ist der zuerst von dem englischen Viscount Brouncker (1620—1684) angegebene Kettenbruch

$$1 + \cfrac{1^2}{2 + \cfrac{3^2}{2 + \cfrac{5^2}{2 + \cfrac{7^2}{2} \cdots}}}$$

für den Quotient $4 : \pi$, der also hinreichend weit fortgesetzt, den Wert $4 : \pi$ beliebig genau darstellt, so daß wir

$$\frac{4}{\pi} = 1 + \frac{1^2|}{|2+} \frac{3^2|}{|2+} \frac{5^2|}{|2+} \cdots$$

schreiben können.

In diesem Buche haben wir es nur mit Kettenbrüchen zu tun, deren Teilzähler alle gleich Eins, deren Teilnenner positive Ganzzahlen sind mit etwaiger Ausnahme des ersten, der auch eine nichtpositive Ganzzahl sein darf, und des letzten, der beliebig positiv sein kann. Ein solcher Kettenbruch wird gewöhnlich als regelmäßiger Kettenbruch bezeichnet; da wir aber in diesem Buche nur regelmäßige Kettenbrüche betrachten, lassen wir der Kürze wegen den Zusatz »regelmäßig« weg und reden nur von Kettenbrüchen.

Unter einem Kettenbruch werden wir also im folgenden stets einen Bruch von der Form

$$a + \cfrac{1}{b + \cfrac{1}{c + \cfrac{1}{d + \cdots + \cfrac{1}{z}}}}$$

verstehen, bei dem alle Teilnenner bis auf den ersten (a) und letzten (z) positive Ganzzahlen sind, während a eine beliebige Ganzzahl und z eine beliebige positive unecht gebrochene Zahl sein darf.

Wir schreiben diesen Kettenbruch

$$(a, b, c, \ldots, z)$$

und nennen $a, b, c, \ldots, z$ seine Elemente, speziell a die Anfangszahl, z die Schlußzahl.

Es kommt vor, daß keine Schlußzahl vorhanden ist, dann nämlich, wenn der Kettenbruch unbegrenzt festgesetzt wird, d. h. wenn die Anzahl seiner (positiv ganzzahligen) Elemente unbegrenzt wächst. Der Kettenbruch heißt dann ein unendlicher.

Die Eulersche Zahl e ($= 2{,}7182818284590 45\ldots$) läßt sich z. B. nicht in einen endlichen, wohl aber in einen unendlichen Kettenbruch verwandeln, den schon Euler angegeben hat und der folgende überraschend gesetzmäßige Form hat:

$$e = (2,\ 1,\ 2,\ 1,\ 1,\ 4,\ 1,\ 1,\ 6,\ 1,\ 1,\ 8,\ 1,\ 1,\ 10,\ 1,\ 1,\ \ldots),$$

wobei die Gesetzmäßigkeit mit dem dritten Element beginnt und die durch je zwei Einsen getrennten Elemente

$$2,\ 4,\ 6,\ 8,\ 10,\ 12,\ \ldots$$

die aus den geraden Zahlen bestehende arithmetische Reihe bilden.

Daß ein solcher »unendlicher Kettenbruch«, d. h. ein Kettenbruch mit unbegrenzt vielen endlichen Elementen gegen einen bestimmten endlichen Grenzwert — den Wert des Kettenbruchs — konvergiert, wird weiter unten (§ 39) gezeigt werden.

Kettenbrüche dienen (wie Dezimalbrüche) dazu, vermittels ihrer Näherungsbrüche Irrationalzahlen durch Rationalzahlen oder auch große Rationalzahlen durch kleine anzunähern.

So lautet z. B. die vielleicht durch keine Gesetzmäßigkeit ausgezeichnete Kettenbruchentwicklung der Zahl π

$$\pi = (3,\ 7,\ 15,\ 1,\ 292,\ 1,\ 1,\ 1,\ 2,\ 1,\ 3,\ \ldots).$$

Die zugehörigen Näherungsbrüche entstehen, wenn man die Entwicklung irgendwo abbricht. Sie sind der Reihe nach

$$\pi_1 = (3), \quad \pi_2 = (3,\ 7), \quad \pi_3 = (3,\ 7,\ 15), \quad \pi_4 = (3,\ 7,\ 15,\ 1),\ \ldots$$

ausführlich geschrieben:

$$\pi_1 = 3,\ \pi_2 = 3 + \frac{1}{7},\ \pi_3 = 3 + \frac{1}{7 + \frac{1}{15}},\ \pi_4 = 3 + \frac{1}{7 + \frac{1}{15 + \frac{1}{1}}},\ \ldots.$$

welche Werte folgende Brüche darstellen:

$$\pi_1 = \frac{3}{1},\quad \pi_2 = \frac{22}{7},\quad \pi_3 = \frac{333}{106},\quad \pi_4 = \frac{355}{113},\ \ldots$$

Wie man sieht, ist π_2 der bekannte Archimedische Näherungswert für π, und der vierte Näherungsbruch z. B.:

$$\pi_4 = \frac{355}{113} = 3{,}1415929\ldots$$

liefert die Zahl π schon auf sechs Dezimalstellen genau, womit die Berechtigung für die Benennung »Näherungsbrüche« nachgewiesen ist.

§38. Verwandlung einer gegebenen Zahl in einen Kettenbruch

Um eine gegebene reelle rationale (gebrochene) oder irrationale Zahl w in einen Kettenbruch zu verwandeln, verfahren wir nach Lagrange folgendermaßen:

Wir bestimmen die Kennzahl*) a von w und den positiven echt gebrochenen Überschuß von w über a, schreiben diesen $\frac{1}{\alpha}$, so daß α ein positiver unechter Bruch ist, und haben

(1) $$w = a + \frac{1}{\alpha}.$$

Der geschilderte Vorgang soll durch die kurze Redeweise

»Wir zerlegen w in Kennzahl und Bruchrest«

wiedergegeben werden.

Nunmehr zerlegen wir α in Kennzahl b und Bruchrest $1:\beta$

(2) $$\alpha = b + \frac{1}{\beta}.$$

Dann zerlegen wir β in Kennzahl c und Bruchrest $1:\gamma$

(3) $$\beta = c + \frac{1}{\gamma},$$

hierauf ebenso γ:

(4) $$\gamma = d + \frac{1}{\delta}$$

usw.,

bis das Verfahren entweder von selbst abbricht, dann nämlich, wenn einmal kein Bruchrest auftritt (insofern die zu zerlegende Zahl ganz ist), oder bis wir aus gewissen Gründen das Verfahren einstellen.

Setzen wir nun z. B. γ aus (4) in (3) ein, so entsteht

$$\beta = c + \frac{1}{d + \frac{1}{\delta}},$$

---

*) Unter der Kennzahl einer vorgelegten Zahl z verstehen wir die größte Ganzzahl g, die z nicht überschreitet. Wir nennen sie so, weil sie kenntlich macht, zwischen welchen benachbarten Ganzzahlen der Zahlenachse z gelegen ist. Wir bezeichnen sie durch das vorgesetzte Zeichen $\perp$, so daß

$$\boxed{g = \perp z}$$

ist, und haben z. B.

$$\perp 5{,}3 = 5, \quad \perp \sqrt{81} = 9, \quad \perp \sqrt{82} = 9, \quad \perp -3{,}19 = -4.$$

wenn wir dann diesen Wert in (2) substituieren,

$$\alpha = b + \cfrac{1}{c + \cfrac{1}{d + \cfrac{1}{\delta}}},$$

und wenn wir diesen Wert von α in (1) einsetzen,

$$w = a + \cfrac{1}{b + \cfrac{1}{c + \cfrac{1}{d + \cfrac{1}{\delta}}}}.$$

In diesem Beispiel haben wir w in einen fünfgliedrigen Kettenbruch verwandelt, der aus den Elementen a, b, c, d, δ besteht, wobei wir die vier ganzzahligen Elemente a, b, c, d als Stellen von dem meist nicht ganzzahligen Schlußelement δ, der Schlußzahl, unterscheiden. Die Stellen sind positive Ganzzahlen mit eventueller Ausnahme der ersten, a, die auch eine nichtpositive Ganzzahl sein kann. Die Schlußzahl ist stets ein positiver unechter Bruch, der im Falle seiner Ganzzahligkeit zu den Stellen rechnet.

Die in der Gleichungsfolge (1), (2), (3), (4), ... auftretenden Größen $\alpha, \beta, \gamma, \delta, \ldots$ sind also die Schlußzahlen der ein-, zwei-, drei- usw. stelligen Kettenbruchentwicklung von w:

$$w = a + \frac{1}{\alpha}, \qquad w = a + \cfrac{1}{b + \cfrac{1}{\gamma}}, \qquad w = a + \cfrac{1}{b + \cfrac{1}{c + \cfrac{1}{\gamma}}},$$

$$w = a + \cfrac{1}{b + \cfrac{1}{c + \cfrac{1}{d + \cfrac{1}{\delta}}}}, \ldots$$

Zwei Zahlenbeispiele werden das Gesagte noch deutlicher machen.

1⁰ Die Rationalzahl $w = 1633:219$ in einen Kettenbruch zu entwickeln.

Nach dem beschriebenen Verfahren bekommen wir sukzessive

$$w = \mathbf{7} + 1 : \frac{219}{100},$$

$$\frac{219}{100} = \mathbf{2} + 1 : \frac{100}{19},$$

$$\frac{100}{19} = \mathbf{5} + 1 : \frac{19}{5},$$

$$\frac{19}{5} = \mathbf{3} + 1 : \frac{5}{4},$$

$$\frac{5}{4} = \mathbf{1} + 1 : \mathbf{4}.$$

Das gibt der Reihe nach

$$w = 7 + \frac{1}{\frac{219}{100}} = 7 + \frac{1}{2 + \frac{1}{\frac{100}{19}}} = 7 + \frac{1}{2 + \frac{1}{5 + \frac{1}{\frac{19}{5}}}}$$

$$= 7 + \frac{1}{2 + \frac{1}{5 + \frac{1}{3 + \frac{1}{\frac{5}{4}}}}} = 7 + \frac{1}{2 + \frac{1}{5 + \frac{1}{3 + \frac{1}{1 + \frac{1}{4}}}}}$$

mithin 5 verschiedene Entwicklungen:

$$w = \left(7, \frac{219}{100}\right), \quad w = \left(7, 2, \frac{100}{19}\right), \quad w = \left(7, 2, 5, \frac{19}{5}\right),$$

$$w = \left(7, 2, 5, 3, \frac{5}{4}\right), \quad w = (7, 2, 5, 3, 1, 4)$$

mit den Schlußzahlen $\frac{219}{100}, \frac{100}{19}, \frac{19}{5}, \frac{5}{4}, 4$, von denen nur die letzte ganzzahlig ist. Nur die letztgenannte Entwicklung

$$w = \frac{1633}{219} = (7, 2, 5, 3, 1, 4)$$

besteht aus l a u t e r ganzzahligen Elementen; und diese ist es auch, die man zunächst meint, wenn von dem Kettenbruch für w die Rede ist.

Ein Blick auf die Reihenfolge der obigen Rechenoperationen zeigt, daß die Ermittlung der Elemente des Kettenbruchs für den Quotient der beiden Zahlen 1633 und 219 übereinstimmt mit der Ermittlung der ganzzahligen Quotienten, die beim Euklidischen Algorithmus für die Bestimmung des größten gemeinsamen Teilers dieser beiden Zahlen auftreten.

In unserem Zahlenbeispiel hat der Algorithmus folgende Gestalt:

$$\left\{\begin{aligned} 1633 &= \mathbf{7} \cdot 219 + 100 \\ 219 &= \mathbf{2} \cdot 100 + 19 \\ 100 &= \mathbf{5} \cdot 19 + 5 \\ 19 &= \mathbf{3} \cdot 5 + 4 \\ 5 &= \mathbf{1} \cdot 4 + 1 \\ 4 &= \mathbf{4} \cdot 1 \end{aligned}\right.$$

Man sieht ohne weiteres ein, daß diese gegenseitige Beziehung stets gilt:

Die Elemente des Kettenbruchs für das unecht gebrochene Verhältnis zweier natürlicher Zahlen sind die ganzzahligen Quotienten des auf die beiden Zahlen angewandten Euklidischen Divisionsalgorithmus.

Eine andere wichtige Bemerkung bezieht sich auf die Anzahl der Elemente, die bei der Entwicklung einer rationalen Zahl in einen Kettenbruch auftreten.

Schreiben wir z. B. in der obigen Entwicklung

$$1633:219 = (7,2,5,3,1,4) = 7 + \cfrac{1}{2 + \cfrac{1}{5 + \cfrac{1}{3 + \cfrac{1}{1 + \cfrac{1}{4}}}}}$$

statt der Schlußzahl 4 $3 + \frac{1}{1}$, so bekommen wir die neue Entwicklung

$$1633:219 = 7 + \cfrac{1}{2 + \cfrac{1}{5 + \cfrac{1}{3 + \cfrac{1}{1 + \cfrac{1}{3 + \cfrac{1}{1}}}}}} = (7,2,5,3,1,3,1).$$

Diese Überlegung zeigt:

Man kann die Anzahl der Elemente des Kettenbruches für eine rationale Zahl nach Belieben gerade oder ungerade wählen; beide Anzahlen sind eindeutig bestimmte Nachbarzahlen.

2° Die Quadratwurzel aus 87 in einen Kettenbruch zu entwickeln.

Wir setzen $\sqrt{87} = r$ und haben

$$r = 9 + (r-9) = \mathbf{9} + 1 : \frac{r+9}{6},$$

$$\left\{\begin{aligned} \frac{r+9}{6} &= 3 + \frac{r-9}{6} = \mathbf{3} + 1 : \frac{r+9}{1}, \\ \frac{r+9}{1} &= 18 + \frac{r-9}{1} = \mathbf{18} + 1 : \frac{r+9}{6}, \end{aligned}\right.$$

$$\left\{\begin{aligned} \frac{r+9}{6} &= 3 + \frac{r-9}{6} = \mathbf{3} + 1 : \frac{r+9}{1}, \\ \frac{r+9}{1} &= 18 + \frac{r-9}{1} = \mathbf{18} + 1 : \frac{r+9}{6}, \end{aligned}\right.$$

usw.

Wir sehen, daß die durch eine Schleife markierten Gleichungspaare dauernd wiederkehren: die Entwicklung ist daher unendlich.

Wir erhalten sukzessive

$$r = 9 + \frac{1}{\alpha} \qquad \text{mit } \alpha = \frac{r+9}{6},$$

$$r = 9 + \cfrac{1}{3 + \cfrac{1}{\beta}} \qquad \text{mit } \beta = r + 9,$$

$$r = 9 + \cfrac{1}{3 + \cfrac{1}{18 + \cfrac{1}{\gamma}}} \qquad \text{mit } \gamma = \frac{r+9}{6},$$

$$r = 9 + \cfrac{1}{3 + \cfrac{1}{18 + \cfrac{1}{3 + \cfrac{1}{\delta}}}} \qquad \text{mit } \delta = r + 9,$$

$$r = 9 + \cfrac{1}{3 + \cfrac{1}{18 + \cfrac{1}{3 + \cfrac{1}{18 + \cfrac{1}{\varepsilon}}}}} \qquad \text{mit } \varepsilon = \frac{r+9}{6},$$

bequemer geschrieben:

$r = (9, \alpha)$, $\quad r = (9, 3, \beta)$, $\quad r = (9, 3, 18, \gamma)$,

$r = (9, 3, 18, 3, \delta)$, $\quad r = (9, 3, 18, 3, 18, \varepsilon)$

usw. bis

$$r = \sqrt{87} = (9, 3, 18, 3, 18, 3, 18, \ldots),$$

wo die Punkte andeuten sollen, daß die Entwicklung unbegrenzt fortzusetzen ist.

Ähnlich wie sich die rationale Zahl $3\frac{1}{7}$ in einen periodischen Dezimalbruch entwickeln läßt, läßt sich die irrationale Quadratwurzel aus 87 in einen periodischen Kettenbruch entwickeln. Wie sich später zeigen wird, ist das kein bloßer Zufall.

Aus den vorstehenden Darlegungen entnehmen wir noch den

Satz:

Jede reelle Zahl läßt sich auf eine einzige Weise in einen Kettenbruch entwickeln.

Entgegengesetzter Wert eines Kettenbruchs.

Kennt man den Kettenbruch einer Zahl z:

$$z = (a, b, c, d, e)$$

— es wird sich zeigen, daß es auf die Anzahl der Elemente nicht ankommt —, so kann man fragen: wie sieht der Kettenbruch für $-z$ aus?

Zunächst entsteht

$$-z = -a - 1 : (b, c, d, e),$$

also, wenn man $-a-1=\alpha$ setzt,

$$-z=\alpha+1-\frac{1}{(b,c,d,e)}=\alpha+\frac{(\beta,c,d,e)}{(b,c,d,e)} \qquad \text{mit } \beta=b-1.$$

Bei positivem β wird weiter

$$-z=\alpha+\frac{(\beta,c,d,e)}{1+(\beta,c,d,e)}=\alpha+\frac{1}{1+1:(\beta,c,d,e)}$$

oder

$$\boxed{-(a,b,c,d,e)=(\alpha,1,\beta,c,d,e)} \qquad \text{mit } \alpha=-a-1,\ \beta=b-1.$$

Diese Formel gilt für $b \neq 1$.

Bei $b=1$ haben wir

$$-z=\alpha+1-\frac{1}{(1,c,d,e)}=\alpha+\frac{1:(c,d,e)}{(1,c,d,e)}=\alpha+\frac{1:(c,d,e)}{1+1:(c,d,e)}$$

oder

$$-z=\alpha+\frac{1}{1+(c,d,e)}=\alpha+\frac{1}{(\gamma,d,e)} \qquad \text{mit } \gamma=c+1$$

oder endlich

$$\boxed{-(a,1,c,d,e)=(\alpha,\gamma,d,e)} \qquad \text{mit } \alpha=-a-1, \gamma=c+1.$$

Die beiden eingerahmten Formeln beantworten die Frage.

Man achte darauf, daß die Kettenbruchentwicklungen einer Zahl und ihres entgegengesetzten Wertes von einer gewissen Stelle an übereinstimmen.

§ 39. Näherungsbrüche

Es sei nunmehr die beliebig vorgegebene reelle Zahl w in den Kettenbruch

$$w=(a,\ b,\ c,\ \ldots,\ g,\ h,\ z)$$

mit den n Stellen $a, b, \ldots, h$ und der Schlußzahl z entwickelt.

Die Kettenbrüche

$$(a),\quad (a,\ b),\quad (a,\ b,\ c),\quad (a,\ b,\ c,\ d),\ \ldots,$$

die entstehen, wenn wir die Entwicklung mit der 1., 2., 3., 4., … Stelle abbrechen, heißen erster, zweiter, dritter, vierter usw. Näherungsbruch des Kettenbruchs oder der Zahl w und werden zweckmäßig mit $w_1, w_2, w_3, \ldots$ bezeichnet. Dabei wird der Zeiger ν in w_ν die Ordnung des Näherungsbruches w_ν genannt.

Der Bruch

$$(a,\ b,\ \ldots,\ h,\ z)$$

selbst ist, genaugenommen, kein Näherungsbruch, da er ja den Wert w nicht angenähert, sondern exakt darstellt; er wird aber dennoch als letzter Näherungsbruch bezeichnet, so daß hier

$$w = w_{n+1}$$

ist.

Die Näherungsbrüche w_2, w_4, w_6, ... heißen gerader Ordnung, die andern: w_1, w_3, w_3, ... ungerader Ordnung oder kürzer — ein Mißverständnis ist nicht zu befürchten — gerade bzw. ungerade.

Unter den Näherungsbrüchen befindet sich mindestens einer, der erste, w_1, der kein eigentlicher Bruch, sondern eine ganze Zahl ist. Bisweilen ist auch noch der zweite Näherungsbruch ganzzahlig. Wir nennen einen solchen ganzzahligen Näherungsbruch einen uneigentlichen Näherungsbruch, jeden nicht ganzzahligen Näherungsbruch einen eigentlichen Näherungsbruch.

Wir untersuchen die Bauart der Näherungsbrüche.

Es ist z. B.

$$w_1 = \frac{a}{1}, \quad w_2 = \frac{ab+1}{b}, \quad w_3 = \frac{abc+a+c}{bc+1},$$

$$w_4 = \frac{abcd+ab+cd+ad+1}{bcd+b+d}, \ \ldots .$$

Hier fällt auf, daß die Zähler dieser Brüche die Eulerpolynome $\overline{a}$, $\overline{a, b}$ $\overline{a, b, c}$, $\overline{a, b, c, d}$, die Nenner die Eulerpolynome $\overline{1}$, $\overline{b}$, $\overline{b, c}$, $\overline{b, c, d}$ sind (§ 35). Und diese Gesetzmäßigkeit setzt sich bei den folgenden Näherungsbrüchen unverändert fort. So wird

$$w_5 = a + \cfrac{1}{b + \cfrac{1}{c + \cfrac{1}{d + \cfrac{1}{e}}}} = a + 1 : \frac{\overline{b, c, d, e}}{\overline{c, d, e}} =$$

$$a + \frac{\overline{c, d, e}}{\overline{b, c, d, e}} = \frac{a \cdot \overline{b, c, d, e} + \overline{c, d, e}}{\overline{b, c, d, e}}.$$

Nach Eulers Linksformel (§ 35) ist aber

$$a \cdot \overline{b, c, d, e} + \overline{c, d, e} = \overline{a, b, c, d, e}$$

und folglich

$$w_5 = \frac{\overline{a, b, c, d, e}}{\overline{b, c, d, e}}.$$

Auch sieht man leicht, daß es bei dieser Rechnung auf die Anzahl der Elemente nicht ankommt. Daher hat der $n$te Näherungsbruch

$$w_n = (a,\ b,\ c,\ \ldots,\ g,\ h),$$

[der die n ersten Stellen der Entwicklung enthält, der m. a. W. mit dem $n$ten Element (h) schließt] den Wert

$$w_n = (a, b, c, \ldots, g, h) = \frac{\overline{a, b, c, \ldots, g, h}}{\overline{b, c, \ldots, g, h}}$$

und ebenso der Kettenbruch für w den Wert

$$w = (a, b, c, \ldots, g, h, z) = \frac{\overline{a, b, c, \ldots, g, h, z}}{\overline{b, c, \ldots, g, h, z}}.$$

Wir setzen

$$\begin{array}{ll} P_n = P = \overline{a, b, c, \ldots, g, h}\,, & (P_1 = a) \\ Q_n = Q = \overline{b, c, \ldots, g, h}\,, & Q_1 = 1 \end{array}$$

und nennen P den Zähler, Q den Nenner des $n$ten Näherungsbruchs oder auch P den $n$ten Näherungszähler und Q den $n$ten Näherungsnenner. Ebenso heißt

$\overline{a, b, c, \ldots, g, h, z}$ der Zähler,

$\overline{b, c, \ldots, g, h, z}$ der Nenner des Kettenbruchs.

Die erste der beiden gerahmten Formeln stellt den $n$ten Näherungszähler als Eulerpolynom der ersten n Elemente der Entwicklung, den $n$ten Näherungsnenner als Eulerpolynom der ersten n Elemente mit Ausnahme des ersten Elements dar. Die zweite Formel stellt den Zähler des Kettenbruchs als Eulerpolynom der ersten n Elemente und der anschließenden Schlußzahl dar, den Nenner des Kettenbruchs als Eulerpolynom derselben Größen wieder mit Ausnahme des Erstelements. Die beiden fundamentalen Formeln werden deswegen passend Eulers Kettenbruchformeln genannt.

Der dem Näherungsbruche $P:Q$ unmittelbar vorausgehende Näherungsbruch hat natürlich den Zähler

$$p = P_{n-1} = \overline{a, b, c, \ldots, g}$$

und den Nenner

$$q = Q_{n-1} = \overline{b, c, \ldots, g}.$$

Wir werden p und P kurz zwei sukzessive Näherungszähler, q und Q zwei sukzessive Näherungsnenner und $p:q$ und $P:Q$ zwei sukzessive Näherungsbrüche nennen.

Die Eulersche Rechtsformel führt zu einer wichtigen Beziehung zwischen dem Werte w des Kettenbruches, der Schlußzahl z des Kettenbruches und den Zählern P und p und Nennern Q und q des vorletzten und vorvorletzten Näherungsbruches. Es ist nämlich

$$\overline{a, b, \ldots, g, h, z} = \overline{a, b, \ldots, g, h} \cdot z + \overline{a, b, \ldots, g} = Pz + p$$

und

$$\overline{b, c, \ldots, g, h, z} = \overline{b, c, \ldots, g, h} \cdot z + \overline{b, c, \ldots, g} = Qz + q.$$

Folglich wird

$$(a, b, \ldots, g, h, z) = \frac{\overline{a, b, \ldots, g, h, z}}{\overline{b, \ldots, g, h, z}} = \frac{Pz + p}{Qz + q}$$

oder

$$\boxed{w = \frac{Pz + p}{Qz + q}}.$$

Durch diese fundamentale Formel wird der Wert w des Kettenbruches als homographische Funktion (mit ganzzahligen positiven Koeffizienten P, p, Q, q) seiner Schlußzahl z dargestellt. Die Formel kann daher passend Homographieformel genannt werden.

Eulers Rechtsformel liefert auch sofort die beiden Rückgriffsformeln, die den Zähler $\mathfrak{R}$ und Nenner $\mathfrak{S}$ eines beliebigen Näherungsbruches $\mathfrak{R}:\mathfrak{S}$ eines Kettenbruches durch die Zähler R und r und Nenner S und s der beiden unmittelbar vorausgehenden Näherungsbrüche $R:S$ und $r:s$ und das Schlußelement des Kettenbruches für $\mathfrak{R}:\mathfrak{S}$ auszudrücken gestatten.

Ist etwa

$$\mathfrak{R} = \overline{a, \ldots, e} \quad , \quad \mathfrak{S} = \overline{b, \ldots, e},$$

so folgt aus der Rechtsformel

$$\mathfrak{R} = \overline{a, \ldots, d} \cdot e + \overline{a, \ldots, c} \quad , \quad \mathfrak{S} = \overline{b, \ldots, d} \cdot e + \overline{b, \ldots, c}$$

oder

[wegen $\overline{a, \ldots, d} = R$, $\overline{a, \ldots, c} = r$, $\overline{b, \ldots, d} = S$, $\overline{b, \ldots, c} = s$]

$$\boxed{\mathfrak{R} = Re + r, \quad \mathfrak{S} = Se + s}.$$

Diese Rekursionsformeln gestatten eine bequeme Berechnung eines vorgelegten Kettenbruches. Um z. B. den Wert des Kettenbruches

$$w = (3,\ 2,\ 6,\ 5,\ 4,\ 2)$$

zu ermitteln, schreibe man die Elemente in eine Zeile und den ersten und zweiten Näherungsbruch unter das erste und zweite Element:

$$\begin{array}{cccccc} 3 & 2 & 6 & 5 & 4 & 2 \\ \frac{3}{1} & \frac{7}{2} & \frac{45}{13} & \frac{232}{67} & \frac{973}{281} & \frac{2178}{629} \end{array}$$

Darauf berechne man sukzessive Zähler und Nenner der folgenden Näherungsbrüche nach den Rückgriffsformeln. [Z. B. $45 = 6 \cdot 7 + 3$,

13 = 6 · 2 + 1; 232 = 5 · 45 + 7, 67 = 5 · 13 + 2; 973 = 4 · 232 + 45 usw.] Also ist

$$w = 2178 : 629.$$

Die erste Rückgriffsformel lehrt:

Die Zähler der aufeinanderfolgenden Näherungsbrüche eines positiven Kettenbruchs sind spätestens vom dritten Zähler ab, und wenn der Kettenbruch positiv unecht ist, schon vom ersten Zähler ab wachsende Zahlen.

Die zweite Rückgriffsformel sagt aus: Die Nenner der sukzessiven Näherungsbrüche eines beliebigen Kettenbruchs sind stets wachsende Zahlen.

Zwischen den Zählern p und P und den Nennern q und Q zweier aufeinanderfolgender Näherungsbrüche $p : q$ und $P : Q$ eines Kettenbruches besteht eine wichtige Relation, die sich leicht aus Eulers Einheitsformel (§ 35) herleiten läßt.

Es sei etwa $P : Q$ der $n$te, $p : q$ der $(n - 1)$te Näherungsbruch, und

$$P = \overline{a, b, \ldots, g, h}\,, \qquad Q = \overline{b, c, \ldots, g, h},$$

$$p = \overline{a, b, \ldots, g}\,, \qquad q = \overline{b, c, \ldots, g}.$$

Nach Eulers Einheitsformel ist

$$\overline{a, b, \ldots, g, h} \cdot \overline{b, c, \ldots, g} - \overline{a, b, \ldots, g} \cdot \overline{b, c, \ldots, g, h} = \iota^n$$

oder

$$P q - p Q = \iota^n$$

oder

$$\boxed{P q - Q p = \varepsilon} \qquad \text{mit } \varepsilon = \iota^n.$$

Da sich die linke Seite dieser fundamentalen Beziehung als Determinante

$$\begin{vmatrix} P & Q \\ p & q \end{vmatrix} \quad \text{oder} \quad \begin{vmatrix} P & p \\ Q & q \end{vmatrix},$$

die Beziehung also

$$\begin{vmatrix} P & Q \\ p & q \end{vmatrix} = \varepsilon$$

schreiben läßt, so nennen wir die Beziehung die Determinantenrelation der Kettenbrüche.

Wir fassen die Determinantenrelation folgendermaßen in Worte:

Die Determinante $Pq - Qp$ eines Näherungsbruches $P{:}Q$ und seines Vorgängers $p{:}q$ ist gleich der positiven oder negativen Einheit, je nachdem der Näherungsbruch $(P{:}Q)$ gerade oder ungerade ist.

Aus der Determinantenrelation

$$Pq - Qp = \varepsilon$$

folgt sofort der wichtige Satz:

Zähler und Nenner eines Näherungsbruches sind stets teilerfremd. Anders ausgedrückt: Jeder Näherungsbruch ist ein irreduzibler Bruch.

Aus der Determinantenrelation ergibt sich auch leicht der

Satz von der Konvergenz des unendlichen Kettenbruchs:

Ein unendlicher Kettenbruch, d. h. ein solcher mit unbegrenzt vielen Elementen, konvergiert gegen einen endlichen Grenzwert, den »Wert des Kettenbruchs«.

Beweis. Der n^{te} Näherungsbruch einer unbegrenzt fortlaufenden Kettenbruchentwicklung sei w_n, der n^{te} Näherungszähler bzw. -nenner p_n bzw. q_n, also $w_n = p_n : q_n$.

Nach der Determinantenrelation gelten die ν Gleichungen

$$w_{n+1} - w_n = \frac{\iota^{n+1}}{q_n \cdot q_{n+1}},$$

$$w_{n+2} - w_{n+1} = \frac{\iota^{n+2}}{q_{n+1} \cdot q_{n+2}},$$

$$\cdots\cdots\cdots\cdots\cdots$$

$$w_{n+\nu} - w_{n+\nu-1} = \frac{\iota^{n+\nu}}{q_{n+\nu-1} \cdot q_{n+\nu}}.$$

Ihre Addition ergibt

$$w_{n+\nu} - w_n = \iota^{n+1}\left[\frac{1}{q_n \cdot q_{n+1}} - \frac{1}{q_{n+1} \cdot q_{n+2}} + - \ldots + \iota^{\nu-1}\frac{1}{q_{n+\nu-1} \cdot q_{n+\nu}}\right].$$

Nun ist der Betrag der eckigen Klammer nicht größer als ihr erstes Glied. Daher wird

$$|w_{n+\nu} - w_n| \leq \frac{1}{q_n\, q_{n+1}}.$$

Aus dieser Ungleichung, dem unbegrenzten Anwachsen der Näherungsnenner und dem Cauchyschen Konvergenzmerkmal folgt die oben behauptete Konvergenz des unendlichen Kettenbruchs unmittelbar.

Grund für die Benennung »Näherungsbruch«.

Wir untersuchen jetzt die Abweichungen des Kettenbruches w von zwei aufeinanderfolgenden Näherungsbrüchen

$$f = \frac{p}{q} \qquad \text{und} \qquad F = \frac{P}{Q}.$$

Als erste Abweichung wählen wir

$$u = w - f, \qquad \text{als zweite} \quad U = F - w.$$

Nach der Homographieformel ist

$$u = \frac{Pz + p}{Qz + q} - \frac{p}{q} = \frac{(Pq - Qp)z}{(Qz + q)q},$$

$$U = \frac{P}{Q} - \frac{Pz + p}{Qz + q} = \frac{(Pq - Qp)}{Q(Qz + q)}$$

und weiter nach der Determinantenrelation $Pq - Qp = \varepsilon$

$$\boxed{\begin{aligned} w - f &= \frac{\varepsilon}{Qq + q^2 : z} \\ F - w &= \frac{\varepsilon}{Qq + Q^2 \cdot z} \end{aligned}}.$$

Diese beiden wichtigen Abweichungsformeln gestatten zahlreiche Folgerungen:

1⁰ Der Kettenbruch liegt stets zwischen zwei sukzessiven (f und F) seiner Näherungsbrüche.

Dabei ist die Größenfolge

$$f < w < F \qquad \text{oder} \qquad f > w > F,$$

je nachdem $F = P : Q$ gerade oder ungerade ist (bzw. $f = p : q$ ungerade oder gerade ist).

Alle geraden Näherungsbrüche sind daher größer, alle ungeraden kleiner als der Kettenbruch.

2⁰ Die Abweichungen $w - f$ und $F - w$ sind betraglich beide kleiner als das reziproke Produkt der beiden Näherungsnenner. In Zeichen:

$$\boxed{|w - f| < \frac{1}{Qq}}. \qquad \boxed{|F - w| < \frac{1}{Qq}}.$$

3⁰ Aus der ersten dieser Ungleichungen ergibt sich die schwächere Ungleichung

$$|w - f| < \frac{1}{q^2},$$

aus der zweiten Abweichungsformel die stärkere Ungleichung

$$|F - w| < \frac{1}{Q^2 z} < \frac{1}{Q^2}.$$

Jede der Ungleichungen

$$\boxed{\left| w - \frac{p}{q} \right| < \frac{1}{q^2}}, \qquad \boxed{\left| \frac{P}{Q} - w \right| < \frac{1}{Q^2}}$$

lehrt: Die Abweichung eines Kettenbruchs von einem beliebigen seiner Näherungsbrüche ist geringer als das reziproke Quadrat des Näherungsnenners.

4⁰ Von zwei sukzessiven Näherungsbrüchen ($f = p:q$ und $F = P:Q$) liegt der zweite dem Werte (w) des Kettenbruchs näher als der erste.

(Folgt unmittelbar aus dem Anblick der beiden Abweichungsformeln, insofern der Nenner der rechten Seite der zweiten Formel den der rechten Seite der ersten Formel übertrifft.)

5⁰ Jeder rationale Bruch, der dem Werte des Kettenbruchs näherkommt als ein eigentlicher Näherungsbruch, hat größeren Nenner und größeren Zähler als der Näherungsbruch.

Der Beweis dieser bemerkenswerten Eigenschaft der Näherungsbrüche beruht auf einem Lemma über Nachbarbrüche und Zwischenbruch.

Nachbarbrüche sind zwei Brüche

$$\frac{p}{q} \quad \text{und} \quad \frac{P}{Q}$$

(mit positiven Zählern und Nennern), deren Unterschied dem reziproken Produkt ihrer Nenner gleicht:

$$\frac{P}{Q} - \frac{p}{q} = \frac{1}{Qq},$$

was auf die Determinantenrelation

$$Pq - Qp = 1$$

hinauskommt.

Die Benennung »Nachbarbrüche« ist durch zwei Umstände gerechtfertigt:

I. Im Überschuß

$$\frac{P}{Q} - \frac{p}{q} = \frac{Z}{Qq}$$

wird Z ein Minimum (1).

II. Der kleinere $\left(\frac{p}{q}\right)$ von zwei Nachbarbrüchen liegt dem größeren $\left(\frac{P}{Q}\right)$ so nahe, daß zwar $\boxed{\frac{P}{Q} > \frac{p}{q}}$, aber schon $\boxed{\frac{P}{Q+1} \leq \frac{p}{q}}$ ist.

[Aus $Qp - Pq = -1$ folgt durch beiderseitige Addition von p $(Q+1)\,p - Pq = p - 1 \geq 0$, d. h.

$$\frac{p}{q} \geq \frac{P}{Q+1}\Big].$$

Es gilt der

Satz vom Zwischenbruch:

Jeder Zwischenbruch zweier Nachbarbrüche hat größeren Nenner und größeren Zähler als jeder der Nachbarbrüche.

Beweis. Ist $\frac{r}{s}$ ein zwischen den Nachbarbrüchen $\frac{p}{q}$ und $\frac{P}{Q}$ gelegener »Zwischenbruch«, so daß

$$\frac{p}{q} < \frac{r}{s} < \frac{P}{Q}, \qquad (r > 0,\ s > 0),$$

so folgt aus den beiden Ungleichungen

$$\frac{r}{s} - \frac{p}{q} < \frac{P}{Q} - \frac{p}{q} \qquad \text{und} \qquad \frac{P}{Q} - \frac{r}{s} < \frac{P}{Q} - \frac{p}{q}$$

$$(qr - ps)Q < s \qquad \text{und} \qquad (Ps - Qr)q < s$$

und hieraus, da $qr - ps$ und $Ps - Qr$ positive Ganzzahlen sind,

$$\boxed{s > Q} \text{ wie auch } \boxed{s > q}.$$

Ferner folgt aus

$$\frac{r}{s} > \frac{p}{q} \qquad r > \frac{s}{q}p$$

und hieraus (wegen $s > q$)

$$\boxed{r > p}.$$

Endlich ergibt sich aus

$$\frac{r}{s} > \frac{p}{q} \geq \frac{P}{Q+1} \qquad r > \frac{s}{Q+1}P$$

und hieraus (wegen $s > Q + 1$)

$$\boxed{r > P},$$

w. z. b. w.

Es sei nunmehr $r:s$ (mit positivem ganzzahligem r und s) ein Bruch, der dem (positiven) Werte w des Kettenbruchs näher kommt als der Näherungsbruch $P:Q$ von w.

Bedeutet $p:q$ den vorhergehenden Näherungsbruch, so liegt nach 1^0 und 4^0 $r:s$ zwischen den beiden Näherungsbrüchen $P:Q$ und $p:q$. Da diese Brüche aber als sukzessive Näherungsbrüche (der Relation $Pq - Qp = \varepsilon$ gemäß) Nachbarbrüche sind, hat der Bruch $r:s$ nach dem Zwischenbruchlemma sowohl größeren Zähler als auch größeren Nenner als der vorgelegte Näherungsbruch $P:Q$.

Bei negativem r (s wird man stets positiv nehmen) und negativem w, also auch negativem $P:Q$ und $p:q$ braucht man nur obige Überlegung auf die entgegengesetzten Werte von $r:s$, w, $P:Q$, $p:q$ anzuwenden.

Damit ist dann 5⁰ bewiesen. Die in 3⁰, 4⁰ und 5⁰ angegebenen Sätze enthalten den Grund für die Benennung »Näherungsbrüche«.

[Es gibt keinen rationalen Bruch mit kleinerem Zähler und kleinerem Nenner als den Zähler und Nenner eines Näherungsbruchs eines Kettenbruchs w, der der Zahl w näher kommt als jener Näherungsbruch!]

6⁰ Wie wir sahen, weicht der erste von zwei aufeinanderfolgenden Näherungsbrüchen

$$f = p:q \quad \text{und} \quad F = P:Q$$

des Kettenbruchs w von w stärker ab als der zweite. Die größere dieser beiden Abweichungen wird heruntergedrückt durch den Satz:

Der Kettenbruch w liegt zwischen den beiden Brüchen

$$\frac{P}{Q} \quad \text{und} \quad \frac{P+p}{Q+q};$$

und zwar ist

$$\boxed{\frac{P+p}{Q+q} < w < \frac{P}{Q}} \quad \text{oder} \quad \boxed{\frac{P}{Q} < w < \frac{P+p}{Q+q}},$$

je nachdem der Näherungsbruch $P:Q$ gerade oder ungerade ist.

Beweis. Nach der zweiten Abweichungsformel und der Determinantenrelation ist

$$\frac{P}{Q} - w = \frac{Pq - Qp}{Qq + Q^2 z} \quad \text{oder} \quad w - \frac{P}{Q} = \frac{Qp - Pq}{Qq + Q^2 z},$$

je nachdem $P:Q$ gerade oder ungerade ist. Da nun $z > 1$ ist, wird entsprechend

$$\frac{P}{Q} - w < \frac{Pq - Qp}{Qq + Q^2} \quad \text{oder} \quad w - \frac{P}{Q} < \frac{Qp - Pq}{Qq + Q^2},$$

d. h.

$$w > \frac{P+p}{Q+q} \quad \text{oder} \quad w < \frac{P+p}{Q+q},$$

womit unser Satz bewiesen ist.

Dieser Satz erlaubt folgende wichtige Umkehrung:

Liegt die Zahl w zwischen den beiden irreduziblen Brüchen

$$\frac{P}{Q} \quad \text{und} \quad \frac{P+p}{Q+q}, \qquad (Q > 0,\ q > 0),$$

wo $p:q$ den vorletzten Näherungsbruch des Kettenbruchs für $P:Q$*) bedeutet, so stellt $P:Q$ einen Näherungsbruch des Kettenbruchs für w dar.

Beweis. Die Kettenbrüche für $P:Q$ und $p:q$ seien

$$P:Q = (a,\ b,\ c,\ \ldots,\ g,\ h)$$

mit gerader oder ungerader Elementenzahl, je nachdem $P:Q$ größer oder kleiner als w ist, und

$$p:q = (a,\ b,\ c,\ \ldots,\ g),$$

so daß

$$P = \overline{a, b, c, \ldots, g, h}\ ,\quad Q = \overline{b, c, \ldots, g, h}$$

$$p = \overline{a, b, c, \ldots, g}\ ,\quad q = \overline{b, c, \ldots, g}$$

ist. Schreiben wir

$$P + p = \overline{a, b, c, \ldots, g, h} \cdot 1 + \overline{a, b, c, \ldots, g}\ ,$$

$$Q + q = \overline{b, c, \ldots, g, h} \cdot 1 + \overline{b, c, \ldots, g}\ ,$$

so folgt aus Eulers Rechtsformel

$$P + p = \overline{a, b, c, \ldots, g, h, 1}\ ,\quad Q + q = \overline{b, c, \ldots, g, h, 1}$$

und hieraus

$$\frac{P+p}{Q+q} = (a, b, c, \ldots, g, h, 1).$$

Schreiben wir

$$\frac{P}{Q} = (a, b, c, \ldots, g, h, \infty)$$

und bedenken wir, daß nach Voraussetzung w zwischen den rechten Seiten der beiden letzten Gleichungen liegt, so muß

$$w = (a,\ b,\ c,\ \ldots,\ g,\ h,\ z)$$

sein, wo z eine zwischen 1 und ∞ liegende Zahl, also einen positiven unechten Bruch bedeutet.

Aus dem Anblick der letzten Gleichung folgt aber, daß $P:Q$ ein Näherungsbruch des Kettenbruchs für w ist, w. z. b. w.

Man kann hinzufügen, daß auch $p:q$ ein Näherungsbruch des Kettenbruchs für w ist.

Wir fassen die beiden vorstehenden Sätze mit einer kleinen Modifikation zu einem einzigen zusammen:

Satz von Legendre:

Die notwendige und hinreichende Bedingung dafür, daß der rationale Bruch $P:Q$ $(Q > 0)$ ein Näherungsbruch der

*) Hier ist $P:Q$ ein vorgelegter Bruch, von dem man zunächst nicht weiß, ob er ein Näherungsbruch der Zahl w ist.

Kettenbruchentwicklung der Zahl w ist, lautet

$$\boxed{\left|w-\frac{P}{Q}\right|<\frac{1}{Qq+Q^2}},$$

wobei q den Nenner des vorletzten Näherungsbruchs der Kettenbruchentwicklung von $P:Q$ bedeutet und diese Entwicklung eine gerade oder ungerade Anzahl von Elementen aufweist, je nachdem $P:Q$ größer oder kleiner als w ist. (Legendre, Théorie des Nombres.)

In der Tat: Aus

$$\frac{P}{Q}-w<\frac{Pq-Qp}{Qq+Q^2} \quad \text{bzw.} \quad w-\frac{P}{Q}<\frac{Qp-Pq}{Qq+Q^2}$$

folgt sofort

$$w>\frac{P+p}{Q+q} \quad \text{bzw.} \quad w<\frac{P+p}{Q+q},$$

so daß w zwischen $P:Q$ und $(P+p):(Q+q)$ liegt.

Es muß betont werden, daß die oben hervorgehobene Ungleichung

$$\left|w-\frac{P}{Q}\right|<\frac{1}{Q^2}$$

nicht ausreicht, den Bruch $P:Q$ als Näherungsbruch von w zu kennzeichnen. So ist z. B.

$$\frac{30}{13}-\frac{9}{4}<\frac{1}{4^2};$$

aber $9:4$ ist kein Näherungsbruch der Kettenbruchentwicklung für $w=30:13$. Es ist nämlich

$$w=(2,\ 3,\ 4),$$

und die Näherungsbrüche sind

$$2:1, \qquad 7:3, \qquad 30:13.$$

Doch genügt die Verdopplung des Nenners der rechten Seite, um eine ausreichende Bedingung zu erhalten. Es gilt nämlich der Satz:

Überschreitet die Abweichung des rationalen Bruches $P:Q$ von der Zahl w nicht die Hälfte des reziproken Quadrats des Nenners Q, so ist $P:Q$ ein Näherungsbruch des Kettenbruchs für w.

Anders ausgedrückt:

Die Bedingung

$$\left| w - \frac{P}{Q} \right| < \frac{1}{2Q^2}$$

kennzeichnet $P:Q$ als Näherungsbruch für die Entwicklung von w. [Beweis: $1:2Q^2 < 1:Q(Q+q)$.]

7⁰ Unter 3⁰ wurde gezeigt, daß die Abweichung eines Kettenbruchs von irgendeinem seiner Näherungsbrüche geringer ist als die durch das reziproke Quadrat des Näherungsnenners bezeichnete, dem Näherungsbruche »zugeordnete Schranke« $S\,(= 1:Q^2)$.

Daß die Abweichung aber noch unterhalb dieser Schranke liegt, geht unmittelbar aus der zweiten Abweichungsformel hervor, in welcher der Abweichungsbetrag nur $\frac{1}{Z}$ von S ausmacht, wo $Z = z + \zeta$ aus den beiden Posten: Schlußzahl z und echt gebrochenem Quotient ζ der beiden dem Nenner des Kettenbruchs vorausgehenden Näherungsnenner besteht. Wir nennen ζ den zur Schlußzahl z gehörigen Annex, Z den zur Schlußzahl z gehörigen Divisor.

Man kann fragen, bis zu welchem Bruchteil der einem Näherungsbruch zugeordneten Schranke sich die Abweichung des Näherungsbruchs vom Kettenbruch herunterdrücken läßt.

Eine Antwort auf diese Frage erteilt der

Satz von Borel-Hurwitz:

Von drei sukzessiven Näherungsbrüchen eines Kettenbruchs weicht mindestens einer um weniger als $\frac{1}{\sqrt{5}}$ der ihm zugeordneten Schranke vom Kettenbruch ab.

In anderer Ausdrucksweise:

Sind $p:q$, $P:Q$, $\mathfrak{P}:\mathfrak{Q}$ drei sukzessive Näherungsbrüche des Kettenbruchs für w, so ist wenigstens eine der drei Ungleichungen

$$\left| w - \frac{p}{q} \right| < \frac{1}{\sqrt{5}\,q^2}, \quad \left| w - \frac{P}{Q} \right| < \frac{1}{\sqrt{5}\,Q^2}, \quad \left| w - \frac{\mathfrak{P}}{\mathfrak{Q}} \right| < \frac{1}{\sqrt{5}\,\mathfrak{Q}^2}$$

erfüllt.

Borel, Contribution à l'Analyse arithmétique du Continu. Journal de Mathematiques pures et appliquées, 1903.

Hurwitz, Über die angenäherte Darstellung der Irrationalzahlen durch rationale Brüche. Mathematische Annalen, 1891.

Zum Beweise fassen wir vier sukzessive Näherungsbrüche $\mathfrak{A}$, $\mathfrak{B}$, $\mathfrak{C}$, $\mathfrak{D}$ des Kettenbruchs w ins Auge. Ihre Schlußelemente seien a, b, c, d, ihre Nenner A, B, C, D. Die in der Kettenbruchentwicklung (für w)

den Elementen a, b, c, d folgenden Schlußzahlen seien bzw. x, y, z, t, die zugehörigen Annexe ξ, η, ζ, τ, die zugehörigen Divisoren $X = x + \xi$, $Y = y + \eta$, $Z = z + \zeta$, $T = t + \tau$.

Dann gelten die Gleichungen

$$x = b + \frac{1}{y}, \qquad y = c + \frac{1}{z}, \qquad z = d + \frac{1}{t},$$
$$C = Bc + A, \qquad D = Cd + B,$$
$$\eta = A : B, \quad \zeta = B : C, \quad \tau = C : D.$$

Aus

$$c = y - \frac{1}{z} \qquad \text{und} \qquad c = \frac{1}{\zeta} - \eta$$

folgt

$$y + \eta = \frac{1}{z} + \frac{1}{\zeta},$$

so daß wir, mutatis mutandis, das Gleichungssystem

$$\begin{cases} X = x + \xi = \dfrac{1}{y} + \dfrac{1}{\eta}, \\ Y = y + \eta = \dfrac{1}{z} + \dfrac{1}{\zeta}, \\ Z = z + \zeta = \dfrac{1}{t} + \dfrac{1}{\tau} \end{cases}$$

bekommen.

Unser Satz behauptet, daß von den drei Divisoren X, Y, Z mindestens einer $\sqrt{5}$ überschreitet.

Wir führen den Beweis indirekt: Wir nehmen an, daß keiner der drei Divisoren X, Y, Z den Wert $r = \sqrt{5}$ übersteigt, und zeigen, daß diese Annahme auf einen Widerspruch führt.

Wir stellen zunächst fest, daß von zwei sukzessiven Annexen mindestens einer unterhalb des echten Bruches $e = (\sqrt{5} - 1) : 2$ liegt.

[Wäre nämlich z. B.

$$\eta > e \qquad \text{und zugleich} \qquad \zeta > e$$

(Die Möglichkeiten $\eta = e$, $\zeta = e$ scheiden wegen der Rationalität von η und ζ und der Irrationalität von e aus!), so wäre $1 : \zeta < 1 : e = \frac{r + 1}{2}$ und

$$c = \frac{1}{\zeta} - \eta < \frac{r + 1}{2} - e = 1, \qquad q \cdot e \cdot a,$$

da $c \geqq 1$ ist.]

Demnach ist etwa

$$\eta < e.$$

Hieraus folgt einerseits*)

$$\eta + \frac{1}{\eta} > e + \frac{1}{e} = r, \tag{1}$$

anderseits, da nach unserer Annahme

$$X = \frac{1}{y} + \frac{1}{\eta} < r$$

sein sollte,

$$\frac{1}{y} < r - \frac{1}{\eta} < r - \frac{1}{e} = e$$

und hieraus*)

$$y + \frac{1}{y} > \frac{1}{e} + e = r. \tag{2}$$

Die Addition der beiden Ungleichungen (1) und (2) führt auf die unserer Annahme widerstreitende Ungleichung

$$X + Y > 2r.$$

Zusatz. Es ist vielleicht nicht überflüssig, darauf hinzuweisen, daß ein Bruch $P:Q$, dessen Abweichung von einem Kettenbruche geringer als $1:\sqrt{5}\,Q^2$ ist, nach dem Schlußsatz von 6^0 ein Näherungsbruch des Kettenbruchs sein muß.

§ 40. Nebennäherungsbrüche

Sind $p:q$, $P:Q$ und $\mathfrak{P}:\mathfrak{Q}$ drei sukzessive Näherungsbrüche des Kettenbruchs für w, und ist E das Schlußelement des Kettenbruchs für $P:Q$, so gelten bekanntlich die beiden Rückgriffsformeln

$$\mathfrak{P} = EP + p \qquad \text{und} \qquad \mathfrak{Q} = EQ + q.$$

Setzt man demnach in dem aus dem Zähler $P_\nu = \nu P + p$ und dem Nenner $Q_\nu = \nu Q + q$ gebildeten Bruche

$$F_\nu = \frac{P_\nu}{Q_\nu} = \frac{\nu P + p}{\nu Q + q}$$

für ν den Wert 0, so entsteht $p:q$, für ν den Wert E, so entsteht $\mathfrak{P}:\mathfrak{Q}$.

Es liegt daher nahe, den Zähler P_ν, Nenner Q_ν und Bruch $F_\nu = P_\nu : Q_\nu$ für die Zeiger $\nu = 1$, $\nu = 2$, ..., $\nu = E - 1$ ins Auge zu fassen. Die Brüche

$$\frac{P+p}{Q+q}, \quad \frac{2P+p}{2Q+q}, \quad \frac{3P+p}{3Q+q}, \quad \ldots, \quad \frac{(E-1)P+p}{(E-1)Q+q},$$

*) Man betrachte den Verlauf der Kurve $y = x + \dfrac{1}{x}$.

die sich dann ergeben, heißen Nebennäherungsbrüche, ihre Zähler und Nenner entsprechend Nebennäherungszähler und -nenner. Um diese neuen Näherungsbrüche von den bisher betrachteten zu unterscheiden, nennt man letztere Hauptnäherungsbrüche. Haupt- und Nebennäherungsbrüche faßt man unter dem gemeinsamen Namen Näherungsbrüche zusammen.

Die beiden Nebennäherungsbrüche

$$F_n = \frac{P_n}{Q_n} = \frac{nP + p}{nQ + q} \quad \text{und} \quad F_m = \frac{P_m}{Q_m} = \frac{mP + p}{mQ + q} \quad \text{mit } m = n + 1$$

heißen aufeinanderfolgend oder sukzessiv.

Zwei sukzessive Nebennäherungsbrüche befriedigen dieselbe Determinantenrelation wie die Hauptnäherungsbrüche, aus denen sie entstanden sind:

$$\boxed{P_m Q_n - Q_m P_n = \varepsilon = Pq - Qp},$$

Aus dieser Relation folgt sofort:

1⁰ Jeder Nebennäherungsbruch ist irreduzibel.

2⁰ Zwei sukzessive Nebennäherungsbrüche sind Nachbarbrüche.

3⁰ Die Nebennäherungsbrüche liegen zwischen den Hauptnäherungsbrüchen, aus denen sie abgeleitet sind, und zwar dem Werte w um so näher, je größer ihr Nenner ist.

Der Beweis der dritten Behauptung ergibt sich ohne weiteres aus den Zusammenstellungen

$$\frac{\mathfrak{P}}{\mathfrak{Q}} = \frac{EP + p}{EQ + q} > \frac{mP + p}{mQ + q} > \frac{nP + p}{nQ + q} > \frac{p}{q} \quad \text{für gerades } \frac{P}{Q},$$

und

$$\frac{\mathfrak{P}}{\mathfrak{Q}} = \frac{EP + p}{EQ + q} < \frac{mP + p}{mQ + q} < \frac{nP + p}{nQ + q} < \frac{p}{q} \quad \text{für ungerades } \frac{P}{Q}.$$

(Jede von ihnen enthält drei Behauptungen, die sofort als richtig erkannt werden, wenn man sie von den Brüchen befreit.)

Die Bekanntschaft mit den Haupt- und Nebennäherungsbrüchen führt zur Lösung der

Grundaufgabe:

Von allen rationalen Brüchen, deren Nenner eine vorgelegte ganzzahlige positive Grenze G nicht überschreiten, denjenigen zu ermitteln, der sich einer gegebenen irrationalen positiven Größe w am meisten nähert.

Lösung. Man entwickle w in einen Kettenbruch, dessen $r$ter Hauptnäherungsbruch $P_r : Q_r$ heiße, und betrachte alle Haupt- und Nebennäherungsbrüche

$$w_r^s = \frac{s P_r + P_{r-1}}{s Q_r + Q_{r-1}}.$$

Unter den Näherungsbrüchen w_r^s suche man denjenigen aus, der den größten G nicht überschreitenden Nenner besitzt. Da die Nenner der Näherungsbrüche alle voneinander verschieden sind, gibt es nur einen Näherungsbruch der verlangten Beschaffenheit; er habe den unteren Zeiger ϱ, den oberen σ.

Der Bruch $v = w_\varrho^\sigma$ stellt unter der vorgeschriebenen Bedingung die beste Annäherung an w dar.

In der Tat: Ein anderes w_r^s liegt entweder weiter ab von w, wenn es nämlich einen kleineren Nenner als v besitzt; oder es liegt näher (als v) an w, dann hat es aber einen größeren Nenner als v und damit einen Nenner größer als G.

Daß aber die beste Annäherung an w nur unter den Näherungsbrüchen selbst, nicht etwa zwischen zwei sukzessiven Näherungsbrüchen zu suchen ist, geht daraus hervor, daß nach dem Lemma vom Zwischenbruch (§ 39) jeder zwischen zwei sukzessiven Näherungsbrüchen — als zwei Nachbarbrüchen — liegende rationale Bruch einen größeren Nenner als jeder der beiden Näherungsbrüche hat.

Das oben ermittelte v ist daher die beste Annäherung an w.

§ 41. Kettenbruchumkehrung

Ein positiv unechter Kettenbruch

$$K = (a,\ b,\ c,\ \ldots,\ g,\ h)$$

mit mehreren Elementen $a, b, c, \ldots, g, h$ läßt sich »umkehren«; die Umkehrung ist der Kettenbruch

$$K' = (h,\ g,\ \ldots,\ c,\ b,\ a),$$

den man erhält, wenn man die Elemente des Ausgangskettenbruchs in umgekehrter Anordnung schreibt.

Bedeutet P den Zähler, Q den Nenner von K, p bzw. q den vorhergehenden (also vorletzten) Näherungszähler bzw. -nenner, so gelten Eulers Formeln

$$p = \overline{a, b, c, \ldots, g} \quad , \quad P = \overline{a, b, c, \ldots, g, h} \quad ,$$
$$q = \overline{b, c, \ldots, g} \quad , \quad Q = \overline{b, c, \ldots, g, h} \quad .$$

Bedeutet ferner P' den Zähler, Q' den Nenner von K', p' bzw. q' den vorhergehenden Näherungszähler bzw. -nenner von K', so ist ebenso

$$p' = \overline{h, g, \ldots, c, b} \quad , \quad P' = \overline{h, g, \ldots, c, b, a} \quad ,$$
$$q' = \overline{g, \ldots, c, b} \quad , \quad Q' = \overline{g, \ldots, c, b, a}$$

Aus Eulers Umkehrungsformel (§ 35) folgt nun sofort

$$\left\{\begin{matrix} p' = Q & P' = P \\ q' = q & Q' = p \end{matrix}\right\},$$

was wir für das Gedächtnis bequem als Matrixgleichung

$$\begin{pmatrix} p' & P' \\ q' & Q' \end{pmatrix} = \begin{pmatrix} Q & P \\ q & p \end{pmatrix}$$

schreiben, besser noch folgendermaßen in Worte fassen können:

Satz von der Kettenbruchumkehrung:

Die Umkehrung des Kettenbruchs für den positiv unechten rationalen Bruch $P:Q$ mit vorletztem Näherungsbruch $p:q$ ist der Kettenbruch für den Bruch $P:p$ mit vorletztem Näherungsbruch $Q:q$.

Beispiel:

$$(2, 1, 3, 7) = \frac{80}{29}, \qquad (2, 1, 3) = \frac{11}{4};$$

$$(7, 3, 1, 2) = \frac{80}{11}, \qquad (7, 3, 1) = \frac{29}{4}.$$

Symmetrische Kettenbrüche.

Wenn die Umkehrung eines Kettenbruchs mit dem Kettenbruch übereinstimmt, so heißt der Kettenbruch symmetrisch. Es gibt zwei Arten symmetrischer Kettenbrüche: gerade und ungerade.

Wir nennen einen Kettenbruch gerade oder ungerade, je nachdem die Anzahl seiner Elemente gerade oder ungerade ist.

(a, b, c, c, b, a) ist z. B. ein gerader, (a, b, c, b, a) ein ungerader symmetrischer Kettenbruch. Beim geraden symmetrischen Kettenbruch ist jedes Element zweimal vorhanden, beim ungeraden das Mittelelement nur einmal.

Ist der Kettenbruch für einen Bruch $P:Q$ symmetrisch und $p:q$ der vorletzte Näherungsbruch, so hat nach dem Satze von der Kettenbruchumkehrung $P:p$ dieselbe Kettenbruchentwicklung wie $P:Q$, ist daher

$$P : p = P : Q$$

und damit

$$p = Q.$$

Die Determinantenrelation

$$Pq - Qp = \varepsilon,$$

in welcher ε gleich $+1$ oder -1 ist, je nachdem der Kettenbruch gerade oder ungerade ist, verwandelt sich dann in

$$Q^2 + \varepsilon = qP,$$

so daß

$$Q^2 + \varepsilon \equiv 0 \bmod P \text{ (vgl. § 52).}$$

Gestattet also ein Bruch $P:Q$ eine symmetrische Kettenbruchentwicklung, so ist Q^2+1 oder Q^2-1 durch P teilbar, je nachdem der Kettenbruch gerade oder ungerade ist.

Der Satz gilt auch umgekehrt:

Ist $Q^2 \pm 1$ (bei zwischen 1 und P gelegenem Q) durch P teilbar, so ist der Kettenbruch für $P:Q$ symmetrisch, und zwar gerade oder ungerade, je nachdem das obere oder untere Vorzeichen gilt.

Beweis. Wir entwickeln $P:Q$ in einen Kettenbruch, dessen Elementenzahl gerade oder ungerade ist, je nachdem ε in $Q^2+\varepsilon$ gleich $+1$ oder -1 ist, und nennen $p:q$ seinen vorletzten Näherungsbruch. Dann ist

$$Pq - Qp = \varepsilon.$$

Außerdem ist nach Voraussetzung

$$Q^2 + \varepsilon = kP \qquad (k \text{ ganz}).$$

Aus den beiden Gleichungen folgt

$$P(k-q) = Q(Q-p).$$

Da die rechte Seite dieser Gleichung durch P teilbar ist, Q aber zu P teilerfremd ist, muß $Q-p$ durch P teilbar sein. Da aber Q und p zwischen 0 und P liegen, müssen sie zusammenfallen, muß also

$$Q = p$$

und

$$\frac{P}{Q} = \frac{P}{p}$$

sein.

Nach dem Satze von der Kettenbruchumkehrung ist der Kettenbruch für die rechte Seite dieser Gleichung die Umkehrung des Kettenbruchs für die linke.

Folglich ist die Kettenbruchentwicklung für $P:Q$ (unter Beobachtung der oben erwähnten Vorsichtsmaßnahme) symmetrisch.

Zusammenfassend können wir sagen:

Satz von Serret:

Der positivunechte irreduzible Bruch $P:Q$ besitzt dann und nur dann eine symmetrische gerade bzw. ungerade Kettenbruchentwicklung, wenn $Q^2 + 1$ bzw. $Q^2 - 1$ durch P teilbar ist.

(Serret, Sur un Théorème relatif aux Nombres entiers. Journal de Mathématiques pures et appliquées, 1848.)

§ 42. Äquivalente Zahlen

Zwei Zahlen x und y heißen äquivalent, wenn die eine eine homographische Funktion der andern ist:

$$y = \frac{\alpha x + \beta}{\gamma x + \delta}$$

und die Funktionskoeffizienten $\alpha, \beta, \gamma, \delta$ ganzzahlig und unimodular sind, d. h. die Determinante ± 1 besitzen:

$$\varepsilon = \alpha\delta - \beta\gamma = \pm 1.$$

Man sagt auch: y ist äquivalent zu x oder in Gemäßheit der Relation

$$x = \frac{Ay + B}{\Gamma y + \Delta} \quad \text{mit} \quad \begin{pmatrix} A = \delta, & B = -\gamma \\ \Gamma = -\gamma, & \Delta = \alpha \end{pmatrix}, \quad A\Delta - B\Gamma = \varepsilon = \pm 1$$

x ist äquivalent zu y. In Zeichen:

$$x \sim y \qquad \text{oder} \qquad y \sim x.$$

Der Äquivalenzbegriff besitzt außer dieser Eigenschaft der Symmetrie auch noch die beiden Eigenschaften der Reflexivität:

— »Jede Zahl ist sich selbst äquivalent« $\left(x = \frac{1 \cdot x + 0}{0 \cdot x + 1}\right)$ und Transitivität:

— »Sind zwei Zahlen ein und derselben dritten äquivalent, so sind sie auch unter sich äquivalent.« —

[Aus $z = \frac{ax + b}{cx + d}$ und $y = \frac{Az + B}{Cz + D}$ folgt

$$y = \frac{\alpha x + \beta}{\gamma x + \delta} \quad \text{mit} \quad \begin{pmatrix} \alpha = Aa + Bc, & \beta = Ab + Bd \\ \gamma = Ca + Dc, & \delta = Cb + Dd \end{pmatrix},$$

und die drei Determinanten $\varepsilon = \alpha\delta - \beta\gamma$, $e = ad - bc$, $E = AD - BC$ stehen in der Beziehung $\varepsilon = Ee$.]

Die Äquivalenz zwischen zwei Zahlen (x und y) heißt eigentlich oder uneigentlich, je nachdem die Koeffizientendeterminante ($\varepsilon = \alpha\delta - \beta\gamma$) $+1$ oder -1 ist.

Die Äquivalenz zwischen den beiden Zahlen x und y, die beide der Zahl z äquivalent sind, ist also eigentlich oder uneigentlich, je nachdem die beiden Äquivalenzen $x \sim z$, $y \sim z$ gleichartig oder ungleichartig sind.

Man erkennt sofort: Eine Irrationalzahl kann nie einer Rationalzahl äquivalent sein.

Dagegen sind zwei Rationalzahlen stets äquivalent und das sogar auf unendlich viele Weisen.

Beweis. $x = H : h$ und $y = K : k$ seien zwei beliebige Rationalzahlen in irreduzibler Form. Wir suchen vier unimodulare Ganzzahlen α, β, γ, δ derart, daß

$$y = \frac{\alpha x + \beta}{\gamma x + \delta} \qquad \text{oder} \qquad \frac{K}{k} = \frac{\alpha H + \beta h}{\gamma H + \delta h}$$

wird. Wir erfüllen diese Forderung sicher, wenn wir vier Unimodularzahlen α, β, γ, δ finden können, die die Bedingungen

$$(1)\ H\alpha + h\beta = K \qquad \text{und} \qquad (2)\ H\gamma + h\delta = k$$

befriedigen. Nun können wir wegen der Fremdheit von H und h unendlich viele Zahlenpaare α, β und ebenso unendlich viele Zahlenpaare γ, δ finden, die (1) bzw. (2) befriedigen. Ist nämlich α_0, β_0 ein (1) befriedigendes, (γ_0, δ_0) ein (2) befriedigendes Zahlenpaar, so befriedigt auch das Paar

$$\alpha = \alpha_0 + hu, \quad \beta = \beta_0 - Hu \qquad \text{bzw.} \qquad \gamma = \gamma_0 + hv, \qquad \delta = \delta_0 - Hv$$

bei beliebig ganzzahligem u bzw. v (1) bzw. (2). Nun wird die Determinante

$$\varepsilon = \alpha\delta - \beta\gamma = \varepsilon_0 + ku - Kv \qquad \text{mit} \quad \varepsilon_0 = \alpha_0\delta_0 - \beta_0\gamma_0.$$

Wir brauchen also nichts weiter zu tun, als bei beliebig vorgeschriebenem $\varepsilon = \pm 1$, die Ganzzahlen u und v so zu wählen, daß die diophantische Gleichung

$$ku - Kv = \pm 1 - \varepsilon_0$$

erfüllt ist, was wegen der Fremdheit von k und K auf unendlich viele Weisen möglich ist. Jede dieser Weisen liefert vier unimodulare Zahlen α, β, γ, δ, für die

$$y = \frac{\alpha x + \beta}{\gamma x + \delta}$$

ist.

Äquivalenz von Irrationalzahlen.

Zwei Irrationalzahlen sind dann und nur dann äquivalent, wenn ihre Kettenbrüche von einer gewissen Stelle an übereinstimmen.

Beweis.

I. Sind x und y zwei Irrationellen, deren Kettenbrüche vom Element c_1 an übereinstimmen:

$$x = (a_1, a_2, \ldots, a_m, c_1, c_2, c_3, \ldots), \quad y = (b_1, b_2, \ldots, b_n, c_1, c_2, c_3, \ldots),$$

so nehmen wir den $m$ten und $(m-1)$ten Näherungsbruch $P:Q$ und $p:q$ von x, den $n$ten und $(n-1)$ten Näherungsbruch $R:S$ und $r:s$ von y, setzen

$$(c_1, c_2, c_3, \ldots) = z$$

und haben

$$x = \frac{Pz+p}{Qz+q}, \quad y = \frac{Rz+r}{Sz+s}.$$

Wegen $\quad Pq - Qp = \pm 1 \quad$ und $\quad Rs - Sr = \pm 1 \quad$ ist

$$x \sim z \quad \text{und} \quad y \sim z.$$

Folglich ist x zu y äquivalent; und zwar eigentlich oder uneigentlich, je nachdem m und n gleichartig sind oder nicht.

II. Sind umgekehrt x und y zwei äquivalente Irrationellen, so gilt die Beziehung

$$y = \frac{\alpha x + \beta}{\gamma x + \delta}$$

mit unimodularen Ganzzahlen α, β, γ, δ, so daß

$$\varepsilon = \alpha\delta - \beta\gamma$$

die positive oder negative Einheit ist. Wir betrachten zunächst nur positive Irrationellen. Wir führen den Kettenbruch für x und vier sukzessive seiner Näherungsbrüche

$$p:q, \quad \mathfrak{p}:\mathfrak{q}, \quad P:Q, \quad \mathfrak{P}:\mathfrak{Q}$$

ein, nennen die zu $P:Q$ und $\mathfrak{P}:\mathfrak{Q}$ gehörigen Schlußelemente E und $\mathfrak{E}$ und die auf $\mathfrak{E}$ folgende Schlußzahl z.

Dann ist

$$x = \frac{\mathfrak{P}z + P}{\mathfrak{Q}z + Q} \quad \text{mit } \mathfrak{P}Q - \mathfrak{Q}P = \Delta = \pm 1.$$

Durch Substitution dieses Wertes in die Ausgangsgleichung entsteht

$$y = \frac{(\alpha\mathfrak{P} + \beta\mathfrak{Q})z + (\alpha P + \beta Q)}{(\gamma\mathfrak{P} + \delta\mathfrak{Q})z + (\gamma P + \delta Q)} = \frac{\alpha P + \beta Q}{\gamma P + \delta Q} \cdot \frac{\varrho z + 1}{\sigma z + 1}$$

mit $\quad \varrho = \dfrac{\alpha\mathfrak{P} + \beta\mathfrak{Q}}{\alpha P + \beta Q} \quad$ und $\quad \sigma = \dfrac{\gamma\mathfrak{P} + \delta\mathfrak{Q}}{\gamma P + \delta Q}.$

Die Größe ϱ schreibt sich nach den Rückgriffsformeln $\mathfrak{P} = \mathfrak{E} P + \mathfrak{p}$, $\mathfrak{Q} = \mathfrak{E} Q + \mathfrak{q}$, $P = E \mathfrak{p} + p$, $Q = E \mathfrak{q} + q$

$$\varrho = \mathfrak{E} + \frac{\alpha \mathfrak{p} + \beta \mathfrak{q}}{\alpha P + \beta Q} = \mathfrak{E} + \cfrac{1}{E + \cfrac{\alpha p + \beta q}{\alpha \mathfrak{p} + \beta \mathfrak{q}}}.$$

Bei hinreichend großem q unterscheidet sich wegen der Formel $|\mathfrak{p} : \mathfrak{q} - p : q| = 1 : q \mathfrak{q}$ der Bruch

$$\frac{\alpha p + \beta q}{\alpha \mathfrak{p} + \beta \mathfrak{q}} = \frac{\alpha p : q + \beta}{\alpha \mathfrak{p} : \mathfrak{q} + \beta} \cdot \frac{q}{\mathfrak{q}}$$

von dem echten Bruche $q : \mathfrak{q}$ um so wenig wie man nur wünscht, ist also der Nenner des obigen Doppelbruches sicher kleiner als $E + E$, so daß

$$\varrho > \mathfrak{E} + \frac{1}{2E} \geq 1 + \frac{1}{2E} > 1$$

wird. Bei hinreichend großem q ist daher ϱ ein positiver unechter Bruch.

Dasselbe gilt natürlich für σ. Wir wählen demgemäß die Ordnungen der oben angenommenen Näherungsbrüche so hoch, daß ϱ und σ positive unechte Brüche sind. Aus

$$y = \frac{\alpha P + \beta Q}{\gamma P + \delta Q} \cdot \frac{\varrho z + 1}{\sigma z + 1}$$

lesen wir dann ab, daß die beiden Zahlen $\alpha P + \beta Q$ und $\gamma P + \delta Q$ gleiche Vorzeichen haben. Damit haben die vier Größen

$$\mathfrak{R} = \alpha \mathfrak{P} + \beta \mathfrak{Q}, \quad R = \alpha P + \beta Q, \quad \mathfrak{S} = \gamma \mathfrak{P} + \delta \mathfrak{Q}, \quad S = \gamma P + \delta Q$$

alle dasselbe Vorzeichen.

Wir wählen nun die Vorzeichen von $\alpha, \beta, \gamma, \delta$ so, daß die Größen $\mathfrak{R}, R, \mathfrak{S}, S$ positiv sind. Wir haben dann vier positive Ganzzahlen $\mathfrak{R}, R, \mathfrak{S}, S$ mit der Determinante

$$\mathfrak{R} S - \mathfrak{S} R = (\alpha \delta - \beta \gamma)(\mathfrak{P} Q - \mathfrak{Q} P) = \varepsilon \Delta = \pm 1,$$

derart, daß

$$\mathfrak{R} > R, \qquad \mathfrak{S} > S \qquad \text{und} \qquad y = \frac{\mathfrak{R} z + R}{\mathfrak{S} z + S}$$

ist. Wir entwickeln $\mathfrak{R} : \mathfrak{S}$ in einen Kettenbruch $(a, b, c, \ldots, h)$ von gerader oder ungerader Gliederzahl, je nachdem $\varepsilon \Delta$ gleich $+ 1$ oder $- 1$ ist, und nennen seinen vorletzten Näherungsbruch $\mathfrak{r} : \mathfrak{s}$. Es gilt dann die Formel

$$\mathfrak{R} \mathfrak{s} - \mathfrak{S} \mathfrak{r} = \varepsilon \Delta.$$

Subtrahieren wir sie von

$$\mathfrak{R} S - \mathfrak{S} R = \varepsilon \Delta,$$

so kommt

$$\mathfrak{R}(S - \mathfrak{s}) = \mathfrak{S}(R - \mathfrak{r}).$$

Gemäß dieser Gleichung ist die Differenz der beiden unterhalb $\mathfrak{S}$ gelegenen positiven Zahlen S und $\mathfrak{s}$ durch $\mathfrak{S}$ teilbar (da $\mathfrak{R}$ und $\mathfrak{S}$ teilerfremd sind). Folglich muß

$$S = \mathfrak{s} \qquad \text{und ebenso} \qquad R = \mathfrak{r}$$

sein. Damit erhalten wir

$$y = \frac{\mathfrak{R}z + \mathfrak{r}}{\mathfrak{S}z + \mathfrak{s}}$$

oder

$$y = (a, b, c, \ldots, h, z).$$

Die beiden Kettenbrüche x und y stimmen also von der dem Element $\mathfrak{E}$ bzw. h folgenden Stelle an überein, w. z. b. w.

Es erübrigt noch, den Fall ins Auge zu fassen, in dem die beiden Irrationellen x und y beliebige Vorzeichen haben.

Ist z. B. x positiv, y negativ und

$$y = \frac{\alpha x + \beta}{\gamma x + \delta} \qquad \text{mit} \quad \alpha\delta - \beta\gamma = \pm 1,$$

so setzen wir $-y = Y$, $\alpha = -\alpha'$, $\beta = -\beta'$, $\gamma = \gamma'$, $\delta = \delta'$ und haben

$$Y = \frac{\alpha' x + \beta'}{\gamma' x + \delta'} \qquad \text{mit} \quad \alpha'\delta' - \beta'\gamma' = \pm 1.$$

Nach obigem stimmen die Kettenbrüche für Y und x von einer gewissen Stelle an überein. Da nun aber die Kettenbrüche für y und $-y$ von einer gewissen Stelle an übereinstimmen (§ 38), so gilt dasselbe von den Kettenbrüchen für x und y. Für negative x und y verläuft der Beweis ähnlich.

Zweiter Abschnitt

Die quadratische Irrationelle

§ 43. Verwandlung der quadratischen Irrationelle in einen Kettenbruch

Die Wurzeln der quadratischen Gleichung

$$ax^2 + bx + c = 0 \tag{1}$$

mit ganzzahligen Koeffizienten a, b, c und positiver Diskriminante

$$D = b^2 - 4ac$$

sind rational oder irrational, je nachdem die Diskriminante eine Quadratzahl ist oder nicht.

Der erste Fall bietet für uns kein Interesse; wir haben es im folgenden nur mit dem zweiten — allgemeinen — Falle zu tun.

Wir setzen die quadratische Gleichung primitiv voraus. Eine quadratische Gleichung mit ganzzahligen Koeffizienten heißt primitiv oder eine Stammgleichung, wenn ihre Koeffizienten teilerfremd sind. Die beiden Stammgleichungen $ax^2 + bx + c = 0$ und $-ax^2 - bx - c = 0$ gelten als nicht verschieden.

Die quadratische Gleichung (1) mit nicht quadratischer Diskriminante D, in der also

$$r = \sqrt{D} \qquad \text{(Gemeint ist } r = \sqrt{|D|}\text{)}$$

irrational ist, hat zwei Wurzeln:

die Hauptwurzel oder Erstwurzel $\varkappa = \dfrac{r - b}{2a}$

und die zu ihr konjugierte oder

Nebenwurzel (Zweitwurzel) $\bar{\varkappa} = \dfrac{-r - b}{2a}$.

Jede dieser Wurzeln nennt man eine quadratische Irrationelle.

Man nennt $\varkappa$ auch die Hauptwurzel, $\bar{\varkappa}$ die Nebenwurzel des Ganzzahlentripels a, b, c.

Man bestätigt leicht den Satz:

Jede homographische Funktion

$$\omega = \frac{M\varkappa + m}{N\varkappa + n}$$

einer quadratischen Irrationelle $\varkappa$ mit ganzzahligen Koeffizienten (M, N, m, n) ist ebenfalls eine quadratische Irrationelle.

[Aus $\omega = (M\varkappa + m) : (N\varkappa + n)$ folgt zunächst

$$\varkappa = \frac{\alpha\omega + \beta}{\gamma\omega + \delta}$$

mit $\alpha = n$, $\beta = -m$, $\gamma = -N$, $\delta = M$. Durch Substitution dieses Wertes in die quadratische Gleichung

$$a\varkappa^2 + b\varkappa + c = 0$$

für $\varkappa$ ergibt sich für ω die quadratische Gleichung

$$A\omega^2 + B\omega + C = 0$$

mit den Koeffizienten

$$A = a\alpha^2 + b\alpha\gamma + c\gamma^2, \qquad B = 2a\alpha\beta + b(\alpha\delta + \beta\gamma) + 2c\gamma\delta,$$
$$C = a\beta^2 + b\beta\delta + c\delta^2$$

und der Diskriminante

$$B^2 - 4\,AC = (b^2 - 4\,ac)\,\varepsilon^2,$$

wo

$$\varepsilon = \alpha\delta - \beta\gamma = Mn - Nm$$

die »Determinante« der homographischen Funktion ist.

Da die Ausgangsdiskriminante $b^2 - 4\,ac$ nichtquadratisch ist, kann auch die neue Diskriminante $B^2 - 4\,AC$ nicht quadratisch sein; mithin ist ω eine quadratische Irrationelle.

Die Diskriminanten der beiden quadratischen Gleichungen sind sogar gleich, wenn die Determinante ε die positive oder negative Einheit ist.]

Die einfachste quadratische Irrationelle ist die Hauptwurzel $\varkappa = \sqrt{2}$ der quadratischen Gleichung

$$x^2 - 2 = 0.$$

Entwickelt man sie in einen unendlichen Dezimalbruch,

$$\varkappa = \sqrt{2} = 1{,}4142135624\ldots,$$

so läßt die Folge der Dezimalstellen keinerlei Gesetzmäßigkeit erkennen.

Ganz anders, wenn man $\sqrt{2}$ in einen Kettenbruch entwickelt. Dann ergibt sich

$$\varkappa = \sqrt{2} = 1 + \frac{1}{\alpha} \qquad \text{mit } \alpha = \frac{1}{\varkappa - 1} = \varkappa + 1,$$

$$\alpha = \varkappa + 1 = 2 + \frac{1}{\beta} \qquad \text{mit } \beta = \frac{1}{\varkappa - 1} = \varkappa + 1,$$

$$\beta = \varkappa + 1 = 2 + \frac{1}{\gamma} \qquad \text{mit } \gamma = \frac{1}{\varkappa - 1} = \varkappa + 1$$

usw.,

so daß

$$\varkappa = \sqrt{2} = (1,\ 2,\ 2,\ 2,\ \ldots).$$

Die Kettenbruchentwicklung von $\sqrt{2}$ ist periodisch; die Periode besteht nur aus dem einen Element 2.

[Umgekehrt folgt aus

$$x = (1, 2, 2, 2, \ldots) = 1 + \frac{1}{2} + \frac{1}{2} + \frac{1}{2} \cdot \cdot \cdot$$

$$x - 1 = \frac{1}{2 + (x - 1)}$$

oder

$$x^2 = 2; \qquad x = \sqrt{2}.]$$

Das ist kein bloßer Zufall. Nehmen wir ein anderes Beispiel, etwa

$$\varkappa = \sqrt{23}\,!$$

Es ist

$$\varkappa = \sqrt{23} = \mathbf{4} + \frac{1}{\alpha} \qquad \text{mit } \alpha = \frac{1}{\varkappa - 4} = \frac{\varkappa + 4}{7}.$$

$$\alpha = \frac{\varkappa + 4}{7} = \mathbf{1} + \frac{1}{\beta} \qquad \text{mit } \beta = \frac{7}{\varkappa - 3} = \frac{\varkappa + 3}{2},$$

$$\beta = \frac{\varkappa + 3}{2} = \mathbf{3} + \frac{1}{\gamma} \qquad \text{mit } \gamma = \frac{2}{\varkappa - 3} = \frac{\varkappa + 3}{7},$$

$$\gamma = \frac{\varkappa + 3}{7} = \mathbf{1} + \frac{1}{\delta} \qquad \text{mit } \delta = \frac{7}{\varkappa - 4} = \varkappa + 4,$$

$$\delta = \varkappa + 4 = \mathbf{8} + \frac{1}{\varepsilon} \qquad \text{mit } \varepsilon = \frac{1}{\varkappa - 4} = \alpha,$$

so daß die folgenden Gleichungen wieder

$$\alpha = \mathbf{1} + \frac{1}{\beta}, \quad \beta = \mathbf{3} + \frac{1}{\gamma}, \quad \gamma = \mathbf{1} + \frac{1}{\delta}, \quad \delta = \mathbf{8} + \frac{1}{\alpha}$$

heißen und auch diese Entwicklung periodisch wird:

$$\varkappa = \sqrt{23} = (4,\ 1,\ 3,\ 1,\ 8,\ 1,\ 3,\ 1,\ 8,\ 1,\ 3,\ 1,\ 8,\ \ldots).$$

Die Periode ist 1, 3, 1, 8, besteht also aus vier Elementen.

Die Anzahl der Stellen (Elemente), aus denen eine Periode besteht, heißt die Länge der Periode, und die Periode heißt gerade oder ungerade, je nachdem ihre Länge gerade oder ungerade ist.

Der Kettenbruch für $\sqrt{23}$ hat demgemäß eine gerade Periode von der Länge 4.

Vor der Behandlung weiterer Beispiele verschaffen wir uns ein übersichtliches.

Schema für die Kettenbruchentwicklung der quadratischen Irrationelle.

Vorgelegt sei die quadratische Gleichung

(1) $$ax^2 + bx + c = 0$$

mit ganzzahligen, teilerfremden Koeffizienten a, b, c und positiver nichtquadratischer Diskriminante

$$D = b^2 - 4\,ac.$$

Die Aufgabe lautet:

Die Hauptwurzel

$$\varkappa = \frac{r-b}{2a} \qquad \text{mit } r = \sqrt{D} > 0$$

dieser Gleichung in einen Kettenbruch zu entwickeln.

Lösung. Wir setzen an

$$\varkappa = g + \frac{1}{\varkappa'},$$

wo g die Kennzahl von $\varkappa$ und $\varkappa'$ einen positiven unechten (irrationalen) Bruch bedeutet, den man die Ableitung von $\varkappa$ nennt. Für $\varkappa'$ erhalten wir

$$\varkappa' = \frac{1}{\varkappa - g} = \frac{2a}{r+b'} \qquad \text{mit } -b' = 2ag + b$$

und weiter

$$\varkappa' = \frac{r-b'}{2a'} \qquad \text{mit } -a' = ag^2 + bg + c.$$

Assoziieren wir den neuen Größen a' und b' noch eine dritte $c' = -a$, wo also a', b', c' die entgegengesetzten Werte von $ag^2 + bg + c, 2ag + b, a$ sind, so ist

(1′) $$a'x'^2 + b'x' + c' = 0$$

eine quadratische Gleichung mit der Diskriminante

$$D' = b'^2 - 4a'c' = b^2 - 4ac = D$$

und der Hauptwurzel

$$\varkappa' = \frac{r-b'}{2a'} \quad \left(= \frac{1}{\varkappa - g}\right).$$

Es verdient bemerkt zu werden, daß aus den Gleichungen

$$-a' = ag^2 + bg + c, \qquad -b = 2ag + b, \qquad -c' = a$$

der Satz folgt:

Die größten gemeinsamen Teiler der beiden Tripel a, b, c und a', b', c' stimmen überein, so daß z. B. a', b', c' teilerfremd sind, wenn a, b, c es sind.

Die Gleichung (1′), das Tripel a', b', c', die Hauptwurzel $\varkappa'$ von (1′) heißt bzw. die Ableitung der Gleichung (1), des Tripels a, b, c, der Hauptwurzel $\varkappa$.

Die Berechnung der neuen Koeffizienten a', b', c' geschieht nach folgendem Schema:

$$\begin{array}{ccc}
a \searrow & b & c \\
 & ag & \\ \hline
 & ag+b & \rightarrow g(ag+b) \\ \hline
a' & b' & c'
\end{array}$$

verbunden mit der

Regel:

Man addiert die beiden Posten der dritten Spalte, ändert das Vorzeichen der Summe und erhält a'.

Man addiert die beiden unteren Posten der zweiten Spalte, ändert das Vorzeichen der Summe und hat b'.

Man ändert das Vorzeichen von a und hat c'.

Die abgeleitete Gleichung bzw. das neue Tripel (a', b', c') wird nun genau so behandelt wie die Ausgangsgleichung (1) bzw. das Tripel (a, b, c) und dieses Verfahren so weit fortgesetzt, wie es die Umstände bedingen.

Wir wenden das Verfahren auf die quadratische Gleichung

$$25x^2 - 252x + 631 = 0$$

mit der Diskriminante

$$D = 404 \qquad (r = \sqrt{404} = 20{,}09 \ldots)$$

an.

Es ist

$$\varkappa = \frac{r + 252}{50} = 5{,}4 \ldots$$

und das Schema wird

25	-252	631	$\varkappa = \frac{r+252}{50} = 5, \ldots$
	125		
	-127	-635	
4	2	-25	$\varkappa' = \frac{r-2}{8} = 2, \ldots$
	8		
	10	20	
5	-18	-4	$\varkappa'' = \frac{r+18}{10} = 3, \ldots$
	15		
	-3	-9	
13	-12	-5	$\varkappa''' = \frac{r+12}{26} = 1, \ldots$
	13		
	1	1	
4	-14	-13	$\varkappa^{IV} = \frac{r+14}{8} = 4, \ldots$
	16		
	2	8	
5	-18	-4	$\varkappa^{V} = \varkappa''$.

Von dieser Zeile an wiederholt sich die in den drei vorausgegangenen Schritten durchgeführte Rechnung periodisch; und es wird

$$\varkappa = (5,\ 2,\ 3,\ 1,\ 4,\ 3,\ 1,\ 4,\ 3,\ 1,\ 4,\ \ldots).$$

Auch die durch die Gleichung

$$25x^2 - 252x + 631 = 0$$

definierte quadratische Irrationelle

$$\varkappa = \frac{\sqrt{404} + 252}{50}$$

ist gleich einem periodischen Kettenbruch; seine Periode 3, 1, 4 hat die Länge 3.

Das geschilderte Verfahren läßt sich noch auf eine andere gleichfalls übersichtliche Form bringen.

Unsere Aufgabe lautet:

Die Wurzel — Hauptwurzel —

$$\varkappa = \frac{r - b}{2a}$$

der quadratischen Gleichung

$$ax^2 + bx + c = 0$$

mit ganzen rationalen Koeffizienten a, b, c und nichtquadratischer Diskriminante

$$D = b^2 - 4ac$$

in einen Kettenbruch zu entwickeln.

Lösung. Mit Hilfe der Kennzahl von $r = \sqrt{D}$ bestimmen wir die Kennzahl k von $\varkappa$ und schreiben

$$\text{(I)} \qquad \varkappa = \frac{r - b}{2a} = k + \frac{1}{\varkappa'}.$$

Dann ist

$$\varkappa' = \frac{2a}{r - b'} \qquad \text{mit} \quad -b' = 2ak + b.$$

Wir rationalisieren den Nenner von $\varkappa'$ und bekommen

$$\varkappa' = \frac{r - b'}{2a'} \qquad \text{mit} \quad 2a' = \frac{r^2 - b'^2}{2a} = -2(ak^2 + bk + c).$$

Wir bestimmen die Kennzahl k' von $\varkappa'$ und setzen an

$$\text{(II)} \qquad \varkappa' = \frac{r - b'}{2a'} = k' + \frac{1}{\varkappa''},$$

wo dann $\varkappa''$ aus $\varkappa'$ ähnlich erhalten wird wie $\varkappa'$ aus $\varkappa$.

In dieser Weise fahren wir fort. Worauf es dabei ankommt ist, daß sich die Rechenarbeit nach folgender Vorschrift vollzieht:

Rechenregel für den Übergang von (I) nach (II):

Wir schreiben

(I) $$\frac{r-b}{2a} = k, \ldots,$$

wo die Dezimalstellen hinter dem Komma unentschieden bleiben, subtrahieren k von der linken Seite und erhalten $\frac{r+b'}{2a}$. Dies schreiben wir aber nicht auf, sondern — unter Bestimmung von $2a'$ nach der Vorschrift

$$(2a)\cdot(2a') = r^2 - b'^2 = D - b'^2 \text{ —}$$

seinen reziproken Wert $\frac{r-b'}{2a'}$ nebst zugehöriger Kennzahl k':

(II) $$\frac{r-b'}{2a'} = k', \ldots$$

Ein Zahlenbeispiel möge die Übersichtlichkeit und Kürze des Verfahrens zeigen.

$$8x^2 - 23x + 12 = 0, \qquad \varkappa = \frac{r+23}{16}, \qquad r^2 = 145$$

$$\frac{r+23}{16} = 2,$$

$$\frac{r+9}{4} = 5,$$

$$\frac{r+11}{6} = 3,$$

$$\frac{r+7}{16} = 1,$$

$$\frac{r+9}{4} = 5,$$

$$\varkappa = (2, 5, 3, 1, 5, 3, 1, 5, 3, 1, \ldots).$$

Ist der Mittelkoeffizient der Ausgangsgleichung

$$ax^2 + bx + c = 0$$

eine gerade Zahl: $b = 2\mathfrak{b}$, so daß die Diskriminante $D = b^2 - 4ac = 4(\mathfrak{b}^2 - ac)$ durch 4 teilbar ist: $D = 4\mathfrak{D} = 4\mathfrak{r}^2$, so vereinfachen sich die sukzessiven Gleichungen des Rechenschemas zu

$$\frac{\mathfrak{r}-\mathfrak{b}}{a} = k, \ldots, \quad -\mathfrak{b}' = ak + \mathfrak{b}, \quad aa' = \mathfrak{r}^2 - \mathfrak{b}'^2,$$

$$\frac{\mathfrak{r}-\mathfrak{b}'}{a'} = k', \ldots, \quad -\mathfrak{b}'' = a'k' + \mathfrak{b}', \quad a'a'' = \mathfrak{r}^2 - \mathfrak{b}''^2,$$

. . . .

wodurch die vielfache Niederschrift des Faktors 2 erspart wird.

Das trifft insbesondere auf die rein quadratische Gleichung

$$x^2 - P = 0 \qquad (D = 4P)$$

zu, bei der man also statt mit der Wurzel $r = \sqrt{D} = \sqrt{4P}$ mit $\mathfrak{r} = \sqrt{P}$ rechnen kann.

Beispiel. $\qquad x^2 - 96 = 0, \qquad \mathfrak{r} = \sqrt{96}$

Schema:

$$\frac{\mathfrak{r} - 0}{1} = 9,$$
$$\frac{\mathfrak{r} + 9}{15} = 1,$$
$$\frac{\mathfrak{r} + 6}{4} = 3,$$
$$\frac{\mathfrak{r} + 6}{15} = 1,$$
$$\frac{\mathfrak{r} + 9}{1} = 18,$$
$$\frac{\mathfrak{r} + 9}{15}$$

$$x = \sqrt{96} = (9, \dot{1}, 3, 1, \dot{18}, 1, 3, 1, 18, \ldots).$$

Die behandelten Beispiele lassen vermuten, daß sich jede quadratische Irrationelle in einen periodischen Kettenbruch entwickeln läßt. Diese Vermutung wurde von Lagrange zur Gewißheit erhoben.

§ 44. Lagranges Periodizitätssatz

Die Kettenbruchentwicklung einer quadratischen Irrationelle ist periodisch.

(Lagrange, Additions au mémoire sur la résolution des équations numériques, Mémoires de l'Académie royale des sciences et belles-lettres de Berlin, 1770.)

Beweis von Charves. ζ sei eine beliebige quadratische Irrationelle d. h. eine der beiden Wurzeln der quadratischen Gleichung

$$(1) \qquad f(x) \equiv ax^2 + bx + c = 0$$

mit ganzzahligen Koeffizienten und positiver nichtquadratischer Diskriminante

$$D = b^2 - 4ac.$$

Wir entwickeln ζ auf Grund der Lagrangeschen Ansätze

$$\zeta = g_1 + \frac{1}{\zeta_1}, \quad \zeta_1 = g_2 + \frac{1}{\zeta_2}, \quad \zeta_2 = g_3 + \frac{1}{\zeta_3}, \quad \ldots$$

in den Kettenbruch

$$\zeta = (g_1, g_2, g_3, \ldots)$$

mit den Elementen $g_1, g_2, g_3, \ldots$ und den Schlußzahlen $\zeta_1, \zeta_2, \ldots$ Dabei sind also $g_2, g_3, g_4, \ldots$ positive Ganzzahlen, während g_1 nicht notwendig positiv zu sein braucht; $\zeta_1, \zeta_2, \ldots$ sind positive unechte Brüche.

Bedeutet $p_n : q_n$ den $n$ten, $p_m : q_m$ den folgenden $(m = n + 1)$ Näherungsbruch von ζ, so gilt die Gleichung

$$\zeta = \frac{p_m \zeta_m + p_n}{q_m \zeta_m + q_n},$$

die wir mittels der Bezeichnungen

$$p_m = P, \qquad q_m = Q, \qquad p_n = p, \qquad q_n = q, \qquad \zeta_m = Z$$

etwas bequemer

$$\zeta = \frac{PZ + p}{QZ + q}$$

schreiben.

Wir setzen diesen Wert von ζ in der quadratischen Gleichung $f(x) = 0$ ein und erkennen:

Die Schlußzahl Z ist Wurzel der quadratischen Gleichung

(2) $$AX^2 + BX + C = 0,$$

wo

$$\left\{\begin{array}{l} A = a_m = aP^2 + bPQ + cQ^2 \\ B = b_m = 2\,aPp + b\,(Pq + Qp) + 2\,cQq \\ C = c_m = ap^2 + bpq + cq^2 \end{array}\right\}$$

ist. Wir berechnen die Diskriminante D_m von (2) und finden

$$D_m = b_m{}^2 - 4a_m c_m = (b^2 - ac)\,\varepsilon^2,$$

wo ε die Determinante $Pq - Qp$ bedeutet (deren Quadrat gleich 1 ist), oder

$$D_m = D.$$

Die Diskriminante von (2) stimmt mit der von (1) überein.

Darauf vergleichen wir die Vorzeichen der Außenkoeffizienten A und C von (2). Es ist

$$A = Q^2 f\left(\frac{P}{Q}\right), \qquad C = q^2 f\left(\frac{p}{q}\right).$$

Für hinreichend hohe Zeiger m liegen $p : q$ und $P : Q$ so nahe an ζ — jedoch zu verschiedenen Seiten von ζ —, daß $f\left(\frac{p}{q}\right)$ und $f\left(\frac{P}{Q}\right)$ verschiedene Vorzeichen haben.

Für hinreichend hohe Zeiger m haben die Koeffizienten a_m und c_m der Gleichung (2) ungleiche Vorzeichen.

Nun ist aber die Anzahl der Zahlentripel A, B, C, die die beiden Bedingungen

$$B^2 - 4AC = D, \qquad AC < 0$$

erfüllen, beschränkt.

Denn zunächst kommen wegen des positiven Wertes von $-4AC$ nur solche B in Frage, die betraglich unter $\sqrt{D}$ liegen. Sodann gehören zu jedem solchen B wegen

$$-AC = (D - B^2) : 4$$

nur endlich viele A und C.

Hieraus folgt, daß von dem Augenblicke an, wo für einen Zeiger m erstmalig die Bedingung

$$a_m \, c_m < 0$$

erfüllt ist, für alle folgenden unendlich vielen Zeiger $m + 1$, $m + 2$, $m + 3$, ... dennoch nur endlich viele voneinander verschiedene Gleichungen (2) auftreten, daß es also mindestens zwei Zeiger μ und $\nu > \mu$ gibt, für die

$$a_\nu = a_\mu, \quad b_\nu = b_\mu, \quad c_\nu = c_\mu,$$

mithin

$$\zeta_\nu = \zeta_\mu$$

ist. Aus

$$\zeta_\mu = (g_{\mu+1}, \; g_{\mu+2}, \; \ldots, \; g_\nu, \; \zeta_\nu)$$

wird dann

$$\zeta_\mu = (g_{\mu+1}, \; g_{\mu+2}, \; \ldots, \; g_\nu, \; \zeta_\mu)$$

oder

$$\zeta_\mu = (g_{\mu+1}, \, g_{\mu+2}, \, \ldots, \, g_\nu, \, g_{\mu+1}, \, g_{\mu+2}, \, \ldots, \, g_\nu, \, g_{\mu+1}, \, g_{\mu+2}, \, \ldots, \, g_\nu, \, \ldots).$$

D. h.:

Der unendliche Kettenbruch

$$\zeta = (g_1, \; g_2, \; g_3, \; \ldots)$$

ist periodisch, w. z. b. w.

§ 45. Eulers Periodizitätssatz

Lagranges Periodizitätssatz läßt sich umkehren, was schon Euler gezeigt hat (Euler, De fractionibus continuis, Commentarii Academiae scientiarum Imperialis Petropolitanae ad annum 1737). Es gilt

Eulers Periodizitätssatz:

Jeder periodische Kettenbruch (mit ganzzahligen Elementen) ist eine quadratische Irrationelle.

Beweis. Es sei

$$\zeta = (a_1, a_2, \ldots, a_\nu, b_1, b_2, \ldots, b_m, b_1, b_2, \ldots, b_m, b_1, b_2, \ldots, b_m, \ldots)$$

ein unendlicher periodischer Kettenbruch mit der Periode

$$b_1, b_2, \ldots, b_m,$$

den wir durch Überstreichen der Periode einfacher

$$\zeta = (a_1, a_2, \ldots, a_\nu, \overline{b_1, b_2, \ldots, b_m})$$

schreiben.

Ist $\omega = \zeta_\nu$ die zu a_ν gehörige Schlußzahl, so gelten die beiden Gleichungen

$$\zeta = (a_1, a_2, \ldots, a_\nu, \zeta_\nu) = (a_1, a_2, \ldots, a_\nu, \omega)$$

und

$$\omega = (b_1, b_2, \ldots, b_m, \omega).$$

Aus ihnen folgen die beiden Relationen

$$\zeta = \frac{P\omega + p}{Q\omega + q} \qquad \text{und} \qquad \omega = \frac{R\omega + r}{S\omega + s},$$

wo $P:Q$ den νten Näherungsbruch, $p:q$ den ihm vorhergehenden Näherungsbruch von ζ sowie $R:S$ den $m$ten Näherungsbruch, $r:s$ den ihm vorhergehenden Näherungsbruch von ω bedeutet.

Aus der zweiten Relation folgt, daß ω Wurzel der quadratischen Gleichung

$$Sx^2 - (R - s)\,x - r = 0$$

ist. Die Diskriminante dieser Gleichung kann keine Quadratzahl sein, da die Gleichung die irrationale Wurzel ω besitzt. Folglich ist ω eine quadratische Irrationelle. Aus

$$\zeta = \frac{P\omega + p}{Q\omega + q}$$

folgt dann weiter (§ 43), daß auch ζ eine quadratische Irrationelle ist, w. z. b. w.

Hinsichtlich der quadratischen Gleichung für die Irrationelle ζ gilt folgender Satz:

Zu jedem periodischen Kettenbruch ζ existiert nur eine Stammgleichung mit der Wurzel ζ: die »Stammgleichung des Kettenbruches«.

Der Beweis dieses Satzes beruht auf folgendem

Stammgleichungssatz:

Stimmen zwei Stammgleichungen in einer irrationalen Wurzel überein, so sind sie identisch.

In der Tat: Sind

$$Ax^2 + Bx + C = 0 \qquad \text{und} \qquad ax^2 + bx + c = 0$$

zwei Stammgleichungen mit positiven A und a, und ist

$$\frac{R-B}{2A}=\frac{r-b}{2a} \qquad \text{mit} \quad \begin{Bmatrix} R=\sqrt{B^2-4AC} \\ r=\sqrt{b^2-4ac} \end{Bmatrix},$$

so folgt zunächst

$$\frac{R}{A}=\frac{r}{a} \qquad \text{und} \qquad \frac{B}{A}=\frac{b}{a},$$

darauf durch Quadrierung der ersten dieser beiden Proportionen unter Berücksichtigung der zweiten

$$C:A=c:a,$$

so daß die Koeffizienten der einen Gleichung denen der andern proportional sind:

$$A=ha,\ B=hb,\ C=hc \quad \text{oder auch} \quad a=kA,\ b=kB,\ c=kC$$

mit $hk=1$.

Wegen der Teilerfremdheit von a, b, c gibt es drei Ganzzahlen u, v, w derart, daß

$$au+bv+cw=1$$

ist. Damit wird

$$Au+Bv+Cw=h.$$

Folglich ist h ganz. Ebenso erweist sich k als ganz. Mithin ist $h=k=1$ und

$$A=a,\quad B=b,\quad C=c,$$ w. z. b. w.

Ist

(1) $$ax^2+bx+c=0$$

die Stammgleichung für ω,

$$\omega=\frac{\alpha\zeta+\beta}{\gamma\zeta+\delta} \qquad (\alpha\delta-\beta\gamma=\varepsilon=\pm 1)$$

die Äquivalenzrelation zwischen ω und ζ, so lautet die quadratische Gleichung für ζ [sie entsteht durch Substitution von ω in (1)]

(2) $$Ax^2+Bx+C=0$$

mit

$$A=a\alpha^2+b\alpha\gamma+c\gamma^2,\quad B=2a\alpha\beta+b(\alpha\delta+\beta\gamma)+2c\gamma\delta,$$
$$C=a\beta^2+b\beta\delta+c\delta^2.$$

Schreibt man dieses Formeltripel (vgl. § 80)

$$a=A\delta^2-B\delta\gamma+C\gamma^2,\quad b=-2A\delta\beta+B(\alpha\delta+\beta\gamma)-2C\gamma\alpha,$$
$$c=A\beta^2-B\beta\alpha+C\alpha^2,$$

so erkennt man, daß die Koeffizienten von (2) teilerfremd sind, da jeder gemeinsame Teiler von A, B, C auch in a, b, c aufgehen müßte.

Mithin ist auch (2) eine Stammgleichung, die Stammgleichung für ζ.

Berechnet man darauf aus dem ersten Formeltripel die Diskriminante von (2) [vgl. § 80], so entsteht

$$B^2 - 4\,AC = \varepsilon^2 (b^2 - 4\,ac) = b^2 - 4\,ac,$$

so daß die Diskriminante von (2) mit der von (1) übereinstimmt.

Eine zweite Stammgleichung für ζ kann es aber wegen des Stammgleichungssatzes nicht geben.

§ 46. Reinperiodische Kettenbrüche

Die Sätze von Galois

Ein periodischer Kettenbruch hat im allgemeinen die Gestalt

$$\zeta = (a_1, a_2, \ldots, a_\nu, \overline{b_1, b_2, \ldots, b_m}),$$

wo die Zahlenfolge $b_1, b_2, \ldots, b_m$ die Periode darstellt, die ihr vorausgehende Zahlenfolge $a_1, a_2, \ldots, a_\nu$ Vorperiode genannt wird. Ein solcher mit Vorperiode ausgestatteter periodischer Kettenbruch heißt gemischt-periodisch.

Die einfachsten periodischen Kettenbrüche sind die rein periodischen, d. h. diejenigen, die keine Vorperiode besitzen.

Ein rein periodischer Kettenbruch sieht also so aus:

$$\varrho = (\overline{b_1, b_2, \ldots, b_m}),$$

und es gilt die Gleichung

$$\varrho = (b_1, b_2, \ldots b_m, \varrho).$$

Bedeutet demnach $P : Q$ den $m$ten Näherungsbruch, $p : q$ den unmittelbar vorhergehenden Näherungsbruch, so ist

$$\varrho = \frac{P\varrho + p}{Q\varrho + q} \qquad \text{mit} \quad Pq - Qp = \varepsilon = \iota^m.$$

Der Wert ϱ unseres rein periodischen Kettenbruchs ist also eine Wurzel der quadratischen Gleichung

$$f(x) = Qx^2 - Hx - p = 0 \qquad \text{mit } H = P - q.$$

Da $f(0) = -p$ negativ, $f(-1) = (P + Q) - (p + q)$ positiv ist, so liegt die zweite Wurzel $\bar{\varrho}$, die Konjugierte zu ϱ, zwischen 0 und -1. Es gilt der

Satz von Galois:

Ein rein periodischer Kettenbruch ist eine quadratische Irrationelle, die positiv unecht, deren Konjugierte negativ echt ist.

Im Hinblick auf eine von Gauß herrührende Bezeichnung aus der Formenlehre (vgl. § 84) nennt man eine quadratische Gleichung mit ganzen Koeffizienten und nichtquadratischer positiver Diskriminante, deren Hauptwurzel positiv unecht, deren Nebenwurzel negativ echt ist, eine reduzierte Gleichung und entsprechend eine quadratische Irrationelle, die positiv unecht und deren Konjugierte negativ echt ist, eine reduzierte Zahl oder kurz, wenn kein Mißverständnis möglich ist, eine Reduzierte.

In der Gleichung

$$a x^2 + b x + c = 0$$

mit der Diskriminante $D = b^2 - 4ac$ und den beiden Wurzeln

$$\varrho = \frac{r - b}{2a}, \qquad \bar{\varrho} = \frac{-r - b}{2a} \qquad \text{mit} \quad r = |\sqrt{D}|$$

ist also ϱ reduziert, wenn

$$\varrho > 1 \qquad \text{und zugleich} \qquad 0 > \bar{\varrho} > -1$$

ist. Aus $(r - b) : 2a > 1$ und $(r + b) : 2a > 0$ folgt durch Addition $r : a > 0$, d. h. $a > 0$.

Aus $\varrho \bar{\varrho} = c : a$ und $\varrho \bar{\varrho} < 0$ folgt $c < 0$.

Aus $(r - b) : 2a > 1$ folgt $r > 2a + b$ und hieraus durch Quadrierung $a + b + c < 0$.

Ebenso folgt aus $(r + b) : 2a < 1$ $\qquad a - b + c > 0$.

Umgekehrt folgt aus den vier Bedingungen

$$a > 0, \quad c < 0, \quad a + b + c < 0, \quad a - b + c > 0$$

durch Rückwärtsschließen die Reduziertheit von ϱ.

Die Gleichung $ax^2 + bx + c = 0$ bzw. ihre Hauptwurzel $\varrho = (r - b) : 2a$ ist also dann und nur dann reduziert, wenn die vier Koeffizientenbedingungen

$$\boxed{a > 0 \ , \ c < 0 \ , \ a + b + c < 0 \ , \ a - b + c > 0}$$

erfüllt sind.

Aus den letzten beiden Bedingungen folgt noch, daß b negativ sein muß.

Will man also schnell feststellen, ob eine Gleichung reduziert ist, so hat man folgendes

Reduzierten-Merkmal:

Die Gleichung $ax^2 + bx + c$ ist nur dann reduziert, wenn a positiv, b und c negativ sind und der Unterschied der Beträge von a und c unterhalb des Betrages von b liegt.

Außer der Reduzierten ϱ und ihrer Konjugierten $\bar{\varrho}$ haben wir Veranlassung, auch die reziprok entgegengesetzte Konjugierte

$$\boxed{\tilde{\varrho} = 1 : (-\bar{\varrho})} = \frac{2a}{r+b} = \frac{r-b}{-2c}$$

zu betrachten. Um uns bequem auszudrücken, nennen wir diese die Adjunkte von ϱ oder auch die Scheinwurzel der Gleichung $ax^2 + bx + c = 0$.

Die Adjunkte einer Reduzierten ist gleichfalls reduziert. In der Tat $\tilde{\varrho}$ ist positiv unecht, und die Konjugierte von $\tilde{\varrho}$, nämlich $2a : (b - r) = -1 : \varrho$ ist negativ echt.

NB.: Die Formel

$$\boxed{\bar{\tilde{\varrho}} = -1 : \varrho}$$

ist natürlich auch direkt aus $\tilde{\varrho} = -1 : \bar{\varrho}$ ablesbar.

Aus der Formel $\tilde{\varrho} = (r - b) : (-2c)$ folgt noch:

Die Scheinwurzel $\tilde{\varrho}$ ist die Hauptwurzel der reduzierten Gleichung

$$-cx^2 + bx - a = 0.$$

Umkehrung des Satzes von Galois:

Der Kettenbruch für eine Reduzierte ist rein periodisch.

Beweis. Die Reduzierte heiße ϱ, und es sei

$$\varrho = g + \frac{1}{\varrho'}$$

der erste Ansatz ihrer Kettenbruchentwicklung, so daß g eine positive Ganzzahl und ϱ' ein positiver unechter Bruch ist. Dann ist (unter $\bar{\varrho}'$ die Konjugierte von ϱ verstanden)

$$\varrho' = \frac{1}{\varrho - g} \qquad \text{und} \qquad \bar{\varrho}' = \frac{1}{\bar{\varrho} - g}.$$

Aus der ersten dieser Gleichung lesen wir ab:

ϱ' ist positiv unecht,

aus der zweiten:

$\bar{\varrho}'$ ist negativ echt.

Die Ableitung einer reduzierten Zahl ist demnach wieder eine reduzierte Zahl.

Daher sind die Schlußzahlen der Kettenbruchentwicklung einer reduzierten Zahl sämtlich reduzierte Zahlen.

Wir schreiben noch

$$\tilde{\varrho}' = 1 : -\overline{\varrho'} = g - \bar{\varrho} = g + \frac{1}{\tilde{\varrho}}$$

und erkennen aus dieser Gleichung:

Die Kennzahl g einer reduzierten Zahl ist zugleich die Kennzahl der Adjunkte ihrer Ableitung.

Sei nunmehr etwa

$$(a, b, \overline{l, m, n})$$

die Kettenbruchentwicklung einer reduzierten Zahl ϱ, l, m, n ihre Periode. Nach dem soeben angegebenen Satze ist jedes Element e dieser Entwicklung die Kennzahl der Adjunkte der reduzierten Zahl, deren Kettenbruchentwicklung durch die dem Element e folgenden Elemente gebildet wird.

Hieraus ergibt sich zunächst, daß

$$\omega = (l, m, n, l, m, n, l, m, n, \ldots)$$

gesetzt, sowohl b als auch n gleich $\perp \tilde{\omega}$, folglich

$$b = n$$

und damit

$$\varrho = (a, n, l, m, n, l, m, n, l, m, \ldots)$$

ist. Aus dieser Gleichung ergibt sich ähnlich,

$$a = m,$$

mithin

$$\varrho = (m, n, l, \overline{m, n, l}).$$

Daß es bei dieser Schlußweise auf die Anzahl der Elemente der Periode oder der Vorperiode nicht ankommt, ist klar.

Wir sehen, daß in der Kettenbruchentwicklung einer reduzierten Zahl eine Vorperiode überhaupt nicht vorhanden ist, daß die Entwicklung vielmehr gleich beim ersten Element mit der Periode beginnt. Die Kettenbruchentwicklung einer reduzierten Zahl ist also rein periodisch.

Galois hat noch einen dritten Satz über rein periodische Kettenbrüche bzw. über reduzierte Gleichungen oder Zahlen aufgestellt.

Eine reduzierte Gleichung hat eine positiv unechte Wurzel: die reduzierte Zahl ϱ, und eine negativ echte Wurzel: die Konjugierte $\bar{\varrho}$ zu ϱ.

Die Kettenbruchentwicklung der Hauptwurzel ϱ ist nach dem oben (§ 43) beschriebenen Algorithmus leicht zu gewinnen. Sie heiße etwa

(I) $$\varrho = (\overline{a, b, c, d, e}).$$

Statt nun die Kettenbruchentwicklung der negativ echten Nebenwurzel $\bar{\varrho}$ zu suchen, ist es zweckmäßiger, die der positiv unechten Scheinwurzel $\tilde{\varrho}$ (der Adjunkte von ϱ) zu bestimmen.

Ist $P:Q$ der letzte, $p:q$ der vorletzte Näherungsbruch des Kettenbruchs (a, b, c, d, e), so gilt die Gleichung

$$\varrho = \frac{P\varrho + p}{Q\varrho + q}$$

oder

(1) $$Q\varrho^2 - H\varrho - p = 0 \qquad \text{mit } H = P - q.$$

Nun ist $P:p$ der letzte, $Q:q$ der vorletzte Näherungsbruch des umgekehrten Kettenbruchs (e, d, c, b, a), mithin, wenn wir

(II) $$\sigma = (\overline{e, d, c, b, a})$$

setzen,

$$\sigma = \frac{P\sigma + Q}{p\sigma + q}$$

oder

$$p\sigma^2 - H\sigma - Q = 0.$$

Nennen wir die Entgegengesetztreziproke von σ τ:

$$\tau = -1:\sigma,$$

so verwandelt sich die letzte Gleichung in

(2) $$Q\tau^2 - H\tau - p = 0.$$

Der Vergleich von (1) und (2) zeigt, daß

$$\tau = \bar{\varrho}$$

ist. Daraus folgt

(III) $$\tilde{\varrho} = 1: -\bar{\varrho} = \sigma,$$

so daß σ die Adjunkte von ϱ ist.

Die Gleichungen (I), (II), (III) liefern den

Umkehrungssatz von Galois:

Kehrt man die Periode des Kettenbruchs

$$\varrho = (\overline{a, b, c, \ldots, g, h})$$

der Hauptwurzel einer reduzierten Gleichung um, so entsteht der Kettenbruch für die Scheinwurzel $\tilde{\varrho}$ der Gleichung:

$$\varrho = (\overline{h, g, \ldots, c, b, a}).$$

Kürzer:

Die Kettenbrüche für eine Reduzierte und ihre Adjunkte sind beide rein periodisch mit umgekehrten Perioden.

Oder auch:

Ist $Ax^2 + Bx + C = 0$ eine reduzierte Gleichung,

$$\varrho = (\overline{a, b, c, \ldots, g, h})$$

ihre Hauptwurzel, so ist

$$\tilde{\varrho} = (\overline{h, g, \ldots, c, b, a})$$

die Hauptwurzel der reduzierten Gleichung

$$-Cx^2 + Bx - A = 0.$$

Die Sätze dieses Paragraphen stehen in der Galoisschen Abhandlung »Demonstration d'un théorème sur les fractions continues périodiques« (Annales de Mathématiques de Gergonne, T. 19, 1828/29).

§ 47. Äquivalenz quadratischer Irrationellen

Zwei Zahlen sind bekanntlich äquivalent (§ 42), wenn ihre Kettenbrüche von einer gewissen Stelle ab übereinstimmen. Nun haben aber quadratische Irrationellen stets periodische Kettenbrüche. Folglich gilt der Satz:

Zwei quadratische Irrationellen sind äquivalent, wenn die Periode des Kettenbruchs der einen aus der des Kettenbruchs der andern durch zyklische Verschiebung hervorgeht.

Die Kettenbrüche für zwei solche Irrationellen sehen etwa so aus:

$$(a,\ b,\ c,\ p,\ q,\ r,\ s,\ t,\ p,\ q,\ r,\ s,\ t,\ \ldots)$$
$$(h,\ k,\ r,\ s,\ t,\ p,\ q,\ r,\ s,\ t,\ p,\ q,\ \ldots).$$

Wollen wir die Teile, auf deren Übereinstimmung es uns ankommt, äußerlich hervortreten lassen, so heben wir sie etwa durch eine Lücke von den vorausgehenden Elementen ab, also so:

$$(a,\ b,\ c,\ p,\ q,\ r,\ s,\quad t,\ p,\ q,\ r,\ s,\ t,\ p,\ q,\ r,\ s,\ \ldots),$$
$$(h,\ k,\ r,\ s,\quad t,\ p,\ q,\ r,\ s,\ t,\ p,\ q,\ r,\ s,\ \ldots).$$

In Ermanglung eines besseren Ausdrucks nennen wir die beiden den zur Übereinstimmung gebrachten Teilen nicht angehörigen Folgen

$$a,\ b,\ c,\ p,\ q,\ r,\ s \qquad \text{und} \qquad h,\ k,\ r,\ s,$$

mit denen die Kettenbrüche beginnen, ihre Auftakte. Zwei Auftakte heißen gleichartig oder ungleichartig, je nachdem ihre Gliederzahlen gleichartig oder ungleichartig sind. Die beiden obigen Auftakte z. B. sind ungleichartig: der erste besitzt 7, der zweite 4 Glieder.

Man kann dem ausgesprochenen Satze hinzufügen:

Bei ungerader Periode besteht sowohl eigentliche als auch uneigentliche Äquivalenz.

Bei gerader Periode jedoch sind die beiden Irrationellen entweder nur eigentlich oder nur uneigentlich äquivalent: eigentlich, wenn die beiden Auftakte gleichartig sind, uneigentlich, wenn sie ungleichartig sind.

Beweis. Die Periode sei zunächst ungerade, etwa aus den drei Elementen p, q, r zusammengesetzt. Wir verwenden für die beiden Irrationellen ξ und η je nach den Umständen die Schreibung

$$1^0 \quad \xi = (\mathfrak{B}, \overline{p, q, r}) = (\mathfrak{B}, \zeta), \quad \eta = (\mathfrak{b}, \overline{p, q, r}) = (\mathfrak{b}, \zeta) \qquad \text{mit } \zeta = (\overline{p, q, r})$$

oder

$$2^0 \quad \xi = (\mathfrak{B}, p, \overline{q, r, p}) = (\mathfrak{B}, p, \zeta),$$
$$\eta = (\mathfrak{b}, p, q, r, p, \overline{q, r, p}) = (\mathfrak{b}, p, q, r, p, \zeta) \qquad \text{mit } \zeta = (\overline{q, r, p}),$$

wo $\mathfrak{B}$ und $\mathfrak{b}$ bzw. $\mathfrak{B}$, p und $\mathfrak{B}$, p, q, r, p die Auftakte bedeuten, und nennen den Näherungsbruch, welcher entsteht, wenn man den Kettenbruch für ξ bzw. η vor der (überstrichenen) Periode abbricht, $A : \Gamma$ bzw. $\alpha : \gamma$, den vorhergehenden Näherungsbruch $B : \Delta$ bzw. $\beta : \delta$. Dann ist in jedem Falle

$$\xi = \frac{A\zeta + B}{\Gamma\zeta + \Delta}, \quad \eta = \frac{\alpha\zeta + \beta}{\gamma\zeta + \delta} \text{ mit } E = A\Delta - B\Gamma, \ \varepsilon = \alpha\delta - \beta\gamma, \ E^2 = \varepsilon^2 = 1.$$

Die durch dieses Gleichungspaar zwischen ξ und η vermittelte Äquivalenz ist eigentlich oder uneigentlich (§ 42), je nachdem E und ε gleich oder ungleich, d. h. je nachdem die beiden Auftakte in (1) [bzw. (2)] gleichartig oder ungleichartig sind. Nun können wir diese Auftakte je nach der Schreibung, die wir wählen — (1) oder (2) —, nach Belieben gleichartig oder ungleichartig machen. Mithin kann man bei ungerader Periode jede gewünschte Äquivalenz erzielen.

Es sei nunmehr die Periode gerade, etwa aus den 4 Elementen p, q, r, s bestehend, so daß etwa

$$\xi = (\mathfrak{B}, \overline{p, q, r, s}) = (\mathfrak{B}, \zeta), \quad \eta = (\mathfrak{b}, \overline{p, q, r, s}) = (\mathfrak{b}, \zeta) \qquad \text{mit } \zeta = (\overline{p, q, r, s})$$

ist. Ähnlich wie oben erhalten wir die beiden Gleichungen

$$\xi = \frac{A\zeta + B}{\Gamma\zeta + \Delta}, \qquad \eta = \frac{\alpha\zeta + \beta}{\gamma\zeta + \delta},$$

also Äquivalenz zwischen ξ und η, und zwar eigentliche oder uneigentliche, je nachdem $\mathfrak{B}$ und $\mathfrak{b}$ gleichartig oder ungleichartig sind.

Bei Gleichartigkeit der Perioden läßt sich aber keine uneigentliche, bei Ungleichartigkeit keine eigentliche Äquivalenz erzielen!

Der Beweis dieser Behauptung beruht auf dem weiter unten folgenden Selbstäquivalenzsatze: »Eine Reduzierte mit gerader Periode kann sich nicht selbst uneigentlich äquivalent sein«, den wir hier für den Augenblick als bewiesen ansehen.

Es wird genügen, einen Fall herauszugreifen. Angenommen also, $\mathfrak{B}$ und $\mathfrak{b}$ wären gleichartig und ξ und η uneigentlich äquivalent.

Es gelten dann drei Relationen von der Form

$$\zeta = \frac{a\eta + b}{c\eta + d}, \qquad \eta = \frac{A\xi + B}{C\xi + D}, \qquad \xi = \frac{A\zeta + B}{\Gamma\zeta + \Delta}$$

mit den Determinanten (Moduln)

$$e = ad - bc, \qquad E = AD - BC = -1, \qquad E = A\Delta - B\Gamma = e.$$

Wir substituieren η aus der zweiten in die erste und bekommen

$$\zeta = \frac{\mathfrak{A}\xi + \mathfrak{B}}{\mathfrak{C}\xi + \mathfrak{D}} \qquad \text{mit } \mathfrak{E} = \mathfrak{A}\mathfrak{D} - \mathfrak{B}\mathfrak{C} = Ee = -e.$$

Wir substituieren ξ aus der dritten in die eben erhaltene und finden

$$\zeta = \frac{\alpha\zeta + \beta}{\gamma\zeta + \delta} \qquad \text{mit } \varepsilon = \alpha\delta - \beta\gamma = \mathfrak{E}E = -e^2 = -1.$$

Die letzte Relation sagt aus, daß die Reduzierte ζ mit gerader Periode sich selbst uneigentlich äquivalent ist. Das ist aber nach dem angeführten Satze unmöglich. Mithin muß die Annahme, die beiden Irrationellen ξ und η mit gerader Periode und gleichartigen Auftakten wären uneigentlich äquivalent, falsch sein; sie sind nur eigentlich äquivalent.

Der andere Fall wird ganz ähnlich erledigt.

Selbstäquivalenz einer Reduzierte.

Ist

$$\varrho = (\overline{a, b, c, \ldots, h})$$

eine Reduzierte mit der Periodenlänge m, so können wir schreiben

$$\varrho = (a,\ b,\ \ldots,\ h,\ a,\ b,\ \ldots,\ h,\ \ldots,\ a,\ b,\ \ldots,\ h,\ \varrho),$$

wo in der Klammer vor ϱ etwa r Perioden stehen. Nennen wir den (mr)ten Näherungsbruch von ϱ $P:Q$, den unmittelbar vorhergehenden $p:q$, so gilt die Relation

$$\varrho = \frac{P\varrho + p}{Q\varrho + q} \qquad \text{mit } Pq - Qp = \iota^{mr}.$$

Jede Reduzierte ist also sich selbst äquivalent, wobei die Koeffizienten der Äquivalenzrelation Zähler und Nenner desjenigen Näherungsbruches für ϱ sind, den man erhält, wenn man den Kettenbruch für ϱ mit dem letzten Gliede einer Periode — hier war es die $r$te — abbricht.

Man kann fragen, ob es für ϱ noch andere Möglichkeiten der Selbstäquivalenz gibt.

Zur Beantwortung dieser Frage setzen wir versuchsweise an

$$\varrho = \frac{P\varrho + p}{Q\varrho + q} \qquad \text{mit} \quad Pq - Qp = \varepsilon = \pm 1,$$

wobei jetzt aber die vier Koeffizienten zunächst noch nichts mit dem obigen Kettenbruch zu tun haben sollen, vielmehr irgendwie von anderer Seite her gekommene Ganzzahlen der Determinante $Pq - Qp = \varepsilon = \pm 1$ sind. Da der Fall $Q = 0$ kein Interesse bietet, setzen wir Q positiv voraus. [Hätte ϱ im Nenner unseres Bruches einen negativen Koeffizienten, so würden wir den Bruch mit -1 erweitern.]

Aus der Gleichung

$$Q\varrho^2 - H\varrho - p = 0 \qquad \text{mit } H = P - q$$

und der Reduziertheit von ϱ folgt dann

$$p > 0, \quad P + Q > p + q \quad \text{und} \quad P + p > Q + q,$$

ferner aus $Pq = Qp + \varepsilon$, daß Pq nicht negativ sein kann.

Wir halten daher zwei Fälle auseinander:

$$1^0 \quad Pq = 0, \qquad 2^0 \quad Pq > 0.$$

Im ersten Falle verschwindet entweder P oder q.

Bei verschwindendem P folgt aus $-Qp = \varepsilon$ $\varepsilon = -1$, $p = 1$, $Q = 1$ und aus $P + Q > p + q$, daß q einen negativen Wert $-n$ hat (mit $n > 0$). Das gibt

$$\varrho = \frac{1}{\varrho + q} = \frac{1}{\varrho - n}$$

oder

$$\varrho = n + \frac{1}{\varrho} = (n, \varrho) = (n, n, n, n, \ldots).$$

Die vorausgesetzte Äquivalenz $[\varrho = 1 : (\varrho - n)]$ entsteht aus dem Kettenbruch für ϱ, wenn man ihn $\varrho = (n, \varrho)$ schreibt.

Bei verschwindendem q folgt aus $-Qp = \varepsilon$ wieder $\varepsilon = -1$, $p = 1$, $Q = 1$ und aus $P + Q > p + q$, daß P positiv ist. Das gibt

$$\varrho = \frac{P\varrho + 1}{\varrho} = P + \frac{1}{\varrho} = (P, \varrho) = (P, P, P, \ldots).$$

Die vorausgesetzte Äquivalenz $[\varrho = (P\varrho + 1) : \varrho]$ entsteht aus dem Kettenbruch für ϱ, wenn man ihn $\varrho = (P, \varrho)$ schreibt.

Im zweiten Falle wählen wir P und q beide positiv. (Wären sie von vornherein negativ, so würden wir die vorausgesetzte Äquivalenz

$$\varrho = \frac{P\varrho + p}{Q\varrho + q} \qquad \varrho = \frac{-q\varrho + p}{Q\varrho - P}$$

schreiben.)

Nun folgt wegen $Pq = Qp + \varepsilon$ aus

$P + Q > p + q$	$P + p > Q + q$

sukzessive:

$Pq + Qq > pq + qq$	$Pq + pq > Qq + qq$
$Qp + Qq - pq - qq > -\varepsilon$	$Qp + pq - Qq - qq > -\varepsilon$
$(Q - q)(p + q) > -\varepsilon$	$(Q + q)(p - q) > -\varepsilon$
$Q \geqq q$	$p \geqq q$

sowie auch:

$PP + QP > pP + qP$	$PP + pP > QP + qP$
$PP + QP - Pp - Qp > +\varepsilon$	$PP + pP - QP - Qp > \varepsilon$
$(P + Q)(P - p) > \varepsilon$	$(P - Q)(P + p) > \varepsilon$
$P \geqq p$	$P \geqq Q.$

Der Fall $P = Q$ (also $= 1$) scheidet aus, da wegen $P + Q > p + q$ dann $2 > p + q$ wäre, was aber wegen $q > 0$ und $p \geqq q$ unmöglich ist. Also bleibt nur die Möglichkeit

$$P > Q.$$

Nehmen wir zuerst $Q = 1$ an, so wird wegen $Q \geqq q$ auch $q = 1$, mithin $P = p + \varepsilon$, und da $P \geqq p$ ist, $\varepsilon = 1$, und $P = p + 1$.

Die vorausgesetzte Äquivalenz

$$\varrho = \frac{P\varrho + p}{Q\varrho + q} = \frac{(p+1)\varrho + p}{\varrho + 1}$$

entsteht aus dem Kettenbruche

$$\varrho = (p, 1, p, 1, p, 1, \ldots),$$

wenn man

$$\varrho = (p, 1, \varrho)$$

schreibt.

Nach der Erledigung der singulären Fälle kommen wir zum allgemeinen Falle

$$\varrho = \frac{P\varrho + p}{Q\varrho + q} \qquad \text{mit} \quad \left\{\begin{matrix} P > Q \geqq 2 \\ P > p, \; Q > q \end{matrix}\right\}.$$

Wir entwickeln $P:Q$ in einen geraden oder ungeraden Kettenbruch

$$P:Q = (A, B, C, \ldots, E),$$

je nachdem ε positiv oder negativ ist, und nennen seinen vorletzten Näherungsbruch $\mathfrak{p} : \mathfrak{q}$.

Dann gelten die Formeln

$$Pq - Qp = \varepsilon \qquad \text{und} \qquad P\mathfrak{q} - Q\mathfrak{p} = \varepsilon,$$

aus denen $P(\mathfrak{q} - q) = Q(\mathfrak{p} - p)$ und hieraus dann (wegen der Fremdheit von P und Q und der Positivität der unterhalb P liegenden Größen p und $\mathfrak{p}$ und unterhalb Q liegenden Größen q und $\mathfrak{q}$)

$$\mathfrak{p} = p \qquad \text{und} \qquad \mathfrak{q} = q$$

folgt.

Folglich ist

$$\varrho = (A, B, C, \ldots, E, \varrho),$$

so daß die Folge $[A, B, C, \ldots, E]$ nichts anderes sein kann als die Periode $[a, b, c, \ldots, h]$ des Kettenbruchs für ϱ oder eine Aneinanderreihung dieser Perioden.

Durch Zusammenfassung unserer Einzelergebnisse entsteht der fundamentale

Selbstäquivalenzsatz:

Damit eine Reduzierte ϱ sich selbst äquivalent ist:

$$\varrho = \frac{P\varrho + p}{Q\varrho + q},$$

ist nötig und hinreichend, daß $P:Q$ der letzte, $p:q$ der vorletzte Näherungsbruch des Kettenbruchs ist, der aus dem Kettenbruche für ϱ dadurch entsteht, daß man ihn mit dem Schlußelement einer Periode abbricht. Bei ungerader Periode ist die Reduzierte sich selbst sowohl eigentlich als auch uneigentlich äquivalent; bei gerader Periode ist sie sich nur eigentlich, niemals uneigentlich äquivalent.

Auf die beschriebene Weise entstehen unendlich viele Näherungsbrüche und entsprechend unendlich viele Selbstäquivalenzen

$$\varrho = \frac{P\varrho + p}{Q\varrho + q}$$

für ϱ. Jede von ihnen führt auf eine quadratische Gleichung

$$Q\varrho^2 - H\varrho - p = 0 \qquad (H = P - q)$$

für ϱ. Aber nach dem Stammgleichungssatze (§ 45) bilden alle diese quadratischen Gleichungen — nach Befreiung der Koeffizienten jeder Gleichung von ihren gemeinsamen Teilern > 1 — nur ein und dieselbe quadratische Gleichung.

§ 48. Gemischt periodische Kettenbrüche

Der Kettenbruch

$$\zeta = (a_1, a_2, \ldots, a_\nu, \overline{b_1, b_2, \ldots, b_m})$$

einer quadratischen Irrationelle ζ enthält im allgemeinen außer seiner Periode $b_1, b_2, \ldots, b_m$ noch eine Vorperiode $[a_1, a_2, \ldots, a_\nu]$. Die Gliederzahl dieser Vorperiode hängt in zwei wichtigen Fällen vom Werte der Konjugierten $\bar{\zeta}$ zu ζ ab.

Bei echt gebrochenem negativem $\bar{\zeta}$ verschwindet die Vorperiode; der Kettenbruch für ζ ist reinperiodisch (§ 46).

Bei unecht gebrochenem negativem $\bar{\zeta}$ läßt sich die Elementenzahl der Vorperiode gleichfalls bestimmen. Aus

$$\zeta = g + \frac{1}{\zeta'} \qquad (g \text{ ganz}, \ \zeta' > 1)$$

folgt

$$-\frac{1}{\bar{\zeta}'} = g - \bar{\zeta}.$$

Falls nun g positiv oder Null ist, fällt die rechte Seite dieser Gleichung positiv unecht aus, so daß

$$\bar{\zeta}' \text{ negativ echt}$$

ist. Die Ableitung ζ' von ζ ist daher reduziert, und ihr Kettenbruch rein periodisch, etwa:

$$\zeta' = (\overline{a, b, c}).$$

Damit wird

$$\zeta = (g, \overline{a, b, c}),$$

und wir haben den Satz:

Hat eine positiv unechte quadratische Irrationelle eine negativ unechte Konjugierte, so enthält die Vorperiode ihres Kettenbruchs genau ein Element.

Wie es mit der Vorperiode des Kettenbruchs einer positiv unechten quadratischen Irrationelle mit positiver Konjugierter bestellt ist, läßt sich nicht so einfach sagen. Wir wissen nur, daß sie stets vorhanden ist; ob sie aber ein Element oder mehrere Elemente umfaßt, steht dahin.

Ein bemerkenswerter Satz, den schon Legendre aufgestellt hat, bezieht sich auf die Perioden der gemischtperiodischen Kettenbrüche für eine quadratische Irrationelle und ihre Konjugierte.

Es sei etwa

$$\zeta = (a, b, \overline{h, k, l}),$$

$P : Q$ der letzte, $p : q$ der vorletzte Näherungsbruch des nichtperiodischen Anteils und

$$(\overline{h, k, l}) = \omega.$$

Dann ist

$$\zeta = \frac{P\omega + p}{Q\omega + q},$$

mithin auch

$$\bar{\zeta} = \frac{P\bar{\omega} + p}{Q\bar{\omega} + q}.$$

Durch Einführung der Adjunkte

$$\tilde{\varpi} = 1 : -\bar{\varpi}$$

verwandelt sich die letzte Gleichung in

$$\bar{\zeta} = \frac{p\tilde{\varpi} - P}{q\tilde{\varpi} - Q}.$$

Daher sind die Zahlen $\bar{\zeta}$ und $\tilde{\omega}$ äquivalent, und ihre Kettenbrüche stimmen von einem gewissen Element an überein (§ 42).

Nun ist nach Galois' Satze

$$\tilde{\varpi} = (\overline{l, k, h}).$$

Folglich hat die äquivalente Zahl $\bar{\zeta}$ entweder die Periode l, k, h oder k, h, l, oder h, l, k. Diesen Sachverhalt schildert der

Satz von Legendre:

Von den Perioden der Kettenbrüche für zwei konjugierte quadratische Irrationellen entsteht die eine aus der anderen durch Umkehrung mit eventueller nachfolgender zyklischer Vertauschung der Elemente.

(Legendre, Théorie des Nombres.)

Beispiel. Die quadratische Gleichung

$$x^2 - 4x - 24 = 0$$

hat die beiden Wurzeln

$$\zeta = 2 + \sqrt{28} \quad \text{und} \quad \bar{\zeta} = 2 - \sqrt{28};$$

die Kettenbrüche für ζ und $\bar{\zeta}$ lauten

$$\zeta = (7, \overline{3, 2, 3, 10})$$

und

$$\bar{\zeta} = (-4, 1, 2, \overline{2, 3, 10, 3}).$$

Die Periode von ζ ist 3, 2, 3, 10, ihre Umkehrung 10, 3, 2, 3, die Periode von $\bar{\zeta}$ ist 2, 3, 10, 3 und entsteht durch zyklische Vertauschung aus der Umkehrung 10, 3, 2, 3.

§ 49. Kettenbruch einer Legendrezahl

Unter einer Legendrezahl verstehen wir die Hauptwurzel $\varkappa$ der quadratischen Gleichung

$$Z^2 + \Phi z - P = 0$$

mit nichtquadratischer rationaler Diskriminante

$$D = 4P + \Phi^2,$$

in der Φ eine der beiden Zahlen 0 oder 1 ist und P eine positive Rationalzahl bedeutet, die im Falle $\Phi = 0$ die Einheit übersteigt.

Unsere Aufgabe lautet:

Die Legendrezahl $\varkappa$ in einen Kettenbruch zu verwandeln.

Wie bei der allgemeinen quadratischen Gleichung $a x^2 + b x + c = 0$ von § 43 setzen wir an

$$\varkappa = \frac{r - b}{2a} = k + \frac{1}{\varkappa_1} \qquad (\text{mit } a = 1,\ b = \Phi,\ r = \sqrt{D}),$$

wo k die Kennzahl von $\varkappa$ und die quadratische Irrationelle $\varkappa_1$ ein positiver unechter Bruch ist. Aus

$$\varkappa_1 = \frac{1}{\varkappa - k}$$

folgt für die Konjugierte $\overline{\varkappa_1}$ von $\varkappa_1$

$$-\overline{\varkappa_1} = \frac{1}{k - \bar{\varkappa}} = \frac{2}{2k + \Phi + r}.$$

Da der Nenner des erhaltenen Bruches $\geqq \Phi + r = \Phi + \sqrt{4P + \Phi}$, also für $\Phi = 0$ > 2, für $\Phi = 1$ $> \Phi + \sqrt{\Phi} = 2$ ausfällt, ist $-\overline{\varkappa_1}$ ein positiver echter, d. h. $\overline{\varkappa_1}$ ein negativer echter Bruch.

Die Ableitung ($\varkappa_1$) einer Legendrezahl ($\varkappa$) ist also eine reduzierte Zahl.

Sie liefert daher nach Galois' Satze eine rein periodische Kettenbruchentwicklung, etwa

$$\varkappa_1 = (\overline{k_1, k_2, \ldots, k_n, k_m}) \qquad [n = m - 1]$$

von der Periodenlänge m.

Demnach ist

(1) $$\varkappa = (k, \overline{k_1, k_2, \ldots, k_n, k_m}).$$

Aus

$$\frac{1}{\varkappa - k} = (\overline{k_1, k_2, \ldots, k_n, k_m})$$

folgt nach Galois' Umkehrungssatze

$$k - \bar{\varkappa} = (\overline{k_m, k_n, \ldots, k_2, k_1}).$$

Addieren wir zu dieser Gleichung die Relation

$$\varkappa + \bar{\varkappa} = -\Phi,$$

so entsteht

$$\varkappa + K = (\overline{k_m, k_n, \ldots, k_2, k_1}),$$

wobei

$$\boxed{K = k + \Phi}$$

ist. Da sich der Kettenbruch für $\varkappa + K$ wegen (1) auch

$$\varkappa + K = (l, \overline{k_1, k_2, \ldots, k_n, k_m})$$

schreiben läßt, wobei die Vorperiode

$$\boxed{l = K + k}$$

ist, so ergeben sich beim Vergleich der beiden Entwicklungen für $\varkappa + K$ die Beziehungen

(2) $$k_m = l$$

und

(3) $$k_n = k_1,\ k_{n-1} = k_2,\ k_{n-2} = k_3,\ \ldots,\ k_2 = k_{n-1},\ k_1 = k_n.$$

Die Gleichungen (1), (2), (3) enthalten den

Satz von Legendre:

Der Kettenbruch einer Legendrezahl hat stets eine eingliedrige Vorperiode k. Das letzte Element der Periode ist das Binom $K + k$, wo $K = k + \Phi$ ist.

Die vom letzten Element befreite Periode ist symmetrisch.

(Legendre, Théorie des Nombres.)

Legendres Satz läßt sich umkehren:

Der positive Kettenbruch

$$\varkappa = (k, \overline{k_1, k_2, \ldots, k_n, k_m}) \qquad (m = n + 1)$$

mit symmetrischem Periodenanteil $k_1,\ k_2,\ \ldots,\ k_n$ und

$$k_m = l = K + k \qquad (K = k + \Phi),$$

(wo im Falle $\Phi = 0$ k positiv ist) stellt eine Legendrezahl dar.

Beweis. Aus

$$\varkappa = (k, \overline{k_1, k_2, \ldots, k_m})$$

folgt

$$\frac{1}{\varkappa - k} = (\overline{k_1, k_2, \ldots, k_n, l})$$

und hieraus nach Galois' Umkehrungssatze

$$k - \bar{\varkappa} = (\overline{l, k_1, k_2, \ldots, k_n}).$$

Subtrahiert man hier beiderseits K, so kommt

$$-\bar{\varkappa} - \Phi = (k, \overline{k_1, k_2, \ldots, k_n, l}),$$

und der Vergleich dieser Zeile mit der Ausgangszeile lehrt, daß

$$-\bar{\varkappa} - \Phi = \varkappa \qquad \text{oder} \qquad \varkappa + \bar{\varkappa} = -\Phi$$

ist. Die quadratische Gleichung mit den Wurzeln $\varkappa$ und $\bar{\varkappa}$ (deren erste positiv, deren zweite wegen $\bar{\varkappa} = k - (\overline{l, k_1, k_2, \ldots, k_n})$ negativ ist) hat daher die Form

$$z^2 + \Phi z - P = 0,$$

wobei P eine positive Rationalzahl bedeutet, die zudem im Falle $\Phi = 0$ die Einheit übertrifft ($\varkappa \bar{\varkappa} = -\varkappa^2$), wobei ferner die Diskriminante der Gleichung nichtquadratisch rational ist (da ja sonst der Kettenbruch für die Wurzel $\varkappa$ dieser Gleichung nicht unendlich wäre).

Folglich ist $\varkappa$ eine Legendrezahl.

Symmetrieverhältnisse in der Kettenbruchentwicklung einer Legendrezahl.

Wir denken uns die Kettenbruchentwicklung der Legendrezahl (der Hauptwurzel der Gleichung $z^2 + \Phi z - P = 0$)

$$\varkappa = (k, \overline{k_1, k_2, \ldots, k_m})$$

in allen Einzelheiten durchgeführt:

$$\varkappa \quad = \frac{r-b}{2a} = k + \frac{1}{\varkappa_1} \qquad \text{mit} \quad a = 1,\ b = \Phi,\ r^2 = D = 4P + \Phi,$$

$$\varkappa_1 \quad = \frac{r-b_1}{2a_1} = k_1 + \frac{1}{\varkappa_2} \qquad \text{mit} \quad 2a \cdot 2a_1 = D - b_1^2,$$

$$\varkappa_2 \quad = \frac{r-b_2}{2a_2} = k_2 + \frac{1}{\varkappa_3} \qquad \text{mit} \quad 2a_1 \cdot 2a_2 = D - b_2^2,$$

. . . .

$$\varkappa_n \quad = \frac{r-b_n}{2a_n} = k_n + \frac{1}{\varkappa_m} \qquad \text{mit} \quad 2a_{n-1} \cdot 2a_n = D - b_n^2,$$

$$\varkappa_m \quad = \frac{r-b_m}{2a_m} = k_m + \frac{1}{\varkappa_1} \qquad \text{mit} \quad 2a_n \cdot 2a_m = D - b_m^2,$$

$$\varkappa_{m+1} = \frac{r-b_1}{2a_1} = k_1 + \frac{1}{\varkappa_2} \qquad \text{mit} \quad 2a_m \cdot 2a_1 = D - b_1^2,$$

. . . .

Wir stellen zunächst fest, daß aus den rechts stehenden Gleichungen der zweiten und letzten Zeile dieses Schemas

$$a_m = a$$

folgt. Sodann achten wir auf die Adjunkten $K_1, K_2, \ldots, K_m$ der Schlußzahlen $\varkappa_1, \varkappa_2, \ldots, \varkappa_m$.

Sie haben einerseits die Werte

$$K_1 = \frac{2a_1}{r+b_1} = \frac{r-b_1}{2a},$$

$$K_2 = \frac{2a_2}{r+b_2} = \frac{r-b_2}{2a_1},$$

$$K_3 = \frac{2a_3}{r+b_3} = \frac{r-b_3}{2a_2},$$

. . . .

$$K_n = \frac{2\,a_n}{r+b_n} = \frac{r-b_n}{2\,a_{n-1}},$$

$$K_m = \frac{2\,a_m}{r+b_m} = \frac{r-b_m}{2\,a_n}.$$

Anderseits ist nach Galois' Satze

wegen $\varkappa_\nu = (\overline{k_\nu, k_{\nu+1}, \ldots, k_n, k_m, k_1, k_2, \ldots, k_{\nu-1}})$

$$K_\nu = (\overline{k_{\nu-1}, k_{\nu-2}, \ldots, k_2, k_1, k_m, k_n, k_{n-1}, \ldots, k_{\nu+1}, k_\nu}).$$

Bedenken wir nun, daß die Folge

$$k_1,\ k_2,\ \ldots,\ k_n$$

symmetrisch ist, daß also für jedes Zeigerpaar i, j der Summe m k_i mit k_j übereinstimmt, so schreibt sich die letzte Gleichung

$$K_\nu = (\overline{k_\mu, k_{\mu+1}, \ldots, k_{n-1}, k_n, k_m, k_1, k_2, \ldots, k_{\mu-2}, k_{\mu-1}}),$$

wobei $(\mu) + (\nu - 1) = m$ oder $\mu + \nu = m + 1$ ist.

Die rechte Seite der letzten Gleichung ist aber nichts anderes als $\varkappa_\mu$. Daher gilt der

Satz:

Für jedes Zeigerpaar μ, ν der Summe $m + 1$ ist

$$\boxed{K_\nu = \varkappa_\mu}.$$

M. a. W.: Die Adjunkten K_1, K_2, ..., K_n, K_m sind die Wurzeln $\varkappa_m$, $\varkappa_n$, ..., $\varkappa_2$, $\varkappa_1$.

Auf Grund dieses Satzes entstehen durch den Vergleich der oben für die Legendrezahlen $\varkappa_1$, $\varkappa_2$, ..., $\varkappa_m$ und ihre Adjunkten notierten Quotienten die Beziehungen

$$\frac{r-b_1}{a} = \frac{r-b_m}{a_m},\ \frac{r-b_2}{a_1} = \frac{r-b_n}{a_n},\ \ldots,\ \frac{r-b_n}{a_{n-1}} = \frac{r-b_2}{a_2},\ \frac{r-b_m}{a_n} = \frac{r-b_1}{a_1}$$

und aus diesen die Relationen

$$a = a_m,\ a_1 = a_n,\ a_2 = a_{n-1},\ \ldots,\ a_{n-1} = a_2,\ a_n = a_1,$$
$$b_1 = b_m,\ b_2 = b_n,\ b_3 = b_{n-1},\ \ldots,\ b_n = b_2,\ b_m = b_1.$$

Sie enthalten den

Satz von Muir:

Die Folgen

$$a,\ a_1,\ a_2,\ \ldots,\ a_n,\ a_m$$

und

$$b_1,\ b_2,\ \ldots,\ b_n,\ b_m$$

sind beide symmetrisch.

Für die Kettenbruchentwicklung von $\varkappa$ ist von größter Bedeutung die Frage:

Kann es vorkommen, daß zwei unmittelbar aufeinanderfolgende a oder zwei sukzessive b einander gleich sind? M. a. W.: Gibt es einen Zeiger μ, für den eine der beiden Relationen

$$\text{(I)}\ a_{\mu+1} = a_\mu, \qquad \text{(II)}\ b_{\mu+1} = b_\mu$$

gilt? Zur Beantwortung dieser Frage gehen wir auf die obige Beziehung zwischen den Wurzeln $\varkappa_i$ und ihren Adjunkten zurück. Diese lautet

$$K_{\mu+1} = \varkappa_\nu \qquad \text{mit } \mu + \nu = m$$

und schreibt sich den Werten für $K_{\mu+1}$ entsprechend

$$\frac{r - b_{\mu+1}}{2\,a_\mu} = \varkappa_\nu.$$

Ist nun erstens $a_{\mu+1} = a_\mu$, so erhalten wir

$$\frac{r - b_{\mu+1}}{2\,a_{\mu+1}} = \varkappa_\nu \qquad \text{oder} \qquad \varkappa_{\mu+1} = \varkappa_\nu.$$

Die letzte Gleichung ist aber wegen der Verschiedenheit der m Wurzeln $\varkappa_1, \varkappa_2, \ldots, \varkappa_m$ nur dann erfüllt, wenn $\mu + 1 = \nu$ ist.

Aus den beiden Bedingungen

$$\mu + \nu = m, \qquad \mu + 1 = \nu$$

folgt dann

$$\text{[I']} \qquad \mu = \frac{m-1}{2}, \qquad \mu + 1 = \frac{m+1}{2}.$$

Ist zweitens $b_{\mu+1} = b_\mu$, so bekommen wir

$$\frac{r - b_\mu}{2\,a_\mu} = \varkappa_\nu \qquad \text{oder} \qquad \varkappa_\mu = \varkappa_\nu.$$

Die letzte Gleichung ist aber nur richtig, wenn $\mu = \nu$ ist. Aus den Bedingungen

$$\mu + \nu = m, \qquad \mu = \nu$$

folgt jetzt

$$\text{[II']} \qquad \mu = \frac{m}{2}.$$

Der Fall (I) oder (II) tritt demnach ein, je nachdem die Periodenlänge m ungerade oder gerade ist.

In anderer Ausdrucksweise:

Satz von Muir:

In der Kettenbruchentwicklung

$$\varkappa = \frac{r-b}{2a} = k, \ldots$$

$$\varkappa_1 = \frac{r-b_1}{2a_1} = k_1, \ldots$$

$$\varkappa_2 = \frac{r-b_2}{2a_2} = k_2, \ldots$$

$$\cdots\cdots\cdots$$

der Legendrezahl $\varkappa$ folgt bei gerader bzw. ungerader Periodenlänge m ein einziges Mal dem Zählersubtrahend b_μ bzw. Nenner $2a_\mu$ ein gleicher Subtrahend ($b_{\mu+1} = b_\mu$) bzw. gleicher Nenner ($2a_{\mu+1} = 2a_\mu$), und zwar bei $\mu = \frac{m}{2}$ bzw. $\mu = \frac{m-1}{2}$.

Man braucht also die Berechnung der Kennzahlen k_1, k_2, ... stets nur bis k_μ durchzuführen; die übrigen folgen sofort aus der Symmetrie der Folge $k_1, k_2, \ldots, k_n$.

Den großen Nutzen dieses Muirschen Satzes mögen drei Beispiele zeigen.

Beispiel 1. $z^2 - 73 = 0, \qquad \varkappa = \sqrt{73} = r.$

$$r = 8,$$

$$\frac{r+8}{9} = 1,$$

$$\frac{r+1}{8} = 1,$$

$$\frac{r+7}{3} = 5,$$

$$\frac{r+8}{3}.$$

Hier ist $\mu = 3$, und die Periodenlänge m ist ungerade $m = 2\mu + 1 = 7$; der symmetrische Periodenteil umfaßt 6 Glieder.

$$\varkappa = (8, \overline{1, 1, 5, 5, 1, 1, 16}).$$

Beispiel 2. $z^2 - 31 = 0, \qquad \varkappa = \sqrt{31} = r.$

$$r = 5,$$

$$\frac{r+5}{6} = 1,$$

$$\frac{r+1}{5}=1,$$

$$\frac{r+4}{3}=3,$$

$$\frac{r+5}{2}=5,$$

$$\frac{r+5}{3}$$

Hier ist $\mu=4$ und die Periodenlänge gerade ($=8$).

$$\varkappa=(5,\overline{1,1,3,5,3,1,1,10}).$$

Beispiel 3. $z^2+z-14=0,\qquad r=\sqrt{57}.$

$$\varkappa=\frac{r-1}{2}=3,$$

$$\frac{r+7}{4}=3,$$

$$\frac{r+5}{8}=1,$$

$$\frac{r+3}{6}=1,$$

$$\frac{r+3}{8}.$$

Hier ist $\mu=3$ und die Periodenlänge gerade ($=6$).

$$\varkappa=(3,\overline{3,1,1,1,3,7}).$$

Die beiden obigen Sätze von Th. Muir stehen in der 1874 veröffentlichten Abhandlung »The Expression of a quadratic Surd as a continued Fraction« (Proceedings of the royal Society of Edinburgh).

§ 50. Die Fermatgleichung

Unter einer Fermatgleichung versteht man eine diophantische quadratische Gleichung von der Form

$$\boxed{u^2+\Phi\,u\,v-N\,v^2=\varepsilon},$$

in der Φ einen der beiden Werte 0 oder 1, N eine natürliche Zahl, ε die positive oder negative Einheit bedeutet, und deren Diskriminante $4N+\Phi$ keine Quadratzahl ist. Sie heißt Fermatgleichung erster oder zweiter Art, je nachdem Φ Null oder Eins ist.

Wir stellen uns nun die Aufgabe:

die Fermatgleichung zu lösen.

Von den beiden bei positivem ε vorhandenen trivialen Lösungen

$$u = 1,\ v = 0 \qquad \text{und} \qquad u = -1,\ v = 0$$

sehen wir dabei vorerst ab.

Bei der Lösung der Fermatgleichung spielt die im § 49 behandelte quadratische Gleichung

$$z^2 + \Phi z - N = 0$$

eine beherrschende Rolle. Ihre Wurzeln sind

$$\varkappa = \frac{-\Phi + r}{2} \qquad \text{und} \qquad \bar{\varkappa} = \frac{-\Phi - r}{2}$$

$$\text{mit} \quad r = |\sqrt{D}| \qquad \text{und} \qquad D = 4N + \Phi.$$

Die Hauptwurzel $\varkappa$ ist stets positiv, ihre Konjugierte $\bar{\varkappa}$ stets negativ. Zugleich sind **beide** Wurzeln stets unechte Brüche mit alleiniger Ausnahme des Falles $\Phi = 1$, $N = 1$, in welchem Ausnahmefalle die Hauptwurzel $\varkappa = (\sqrt{5} - 1) : 2$ echt ist.

Jede Lösung (u, v) der Fermatgleichung ist mit der Wurzel $\varkappa$ durch die Relation

$$(u - v\varkappa)(u - v\bar{\varkappa}) = \varepsilon$$

verbunden, wie man durch Multiplikation der beiden runden Klammern und Benutzung der Wurzelrelationen

$$\varkappa + \bar{\varkappa} = -\Phi, \qquad \varkappa\bar{\varkappa} = -N$$

sofort erkennt.

Die Lösungen der Fermatgleichung lassen sich stets zu Vierern anordnen. Aus jeder Lösung (u, v) findet man zunächst durch bloße Vorzeichenänderung eine zweite: $(-u, -v)$. Durch den Ansatz

$$U - V\bar{\varkappa} = \frac{\varepsilon}{u - v\bar{\varkappa}} = u - v\varkappa \quad \text{bzw.} \quad U - V\varkappa = \frac{\varepsilon}{u - v\varkappa} = u - v\bar{\varkappa}$$

läßt sich aber sofort noch eine dritte Lösung (U, V) gewinnen. Dieser Ansatz liefert nämlich (wegen $\varkappa + \bar{\varkappa} = -\Phi$)

$$U = u + \Phi v \qquad \text{und} \qquad V = -v.$$

Und aus der dritten folgt unmittelbar die vierte Lösung $(-U, -V)$.

Die vier Lösungen

$$(u, v), \qquad (-u, -v), \qquad (U, V), \qquad (-U, -V)$$

gehören offenbar zusammen; sie sind **assoziiert**, sie bilden einen **Lösungsvierer**.

Jeder Lösung (u, v) entspricht ein sog. **Lösungsfaktor**

$$\zeta = u - v\bar{\varkappa}.$$

Das Produkt aus dem Lösungsfaktor und seiner Konjugierten $\bar{\zeta} = u - v\bar{\varkappa}$ hat stets (s. o.) den Wert ε der rechten Seite der Fermatgleichung.

Die Lösungsfaktoren des obigen Lösungsvierers sind der Reihe nach

$$\zeta, \qquad -\zeta, \qquad \varepsilon : \zeta, \qquad -\varepsilon : \zeta.$$

Unter den Lösungsfaktoren eines Lösungsvierers befindet sich, wie ihr Anblick lehrt, stets ein einziger, ξ, der einen positiven unechten Bruch darstellt. Die zugehörige Lösung (u, v), wobei $\xi = u - v\bar{\varkappa}$ ist, heißt die positive Lösung oder Hauptlösung des Lösungsvierers. In ihr ist sowohl v als auch — von einem trivialen Ausnahmefalle mit verschwindendem u abgesehen — u eine positive Zahl.

In der Tat folgt aus

$$\xi = u - v\bar{\varkappa} > 1 \qquad \text{und} \qquad u - v\varkappa = \varepsilon : \xi$$

zunächst

$$v = \left(\xi - \frac{\varepsilon}{\xi}\right) : r, \qquad u = v\varkappa + \frac{\varepsilon}{\xi},$$

dann aus der ersten dieser beiden Gleichungen sofort die Positivität von v. Was u anbetrifft, so lehrt die zweite Gleichung, daß es bei positivem ε sicher positiv ist. Bei negativem ε wird die rechte Seite dieser Gleichung $v\varkappa - \frac{1}{\xi}$, und dies ist größer als der negative echte Bruch $-1 : \xi$, ist demnach mindestens gleich 0. Null selbst scheidet aber im allgemeinen aus, da $v\varkappa$ nicht gleich $1 : \xi$ sein kann, da sonst

$$v\varkappa\,(u - v\bar{\varkappa}) = 1 \qquad \text{oder} \qquad uv\varkappa = 1 + v^2\varkappa\bar{\varkappa} = 1 - Nv^2$$

wäre, was wegen der Irrationalität von $\varkappa$ nur in dem trivialen Ausnahmefalle

$$N = 1, \qquad v = 1, \qquad u = 0$$

zutrifft; in jedem andern Falle ist u positiv.

Umgekehrt folgt aus

$$u > 0, \qquad v > 0 \qquad (\text{auch aus } u = 0,\ v > 0)$$

sofort

$$\xi = u - v\bar{\varkappa} > 1,$$

da schon $-\bar{\varkappa} > 1$ ist.

Die vorstehenden Betrachtungen zeigen, daß es genügt, die positiven Lösungen (Hauptlösungen) der Fermatgleichung zu suchen.

Demgemäß sei (P, Q) eine Hauptlösung der Fermatgleichung

$$u^2 + \Phi uv - Nv^2 = \varepsilon,$$

so daß

(1) $$P^2 + \Phi PQ - NQ^2 = \varepsilon$$

ist.

Teilen wir diese Gleichung durch Q^2, so erhält sie die Form

$$\left(\frac{P}{Q}\right)^2 + \Phi\left(\frac{P}{Q}\right) - N = \frac{\varepsilon}{Q^2}.$$

Bei hinreichend großem Q nähert sich die rechte Seite dieser Gleichung der Null, so daß nahezu

$$\left(\frac{P}{Q}\right)^2 + \Phi\left(\frac{P}{Q}\right) - N = 0$$

ist.

Hieraus folgt weiter, daß angenähert

$$\frac{P}{Q} = \varkappa$$

ist. Diese Näherungsgleichung bringt uns auf die Vermutung, daß der »Lösungsbruch« $P:Q$ ein Näherungsbruch des Kettenbruchs für $\varkappa$ ist.

Demgemäß führen wir diesen Kettenbruch in unsere Betrachtungen ein. Wie wir aus § 49 wissen, hat er die Form

$$\varkappa = (k, \overline{k_1, k_2, \ldots, k_n, k_m}), \qquad [m = n + 1],$$

wo

$$k \geqq 0, \qquad k_m = l = 2k + \Phi$$

und die Folge $k_1, k_2, \ldots, k_n$ symmetrisch ist.

Wir entwickeln auch den Lösungsbruch $P:Q$ in einen Kettenbruch:

$$\frac{P}{Q} = (h, h_1, h_2, \ldots, h_\mu) \tag{2}$$

so zwar, daß dieser mit seinem vorletzten Näherungsbruche

$$\frac{p}{q} = (h, h_1, h_2, \ldots, h_{\mu-1}) \tag{3}$$

in der Beziehung

$$Pq - Qp = \varepsilon$$

steht. Wir kommen dann zur Gleichung

$$P^2 + \Phi PQ - NQ^2 = Pq - Qp$$

oder

$$\frac{P}{Q} = \frac{NQ - p}{P + \Phi Q - q}.$$

Da aber P und Q teilerfremd sind (ein gemeinsamer Teiler müßte ja wegen (1) in ε aufgehen), so folgt aus der letzten Gleichung

$$NQ - p = KP, \qquad P + \Phi Q - q = KQ, \tag{4}$$

wo K eine positive Ganzzahl ist. [Für $\Phi = 0$ ist $P^2 - NQ^2 = \varepsilon$, d. h. $P^2 : Q^2 = N + \varepsilon : Q^2$, mithin $P \geqq Q$ und folglich $P > q$ also $K > 0$. Für $\Phi = 1$ ist $KQ = P + Q - q > 0$.]

Nun schreibt sich die Gleichung

$$\varkappa^2 + \Phi\varkappa - N = 0$$

zunächst

$$\varkappa = \frac{P\varkappa + NQ}{Q\varkappa + P + \Phi Q},$$

sodann wegen (4)

(5) $$\varkappa = \frac{P(\varkappa + K) + p}{Q(\varkappa + K) + q}.$$

Aus (2), (3), (5) ergibt sich

$$\varkappa = (h,\ h_1,\ h_2,\ \ldots,\ h_{\mu},\ K + \varkappa).$$

Substituieren wir hier rechts für $\varkappa$ den oben angenommenen Kettenbruch von $\varkappa$, so erhalten wir

$$\varkappa = (h, h_1, h_2, \ldots, h_{\mu},\ K + k, \overline{k_1, k_2, \ldots, k_m}).$$

Da auch diese Formel den Kettenbruch für $\varkappa$ darstellt, muß
$h = k,\ h_1 = k_1,\ h_2 = k_2,\ \ldots,\ h_{\mu} = k_{\mu}$ und $K + k = l = 2k + \Phi$
oder

$$K = k + \Phi$$

sein. M. a. W.:

Die Folge $h_1, h_2, \ldots, h_{\mu}, l$ umfaßt eine Anzahl von Perioden des Kettenbruchs für $\varkappa$, und h ist die Vorperiode.

Unser Ergebnis lautet:

Der Kettenbruch für den Lösungsbruch $P:Q$ wird erhalten, indem man den Kettenbruch für $\varkappa$ unmittelbar vor dem Schluß einer gewissen Periode von $\varkappa$ abbricht.

Zugleich erkennen wir, daß die gegebene Einheit ε die Form

$$\varepsilon = \iota^{m\nu}$$

haben muß, wo ν die Anzahl der Perioden bedeutet, aus denen die obige Folge $k_1, k_2, \ldots, k_{\mu}, k_{\mu+1} = l$ besteht.

Aus diesem zusätzlichen Ergebnis ziehen wir noch den wichtigen Schluß:

Bei gerader Periodenlänge m des Kettenbruchs für $\varkappa$ und negativem ε besitzt die Fermatgleichung keine (positive) Lösung.

Wir kehren unser Ergebnis folgendermaßen um:

Kann man die rechte Seite der Fermatgleichung auf die Form

$$\varepsilon = \iota^{m\nu}$$

bringen, wo m die Periodenlänge des Kettenbruchs für $\varkappa$ und ν eine natürliche Zahl bedeutet, so ist der Näherungsbruch $P:Q$ von $\varkappa$, den man erhält, wenn man den Kettenbruch $\varkappa$ unmittelbar vor dem Schluß der νten Periode abbricht, ein Lösungsbruch, d. h. (P, Q) eine Lösung der Fermatgleichung.

Beweis. Es war

$$\varkappa = (k, \overline{k_1, k_2, \ldots, k_m}).$$

Wir setzen

$$P:Q = (k, k_1, k_2, \ldots, k_i), \qquad i = m\nu - 1,$$
$$\mathfrak{P}:\mathfrak{Q} = (k, k_1, k_2, \ldots, k_j), \qquad j = m\nu,$$

$$\varrho = (\overline{k_1, k_2, \ldots, k_m}).$$

Aus

$$\varkappa = (k, k_1, k_2, \ldots, k_j, \varrho)$$

folgt dann

$$\varkappa = \frac{\mathfrak{P}\varrho + P}{\mathfrak{Q}\varrho + Q}.$$

Anderseits ist

$$\varkappa = k + \frac{1}{\varrho}.$$

Aus den letzten beiden Gleichungen ergibt sich

$$Q\varkappa^2 + (\mathfrak{Q} - Qk - P)\,\varkappa - (\mathfrak{P} - Pk) = 0$$

und durch den Vergleich dieser Gleichung mit

$$\varkappa^2 + \Phi\varkappa - N = 0$$

$$\frac{Q}{1} = \frac{\mathfrak{Q} - Qk - P}{\Phi} = \frac{\mathfrak{P} - Pk}{N}.$$

Aus dieser Proportion folgt

$$\mathfrak{P} = NQ + Pk \qquad \text{und} \qquad \mathfrak{Q} = \Phi Q + Qk + P.$$

Setzen wir diese Werte in die Relation

$$\mathfrak{P}Q - \mathfrak{Q}P = \iota^{m\nu+1} = -\varepsilon$$

ein, so entsteht schließlich die Gleichung

$$P^2 + \Phi PQ - NQ^2 = \varepsilon.$$

Der angegebene Näherungsbruch $P:Q$ liefert also in der Tat eine Lösung der Fermatgleichung.

Die im vorstehenden auseinandergesetzte Lösung der Fermatgleichung geht in der Hauptsache auf Arbeiten von Lagrange zurück. (Lagrange, 1° Solution d'un problème d'arithmétique. Miscellanea Taurinensia, 1766—1769. 2° Sur la solution des problèmes indéterminés du second degré. Mémoires de l'Académie royale des sciences et belles-lettres de Berlin, 1767.)

Wir sprechen deshalb das Gesamtergebnis unserer Untersuchung aus als

Satz von Lagrange:

Die positiven Lösungen der Fermatgleichung

$$u^2 + \Phi uv - Nv^2 = \varepsilon$$

stehen im engen Zusammenhang mit dem Kettenbruch für die Hauptwurzel $\varkappa$ der quadratischen Gleichung

$$z^2 + \Phi z - N = 0$$

und seiner Periodenlänge m.
Die Fermatgleichung ist unlösbar, wenn ε negativ und zugleich die Periodenlänge m gerade ist; in allen andern Fällen besitzt sie unendlich viele Hauptlösungen (P, Q), die man sämtlich erhält, wenn man den genannten Kettenbruch unmittelbar vor dem Schluß einer geeigneten Periode abbricht: der abgeschnittene Näherungsbruch ist der Lösungsbruch $P:Q$.
Geeignet sind bei geradem m alle Perioden, bei ungeradem m und positivem ε nur die 2te, 4te, 6te, ..., bei ungeradem m und negativem ε nur die 1te, 3te, 5te, ... Periode.

Beziehung zwischen den Hauptlösungen der Fermatgleichung.

Von den Näherungsbrüchen des Kettenbruchs

$$\varkappa = (k, \overline{k_1, k_2, \ldots, k_n, k_m}), \qquad [m = n + 1],$$

interessieren uns gemäß dem Lagrangeschen Satze nur die sog. »Lagrangebrüche«:

$(k, \mathfrak{S})$, $(k, \mathfrak{S}, l, \mathfrak{S})$, $(k, \mathfrak{S}, l, \mathfrak{S}, l, \mathfrak{S})$, $(k, \mathfrak{S}, l, \mathfrak{S}, l, \mathfrak{S}, l, \mathfrak{S})$, usw., wo $\mathfrak{S}$ eine Abkürzung für die symmetrische Folge $k_1, k_2, \ldots, k_n$ und l das Binom $k_m = K + k$ (mit $K = k + \Phi$) bedeutet. In dem Sonderfalle, wo die Periode nur aus dem einen Gliede l besteht, fällt die symmetrische Folge weg, und die Lagrangebrüche heißen

$$k, \qquad (k, l), \qquad (k, l, l), \qquad (k, l, l, l), \ldots$$

Wir betrachten zunächst den allgemeinen Fall. Der erste unserer Näherungsbrüche

$$f : g = (k, \mathfrak{S}) = (k, k_1, k_2, \ldots, k_n)$$

mit

$$f = \overline{k, \mathfrak{S}} = \overline{k, k_1, k_2, \ldots, k_n} \qquad \text{und} \qquad g = \overline{\mathfrak{S}} = \overline{k_1, k_2, \ldots, k_n}$$

ist der einfachste und zugleich wichtigste. Wir nennen ihn den Fundamentalbruch oder Grundbruch, seinen Zähler f und Nenner g die Fundamentalzahlen oder Grundzahlen.

Ein beliebiger anderer dieser Näherungsbrüche sei

$$P : Q = (k, \mathfrak{S}, l, \mathfrak{S}, l, \mathfrak{S}, \ldots, l, \mathfrak{S}),$$

der ihm unmittelbar folgende

$$P' : Q' = (k, \mathfrak{S}, l, \mathfrak{S}, l, \mathfrak{S}, \ldots, l, \mathfrak{S}, l, \mathfrak{S}),$$

so daß

$$P = \overline{k, \mathfrak{S}, l, \mathfrak{S}, l, \mathfrak{S}, \ldots, l, \mathfrak{S}} \quad, \quad Q = \overline{\mathfrak{S}, l, \mathfrak{S}, l, \mathfrak{S}, \ldots, l, \mathfrak{S}}$$
$$P' = \overline{k, \mathfrak{S}, l, \mathfrak{S}, l, \mathfrak{S}, \ldots, l, \mathfrak{S}, l, \mathfrak{S}} \quad, \quad Q' = \overline{\mathfrak{S}, l, \mathfrak{S}, l, \mathfrak{S}, \ldots, l, \mathfrak{S}, l, \mathfrak{S}}$$

ist. Nach der Rekursionsformel der Eulerpolynome (§ 35) ist

$$P' = P \cdot \overline{l, \mathfrak{S}} + p \cdot \overline{\mathfrak{S}}, \qquad Q' = Q \cdot \overline{l, \mathfrak{S}} + q \cdot \overline{\mathfrak{S}},$$

falls $p : q$ den dem Näherungsbruch $P : Q$ unmittelbar vorausgehenden Näherungsbruch bedeutet.

Nun ist $\overline{\mathfrak{S}} = g$ und nach der Linksformel (§ 35)

$$\overline{l, \mathfrak{S}} = l\,\overline{\mathfrak{S}} + \overline{\mathfrak{s}} = l\,g + \overline{\mathfrak{s}} \qquad \text{mit} \quad \overline{\mathfrak{s}} = \overline{k_2, k_3, \ldots, k_n}$$

sowie

$$f = \overline{k, \mathfrak{S}} = k\,\overline{\mathfrak{S}} + \overline{\mathfrak{s}} = k\,g + \overline{\mathfrak{s}},$$

mithin

$$\overline{l, \mathfrak{S}} = l\,g + f - k\,g = f + K\,g.$$

Demnach wird

$$P' = (f + Kg)\,P + g\,p, \qquad Q' = (f + Kg)\,Q + g\,q.$$

Hier haben wir nur p und q gemäß dem Formelpaare (4):

$$p = NQ - KP, \qquad q = P + \Phi Q - KQ$$

auszudrücken, um die folgenden Rekursionsformeln zu bekommen:

$$P' = f\,P + NgQ, \qquad Q' = g\,P + (f + g\Phi)\,Q.$$

Um aus diesen Formeln eine zu machen, führen wir die »Lagrangefaktoren«

$$\lambda = f - g\,\varkappa, \qquad \Lambda = P - Q\,\varkappa, \qquad \Lambda' = P' - Q'\,\varkappa$$

ein. Mit ihrer Hilfe ziehen sich die beiden Rekursionsformeln zu der einen einfachen Rekursionsformel

$$\boxed{\Lambda' = \lambda\,\Lambda}$$

zusammen, welche folgende Regel darstellt:

Man erhält den Lagrangefaktor eines Lagrangebruches, indem man den Lagrangefaktor des unmittelbar vorausgehenden Lagrangebruches mit dem Fundamental-

oder Grundfaktor

$$\lambda = f - g\bar{\varkappa}$$

multipliziert.

Demnach sind die aufeinanderfolgenden Lagrangefaktoren

$$\lambda, \lambda^2, \lambda^3, \lambda^4, \ldots$$

die sukzessiven Potenzen des Grundfaktors λ.

Die Fundamentalformel

$$\Lambda' = \lambda \Lambda$$

gilt auch in dem oben erwähnten Sonderfalle, wo kein symmetrischer Anteil der Periode vorhanden ist. Man hat dann

$$\varkappa = (k, l, l, l, \ldots) \qquad \text{mit } l = K + k, \quad K = k + \Phi.$$

Die quadratische Gleichung für $\varkappa$ heißt

$$\varkappa^2 + \Phi\varkappa - N = 0 \qquad \text{mit } N = k^2 + \Phi k + 1,$$

wie sofort aus

$$1 : (\varkappa - k) = l + 1 : \frac{1}{\varkappa - k}$$

hervorgeht. Der Grundfaktor ist

$$\lambda = k - \bar{\varkappa}$$

und befriedigt die quadratische Gleichung

$$\lambda^2 = l\lambda + 1.$$

Der ihm folgende Lagrangefaktor ist

$$\lambda_2 = p - q\bar{\varkappa} \qquad \text{mit } p = kl + 1, \quad q = l$$

$$\left(\text{es ist } p : q = (k, l) = k + \frac{1}{l}\right),$$

so daß

$$\lambda_2 = l(k - \bar{\varkappa}) + 1 = l\lambda + 1 = \lambda^2.$$

Der folgende (dritte) Lagrangefaktor ist

$$\lambda_3 = P - Q\bar{\varkappa} \qquad \text{mit } P = lp + k, \quad Q = lq + 1,$$

so daß

$$\lambda_3 = (k - \bar{\varkappa}) + l(p - q\bar{\varkappa}) = \lambda + l\lambda^2 = \lambda(1 + l\lambda) = \lambda^3.$$

Der vierte Lagrangefaktor ist

$$\lambda_4 = \mathfrak{P} - \mathfrak{Q}\bar{\varkappa} \qquad \text{mit } \mathfrak{P} = lP + p, \qquad \mathfrak{Q} = lQ + q,$$

so daß

$$\lambda_4 = p - q\bar{\varkappa} + l(P - Q\bar{\varkappa}) = \lambda^2 + l\lambda^3 = \lambda^2(1 + l\lambda) = \lambda^4$$

ist, usw. Allgemein:

Auch im Sonderfalle

$$\varkappa = (k, l, l, l, \ldots), \qquad \text{mit} \quad l = 2k + \Phi,$$

ist der ν^{te} Lagrangefaktor

$$\lambda_\nu = \lambda^\nu,$$

wo

$$\lambda = k - \bar{\varkappa}$$

den Grundfaktor bedeutet.

Nun ist jeder Hauptlösungsfaktor ein Lagrangefaktor, aber nicht umgekehrt jeder Lagrangefaktor ein Lösungsfaktor. Um diese Verhältnisse zu übersehen, unterscheiden wir zwei Fälle:

I. m gerade, II. m ungerade.

I. Die Periodenlänge m von $\varkappa$ ist gerade.

In diesem Falle hat die Fermatgleichung

$$u^2 + \Phi u v - N v^2 = -1$$

keine Lösung. Dafür ist aber jeder Lagrangefaktor ein Lösungsfaktor der Fermatgleichung

$$u^2 + \Phi u v - N v^2 = +1.$$

Die Hauptlösungsfaktoren für diese Gleichung sind sonach

$$\lambda, \quad \lambda^2, \quad \lambda^3, \quad \lambda^4, \quad \ldots$$

II. Die Periodenlänge m ist ungerade.

In diesem Falle hat jede der beiden Fermatgleichungen

$$u^2 + \Phi u v - N v^2 = \pm 1$$

Lösungen.

Die Hauptlösungsfaktoren für die Gleichung

$$u^2 + \Phi u v - N v^2 = +1$$

heißen

$$\lambda^2, \quad \lambda^4, \quad \lambda^6, \quad \lambda^8, \quad \ldots,$$

die Hauptlösungsfaktoren der Gleichung

$$u^2 + \Phi u v - N v^2 = -1$$

dagegen

$$\lambda, \quad \lambda^3, \quad \lambda^5, \quad \lambda^7, \quad \ldots .$$

Nach diesem Satze von den Hauptlösungsfaktoren kann man die Hauptlösungen der Fermatgleichung statt durch Berechnung der dem Kettenbruche $\varkappa$ entnommenen sukzessiven Lösungsbrüche $P:Q$ auch durch Berechnung der sukzessiven Potenzen des Grundfaktors $\lambda = f - g\bar{\varkappa}$

finden. Ist z. B. für den Lösungsfaktor $\Lambda = \lambda^e$

$$\lambda^e = (f - g\bar{\varkappa})^e = P - Q\bar{\varkappa},$$

so ist P, Q eine Lösung der Fermatgleichung.

Um dieses Verfahren anwenden zu können, muß allerdings der Grundfaktor $\lambda = f - g\bar{\varkappa}$ bekannt sein. Bei einfachen Zahlwerten für die Koeffizienten der Fermatgleichung kann man ja f und g ziemlich leicht durch Versuche finden; bei größeren Koeffizienten versagt dieses Verfahren aber, und muß der Grundfaktor zuvor durch den Kettenbruch $\varkappa$ berechnet werden.

Beispiel 1. $$u^2 - 3v^2 = 1.$$

Hier lehrt schon der bloße Anblick der Gleichung die Grundlösung

$$f = 2, \quad g = 1$$

kennen. Die Gleichung für $\varkappa$ lautet

$$\varkappa^2 - 3 = 0,$$

der Kettenbruch für $\varkappa$ heißt

$$\varkappa = (1, \overline{1, 2}).$$

Da die Periodenlänge gerade ist, geben sämtliche Potenzen des Grundfaktors

$$\lambda = f - g\bar{\varkappa} = 2 + r \qquad \text{mit} \quad r = \sqrt{3}$$

Lösungen der Gleichung. Z. B. ist

$$\lambda^2 = 7 + 4r, \qquad \lambda^3 = 26 + 15r, \qquad \lambda^4 = 97 + 56r.$$

Die ersten vier Hauptlösungen der Fermatgleichung $u^2 - 3v^2 = 1$ sind also

$$(2, 1), \quad (7, 4), \quad (26, 15), \quad (97, 56).$$

Beispiel 2. $$u^2 - 3v^2 = -1.$$

Da die Periodenlänge des Kettenbruchs für $\varkappa$ gerade ist, besitzt die vorgelegte Fermatgleichung keine Lösung.

Beispiel 3. $$u^2 - 41v^2 = 1.$$

Hier ist es schon mühsam, eine Lösung durch Versuche zu finden. Die Gleichung für $\varkappa$ lautet

$$\varkappa^2 - 41 = 0,$$

die Kettenbruchentwicklung für $\varkappa$

$$\varkappa = (6, \overline{2, 2, 12}).$$

Der Grundfaktor ist demnach

$$\lambda = f - g\bar{\varkappa}$$

mit

$$f = \overline{6, 2, 2} = 32, \qquad g = \overline{2,2} = 5,$$

also

$$\lambda = 32 - 5\varkappa = 32 + 5r \qquad \text{mit } r = \sqrt{41}.$$

Die Hauptlösungsfaktoren sind, der ungeraden Periodenlänge entsprechend, λ^2, λ^4, λ^2, ... Der kleinste von ihnen ist

$$\Lambda = \lambda^2 = 2049 + 320r,$$

so daß die kleinste Hauptlösung der Gleichung $u^2 - 41v^2 = 1$

$$u = 2049, \quad v = 320$$

lautet. Die Faktoren der anderen Hauptlösungen sind die Potenzen von Λ.

Beispiel 4. $\qquad u^2 - 41v^2 = -1.$

Auch hier ist der Grundfaktor $\lambda = 32 + 5r$; wegen der ungeraden Periodenlänge sind aber die Hauptlösungsfaktoren λ, λ^3, λ^5, ... Dem ersten von ihnen entspricht die Lösung (32, 5), dem zweiten wegen

$$\lambda^3 = 131168 + 20485r$$

die Lösung (131168, 20485).

Beispiel 5. $\qquad u^2 + uv - 7v^2 = -1.$

Aus dem Anblick der Gleichung ergibt sich sofort die Lösung $u = 2$, $v = 1$. Da die Aufgabe lösbar ist, liegt der Fall ungerader Periodenlänge vor. Tatsächlich erhalten wir für den Kettenbruch von $\varkappa = (r - 1) : 2$ mit $r = \sqrt{29}$ (es ist $\varkappa^2 + \varkappa - 7 = 0$)

$$\varkappa = (2, 5, 5, 5, \ldots).$$

Der Grundfaktor ist

$$\lambda = f - g\bar{\varkappa} = 2 - \bar{\varkappa}.$$

Die Hauptlösungsfaktoren der vorgelegten Gleichung sind

$$\lambda, \quad \lambda^3, \quad \lambda^5, \quad \ldots.$$

Aus

$$\lambda^3 = 57 - 26\bar{\varkappa} \qquad \text{und} \qquad \lambda^5 = 1537 - 701\bar{\varkappa}$$

resultieren die nächsten Lösungen

$$u = 57, \; v = 26 \qquad \text{und} \qquad u = 1537, \; v = 701.$$

Beispiel 6. $\qquad u^2 + uv - 7v^2 = 1.$

Der Grundfaktor ist der gleiche: $\lambda = 2 - \bar{\varkappa}$. Die Hauptlösungsfaktoren sind

$$\Lambda = \lambda^2 = 11 - 5\bar{\varkappa}, \quad \Lambda^2, \quad \Lambda^3, \quad \Lambda^4, \; \ldots$$

Dem ersten entspricht die Lösung (11, 5), dem zweiten wegen $\Lambda^2 = 296 - 135\bar{\varkappa}$ die Lösung (296, 135).

Beispiel 7. $u^2 + uv - 17 v^2 = 1.$

Der Kettenbruch für $\varkappa$ lautet $\varkappa = (3, 1, 1, 1, 7)$. Der Grundfaktor $\lambda = f - g\bar{\varkappa}$ hat wegen $f : g = (3, 1, 1, 1) = 11 : 3$ den Wert $\lambda = 11 - 3\bar{\varkappa}$. Die erste Hauptlösung ist daher

$$u = 11, \quad v = 3.$$

Die zweite folgt aus $\lambda^2 = 274 - 75\bar{\varkappa}$ zu

$$u = 274, \ v = 75.$$

Rückgriffs- oder Rekursionsverfahren zur Bestimmung der sukzessiven Lösungen der Fermatgleichung.

Es gibt noch ein drittes Verfahren, die sukzessiven Lösungen der Fermatgleichung

$$u^2 + \Phi uv - Nv^2 = \varepsilon$$

zu ermitteln.

Durch Elimination von $\bar{\varkappa}$ aus den beiden Gleichungen

$$\bar{\varkappa}^2 + \Phi\bar{\varkappa} - N = 0 \qquad \text{und} \qquad \lambda = f - g\bar{\varkappa}$$

bekommen wir zunächst die quadratische Gleichung für den Grundfaktor λ:

$$\lambda^2 = h\lambda - E$$

mit

$$E = f^2 + \Phi fg - Ng^2, \qquad h = 2f + \Phi g,$$

wobei E die positive oder negative Einheit ist, je nachdem die Periodenlänge m gerade oder ungerade ist.

Der Grundfaktor λ befriedigt die quadratische Gleichung

$$\boxed{\lambda^2 = h\lambda \mp 1} \qquad \text{mit} \quad h = 2f + \Phi g,$$

in der das obere oder untere Zeichen gilt, je nachdem die Periodenlänge gerade oder ungerade ist, m. a. W. je nachdem (f, g) eine Lösung der Fermatgleichung

$$u^2 + \Phi uv - Nv^2 = 1$$

ist oder nicht.

Wir werden sehen, daß wir bei dem neuen Verfahren im ersten Falle mit der quadratischen Gleichung

$$\lambda^2 = h\lambda - 1$$

für λ auskommen, daß wir dagegen im zweiten Falle die quadratische

Gleichung

$$\Lambda^2 = H\Lambda - 1 \qquad \text{mit} \quad H = h^2 + 2$$

für das Quadrat $\Lambda = \lambda^2$ des Grundfaktors λ benötigen (die sich ohne weiteres durch Quadrierung der Formel $h\lambda = \Lambda - 1$ ergibt).

Nunmehr seien

$$(u,\ v), \qquad (U,\ V), \qquad (\mathfrak{U},\ \mathfrak{V})$$

drei sukzessive Hauptlösungen der Fermatgleichung, d. h. drei Hauptlösungen, die im ersten Falle den sukzessiven Lösungsfaktoren λ^ν, $\lambda^{\nu+1}$, $\lambda^{\nu+2}$, im zweiten Falle den Lösungsfaktoren Λ^ν, $\Lambda^{\nu+1}$, $\Lambda^{\nu+2}$ (bei positivem ε) bzw. $\lambda\Lambda^\nu$, $\lambda\Lambda^{\nu+1}$, $\lambda\Lambda^{\nu+2}$ (bei negativem ε) entsprechen, so daß im ersten Falle

$$u - v\varkappa = \lambda^\nu, \qquad U - V\varkappa = \lambda^{\nu+1}, \qquad \mathfrak{U} - \mathfrak{V}\varkappa = \lambda^{\nu+2}$$

im zweiten

$$u - v\varkappa = \Lambda^\nu, \qquad U - V\varkappa = \Lambda^{\nu+1}, \qquad \mathfrak{U} - \mathfrak{V}\varkappa = \Lambda^{\nu+2}$$

bzw.

$$u - v\varkappa = \lambda\Lambda^\nu, \qquad U - V\varkappa = \lambda\Lambda^{\nu+1}, \qquad \mathfrak{U} - \mathfrak{V}\varkappa = \lambda\Lambda^{\nu+2}$$

ist.

Die durch Multiplikation mit λ^ν oder Λ^ν bzw. $\lambda\Lambda^\nu$ aus den beiden Gleichungen $\lambda^2 = h\lambda - 1$ und $\Lambda^2 = H\Lambda - 1$ hervorgehenden Gleichungen

$$\lambda^{\nu+2} = h\lambda^{\nu+1} - \lambda^\nu,$$

$$\Lambda^{\nu+2} = H\Lambda^{\nu+1} - \Lambda^\nu, \qquad \lambda\Lambda^{\nu+2} = H\lambda\Lambda^{\nu+1} - \lambda\Lambda^\nu$$

schreiben sich demgemäß

$$\mathfrak{U} - \mathfrak{V}\varkappa = h\,(U - V\varkappa) - (u - v\varkappa)$$

$$\text{oder} \quad \mathfrak{U} - \mathfrak{V}\varkappa = H\,(U - V\varkappa) - (u - v\varkappa),$$

je nachdem der erste oder zweite Fall vorliegt.

Aus diesen Gleichungen folgen die

Rekursionsformeln

1\. Fall: $\mathfrak{U} = hU - u, \qquad \mathfrak{V} = hV - v,$

2\. Fall: $\mathfrak{U} = HU - u, \qquad \mathfrak{V} = HV - v.$

Ergebnis:

Kennt man von drei sukzessiven Hauptlösungen

$$(u,\ v), \qquad (U,\ V), \qquad (\mathfrak{U},\ \mathfrak{V})$$

der Fermatgleichung die ersten beiden, so findet man die dritte durch das Rekursionsformelpaar

$$\boxed{\mathfrak{U} = hU - u \qquad \mathfrak{V} = hV - v} \qquad h = 2f + \Phi g$$

oder

$$\boxed{\mathfrak{U} = H\,U - u \qquad \mathfrak{V} = H\,V - v} \qquad H = h^2 + 2,$$

je nachdem $\lambda\bar{\lambda} = f^2 + \Phi f g - N g^2$ die positive oder negative Einheit ist.

Beispiel 1. $$u^2 - 3\,v^2 = 1.$$

Die ersten beiden Hauptlösungen sind (2, 1) und (7, 4); die Hilfsgröße h ist 4. Die dritte Hauptlösung ist $(4 \cdot 7 - 2, 4 \cdot 4 - 1) = (26, 15)$, die vierte $(4 \cdot 26 - 7,\ 4 \cdot 15 - 4) = (97, 56)$, die fünfte $(4 \cdot 97 - 26,\ 4 \cdot 56 - 15) = (362, 209)$ usw.

Beispiel 2. $$u^2 - 2\,v^2 = \pm 1.$$

Die kleinste Lösung von $u^2 - 2v^2 = -1$ ist (1, 1), so daß $f = 1$, $g = 1$, $\lambda = 1 + \sqrt{2}$ ist, was natürlich auch sofort aus dem Kettenbruche $\sqrt{2} = (1, 2, 2, 2, \ldots)$ folgt. Die zweite Lösung ist [wegen des zugehörigen Lösungsfaktors $\lambda^3 = (1 + \sqrt{2})^3 = 7 + 5\sqrt{2}$] (7, 5). Die Hilfsgrößen h und H sind $h = 2f = 2$, $H = h^2 + 2 = 6$. Die dritte Lösung ist daher $(6 \cdot 7 - 1, 6 \cdot 5 - 1) = (41, 29)$, die vierte $(6 \cdot 41 - 7, 6 \cdot 29 - 5) = (239, 169)$ usw.

Die erste Lösung von

$$u^2 - 2\,v^2 = +1$$

ist (3, 2), die zweite (wegen $\lambda^4 = 17 + 12\sqrt{2}$) (17, 12), demnach [wieder mit $H = 6$] die dritte $(6 \cdot 17 - 3,\ 6 \cdot 12 - 2) = (99, 70)$, die vierte $(6 \cdot 99 - 17, 6 \cdot 70 - 12) = (577, 408)$.

Man sieht, mit welcher Leichtigkeit sich durch das Rekursionsverfahren sämtliche Hauptlösungen der Fermatgleichung finden lassen.

Beispiel 3. $$u^2 + uv - 5\,v^2 = \pm 1.$$

Wir entwickeln zunächst die positive unechte Wurzel $\varkappa$ der quadratischen Gleichung

$$z^2 + z - 5 = 0$$

in einen Kettenbruch. Es wird

$$\varkappa = \frac{\sqrt{21} - 1}{2} = (1, \overline{1, 3}),$$

mithin

$$f : g = (1,\ 1) = 2 : 1 \quad ,$$
$$\lambda = 2 - \bar{\varkappa}.$$

Da die Periodenlänge von $\varkappa$ gerade ist, hat die Gleichung

$$u^2 + uv - 5\,v^2 = -1$$

keine Lösung. Der erste Hauptlösungsfaktor der Gleichung

$$u^2 + uv - 5\,v^2 = 1$$

ist $\lambda = 2 - 1\bar{\varkappa}$, der zweite $\lambda^2 = 9 - 5\bar{\varkappa}$. Die beiden ersten Lösungen der Gleichung

$$u^2 + uv - 5\,v^2 = 1$$

sind demnach

$$u = 2,\ v = 1, \qquad u = 9,\ v = 5.$$

Da $h = 2f + \Phi g = 4 + 1 = 5$ ist, heißen die nächsten Lösungen

$$(5 \cdot 9 - 2,\ \ 5 \cdot 5 - 1) \ = (43,\ 24),$$
$$(5 \cdot 43 - 9,\ 5 \cdot 24 - 5) = (206,\ 115),\ \text{usw.}$$

Beispiel 4. $$u^2 + uv - 36\,v^2 = -1.$$

Der Kettenbruch für die positiv unechte Wurzel $\varkappa$ der quadratischen Gleichung $z^2 + z - 36 = 0$ lautet $\varkappa = (5, \overline{1, 1, 11})$, so daß $f : g = (5, 1, 1) = 11 : 2$ ist. Der Grundfaktor ist daher $\lambda = 11 - 2\,\bar{\varkappa}$, sein Quadrat $\lambda^2 = \Lambda = 265 - 48\,\bar{\varkappa}$, sein Kubus $\lambda^3 = \lambda\Lambda = 6371 - 1154\,\bar{\varkappa}$. Die beiden ersten Hauptlösungen sind also

$$u = 11\,,\ \ v = 2 \qquad \text{und} \qquad u = 6371\,,\ \ v = 1154.$$

Die dritte Lösung ist (wegen $h = 2\,f + \Phi g = 24$, $H = h^2 + 2 = 578$)

$$(578 \cdot 6371 - 11,\ 578 \cdot 1154 - 2) = (3682427,\ 667010).$$

Nachdem sämtliche Hauptlösungsfaktoren der Fermatgleichung in den Potenzen λ^n des Grundfaktors $\lambda = f - g\bar{\varkappa}$ ihren Ausdruck gefunden haben, wo bei gerader Periodenlänge von $\varkappa$ und $\varepsilon = +1$ n alle natürlichen Zahlen durchläuft, bei ungerader Periodenlänge und $\varepsilon = +1$ bzw. -1 n alle natürlichen geraden bzw. ungeraden Zahlen durchläuft, lassen sich auch leicht sämtliche Lösungsfaktoren überhaupt angeben.

Wir brauchen uns nur zu erinnern, daß zu jedem Lösungsfaktor $u - v\bar{\varkappa} = (f - g\bar{\varkappa})^n = \lambda^n$ drei assoziierte Lösungsfaktoren kommen, von denen der eine $\varepsilon : (u - v\,\varkappa) = \varepsilon\,\lambda^{-n}$ ist und die andern beiden $-\lambda^n$ und $-\varepsilon\lambda^{-n}$ sind.

Endergebnis:

Sämtliche Lösungen (u, v) der Fermatgleichung

$$u^2 + \Phi uv - Nv^2 = \varepsilon$$

ergeben sich aus der Vorschrift

$$\boxed{u - v\,\bar{\varkappa} = \pm\,\lambda^n},$$

wo $\lambda = f - g\bar{\varkappa}$ den Grundfaktor bedeutet und bei gerader Periodenlänge von $\varkappa$ und $\varepsilon = +1$ n alle Ganzzahlen durchläuft, bei ungerader Periodenlänge und $\varepsilon = +1$ bzw. -1 n alle geraden bzw. alle ungeraden Zahlen durchläuft.

Vierter Teil

Zahlentheoretischer Exkurs

§ 51. Multipla und Divisoren

Die in den folgenden §§ 51—63 vorkommenden Zahlen und zur Bezeichnung von Zahlen dienenden Buchstaben bedeuten — wenn nichts anderes bemerkt wird — ganze Zahlen (Ganzzahlen).

Vielfaches oder Multiplum, Divisor oder Teiler.

Ist eine Zahl z das Produkt von zwei anderen μ und d:

$$z = \mu d,$$

so heißt z ein Vielfaches oder Multiplum von d, in diesem Falle das μfache, d ein Divisor oder Teiler von z.

Natürlich ist auch z ein Multiplum von μ, auch μ ein Divisor von z.

Zahlen a, b, c, ..., die Multipla von k sind, heißen gemeinsame Multipla (Vielfache) von k. Eine Zahl d, die ein Divisor jeder der Zahlen a, b, c, ... ist (die in jeder der Zahlen a, b, c, ... aufgeht), heißt ein gemeinsamer Divisor (Teiler) der Zahlen a, b, c, ...

Die positiven Divisoren einer (positiven) Zahl z, die zwischen 1 und z liegen, heißen eigentliche Teiler von z, die beiden Divisoren 1 und z von z uneigentliche Teiler; alle Teiler außer z selbst heißen echte Teiler.

Zwei Zahlen a und b heißen teilerfremd oder fremd zueinander, in Zeichen:

$$a \frown b,$$

wenn sie außer 1 keinen gemeinsamen positiven Teiler haben, während sie gemeinteilig heißen, wenn sie einen gemeinsamen Teiler besitzen, der größer als 1 ist. Hieraus geht z. B. hervor, daß 1 zu 1 fremd ist!

Von den gemeinsamen Vielfachen zweier oder mehrerer Zahlen ist eins (betraglich) das kleinste: es heißt »Kleinstes gemeinsames Vielfaches« oder Grundmultiplum der Zahlen.

Von den gemeinsamen Divisoren mehrerer Zahlen ist einer der größte: er heißt »Größter gemeinsamer Divisor« (Teiler) der Zahlen.

Poinsots Schlußweise.

a und b seien zwei beliebige positive Ganzzahlen. Wir bilden die beiden Folgen

$$\mathfrak{A}: \qquad a, \ 2a, \ 3a, \ 4a, \ \ldots,$$
$$\mathfrak{B}: \qquad b, \ 2b, \ 3b, \ 4b, \ \ldots$$

Das kleinste durch b teilbare Glied von $\mathfrak{A}$ sei βa, das kleinste durch a teilbare Glied von $\mathfrak{B}$ αb. Dann ist sowohl βa als auch αb das kleinste gemeinsame Multiplum m von a und b:

(1) $$\boxed{\beta a = \alpha b = m}.$$

Alle in $\mathfrak{A}$ enthaltenen Vielfachen von $m = \beta a$ sind durch b teilbar, alle anderen Glieder von $\mathfrak{A}$ nicht. [Wäre z. B. $x \cdot \beta a + y \cdot a$ mit $0 < y < \beta$ durch b teilbar, so wäre gegen die Voraussetzung ya durch b teilbar.] Folglich gilt

Satz I:

Alle gemeinsamen Vielfachen von a und b sind Vielfache des kleinsten gemeinsamen Vielfachen von a und b.

Das gewissermaßen einfachste gemeinsame Vielfache von a und b ist ab; es ist etwa

(2) $$\boxed{ab = dm},$$

d. h. wegen (1)

$$ab = d\beta a = d\alpha b$$

und damit

(3) $$\boxed{a = \alpha d, \qquad b = \beta d}$$

sowie noch

(4) $$\boxed{m = \alpha \beta d}.$$

Wir behaupten:

Die Zahl d ist der größte gemeinsame Teiler von a und b.

Beweis. Gäbe es einen noch größeren gemeinsamen Teiler D von a und b, so würde aus den Gleichungen $a = AD$, $b = BD$ folgen, daß $ab : D$ (weil gleich $Ba = Ab$) ein gemeinsames Multiplum von a und b wäre, gegen die Voraussetzung, nach welcher $ab : d$ (welches größer ist als $ab : D$) das kleinste gemeinsame Multiplum ist.

Wir behaupten ferner:

Die beiden Zahlen α und β sind teilerfremd.

Beweis. Wenn α und β einen gemeinsamen Teiler $\delta > 1$ hätten, so wäre etwa

$$\alpha = \alpha' \delta \qquad \text{und} \qquad \beta = \beta' \delta, \qquad \text{mithin}$$
$$a = \alpha' \cdot \delta d \qquad \text{und} \qquad b = \beta' \cdot \delta d.$$

Es wäre dann δd ein gemeinsamer Teiler von a und b, während doch d der größte gemeinsame Teiler von a und b ist.

Da nun (§ 36) zwei Ganzzahlen x und y existieren, für die $\alpha x + \beta y = 1$ ist, so hat man

$$a x + b y = d \alpha x + d \beta y = d,$$

und diese Gleichung lehrt, daß jeder gemeinsame Teiler von a und b auch in d aufgeht.

Damit gilt

Satz II:

Ist d der größte gemeinsame Teiler von a und b, so bestehen die beiden Formeln

$$a = \alpha d, \qquad b = \beta d \qquad \text{mit} \quad \alpha \frown \beta,$$

und jeder gemeinsame Teiler von a und b ist ein Teiler von d.

Zugleich liefert (2) den

Satz III:

Das Produkt aus dem kleinsten gemeinsamen Multiplum und dem größten gemeinsamen Divisor zweier Zahlen ist gleich dem Produkt dieser Zahlen.

Schreibt man (2)

$$\boxed{m = a b : d},$$

so entsteht die Regel:

Man erhält das kleinste gemeinsame Multiplum zweier Zahlen, indem man ihr Produkt durch ihren größten gemeinsamen Divisor teilt.

Sind die Zahlen insonderheit teilerfremd, so lautet diese Regel: Das kleinste gemeinsame Multiplum zweier teilerfremden Zahlen ist ihr Produkt.

Wir sind jetzt imstande, die fundamentalen Sätze zu beweisen.

Satz IV:

Wenn ein Produkt ab zweier Zahlen a und b durch eine dritte Zahl k teilbar ist, und wenn der eine seiner Faktoren, a, zu k fremd ist, dann muß der andere Faktor, b, durch k teilbar sein.

Beweis. Nach obiger Regel ist ak das kleinste gemeinsame Multiplum von a und k, nach Satz I also $ab = g \cdot ak$, woraus $b = gk$ folgt.

Satz V:

Sind zwei Zahlen zu einer dritten fremd, so ist auch ihr Produkt zu dieser dritten fremd.

In Zeichen:

Aus $$a \frown k, \quad b \frown k$$

folgt $$ab \frown k.$$

Beweis. Hätten ab und k einen gemeinsamen Teiler $\varkappa > 1$, so wäre ab durch $\varkappa$ teilbar. Das ist aber ein Widerspruch gegen IV, da aus der Teilerfremdheit von a und $\varkappa$ und der Teilbarkeit von ab durch $\varkappa$ die Teilbarkeit von b durch $\varkappa$ folgen würde, die doch wegen $b \frown \varkappa$ nicht statthaben kann.

Satz V läßt sich auf Produkte von mehr als zwei Faktoren übertragen.

Satz VI.

Sind alle Faktoren eines Produkts zu einer Zahl fremd, so ist auch das Produkt zu dieser Zahl fremd.

Beweis. Das Produkt Π habe die Faktoren $a, b, c, d, \ldots$, die Zahl, zu der letztere fremd sind, heiße z.

Aus $a \frown z$ und $b \frown z$ folgt nach IV $ab \frown z$. Ebenfalls ergibt sich aus IV: aus $ab \frown z$ und $c \frown z$ folgt $abc \frown z$. Usw.

Satz VII.

Eine Zahl, die durch mehrere paarweise teilerfremde Zahlen teilbar ist, ist durch das Produkt dieser Zahlen teilbar.

Beweis. Die Zahl z sei durch jede der teilerfremden Zahlen a, b, c, ... teilbar, so daß etwa

$$z = \alpha a, \quad z = \beta b, \quad z = \gamma c, \quad \ldots$$

ist. Da αa durch b teilbar ist, muß nach Satz IV α durch b teilbar sein: $\alpha = \lambda b$, und es wird $z = \lambda ab$. Da λab durch c teilbar ist und nach Satz V ab zu c fremd ist, muß nach Satz IV λ durch c teilbar sein: $\lambda = \mu c$, und es wird $z = \mu abc$ usw.

Kanonische Zerlegung.

Eine Primzahl ist eine natürliche Zahl, die zwei positive Teiler hat: die positive Einheit und sich selbst.

Die unter 100 liegenden Primzahlen sind 2, 3, 5, 7, 11, 13, 17, 19, 23, 29, 31, 37, 41, 43, 47, 53, 59, 61, 67, 71, 73, 79, 83, 89, 97.

Eine zusammengesetzte Zahl ist eine natürliche Zahl, die mehr als zwei positive Teiler besitzt.

Demgemäß gibt es drei Arten natürlicher Zahlen:

1° die Zahl 1, 2° Primzahlen, 3° zusammengesetzte Zahlen.

Jede zusammengesetzte Zahl ist als Produkt von Primzahlen darstellbar.

Beweis. Es genügt eine positive Zahl zu betrachten. Man hat

$$4 = 2 \cdot 2, \quad 6 = 2 \cdot 3, \quad 8 = 2 \cdot 2 \cdot 2, \quad 9 = 3 \cdot 3, \quad 10 = 2 \cdot 5$$

usw. Die Darstellung sei bis zur Zahl z exkl. durchgeführt. Da die zusammengesetzte Zahl z mindestens einen von 1 und z verschiedenen Teiler d hat, so muß z die Form

$$z = dD$$

haben, in der d und D beide größer als 1 und kleiner als z sind. Die Darstellungen

$$d = p_1 p_2 p_3 \ldots, \qquad D = P_1 P_2 P_3 \ldots$$

durch Primzahlen sind aber schon ermittelt. Aus ihnen folgt die Darstellung

$$z = p_1 p_2 \ldots P_1 P_2 \ldots$$

für z.

Satz von Euklides:

Es gibt unendlich viele Primzahlen.

Beweis indirekt. Angenommen, es gäbe nur die n Primzahlen $p_1, p_2, \ldots p_n$. Wir bilden ihr Produkt $\Pi = p_1 p_2 \ldots p_n$ und vermehren es um 1; das gibt die Zahl

$$Z = \Pi + 1.$$

Da diese größer als die größte, p_n, aller Primzahlen ist, muß sie zusammengesetzt, also durch mindestens eine, p, der Primzahlen $p_1, p_2, \ldots, p_n$ teilbar sein, so daß Z die Form pq hat. Daher ist die linke Seite der Gleichung

$$Z - \Pi = 1$$

durch p teilbar, während es die rechte nicht ist. Dieser Widerspruch verschwindet nur, wenn man zugibt, daß die Anzahl der Primzahlen unendlich ist.

Fundamentalsatz:

Jede zusammengesetzte natürliche Zahl z ist stets, und zwar nur auf eine einzige Weise als Produkt von Primzahlen darstellbar.

Der Beweis dieses fundamentalen Satzes beruht auf dem

Hilfsatz:

Ist ein Produkt mehrerer Zahlen durch eine Primzahl teilbar, so ist mindestens ein Faktor des Produkts durch die Primzahl teilbar.

Der Beweis des Hilfsatzes ergibt sich unmittelbar aus Satz VI. Ist z. B. abc durch die Primzahl p teilbar, und wäre dann keiner der

Faktoren a, b, c durch p teilbar, so wäre

$$a \frown p, \quad b \frown p, \quad c \frown p$$

und hiernach wegen Satz VI

$$abc \frown p,$$

während doch abc, weil teilbar durch p, nicht zu p fremd ist. Dieser Widerspruch lehrt die Richtigkeit unseres Hilfsatzes.

Es seien nunmehr

$$z = p_1 p_2 p_3 \ldots p_m \qquad \text{und} \qquad z = q_1 q_2 q_3 \ldots q_n$$

zwei Zerlegungen der zusammengesetzten natürlichen Zahl z in Primzahlen oder, wie man sagt, in Primfaktoren, in denen die Faktoren nach Größe angeordnet sind:

$$p_1 < p_2 < p_3 \ldots, \qquad q_1 < q_2 < q_3 \ldots$$

Da $z = q_1 q_2 \ldots$ durch p_1 teilbar ist, muß ein Faktor nach dem Hilfsatze, und zwar q_1 durch p_1 teilbar sein, was natürlich $q_1 = p_1$ bedeutet, so daß nunmehr

$$q_2 q_3 \ldots q_m = p_2 p_3 \ldots p_n$$

ist. Da die linke Seite dieser Gleichung durch p_2 teilbar ist, muß nach dem Hilfsatze ein Faktor, natürlich q_2, durch p_2 teilbar, d. h. $q_2 = p_2$ und

$$q_3 q_4 \ldots q_m = p_3 p_4 \ldots p_n$$

sein. Die Fortsetzung dieser Schlußweise ergibt $q_3 = p_3$, $q_4 = p_4$ usw. und zugleich $m = n$, womit der Fundamentalsatz bewiesen ist.

Die eindeutige Zerlegung einer Zahl in ein Produkt von Primfaktoren heißt ihre kanonische Zerlegung.

Bei der kanonischen Zerlegung der Zahl z können natürlich beliebig viele der untereinander verschiedenen in z steckenden Primfaktoren p, q, r, ... mehr als einmal vorkommen. Kommt p genau $a$mal, q $b$mal, r $c$mal, ... vor, wobei aber auch mehrere der Zahlen a, b, c, ... den Wert 1 haben können, so schreibt man

$$\boxed{z = p^a q^b r^c \ldots}.$$

So ist z. B.

$$9779616 = 2^5 \cdot 3^4 \cdot 7^2 \cdot 11^1.$$

Die gefundene Formel enthält die kanonische Zerlegung der Zahl z oder die Zerlegung der Zahl z in Primfaktoren oder die Verwandlung der Zahl z in ein Produkt, desen Faktoren Primzahlpotenzen sind. Dabei wird aber stets stillschweigend vorausgesetzt, daß die Basen p, q, r, ... der auftretenden Primfaktorpotenzen voneinander verschieden sind.

Multipla und Divisoren von beliebig vielen Zahlen.

Die kanonische Zerlegung bietet ein einfaches Mittel, das kleinste gemeinsame Multiplum m und den größten gemeinsamen Divisor d mehrerer gegebenen positiven Zahlen a, b, c ... zu bestimmen.

Die in den kanonischen Zerlegungen der gegebenen Zahlen auftretenden paarweise verschiedenen Primzahlen seien $P, Q, R, \ldots$, ihre vorkommenden Höchstpotenzen $P^A, Q^M, R^N, \ldots$, die in **jeder** Zerlegung anzutreffenden Primfaktoren $p, q, r, \ldots$, ihre Tiefstpotenzen $p^\lambda, q^\mu, v^\nu, \ldots$. Dann ist das kleinste gemeinsame Multiplum

$$\boxed{m = P^A Q^M R^N \ldots},$$

der größte gemeinsame Divisor der gegebenen Zahlen

$$\boxed{d = p^\lambda q^\mu r^\nu \ldots}.$$

Der Beweis folgt unmittelbar aus den Sätzen der beiden vorhergehenden Paragraphen.

Beispiel 1. Wie groß ist das kleinste gemeinsame Multiplum der Zahlen

$$288, \quad 378, \quad 385, \quad 81000.$$

Die kanonischen Darstellungen sind

$$288 = 2^5 \cdot 3^2, \quad 378 = 2^1 \cdot 3^3 \cdot 7^1, \quad 385 = 5^1 \cdot 7^1 \cdot 11^1,$$
$$81000 = 2^3 \cdot 3^4 \cdot 5^3,$$

die vorkommenden Primfaktoren 2, 3, 5, 7, 11, die auftretenden Höchstpotenzen derselben 2^5, 3^4, 5^3, 7^1, 11^1. Das kleinste gemeinsame Multiplum ist

$$m = 2^5 \cdot 3^4 \cdot 5^3 \cdot 7^1 \cdot 11^1 = 24948000.$$

Beispiel 2. Wie groß ist der größte gemeinsame Divisor der Zahlen

$$2592, \quad 1008, \quad 10584?$$

Die kanonischen Zerlegungen sind

$$2592 = 2^5 \cdot 3^4, \quad 1008 = 2^4 \cdot 3^2 \cdot 7^1, \quad 10584 = 2^3 \cdot 3^3 \cdot 7^2,$$

die in jeder Zerlegung auftretenden Primfaktoren 2 und 3, ihre Tiefstpotenzen 2^3 und 3^2. Der größte gemeinsame Divisor ist

$$2^3 \cdot 3^2 = 72.$$

Da jedes gemeinsame Multiplum von a, b, c, ... durch P^A und Q^M und R^N ... teilbar sein muß, so muß es auch durch das Produkt dieser paarweise teilerfremden Primzahlpotenzen, d. h. durch m teilbar sein. Folglich, wie schon oben gefunden:

Jedes gemeinsame Multiplum mehrerer Zahlen ist ein Vielfaches des kleinsten gemeinsamen Multiplums der Zahlen.

Da ferner jeder gemeinsame Divisor > 1 von $a, b, c, \ldots$ mindestens einen der Primfaktoren $p, q, r, \ldots$ enthält, aber keinen dieser Primfaktoren in einer höheren Potenz als bzw. der λ^{ten}, μ^{ten}, ν^{ten}, ... enthält, auch keinen anderen Primfaktor als $p, q, r, \ldots$ enthalten kann, so gilt der Satz:

Jeder gemeinsame Divisor mehrerer positiver Zahlen ist Teiler des größten gemeinsamen Divisors der Zahlen.

Die kanonische Zerlegung liefert auch ein Mittel zur Lösung der

Fundamentalaufgabe:

Anzahl und Summe der positiven Teiler einer positiven Zahl z zu bestimmen, deren kanonische Zerlegung

$$z = p^a q^b r^c \ldots$$

bekannt ist.

Lösung. Ein Teiler von z entsteht dann und nur dann, wenn man aus jeder Reihe des Schemas

$$\begin{array}{cccccc} 1, & p, & p^2, & p^3, & \ldots, & p^a \\ 1, & q, & q^2, & q^3, & \ldots, & q^b \\ 1, & r, & r^2, & r^3, & \ldots, & r^c \\ . & . & . & . & . & . \end{array}$$

eine Zahl auswählt und die ausgewählten Zahlen miteinander multipliziert. Das gibt im ganzen $(a+1) \cdot (b+1) \cdot (c+1) \ldots$ Möglichkeiten. Bezeichnet man also die gesuchte Anzahl der Teiler von z mit $T(z)$, so gilt die Formel

$$\boxed{T(z) = (a+1)(b+1)(c+1)\ldots}.$$

Was die Summe S aller Teiler anbetrifft, so ist sie

$$S = \Sigma\, p^\alpha q^\beta r^\gamma \ldots,$$

wobei sich die Summation über alle Kombinationen der Exponenten $\alpha, \beta, \gamma, \ldots$ erstreckt, für die

$$0 \leq \alpha \leq a, \qquad 0 \leq \beta \leq b, \qquad 0 \leq \gamma \leq c, \ldots$$

ist.

Diese Summe ist aber nichts anderes als das Produkt der geometrischen Reihen

$$\begin{array}{l} 1 + p + p^2 + p^3 + \ldots + p^a, \\ 1 + q + q^2 + q^3 + \ldots + q^b, \\ 1 + r + r^2 + r^3 + \ldots + r^c, \\ . \quad . \quad . \quad . \quad . \quad . \quad . \quad . \end{array}$$

ist also

$$\boxed{S = \frac{p^{a+1}-1}{p-1} \cdot \frac{q^{b+1}-1}{q-1} \cdot \frac{r^{c+1}-1}{r-1} \cdots}.$$

§ 52. Grundeigenschaften der Kongruenzen

Definition.

Eine Zahl a heißt (zu) einer zweiten b *kongruent nach dem Modul* m oder *kongruent modulo* m, wenn die Differenz der beiden Zahlen durch m teilbar ist, d. h. wenn

$$a - b = g\, m$$

ist (wo g eine ganze Zahl bedeutet). Man schreibt dann

$$a \equiv b \bmod m,$$

gelesen: »a *kongruent* b *modulo* m«, und nennt die Beziehung

$$a \equiv b \bmod m$$

eine *Kongruenz* (nach dem Modul m). Dabei wird der *Modul stets positiv* angenommen.

Man sieht sofort, daß die Kongruenz

$$a \equiv b \bmod m$$

auch

$$a - b \equiv 0 \bmod m$$

geschrieben werden kann.

Ebenso sagt man »die Zahl a ist der Zahl b modulo m *inkongruent*«, wenn die Differenz $a - b$ nicht durch m teilbar ist, und schreibt dies

$$a \quad b \bmod m.$$

Bedeutet q den Quotient, r den Rest, der bei der Division einer Zahl z durch einen gegebenen Modul m eintritt, so gilt bekanntlich die Gleichung

$$z = q\, m + r.$$

Aus ihr folgt sofort die Kongruenz

$$z \equiv r \bmod m.$$

Jede Zahl z ist also modulo m dem Rest r kongruent, der bei der Division von z durch m auftritt (den z bei der Division durch m läßt).

Für den Rest r bleibt dabei eine gewisse Willkür offen, da man zwar im allgemeinen bei einer Division durch m unter »Rest« nur eine gewisse zwischen 0 inkl. und m exkl. gelegene Zahl versteht, z. B. bei der Division 35 : 8 die Zahl 3:

$$35:8=4+\frac{3}{8} \qquad \text{oder} \qquad 35=4\cdot 8+3,$$

aber bisweilen auch andere »Reste« wählt. Das geht schon aus der Bezeichnung »gemeiner Rest« (Normalrest) für den zwischen 0 und m gelegenen Rest hervor. Grundsätzlich kann man sich als Quotient der Division eine beliebige Zahl aussuchen, in dem angeführten Beispiel etwa die Zahl 7, wobei dann

$$35:8=7-\frac{21}{8}$$

wird und — 21 als »Rest« erscheint.

Der obige Satz gilt also nicht bloß für den Gemeinrest, sondern für jeden Rest, der bei der Division von z durch m bei beliebig gewähltem Quotient q auftritt.

Meistens wird man ja den Gemeinrest wählen. Es kommt aber vor, daß man aus besonderen Gründen einen anderen Rest, z. B. den sog. Minimalrest vorzieht. Unter dem Minimalrest bei der Division $z:m$ versteht man den Rest, der zwischen $-\frac{m}{2}$ exkl. und $+\frac{m}{2}$ inkl. liegt (inklusive natürlich nur, wenn m gerade ist). Der Minimalrest der obigen Division 35 : 8 stimmt mit dem Gemeinrest 3 überein. Bei der Division 38 : 8 ist dagegen der Minimalrest — 2 vom Gemeinrest 6 verschieden (die entsprechenden Divisionen sind

$$38:8=5-\frac{2}{8}, \quad 38:8=4+\frac{6}{8}\Big).$$

Welchen Rest man aber auch bei der Division $z:m$ auswählen mag, alle möglichen Reste sind einander und jeder von ihnen dem Gemeinrest modulo m kongruent.

Sind nämlich r der Gemeinrest, r' und r'' zwei beliebig ausgewählte Reste, so gelten die drei Gleichungen

$$z=q\,m+r, \qquad z=q'\,m+r', \qquad z=q''\,m+r''.$$

Aus ihnen folgt

$$r'-r=(q'-q)\,m \qquad \text{und} \qquad r''-r'=(q''-q')\,m,$$

d. h.

$$r'\equiv r \bmod m \qquad \text{und} \qquad r''\equiv r' \bmod m.$$

Im folgenden verstehen wir unter dem Rest bei der Division einer Zahl durch m, wenn nicht ausdrücklich etwas anderes gesagt wird, den Gemeinrest.

Kongruenzeigenschaften.

I.

Reflexivität, Symmetrie, Transitivität.

Reflexivität: Jede Zahl ist sich selbst modulo m kongruent:

$$z \equiv z \mod m.$$

Symmetrie: Ist a zu b modulo m kongruent, so ist auch b zu a modulo m kongruent:

$$a \equiv b \mod m \qquad \text{liefert} \qquad b \equiv a \mod m.$$

Transitivität: Zwei Zahlen, die ein und derselben dritten modulo m kongruent sind, sind auch einander modulo m kongruent:

Aus

$$a \equiv c \mod m \qquad \text{und} \qquad b \equiv c \mod m$$

folgt

$$a \equiv b \mod m.$$

[Es ist etwa $a - c = hm$ und $b - c = km$, mithin $a - b = lm$ mit $l = h - k$.]

II.

Aus

$$x \equiv a \mod m \qquad \text{und} \qquad y \equiv b \mod m$$

folgt

1⁰ $x + y \equiv a + b$

2⁰ $x - y \equiv a - b$

3⁰ $xy \equiv ab$

$$\left.\begin{aligned} x + y &\equiv a + b \\ x - y &\equiv a - b \\ xy &\equiv ab \end{aligned}\right\} \mod m.$$

In Worten: Zwei Kongruenzen nach demselben Modul lassen sich addieren, subtrahieren und multiplizieren.

Beweis. Aus $x = a + hm$ und $y = b + km$ folgt zunächst $x \pm y = a \pm b + lm$ mit $l = h \pm k$ und ferner $xy = ab + Lm$ mit $L = hb + ka + hkm$.

Der Satz II läßt sich natürlich sofort, wie man leicht einsieht, auf mehr als zwei Kongruenzen übertragen.

Aus

$$x \equiv a, \quad y \equiv b, \quad z \equiv c, \ldots \mod m$$

folgt

$$\left.\begin{aligned} x + y + z + \ldots &\equiv a + b + c + \ldots \\ \text{und} \qquad xyz \ldots &\equiv abc \ldots \end{aligned}\right\} \mod m,$$

wobei in der ersten der gefolgerten Kongruenzen beliebig viele links wie rechts an entsprechender Stelle stehende $+$-Zeichen auch durch $-$-Zeichen ersetzt werden dürfen.

Um z. B. die zweite der gefolgerten Kongruenzen zu beweisen, hat man zunächst nach II

$$xy \equiv ab \bmod m,$$

darauf hieraus und aus $z \equiv c \bmod m$ nach II

$$xyz \equiv abc \bmod m$$

usw.

Zusatz. Man merke sich den Sonderfall:

Aus $x \equiv a \bmod m$ folgt $x^n \equiv a^n \bmod m.$

II'.

Eine Kongruenz

$$x \equiv a \bmod m$$

läßt sich mit jedem Multiplikator μ »multiplizieren«:

$$\mu x \equiv \mu a \bmod m$$

und mit jedem zu m fremden, gemeinsamen Divisor d von x und a »dividieren«:

$$\frac{x}{d} \equiv \frac{a}{d} \bmod m.$$

Beweis. Aus $x - a = hm$ folgt $\mu x - \mu a = \mu h m$ sowie $d \cdot \left(\frac{x}{d} - \frac{a}{d}\right) = hm$ und hieraus, da der erste Faktor der linken Seite zu m fremd ist, die Teilbarkeit des zweiten durch m.

Zusatz.

Wenn der gemeinsame Divisor d von x und a nicht fremd zu m ist, sondern mit m einen größten gemeinsamen Teiler $\Delta > 1$ hat ($m = m'\Delta$, $d = d'\Delta$), so kann man die Kongruenz

$$x \equiv a \bmod m$$

im allgemeinen nicht mehr durch d dividieren. In diesem Falle halten wir uns an den

Satz:

Ist

$$x \equiv a \bmod m,$$

d ein gemeinsamer Divisor von a und x und Δ der größte gemeinsame Divisor von d und m, so ist

$$\frac{x}{d} \equiv \frac{a}{d} \bmod \frac{m}{\Delta},$$

dessen Beweis (es sei $d = d'\Delta$, $m = m'\Delta$) aus der Gleichung

$$d' \cdot \left(\frac{x}{d} - \frac{a}{d}\right) = h \cdot m'$$

(wegen $d' \frown m'$) folgt, und der für den Fall $\Delta = 1$ in den unter II' ausgesprochenen Satz übergeht.

Der Satz II enthält die Beweisstücke für den

Fundamentalsatz:

Ist $f(x)$ ein ganzzahliges Polynom*) und $\alpha \equiv \beta \bmod m$, so ist auch

$$f(\alpha) \equiv f(\beta) \bmod m.$$

Beweis. Es sei etwa

$$f(x) = ax^3 + bx^2 + cx + d.$$

Nach II folgt zunächst $\alpha^2 \equiv \beta^2$ wie auch $\alpha^3 \equiv \beta^3$, hieraus einerseits $b\alpha^2 \equiv b\beta^2$, anderseits $a\alpha^3 \equiv a\beta^3$, schließlich durch Addition der vier Kongruenzen $a\alpha^3 \equiv a\beta^3$, $b\alpha^2 \equiv b\beta^2$, $c\alpha \equiv c\beta$, $d \equiv d \bmod m$

$$f(\alpha) \equiv f(\beta) \bmod m.$$

Dieser fundamentale Satz, der im Mittelpunkte der ganzen Kongruenzlehre steht, gestattet noch folgende

Erweiterung:

Ist $f(x, y, z, \ldots)$ ein ganzzahliges Polynom von beliebig vielen Variablen $x, y, z, \ldots$ und

$$a \equiv \alpha, \qquad b \equiv \beta, \qquad c \equiv \gamma, \ \ldots \bmod m,$$

so ist auch

$$f(a, b, c, \ldots) \equiv f(\alpha, \beta, \gamma, \ldots) \bmod m.$$

Der Beweis verläuft dem des vorhergehenden Satzes ganz ähnlich.

Wir merken noch folgende zwei Sätze:

Ist

$$a \equiv b \bmod m,$$

so stimmt der größte gemeinsame Teiler von a und m mit dem von b und m überein; ist speziell a fremd zu m, so ist auch b zu m fremd.

Beweis folgt sofort aus $a = b + gm$.

Ist

$$a \equiv b \bmod h, \qquad a \equiv b \bmod k, \qquad a \equiv b \bmod l, \ \ldots$$

so ist auch

$$a \equiv b \bmod m,$$

wo m das kleinste gemeinsame Multiplum von $h, k, l, \ldots$ bedeutet.

*) Ein ganzzahliges Polynom ist ein Polynom mit ganzzahligen Koeffizienten.

Der Nutzen der Kongruenzen wird im folgenden offenbar werden. Wir können aber schon hier an einem einfachen Beispiel zeigen, daß sie unerläßlich sind. Gestellt sei folgende Aufgabe:

Welchen Rest läßt 7^{4001} bei der Division durch 13?

Lösung. Die Zahl 7^{4001} umfaßt 3382 Stellen; es wäre also ein äußerst mühsamer Weg, durch Berechnung von 7^{4001} und nachherige Division durch 13 den gesuchten Rest zu bestimmen.

Durch Kongruenzen kommen wir dagegen mühelos zum Ziele. Es ist nämlich modulo 13

$$7^1 \equiv +7, \quad 7^2 \equiv -3, \quad 7^3 \equiv +5, \quad 7^4 \equiv -4, \quad 7^5 \equiv -2, \quad 7^6 \equiv -1,$$
$$7^7 \equiv -7, \quad 7^8 \equiv +3, \quad 7^9 \equiv -5, \quad 7^{10} \equiv +4, \quad 7^{11} \equiv +2, \quad 7^{12} \equiv +1.$$

[Dabei wird nicht etwa 7^3 berechnet, sondern aus $7^1 \equiv 7$, $7^2 \equiv -3$ durch Multiplikation $7^3 \equiv -21$ oder $7^3 \equiv +5$, hieraus durch Multiplikation mit $7^1 \equiv 7$, $7^4 \equiv 35$ oder $7^4 \equiv -4$ gefolgert usw., und die zweite Zeile ergibt sich durch bloße Vorzeichenänderung aus der ersten.]

Nun ist $4001 = 333 \cdot 12 + 5$, mithin

$$7^{4001} \equiv (7^{12})^{333} \cdot 7^5 \equiv 1^{333} \cdot -2 \equiv -2 \equiv +11 \bmod 13,$$

also

$$7^{4001} \equiv 11 \bmod 13.$$

M. a. W.: 7^{4001} läßt bei der Division durch 13 den Rest 11.

§ 53. Restsysteme

Die gemeinen Reste (Normalreste), die bei der Division der Zahlen durch den vorgelegten positiven „Modul" m auftreten können, sind

$$0,\ 1,\ 2,\ 3,\ \ldots,\ m-1.$$

Das System $\mathfrak{R}$ dieser m Zahlen bildet ein sog. vollständiges Restsystem modulo m, kürzer: ein Restsystem mod m, das wir, um es von anderen gleich zu betrachtenden »Restsystemen« zu unterscheiden, das Normalrestsystem oder Gemeinrestsystem mod m nennen.

Auch das System $\mathfrak{S}$ der m Zahlen

$$c_1,\ c_2,\ \ldots,\ c_m,$$

von denen jede einer Zahl des Systems $\mathfrak{R}$ modulo m kongruent ist, je zwei aber einander modulo m inkogruent sind, wird als »vollständiges Restsystem« nach dem Modul m, kürzer: als Restsystem mod m bezeichnet.

Vermittels des Restsystems $\mathfrak{S}$ werden alle Zahlen in m Klassen eingeteilt, wobei in die ν^{te} Klasse alle Zahlen kommen, die modulo m der Zahl c_ν des Systems $\mathfrak{S}$ kongruent sind. Die Gesamtheit der in der

ν^{ten} Klasse befindlichen Zahlen bildet eine sog. Restklasse, auch »Restklasse c_ν« genannt. Je zwei Zahlen ein und derselben Restklasse sind einander modulo m kongruent, zwei aus verschiedenen Restklassen stammende Zahlen sind modulo m stets inkongruent.

Neben dem Gemeinrestsystem ist von besonderem Interesse das Minimalrestsystem, das aus den m Ganzzahlen des Intervalls $-\frac{m}{2}$ exkl. bis $+\frac{m}{2}$ inkl. besteht, das z. B. für $m = 6$ die 6 Zahlen $-2, -1, 0, +1, +2, +3$, für $m = 7$ die 7 Zahlen $-3, -2, -1, 0, +1, +2, +3$ umfaßt.

Läßt man aus einem vollständigen Restsystem mod m die durch m teilbare Zahl weg, so verbleibt das fast vollständige Restsystem.

Entfernt man aus einem vollständigen Restsystem mod m alle Zahlen, die mit m einen gemeinsamen Teiler haben, so bleibt ein System von Zahlen zurück, die alle zu m teilerfremd sind und deren Gesamtheit als reduziertes Restsystem modulo m bezeichnet wird. Die Anzahl der Zahlen des reduzierten Restsystems wird Indikator von m genannt und nach Euler durch $\varphi(m)$ bezeichnet (Eulersche Funktion). $\varphi(m)$ ist also beispielsweise die Anzahl aller Zahlen der Reihe $1, 2, 3, \ldots, m$, die zu m fremd sind. So ist $\varphi(1) = 1$, $\varphi(2) = 1$, $\varphi(3) = 2$, $\varphi(6) = 2$ usw.

Wir werden weiter unten sehen, wie die »zahlentheoretische Funktion*)« $\varphi(m)$ aus der Primfaktorzerlegung von m ermittelt werden kann.

Über Restsysteme gelten folgende drei wichtigen Sätze.

Satz I.

Durchläuft in der Linearfunktion

$$u = a\,x + b,$$

in der a zu m fremd ist, die Variable x ein Restsystem mod m, so durchläuft auch u ein Restsystem mod m.

Beweis. $u_1, u_2, \ldots, u_m$ seien die Werte von u, die sich ergeben, wenn x die Werte des Restsystems $x_1, x_2, \ldots, x_m$ mod m durchläuft, also für jeden Zeiger ν

$$u_\nu = a\,x_\nu + b.$$

Wären nun zwei Zahlen u_r und u_s modulo m kongruent, so wäre

$$a\,x_r + b \equiv a\,x_s + b \mod m$$

und damit auch

$$a\,x_r \equiv a\,x_s \mod m.$$

*) Eine zahlentheoretische Funktion ist eine Funktion, die für jeden positiven ganzzahligen Wert ihres Arguments definiert ist.

Diese Kongruenz ist aber wegen der Fremdheit von a und m durch a teilbar und ergibt

$$x_r \equiv x_s \bmod m, \qquad \text{q. e. a.}$$

Folglich sind die Zahlen $u_1, u_2, \ldots, u_m$ einander mod m inkongruent und bilden ein Restsystem mod m.

Als Sonderfall für $a = 1$ ist das Korollar zu merken:

m sukzessive Zahlen der Zahlenreihe:

$$z, z+1, z+2, \ldots, z+m-1$$

bilden stets ein Restsystem modulo m.

Satz II.

Durchläuft x ein reduziertes Restsystem mod m, so durchläuft auch bei zu m fremdem a das Produkt ax ein reduziertes Restsystem mod m.

In der Tat: wenn die Zahlen $x, x', x'', \ldots$ ein reduziertes Restsystem mod m bilden, d. h. die $\varphi(m)$ zu m fremden Angehörigen eines Restsystems mod m sind, so sind auch die $\varphi(m)$ Zahlen $ax, ax', ax'', \ldots$ zu m fremd, und da sie nach I einander mod m inkongruent sind, bilden sie ein reduziertes Restsystem mod m.

Satz III.

Ist a fremd zu b, so bilden die ab-Zahlen, die sich ergeben, wenn man in dem Linearkompositum

$$u = ay + bx$$

sukzessive für x beliebige Zahlen eines Restsystems mod a, für y beliebige Zahlen eines Restsystems mod b nimmt, ein Restsystem mod ab.

Beweis. u_{rs} sei die Zahl, die entsteht, wenn man in u für x die Zahl x_r des Restsystems $x_1, x_2, \ldots, x_a$ mod a, für y die Zahl y_s des Restsystems $y_1, y_2, \ldots, y_b$ mod b einsetzt. Wären nun zwei Zahlen u_{rs} und $u_{\varrho\sigma}$ bei von r verschiedenem ϱ oder bei von s verschiedenem σ modulo ab kongruent, so folgte aus

$$ay_s + bx_r \equiv ay_\sigma + bx_\varrho \bmod ab$$

(1) $$ay_s \equiv ay_\sigma \bmod b$$

und

(2) $$bx_r \equiv bx_\varrho \bmod a.$$

Wegen der Fremdheit von a und b ist aber (1) durch a, (2) durch b teilbar, mithin

$$y_s \equiv y_\sigma \bmod b \quad \text{und} \quad x_r \equiv x_\varrho \bmod a, \quad \text{d. h.}$$

$$y_s = y_\sigma \quad \text{und} \quad x_r = x_\varrho,$$

was unmöglich ist, da mindestens eine dieser beiden Gleichungen nicht gilt.

Folglich sind alle ab Zahlen u_{rs} einander modulo ab inkongruent und bilden ein Restsystem mod ab.

§ 54. Der Indikator

Lehrsatz:

Bei Fremdheit von a und b bilden die $\varphi(a) \cdot \varphi(b)$ Zahlen, die sich ergeben, wenn man in dem Linearkompositum

$$u = ay + bx$$

sukzessive für x beliebige Zahlen eines reduzierten Restsystems mod a, für y beliebige Zahlen eines reduzierten Restsystems mod b nimmt, ein reduziertes Restsystem mod ab.

Beweis. Wir verwenden die im Beweise von Satz III benutzten Bezeichnungen. Dann hat

$$u_{rs} = ay_s + bx_r$$

nur dann einen Primteiler mit a bzw. b gemeinsam, wenn ihn x_r mit a bzw. y_s mit b gemeinsam hat. Daher ist u_{rs} nur dann fremd zu ab, wenn x_r zu a und zugleich y_s zu b fremd ist. Die durch diese beiden Bedingungen herausgegriffenen Zahlen x_r einerseits, y_s anderseits bilden aber ein reduziertes Restsystem mod a einerseits, mod b anderseits, während die zugehörigen Zahlen u_{rs} ein reduziertes Restsystem mod ab bilden, w. z. b. w.

Zugleich erhalten wir die Funktionalgleichung

$$\boxed{\varphi(ab) = \varphi(a) \cdot \varphi(b)} \qquad (a \frown b)$$

der Funktion φ. (Ein reduziertes Restsystem mod ab umfaßt $\varphi(ab)$ Zahlen.)

Wir fassen sie folgendermaßen in Worte:

Der Indikator des Produkts zweier teilerfremden Zahlen ist gleich dem Produkt der Indikatoren der beiden Zahlen.

Sie führt unmittelbar zu folgender Erweiterung

$$\boxed{\varphi(c_1 c_2 \ldots c_n) = \varphi(c_1)\,\varphi(c_2) \ldots \varphi(c_n)}$$

falls für je zwei verschiedene Zeiger r, s, $c_r \frown c_s$ ist. In Worten:

Indikatorsatz:

Der Indikator eines Produkts paarweise teilerfremder Zahlen gleicht dem Produkt der Indikatoren dieser Zahlen.

In der Tat ergibt sich aus der Funktionalgleichung sukzessive

$$\varphi(c_1 c_2 \dots c_n) = \varphi(c_1) \cdot \varphi(c_2 c_3 \dots c_n) = \varphi(c_1) \cdot \varphi(c_2) \cdot \varphi(c_3 c_4 \dots c_n) = \text{usw.}$$
$$= \varphi(c_1) \cdot \varphi(c_2) \dots \varphi(c_n).$$

Der Indikatorsatz gestattet die Ermittlung des Indikators $\varphi(m)$ einer beliebigen Zahl m, deren Primfaktoren bekannt sind. Sind nämlich $p, q, r, \dots$ die verschiedenen in m aufgehenden Primzahlen, und ist

$$m = p^a q^b r^c \dots$$

die kanonische Zerlegung von m, so folgt aus dem Indikatorsatz

$$\varphi(m) = \varphi(p^a) \cdot \varphi(q^b) \cdot \varphi(r^c) \dots,$$

so daß es nur mehr darauf ankommt, den Indikator $\varphi(p^a)$ einer Primzahlpotenz p^a zu finden. Nun existieren im Gemeinrestsystem mod p^a nur die p^{a-1} Zahlen $1 \cdot p, 2 \cdot p, 3 \cdot p, \dots, p^{a-1} \cdot p$, die einen gemeinsamen Teiler mit p^a besitzen; alle übrigen sind fremd zu p^a. Das gibt

$$\varphi(p^a) = p^a - p^{a-1} = p^a \cdot \left(1 - \frac{1}{p}\right).$$

Wenden wir diese Formel auf die rechte Seite der obigen Gleichung für $\varphi(m)$ an, so entsteht

$$\boxed{\varphi(m) = m\left(1 - \frac{1}{p}\right)\left(1 - \frac{1}{q}\right)\left(1 - \frac{1}{r}\right) \dots},$$

welche Formel den Indikator von m als Funktion seiner Primfaktoren darstellt.

Die Indikatorfunktion erfreut sich der Eigenschaft:

Durchläuft d alle positiven Divisoren von 1 bis m der Zahl m, so ist

$$\boxed{\Sigma \varphi(d) = m}.$$

Beweis. Man betrachte die m Brüche

$$\frac{1}{m}, \frac{2}{m}, \frac{3}{m}, \dots, \frac{m}{m}$$

und bringe jeden auf seine irreduzible Form (in der der Nenner natürlich ein Divisor von m ist). Es erscheinen dann jeweils genau $\varphi(d)$ irreduzible Brüche mit dem Nenner d. So haben wir einerseits m Brüche, anderseits $\Sigma \varphi(d)$ Brüche, mithin

$$\Sigma \varphi(d) = m.$$

Zusatz. Auch diese Eigenschaft des Indikators gestattet, die zahlentheoretische Funktion $\varphi(n)$ für jeden Argumentwert n zu ermitteln. Diese Ermittlung beruht auf dem Umkehrungssatze von Möbius, den wir zunächst herleiten.

N sei eine beliebig vorgelegte, die Einheit übertreffende natürliche Zahl. Wir bilden die Zahlengruppen $\mathfrak{N}_0$, $\mathfrak{N}_1$, $\mathfrak{N}_2$, ...; $\mathfrak{N}_0$ enthält nur die eine Zahl N, $\mathfrak{N}_1$ enthält alle Zahlen von der Form $N : p$, wo p eine beliebige der in N steckenden Primzahlen ist, $\mathfrak{N}_2$ enthält alle Zahlen von der Form $N : pq$, wo p und q zwei beliebige ungleiche der in N steckenden Primzahlen sind, N_3 enthält alle Zahlen von der Form $N : pqr$, wo p, q, r drei beliebige paarweise ungleiche der in N steckenden Primzahlen sind, $\mathfrak{N}_4$ enthält alle Zahlen von der Form $N : pqrs$, wo p, q, r, s vier beliebige paarweise ungleiche der in N steckenden Primzahlen sind, usw.

Darauf vereinigen wir alle Zahlen der Gruppen $\mathfrak{N}_1$, $\mathfrak{N}_3$, $\mathfrak{N}_4$, ... zu einer Zahlenschar I, ebenso alle Zahlen der Gruppen $\mathfrak{N}_0$, $\mathfrak{N}_2$, $\mathfrak{N}_4$, ... zu einer Zahlenschar II. Dann gilt das

Lemma von Dirichlet:

Jeder echte Divisor von N erscheint als Divisor einer Zahl der Scharen I und II in I und II gleich oft.

(Der unechte Divisor N kommt nur einmal, und zwar in II vor.)

Beweis. Von den verschiedenen Primfaktoren der Zahl N seien $p, q, r, \ldots$ diejenigen, μ an der Zahl, die öfter in N als in d stecken. Dann erscheint d als Teiler von Zahlen in $\mathfrak{N}_\nu$ genau μ_ν mal: so oft nämlich wie man die genannten μ Faktoren $p, q, r, \ldots$ zur ν^{ten} Klasse kombinieren kann. Folglich kommt d als Teiler von Zahlen in I $(\mu_1 + \mu_3 + \mu_5 + \ldots)$ mal, in II $(\mu_0 + \mu_2 + \mu_4 + \ldots)$ mal vor. Diese beiden Zahlen sind aber einander gleich, da nach dem binomischen Satze

$$0 = (1 - 1)^\mu = \mu_0 - \mu_1 + \mu_2 - \mu_3 + - \ldots$$

ist, w. z. b. w.

Dirichlets Lemma liefert uns sofort den Beweis für

Möbius' Umkehrungssatz:

Sind zwei zahlentheoretische Funktionen $f(n)$ und $F(n)$ durch die Funktionalgleichung

$$F(n) = \Sigma f(d)$$

verbunden, wo die Summation sich über alle (positiven) Teiler d von n erstreckt, so ist umgekehrt

$$f(n) = F(n) - \Sigma F\left(\frac{n}{p}\right) + \Sigma F\left(\frac{n}{pq}\right) - \Sigma F\left(\frac{n}{pqr}\right) + - \ldots,$$

wobei die Summationen sich über alle paarweise verschiedenen Primfaktoren von n erstrecken.

Beweis. Die rechte Seite der Behauptung ist die Differenz der beiden Summen

$$A = F(n) + \Sigma F\left(\frac{n}{pq}\right) + \Sigma F\left(\frac{n}{pqrs}\right) + \dots$$

und

$$B = \Sigma F\left(\frac{n}{p}\right) + \Sigma F\left(\frac{n}{pqr}\right) + \dots .$$

Wir schreiben jeden Summanden auf Grund der Voraussetzung um und erhalten

$$A = \left\{\begin{array}{l} \quad \Sigma f(d) \\ + \Sigma f(d_{pq}) \quad + \Sigma f(d_{pr}) \quad + \Sigma f(d_{qr}) \quad + \dots \\ + \Sigma f(d_{pqrs}) + \Sigma f(d_{pqrt}) + \Sigma f(d_{pqst}) + \dots \\ \dots\dots\dots\dots\dots\dots \end{array}\right\},$$

$$B = \left\{\begin{array}{l} \quad \Sigma f(d_p) \quad + \Sigma f(d_q) \quad + \Sigma f(d_r) \quad + \dots \\ + \Sigma f(d_{pqr}) + \Sigma f(d_{pqs}) + \Sigma f(d_{pqt}) + \dots \\ + \dots\dots\dots\dots\dots\dots \end{array}\right\},$$

wo d alle Divisoren von n, d_ν alle Divisoren von $n:\nu$ durchläuft. Bedeutet nun δ irgendeinen echten Divisor von n, so kommt dieser nach Dirichlets Lemma unter den Argumenten aller A aufbauenden Summen ebensooft vor wie unter den Argumenten der Summen, die B aufbauen; und der einzige unechte Divisor n kommt nur bei $F(n)$ in A (einmal) vor. Daher heben sich alle Glieder von A und B mit Ausnahme des in A stehenden Gliedes $f(n)$ weg, und es bleibt

$$A - B = f(n);$$

d. h. die rechte Seite der Behauptung stimmt mit der linken überein, w. z. b. w.

Durch Einführung der zahlentheoretischen Funktion $\mu(n)$ — Möbiussche Funktion — läßt sich Möbius' Umkehrungsformel noch etwas anders schreiben.

Definition von $\mu(n)$:

Es ist $\left\{\begin{array}{ll} \mu(n) = 1, & \text{wenn } n = \text{den Wert 1 hat,} \\ \mu(n) = 0, & \text{wenn } n \text{ einen quadratischen Teiler hat,} \\ \mu(n) = \iota^\nu, & \text{wenn } n \text{ das Produkt von } \nu \text{ verschiedenen Primzahlen ist.} \end{array}\right.$

Möbius' Umkehrungssatz:

Aus

$$F(n) = \Sigma f(d)$$

folgt

$$f(n) = \Sigma \mu(d) F(n:d),$$

wo beide Summationen alle (positiven) Teiler d von n umfassen.

Anwendung von Möbius' Satz auf die Eulersche Funktion. Aus der oben abgeleiteten Relation

$$\Sigma\, \varphi\,(d) = n$$

folgt nach Möbius' Satz [hier ist $f\,(n) = \varphi\,(n)$, $F\,(n) = n$]

$$\varphi\,(n) = n - \Sigma \frac{n}{p} + \Sigma \frac{n}{p\,q} - \Sigma \frac{n}{p\,q\,r} + - \ldots .$$

Die rechte Seite dieser Gleichung hat den Wert

$$n\left(1 - \frac{1}{p}\right)\left(1 - \frac{1}{q}\right)\left(1 - \frac{1}{r}\right) \ldots ;$$

folglich wird

$$\varphi\,(n) = n\left(1 - \frac{1}{p}\right)\left(1 - \frac{1}{q}\right)\left(1 - \frac{1}{r}\right) \ldots .$$

§ 55. Lineare Kongruenzen

Eine Linearkongruenz ist eine Kongruenz von der Form

$$a\,x + b\,y + c\,z + \ldots \equiv F \bmod m,$$

in welcher der Modul m und die Koeffizienten a, b, c, ..., F, deren letzter „Freiglied" heißt, gegebene, x, y, z, ... gesuchte Zahlen (Unbekannte) sind.

Ein System von Zahlen x, y, z, ..., welches die Kongruenz befriedigt, heißt eine Lösung, die an ihr beteiligten Zahlen x, y, z, ... heißen die Wurzeln der Kongruenz. Dabei gelten Wurzeln x und x' (ebenso y und y', ...) die modulo m einander kongruent sind, nicht als verschiedene Wurzeln der Kongruenz; zwei Lösungen x, y, z, ... und x', y', z', ..., für die die Kongruenzen $x' \equiv x$, $y' \equiv y$, $z' \equiv z, \ldots \bmod m$ gelten, werden sonach nur als eine Lösung angesehen.

Diese Festsetzung gilt allgemein:

Auch bei einer nichtlinearen Kongruenz wie etwa bei der Kongruenz

$$a\,x^n + b\,x^{n-1} + c\,x^{n-2} + \ldots \equiv 0 \bmod m$$

gelten zwei Wurzeln α und β, d. h. zwei Zahlen α und β, die die Kongruenz befriedigen, für die also sowohl $a\alpha^n + b\alpha^{n-1} + c\alpha^{n-2} + \ldots \equiv 0 \bmod m$ als auch $a\beta^n + b\beta^{n-1} + c\beta^{n-2} + \ldots = 0 \bmod m$ ist, nur dann als zwei verschiedene Wurzeln der Kongruenz, wenn

$$\alpha \not\equiv \beta \bmod m$$

ist.

Die einfachste Linearkongruenz heißt

$$\boxed{a\,x \equiv F \bmod m}\,.$$

Wir setzen a, F und m zweckmäßig als positiv voraus. (Jeder andere Fall kann darauf zurückgeführt werden; ein negatives a z. B. kann durch eine positive ihm modulo a kongruente Zahl ersetzt werden.)

Zwei Fälle sind auseinanderzuhalten:

I. a ist fremd zu m. II. a ist nicht fremd zu m.

Fall I. $a \frown m$.

Wir lösen zunächst die Hilfskongruenz

$$ax \equiv 1 \mod m.$$

Assoziierte Zahlen.

Von zwei (positiven) Zahlen, deren Produkt der Einheit mod m kongruent ist, heißt jede die Assoziierte der andern nach dem Modul m.

Jede zu m fremde Zahl a besitzt eine und nur eine Assoziierte $\bar{a}$ modulo m.

Zunächst sieht man, daß a nicht zwei modulo m inkongruente Assoziierte $\bar{a}$ und a' haben kann, da aus

$$a\bar{a} \equiv 1 \mod m \qquad \text{und} \qquad aa' \equiv 1 \mod m$$

$$a\bar{a} \equiv aa' \mod m,$$

d. h. der Fremdheit von a und m wegen

$$a' \equiv \bar{a} \mod m$$

folgen würde.

Bei der Suche nach der Assoziierten einer gegebenen Zahl a, die eben in der Lösung der obigen Kongruenz

$$ax \equiv 1 \mod m$$

besteht, nehmen wir a zweckmäßig kleiner als m an. (In der Kongruenz darf jede der Zahlen a und x durch eine ihr mod m kongruente Zahl ersetzt werden.) Wir haben es dann mit der diophantischen Gleichung

$$ax + my = 1$$

zu tun.

Diese besitzt aber (§ 36) die Lösung

$$x = \iota^n \overline{q_1, q_2, \ldots, q_n} \quad , \quad y = \iota^{n-1} \overline{q_2, q_3, \ldots, q_n},$$

wo $q_1, q_2, \ldots, q_n$ die sukzessiven Quotienten des bis zur vorletzten Zeile durchgeführten euklidischen Algorithmus für die beiden Zahlen m und a bedeuten.

Die gesuchte Assoziierte $\bar{a}$ zu a ist also

$$\boxed{\bar{a} = \iota^n \overline{q_1, q_2, \ldots, q_n}}.$$

Beispiel. Die Assoziierte x der Zahl 89 mod 27 zu bestimmen. Aus

$$89x \equiv 1 \bmod 27$$

folgt zunächst

$$8x \equiv 1 \bmod 27.$$

Der unvollständige Algorithmus lautet.

$$\left.\begin{aligned} 27 &= \mathbf{3} \cdot 8 + 3 \\ 8 &= \mathbf{2} \cdot 3 + 2 \\ 3 &= \mathbf{1} \cdot 2 + 1 \end{aligned}\right\},$$

in abgekürzter Schreibung:

27	8	3	2	1
	3	2	1	

und liefert

$$-x = \overline{3,\ 2,\ 1} = 6 + 3 + 1 = 10$$

oder, wenn man eine positive Assoziierte haben will,

$$x = 17.$$

Kehren wir zu unserer Ausgangskongruenz

$$ax \equiv 1 \bmod m$$

zurück, so können wir sagen:

Die Kongruenz

$$ax \equiv 1 \bmod m \quad (a \frown m)$$

hat nur eine Lösung oder Wurzel; diese ist die Assoziierte $\bar{a}$ zu a modulo m.

Um nun die Kongruenz

$$ax \equiv F \bmod m \quad (a \frown m)$$

zu lösen, bestimmen wir zunächst die Assoziierte $\bar{a}$ zu a mod m und erhalten die Wurzel

$$x = \alpha = F\bar{a}.$$

Tatsächlich ist für dieses x

$$a\alpha = a\bar{a}F \equiv F \bmod m.$$

Auch hat die Kongruenz nur diese eine Wurzel α, da aus einer etwaigen zweiten Wurzel β

$$a\beta \equiv a\alpha \bmod m$$

und hieraus

$$\beta \equiv \alpha \bmod m$$

folgen würde.

Ergebnis:

Die Kongruenz

$$ax \equiv F \bmod m \quad (a \frown F)$$

hat nur die eine Wurzel $\bar{a}F$, wo $\bar{a}$ die modulo m zu a Assoziierte bedeutet.

So ist z. B. die Wurzel von

$$89x \equiv 20 \bmod 27$$

die von

$$8x \equiv 20 \bmod 27$$

und damit, da die mod 27 Assoziierte zu 8 den Wert -10 hat,

$$\underline{x} \equiv -10 \cdot 20 = -200 \equiv \underline{16} \bmod 27.$$

Fall II. $a \not\frown m$.

Wenn in der Kongruenz

$$ax \equiv F \bmod m$$

a und m den größten gemeinsamen Teiler $d > 1$ haben, so ist zur Lösbarkeit der Kongruenz die Teilbarkeit des Freigliedes durch d erforderlich.

Demgemäß sei

$$a = a'd, \quad F = F'd, \quad m = m'd.$$

Dann wird

$$a'x \equiv F' \bmod m' \qquad (a' \frown m').$$

Diese neue Kongruenz hat nach I genau eine Wurzel α. Es befriedigt aber auch jede ihr modulo m' kongruente Zahl

$$x = \alpha + m'g \qquad (g \text{ beliebig})$$

die Kongruenz.

Dieses x befriedigt auch die Ausgangskongruenz, da

$$ax - F = a(\alpha + m'g) - F = d[a'\alpha - F'] + a'mg$$

ist und die eckige Klammer durch m', ihr $d$faches durch m und damit die rechte Seite dieser Gleichung durch m teilbar ist.

Auch ist klar, daß jede Wurzel der Ausgangskongruenz die Form $\alpha + m'g$ haben muß.

Die Ausgangskongruenz hat also sicher die d Wurzeln

$$\alpha + m', \quad \alpha + 2m', \ldots, \alpha + dm',$$

da diese d Zahlen modulo m inkongruent sind. [Aus $\alpha + hm' \equiv \alpha + km' \bmod m$ würde $h \equiv k \bmod d$ folgen.]

Wenn man aber diese Zahlenfolge nach rechts oder links fortsetzt, entstehen keine neuen Wurzeln mehr, da z. B. für den Zeiger r alle

Zahlen der unendlichen Folge

$$\ldots, \alpha + (r - 2d)\, m', \; \alpha + (r - d)\, m', \; \text{——}, \; \alpha + (r + d)\, m', \; \alpha + (r + 2d)\, m', \ldots$$

der in der obigen Folge stehenden Zahl $\alpha + rm'$ mod m kongruent sind, also nicht als neue Wurzeln gerechnet werden.

Ergebnis:

Die Kongruenz

$$ax \equiv F \bmod m,$$

in der a und m den größten gemeinsamen Teiler $d > 1$ besitzen, hat nur dann Wurzeln, und zwar genau d Stück, wenn d im Freigliede F aufgeht.

Diese Wurzeln heißen

$$\alpha, \; \alpha + m', \; \alpha + 2m', \; \ldots, \; \alpha + (d - 1)\, m',$$

wo α irgendeine Lösung der Kongruenz

$$a' x \equiv F' \bmod m'$$

bedeutet, in welcher

$$a' = a : d, \qquad F' = F : d, \qquad m' = m : d$$

ist.

Das Kongruenzsystem

$$x \equiv \alpha \bmod a, \qquad x \equiv \beta \bmod b, \qquad x \equiv \gamma \bmod c \ldots$$

Aufgabe: Das System der Kongruenzen

$$\left\{\begin{matrix} x \equiv \alpha \bmod a \\ x \equiv \beta \bmod b \\ x \equiv \gamma \bmod c \\ \vdots \end{matrix}\right\},$$

in dem die Moduln $a, b, c, \ldots$ gegebene positive teilerfremde, die Zahlen $\alpha, \beta, \gamma, \ldots$ beliebige gegebene Ganzzahlen sind, zu lösen, d. h. seine Wurzeln (Lösungen) x zu bestimmen.

Lösung. Sind h und k zwei Wurzeln des Systems, so folgt aus

$$\left\{\begin{matrix} h \equiv \alpha \bmod a \\ h \equiv \beta \bmod b \\ h \equiv \gamma \bmod c \\ \vdots \end{matrix}\right\} \quad \text{und} \quad \left\{\begin{matrix} k \equiv \alpha \bmod a \\ k \equiv \beta \bmod b \\ k \equiv \gamma \bmod c \\ \vdots \end{matrix}\right\}$$

$$\left\{\begin{matrix} h \equiv k \bmod a \\ h \equiv k \bmod b \\ h \equiv k \bmod c \\ \vdots \end{matrix}\right\}.$$

Wenn aber die Zahl $h - k$ durch jede der teilerfremden Zahlen a, b, c, ... teilbar ist, so ist sie auch durch das Produkt

$$m = abc \ldots$$

teilbar. Daher wird

$$h \equiv k \bmod m.$$

Alle Lösungen des vorgelegten Systems müssen also Angehörige einer einzigen gewissen Restklasse modulo m sein.

Und wenn diese Restklasse etwa durch die Wurzel h des Systems bestimmt ist, so liefert jede Zahl z dieser Restklasse:

$$z \equiv h \bmod m$$

eine Wurzel des Systems, da ja aus dieser Kongruenz

$$z \equiv h \bmod a, \qquad z \equiv h \bmod b, \qquad z \equiv h \bmod c \ldots$$

und damit

$$z \equiv \alpha \bmod a, \qquad z \equiv \gamma \bmod b, \qquad z \equiv \gamma \bmod c \ldots$$

folgt.

Es wird also durchaus genügen, nur einen Angehörigen dieser Restklasse mod m zu finden.

Wir versuchen, ihn als Linearkompositum

$$h = U\alpha + V\beta + W\gamma + \ldots$$

der Freiglieder α, β, γ, ... darzustellen. Um mit diesem Linearkompositum die einzelnen Kongruenzen des Systems zu befriedigen, richten wir es so ein, daß diese Kongruenzen auf

$$U\alpha \equiv \alpha \bmod a, \qquad V\beta \equiv \beta \bmod b, \qquad W\gamma \equiv \gamma \bmod c, \ldots$$

hinauskommen, indem wir

$$\left.\begin{array}{llll} U & \text{als Vielfaches} & \text{von} & A = m : a \\ V & » & » & B = m : b \\ W & » & » & C = m : c \\ \ldots & \ldots & \ldots & \ldots \end{array}\right\} \text{annehmen:}$$

$$U = Au, \qquad V = Bv, \qquad W = Cw, \quad \ldots .$$

Die zu befriedigenden Einzelkongruenzen werden dann

$$Au\alpha \equiv \alpha \bmod a, \qquad Bv\beta \equiv \beta \bmod b, \qquad Cw\gamma \equiv \gamma \bmod c, \ldots$$

oder

$$(Au - 1)\,\alpha \equiv 0 \bmod a, \ (Bv - 1)\,\beta \equiv 0 \bmod b, \ (Cw - 1)\,\gamma \equiv 0 \bmod c, \ldots,$$

und diese Kongruenzen werden sicher erfüllt, wenn wir u, v, w, ... den Bedingungen

$$Au \equiv 1 \bmod a, \qquad Bv \equiv 1 \bmod b, \qquad Cw \equiv 1 \bmod c, \ \ldots$$

gemäß wählen. So wählen wir also

u als Assoziierte	$\bar{A}$	zu	A	mod a,
v » »	$\bar{B}$	»	B	mod b,
w » »	$\bar{C}$	»	C	mod c,
. . . .	. .	. .	. .	. . . .

und bekommen schließlich

$$\boxed{h = A\bar{A}\alpha + B\bar{B}\beta + C\bar{C}\gamma + \ldots}.$$

Daß dieser Ausdruck tatsächlich die Kongruenzen des vorgelegten Systems befriedigt, ist leicht einzusehen. Nehmen wir z. B. die erste Kongruenz! Da B, C, ... alle durch a teilbar sind, kommt die Probe $h \equiv \alpha \bmod a$ auf

$$A\bar{A}\alpha \equiv \alpha \bmod a$$

hinaus, und dies ist richtig, weil

$$A\bar{A} \equiv 1 \bmod a$$

ist.

Als Ergebnis unserer Untersuchung haben wir den wichtigen

Satz:

Die Lösungen des Kongruenzsystems

$$\left\{\begin{array}{l} x \equiv \alpha \bmod a \\ x \equiv \beta \bmod b \\ x \equiv \gamma \bmod c \\ \ldots\ldots\ldots \end{array}\right\}$$

mit teilerfremden Moduln a, b, c, ... sind die Angehörigen der durch die Zahl

$$h = A\bar{A}\alpha + B\bar{B}\beta + C\bar{C}\gamma + \ldots$$

bestimmten Restklasse modulo m, wobei $\bar{A}$, $\bar{B}$, $\bar{C}$, ... die bzw. modulo a, b, c, ... Assoziierten zu bzw. $A = m:a$, $B = m:b$, $C = m:c$, ... bedeuten.

Beispiel. $\left\{\begin{array}{l} x \equiv 2 \bmod 5 \\ x \equiv 7 \bmod 13 \\ x \equiv 4 \bmod 9 \end{array}\right\}.$

Hier sind

$$A = 9 \cdot 13 = 117, \qquad B = 5 \cdot 9 = 45, \qquad C = 5 \cdot 13 = 65,$$

die Assoziierten zu A, B, C mod a, mod b, mod c

$$\bar{A} = 3, \qquad \bar{B} = 11, \qquad \bar{C} = 5,$$

der Repräsentant h der lösenden Restklasse mod m

$$h = A\bar{A}\alpha + B\bar{B}\beta + C\bar{C}\gamma = 5467 \equiv 202 \bmod m.$$

Die einzige unterhalb $m = 585$ gelegene positive Wurzel des Systems ist daher 202. Alle anderen Wurzeln entstehen, wenn man 202 um beliebige Vielfache von m vermehrt. Wir fügen hinzu:

Geht man vom System

$$\left\{\begin{array}{l} x \equiv \alpha \bmod a \\ x \equiv \beta \bmod b \\ x \equiv \gamma \bmod c \\ \cdots\cdots\cdots \end{array}\right\}$$

zu einem andern:

$$\left\{\begin{array}{l} x \equiv \alpha' \bmod a \\ x \equiv \beta' \bmod b \\ x \equiv \gamma' \bmod c \\ \cdots\cdots\cdots \end{array}\right\}$$

über, in welchem wenigstens eine der Kongruenzen

$$\alpha' \equiv \alpha \bmod a, \qquad \beta' \equiv \beta \bmod b, \qquad \gamma' \equiv \gamma \bmod c, \quad \ldots$$

nicht erfüllt ist, so stellt die Lösung

$$h' = A\bar{A}\alpha' + B\bar{B}\beta' + C\bar{C}\gamma' + \ldots$$

des neuen Systems eine von

$$h = A\bar{A}\alpha + B\bar{B}\beta + C\bar{C}\gamma + \ldots$$

verschiedene Restklasse mod m dar.

Wäre nämlich bei z. B. $\alpha' \not\equiv \alpha \bmod a$

$$h' \equiv h \bmod m,$$

so wäre auch

$$h' \equiv h \bmod a,$$

mithin

$$A\bar{A}\alpha' \equiv A\bar{A}\alpha \bmod a,$$

und da $A\bar{A} \frown a$ ist,

$$\alpha' \equiv \alpha \bmod a$$

gegen die Voraussetzung.

§ 56. Die Sätze von Fermat und Euler

Wir gehen aus von einem beliebigen Modul $m > 1$, einem Restsystem $\mathfrak{R}$ mod m, dessen $i = \varphi(m)$ zu m fremde Angehörigen x_1, x_2, …, x_i ein reduziertes Restsystem $\mathfrak{R}'$ modulo m bilden, und einer beliebigen zu m fremden Zahl f.

Wir bestimmen zu jedem Zeiger r die Zahl z aus $\mathfrak{R}$, für die

$$f x_r \equiv z \bmod m$$

ist. Dann muß z eine der Zahlen x_r sein. Hätte nämlich z mit m einen gemeinsamen Divisor, so müßte dieser der Kongruenz wegen auch in $f x_r$ aufgehen, was aber nicht sein kann, da sowohl f als auch x_r zu m fremd sind. Unsere Kongruenz hat daher die Form

$$f x_r \equiv x_\varrho \bmod m.$$

Bedeutet weiter x_s eine von x_r verschiedene Zahl unseres reduzierten Restsystems, so gilt ähnlich

$$f x_s \equiv x_\sigma \bmod m.$$

Nun ist x_σ von x_ϱ verschieden. Wäre nämlich $x_\sigma = x_\varrho$, so wäre

$$f x_s \equiv f x_r \bmod m$$

also wegen $f \frown m$

$$x_s \equiv x_r \bmod m,$$

was nicht sein kann.

Durchläuft also der Zeiger r in der Kongruenz

$$f x_r \equiv x_\varrho \bmod m$$

die Zahlen $1, 2, \ldots, i$, so durchläuft auch der Zeiger ϱ, wenn auch wahrscheinlich in anderer Reihenfolge, die Zahlen $1, 2, \ldots, i$.

Durch Multiplikation der so gebildeten i Kongruenzen ergibt sich

$$f^i x_1 x_2 \ldots x_i \equiv x_1 x_2 \ldots x_i \bmod m$$

oder, da das Produkt $x_1 x_2 \ldots x_i$ zu m fremd ist,

$$f^i \equiv 1 \text{ und } m$$

oder endlich

$$f^{\varphi(m)} \equiv 1 \bmod m.$$

Diese Kongruenz enthält den

Satz von Euler:

Ist f fremd zum Modul m, so gilt die Kongruenz

$$\boxed{f^{\varphi(m)} \equiv 1 \bmod m}.$$

[Euler, Commentationes arithmeticae collectae, I, Petersburg, 1760.]

Ein spezieller Fall des Eulerschen Satzes ist der

Satz von Fermat:

Für jede zur Primzahl p fremde Zahl f ist

$$\boxed{f^{p-1} \equiv 1 \bmod p}.$$

Der Beweis folgt sofort aus $\varphi(p) = p - 1$.

Fermat hat diesen Satz ohne Beweis im Jahre 1640 seinem Freunde Frenicle mitgeteilt.

Umkehrung des Fermatschen Satzes:

Ist die kleinste Wurzel der Kongruenz

$$f^x \equiv 1 \bmod m \qquad (f \frown m)$$

$m - 1$, so ist die Zahl m eine Primzahl.

Beweis. Wäre m zusammengesetzt, so wäre einerseits $i = \varphi(m) < m - 1$, anderseits nach Eulers Satz $f^i \equiv 1 \bmod m$, was aber nicht angeht, da die kleinste Wurzel der Kongruenz $f^x \equiv 1 \bmod m$ ja $m - 1$ (und nicht das kleinere i) sein sollte.

Die Umkehrung des Fermatschen Satzes gestattet manchmal, die Primalität bzw. Nichtprimalität einer vorgelegten großen Zahl zu erkennen. Wir wollen das an einem Beispiel zeigen, beweisen aber zuvor den

Satz:

Der kleinste die Kongruenz

$$a^x \equiv 1 \bmod m \qquad (a \frown m)$$

befriedigende positive Exponent e ist ein Teiler von $i = \varphi(m)$.

Beweis. r sei der Gemeinrest von $i \bmod e$ und $i = qe + r$. Dann ist nach Eulers Satz

$$a^{qe+r} \equiv 1 \bmod m$$

oder
$$(a^e)^q \cdot a^r \equiv 1 \bmod m$$

oder wegen
$$a^e \equiv 1 \bmod m$$
$$a^r \equiv 1 \bmod m.$$

Hieraus folgt, da e der kleinste zulässige positive Exponent sein sollte, $r = 0$ und $i = qe$.

Der Satz gewährt den Vorteil, sich bei der Suche nach den Wurzeln der Kongruenz

$$a^x \equiv 1 \bmod m \qquad (a \frown m)$$

auf die Teiler x von $i = \varphi(m)$ beschränken zu können.

Aufgabe. Zu zeigen, daß

$$m = 2^{16} + 1 = 65537$$

eine Primzahl ist.

Lösung. Die Teiler von $m - 1 = 2^{16}$ sind die Potenzen von 2. Wir nehmen $a = 3$ und bestimmen sukzessive die Reste r_ν von $P_\nu = 3^{2^\nu}$ mit $\nu = 0, 1, 2, 3, \ldots$ modulo m, wobei wir beachten, daß der Gleichung

$$P_{\nu+1} = 3^{2^{\nu+1}} = (3^{2^\nu})^2 = P_\nu^2$$

und den Kongruenzen

$$P_\nu \equiv r_\nu \mod m, \qquad P_{\nu+1} \equiv r_{\nu+1} \mod m$$

entsprechend

$$r_{\nu+1} \equiv r_\nu^2 \mod m$$

d. h. jeder Rest dem Quadrat seines Vorgängers modulo m kongruent ist. So ergibt sich mod m

$$P_0 \equiv 3,\ P_1 \equiv 3^2 \equiv 9,\ P_2 \equiv 9^2 \equiv 81,\ P_3 \equiv 81^2 \equiv 6561,$$
$$P_4 \equiv 6561^2 \equiv 43046721 \equiv -11088,$$
$$P_5 \equiv 11088^2 \equiv 122943744 \equiv -3668,$$
$$P_6 \equiv 3668^2 \equiv 13454224 \equiv 19139, \text{ usw.}$$

Erst bei $P_{16} = 3^{m-1}$ taucht der Rest 1 auf. Der kleinste die Kongruenz

$$3^x \equiv 1 \mod m \qquad \text{mit } m = 2^{16} + 1$$

befriedigende Exponent ist $m - 1$. Folglich ist m eine Primzahl.

Verfahren von Binet
zur Lösung der Linearkongruenz
$ax = F \mod m \qquad (a \frown m)$.

Man multipliziert die Kongruenz mit a^{i-1}, wo i der Indikator $\varphi(m)$ von m ist. Das gibt

$$a^i x \equiv F a^{i-1} \mod m$$

oder, da nach Eulers Formel

$$a^i \equiv 1 \mod m$$

ist

$$\boxed{x \equiv F a^{i-1} \mod m},$$

womit die Wurzel der Kongruenz gefunden ist.

[Binet, Journal de l'École polytechnique, t 20.]

Beispiel.

$$7x \equiv 12 \mod 41.$$

Hier ist $i = \varphi(41) = 40$, mithin

$$x \equiv 12 \cdot 7^{39} \mod 41.$$

Es handelt sich nur noch darum, den Gemeinrest von $12 \cdot 7^{39}$ mod 41 zu ermitteln.

Nun ist $7^2 \equiv 8,\ 7^4 \equiv 8^2 \equiv -18,\ 7^8 \equiv 18^2 \equiv 324 \equiv -4,$

$$7^{32} \equiv 4^4 \equiv 256 \equiv 10,$$

mithin

$$7^{39} \equiv 7^{32} \cdot 7^7, \text{ und da } 7^7 \equiv 7^6 \cdot 7 \equiv 20.7 \equiv 17 \text{ ist,}$$
$$7^{39} \equiv 10 \cdot 17 \equiv 170 \equiv 6 \mod 41.$$

Demnach ist

$$x \equiv 12 \cdot 6 \equiv 72 \equiv 31 \mod 41.$$

§ 57. Quadratische Reste und Nichtreste Das Legendresymbol

Die Aufgabe »eine Zahl x zu finden, deren Quadrat modulo m einer gegebenen zu m fremden Zahl F kongruent ist«, die sich in mathematischer Zeichensprache

$$x^2 \equiv F \mod m$$

schreibt, braucht nicht unbedingt Lösungen zu besitzen. Es ist beispielsweise unmöglich, eine Zahl x anzugeben, für die

$$x^2 \equiv 3 \mod 4$$

ist; denn das Quadrat einer Zahl x ist bei geradem x $\equiv 0 \mod 4$, bei ungeradem x $\equiv 1 \mod 4$, also niemals $\equiv 3 \mod 4$.

Eine zu m fremde Zahl F heißt quadratischer Rest oder quadratischer Nichtrest von m — wenn ein Mißverständnis ausgeschlossen ist, kurz nur Rest oder Nichtrest von m —, je nachdem die Kongruenz

$$x^2 \equiv F \mod m$$

Wurzeln hat oder nicht.

So ist z. B. 8 quadratischer Rest von 41, da $7^2 \equiv 8 \mod 41$ ist. Dagegen ist 2 Nichtrest von 3, da jedes Quadrat einer der beiden Zahlen 0 oder 1 mod 3 kongruent ist.

Es leuchtet ein, daß zwei modulo m kongruente Zahlen entweder beide Reste oder beide Nichtreste sind.

Im übernächsten Paragraphen werden wir zeigen, daß die Lösung der Kongruenz

$$x^2 \equiv F \mod m$$

auf die Lösung der Kongruenzen

$$x^2 \equiv F \mod p$$

hinauskommt, wo p sukzessive die in m enthaltenen Primfaktoren durchläuft.

Wir brauchen uns deshalb nur um die Kongruenz

$$x^2 \equiv F \mod p$$

zu kümmern, in der der Modul eine Primzahl ist, und zwar eine ungerade Primzahl, da der Fall $p = 2$ wegen seiner Einfachheit — jede (ungerade) Zahl F ist Rest mod 2 — uns nicht weiter beschäftigt.

Nun liefern die Quadrate des fastvollständigen Restsystems 1, 2, 3, ..., $p-1$ mod p [wegen $(p-\nu)^2 \equiv \nu^2$ mod p] im ganzen nur die $\pi = \frac{p-1}{2}$ modulo p inkongruenten Werte

$$1^2,\ 2^2,\ 3^2,\ \ldots,\ \pi^2.$$

Andere quadratische Reste von p als diese existieren nicht.

Es gibt also genau π quadratische Reste und ebensoviel quadratische Nichtreste von p, deren Gesamtheit ein fastvollständiges Restsystem mod p bildet. ($2\pi = p-1$).

Wir nennen die quadratischen Reste etwa $r_1, r_2, \ldots, r_\pi$, die Nichtreste $n_1, n_2, \ldots, n_\pi$ und haben dann das fastvollständige Restsystem $\mathfrak{S}$ mod p:

$$r_1,\ r_2,\ \ldots,\ r_\pi;\ n_1,\ n_2,\ \ldots,\ n_\pi.$$

Die quadratischen Reste bzw. Nichtreste befolgen folgende drei fundamentalen Sätze:

I. Das Produkt von zwei Resten ist ein Rest.

II. Das Produkt aus einem Rest und einem Nichtrest ist ein Nichtrest.

III. Das Produkt aus zwei Nichtresten ist ein Rest.

Beweis zu I. Sind r und r' zwei Reste, so folgt aus

$$x^2 \equiv r \qquad \text{und} \qquad x'^2 \equiv r' \mod p$$

$$(xx')^2 \equiv rr' \mod p;$$

mithin ist rr' ein Rest.

Beweis zu II. r sei ein beliebiger Rest, n ein beliebiger Nichtrest.

Durchläuft nun im Produkt $P = rx$ der Faktor x das fastvollständige Restsystem $\mathfrak{S}$, so durchläuft auch P (§ 53) ein fastvollständiges Restsystem mod p. Da in diesem aber $rr_1, rr_2, \ldots, rr_\pi$ laut I. Reste sind, ist jede der Zahlen $rn_1, rn_2, \ldots, rn_\pi$ z. B. rn_ν, wo $n_\nu \equiv n$ mod p ist, ein Nichtrest, mithin auch rn ($\equiv rn_\nu$) ein quadratischer Nichtrest.

Beweis zu III. n und n' seien zwei beliebige Nichtreste. Durchläuft im Produkt $\mathfrak{P} = nx$ der Faktor x das fastvollständige System $\mathfrak{S}$, so durchläuft auch $\mathfrak{P}$ ein fastvollständiges Restsystem mod p. Da in diesem $nr_1, nr_2, \ldots, nr_\pi$ laut II. Nichtreste sind, ist jede der Zahlen $nn_1, nn_2, \ldots, nn_\pi$ z. B. nn_ν, wo $n_\nu \equiv n'$ ist, ein Rest; mithin ist auch nn' ($\equiv nn_\nu$) ein Nichtrest.

Die angeführten Sätze lassen sich durch Einführung des sog. Legendre-Symbols in einfache Formeln bringen.

Unter dem Symbol

$$\left(\frac{F}{p}\right) \qquad \text{(Legendre-Symbol)}$$

versteht man die positive oder negative Einheit, je nachdem (das zu p fremde) F quadratischer Rest oder Nichtrest von p ist.

Damit kommt die Beantwortung der Frage, ob eine zu p fremde Zahl F Rest oder Nichtrest von p ist, auf die Ermittlung des Symbols $\left(\frac{F}{p}\right)$ hinaus.

Die oben hervorgehobene Tatsache, daß zwei modulo p kongruente (zu p fremde) Zahlen a und b gleichzeitig Reste oder Nichtreste von p sind, schreibt sich symbolisch

$$\boxed{\left(\frac{a}{p}\right) = \left(\frac{b}{p}\right)} \qquad (a \equiv b \bmod p).$$

Die Sätze I, II, III lassen sich in die eine Formel

$$\boxed{\left(\frac{a\,b}{p}\right) = \left(\frac{a}{p}\right)\left(\frac{b}{p}\right)} \qquad (a\,b \frown p)$$

zusammenfassen.

Mittels dieser beiden Fundamentalformeln läßt sich das Symbol $\left(\frac{F}{p}\right)$ bestimmen, wenn man die speziellen Symbole

$$\left(\frac{\iota}{p}\right),\quad \left(\frac{2}{p}\right),\quad \left(\frac{q}{p}\right)$$

kennt, wo ι die negative Einheit ist und q eine beliebige der in F steckenden Primzahlen bedeutet. Der nächste Paragraph wird uns die Kenntnis der drei Spezialsymbole vermitteln.

Ein Beispiel möge das Gesagte illustrieren. Wie groß ist $\left(\frac{-6}{41}\right)$?

Antwort:

$$\left(\frac{-6}{41}\right) = \left(\frac{\iota}{41}\right)\cdot\left(\frac{6}{41}\right) = \left(\frac{\iota}{41}\right)\cdot\left(\frac{2}{41}\right)\cdot\left(\frac{3}{41}\right).$$

Da (§ 58)

$$\left(\frac{\iota}{41}\right) = \iota^{20} = 1,\quad \left(\frac{2}{41}\right) = 1,\quad \left(\frac{3}{41}\right) = \left(\frac{41}{3}\right) = \left(\frac{2}{3}\right) = -1,$$

so wird

$$\left(\frac{-6}{41}\right) = -1.$$

M. a. W.: -6 ist quadratischer Nichtrest von 41, die Kongruenz

$$x^2 + 6 \equiv 0 \bmod 41$$

besitzt keine Lösung.

Die bilineare Kongruenz $xy \equiv F \bmod p$.

Wir betrachten die Bilinearkongruenz

$$\boxed{xy \equiv F \bmod p},$$

deren Modul p eine ungerade Primzahl, deren Freiglied F eine beliebige zu p teilerfremde Zahl ist. Um uns bequem auszudrücken, nennen wir hier zwei dem fastvollständigen Restsystem $\mathfrak{S}$:

$$1, 2, 3, \ldots, p-1$$

modulo p entnommene Zahlen x und y, deren Produkt $\equiv F \bmod p$ ist, einander konjugiert.

Zunächst stellen wir fest:

Jede Zahl aus $\mathfrak{S}$ hat eine und nur eine Konjugierte. (Aus $xy \equiv F \bmod p$ und $xY \equiv F \bmod p$ folgt $xy \equiv xY \bmod p$ und hieraus wegen $x \frown p$ $\quad Y \equiv y \bmod p$, d. h. $Y = y$.)

Wir wählen nun irgendeine Zahl x_1 aus $\mathfrak{S}$ und bestimmen ihre Konjugierte x_2, so daß

(1) $$x_1 x_2 \equiv F \bmod p$$

Darauf wählen wir eine von x_1 und x_2 verschiedene Zahl x_3 aus $\mathfrak{S}$, bestimmen wieder die Konjugierte x_4, die dann weder x_1 noch x_2 sein kann und haben

(2) $$x_3 x_4 \equiv F \bmod p$$

Darauf wählen wir eine von x_1 x_2, x_3, x_4 verschiedene Zahl x_5 aus $\mathfrak{S}$, bestimmen ihre Konjugierte x_6, die dann keine der Zahlen x_1, x_2, x_3, x_4 sein kann, und haben

(3) $$x_5 x_6 \equiv F \bmod p$$

usw.

Zweierlei kann sich dabei ereignen.

Entweder es kommt vor, daß eine Zahl x sich selbst zur Konjugierten hat, daß also

$$x^2 \equiv F \bmod p$$

ist. Dann kommt diese Erscheinung aber noch ein zweites Mal, nämlich auch für die Zahl $p - x$ vor, da dann auch

$$(p-x)^2 \equiv F \bmod p$$

ist. Mehr als zweimal kann die Erscheinung jedoch nicht eintreten, da aus

$$X^2 \equiv F \qquad \text{und} \qquad x^2 \equiv F$$

$$X^2 - x^2 \equiv 0 \qquad \text{oder} \qquad (X + x)(X - x) \equiv 0 \bmod p$$

folgen würde, die letzte Kongruenz aber nur die Möglichkeiten $X \equiv x$ und $X \equiv -x$ oder (da x und X dem System $\mathfrak{S}$ angehören sollen) $X = x$ und $X = p - x$ zuläßt.

Oder es kommt nicht vor, daß eine Zahl sich selbst zur Konjugierten hat.

Im ersten Falle ist F quadratischer Rest, im zweiten quadratischer Nichtrest von p.

In beiden Fällen aber ordnen wir die $(p - 1)$ Zahlen des Systems $\mathfrak{S}$ vermöge der linken Seiten der Kongruenzen (1), (2), (3), ... zu $\pi = \frac{p-1}{2}$ Paaren an: im ersten Falle zu $(\pi - 1)$ Paaren konjugierter ungleicher Zahlen und dem Paare $(x, p - x)$, dessen Angehörige sich selbst konjugiert sind, im zweiten Falle zu π Paaren konjugierter ungleicher Zahlen. Bei jedem Paare ist das Produkt seiner Angehörigen $\equiv F \bmod p$ mit Ausnahme des Paares der Selbstkonjugierten, bei dem dieses Produkt $\equiv -F \bmod p$ ist. [Es ist nämlich $x \cdot (p - x) \equiv -x^2 \equiv -F \bmod p$.]

Durch Multiplikation der den π Paaren entsprechenden Kongruenzen entsteht daher

im ersten Falle $(p - 1)! \equiv -F^{\pi} \bmod p$,
im zweiten Falle $(p - 1)! \equiv +F^{\pi} \bmod p$.

Nun liegt sicher bei $F = 1$ der erste Fall vor (da $1 \cdot 1 \equiv 1 \bmod p$). Deshalb ist $(p - 1)! \equiv -1 \bmod p$, und da diese Kongruenz auch für $p = 2$ gilt, haben wir den

Satz von Wilson:

Für jede Primzahl p ist

$$\boxed{(p - 1)! + 1 \equiv 0 \bmod p}.$$

Dieser Satz gilt auch umgekehrt:

Aus

$$(n - 1)! + 1 \equiv 0 \bmod n$$

folgt die Primalität von n.

(Wäre n zusammengesetzt, so enthielte es einen Primfaktor $p \leq n - 1$. Dieser müßte dann zugleich in $(n - 1)! + 1$ und in $(n - 1)!$ aufgehen, q. e. a.)

Verbinden wir Wilsons Formel mit dem für unsere beiden Fälle erhaltenen Ergebnis

$$(p - 1)! \equiv \mp F^{\pi} \bmod p,$$

so ergibt sich das wichtige

Kriterium von Euler:

Die Zahl F ist quadratischer Rest oder Nichtrest der ungeraden Primzahl p, je nachdem $F^{\pi} \equiv +1$ oder $\equiv -1$ mod p ist.

Dabei bedeutet der Exponent π den Wert $\frac{p-1}{2}$.

Bei Benutzung des Legendreschen Symbols läßt sich Eulers Satz durch die kurze Formel

$$\boxed{\left(\frac{F}{p}\right) \equiv F^{\pi} \mod p}$$

wiedergeben.

Ist im besonderen $F = \iota = -1$, so folgt aus

$$\left(\frac{\iota}{p}\right) \equiv \iota^{\pi} \mod p$$

$$\boxed{\left(\frac{\iota}{p}\right) = \iota^{\pi}},$$

ausführlich geschrieben:

$$\left(\frac{-1}{p}\right) = (-1)^{\frac{p-1}{2}},$$

in Worten:

Satz von Euler:

Die negative Einheit ist quadratischer Rest oder Nichtrest einer ungeraden Primzahl, je nachdem diese von der Form $4n+1$ oder $4n-1$ ist.

(Euler, Demonstratio theorematis Fermatiani, omnem numerum primum formae $4n+1$ esse summam duorum quadratorum, Nov. Comm. Petrop. V.)

§ 58. Das quadratische Reziprozitätsgesetz und seine Ergänzungen

Das von Euler entdeckte, von Gauß zuerst bewiesene quadratische Reziprozitätsgesetz vermittelt die Beziehung zwischen den beiden aus den ungeraden Primzahlen p und q gebildeten Legendre-Symbolen $\left(\frac{p}{q}\right)$ und $\left(\frac{q}{p}\right)$.

Der folgende Beweis desselben beruht auf der Gaußschen Vorzeichenformel.

p sei eine ungerade Primzahl, F eine beliebige positive oder negative zu p fremde Zahl. Wir betrachten das System der $\pi = \frac{p-1}{2}$ Kongruenzen

$$1.\ F \equiv r_1, \quad 2.\ F \equiv r_2, \quad 3.\ F \equiv r_3, \quad \ldots, \quad \pi.\ F \equiv r_\pi \bmod p,$$

in denen r_ν den bei der Division von νF durch p auftretenden Minimalrest bedeutet. Nennen wir den Betrag von r_ν ϱ_ν, so können wir schreiben

$$r_\nu = \varepsilon_\nu \varrho_\nu,$$

wo die Einheit ε_ν positiv oder negativ ist, je nachdem r_ν einen positiven oder negativen Minimalrest darstellt.

Die π Zahlen $\varrho_1, \varrho_2, \ldots, \varrho_\pi$ sind untereinander verschieden.

Beweis. Wäre z. B. $\varrho_m = \varrho_n$ (mit $m \neq n$), so wäre entweder

$$mF \equiv nF \qquad \text{oder} \qquad mF \equiv -nF \bmod p,$$

d. h. auch

$$m \equiv n \qquad \text{oder} \qquad m \equiv -n \bmod p.$$

Beides ist unmöglich, da m und n den Wert π nicht übertreffen.

Daher stimmen die π Zahlen $\varrho_1, \varrho_2, \ldots, \varrho_\pi$ — wenn auch in anderer Reihenfolge — mit den Zahlen 1, 2, 3, ..., π überein.

Die Multiplikation der π obigen Kongruenzen gibt demnach

$$\pi!\, F^\pi \equiv \pi!\, P \bmod p \qquad \text{mit} \quad P = \varepsilon_1 \varepsilon_2 \ldots \varepsilon_\pi$$

oder, da $\pi!$ zu p fremd ist, einfacher

$$F^\pi \equiv P \bmod p.$$

Vergleichen wir diese Formel mit Eulers Kriterium

$$\left(\frac{F}{p}\right) \equiv F^\pi \bmod p,$$

so ergibt sich

$$\left(\frac{F}{p}\right) = P.$$

Um das in dieser Gleichung auftretende Produkt

$$P = \varepsilon_1 \cdot \varepsilon_2 \ldots \cdot \varepsilon_\pi$$

passend umzuformen, gehen wir auf die Kongruenz

$$\nu F \equiv r_\nu \bmod p$$

oder

$$\nu F \equiv \varepsilon_\nu \varrho_\nu \bmod p$$

zurück und schreiben sie, der Gleichung $\nu F = \varepsilon_\nu \varrho_\nu + g p$ entsprechend,

$$\frac{\nu F}{p} = g + \varepsilon_\nu \frac{\varrho_\nu}{p}.$$

Wir multiplizieren sie mit 2 und bekommen

$$\frac{2 \nu F}{p} = 2 g + \varepsilon_\nu \cdot \frac{2 \varrho_\nu}{p}.$$

Da $2 \varrho_\nu : p$ ein positiver echter Bruch ist, hat die Kennzahl von $2 \nu F : p$ den Wert $2 g$ oder $2 g - 1$, je nachdem ε_ν positiv oder negativ ist. Folglich ist

$$\varepsilon_\nu = \iota^{k_\nu} \qquad \text{mit } k_\nu = \perp \frac{2 \nu F}{p}.$$

Daher gestattet das Produkt P die Schreibung

$$P = \iota^k \qquad \text{mit } k = \sum_\nu^{1, \pi} k_\nu,$$

und wir bekommen

Gauß' Vorzeichenformel:

$$\boxed{\left(\frac{F}{p}\right) = \iota^k \qquad \text{mit } k = \sum_\nu^{1, \pi} \perp \frac{2 \nu F}{p}} \quad \ldots \ldots \quad (1)$$

Sie führt sogleich zu einer zweiten Vorzeichenformel, die dann den unmittelbaren Zugang zum Reziprozitätsgesetz gewährt.

Um sie zu erhalten, wenden wir die gefundene Vorzeichenformel auf den Fall

$$F = \frac{u + p}{2}$$

an, wo u eine beliebige zu p fremde ungerade Zahl bedeutet. Das gibt

$$\left(\frac{F}{p}\right) = \iota^E$$

$$\text{mit } E = \perp \frac{u + p}{p} + \perp \frac{2 (u + p)}{p} + \perp \frac{3 (u + p)}{p} + \ldots + \perp \frac{\pi (u + p)}{p}.$$

Da

$$\perp \frac{g (u + p)}{p} = g + \perp \frac{g u}{p}$$

ist, wird

$$E = 1 + 2 + 3 + \ldots + \pi + \perp \frac{u}{p} + \perp \frac{2 u}{p} + \perp \frac{3 u}{p} + \ldots + \perp \frac{\pi u}{p}$$

oder

$$E = \mathfrak{e} + e \qquad \text{mit } \mathfrak{e} = \frac{p^2 - 1}{8} \text{ und } e = \sum_\nu^{1, \pi} \perp \frac{\nu u}{p}.$$

Durch Multiplikation der gefundenen Formel

$$\left(\frac{F}{p}\right) = \iota^e \cdot \iota^e$$

mit $\left(\frac{2}{p}\right)$ entsteht

$$\left(\frac{u+p}{p}\right) = \left(\frac{2}{p}\right) \iota^e \cdot \iota^e$$

oder da

$$\left(\frac{u+p}{p}\right) = \left(\frac{u}{p}\right)$$

ist,

$$\left(\frac{u}{p}\right) = \left(\frac{2}{p}\right) \cdot \iota^e \cdot \iota^e.$$

Diese Formel läßt sich noch wesentlich vereinfachen. Wenden wir sie nämlich auf den Fall $u = 1$ an, in welchem

$$\left(\frac{1}{p}\right) = 1, \qquad e = 0$$

wird, so ergibt sich

$$1 = \left(\frac{2}{p}\right) \cdot \iota^e$$

oder

$$\boxed{\left(\frac{2}{p}\right) = \iota^{\frac{p^2-1}{8}}}.$$

Diese wichtige Formel stellt die sog. Zweite Ergänzung zum Reziprozitätsgesetz dar. Sie gibt Aufschluß über den Restcharakter der Zahl 2. In Worten sagt sie aus:

Die Zahl 2 ist quadratischer Rest oder Nichtrest der Primzahl p, je nachdem diese $\equiv \pm 1$ oder $\equiv \pm 3 \bmod 8$ ist.

Kehren wir nun zu unserer Formel zurück! Da das Produkt $\left(\frac{2}{p}\right) \cdot \iota^e$ den einfachen Wert 1 hat, nimmt sie die einfache Gestalt

$$\left(\frac{u}{p}\right) = \iota^e$$

an. Wir schreiben statt u F und haben den Satz: Für jede zu p fremde ungerade Zahl F ist

$$(2) \qquad \boxed{\left(\frac{F}{p}\right) = \iota^e \qquad \text{mit } e = \sum_{\nu}^{1,\pi} \perp \frac{\nu F}{p}} \qquad (F \frown 2p)$$

Setzen wir in dieser Formel für F den Wert -1 ein, so wird jeder der π-Summanden von e gleich -1, also $e = -\pi$, und wir bekommen die (schon im § 57 hergeleitete) Formel

$$\boxed{\left(\frac{-1}{p}\right) = \iota^{\pi}}, \qquad \left(\pi = \frac{p-1}{2}\right)$$

die man Erste Ergänzung zum Reziprozitätssatz nennt.

Das quadratische Reziprozitätsgesetz.

Die Formel (2) verschafft uns den bequemsten Zugang zum Reziprozitätsgesetz. Ihr zufolge ist, wenn p und q zwei (einander fremde) ungerade Primzahlen bedeuten,

$$\left(\frac{q}{p}\right) = \iota^{h} \qquad \text{mit } h = \sum_{x}^{1,\pi} \perp \frac{q}{p}x \qquad \left(\pi = \frac{p-1}{2}\right)$$

und ebenso

$$\left(\frac{p}{q}\right) = \iota^{k} \qquad \text{mit } k = \sum_{y}^{1,\varkappa} \perp \frac{p}{q}y \qquad \left(\varkappa = \frac{q-1}{2}\right).$$

Aus diesen beiden Formeln folgt

$$\left(\frac{p}{q}\right) \cdot \left(\frac{q}{p}\right) = \iota^{h+k},$$

so daß es darauf ankommt, das Binom $h + k$, d. h. die Summe

$$S = \sum_{x}^{1,\pi} \perp \frac{q}{p}x + \sum_{y}^{1,\varkappa} \perp \frac{p}{q}y$$

auszuwerten.

Das geschieht am einfachsten folgendermaßen. Wir betrachten das System der $\pi\varkappa$-Zahlen von der Form

$$py - qx,$$

wo x eine beliebige der π-Zahlen $1, 2, 3, \ldots, \pi$,
y eine beliebige der $\varkappa$-Zahlen $1, 2, 3, \ldots, \varkappa$ sein darf.

Wir bestimmen die Anzahl n der positiven Zahlen des Systems. Es sei y irgendeine der Zahlen $1, 2, \ldots, \varkappa$. Damit $py - qx$ positiv ausfällt, ist erforderlich und hinreichend, daß

$$1^0 \quad x < \frac{p}{q}y, \qquad\qquad 2^0 \quad 1 < x < \pi$$

ist. Auf jeden Fall muß also

$$1 < x < \frac{p}{q}y$$

sein. Diese Bedingung wird von im ganzen $\perp \frac{p}{q}y$ Zahlen x erfüllt. Zu-

derartige x ganz von selbst $\leqq \pi$ aus, da

$$\frac{p}{q} y \leqq \frac{p}{q} \cdot \frac{q-1}{2} < \frac{p}{2},$$

also erst recht $x < \frac{p}{2}$ und damit $x < \pi$ ist.

Das System enthält demnach

$$k = \sum_{y}^{1,\varkappa} \perp \frac{p}{q} y$$

positive Zahlen.

Genau so läßt sich zeigen, daß es

$$h = \sum_{x}^{1,\pi} \perp \frac{q}{p} x$$

negative Zahlen aufweist.

Da es außer positiven und negativen Zahlen keine Zahlen enthält (Null kann nicht vorkommen, da nicht $py = qx$ sein kann), muß sein

$$h + k = \pi\varkappa$$

Setzen wir diesen Wert für $h + k$ oben ein, so ergibt sich das

Quadratische Reziprozitätsgesetz:

$$\boxed{\left(\frac{p}{q}\right) \cdot \left(\frac{q}{p}\right) = \iota^{\pi\varkappa}} \qquad \text{mit} \left|\begin{array}{l} \pi = \frac{p-1}{2} \\ \varkappa = \frac{q-1}{2} \end{array}\right|.$$

§ 59. Die quadratische Kongruenz $x^2 \equiv F \bmod m$

Wir legen uns die Frage vor:

Wieviel Wurzeln hat die quadratische Kongruenz

$$x^2 \equiv F \bmod m,$$

in welcher das Freiglied F und der Modul m teilerfremd sind?

Die kanonische Zerlegung von m in Primfaktoren sei

$$m = p^a q^b r^c \ldots,$$

wo $p, q, r, \ldots$ die N verschiedenen Primzahlen bedeuten, die in m stecken.

Wenn x eine Wurzel der Kongruenz sein soll, müssen jedenfalls die N Bedingungen

$$x^2 \equiv F \bmod p^a, \quad x^2 \equiv F \bmod q^b, \quad x^2 \equiv F \bmod r^c, \ldots$$

erfüllt sein.

Demnach haben wir zuerst zu untersuchen, unter welchen Bedingungen die Kongruenz

$$x^2 \equiv F \bmod p^e,$$

deren Modul eine Primzahlpotenz ist, Wurzeln besitzt.

Wir unterscheiden zwei Fälle:

I p gerade, II p ungerade.

Erster Fall: p gerade.

Die Kongruenz $x^2 \equiv F \bmod 2^e$.

Wir fassen der Reihe nach die Exponenten $e = 1$, $e = 2$, $e = 3$ und $e > 3$ ins Auge. Die Kongruenz

$$x^2 \equiv F \bmod 2$$

hat stets genau eine Wurzel.

Bei $e = 2$, also der Kongruenz

$$x^2 \equiv F \bmod 4$$

muß, wenn die Kongruenz lösbar sein soll,

$$F \equiv 1 \bmod 4$$

sein, und sie hat in diesem Falle genau zwei Wurzeln, etwa 1 und -1. Bei $e = 3$, also der Kongruenz

$$x^2 \equiv F \bmod 8$$

muß, wenn die Kongruenz lösbar sein soll,

$$F \equiv 1 \bmod 8$$

sein, und sie hat dann genau vier Wurzeln (etwa 1, 3, 5, 7).

Bei $e > 3$ gehen wir induktiv vor, d. h. wir nehmen an, die Kongruenz

$$(1) \qquad x^2 \equiv F \bmod p^\varepsilon \qquad (\varepsilon = e - 1)$$

besitze genau vier Wurzeln und zeigen, daß unter dieser Annahme die Kongruenz

$$(2) \qquad x^2 \equiv F \bmod p^e \qquad (e = \varepsilon + 1)$$

auch genau vier Wurzeln besitzt.

Es sei demgemäß α eine (ungerade) Wurzel von (1) und etwa

$$\alpha^2 - F = g\, p^\varepsilon.$$

Wir versuchen, (2) durch den Ansatz

$$x = A = \alpha + v\, p^{\varepsilon - 1}$$

zu lösen. Wir bekommen

$$A^2 - F = (g + \alpha v)\, p^\varepsilon + v^2\, p^{2e-4}$$

Hier ist das zweite Glied der rechten Seite durch p^e teilbar, da $2e - 4 \geq e$ ausfällt. Um auch das erste Glied durch p^e teilbar zu machen, wählen wir v so, daß die runde Klammer durch p teilbar wird, also v gerade oder ungerade ist, je nachdem g gerade oder ungerade ist. Damit wird das so gefundene A Wurzel von (2).

Etwaige weitere Wurzeln von (2) werden wegen $A^2 \equiv F \bmod p^e$ durch die Bedingung

$$x^2 \equiv A^2 \bmod p^e$$

festgelegt. Diese Bedingung ist aber nur dann erfüllt, wenn das Produkt

$$(x + A) \cdot (x - A)$$

durch p^e teilbar ist. Da nun nicht beide Faktoren des Produkts durch 4 teilbar sein können (sonst wäre ihre Halbsumme x, die doch ungerade sein muß, durch 2 teilbar), so haben wir nur folgende zwei Möglichkeiten:

$$x + A = pu, \quad x - A = p^{\varepsilon} v \qquad \text{und} \qquad x - A = pu, \quad x + A = p^{\varepsilon} v,$$

wo u eine ungerade, v eine ganze Zahl bedeutet. Diese Möglichkeiten geben

$$x = A + vp^{e-1} \qquad \text{und} \qquad x = -A + vp^{e-1}.$$

Die einzigen Wurzeln, die hieraus resultieren, entstehen für $v = 0$ und $v = 1$ oder auch $v = -1$; sie heißen

$$x_1 = A, \quad x_2 = -x_1, \quad x_3 = A + p^{e-1}, \quad x_4 = -x_3.$$

Nachträglich kann man durch die Probe leicht bestätigen, daß x_3 und x_4 (von x_1 und x_2 wissen wir es schon) Wurzeln von (2) sind.

Da nun

$$x^2 \equiv F \bmod p^3$$

— wohlgemerkt, bei $F \equiv 1 \bmod 8$ — vier Wurzeln hat, besitzt auch $x^2 \equiv F \bmod p^4$ vier Wurzeln, woraus dann weiter folgt, daß auch $x^2 \equiv F \bmod p^5$ vier Wurzeln hat usw.

Zusammenfassend können wir sagen:

Satz I:

Die Kongruenz

$$x^2 \equiv F \bmod 2^e$$

besitzt bei

$e = 1$ stets genau eine Wurzel,

$e = 2$ nur dann Wurzeln, und zwar zwei Stück, wenn $F \equiv 1 \bmod 4$ ist,

$e > 2$ nur dann Wurzeln, und zwar vier Stück, wenn $F \equiv 1 \bmod 8$ ist.

Zweiter Fall: p ungerade.

Die Kongruenz

$$x^2 \equiv F \bmod p^e$$

kann jedenfalls nur dann eine Wurzel haben, wenn diese auch Wurzel der Kongruenz

$$x^2 \equiv F \bmod p,$$

d. h. wenn F quadratischer Rest von p ist, wenn m. a. W.

$$\left(\frac{F}{p}\right) = +1$$

ist.

Wir setzen jetzt diese Bedingung als erfüllt voraus. Die Kongruenz

$$x^2 \equiv F \bmod p$$

besitzt dann genau zwei Wurzeln, die wir in der Form $+x$ und $-x$ annehmen können.

Wir zeigen nun durch Induktion, daß auch die Kongruenz

$$x^2 \equiv F \bmod p^e \qquad (e > 1)$$

genau zwei Wurzeln besitzt.

Demgemäß nehmen wir an, die Kongruenz

$$\text{(I)} \qquad x^2 \equiv F \bmod p^\varepsilon \qquad (\varepsilon = e - 1)$$

habe genau zwei Wurzeln und zeigen, daß unter dieser Annahme die Kongruenz

$$\text{(II)} \qquad x^2 \equiv F \bmod p^e \qquad (e = \varepsilon + 1)$$

auch genau zwei Wurzeln besitzt.

Eine der beiden Wurzeln von (I) sei α, und es sei

$$\alpha^2 - F = g\, p^\varepsilon.$$

Wir versuchen, durch den Ansatz

$$x = A = \alpha + v\, p^\varepsilon$$

(II) zu lösen. Wir bekommen

$$x^2 - F = (g + 2\alpha v)\, p^\varepsilon + v^2\, p^{2e-2}.$$

Hier ist das zweite Glied der rechten Seite durch p^e teilbar, da $2e - 2 \geq e$ ausfällt. Um auch das erste Glied durch p^e teilbar zu machen, wählen wir v so, daß die runde Klammer durch p teilbar wird, was wegen der Auflösbarkeit der Kongruenz

$$2\alpha v \equiv -g \bmod p \qquad (\alpha \frown p)$$

möglich ist. Damit wird das so gefundene A Wurzel von (II).

Etwaige weitere Wurzeln werden wegen $A^2 \equiv F \bmod p^e$ durch die Bedingung

$$x^2 \equiv A^2 \bmod p^e$$

festgelegt. Diese Bedingung wird nur dann erfüllt, wenn das Produkt

$$(x + A)\ (x - A)$$

durch p^e teilbar ist. Damit haben wir nur die beiden Chancen

$$x \equiv A \bmod p^e \qquad \text{und} \qquad x \equiv -A \bmod p^e.$$

Außer dem gefundenen A kommt also nur noch $-A$ als Wurzel von (II) in Frage. Daß aber $-A$ auch eine Wurzel von (II) ist, war von vornherein klar; und es steht nunmehr fest, daß (II) genau zwei Wurzeln besitzt: A und $-A$.

Nun hat $x^2 \equiv F \bmod p^1$ (nach Voraussetzung) genau zwei Wurzeln. Folglich hat auch $x^2 \equiv F \bmod p^2$ genau zwei Wurzeln. Hieraus ergibt sich ebenso, daß auch $x^2 \equiv F \bmod p^3$ genau zwei Wurzeln hat, usw. Damit gilt

Satz II:

Die Kongruenz

$$x^2 \equiv F \bmod p^e \qquad (p \text{ ungerade})$$

hat genau zwei Wurzeln oder keine Wurzel, je nachdem F quadratischer Rest von p ist oder nicht, m. a. W. je nachdem

$$\left(\frac{F}{p}\right) = +1 \qquad \text{oder} \qquad \left(\frac{F}{p}\right) = -1 \qquad \text{ist.}$$

Nachdem die Bedingungen für die Lösbarkeit der Kongruenz

$$x^2 \equiv F \bmod p^e$$

für gerade und ungerade Primzahlen p in den Sätzen I und II niedergelegt sind, können wir uns der quadratischen Kongruenz

$$x^2 \equiv F \bmod m$$

zuwenden, deren Modul ein Produkt von N untereinander verschiedenen Primzahlpotenzen ist:

$$m = p^a\, q^b\, r^c \ldots,$$

wobei aber F quadratischer Rest jeder in m aufgehenden ungeraden Primzahl sein muß und im Falle $p = 2$, $a = 2$ $F \equiv 1 \bmod 4$, im Falle $p = 2$, $a > 2$ $F \equiv 1 \bmod 8$ sein muß (da die Kongruenz sonst keine Wurzel hätte).

Wir setzen die genannten Bedingungen als erfüllt voraus und bestimmen daraufhin die Wurzelzahl der Kongruenz.

Da jede Wurzel der Kongruenz $x^2 \equiv F \bmod m$ nur unter den Wurzeln der Kongruenzen

$$x^2 \equiv F \bmod p^a, \qquad x^2 \equiv F \bmod q^b, \qquad x^2 \equiv F \bmod r^c, \ \ldots$$

zu suchen ist, betrachten wir nur diese.

Demnach sei $\alpha, \beta, \gamma, \ldots$ bzw. je eine Wurzel dieser Teilkongruenzen, d. h.

$$\alpha^2 \equiv F \bmod p^a, \qquad \beta^2 \equiv F \bmod q^b, \qquad \gamma^2 \equiv F \bmod r^c, \ \ldots$$

Eine Zahl ξ ist also nur dann Wurzel von

$$x^2 \equiv F \bmod m,$$

wenn

$$\xi^2 \equiv \alpha^2 \bmod p^a, \qquad \xi^2 \equiv \beta^2 \bmod q^b, \qquad \xi^2 \equiv \gamma^2 \bmod r^c, \ \ldots$$

ist, d. h. nur dann, wenn zugleich

$$\xi \equiv \pm \alpha \bmod p^a, \qquad \xi \equiv \pm \beta \bmod q^b, \qquad \xi \equiv \pm \gamma \bmod r^c, \ \ldots$$

ist, wo in jeder Kongruenz jedes Vorzeichen gewählt werden darf.

Das gibt im Falle, wo alle Primzahlen $p, q, r, \ldots$ ungerade sind, sowie auch im Falle, wo $p^a = 2^2 = 4$ ist, genau 2^ν Wurzeln ξ.

Im Falle $p^a = 2^1$, wo die Kongruenz $x^2 \equiv F \bmod p^a$ aber nur eine Wurzel hat, gibt es nur $2^{\nu-1}$ und im Falle $p^a = 2^a$ mit $a > 2$, wo die Kongruenz $x^2 \equiv F \bmod p^a$ sogar vier Wurzeln besitzt, gibt es $2^{\nu+1}$ Wurzeln ξ der Kongruenz $x^2 \equiv F \bmod m$.

Ergebnis:

Die quadratische Kongruenz

$$x^2 \equiv F \bmod m \qquad (F \frown m)$$

hat nur Wurzeln, wenn F quadratischer Rest jedes ungeraden Primfaktors von m ist, und auch dann nur in folgenden drei Fällen:

1⁰ wenn der Primfaktor 2 in m keinmal oder einmal auftritt,

2⁰ wenn er zweimal auftritt und zugleich

$$F \equiv 1 \bmod 4 \quad \text{ist,}$$

3⁰ wenn er mehr als zweimal auftritt und zugleich

$$F \equiv 1 \bmod 8 \quad \text{ist.}$$

Bedeutet n die Anzahl der ungeraden Primfaktoren von m, so ist die Wurzelzahl in den drei Fällen bzw. 2^n, 2^{n+1}, 2^{n+2}.

Nachdem auf Grund dieses Satzes bei einer vorgelegten Kongruenz

$$x^2 \equiv F \bmod m$$

die Existenz der Wurzeln festgestellt ist, erfolgt die Lösung der Kongruenz durch die oben auseinandergesetzte Reduktion auf die Teilkongruenzen

$$x^2 \equiv F \bmod p^a, \qquad x^2 \equiv F \bmod p^b, \qquad x^2 \equiv F \bmod r^c, \ldots$$

Ist α, β, γ, ... eine Wurzel der ersten, zweiten, dritten, ... Teilkongruenz, so bestimmt man (nach § 55) die Wurzel x des Kongruenzsystems

$$x \equiv \alpha \bmod p^a, \qquad x \equiv \beta \bmod q^b, \qquad x \equiv \gamma \bmod r^c, \ldots$$

Diese ist dann zugleich Wurzel der vorgelegten Kongruenz

$$x^2 \equiv F \bmod m.$$

Durch Wiederholung dieser Bestimmung für eine andere Folge α', β', γ', ... von Wurzeln der Teilkongruenzen erhält man eine neue Wurzel x' der vorgelegten Kongruenz usw., bis man alle Möglichkeiten erschöpft hat und die in unserm Schlußsatze aufgezählten 2^n bzw. 2^{n+1} bzw. 2^{n+2} Wurzeln der vorgelegten Kongruenz

$$x^2 \equiv F \bmod m$$

zusammengebracht hat.

§ 60. Primmodulkongruenzen

Unter den reinquadratischen Kongruenzen

$$x^2 \equiv F \bmod m \qquad (F \frown m)$$

ist die wichtigste die Primmodulkongruenz

$$x^2 \equiv F \bmod p \qquad (F \frown p)$$

deren Modul p eine Primzahl ist (»Primmodul«), da jede andere rein (und gemischt) quadratische Kongruenz auf diesen Fall zurückgeführt wird (§ 59).

Daher ist die Frage nach der Lösung der Primmodulkongruenz von größter Bedeutung.

Eine Lösung in dem Sinne, daß ein einfaches Rechenschema angegeben werden kann, welches bei beliebig vorgelegtem Modul p und Freiglied F die Wurzel x — falls sie existiert — zu finden gestattet, gibt es leider (noch) nicht.

Die Lösung wird deshalb in der Regel durch mehr oder minder mühsame Versuche bewirkt.

Doch gibt es eine Reihe wichtiger Fälle, in denen die Wurzeln der Kongruenz sofort angegeben werden können. Diese Fälle wollen wir zunächst kennenlernen.

Erster Fall.

Der Primmodul p hat die Form $4n+1$, und das Freiglied ist die negative Einheit.

Nach Wilsons Satze ist

$$(p-1)! \equiv -1 \bmod p$$

Nun gelten die $\pi = \frac{p-1}{2}$ Kongruenzen

$$\left.\begin{aligned} 2\pi &\equiv -1 \\ 2\pi - 1 &\equiv -2 \\ 2\pi - 2 &\equiv -3 \\ &\vdots \\ \pi + 1 &\equiv -\pi \end{aligned}\right\} \bmod p.$$

Ihre Multiplikation ergibt $\left(\text{da } \pi = \frac{p-1}{2} = 2n \text{ eine gerade Zahl ist}\right)$

$$\pi! \equiv (\pi+1)\,(\pi+2)\,(\pi+3)\,\ldots\,(2\pi) \bmod p,$$

darauf die Multiplikation dieser Kongruenz mit $\pi!$

$$\pi!^2 \equiv 1 \cdot 2 \cdot 3 \ldots\ldots (2\pi) \bmod p$$

oder

$$\pi!^2 \equiv (p-1)! \bmod p$$

oder im Hinblick auf Wilsons Satz

$$\boxed{\pi!^2 \equiv -1 \bmod p}, \qquad \left(\pi = \frac{p-1}{2}\right).$$

Folglich:

Die Kongruenz

$$x^2 \equiv -1 \bmod p,$$

deren Modul eine Primzahl von der Form $4n+1$ ist, hat die Wurzel

$$\boxed{x \equiv \pi!} \bmod p.$$

Ihre zweite Wurzel ist natürlich $-\pi!$

Beispiele.

$p = 5$, $\pi = 2$, $\pi! = 2$, $2^2 \equiv -1 \bmod 5$,
$p = 13$, $\pi = 6$, $\pi! = 720 \equiv 5 \bmod 13$, $5^2 \equiv -1 \bmod 13$,
$p = 17$, $\pi = 8$, $\pi! \equiv 720 \cdot 56 \equiv 6 \cdot 5 \equiv 13 \bmod 17$, $13^2 \equiv -1 \bmod 17$,
$p = 29$, $\pi = 14$, $\pi! = 720 \cdot 56 \cdot 90 \cdot 143 \cdot 168 \equiv -5 \cdot -2 \cdot 3 \cdot -2 \cdot -6 \equiv 360 \equiv 12 \bmod 29$, $12^2 \equiv -1 \bmod 29$.

Wir sehen, daß die Rechnung mit zunehmendem Modul umständlicher wird. Schon bei kleineren Primzahlen wie 41 oder 89 ist sie zeitraubend, bei z. B. $p = 30341$ kaum mehr ausführbar.

Die angegebene Lösung ($\pi!$) besitzt daher nur theoretisches Interesse.

Zweiter Fall:

Der Primmodul p ist von der Form $4n - 1$:

$$p = 4n - 1,$$

das Freiglied F ist beliebig (fremd zu p).

Wir setzen natürlich $\left(\frac{F}{p}\right) = 1$ voraus, da im Gegenfalle überhaupt keine Wurzel existiert. Nach Eulers Kriterium ist dann $\left(\text{mit } \pi = \frac{p-1}{2}\right)$

$$F^{\pi} \equiv 1 \bmod p,$$

mithin

$$F^{\pi+1} \equiv F \bmod p.$$

Nun ist $\pi + 1 = 2n$ eine gerade Zahl, so daß wir die letzte Kongruenz

$$(F^n)^2 \equiv F \bmod p$$

schreiben können.

Folglich:

Die Primmodulkongruenz

$$x^2 \equiv F \bmod p, \qquad (F \frown p),$$

deren Modul die Form $4n - 1$ hat, besitzt (im Falle ihrer Lösbarkeit) die Wurzel

$$\boxed{x \equiv F^n} \bmod p.$$

(Die zweite Wurzel ist $\equiv -F^n$.)

Dieses Ergebnis ist nun nicht bloß theoretisch, sondern auch praktisch von Bedeutung.

Beispiel 1. $\qquad x^2 \equiv 2 \bmod 71.$

Da 71 eine Primzahl von der Form $8m - 1$ ist ($m = 9$), so ist $\left(\frac{2}{71}\right) = +1$, also die Kongruenz lösbar. Ihre Wurzel wird wegen $71 = 4n - 1$ mit $n = 18$

$$x \equiv 2^{18} \bmod 71.$$

Nun ist

$$2^9 = 512 \equiv 15, \qquad 2^{18} \equiv 15^2 = 225 \equiv 12 \bmod 71.$$

Die beiden Wurzeln der Kongruenz $x^2 \equiv 2 \bmod 71$ sind also 12 und -12 (oder $+59$).

Beispiel 2. $x^2 \equiv 2 \bmod 151.$

$n = 38,$ $x \equiv 2^{38} \bmod 151.$

Nun ist

$$2^{10} = 1024 \equiv -33, \quad 2^{20} \equiv 33^2 = 1089 \equiv 32, \quad 2^8 \equiv -46 \bmod 151,$$

mithin

$$2^{38} \equiv 2^{10} \cdot 2^{20} \cdot 2^8 \equiv -33 \cdot 32 \cdot -46 = -1056 \cdot -46 \equiv +1 \cdot -46 \equiv -46 \bmod 151.$$

Lösung: $x \equiv 46 \bmod 151$ (und $\equiv -46$).

Beispiel 3. $x^2 \equiv 13 \bmod 79.$

Aus $\left(\frac{13}{79}\right) = \left(\frac{79}{13}\right) = \left(\frac{1}{13}\right) = 1$ folgt die Lösbarkeit der Kongruenz. Die Wurzel heißt ($n = 20$)

$$x \equiv 13^{20} \bmod 79.$$

Nun ist

$$13^2 = 169 \equiv 11, \quad 13^4 \equiv 121 \equiv 42, \quad 13^8 \equiv 42^2 = 1764 \equiv 26,$$
$$13^{10} \equiv 26 \cdot 11 = 286 \equiv -30,$$

mithin

$$13^{20} \equiv 900 \equiv 31,$$

also

$$x \equiv 31 \bmod 79 \qquad \text{(und } x \equiv -31\text{)}$$

Dritter Fall:

Der Primmodul p ist von der Form $8n + 5$:

$$p = 8n + 5,$$

das Freiglied F beliebig ($\frown p$).

Bei vorausgesetzter Lösbarkeit $\left[\left(\frac{F}{p}\right) = 1\right]$ ist nach Eulers Kriterium

$$F^{4n+2} \equiv 1 \qquad \text{oder} \qquad (F^{2n+1} - 1)(F^{2n+1} + 1) \equiv 0 \bmod p,$$

mithin entweder

$$F^{2n+1} \equiv 1 \bmod p \qquad \text{oder} \qquad F^{2n+1} \equiv -1 \bmod p.$$

Im ersten Falle ist

$$F^{2n+2} \equiv F \qquad \text{oder} \qquad (F^{n+1})^2 \equiv F \bmod p$$

also

$$x \equiv F^{n+1} \bmod p$$

eine Wurzel der Kongruenz.

Im zweiten Falle wird entsprechend

$$h^2 \equiv -F \bmod p \qquad \text{mit } h = F^{n+1}.$$

Nun besitzt aber die Kongruenz

$$x^2 \equiv -1 \bmod p,$$

da p von der Form $4m + 1$ ist, eine Wurzel k, die (z. B. nach obigem mit $\equiv \pi!$) angegeben werden kann, so daß

$$k^2 \equiv -1 \bmod p$$

ist. Durch Multiplikation der beiden Kongruenzen für h^2 und k^2 ergibt sich

$$(hk)^2 \equiv F \bmod p.$$

Im zweiten Falle ist also

$$x \equiv hk \bmod p$$

eine Wurzel der Kongruenz.

Ergebnis:

Die Primmodulkongruenz

$$x^2 \equiv F \bmod p, \qquad (F \frown p)$$

deren Modul p die Form $8n + 5$ hat, besitzt im Falle $F^{2n+1} \equiv 1 \bmod p$ die Wurzel $x \equiv F^{n+1}$, im Falle $F^{2n+1} \equiv -1 \bmod p$ die Wurzel $x \equiv kF^{n+1}$, wo k die Wurzel der Kongruenz $x^2 \equiv -1 \bmod p$ bedeutet.

Beispiel 1. $\quad x^2 \equiv 20 \bmod 29.$

Hier ist $\left(\frac{20}{29}\right) = \left(\frac{5}{29}\right) = 1$, die Kongruenz also lösbar. Mit $n = 3$ wird $F^{2n+1} = F^7 = 20^7$. Nun ist $20^3 = 8000 \equiv -4$, $20^4 \equiv -80 \equiv 7$, also $20^7 \equiv -28 \equiv 1 \bmod 29$, so daß der erste Fall vorliegt und

$$h \equiv 20^{n+1} = 20^4 \equiv 7$$

eine Wurzel ist.

Beispiel 2. $\quad x^2 \equiv 14 \bmod 61.$

Aus

$$\left(\frac{14}{61}\right) = \left(\frac{2}{61}\right) \cdot \left(\frac{7}{61}\right), \left(\frac{2}{61}\right) = -1, \left(\frac{7}{61}\right) = \left(\frac{61}{7}\right) = \left(\frac{5}{7}\right) = \left(\frac{7}{5}\right) = \left(\frac{2}{5}\right) = -1$$

folgt $\left(\frac{14}{61}\right) = +1$, also die Lösbarkeit der Kongruenz. Hier ist $61 = 8n + 5$, $n = 7$ und $F^{2n+1} = 14^{15}$. Aus $14^2 = 196 \equiv 13$, $14^3 \equiv 13 \cdot 14 = 182 \equiv -1$, also $14^5 \equiv -13$ folgt $14^{15} \equiv -13 \cdot 169 \equiv -13 \cdot -14 \equiv -1$, so daß der zweite Fall vorliegt. Mit $h \equiv F^{n+1} \equiv 14^8 \equiv 13$ ist dann

$$h^2 \equiv -14 \bmod 61.$$

Für $k \equiv 11$ ist ferner

$$k^2 \equiv -1 \bmod 61.$$

Damit wird

$$(hk)^2 \equiv 14 \bmod 61$$

und

$$x \equiv hk \equiv 13 \cdot 11 \equiv 21 \bmod 61$$

eine Wurzel der Kongruenz.

Zusammenfassend können wir sagen:

Die Wurzeln der Primmodulkongruenz

$$x^2 \equiv -1 \bmod p$$

können in jedem Falle angegeben werden.

Die Wurzeln der Primmodulkongruenz

$$x^2 \equiv F \bmod p, \qquad F \frown p,$$

können angegeben werden, wenn p eine der drei Formen $8n+3$, $8n+5$, $8n+7$ hat, dagegen nicht direkt angegeben werden, wenn p die Form $8n+1$ besitzt.

Bei Primmoduln von der Form $8n+1$ wird die Kongruenz durch Versuche gelöst.

Dieses Verfahren wird bisweilen auch angewandt, wenn einer der anderen günstigen Fälle vorliegt.

Wir setzen das Verfahren an einem Beispiel auseinander. Die Kongruenz heiße

$$x^2 \equiv 132 \bmod 233,$$

wobei der Primmodul $p = 233$ die Form $4n+1$ hat:

$$p = 4n + 1 \qquad \text{mit} \quad n = 58.$$

Aus $\left(\frac{F}{p}\right) = \left(\frac{132}{p}\right) = \left(\frac{4}{p}\right)\left(\frac{33}{p}\right) = \left(\frac{33}{p}\right) = \left(\frac{3}{p}\right)\left(\frac{11}{p}\right) = \left(\frac{p}{3}\right)\left(\frac{p}{11}\right) = \left(\frac{2}{3}\right)\left(\frac{2}{11}\right)$ $= -1 \cdot -1 = +1$ folgt, daß die Kongruenz Wurzeln besitzt. Unter diesen Wurzeln ist sicher eine, α, kleiner als $p:2$, so daß in der Gleichung

$$\alpha^2 = F + \mu p$$

der ganzzahlige Faktor μ kleiner als $\frac{p}{4}$ sein muß. Lassen wir also μ in $F + \mu p$ die $n = 58$ ersten natürlichen Zahlen durchlaufen, so erhalten wir genau einmal eine Quadratzahl; diese ist α^2. Damit ist dann schon ein, wenn auch mühsames Verfahren gewonnen, welches uns die gesuchte Wurzel α mit Sicherheit liefert.

Wir gehen noch etwas anders vor.

Die Gleichung

$$\alpha^2 = F + \mu p$$

bleibt als **Kongruenz** nach einem beliebigen Modul m richtig, wenn wir beliebig viele der in ihr vorkommenden Größen α, F, μ, p durch ihnen modulo m kongruente Zahlen ersetzen.

So wäre z. B.

$$\alpha^2 \equiv 2 + 3\mu \mod 10, \qquad \alpha^2 \equiv 6 - \mu \mod 9, \qquad \alpha^2 \equiv 4 + \mu \mod 8.$$

Diese drei Kongruenzen (und noch zahlreiche ähnlich gebildete andere) müßte also unser gesuchtes μ befriedigen. Nun gibt es aber unterhalb 58 nur verhältnismäßig wenige μ, die alle drei Kongruenzen befriedigen, so daß wir nicht mit 58 verschiedenen Zahlen, sondern nur mit viel weniger zu probieren brauchen.

Durchläuft nämlich μ zunächst ein Restsystem mod 10, so sind alle Ausdrücke $2 + 3\mu$ zu verwerfen, die quadratische Nichtreste von 10 sind (da ja $\alpha^2 \equiv 2 + 3\mu \mod 10$ sein soll), und nur diejenigen als eventuell brauchbar zu behalten, die quadratische Reste von 10 darstellen. Das gibt folgende μ als zulässige Möglichkeiten

$$\text{I} \qquad \mu \equiv 1,\ 3,\ 4,\ 6,\ 8,\ 9 \mod 10.$$

Ebenso läßt die zweite Kongruenz nur folgende Möglichkeiten zu:

$$\text{II} \qquad \mu \equiv 2,\ 5,\ 6,\ 8 \mod 9,$$

die dritte:

$$\text{III} \qquad \mu \equiv 0,\ 4,\ 5 \mod 8.$$

Nehmen wir nun z. B. die der Annahme $\mu \equiv 6 \mod 10$ entsprechenden Möglichkeiten $\mu = 6,\ 16,\ 26,\ 36,\ 46,\ 56$. Von diesen paßt nur $\mu = 56$ auf II und III zugleich; die andern scheiden also aus.

Gehen wir so die Reihe I durch, so geben die Forderungen II und III nur bei den Annahmen

$$\mu = 8,\ 29,\ 44,\ 53,\ 56$$

keinen Widerspruch.

Von den 5 verbleibenden Annahmen scheiden auch noch 53 und 56 aus, weil unsere Gleichung die Kongruenz $\alpha^2 \equiv 2\mu \mod 11$ liefert und weder 53 ($\equiv -2 \mod 11$) noch 56 ($\equiv 1 \mod 11$) diese Kongruenz befriedigt [-4 und $+2$ sind Nichtreste von 11].

Bleiben also nur die drei Annahmen

$$\mu = 8,\ 29,\ 44$$

übrig. Eine davon **muß** das **gesuchte** μ sein. In der Tat zeigt sich

$$132 + 29 \cdot 233 = 6889 = 83^2.$$

Die gesuchte Wurzel der Kongruenz

$$x^2 \equiv 132 \mod 233$$

ist

$$x \equiv 83 \mod 233 \qquad (\text{auch } x \equiv -83).$$

§ 61. Kongruenzen höheren Grades

Eine Kongruenz $n$ten Grades hat die Form

$$f(x) \equiv 0 \mod m,$$

wo

$$f(x) = ax^n + bx^{n-1} + cx^{n-2} \dots$$

ein ganzzahliges Polynom bedeutet. Sie heißt eine identische oder eine Bestimmungskongruenz, je nachdem alle Koeffizienten a, b, c, ... durch m teilbar sind oder nicht. Eine identische Kongruenz gilt für jeden Wert von x, eine Bestimmungskongruenz nur für gewisse Werte von x, die dann zu bestimmen sind.

Ähnlich wie im § 59 läßt sich eine Kongruenz mit beliebigem Modul m auf Kongruenzen vom Primzahlmodul oder, wie wir kürzer sagen, vom Primmodul (p):

$$f(x) = 0 \mod p$$

zurückführen, so daß wir uns auf die Betrachtung solcher Kongruenzen beschränken können.

Die Kongruenz $f(x) \equiv 0 \mod p$ kann auf die Benennung »$n$ten Grades« eigentlich nur dann Anspruch machen, wenn der Koeffizient a von x^n zu p fremd ist (da ja im Gegenfalle das Glied ax^n wegen seiner Teilbarkeit durch p aus der Kongruenz fortgelassen werden könnte), was wir für das folgende also voraussetzen werden.

Übrigens kann die Kongruenz durch Multiplikation mit der Assoziierten $\bar{a}$ von $a \mod p$ in eine Kongruenz von der Form

$$x^n + A x^{n-1} + B x^{n-1} + \dots \equiv 0 \mod p$$

verwandelt werden, in der das höchste Glied den Koeffizienten 1 hat.

Wenn die Kongruenz

$$(1) \qquad f(x) = ax^n + bx^{n-1} + cx^{n-2} + \dots \equiv 0 \mod p$$

eine Wurzel α besitzt, so gilt die Gleichung

$$f(\alpha) = a\alpha^n + b\alpha^{n-1} + c\alpha^{n-2} + \dots \equiv 0 \mod p,$$

so daß sich (1) auch schreiben läßt

$$f(x) - f(\alpha) \equiv 0 \mod p.$$

Nun ist

$$f(x) - f(\alpha) = a(x^n - \alpha^n) + b(x^{n-1} - \alpha^{n-1}) + c(x^{n-2} - \alpha^{n-2}) + \dots$$

Hier läßt sich nach der bekannten Identität

$$x^m - \alpha^m = (x - \alpha)[x^{m-1} + x^{m-2}\alpha + x^{m-3}\alpha^2 + \dots + \alpha^{m-1}]$$

auf der rechten Seite der Faktor $(x - \alpha)$ abspalten, und man erhält so

$$f(x) - f(\alpha) = (x - \alpha)\, g(x),$$

wo $g(x)$ ein ganzzahliges Polynom $(n-1)$ten Grades bedeutet, dessen höchstes Glied x^{n-1} den Koeffizienten a hat.

Demnach gilt folgender

Reduktionssatz:

Hat die Kongruenz $n$ten Grades

$$f(x) = ax^{n-1} + bx^{n-2} + \ldots \equiv 0 \bmod p \tag{1}$$

eine Wurzel α, so läßt sie sich (auch wenn a durch p teilbar ist) auf die Form

$$(x-\alpha)\, g(x) \equiv 0 \bmod p \tag{2}$$

reduzieren, wo $g(x)$ ein ganzzahliges Polynom $(n-1)^{\text{ten}}$ Grades mit dem Anfangskoeffizienten a bedeutet, in dem Sinne, daß jede Wurzel von (1) eine Wurzel von (2) und jede Wurzel von (2) eine Wurzel von (1) ist.

Hat (1) nun eine zweite Wurzel β, so ist

$$(\beta-\alpha)\, g(\beta) \equiv 0 \bmod p,$$

d. h.

$$g(\beta) \equiv 0 \bmod p$$

so daß die Kongruenz

$$g(x) \equiv 0 \bmod p \tag{3}$$

die Wurzel β besitzt.

Nach dem Reduktionssatz läßt sich (3) auf die Form

$$(x-\beta)\, h(x) \equiv 0 \bmod p$$

bringen, wo $h(x)$ ein ganzzahliges Polynom $(n-2)$ten Grades mit dem Anfangskoeffizienten a ist. Damit verwandelt sich die Kongruenz (1) in

$$(x-\alpha)(x-\beta)\, h(x) \equiv 0 \bmod p.$$

So kann man fortfahren und erhält auf diese Weise folgenden

Umformungssatz:

Hat die Kongruenz $n$ten Grades

$$ax^{n} + bx^{n-1} + \ldots \equiv 0 \bmod p$$

n Wurzeln $\alpha, \beta, \gamma, \ldots$, so läßt sie sich schreiben

$$a(x-\alpha)(x-\beta)\, x-\gamma) \ldots \equiv 0 \bmod p$$

(und das gilt auch, wenn a durch p teilbar ist).

Hieraus gewinnt man das wichtige

Korollar:

Eine Kongruenz $n$ten Grades nach einem Primmodul kann höchstens n Wurzeln haben.

In der Tat, gäbe es eine etwaige $(n+1)$te Wurzel ω, so wäre nach dem erhaltenen Satze

$$a(\omega-\alpha)(\omega-\beta)(\omega-\gamma)\ldots\equiv 0 \bmod p.$$

Das ist aber bei zu p teilerfremdem a unmöglich, da kein Faktor der linken Seite durch p teilbar ist.

Aus dem Korollar folgt dann der

Produktsatz:

Hat die Kongruenz

$$f(x)\equiv 0 \bmod p$$

genau soviel Wurzeln wie ihr Grad beträgt, und ist $f(x)$ das Produkt von zwei Polynomen $\varphi(x)$ und $\psi(x)$, so hat auch jede der Kongruenzen

$$\varphi(x)\equiv 0 \bmod p \qquad \text{und} \qquad \psi(x)\equiv 0 \bmod p$$

genau soviel Wurzeln wie ihr Grad beträgt.

Beweis. Da die Kongruenzen

$$f(x)\equiv 0 \bmod p \qquad \text{und} \qquad \varphi(x)\cdot\psi(x)\equiv 0 \bmod p$$

identisch sind, muß jede Wurzel α der ersten auch eine Wurzel der zweiten und damit entweder eine Wurzel von

$$\varphi(x)\equiv 0 \bmod p \qquad \text{oder von} \qquad \psi(x)\equiv 0 \bmod p$$

sein. Hätte also $\varphi(x)=0 \bmod p$ weniger Wurzeln als sein Grad ausmacht, so müßte $\psi(x)$ mehr Wurzeln besitzen als sein Grad ist; das aber ist nach dem Korollar unmöglich.

Aus dem Korollar läßt sich auch ein einfacher Beweis des Satzes von Wilson entnehmen:

Die Kongruenz

$$(x-1)(x-2)(x-3)\ldots(x-\overline{p-1})-(x^{p-1}-1)\equiv 0 \bmod p,$$

deren Grad niedriger als $p-1$ ist, besitzt die $(p-1)$ Wurzeln 1, 2, 3, ..., $p-1$, da nach Fermat für jede Zahl x dieser Zahlenfolge $x^{p-1}\equiv 1 \bmod p$ ist.

Das ist nur möglich, wenn die Kongruenz identisch ist, d. h. wenn sämtliche Koeffizienten ihrer linken Seite durch p teilbar sind. Zu diesen Koeffizienten gehört das Freiglied: $(p-1)!+1$. So entsteht der

Satz von Wilson:

Der Ausdruck $(p-1)!+1$ ist für jede Primzahl p durch p teilbar.

Daß eine Kongruenz genau soviel Wurzeln besitzt wie ihr Grad ist, kann natürlich nicht vorkommen, wenn der Grad den Modul p überschreitet, da es ja überhaupt nur p mod p inkongruente Zahlen gibt.

Eine derartige Kongruenz läßt sich aber durch eine Kongruenz $(p-1)$ten Grades ersetzen. Es sei nämlich

$$f(x) = ax^n + bx^{n-1} + \ldots \equiv 0 \bmod p$$

eine Kongruenz in der $n > p$ ist.

Wir teilen $f(x)$ durch $x^p - x$ und bekommen einen ganzzahligen Quotient $Q(x)$ vom $(n-p)$ten Grade und einen ganzzahligen Rest $R(x)$ vom höchsten $(p-1)$ten Grade, entsprechend der Gleichung

$$f(x) = Q(x)(x^p - x) + R(x).$$

Die Kongruenz $f(x) \equiv 0 \bmod p$ nimmt jetzt die Form

$$Q(x)(x^p - x) + R(x) \equiv 0 \bmod p$$

an. Nun ist $x^p - x$ nach Fermats Satze für jedes x durch p teilbar, so daß wir das erste Glied der linken Seite weglassen können. Damit kommt die Kongruenz $f(x) \equiv 0$ auf die Kongruenz

$$R(x) \equiv 0 \bmod p$$

hinaus, und wir haben den

Satz:

Eine Kongruenz, deren Grad den Primmodul p übertrifft, läßt sich durch eine Kongruenz von höchstens $(p-1)^{\text{tem}}$ Grade ersetzen, deren linke Seite der Rest der Division der linken Seite der vorgelegten Kongruenz durch $x^p - x$ ist.

Auf Grund dieses Satzes beschränken wir uns auf Kongruenzen, deren Grad niedriger als der Modul ist.

Für sie gilt folgender

Satz:

Damit die Kongruenz

$$f(x) = x^n + A x^{n-1} + B x^{n-2} + \ldots \equiv 0 \bmod p \qquad (n < p)$$

n Wurzeln hat, ist nötig und hinreichend, daß der Rest der Division von $x^p - x$ durch $f(x)$ nur durch p teilbare Koeffizienten hat.

Beweis. Es sei

$$x^p - x = Q(x) \cdot f(x) + R(x)$$

wo Q den Quotient und R den Rest der Division bedeutet. Wir schreiben

$$x^p - x - Q(x) f(x) = R(x).$$

Hat nun $f(x) \equiv 0 \bmod p$ n Wurzeln, so ist die linke Seite dieser Gleichung für jede von ihnen $\equiv 0 \bmod p$. Folglich ist auch

$$R(x) \equiv 0 \bmod p$$

für jede dieser n Wurzeln.

Daher hat die Kongruenz $R(x) \equiv 0 \bmod p$, deren Grad kleiner als n ist, mindestens n Wurzeln. Das ist nur möglich, wenn alle Koeffizienten von R durch p teilbar sind.

Gehen wir umgekehrt von der Voraussetzung aus, daß R lauter durch p teilbare Koeffizienten besitzt, so hat die Kongruenz

$$x^p - x - R(x) \equiv 0 \bmod p$$

p Wurzeln. Da nun die beiden Funktionen $x^p - x - R(x)$ und $Q(x)\, f(x)$ identisch sind, hat auch die Kongruenz

$$Q(x) \cdot f(x) \equiv 0 \bmod p$$

p Wurzeln. Nun ist Q vom $(p - n)$ten und f vom $n$ten Grade. Mithin hat nach dem obigen Produktsatze jede der beiden Kongruenzen

$$Q(x) \equiv 0 \qquad \text{und} \qquad f(x) \equiv 0 \bmod p$$

genau soviel Wurzeln, wie ihr Grad beträgt. Also hat

$$f(x) \equiv 0 \bmod p$$

n Wurzeln.

§ 62. Die binomische Kongruenz $x^n \equiv 1 \bmod p$.

Eine Kongruenz von der Form

$$x^n \equiv F \bmod p,$$

in der p eine Primzahl, F eine zu p fremde Zahl bedeutet, heißt binomisch.

Wir erörtern in diesem Paragraphen die einfachste binomische Kongruenz

$$x^n \equiv 1 \bmod p$$

(Über die Kongruenz $x^n \equiv F \bmod p$, cfr § 63) und setzen, da der Fall $p = 2$ wegen seiner Einfachheit ausscheidet, p als ungerade Primzahl voraus. Die wichtigsten Eigenschaften dieser Kongruenz stellen wir im folgenden zusammen.

I. Satz von der gemeinsamen Wurzel:

Jede gemeinsame Wurzel der beiden Kongruenzen

$$x^m \equiv 1 \bmod p \qquad \text{und} \qquad x^n \equiv 1 \bmod p$$

ist auch Wurzel der Kongruenz

$$x^d \equiv 1 \bmod p,$$

wo d den größten gemeinsamen Teiler von m und n bedeutet.

Beweis. Aus

$$\alpha^m \equiv 1 \quad \text{und} \quad \alpha^n \equiv 1 \mod p$$

folgt durch Potenzieren

$$\alpha^{mu} \equiv 1 \quad \text{und} \quad \alpha^{nv} \equiv 1 \mod p.$$

Bestimmen wir u und v derart, daß

$$mu - nv = d$$

ist, so haben wir

$$1 \equiv \alpha^{mu} = \alpha^{nv+d} = \alpha^d \alpha^{nv} \equiv \alpha^d \mod p,$$

so daß die Wurzel α der Kongruenzen

$$x^m \equiv 1, \quad x^n \equiv 1 \mod p$$

auch Wurzel der Kongruenz

$$x^d \equiv 1 \mod p$$

ist.

II. Satz vom Minimalexponent.

Der kleinste Exponent μ — Minimalexponent — in der Reihe

$$a^1, a^2, a^3, \ldots \qquad \text{mit } a \frown p$$

der

$$a^x \equiv 1 \mod p$$

macht, ist ein Teiler von $p-1$, jeder weitere Exponent, der diese Kongruenz befriedigt, ein Multiplum des Minimalexponenten. Zwei Potenzen der Reihe sind einander modulo p kongruent oder nicht, je nachdem der Unterschied ihrer Exponenten durch den Minimalexponent teilbar ist oder nicht.

Beweis. 1⁰ μ sei der Minimalexponent. [Wenn er nicht $< p-1$ ist, so hat er nach Fermats Satz den Wert $p-1$.] Aus

$$a^\mu \equiv 1 \quad \text{und} \quad a^{p-1} \equiv 1 \mod p$$

folgt nach Satz I

$$a^d \equiv 1 \mod p,$$

wo d den größten gemeinsamen Teiler von $p-1$ und μ bedeutet. Aus $\mu < d$ und $d \leq \mu$ folgt $\mu = d$.

2⁰ Aus $a^x \equiv 1 \mod p$ geht hervor, daß x ein Vielfaches von μ sein muß. Wäre nämlich $x = m\mu + r$ mit $0 < r < \mu$, so wäre $a^x \equiv a^{m\mu+r} = (a^\mu)^m \cdot a^r \equiv a^r$, mithin $a^r \equiv 1 \mod p$, q. e. a.

3⁰ Zwei Potenzen a^n und a^N (mit $N > n$) der Reihe sind nur dann modulo p einander kongruent:

$a^n \equiv a^N \mod p$, wenn $a^{N-n} \equiv 1 \mod p$, d. h. wenn $N-n$ ein Multiplum von μ ist.

III. Übereinstimmungssatz.

Die Wurzelzahl der Kongruenz

$$x^e \equiv 1 \bmod p$$

stimmt dann und nur dann mit dem Exponenten e überein, wenn e ein Divisor von $p-1$ ist.

Beweis. Es sei erstens e ein Divisor von $p-1$. Da dann $x^{p-1}-1$ durch x^e-1 ohne Rest teilbar ist, gilt die Identität

$$x^{p-1}-1 = (x^e-1)\cdot f(x),$$

in welcher $f(x)$ ein ganzzahliges Polynom bedeutet; und da die Kongruenz

$$(x^e-1)\,f(x) \equiv 0 \bmod p$$

genau $(p-1)$ Wurzeln besitzt [nämlich die $(p-1)$ Wurzeln $1, 2, 3, \ldots, p-1$ der Kongruenz $x^{p-1}-1 \equiv 0 \bmod p$], so hat jeder Faktor der linken Seite (§ 61) genau soviel Wurzeln wie sein Grad ausmacht, die Kongruenz

$$x^e-1 \equiv 0 \bmod p,$$

also genau e Wurzeln.

Es stimme zweitens die Wurzelzahl ν mit dem Exponenten e überein. Da die Kongruenz nicht mehr Wurzeln besitzen kann als ihr Grad ausmacht (§ 61), so muß $\nu \leqq p$ sein. p aber kann ν nicht sein, da ja die Wurzel 0 nicht vorhanden ist; mithin muß $e = \nu \leqq p-1$ sein. Es sei d der größte gemeinsame Divisor von e und $p-1$. Dann ist jede Wurzel der Kongruenz $x^e \equiv 1 \bmod p$ als gleichzeitige Wurzel der Kongruenz $x^{p-1} \equiv 1 \bmod p$ nach I auch Wurzel der Kongruenz $x^d \equiv 1 \bmod p$. Nun hat aber $x^d \equiv 1 \bmod p$, wie oben gezeigt wurde, genau d Wurzeln. Folglich ist $d \geqq e$. Da aber auch $d \leqq e$ ist, ergibt sich $e = d$.

IV. Satz von der Wurzelzahl der Kongruenz $x^n \equiv 1 \bmod p$.

Die Kongruenz

$$x^n \equiv 1 \bmod p$$

hat genau soviel Wurzeln wie die Kongruenz

$$x^d \equiv 1 \bmod p,$$

wo d den größten gemeinsamen Teiler von n und $p-1$ bedeutet.

Beweis. Jede Wurzel von

$$x^n \equiv 1 \bmod p$$

ist nach Satz I Wurzel von

$$x^d \equiv 1 \bmod p,$$

und jede Wurzel α dieser Kongruenz ist Wurzel der ersten, da aus $\alpha^d \equiv 1$ durch Potenzieren mit der Ganzzahl $n:d$ $\alpha^n \equiv 1$ folgt.

V. Satz von der Potenz u^δ.

Bedeutet d einen positiven Divisor von $p-1$ und δ den ganzzahligen Quotient $(p-1):d$, so befriedigt jede Potenz u^δ, wo u irgendeine Zahl des fastvollständigen Restsystems $1, 2, 3, \ldots, p-1 \bmod p$ bedeutet, die Kongruenz

$$x^d \equiv 1 \bmod p.$$

Beweis. Für jede Zahl u der Reihe $1, 2, 3, \ldots, p-1$ und $x = u^\delta$ ist

$$x^d = (u^\delta)^d = u^{p-1} \equiv 1 \bmod p.$$

VI. Satz von der Stammwurzelzahl.

Die Kongruenz

$$x^d \equiv 1 \bmod p$$

in der d einen Divisor von $p-1$ bedeutet, hat genau $\varphi(d)$ Stammwurzeln (Primitivwurzeln).

Dabei bedeutet eine Stammwurzel oder Primitivwurzel der Kongruenz eine Zahl α derart, daß

$$\alpha^d \equiv 1 \bmod p,$$

für jedes positive $a < d$ aber

$$\alpha^a \not\equiv 1 \bmod p$$

ist. M. a. W.:

Eine Zahl α heißt Stammwurzel der Kongruenz

$$x^n \equiv 1 \bmod p,$$

wenn die erste Potenz der Folge

$$\alpha^1, \quad \alpha^2, \quad \alpha^3, \quad \ldots,$$

die modulo p der Einheit kongruent ist, die $n$te ist. Man sagt auch: α gehört zum Exponenten n.

So hat z. B. die Kongruenz $x^3 \equiv 1 \bmod 13$ nur die $\varphi(3) = 2$ Stammwurzeln 3 und 9.

Im besonderen heißt jede Stammwurzel (Primitivwurzel) der Kongruenz

$$x^{p-1} \equiv 1 \bmod p$$

kurz eine Stammwurzel (Primitivwurzel) der Primzahl p.

Daß die Kongruenz

$$x^d \equiv 1 \bmod p$$

Wurzeln (und zwar genau d Stück) besitzt, wissen wir aus Satz III; wir wissen aber noch nicht, welche davon Primitivwurzeln der Kongruenz sind.

Angenommen, es gäbe wenigstens eine Stammwurzel α der Kongruenz $x^d \equiv 1 \bmod p$. Zunächst leuchtet dann ein, daß die d Potenzen

$$\alpha^1, \alpha^2, \alpha^3, \ldots, \alpha^d$$

Wurzeln von

$$x^d \equiv 1 \bmod p$$

sind, da aus

$$\alpha^d \equiv 1 \bmod p$$

auch

$$(\alpha^\nu)^d = (\alpha^d)^\nu \equiv 1 \bmod p$$

folgt. Da weiter die d Zahlen

$$\alpha^1, \alpha^2, \ldots, \alpha^d$$

mod p inkongruent sind [aus $\alpha^\nu \equiv \alpha^{\nu+\mu}$ würde $\alpha^\mu \equiv 1 \bmod p$ folgen, was wegen $\mu < d$ nicht angeht] und die Kongruenz genau d Wurzeln hat, kann die Kongruenz außer jenen d Potenzen keine weiteren Wurzeln haben. Wenn also außer α noch weitere Stammwurzeln vorhanden sind, sind sie unter den Potenzen

$$\alpha^1, \alpha^2, \ldots, \alpha^{d-1}$$

zu suchen. Wir behaupten: jede Potenz α^e, deren Exponent fremd zu d ist, stellt eine Stammwurzel der Kongruenz dar. In der Tat: 1^0 ist $(\alpha^e)^d = (\alpha^d)^e \equiv 1 \bmod p$, und 2^0 ist nicht $(\alpha^e)^a$ [mit $a < d$] $\equiv 1 \bmod p$, da aus $\alpha^{ea} \equiv 1 \bmod p$ $ea \equiv 0 \bmod d$ folgen würde, was wegen $e \frown d$ unmöglich ist.

Wir behaupten ferner: Ist e nicht fremd zu d, so kann $\beta = \alpha^e$ keine Stammwurzel sein. In der Tat ist ja, wenn δ den größten gemeinsamen Teiler von d und e bedeutet, schon beim Exponent d' [mit $d' = d : \delta < d$] $\beta^{d'}$, weil gleich $\alpha^{ed'} = \alpha^{e'\delta d'} = \alpha^{e'd} = [\alpha^d]^{e'} \equiv 1 \bmod p$, mithin nicht erst beim Exponenten d $\beta^d \equiv 1 \bmod p$.

Die einzigen Stammwurzeln der Kongruenz

$$x^d \equiv 1 \bmod p$$

sind demnach

$$\alpha^1, \alpha^a, \alpha^b, \alpha^c, \ldots$$

wo $1, a, b, c, \ldots$ die $\varphi(d)$ zu d fremden Zahlen der Reihe $1, 2, 3, \ldots, d-1$ bedeuten.

Soviel also steht fest:

Unsere Kongruenz $x^d \equiv 1 \bmod p$ besitzt entweder 0 oder $\varphi(d)$ Primitivwurzeln.

Wir bezeichnen die Anzahl ihrer Primitivwurzeln mit $\psi(d)$ und haben die Ungleichung

(1) $$\psi(d) \leqq \varphi(d)$$

Wir betrachten jetzt die Kongruenzen

$$x^{d_1} \equiv 1, \quad x^{d_2} \equiv 1, \quad \ldots, \quad x^{d_\nu} \equiv 1 \bmod p,$$

wo $d_1, d_2, \ldots, d_\nu$ die sämtlichen (positiven) Divisoren von $p-1$ bedeuten ($d_1 = 1$, $d_\nu = p-1$). Jede der $(p-1)$ Zahlen

$$1, 2, 3, \ldots, p-1$$

ist Stammwurzel von genau einer dieser ν Kongruenzen, wie auch jede Stammwurzel einer beliebigen dieser Kongruenzen unter diesen Zahlen zu finden ist. Daher muß

$$\sum_s^{1,\nu} \psi(d_s) = p-1$$

sein. Da aber auch [§ 54]

$$\sum_s^{1,\nu} \varphi(d_s) = p-1$$

ist, folgt

(2) $$\Sigma\, \psi(d) = \Sigma\, \varphi(d)$$

wobei die Summation über alle Teiler d von $p-1$ zu erstrecken ist.

Wenn aber für keinen Teiler d von $p-1$, wie (1) zusagt, $\psi(d)$ größer als $\varphi(d)$ ausfällt und zugleich nach (2) die Summe aller $\psi(d)$ gleich der Summe aller $\varphi(d)$ ist, so kann niemals $\psi(d) < \varphi(d)$ sein, muß vielmehr jedesmal $\psi(d) = \varphi(d)$ sein.

Die Anzahl aller Stammwurzeln von

$$x^d \equiv 1 \bmod p \qquad (p-1 \equiv 0 \bmod d)$$

ist daher $\varphi(d)$.

Beispiel. Die Kongruenzen

$$x^1 \equiv 1; \quad x^2 \equiv 1; \quad x^3 \equiv 1; \quad x^6 \equiv 1 \quad \bmod 7$$

haben bzw. die der Reihe 1, 2, 3, 4, 5, 6 entnommenen Stammwurzeln

1; 6; 2,4; 3,5.

§ 63. Primitivwurzeln einer Primzahl *p*

Der Satz von der Anzahl der Stammwurzeln umfaßt soviel Fälle, wie es Divisoren der Zahl $p-1$ gibt. Von diesen ist der Fall

$$\boxed{d = p-1}$$

der wichtigste und folgenreichste. Wir fassen ihn besonders in Worte. Es sei nochmals erwähnt, daß man unter einer Primitivwurzel oder

Stammwurzel der Primzahl p eine Zahl g versteht derart, daß die $(p-1)$ Potenzen

$$g^1, g^2, g^3, \ldots, g^{p-1}$$

ein fastvollständiges Restsystem modulo p bilden.

Für den Fall $d = p - 1$ gilt dann der

Satz von den Stammwurzeln der Primzahl p.

Jede Primzahl p hat $\varphi(p-1)$ Stammwurzeln. Sie sind diejenigen Wurzeln der Kongruenz

$$x^{p-1} \equiv 1 \mod p,$$

die zum Exponenten $p - 1$ gehören.

Beispiel. $p = 13$.

Die Primzahl 13 hat $\varphi(12) = 4$ Stammwurzeln; diese sind

$$\alpha = 2, \quad \beta = 6, \quad \gamma = 7, \quad \delta = 11.$$

In der Tat sind z. B. die ersten 12 Potenzen von α in der folgenden Doppelzeile den darunter gesetzten Zahlen modulo 13 kongruent:

$$\left\{\begin{array}{cccccccccccc} \alpha^1 & \alpha^2 & \alpha^3 & \alpha^4 & \alpha^5 & \alpha^6 & \alpha^7 & \alpha^8 & \alpha^9 & \alpha^{10} & \alpha^{11} & \alpha^{12} \\ 2 & 4 & 8 & 3 & 6 & 12 & 11 & 9 & 5 & 10 & 7 & 1 \end{array}\right.$$

Ebenso bedeutet in den folgenden drei Doppelzeilen die untere Zahl jeweils den Rest, den die obere Potenz bei der Division durch 13 läßt:

$$\left\{\begin{array}{cccccccccccc} \beta^1 & \beta^2 & \beta^3 & \beta^4 & \beta^5 & \beta^6 & \beta^7 & \beta^8 & \beta^9 & \beta^{10} & \beta^{11} & \beta^{12} \\ 6 & 10 & 8 & 9 & 2 & 12 & 7 & 3 & 5 & 4 & 11 & 1 \end{array}\right\},$$

$$\left\{\begin{array}{cccccccccccc} \gamma^1 & \gamma^2 & \gamma^3 & \gamma^4 & \gamma^5 & \gamma^6 & \gamma^7 & \gamma^8 & \gamma^9 & \gamma^{10} & \gamma^{11} & \gamma^{12} \\ 7 & 10 & 5 & 9 & 11 & 12 & 6 & 3 & 8 & 4 & 2 & 1 \end{array}\right\},$$

$$\left\{\begin{array}{cccccccccccc} \delta^1 & \delta^2 & \delta^3 & \delta^4 & \delta^5 & \delta^6 & \delta^7 & \delta^8 & \delta^9 & \delta^{10} & \delta^{11} & \delta^{12} \\ 11 & 4 & 5 & 3 & 7 & 12 & 2 & 9 & 8 & 10 & 6 & 1 \end{array}\right\}.$$

Da für jede Stammwurzel g von p die Potenzen

$$g^1, g^2, g^3, \ldots, g^{p-1}$$

ein fastvollständiges Restsystem mod p bilden, erhebt sich die Frage:

Welche Zahlen der Folge

$$g^1, g^2, g^3, \ldots, g^{p-1}$$

gehören zum Divisor d von $p-1$, sind m. a. W. die Stammwurzeln der Kongruenz

$$x^d \equiv 1 \mod p,$$

deren Exponent d in $p - 1$ aufgeht?

Die Antwort lautet:

Die Stammwurzeln der Kongruenz

$$x^d \equiv 1 \bmod p$$

sind diejenigen Potenzen der Folge

$$g^1, g^2, \ldots, g^{p-1}$$

deren Exponenten mit $p-1$ den größten gemeinsamen Teiler $\delta = (p-1):d$ haben.

Beweis. 1⁰. Der Exponent ν von $G = g^\nu$ habe mit $p-1$ den größten gemeinsamen Teiler $\delta = (p-1):d$, so daß

$$\nu = \nu'\delta, \qquad p-1 = d\delta \qquad \text{und} \qquad \nu' \frown d.$$

Dann wird

$$G^d = g^{\nu d} = g^{\nu' d\delta} = (g^{p-1})^{\nu'} \equiv 1^{\nu'} \equiv 1 \bmod p,$$

während für jeden kleineren Exponent a als d

$$G^a \not\equiv 1 \bmod p$$

wird. [Wäre $G^a \equiv 1 \bmod p$, so wäre $g^{\nu a} \equiv 1 \bmod p$, folglich νa durch $p-1$ teilbar (Satz II von § 62): $\nu a = k(p-1)$ oder $\nu' a = kd$ und (wegen $\nu' \frown d$) a durch d teilbar, q. e. a.]

2⁰. — Für einen andern Exponenten ν ist etwa $\nu = \nu'\delta + \varepsilon$ mit $0 < \varepsilon < \delta$ und, $G = g^\nu$ gesetzt,

$$G^d = g^{\nu d} = g^{\nu' d\delta} \cdot g^{d\varepsilon} = (g^{p-1})^{\nu'} \cdot g^{d\varepsilon} \equiv g^{d\varepsilon} \bmod p.$$

Wäre nun

$$G^d \equiv 1, \text{ also } g^{d\varepsilon} \equiv 1 \bmod p,$$

so wäre $d\varepsilon$ durch $p-1 = d\delta$ teilbar, mithin ε durch δ teilbar, q. e. a.

So sind z. B. die Stammwurzeln der Kongruenz

$$x^4 \equiv 1 \bmod 13$$

α^3 und α^9 (die einzigen Zahlen der Reihe $\alpha^1, \alpha^2, \ldots, \alpha^{12}$, deren Exponenten mit $p-1 = 12$ den größten gemeinsamen Teiler $\delta = 3$ haben. In der Tat sind $8\,(\equiv \alpha^3)$ und $5\,(\equiv \alpha^9)$ die beiden Stammwurzeln der Kongruenz $x^4 \equiv 1 \bmod 13$.

Indizes.

Da die $(p-1)$ Potenzen

$$g^1, g^2, g^3, \ldots, g^{p-1}$$

einer Stammwurzel von p ein fastvollständiges Restsystem $\tilde{g}$ nach dem Modul p bilden, ist jede zu p fremde Zahl z einer und nur einer Potenz des Systems $\tilde{g}$ kongruent, etwa

$$z \equiv g^i \bmod p.$$

Der so eindeutig bestimmte Exponent i heißt der Index der Zahl z für die Basis g.

Unter dem Logarithmus einer Zahl z für die Basis g versteht man bekanntlich den Exponenten i, mit dem man g potenzieren muß, um z zu erhalten.

Hier heißt es:

Unter dem Index einer Zahl z für die Basis g, geschrieben Ind z (oder ausführlicher mit Basisangabe, falls diese nötig ist, $\text{Ind}_g . z$) versteht man den Exponenten i ($< p$) mit dem man g potenzieren muß, um eine zu z kongruente Zahl modulo p zu erhalten.

In Zeichen

$$\boxed{g^{\text{Ind}\, z} \equiv z \mod p}\,.$$

(Dabei wird stillschweigend vorausgesetzt, daß die Basis g eine Stammwurzel der Primzahl p ist.)

Aus dieser Ähnlichkeit zwischen diesen beiden Definitionen läßt sich schon vermuten, daß die Indices ähnliche Gesetze befolgen wie die Logarithmen.

Tatsächlich überträgt sich das logarithmische Hauptgesetz: »Der Logarithmus eines Produkts ist gleich der Summe der Logarithmen seiner Faktoren« folgendermaßen auf die Indizes:

Indexhauptsatz:

Der Index eines Produkts ist modulo $(p-1)$ kongruent der Summe der Indizes seiner Faktoren.

Beweis. Sind α, β, γ, ... die Indizes der Zahlen a, b, c, ..., so gelten die Kongruenzen

$$a \equiv g^{\alpha}, \quad b \equiv g^{\beta}, \quad c \equiv g^{\gamma}, \qquad \mod p.$$

Aus ihnen folgt durch Multiplikation

$$a\,b\,c \ldots \equiv g^{\alpha+\beta+\gamma+\ldots} \mod p.$$

Für den Index σ des Produkts $abc\ldots$ ist

$$abc\ldots \equiv g^{\sigma} \mod p.$$

Daher haben wir

$$g^{\sigma} \equiv g^{\alpha+\beta+\gamma+\ldots} \mod p,$$

und hieraus folgt nach dem Satze vom Minimalexponent (§ 61)

$$\sigma \equiv \alpha + \beta + \gamma + \ldots \mod (p-1), \text{ w. z. b. w.}$$

Mit Benutzung des Zeichens Ind erscheint unser Satz als die Formel

$$\boxed{\text{Ind}\, a\,b\,c \ldots \equiv \text{Ind}\, a + \text{Ind}\, b + \text{Ind}\, d\,c + \ldots \mod (p-1)}\,.$$

Von besonderer Wichtigkeit ist der Sonderfall

$$\boxed{\text{Ind}\,(a^n) \equiv n \text{ Ind}\, a \mod (p-1)}\,,$$

der das Analogon zum logarithmischen Potenzgesetz darstellt.

Aus dem Hauptgesetz folgt leicht der

Quotientsatz:

Der Index eines Quotienten ist modulo $(p-1)$ der Differenz der Indizes von Zähler und Nenner kongruent.

Dabei wird der Quotient selbstverständlich als Ganzzahl vorausgesetzt.

Außer diesen Sätzen ist noch folgender von Bedeutung:

Zwei modulo p kongruente Zahlen haben denselben Index. (Seine Richtigkeit leuchtet ohne weiteres ein.)

Von zwei Zahlen, $\iota = -1$ und $\iota^2 = +1$, ist der Index stets bekannt, einerlei welche Basis g zugrunde gelegt wird:

$$\boxed{\text{Ind}\, \iota = \pi, \qquad \text{Ind}\, 1 = 2\pi} \qquad \text{mit } \pi = \frac{p-1}{2}.$$

Die erste dieser Formeln folgt aus Fermats Satz $g^{2\pi} - 1 \equiv 0 \bmod p$, wenn man ihn

$$(g^{\pi} - 1) \cdot (g^{\pi} + 1) \equiv 0 \bmod p$$

schreibt. Da nämlich 2π der Minimalexponent ist, kann der erste Faktor der linken Seite dieser Kongruenz nicht durch p teilbar, muß es also der zweite sein:

$$g^{\pi} \equiv \iota \bmod p.$$

Die zweite Formel folgt sofort aus der Kongruenz

$$g^{2\pi} \equiv 1 \bmod p.$$

Wie im übrigen zum Auffinden von Logarithmen eine Logarithmentafel erforderlich ist, benötigt man zum Auffinden von Indizes eine Indextafel.

Bei z. B. der Basis $g = 2$ und dem Modul $p = 13$ entnehmen wir diese Tafel der obigen Doppelzeile für die Stammwurzel $g = \alpha = 2$.

Indextafel für den Modul 13 und die Basis 2.

Num	1	2	3	4	5	6	7	8	9	10	11	12
Ind	12	1	4	2	9	5	11	3	8	10	7	6

Um eine Indextafel für einen gegebenen Primmodul p anzufertigen, bestimmt man zunächst eine — möglichst kleine — Primitivwurzel g von p, die dann die Basis der Tafel bildet. (Falls 10 eine Stammwurzel von p sein sollte, wählt man natürlich diese als Basis.) Darauf berechnet man (in der am Schlusse von § 52 beschriebenen Weise) die Reste, die die Potenzen $g^1, g^2, \ldots, g^{p-1}$ bei der Division durch p lassen, ordnet sie nach Größe und schreibt die entsprechenden Potenzexponenten als zugehörige Indizes dazu.

Das Verfahren gibt beispielsweise folgende

Indextafel für den Primmodul 61 und die Basis 10:

Num	0	1	2	3	4	5	6	7	8	9
0	Ind	0	47	42	34	14	29	23	21	24
1	1	45	16	20	10	56	8	49	11	22
2	48	5	32	39	3	28	7	6	57	25
3	43	13	55	27	36	37	58	33	9	2
4	35	18	52	41	19	38	26	40	50	46
5	15	31	54	51	53	59	44	4	12	17
6	30									

Die Indizes von 1, 2, 3, 4, 5, 6, 7, 8, 9 stehen in der ersten Zeile, wobei bei 1 statt des Index $p - 1 = 60$ das modulo $(p - 1)$ kongruente 0 geschrieben ist. Die Indizes von 10, 20, 30, 40, 50, 60 stehen in der ersten Spalte, in der zweiten Spalte die von 01, 11, 21, 31, 41, 51, in der dritten die von 02, 12, 22, 32, 42, 52 usw. Der Index von 47 ist also z. B. 40.

Der Index von 207 ist, da $207 \equiv 24 \mod 61$ ist, gleich Ind $24 = 3$.

Indextafeln für alle Primzahlen unter 1000 hat Jacobi 1839 unter dem Titel Canon arithmeticus veröffentlicht.

Anwendungen der Indizes.

Die Indizes finden in Zahlentheorie und Algebra zahlreiche Anwendungen, von denen wir hier aber nur zwei besprechen.

I. Lösung der Linearkongruenz.

Die Wurzel der Linearkongruenz

$$ax \equiv b \mod p \qquad (a \frown p),$$

wo p eine (ungerade) Primzahl bedeutet, wird durch die Kongruenz

$$\text{Ind } x \equiv (\text{Ind } b - \text{Ind } a) \mod (p - 1)$$

geliefert.

Beispiel. $$23\,x \equiv 18 \mod 61$$

Unsere Tafel liefert Ind $18 = 11$, Ind $23 = 39$; mithin wird

$$\text{Ind } x \equiv 11 - 39 \equiv -28 \equiv 32 \mod 60,$$

Ind $x = 32$ und $x = 22$.

Wie zu verfahren ist, wenn der Modul zusammengesetzt ist, möge an folgendem Beispiel auseinandergesetzt werden.

$$253\,x \equiv 421 \mod 793.$$

793 ist das Produkt der Primfaktoren 13 und 61. Also muß jedenfalls

$$253\,x \equiv 421 \mod 13$$

oder

$$7\,x \equiv 8 \quad \mod 13$$

sein. Das gibt Ind $x \equiv$ (Ind 8 — Ind 7) mod 12 $\equiv$ (3 — 11) mod 12, Ind $x \equiv 4$ mod 12; $x \equiv 3$ mod 13, d. h.

$$x = 3 + 13\,t.$$

Ferner muß sein $\quad 253\,x \equiv 421 \mod 61$

oder $\quad 9\,x \equiv -6 \quad$ oder $\quad 3\,x \equiv -2 \mod 61.$

Substituieren wir hier $x = 3 + 13\,t$, so kommt

$$39\,t \equiv 50 \mod 61,$$

und das gibt Ind $t \equiv$ (Ind 50 — Ind 39) mod 60 $\equiv$ (15 — 2) mod 60, Ind $t \equiv 13$ mod 60; $t \equiv 31$ mod 61, $t = 31 + 61\,u$ und damit $x = 3 + 13\,t = 406 + 793\,u$. Folglich

$$x \equiv 406 \mod 793.$$

II. Die binomische Kongruenz.

$$x^n \equiv F \mod p \qquad \text{mit } F \frown p.$$

Wir nehmen eine beliebige Stammwurzel g von p als Basis eines Indizessystems und bestimmen x durch die Kongruenz

$$n \text{ Ind } x \equiv \text{Ind } F \mod (p - 1).$$

Die neue Kongruenz ist (§ 55) nur lösbar, wenn ihr Freiglied Ind F durch den größten gemeinsamen Divisor d von $p - 1$ und n teilbar ist, in welchem Falle sie genau d Wurzeln besitzt. Ebenso viele Wurzeln hat dann auch die vorgelegte Kongruenz. Daher gilt

Eulers Kriterium:

Die Kongruenz

$$x^n \equiv F \mod p \qquad (F \frown p)$$

hat d oder 0 Wurzeln, je nachdem der größte gemeinsame Divisor d von $p - 1$ und n im Index von F aufgeht oder nicht.

Wir bringen es auf eine Form, in der der Index von F nicht vorkommt.

Aus Ind $F = md$ folgt wegen $g^{\text{Ind } F} \equiv F \mod p$ $\; g^{md} \equiv F \mod p$ oder, $p - 1 = d\delta$ gesetzt, $F^{\delta} \equiv g^{m(p-1)} \equiv (g^{p-1})^m \equiv 1^m \equiv 1 \mod p$, also

$$F^{\frac{p-1}{d}} \equiv 1 \mod p.$$

Ist umgekehrt diese Kongruenz erfüllt, so ergibt sich aus $F \equiv g^{\mathrm{Ind}\, F} \bmod p$ zunächst

$$F^{\delta} \equiv g^{\delta\, \mathrm{Ind}\, F} \bmod p$$

und nun

$$g^{\delta\, \mathrm{Ind}\, F} \equiv 1 \bmod p.$$

Nach dem Satze vom Minimalexponent ist dann der Exponent δ Ind F durch $p-1 = d\delta$ teilbar, mithin Ind F durch d teilbar. Folglich:

Eulers Kriterium:

Die Kongruenz

$$x^n \equiv F \bmod p \qquad (F \frown p)$$

hat d oder 0 Wurzeln, je nachdem der größte gemeinsame Teiler d von $p-1$ und n die Bedingung

$$F^{\frac{p-1}{d}} \equiv 1 \bmod p$$

befriedigt oder nicht.

Fünfter Teil

Die Kreisteilungsgleichung

§ 64. Regelmäßige Vielecke

Das klassische Problem »In einen vorgelegten Kreis ein regelmäßiges n-Eck einzuzeichnen« wurde von Gauß durch Einführung der komplexen Zahlenebene auf eine arithmetische Form gebracht. Gauß wählt als Kreis den um den Nullpunkt 0 der Zahlenebene beschriebenen Einheitskreis $\mathfrak{K}$ und als 0te bzw. $n$te Ecke des Vielecks den Schnittpunkt A von $\mathfrak{K}$ mit der positiven Zahlenachse. Die νte Ecke hat dann die Koordinaten

$$x_\nu = \cos\vartheta_\nu, \qquad y_\nu = \sin\vartheta_\nu \qquad \text{mit } \vartheta_\nu = \nu \cdot \frac{2\pi}{n},$$

ist m. a. W. die komplexe Zahl

$$z_\nu = x_\nu + i y_\nu = \cos\vartheta_\nu + i\sin\vartheta_\nu.$$

Nun folgt aus Moivres Formel

$$(\cos\varphi + i\sin\varphi)^n = \cos n\varphi + i\sin n\varphi$$

für $\varphi = \vartheta_\nu$

$$z_\nu^n = (\cos\vartheta_\nu + i\sin\vartheta_\nu)^n = \cos n\vartheta_\nu + i\sin n\vartheta_\nu = \cos 2\pi\nu + i\sin 2\pi\nu = 1,$$

also

$$z_\nu^n = 1.$$

D. h.: Jede Ecke des regulären n-Ecks ist eine Wurzel der Gleichung

$$z^n = 1.$$

Diese Gleichung hat also sicher die n Wurzeln $z_1, z_2, \ldots z_n$. Mehr Wurzeln als diese kann sie aber nicht haben. Bedeutet nämlich α eine Wurzel dieser Gleichung, so muß zunächst ihr Betrag 1 sein, da die Potenzen eines unechten $|\alpha|$ immer größer, die eines echten $|\alpha|$ immer kleiner werden. Mithin liegt α auf $\mathfrak{K}$, hat etwa den Wert $\alpha = \cos\Theta + i\sin\Theta$. Aus $\alpha^n = 1$ folgt weiter $\cos n\Theta + i\sin n\Theta = 1$ und hieraus $n\Theta = g\,2\pi$ (mit ganzzahligem g) oder $\Theta = g \cdot \frac{2\pi}{n}$. Das heißt aber, α ist eine Ecke unseres Polygons.

Demnach gilt der fundamentale Satz:

Die n Ecken des regulären n-Ecks sind die Wurzeln der Gleichung

$$\boxed{z^n = 1}.$$

Umgekehrt: Gelingt es, die n Wurzeln $z_1, z_2, \ldots, z_n$ der Gleichung $z^n = 1$ mit Zirkel und Lineal zu zeichnen, so ist damit die klassische Konstruktion des regulären n-Ecks gefunden.

Nun, eine von diesen n Wurzeln ist trivial: $z_n = 1$. Da sie von vornherein bekannt ist, brauchen wir uns um sie nicht erst zu kümmern; auf die andern $n - 1$ Wurzeln kommt es an. Wir befreien deshalb die Gleichung $z^n - 1 = 0$ durch Division mit $z - 1$ von der trivialen Wurzel und bekommen die Gleichung

$$\boxed{z^{n-1} + z^{n-2} + z^{n-3} + \ldots + z^2 + z + 1 = 0}.$$

Diese Gleichung, deren Linksseite das Polynom

$$F(z) = z^{n-1} + z^{n-2} + \ldots + z + 1$$

$(n - 1)$ten Grades ist, wird als Kreisteilungsgleichung bezeichnet.

Die $(n - 1)$ Wurzeln der Kreisteilungsgleichung sind die gesuchten $(n - 1)$ Ecken des regulären n-Ecks.

Zwei Beispiele sollen gleich die Anwendungsfähigkeit der Kreisteilungsgleichung zeigen.

I. Das reguläre Dreieck.

Die Dreiecksgleichung heißt

$$z^2 + z + 1 = 0.$$

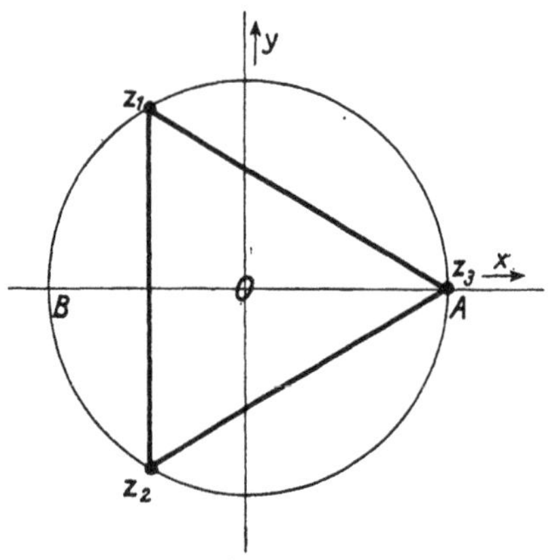

Bild 19.

Sie ist quadratisch. Wir brauchen aber ihre Wurzeln nicht auszurechnen. Es genügt zu wissen, daß die Summe der Wurzeln (als entgegengesetzter Koeffizient von z)

$$z_1 + z_2 = -1$$

ist. Diese Gleichung lehrt: Die Ecken z_1 und z_2 des regulären Dreiecks liegen symmetrisch zur x-Achse, so daß jede Ecke die Abszisse $-\frac{1}{2}$ hat. Das gibt folgende einfache

Konstruktion des regelmäßigen Dreiecks:

Man errichte auf dem in der negativen x-Achse liegenden Halbmesser OB des Kreises $\mathfrak{K}$ die Mittelsenkrechte; sie schneidet $\mathfrak{K}$ in den gesuchten Dreiecksecken.

II. Das reguläre Fünfeck.

Die Fünfecksgleichung heißt

$$z^4 + z^3 + z^2 + z + 1 = 0.$$

Sie ist eine reziproke Gleichung 4ten Grades und wird durch die Substitution $\zeta = z + \frac{1}{z}$ in eine quadratische verwandelt. Die Division durch z^2 liefert nämlich

$$z^2 + \frac{1}{z^2} + 1 + z + \frac{1}{z} = 0$$

oder

$$\zeta^2 + \zeta = 1.$$

Diese quadratische Gleichung hat zwei reelle Wurzeln ζ_1 und ζ_2, die wir als Punkte H und K der Zahlenebene einzeichnen wollen. Zu dem Zwecke fassen wir sie als Schnittpunkte eines Hilfskreises $\mathfrak{H}$ mit der x-Achse auf. Nennen wir die vorläufig noch unbekannten Zentrumskoordinaten dieses Kreises h, k, den unbekannten Halbmesser r, so lautet die Gleichung von $\mathfrak{H}$

$$(x - h)^2 + (y - k)^2 = r^2,$$

und die Bestimmungsgleichung für die genannten Schnittpunktsabszissen ζ_1 und ζ_2 wird

$$x^2 - 2hx = r^2 - h^2 - k^2.$$

Damit diese Gleichung mit der obigen quadratischen Gleichung für ζ übereinstimmt, muß

$1^0 \qquad 2h = -1, \qquad\qquad 2^0 \qquad r^2 - h^2 - k^2 = 1$

sein. Hieraus folgt $(2r)^2 - (2k)^2 = 5$. Diese Gleichung befriedigen wir am einfachsten durch die Wahl $2r = 3$, $2k = 2$. Das Zentrum S von $\mathfrak{H}$ liegt dann auf der in der Mitte M von OB errichteten x-Achsennormale um 1 von M entfernt, und die Punkte $H(\zeta_1)$ und $K(\zeta_2)$ entstehen, wenn man mit dem Halbmesser 1,5 ($= MA$) von S auf die x-Achse einschlägt: $H(\zeta_1)$ zwischen O und A, $K(\zeta_2)$ auf der Verlängerung von OB. Der weitere Verlauf der Konstruktion ist ähnlich wie beim Dreieck. Wir brauchen nur zu beachten, daß z_4 die Konjugierte $\overline{z_1}$ von z_1, z_3 die Konjugierte $\overline{z_2}$

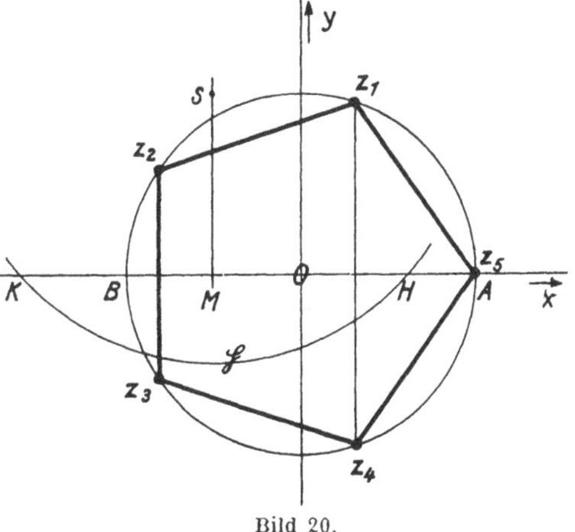

Bild 20.

von z_2 ist und daß (wegen $z_\nu \bar{z}_\nu = 1$) $\bar{z}_1 = 1 : z_1$, $\bar{z}_2 = 1 : z_2$ ist. Wir können daher statt

$$z_1 + \frac{1}{z_1} = \zeta_1 \qquad \text{und} \qquad z_2 + \frac{1}{z_2} = \zeta_2$$

$$z_1 + z_4 = \zeta_1 \qquad \text{und} \qquad z_2 + z_3 = \zeta_2$$

schreiben. Wie beim Dreieck ergibt sich nun:

Die Mittelsenkrechte von OH schneidet $\mathfrak{K}$ in den Ecken z_1 und z_4, die Mittelsenkrechte von OK schneidet $\mathfrak{K}$ in den Ecken z_2 und z_3.

§ 65. Von den Wurzeln der Kreisteilungsgleichung

Die Wurzeln der Gleichung

(1) $$z^n = 1$$

besitzen bemerkenswerte Eigenschaften. Die einfachste von ihnen ist folgende:

Eine beliebige Potenz einer Wurzel (mit ganzzahligem Exponenten) ist ebenfalls eine Wurzel.

Beweis. Ist α eine Wurzel, s eine beliebige Ganzzahl und $\beta = \alpha^s$, so wird

$$\beta^n = (\alpha^s)^n = (\alpha^n)^s = 1^s = 1.$$

Man unterscheidet zweierlei Wurzeln von (1): Primitivwurzeln oder Stammwurzeln und Imprimitivwurzeln. Eine Wurzel von (1) heißt imprimitiv oder primitiv, je nachdem sie eine Gleichung $z^m = 1$ vom niedrigeren Grade als (1) befriedigt oder nicht.

Wann ist nun die Wurzel

$$z_\nu = \cos \vartheta_\nu + i \sin \vartheta_\nu$$

Imprimitivwurzel von (1)?

Aus

$$z_\nu^m = \cos m \vartheta_\nu + i \sin m \vartheta_\nu = 1 \qquad \text{mit } 0 < m < n$$

folgt

$$m\vartheta_\nu = k\,2\pi \qquad \text{oder} \qquad m\nu = kn \qquad (k \text{ ganz}).$$

Nun ist $m\nu$ sicher nicht durch n teilbar, wenn ν zu n teilerfremd ist; jede Wurzel z_ν mit zu n fremdem ν ist also primitiv. Hat dagegen ν mit n einen Teiler $d > 1$ gemeinsam:

$$n = n'd, \qquad \nu = \nu'd,$$

so hat $m\nu$ (mit $m = n'$) den Wert $n'\nu = \nu' n$, ist also $m\nu$ durch n teilbar, und aus $k = \nu'$, $z_\nu^m = z_\nu^{n'} = \cos n'\vartheta_\nu + i \sin n'\vartheta_\nu = \cos 2k\pi + i \sin 2k\pi = 1$ und $n' < n$ folgt, daß z_ν imprimitiv ist, da es schon die Gleichung $z^m = 1$ befriedigt, in welcher $m = n' < n$ ist.

Nun gibt es (§ 53) genau $\varphi(n)$ zwischen 0 und n gelegene, zu n fremde Zahlen $f_1, f_2, \ldots, f_\varphi$. Folglich:

Die Gleichung $z^n = 1$ hat genau $\varphi(n)$ Stammwurzeln; alle übrigen Wurzeln sind imprimitiv.

Die Stammwurzeln haben die Form

$$z_\nu = \cos \nu \frac{2\pi}{n} + i \sin \nu \frac{2\pi}{n} \qquad \text{mit} \quad \nu = f_1, f_2, f_3, \ldots, f_\varphi .$$

Durch die Abkürzung

$$\varepsilon = \cos \frac{2\pi}{n} + i \sin \frac{2\pi}{n}$$

erhalten sie die Form

$$\varepsilon^{f_1}, \varepsilon^{f_2}, \ldots, \varepsilon^{f_\varphi} .$$

Es sei nunmehr

$$E = \cos f \frac{2\pi}{n} + i \sin f \frac{2\pi}{n} = \varepsilon^f$$

mit zu n fremdem f eine beliebige Primitivwurzel von (1).

Wir wissen schon, daß alle Potenzen von E auch Wurzeln von (1) sind. Da es aber nur n Wurzeln von (1) gibt, müssen sich die Potenzen von E in n Scharen einteilen lassen, derart, daß zwei Potenzen derselben Schar denselben Wert haben, zwei Potenzen verschiedener Scharen dagegen verschieden sind.

Woran erkennt man nun, daß zwei Potenzen E^r und E^s derselben Schar angehören, m. a. W. einander gleich sind?

Aus

$$E^r = E^s$$

folgt, $r > s$ vorausgesetzt, $E^{r-s} = 1$ und hieraus wegen der Primitivität von E $r - s \equiv 0 \bmod n$ oder

$$r \equiv s \bmod n.$$

Umgekehrt folgt natürlich aus $r \equiv s \bmod n$ die Gleichheit der beiden Wurzeln E^r und E^s.

Zwei Potenzen einer Stammwurzel von (1) sind also nur dann einander gleich, wenn ihre Exponenten modulo n kongruent sind.

Man erhält daher sämtliche Wurzeln der Gleichung

$$z^n = 1,$$

wenn der Exponent s der Potenz E^s einer beliebigen Stammwurzel E ein vollständiges Restsystem modulo n durchläuft.

Unter diesen Exponenten ist einer durch n teilbar; die zugehörige Potenz ist die Trivialwurzel 1, die übrigen Potenzen sind also die Wurzeln des Kreisteilungsgleichung

$$z^{n-1} + z^{n-2} + \ldots + z + 1 = 0.$$

Folglich:

Man erhält sämtliche Wurzeln der Kreisteilungsgleichung, wenn der Exponent s der Potenz E^s einer beliebigen Stammwurzel E ein fastvollständiges Restsystem modulo n durchläuft.

Insbesondere erhält man die Stammwurzeln, wenn s ein reduziertes Restsystem modulo n durchläuft.

[Ist $s \frown n$ und $(E^s)^\nu = 1$ oder $E^{\nu s} = 1$, so muß νs durch n, mithin (wegen $s \frown n$) ν durch n teilbar sein. Der kleinste Exponent ν, für den $(E^s)^\nu = 1$ wird, ist also n.]

Der wichtigste aller Fälle ist der, in welchem jede von 1 verschiedene Wurzel der Gleichung $z^n = 1$ Primitivwurzel von ihr ist. Das ist der Fall, in dem

$$\varphi(n) = n - 1$$

d. h. n eine Primzahl p ist.

In diesem Falle gibt es bekanntlich (§ 63) $\varphi(p-1)$ Primitivwurzeln g von p, d. h. Zahlen, deren Potenzen

$$g^1, g^2, g^3, \ldots, g^{p-1}$$

ein fast vollständiges Restsystem modulo p bilden.

Daher gilt folgender

Fundamentalsatz:

Ist g eine Primitivwurzel der Primzahl p, E eine Stammwurzel der Gleichung $z^p = 1$, so stellen die $(p-1)$ Stammwurzelpotenzen

$$E^{g^1}, \quad E^{g^2}, \quad E^{g^3}, \quad \ldots, \quad E^{g^{p-1}}$$

die $(p-1)$ Wurzeln der Kreisteilungsgleichung

$$z^{p-1} + z^{p-2} + z^{p-3} + \ldots + z + 1 = 0$$

dar.

Auch die Potenz g^s, in welcher s ein vollständiges Restsystem modulo $(p-1)$ durchläuft, erzeugt ein fastvollständiges Restsystem modulo p.

Der Fundamentalsatz kann daher — mit Einführung der Abkürzung $\overline{g^s} = E^{(g^s)}$ — auch folgendermaßen ausgesprochen werden:

Durchläuft der Exponent s in $\overline{g^s}$ ein vollständiges Restsystem modulo $(p-1)$, so erhält man sämtliche Wurzeln der Kreisteilungsgleichung

$$z^{p-1} + z^{p-2} + \ldots + z + 1 = 0$$

mit primalem p.

§ 66. Irreduzibilität der Kreisteilungsgleichung

Eine der bedeutsamsten Eigenschaften der Kreisteilungsgleichung ist ihre Irreduzibilität.

Die linke Seite der Kreisteilungsgleichung

$$z^{p-1} + z^{p-2} + z^{p-3} + \ldots + z + 1 = 0$$

ist ein Polynom von z.

Allgemein hat ein Polynom von z (man sagt auch: in z) die Form

$$C_0 + C_1 z + C_2 z^2 + C_3 z^3 + \ldots + C_n z^n,$$

wobei n der Grad des Polynoms heißt. Ein Polynom, dessen Koeffizienten rationale Brüche bzw. ganze Zahlen sind, soll, in Ermangelung einer besseren Bezeichnung, Bruchpolynom bzw. Ganzpolynom genannt werden. Demgemäß ist jedes Ganzpolynom zugleich ein Bruchpolynom, insofern seine Koeffizienten als Brüche mit dem Nenner 1 aufgefaßt werden können.

Ein Bruchpolynom heiß reduzibel oder irreduzibel, je nachdem es sich in ein Produkt zweier Bruchpolynome zerlegen läßt oder nicht, wobei aber jeder Faktor vom mindestens ersten Grade sein muß.

Entsprechend heißt eine Gleichung

$$f(x) = 0,$$

deren Linksseite ein Bruchpolynom in x ist, reduzibel oder irreduzibel, je nachdem das Polynom $f(x)$ reduzibel oder irreduzibel ist.

Das Polynom $x^3 - 8$ z. B. ist reduzibel, da $x^3 - 8 = (x-2)(x^2 + 2x + 4)$ ist.

Das Polynom $x^2 - 8$ dagegen ist irreduzibel, da aus $x^2 - 8 = (x+a)(x+b)$ notwendig $a + b = 0$ und $ab = -8$, hieraus dann $a = \sqrt{8}$ folgen würde, so daß $x + a$ kein Bruchpolynom ist.

Bei Polynomen höheren Grades ist der Nachweis der Reduzibilität oder Irreduzibilität nicht so einfach zu erbringen.

Doch bedeutet es schon eine große Erleichterung, daß man sich bei diesem Nachweis auf Ganzpolynome beschränken kann.

Läßt nämlich ein Bruchpolynom

$$a + bx + cx^2 + \ldots + hx^n$$

die Zerlegung in ein Produkt von Bruchpolynomen zu, so gestattet auch das Ganzpolynom

$$A + Bx + Cx^2 + \ldots + Hx^n,$$

wo A, B, C, ..., H die Zähler der gleichnamig gemachten Brüche a, b, c, ..., h bedeuten, die Zerlegung und umgekehrt.

Aber auch die auf der rechten Seite der Zerlegungsformel auftretenden polynomischen Faktoren dürfen von vornherein als Ganzpolynome vorausgesetzt werden; denn es gilt das wichtige

Lemma von Gauß:

Läßt sich ein Ganzpolynom rational zerlegen, so ist die Zerlegung ganzzahlig.

Beweis. Das Ganzpolynom $Ax^N + Bx^{N-1} + Cx^{N-2} + \ldots$ sei das Produkt von zwei Bruchpolynomen. Wir bringen in jedem von diesen die Koeffizienten auf ihren Hauptnenner e bzw. ε, so daß das eine die Form $(ax^n + bx^{n-1} + cx^{n-2} + \ldots) : e$, das andere die Form $(\alpha x^\nu + \beta x^{\nu-1} + \gamma x^{\nu-2} + \ldots) : \varepsilon$ erhält, wo die $a, b, c, \ldots$ unter sich, ebenso die $\alpha, \beta, \gamma, \ldots$ unter sich teilerfremd sind und die Zerlegung die Gestalt

$$A x^N + B x^{N-1} + C x^{N-2} + \ldots$$
$$= \frac{a x^n + b x^{n-1} + c x^{n-2} + \ldots}{e} \cdot \frac{\alpha x^\nu + \beta x^{\nu-1} + \gamma x^{\nu-2} + \ldots}{\varepsilon}$$

annimmt. Das Gaußsche Lemma behauptet, daß dann die »Hauptnenner« e und ε beide den Wert 1 haben, so daß die Zerlegung ganzzahlig ist.

Zum Nachweis dieser Behauptung multiplizieren wir die Zerlegungsformel mit $e\varepsilon$ und erhalten

$$e\varepsilon (Ax^N + Bx^{N-1} + Cx^{N-2} + \ldots)$$
$$= (ax^n + bx^{n-1} + cx^{n-2} + \ldots)\,(\alpha x^\nu + \beta x^{\nu-1} + \gamma x^{\nu-2} + \ldots),$$

wo nun jeder Koeffizient des links stehenden Polynoms $\mathfrak{P}(x)$ durch $e\varepsilon$ teilbar ist. Wäre nun eine der beiden Zahlen e, ε von 1 verschieden, so enthielte sie mindestens einen Primfaktor p, der dann in jedem Koeffizienten der Linksseite der letzten Formel aufginge. Dieser Primfaktor müßte also auch in jedem Koeffizienten des Polynoms aufgehen, das durch Ausmultiplizieren der beiden rechtsseitigen Polynome entsteht. Letztere schreiben wir

$$ax^n + bx^{n-1} + \ldots = F(x) + pf(x),$$
$$\alpha x^\nu + \beta x^{\nu-1} + \ldots = \Phi(x) + p\varphi(x),$$

wo $F(x)$ bzw. $\Phi(x)$ den Anteil des Polynoms bedeutet, der keinen durch p teilbaren Koeffizienten hat, während $pf(x)$ bzw. $p\varphi(x)$ den Anteil darstellt, in dem jeder Koeffizient durch p teilbar ist. Damit wird

$$\mathfrak{P}(x) - p\psi(x) = F(x)\,\Phi(x)$$

mit

$$\psi(x) = F(x)\,\varphi(x) + \Phi(x)\,f(x) + pf(x)\,\varphi(x).$$

Diese Gleichung enthält aber einen Widerspruch: Die linke Seite $[\mathfrak{P}(x) - p\psi(x)]$ ist ein Polynom, in dem jeder Koeffizient durch p teilbar ist, während die rechte Seite $[F(x) \cdot \Phi(x)]$ ein Polynom darstellt, in dem sowohl der Koeffizient des höchsten als auch der des niedrigsten Gliedes nicht durch p teilbar ist.

Folglich kann es keinen Primfaktor p geben, der in einem der beiden Hauptnenner e und ε aufgeht. Beide Hauptnenner haben also den Wert 1, und die vorausgesetzte Zerlegung ist ganzzahlig.

So braucht man z. B. beim Nachweis der Irreduzibilität der Vierzehnecksgleichung

$$x^3 - x^2 - 2x + 1 = 0$$

(in welcher x die Seite des Vierzehnecks im Einheitskreise bedeutet, welcher Wert, falls konstruierbar, die Zeichnung des regulären Vierzehnecks gestatten würde) beim Zerlegungsversuch

$$x^3 - x^2 - 2x + 1 = (x^2 - ax - b)(x - c)$$

nur zu zeigen, daß es keine Ganzzahlen a, b, c gibt, die diese Zerlegungsgleichung befriedigen. Und dieser Nachweis ist leicht. Denn aus der dritten Gleichung des durch den Vergleich der beiderseitigen Koeffizienten entstehenden Formeltripels

$$a + c = 1, \qquad b - ac = 2, \qquad bc = 1$$

folgt entweder $b = c = 1$ oder $b = c = -1$; beide Annahmen sind aber mit den beiden ersten Gleichungen des Tripels nicht zu vereinbaren. Die genannte Gleichung ist daher irreduzibel.

Weiter unten werden wir sehen, wie sich auch die Irreduzibilität der Kreisteilungsgleichung

$$z^{p-1} + z^{p-2} + z^{p-3} + \ldots + z + 1 = 0$$

mittels des Gaußschen Lemmas leicht nachweisen läßt.

Um aber unsere Betrachtungen über Polynomzerlegung zu einem gewissen Abschluß zu bringen, beweisen wir zuvor noch den fundamentalen

Irreduzibilitätssatz von Abel:

Hat ein Bruchpolynom $f(x)$ mit einem irreduziblen Bruchpolynom $\varphi(x)$ eine Nullstelle gemeinsam, so verschwindet $f(x)$ entweder identisch oder ist durch $\varphi(x)$ teilbar, je nachdem der Grad von f den von φ unterschreitet oder nicht.

In kürzerer, aber gleichbedeutender Ausdrucksweise:

Verschwindet ein Bruchpolynom für eine Wurzel eines irreduziblen Bruchpolynoms, so verschwindet es für alle Wurzeln des irreduziblen Polynoms.

[N. H. Abel, Memoire sur une classe particulière d'équations résolubles algébriquement. Crelles Journal, Bd. 4, 1829.]

Anmerkung. Ein Bruchpolynom f heißt durch ein anderes, φ, teilbar, wenn es ein drittes Bruchpolynom q gibt, derart, daß $f = \varphi q$ ist.

Der Beweis ist sehr einfach. Er besteht in der Anwendung des bekannten Euklidischen Divisionsalgorithmus zur Aufsuchung des größten gemeinsamen Teilers der beiden Polynome f und φ.

Die gemeinsame Nullstelle von f und φ sei α.

Unter der Annahme, daß der Grad von f den von φ unterschreitet, erhalten wir bei etwa 4 Algorithmuszeilen (auf die Zeilenzahl kommt es nicht an)

$$\left\{\begin{array}{l} \varphi = pf + \varrho \\ f = q\varrho + \sigma \\ \varrho = r\sigma + \tau \\ \sigma = s\tau \end{array}\right\}$$

wo sämtliche Buchstaben Bruchpolynome bedeuten und τ vom mindestens ersten Grade ist. [Ein konstanter von Null verschiedener Schlußrest k kann nicht auftreten, da wegen der ersten Algorithmuszeile ϱ, dann wegen der zweiten σ, dann wegen der dritten τ an der Stelle α verschwindet, so daß die mit Schlußrest k vorausgesetzte 4. Zeile für $x = \alpha$ die Form $0 = 0 + k$ annimmt, woraus $k = 0$ folgt.]

Substituieren wir σ aus der 4. Zeile in die dritte, dann ϱ aus der neuen dritten in die zweite, schließlich f aus der neuen zweiten in die erste, so entsteht die wegen der Irreduzibilität von φ absurde Gleichung

$$\varphi = P\tau,$$

wo P ein Bruchpolynom bedeutet. Der Widerspruch verschwindet nur, wenn wir annehmen, daß f das Polynom 0 ist.

Unter der Annahme, daß der Grad von f den von φ nicht unterschreitet, erhalten wir etwa den Algorithmus

$$\left\{\begin{array}{l} f = p\varphi + \varrho \\ \varphi = q\varrho + \sigma \\ \varrho = r\sigma + \tau \\ \sigma = s\tau \end{array}\right\}$$

wo wieder sämtliche Buchstaben Bruchpolynome bedeuten und τ vom mindestens ersten Grade ist (s. o.). Substituieren wir wieder sukzessive σ aus Zeile 4 in Zeile 3, dann ϱ aus Zeile 3 in Zeile 2, so entsteht eine Gleichung von der Form

$$\varphi = Q\tau,$$

wo Q ein Bruchpolynom ist. Wegen der Irreduzibilität von φ kann aber eine solche Gleichung nicht bestehen, da die Grade der Polynome φ, ϱ, σ, τ abnehmende Zahlen sind. Der Widerspruch verschwindet nur, wenn man annimmt, daß die Division schon in der ersten Zeile aufgeht, daß also

$$f = p\varphi$$

ist.

Nun zur Irreduzibilität der Kreisteilungsgleichung! Unser Satz lautet:

Die Kreisteilungsgleichung

$$F(z) = z^{p-1} + z^{p-2} + z^{p-3} + \ldots + z^2 + z + 1 = 0,$$

in welcher p eine Primzahl bedeutet, ist irreduzibel.

Der folgende einfache Beweis beruht auf dem Gaußschen Lemma und verläuft indirekt. Dem Lemma zufolge nehmen wir an, daß sich das Polynom $F(z)$ in ein Produkt von zwei Ganzpolynomen $\Phi(z)$ und $\Psi(z)$ zerlegen läßt:

$$F(z) = \Phi(z) \cdot \Psi(z)$$

und zeigen, daß diese Annahme auf einen Widerspruch führt.

Zunächst ersetzen wir z durch $1 + x$ und schreiben

$$F(z) = f(x), \qquad \Phi(z) = \varphi(x), \qquad \Psi(z) = \psi(x)$$

so daß die Zerlegungsgleichung $F(z) = \Phi(z) \cdot \Psi(z)$ in

$$f(x) = \varphi(x) \cdot \psi(x)$$

übergeht. Was zunächst $f(x)$ anbetrifft, so wird

$$f(x) = F(z) = (z^p - 1) : (z - 1) = [(1 + x)^p - 1] : x,$$

mithin, da die binomische Entwicklung

$$(1 + x)^p = 1 + p_1 x + p_2 x^2 + p_3 x^3 + \ldots + p\, x^{p-1} + x^p$$

gilt,

$$f(x) = p + p_2 x + p_3 x^2 + \ldots + p\, x^{p-2} + x^{p-1}.$$

Die Zerlegungsfaktoren $\varphi(x)$ und $\psi(x)$ haben die Form

$\varphi(x) = a_0 + a_1 x + a_2 x^2 + \ldots + a_m x^m$ und $\psi(x) = b_0 + b_1 x + b_2 x^2 + \ldots + b_n x^n$ mit ganzzahligen Koeffizienten a und b und

$$m + n = p - 1.$$

Führt man die Multiplikation $\varphi \cdot \psi$ aus und vergleicht die Koeffizienten gleich hoher Potenzen der beiden Seiten der Formel $f = \varphi \cdot \psi$ miteinander, so entsteht das Gleichungssystem

$$\left\{\begin{array}{r}
a_0 b_0 = p \\
a_0 b_1 + a_1 b_0 = p_2 = p(p-1) : 2 \\
a_0 b_2 + a_1 b_1 + a_2 b_0 = p_3 = p(p-1)(p-2) : 6 \\
a_0 b_3 + a_1 b_2 + a_2 b_1 + a_3 b_0 = p_4 = p(p-1)(p-2)(p-3) : 24 \\
\ldots\ldots\ldots\ldots\ldots\ldots\ldots\ldots \\
a_{m-1} b_n + a_m b_{n-1} = p \\
a_m b_n = 1
\end{array}\right\}$$

Aus der ersten Zeile dieses Systems folgt, daß etwa

$$\underline{a_0 = p}, \quad \underline{b_0 = 1}$$

sein muß.

Darauf folgt aus der zweiten Zeile, in welcher $a_0 b_1$ und $p_2 = p\,\frac{p-1}{2}$ zwei durch p teilbare Posten sind, daß a_1 durch p teilbar sein muß. Dann folgt aus der dritten Zeile, in welcher $a_0 b_2$, $a_1 b_1$ und p_3 durch p teilbare Glieder sind, daß a_2 durch p teilbar ist. In dieser Weise weiter schließend, folgt aus der $(m+1)$ten Zeile

$$\ldots + a_{m-2} b_2 + a_{m-1} b_1 + a_m b_0 = p_{m+1},$$

in welcher a_{m-1}, a_{m-2}, a_{m-3}, ... sowie p_{m+1} durch p teilbar sind, daß auch a_m durch p teilbar sein muß. Das ist aber absurd, da ja aus der letzten Systemzeile folgt, daß a_m nicht durch p teilbar sein kann.

Die Annahme der Reduzibilität von $F(z) = z^{p-1} + z^{p-2} + \ldots + z + 1$ muß fallen; die Kreisteilungsgleichung ist irreduzibel.

Normalform eines Wurzelpolynoms.

Ein ganzzahliges Polynom $\mathfrak{P}$ von Wurzeln der Kreisteilungsgleichung

$$z^{p-1} + z^{p-2} + \ldots + z + 1 = 0$$

kann, da sich alle ihre Wurzeln als Potenzen einer einzigen, V, darstellen lassen, auf die Form

$$\mathfrak{P}' = a + bV + cV^2 + \ldots$$

mit ganzzahligen Koeffizienten $a, b, c, \ldots$ gebracht werden. Und diese Form kann noch weiter vereinfacht werden, indem man in $\mathfrak{P}'$ alle Potenzen vom höheren als $(p-2)$ten Grade gemäß der Gleichung

$$V^{p-1} = -(1 + V + V^2 + \ldots + V^{p-2})$$

durch Polynome in V vom $(p-2)$ten Grade ersetzt. Auf diese Weise entsteht schließlich die sog. Normalform $\mathfrak{P}_0$ des vorgelegten Polynoms:

$$\mathfrak{P} = \mathfrak{P}' = \mathfrak{P}_0 = A + BV + CV^2 + \ldots + EV^{p-2}$$

mit ganzzahligen Koeffizienten, in welcher keine Potenz von V vom höheren als $(p-2)$ten Grade vorkommt; und es gilt der fundamentale

Eindeutigkeitssatz:

Die Darstellung eines mit ganzzahligen Koeffizienten versehenen Wurzelpolynoms der Kreisteilungsgleichung

$$z^{p-1} + z^{p-2} + \ldots + z + 1 = 0$$

in der Normalform ist nur auf eine einzige Weise möglich.

Beweis. Wären

$A + BV + CV^2 + \ldots + EV^{p-2}$ und $A' + B'V + C'V^2 + \ldots + E'V^{p-2}$

zwei verschiedene Darstellungen, so bestände die Gleichung

$$\alpha + \beta V + \gamma V^2 + \ldots + \varepsilon V^{p-2} = 0$$

$$\text{mit } \alpha = A' - A, \quad \beta = B' - B, \; \gamma = C' - C, \; \ldots$$

mit nicht sämtlich verschwindenden Koeffizienten α, β, γ, ..., hätte also die Gleichun

$$\varepsilon z^{p-2} + \ldots + \gamma z^2 + \beta z + \alpha = 0$$

vom niedrigeren als $(p-1)$ten Grade mit der Kreisteilungsgleichung eine Wurzel V gemeinsam, was aber wegen der Irreduzibilität der letzteren und des Irreduzibilitätssatzes nicht sein kann.

§ 67. Perioden

Gauß hat es als erster in seinem berühmten 1801 zu Leipzig erschienenem Werke Disquisitiones arithmeticae gezeigt, daß die Kreisteilungsgleichung

$$z^{p-1} + z^{p-2} + \ldots + z + 1 = 0$$

mit primalem p auf quadratische Gleichungen zurückführbar ist, wenn die Primzahl p eine Fermatzahl, d. h. eine Zahl von der Form $F_n = 2^{2^n} + 1$ ist. [Für die Primalität einer Zahl von der Form 2^N ist erforderlich, daß der Exponent N keinen ungeraden Primfaktor enthalten darf. Ist nämlich $N = uv$ und einer der Faktoren u, v ungerade, so ist $2^N + 1 = 2^{uv} + 1 = (2^v)^u + (1)^u$ durch $(2^v) + (1)$ ohne Rest teilbar, also nicht primal.]

Wir setzen die Gaußsche Behandlungsweise der Kreisteilungsgleichung

$$z^{p-1} + z^{p-2} + \ldots + z + 1 = 0$$

für primales p in den §§ 67—70 auseinander.

Das Gaußsche Lösungsverfahren beruht auf den Eigenschaften der sog. Perioden.

Bedeutet V eine Stammwurzel der Kreisteilungsgleichung

$$z^{p-1} + z^{p-2} + \ldots + z + 1 = 0$$

mit primalem p, so setzen wir, unter λ eine durch p nicht teilbare Zahl verstanden, der besseren Übersichtlichkeit wegen

$$V^\lambda = \bar{\lambda}.$$

Da die Zahl $\pi = p - 1$ zusammengesetzt ist, läßt sie sich in ein Produkt von zwei natürlichen Zahlen e und f zerlegen:

$$\pi = p - 1 = ef.$$

Wir setzen, unter g wieder eine Primitivwurzel von p verstanden,

$$\boxed{g^e = h},$$

so daß wegen $h^f = g^{ef}$ und $g^{ef} \equiv 1 \bmod p$

$$\boxed{h^f \equiv 1 \bmod p}$$

ist, greifen irgendeine Wurzel $\overline{\lambda}$ der Kreisteilungsgleichung

$$x^{p-1} + x^{p-2} + \ldots + x + 1 = 0$$

heraus und betrachten die unendliche Folge

$$\ldots, \overline{\lambda h^{-2}}, \overline{\lambda h^{-1}}, \overline{\lambda}, \overline{\lambda h}, \overline{\lambda h^2}, \overline{\lambda h^3}, \ldots.$$

Zwei ihrer Glieder, $\overline{\lambda h^r}$ und $\overline{\lambda h^s}$, sind nur dann einander gleich, wenn $\lambda h^r \equiv \lambda h^s \bmod p$ oder, wenn $h^r \equiv h^s \bmod p$ oder, wenn $g^{re} \equiv g^{se} \bmod p$ oder, wenn $re \equiv se \bmod ef$ oder endlich, wenn

$$\underline{r \equiv s \bmod f}$$

ist. In der Folge gibt es daher nur f voneinander verschiedene Wurzeln.

Diese f verschiedenen Wurzeln lassen sich schreiben

$$\overline{\lambda h^a}, \overline{\lambda h^b}, \overline{\lambda h^c}, \ldots,$$

wo a, b, c, ... ein beliebiges Restsystem modulo f bilden.

Unter einer f-gliedrigen Periode versteht Gauß die Summe

$$\eta = \tilde{\lambda} = \Sigma \overline{\lambda h^s},$$

in welcher $\overline{\lambda}$ eine beliebige Wurzel der Kreisteilungsgleichung bedeutet und der Summationszeiger s ein beliebiges Restsystem modulo f durchläuft, so daß beispielsweise

$$\eta = \tilde{\lambda} = \overline{\lambda} + \overline{\lambda h} + \overline{\lambda h^2} + \ldots + \overline{\lambda h^\varphi} \qquad (\varphi = f - 1)$$

ist. Wir sagen: Die Periode $\tilde{\lambda}$ »wird durch die Wurzel $\overline{\lambda}$ erzeugt« oder »ist auf der Wurzel $\overline{\lambda}$ aufgebaut« oder auch »gehört zur Wurzel $\overline{\lambda}$«.

Die Schreibung $\tilde{\lambda}$, die nur die Wurzel erkennen läßt, auf der die Periode aufgebaut wurde, nicht aber die Anzahl der Glieder, aus denen die Periode besteht, setzt voraus, daß die Gliederzahl f vorher ausdrücklich festgelegt wurde. Will man die Gliederzahl mit angeben, oder hat man gleichzeitig mehrere Perioden mit verschiedenen Gliederzahlen zu betrachten, so wird man die durch die Wurzel λ erzeugte f-gliedrige Periode etwa $\overset{f}{\tilde{\lambda}}$ schreiben, so daß es dann

$$\overset{f}{\tilde{\lambda}} = \overline{\lambda} + \overline{\lambda h} + \overline{\lambda h^2} + \ldots + \overline{\lambda h^\varphi}$$

heißt [Gauß schrieb (f, λ)]. Bei dieser zumeist gewählten Schreibung kann man $h = g^e$ den Quotient der Periode nennen. Da

$$\widetilde{\lambda h} = \Sigma\, \overline{\lambda h \cdot h^s} = \Sigma\, \overline{\lambda h^{s+1}} = \Sigma\, \overline{\lambda h^S} \qquad (S = s + 1)$$

und mit s auch $S = s + 1$ ein Restsystem mod f durchläuft, so ergibt sich für die f-gliedrige Periode $\tilde{\lambda}$ die Fundamentalformel

$$\boxed{\widetilde{\lambda h} = \tilde{\lambda}} \qquad (h = g^e,\ ef = p - 1),$$

aus welcher unmittelbar auch noch

$$\boxed{\widetilde{\lambda h^n} = \tilde{\lambda}} \qquad (n \text{ beliebig ganz})$$

folgt.

Die Formel heißt in Worten:

Jede Wurzel einer Periode erzeugt diese Periode.

Beispiel.

$$p = 19, \quad f = 6, \quad e = 3, \quad g = 2, \quad h = 8.$$

Wir wählen etwa die Wurzel $\bar{\lambda} = \bar{4}$ und erhalten für die durch $\bar{\lambda}$ erzeugte f-gliedrige Periode den Wert

$$\begin{aligned} \tilde{\lambda} &= \bar{\lambda} + \overline{\lambda h} + \overline{\lambda h^2} + \overline{\lambda h^3} + \overline{\lambda h^4} + \overline{\lambda h^5} \\ &= \bar{4} + \overline{4 \cdot 8} + \overline{4 \cdot 8^2} + \overline{4 \cdot 8^3} + \overline{4 \cdot 8^4} + \overline{4 \cdot 8^5}. \end{aligned}$$

Um nicht unbequem große Wurzelexponenten wie $4 \cdot 8^4 = 16384$ schreiben zu müssen, benutzen wir die Tatsache, daß zwei Wurzeln $\bar{\lambda}$ und $\bar{\mu}$, deren Exponenten λ und μ modulo p kongruent sind, gleich sind. Nun sind die Gemeinreste von

$$\begin{array}{cccccc} 4 \cdot 8, & 4 \cdot 8^2, & 4 \cdot 8^3, & 4 \cdot 8^4, & 4 \cdot 8^5 & \text{modulo } 19 \\ 13, & 9, & 15, & 6, & 10. & \end{array}$$

Folglich wird

$$\underline{\tilde{4} = \bar{4} + \overline{13} + \bar{9} + \overline{15} + \bar{6} + \overline{10}.}$$

Da nun jede der sechs Wurzeln $\bar{4}$, $\overline{13}$, $\bar{9}$, $\overline{15}$, $\bar{6}$, $\overline{10}$ die sechsgliedrige Periode $\tilde{4}$ erzeugt, gilt die Gleichung

$$\underline{\tilde{4} = \widetilde{13} = \tilde{9} = \widetilde{15} = \tilde{6} = \widetilde{10}\ !!}$$

Ähnlich erzeugt die Wurzel $\bar{1}$ die sechsgliedrige Periode

$$\tilde{1} = \bar{1} + \bar{8} + \bar{7} + \overline{18} + \overline{11} + \overline{12},$$

und es ist

$$\tilde{1} = \tilde{8} = \tilde{7} = \widetilde{18} = \widetilde{11} = \widetilde{12}.$$

Man merke die wichtige Regel:

Aus $\tilde{\lambda} = \bar{\lambda} + \bar{\lambda}' + \bar{\lambda}'' + \dots.$

folgt $\tilde{\lambda} = \tilde{\lambda}' = \tilde{\lambda}'' = \dots..$

Jede Wurzel $\bar{\lambda}$ der Kreisteilungsgleichung erzeugt eine (f-gliedrige) Periode $\tilde{\lambda}$. So erzeugen die mit den Exponenten

$$\lambda_0 = g^0 = 1, \qquad \lambda_1 = g^1, \qquad \lambda_2 = g^2, \; \dots, \; \lambda_\varepsilon = g^\varepsilon \qquad (\varepsilon = e - 1)$$

versehenen Wurzeln

$$\bar{\lambda}_0, \; \bar{\lambda}_1, \; \bar{\lambda}_2, \; \dots, \; \bar{\lambda}_\varepsilon$$

die e Perioden

$$\eta_0 = \tilde{\lambda}_0 = \tilde{1}, \qquad \eta_1 = \tilde{\lambda}_1 = \widetilde{g^1}, \qquad \eta_2 = \tilde{\lambda}_2 = \widetilde{g^2}, \; \dots, \; \eta_\varepsilon = \tilde{\lambda}_\varepsilon = \widetilde{g^\varepsilon}.$$

Keine zwei der e Perioden

$$\eta_0, \; \eta_1, \; \eta_2, \; \dots, \; \eta_\varepsilon$$

haben eine gemeinsame Wurzel.

Beweis. Hätten η_r und η_s die gemeinsame Wurzel $\overline{g^r h^\varrho} = \overline{g^s h^\sigma}$, so wäre

$$g^r h^\varrho \equiv g^s h^\sigma \bmod p,$$

d. h.

$$r + e\varrho \equiv s + e\sigma \bmod \pi, \qquad \text{oder} \qquad r \equiv s \bmod e, \text{ q. e. a.}$$

Die aufgeführten e Perioden

$$\eta_0, \; \eta_1, \; \eta_2, \; \dots, \; \eta_\varepsilon$$

sind voneinander verschieden.

Beweis. Angenommen, es wäre

$$\tilde{\eta}_r = \tilde{\eta}_s,$$

also

$$\overline{g^r} + \overline{g^r h} + \overline{g^r h^2} + \dots + \overline{g^r h^\varphi} = \overline{g^s} + \overline{g^s h} + \overline{g^s h^2} + \dots + \overline{g^s h^\varphi}$$

oder, wenn $\varrho_1, \varrho_2, \dots, \varrho_f$ bzw. $\sigma_1, \sigma_2, \dots, \sigma_f$ die Gemeinreste der Zahlen $g^r, g^r h, \dots, g^r h^\varphi$ bzw. $g^s, g^s h, g^s h^2, \dots, g^s h^\varphi$ mod p bedeuten — die alle $2f$ nach dem eben Bewiesenen modulo p inkongruent sind —

$$\bar{\varrho}_1 + \bar{\varrho}_2 + \dots + \bar{\varrho}_f = \bar{\sigma}_1 + \bar{\sigma}_2 + \dots + \bar{\sigma}_f$$

oder

$$V^{\varrho_1} + V^{\varrho_2} + \dots + V^{\varrho_f} = V^{\sigma_1} + V^{\sigma_2} + \dots + V^{\sigma_f}.$$

Von den Exponenten dieser Gleichung sind keine zwei einander gleich, keiner ist < 1, und keiner $> p - 1$. Demnach bestände eine Gleichung von der Form

$$V^a \pm V^b \pm V^c \pm \dots \pm 1 = 0,$$

in welcher $a < \pi$ und $a > b > c > \ldots$ ist. Die Gleichung

$$x^a \pm x^b \pm x^c \pm \ldots \pm 1 = 0$$

vom niedrigeren als πten Grade hätte also mit der Kreisteilungsgleichung die Wurzel V gemeinsam, was wegen der Irreduzibilität der Kreisteilungsgleichung unmöglich ist.

Andere Perioden (zu je f Gliedern) als die aufgezählten e Stück gibt es nicht.
M. a. W.: Es gibt genau $\pi : f$ f-gliedrige Perioden.

Um das einzusehen, beweisen wir zunächst den Satz:

Stimmen zwei Perioden in einer Wurzel überein, so stimmen sie in allen ihren Wurzeln überein.

Kurz: Perioden mit einer gemeinsamen Wurzel sind identisch.

Beweis. $\tilde{\lambda} = \Sigma \overline{\lambda h^s}$ und $\tilde{\mu} = \Sigma \overline{\mu h^s}$ seien zwei Perioden, die eine gemeinsame Wurzel, etwa $\overline{\lambda h^a} = \overline{\mu h^b}$ besitzen, wo etwa $a > b$ sei. Aus dieser Gleichung folgt

$$\mu h^b \equiv \lambda h^a \qquad \text{oder} \qquad \mu \equiv \lambda h^\delta \bmod p \qquad \text{mit} \qquad \delta = a - b.$$

Damit gestattet die zweite Periode die Schreibung

$$\tilde{\mu} = \Sigma \overline{\lambda h^{s+\delta}}.$$

Wenn aber s ein Restsystem mod f durchläuft, so durchläuft auch $s + \delta$ ein solches, so daß die rechte Seite der gewonnenen Gleichung nichts anderes als $\tilde{\lambda}$ ist. Mithin stimmen die Wurzeln von $\tilde{\mu}$ — von der Reihenfolge abgesehen — mit denen von $\tilde{\lambda}$ überein.

Nunmehr sei $\tilde{\Lambda}$ eine beliebige (f-gliedrige) Periode. Da $\overline{\Lambda}$ eine Wurzel der Kreisteilungsgleichung ist, und da jede Wurzel dieser Gleichung in dem System unserer e Perioden η genau einmal vorkommt, so stimmt $\overline{\Lambda}$ mit einer gewissen Wurzel etwa aus der Periode η_m überein. Nach dem eben bewiesenen Satze stimmt dann $\overline{\Lambda}$ in allen Wurzeln mit η_m überein, ist sonach

$$\tilde{\Lambda} = \eta_m, \qquad \text{w. z. b. w.}$$

Zugleich erkennen wir, daß wir in Erweiterung der obigen Fundamentalformel sagen können:

Zwei (f-gliedrige) Perioden $\tilde{\lambda}$ und $\tilde{\mu}$ sind dann und nur dann gleich, wenn eine Ganzzahl n existiert, für die

$$\boxed{\mu \equiv \lambda h^n \bmod p} \qquad (h = g^e)$$

ist.

Als Korollar besonders zu beachten:

$$\boxed{\text{Aus} \quad \mu \equiv \lambda \bmod p \quad \text{folgt} \quad \tilde{\mu} = \tilde{\lambda}}.$$

Nachdem wir gezeigt haben, daß neben den e Perioden $\eta_0, \eta_1, \ldots, \eta_\varepsilon$ keine weiteren existieren, ist klar, daß die aus den Wurzeln

$$\overline{\lambda_e} = \overline{g^e}, \quad \overline{\lambda_{e+1}} = \overline{g^{e+1}}, \quad \overline{\lambda_{e+2}} = \overline{g^{e+2}}, \ldots$$

erzeugten Perioden $\eta_e = \widetilde{\lambda_e}$, $\eta_{e+1} = \widetilde{\lambda_{e+1}}$, $\eta_{e+2} = \widetilde{\lambda_{e+2}}$ mit den e Ausgangsperioden $\eta_0, \eta_1, \ldots, \eta_\varepsilon$ $(\varepsilon = e - 1)$ übereinstimmen müssen. In der Tat gilt wegen

$$g^{r+es} = g^r h^s$$

die Kongruenz

$$\lambda_{r+es} \equiv \lambda_r h^s \bmod p,$$

und diese lehrt, daß

$$\boxed{\eta_{r+es} = \eta_r}$$

ist, wobei r und s zwei beliebige Zeiger bedeuten. Die gefundene Formel erteilt Aufschluß über die Wirkung, die der Ersatz der Wurzel $\overline{1}$ durch eine beliebige andere Wurzel $\overline{\lambda_s} = \overline{g^s}$ auf eine Periode η_r ausübt. Ersetzen wir nämlich in

$$\eta_r = \Sigma \overline{g^r h^\sigma} = \Sigma V^{g^r h^\sigma},$$

wo σ ein Restsystem mod f durchläuft, die Wurzel $V = \overline{\lambda_0} = \overline{1}$ durch $\overline{\lambda_s} = \overline{g^s}$, so geht die rechts stehende Summe in

$$\Sigma \overline{\lambda_s}^{g^r h^\sigma} = \Sigma \overline{\lambda_s g^r h^\sigma} = \Sigma \overline{g^{r+s} h^\sigma} = \eta_{r+s}.$$

über. Wir sagen dann: wir üben auf η_r die S u b s t i t u t i o n

$$\mathfrak{S}_s = \lambda_0 | \lambda_s = \overline{1} \,|\, g^s = V | V^{g^s}$$

aus und drücken die Wirkung der Substitution durch die Formel

$$\boxed{\eta_r \mathfrak{S}_s = \eta_{r+s}}$$

aus.

D i e S u b s t i t u t i o n $\mathfrak{S}_{er+s}$ m i t $0 < s < e$ v e r w a n d e l t a l s o d i e P e r i o d e n

$$\eta_0, \quad \eta_1, \quad \eta_2, \quad \ldots, \quad \eta_{e-s}, \quad \ldots, \quad \eta_{e-1}$$

b z w. i n

$$\eta_s, \quad \eta_{1+s}, \quad \eta_{2+s}, \quad \ldots, \quad \eta_e, \quad \eta_1, \quad \eta_2, \quad \ldots, \quad \eta_{s-1}$$

b e w i r k t m. a. W. e i n e z y k l i s c h e V e r t a u s c h u n g d e r e P e r i o d e n $\eta_0, \eta_1, \ldots, \eta_\varepsilon$.

Speziell läßt jede der Substitutionen $\mathfrak{S}_0, \mathfrak{S}_e, \mathfrak{S}_{2e}, \mathfrak{S}_{3e}, \ldots$ jede Periode ungeändert.

Der Multiplikator m.

Jede Wurzel $\bar{\lambda}$ der Kreisteilungsgleichung kann durch einen geeigneten an λ angebrachten zu p fremden Multiplikator m in jede andere Wurzel verwandelt werden, und die Gleichheit zweier Wurzeln $\bar{\lambda}$ und $\bar{\mu}$ zieht die Gleichheit der durch die Multiplikation mit m entstehenden neuen Wurzeln $\overline{m\lambda}$ und $\overline{m\mu}$ nach sich. Daher liegt die Frage nahe:

Folgt aus $\tilde{\lambda} = \tilde{\mu}$ auch $\widetilde{m\lambda} = \widetilde{m\mu}$?

Nun, aus $\bar{\lambda} = \bar{\mu}$ ergibt sich zunächst $\mu \equiv \lambda h^n \bmod p$, wo n einen geeigneten Exponent von $h = g^e$ bedeutet, hieraus dann $m\mu \equiv m\lambda h^n \bmod p$ und $\widetilde{m\mu} = \widetilde{m\lambda h^n}$. Nach der Fundamentalformel ist weiter $\widetilde{m\lambda \cdot h^n} = \widetilde{m\lambda}$, so daß $\widetilde{m\lambda} = \widetilde{m\mu}$ wird.

Umgekehrt folgt aus $\widetilde{m\lambda} = \widetilde{m\mu}$ zunächst, unter n eine geeignete Ganzzahl verstanden, $m\lambda \equiv m\mu h^n \bmod p$, hieraus $\lambda \equiv \mu h^n \bmod p$; hieraus $\tilde{\lambda} = \widetilde{\mu h^n}$ und schließlich wegen $\widetilde{\mu h^n} = \tilde{\mu}$ die Gleichung $\tilde{\lambda} = \tilde{\mu}$. Daher:

Bedeutet m eine zu p fremde Zahl, so zieht von den beiden Gleichungen

$$\tilde{\lambda} = \tilde{\mu}, \qquad \widetilde{m\lambda} = \widetilde{m\mu}$$

jede die andere nach sich.

Nach diesem Satze sind z. B. die e Perioden $\widetilde{m\lambda_0}, \widetilde{m\lambda_1}, \widetilde{m\lambda_2}, \ldots, \widetilde{m\lambda_\varepsilon}$ voneinander verschieden, und da im ganzen nur e voneinander verschiedene Perioden existieren, gilt der

Satz:

Bedeutet m eine zu p fremde Zahl, so stimmen die e Perioden

$$\widetilde{m\lambda_0}, \widetilde{m\lambda_1}, \ldots, \widetilde{m\lambda_\varepsilon},$$

von der Reihenfolge abgesehen, mit den e Perioden

$$\tilde{\lambda}_0, \tilde{\lambda}_1, \ldots, \tilde{\lambda}_\varepsilon$$

überein.

Wir fragen jetzt noch:

Was wird aus einer Periode $\tilde{\lambda}$, wenn man an Stelle der zu ihrer Gewinnung benutzten Primitivwurzel g von p eine andere Primitivwurzel G von p wählt?

Wir setzen

$$G \equiv g^n \bmod p, \qquad n \frown \pi,$$

so daß auch

$$n \frown f$$

ist.

Die vermöge G entstehende Periode ist

$$\Sigma \overline{\lambda H^s} \qquad \text{mit} \qquad H = G^e,$$

wo s ein Restsystem mod f durchläuft. Nun ist

$$H = G^e \equiv g^{ne} \equiv h^n \bmod p,$$

mithin

$$\lambda H^s \equiv \lambda h^{ns} \bmod p.$$

Durchläuft jetzt s ein Restsystem mod f, so durchläuft wegen $n \frown f$ auch $\sigma = ns$ ein solches, ist mithin

$$\Sigma \overline{\lambda H^s} = \Sigma \overline{\lambda h^\sigma}.$$

Diese Gleichung besagt:

Die Periode $\tilde{\lambda}$ ist unabhängig von der zugrunde gelegten Primitivwurzel (g) von p; sie ändert sich nicht, wenn man die gewählte Primitivwurzel (g) durch eine andere (G) ersetzt.

Uneigentliche Periode.

Bilden wir die Summe

$$\tilde{\lambda} = \bar{\lambda} + \overline{\lambda h} + \overline{\lambda h^2} + \ldots + \overline{\lambda h^\gamma}$$

auch für eine durch p teilbare Zahl λ — dann ist allerdings $\bar{\lambda}$ keine Wurzel der Kreisteilungsgleichung —, so haben wir die f-gliedrige aus lauter Einsen bestehende uneigentliche Periode.

Die f-gliedrige uneigentliche Periode hat den Wert f. In Zeichen:

$$\boxed{\tilde{\lambda} = f, \qquad \text{falls } \lambda \equiv 0 \bmod p}.$$

§ 68. Periodenpolynome

Ersetzt man in einem Polynom $\Phi(x, y, z, \ldots)$ der Unbestimmten $x, y, z, \ldots$ mit ganzzahligen Koeffizienten die Größen $x, y, z, \ldots$ durch Perioden $\tilde{\lambda}, \tilde{\mu}, \tilde{\nu}, \ldots$ gleicher Gliederzahl, so entsteht das Periodenpolynom $\Phi(\tilde{\lambda}, \tilde{\mu}, \tilde{\nu}, \ldots)$, im besonderen aus dem Linearpolynom $ax + by + cz + \ldots$ der »Periodensatz« $a\tilde{\lambda} + b\tilde{\mu} + c\tilde{\nu} + \ldots$ (mit ganzzahligen Koeffizienten $a, b, c, \ldots$).

Von dem Satze $a\tilde{\lambda} + b\tilde{\mu} + \ldots$, über den nichts besonderes zu sagen ist, abgesehen, ist das einfachste Periodenpolynom das Produkt $\tilde{\lambda} \cdot \tilde{\mu}$. Mit ihm befassen wir uns zunächst. Wie im vorigen Paragraphen sei f die Gliederzahl der Perioden.

Es ist

$$\begin{aligned}\tilde{\lambda} \cdot \tilde{\mu} &= \tilde{\lambda} \cdot [\bar{\mu} + \overline{\mu h} + \overline{\mu h^2} + \ldots + \overline{\mu h^{f_1}}] \\ &= \tilde{\lambda} \cdot \bar{\mu} + \tilde{\lambda} \cdot \overline{\mu h} + \tilde{\lambda}\, \overline{\mu h^2} + \ldots + \tilde{\lambda} \cdot \overline{\mu h^{f_1}}.\end{aligned}$$

Ersetzen wir hier rechts den $f$mal auftretenden Multiplikator $\tilde{\lambda}$ sukzessive durch $\tilde{\lambda}$, $\widetilde{\lambda h}$, $\widetilde{\lambda h^2}$, ..., $\widetilde{\lambda h^{f_1}}$, so entsteht

$$\tilde{\lambda}\cdot\tilde{\mu} = \tilde{\lambda}\cdot\bar{\mu} + \widetilde{\lambda h}\cdot\overline{\mu h} + \widetilde{\lambda h^2}\cdot\overline{\mu h^2} + \ldots + \widetilde{\lambda h^{q}}\cdot\overline{\mu h^{q}}.$$

Nun ist z. B.

$$\begin{aligned}\overline{\mu h^r}\cdot\widetilde{\lambda h^r} &= \overline{\mu h^r}\,[\overline{\lambda h^r} + \overline{\lambda h^{r+1}} + \overline{\lambda h^{r+2}} + \ldots + \overline{\lambda h^{r+q}}]\\ &= \overline{\mu h^r + \lambda h^r} + \overline{\mu h^r + \lambda h^{r+1}} + \overline{\mu h^r + \lambda h^{r+2}} + \ldots + \overline{\mu h^r + \lambda h^{r+q}},\end{aligned}$$

mithin

$$\tilde{\lambda}\cdot\tilde{\mu} = \left\{\begin{array}{l} \overline{\mu+\lambda} \;+\; \overline{\mu+\lambda h} \;+\; \overline{\mu+\lambda h^2} \;+\ldots+\; \overline{\mu+\lambda h^{q}} \;+\\ \overline{\mu h+\lambda h} \;+\; \overline{\mu h+\lambda h^2} +\; \overline{\mu h+\lambda h^3} \;+\ldots+\; \overline{\mu h+\lambda h^{f}} \;+\\ \overline{\mu h^2+\lambda h^2} + \overline{\mu h^2+\lambda h^3} + \overline{\mu h^2+\lambda h^4} \;+\ldots+\; \overline{\mu h^2+\lambda h^{f+1}} +\\ \quad\cdot \qquad\qquad \cdot \qquad\qquad \cdot \qquad\qquad\qquad \cdot\\ \overline{\mu h^{q}+\lambda h^{q}} + \overline{\mu h^{q}+\lambda h^{f}} + \overline{\mu h^{q}+\lambda h^{f+1}} + \ldots + \overline{\mu h^{q}+\lambda h^{q+q}} \end{array}\right\}.$$

Hier addieren wir spaltenweise und bekommen so

$$\tilde{\lambda}\cdot\tilde{\mu} = \widetilde{\mu+\lambda} + \widetilde{\mu+\lambda h} + \widetilde{\mu+\lambda h^2} + \ldots + \widetilde{\mu+\lambda h^{q}}.$$

Bedeuten nun $\bar{\lambda}$, $\bar{\lambda}'$, $\bar{\lambda}''$, ... die f Wurzeln, die die Periode $\tilde{\lambda}$ bilden, so sind die Zahlen λ, λ', λ'', ..., abgesehen von der Reihenfolge, den Zahlen λ, λh, λh^2, ..., λh^{q} modulo f kongruent, also auch die Zahlen $\lambda + \mu$, $\lambda' + \mu$, $\lambda'' + \mu$, ... den Zahlen $\mu + \lambda$, $\mu + \lambda h$, $\mu + \lambda h^2$, ... mod f kongruent. Folglich ergibt sich

Gauß' Multiplikationsformel

$$\boxed{\tilde{\lambda}\cdot\tilde{\mu} = \widetilde{\lambda+\mu} + \widetilde{\lambda'+\mu} + \widetilde{\lambda''+\mu} + \ldots.}$$

in der $\bar{\lambda}$, $\bar{\lambda}'$, $\bar{\lambda}''$, ... die f Wurzeln der Periode $\tilde{\lambda}$ sind.

Sollte einer der Exponenten $\mu + \lambda$, $\mu + \lambda h$, $\mu + \lambda h^2$, ... der ersten Zeile unserer Summe durch p teilbar sein, so bilden die Glieder der zugehörigen Spalte die uneigentliche Periode $\tilde{0}$, und die betreffende Spalte ergibt die Summe f.

Da die Gaußsche Multiplikationsformel in der Lehre von der Kreisteilung eine beherrschende Rolle spielt, so tut man gut, sie sich zu merken. Etwa in Form der folgenden

Multiplikationsregel:

Um zwei Perioden $\tilde{\lambda}$ und $\tilde{\mu}$ gleicher Gliederzahl miteinander zu multiplizieren, schreibe man die eine von ihnen, etwa $\tilde{\lambda}$, als Summe ihrer durch Querstriche bezeichneten Wurzeln auf:

$$\tilde{\lambda} = \bar{\lambda} + \bar{\lambda}' + \bar{\lambda}'' + \ldots$$

addiere zu jeder Zahl unter dem Strich μ und verwandle darauf jeden Strich in eine Tilde; die entstehende Summe ist das gesuchte Produkt $\tilde{\lambda} \cdot \tilde{\mu}$.

Die gefundene Formel lehrt:

Das Produkt zweier f-gliedriger Perioden ist ein Satz f-gliedriger Perioden.

Bei z. B. $p = 19$, $e = 3$, $f = 6$, also den f-gliedrigen Perioden

$$\begin{aligned} \xi &= \tilde{\lambda} = \tilde{1} = \bar{1} + \bar{7} + \bar{8} + \overline{11} + \overline{12} + \overline{18}, \\ \eta &= \widetilde{\lambda'} = \widetilde{g^1} = \tilde{2} = \bar{2} + \bar{3} + \bar{5} + \overline{14} + \overline{16} + \overline{17}, \\ \zeta &= \widetilde{\lambda''} = \widetilde{g^2} = \tilde{4} = \bar{4} + \bar{6} + \bar{9} + \overline{10} + \overline{13} + \overline{15} \end{aligned}$$

wird nach der Fundamentalformel

$$\zeta\xi = \tilde{4} \cdot \tilde{1} = \tilde{5} + \tilde{7} + \widetilde{10} + \widetilde{11} + \widetilde{14} + \widetilde{16} = \tilde{2} + \tilde{1} + \tilde{4} + \tilde{1} + \tilde{2} + \tilde{2},$$

d. h.

$$\tilde{4} \cdot \tilde{1} = 2 \cdot \tilde{1} + 3 \cdot \tilde{2} + \tilde{4} \qquad \text{oder} \qquad \zeta\xi = 2\xi + 3\eta + \zeta.$$

Auf Grund der Multiplikationsformel ist es nun leicht, jedes Produkt von Perioden in einen Periodensatz zu verwandeln. Das dreigliedrige Produkt $\tilde{\lambda} \cdot \tilde{\mu} \cdot \tilde{\nu}$ wird z. B. zunächst

$$\widetilde{\lambda + \mu} \cdot \tilde{\nu} + \widetilde{\lambda' + \mu} \cdot \tilde{\nu} + \widetilde{\lambda'' + \mu} \cdot \tilde{\nu} + \ldots\,.,$$

sodann, ebenfalls nach der Fundamentalformel, gleich der Summe

$$\left\{ \begin{array}{l} \widetilde{\lambda + \mu + \nu} + \widetilde{\lambda + \mu + \nu'} + \widetilde{\lambda + \mu + \nu''} + \ldots \\ + \widetilde{\lambda' + \mu + \nu} + \widetilde{\lambda' + \mu + \nu'} + \widetilde{\lambda' + \mu + \nu''} + \ldots \\ + \widetilde{\lambda'' + \mu + \nu} + \widetilde{\lambda'' + \mu + \nu'} + \widetilde{\lambda'' + \mu + \nu''} + \ldots \end{array} \right\},$$

in der $\bar{\nu}$, $\bar{\nu}'$, $\bar{\nu}''$, ... die Wurzeln der Periode $\tilde{\nu}$ bedeuten, und die den gesuchten Periodensatz für das Produkt $\tilde{\lambda} \cdot \tilde{\mu} \cdot \tilde{\nu}$ darstellt.

Jedes Periodenpolynom $\Phi(\tilde{\lambda}, \tilde{\mu}, \tilde{\nu}, \ldots)$ läßt sich demnach als Linearfunktion:

$$\Phi(\tilde{\lambda}, \tilde{\mu}, \tilde{\nu} \ldots) = c_0 + c_1 \tilde{1} + c_2 \tilde{2} + \ldots + c_\pi \tilde{\pi}$$

darstellen, wo die Koeffizienten c_0, c_1, ..., c_π Ganzzahlen sind. Da sich die π Perioden $\tilde{1}$, $\tilde{2}$, ..., $\tilde{\pi}$ auf die e Perioden η_0, η_1, ..., η_ε reduzieren und statt c_0 — $c_0(\eta_0 + \eta_1 + \ldots + \eta_\varepsilon)$ geschrieben werden kann, entsteht die

Darstellungsformel

$$\boxed{\Phi(\tilde{\lambda}, \tilde{\mu}, \tilde{\nu}, \ldots) = C_0\eta_0 + C_1\eta_1 + C_2\eta_2 + \ldots + C_\varepsilon\eta_\varepsilon},$$

in welcher die Koeffizienten $C_0, C_1, C_2, \ldots$ angebbare Ganzzahlen sind. Diese fundamentale Formel heißt in Worten:

Darstellungssatz 1:

Jedes Periodenpolynom f-gliedriger Perioden läßt sich als e-gliedriger Periodensatz darstellen.

Die Darstellung ist nur auf eine einzige Weise möglich. Das heißt: Aus den beiden Entwicklungen

$$\Phi = C_0 \eta_0 + C_1 \eta_1 + \ldots + C_\varepsilon \eta_\varepsilon, \quad \Phi = \Gamma_0 \eta_0 + \Gamma_1 \eta_1 + \ldots + \Gamma_\varepsilon \eta^\varepsilon$$

folgt

$$\Gamma_0 = C_0, \quad \Gamma_1 = C_1, \ldots, \Gamma_\varepsilon = C_\varepsilon.$$

Der Beweis ergibt sich unmittelbar aus dem

Eindeutigkeitssatze:

Zwei Periodensätze

$$C_0 \eta_0 + C_1 \eta_1 + C_2 \eta_2 + \ldots \quad \text{und} \quad \Gamma_0 \eta_0 + \Gamma_1 \eta_1 + \Gamma_2 \eta_2 + \ldots$$

sind nur dann gleich, wenn je zwei entsprechende Koeffizienten gleich sind:

$$C_0 = \Gamma_0, \quad C_1 = \Gamma_1, \ldots, C_\varepsilon = \Gamma_\varepsilon.$$

Beweis. Aus

$$C_0 \eta_0 + C_1 \eta_1 + C_2 \eta_2 + \ldots = \Gamma_0 \eta_0 + \Gamma_1 \eta_1 + \Gamma_2 \eta_2 + \ldots$$

folgt

$$D_0 \eta_0 + D_1 \eta_1 + D_2 \eta_2 + \ldots + D_\varepsilon \eta_\varepsilon = 0 \quad \text{mit} \quad D_r = C_r - \Gamma_r.$$

Da in den e Perioden $\eta_0, \eta_1, \ldots, \eta_\varepsilon$ jede Wurzel der Kreisteilungsgleichung genau einmal auftritt, so erhalten wir eine Gleichung von der Form

$$A V + B V^2 + C V^3 + \ldots + H V^{p-1} = 0$$

oder

$$A + B V + C V^2 + \ldots + H V^{p-2} = 0,$$

wo jeder der Koeffizienten $A, B, C, \ldots, H$ ein Glied der Folge $D_0, D_1, D_2, \ldots$ ist und zugleich jedes Glied der Folge unter den Koeffizienten $A, B, C, \ldots, H$ f mal vorkommt. Da die Gleichung

$$A + Bx + Cx^2 + \ldots + H x^{p-2} = 0$$

mit der Kreisteilungsgleichung die Wurzel V gemeinsam hat und ihr Grad $(p-2)$ den der Kreisteilungsgleichung unterschreitet, müssen ihre Koeffizienten $A, B, C, \ldots$ sämtlich verschwinden. Folglich ist

$$D_0 = D_1 = D_2 = \ldots = 0, \qquad \text{w. z. b. w.}$$

Mit Benutzung der die e Perioden $\eta_0, \eta_1, \eta_2, \ldots$ erzeugenden e Wurzeln $\overline{\lambda}_0, \overline{\lambda}_1, \overline{\lambda}_2, \ldots$ schreibt sich die Darstellungsformel

$$\Phi(\tilde{\lambda}, \tilde{\mu}, \tilde{\nu}, \ldots) = C_0 \widetilde{\lambda_0} + C_1 \widetilde{\lambda_1} + C_2 \widetilde{\lambda_2} + \ldots .$$

Diese Schreibung erweist sich als zweckmäßig, wenn man $\Phi(\widetilde{m\lambda}, \widetilde{m\mu}, \widetilde{m\nu}, \ldots)$ [mit $m \frown p$] berechnen will. Die Herleitung der diesbezüglichen Formel beruht auf zwei Sätzen:

1. Nullsatz:

Verschwindet eins der beiden Periodenpolynome

$$\varphi(\tilde{\lambda}, \tilde{\mu}, \tilde{\nu}, \ldots) \quad \text{und} \quad \varphi(\widetilde{m\lambda}, \widetilde{m\mu}, \widetilde{m\nu}, \ldots) \quad [m \frown p],$$

so verschwindet auch das andere.

Beweis. Drücken wir im Polynom $\varphi(\tilde{\lambda}, \tilde{\mu}, \tilde{\nu}, \ldots)$ in jeder Periode die f Wurzeln durch V aus, so wird

$$\varphi(\tilde{\lambda}, \tilde{\mu}, \tilde{\nu}, \ldots) = \psi(V),$$

wo ψ ein Polynom von V mit ganzzahligen Koeffizienten bedeutet.

Verfahren wir mit $\varphi(\widetilde{m\lambda}, \widetilde{m\mu}, \widetilde{m\nu}, \ldots)$ genau so, so entsteht

$$\varphi(\widetilde{m\lambda}, \widetilde{m\mu}, \widetilde{m\nu}, \ldots) = \psi(V^m).$$

Verschwindet nun $\varphi(\tilde{\lambda}, \tilde{\mu}, \tilde{\nu}, \ldots)$, so verschwindet auch $\psi(V)$, hat also die Gleichung $\psi(x) = 0$ mit der irreduziblen Kreisteilungsgleichung eine Wurzel (V) und damit alle Wurzeln, z. B. die Wurzel V^m gemeinsam, so daß $\psi(V^m)$ und damit $\varphi(\widetilde{m\lambda}, \widetilde{m\mu}, \widetilde{m\nu}, \ldots)$ verschwindet.

Verschwindet umgekehrt $\varphi(\widetilde{m\lambda}, \widetilde{m\mu}, \widetilde{m\nu}, \ldots)$, so ist $\psi(V^m) = 0$, hat mithin die Gleichung $\psi(x) = 0$ mit der Kreisteilungsgleichung eine Wurzel (V^m) und damit jede Wurzel z. B. die Wurzel V gemeinsam, so daß auch $\psi(V)$ und damit $\varphi(\tilde{\lambda}, \tilde{\mu}, \tilde{\nu}, \ldots)$ verschwindet.

2. Multiplikatorsatz:

Aus $\quad \Phi(\tilde{\lambda}, \tilde{\mu}, \tilde{\nu}, \ldots) = \varphi(\tilde{\lambda}_0, \tilde{\lambda}_1, \tilde{\lambda}_2, \ldots, \tilde{\lambda}_r)$
folgt $\Phi(\widetilde{m\lambda}, \widetilde{m\mu}, \widetilde{m\nu}, \ldots) = \varphi(\widetilde{m\lambda_0}, \widetilde{m\lambda_1}, \widetilde{m\lambda_2}, \ldots \widetilde{m\lambda_r}) \quad [m \frown p]$

Dabei bedeuten Φ und φ Periodenpolynome.

Beweis. Nach Satz 1 folgt aus

$$\Phi(\tilde{\lambda}, \tilde{\mu}, \tilde{\nu}, \ldots) - \varphi(\tilde{\lambda}_0, \tilde{\lambda}_1, \ldots, \tilde{\lambda}_r) = 0$$

$$\Phi(\widetilde{m\lambda}, \widetilde{m\mu}, \widetilde{m\nu}, \ldots) - \varphi(\widetilde{m\lambda_0}, \widetilde{m\lambda_1}, \ldots, \widetilde{m\lambda_r}) = 0.$$

Als Sonderfall des Multiplikatorsatzes erscheint der

Satz:

Aus der Darstellungsformel

$$\Phi(\tilde{\lambda}, \tilde{\mu}, \tilde{\nu}, \ldots) = C_0 \tilde{\lambda}_0 + C_1 \tilde{\lambda}_1 + C_2 \tilde{\lambda}_2 + \ldots$$

ergibt sich die Darstellung

$$\Phi(\widetilde{m\lambda}, \widetilde{m\mu}, \widetilde{m\nu}, \ldots) = C_0 \widetilde{m\lambda_0} + C_1 \widetilde{m\lambda_1} + C_2 \widetilde{m\lambda_2} + \ldots$$

mit zu p fremdem m.

Ein Beispiel möge den Nutzen dieses Satzes zeigen. Wir berechneten oben für $p = 19$, $f = 6$, $e = 3$, $g = 2$, $\bar{\lambda}_0 = \bar{1}$, $\bar{\lambda}_1 = 2$, $\bar{\lambda}_2 = \bar{4}$, $\bar{\lambda} = \bar{4}$, $\bar{\mu} = \bar{1}$

$$\tilde{\lambda}\,\tilde{\mu} = \tilde{4}\cdot\tilde{1} = 2\,\tilde{\lambda}_0 + 3\,\tilde{\lambda}_1 + \tilde{\lambda}_2 = 2\cdot\tilde{1} + 3\cdot\tilde{2} + \tilde{4}.$$

Für $m = 2$ wird hieraus

$$\tilde{8}\cdot\tilde{2} = 2\cdot\tilde{2} + 3\cdot\tilde{4} + \tilde{8},$$

welche Gleichung wegen $\tilde{8} = \tilde{1}$ in

$$\tilde{1}\cdot\tilde{2} = \tilde{1} + 2\cdot\tilde{2} + 3\cdot\tilde{4}$$

übergeht.

Für $m = 2$ entsteht aus dieser Gleichung

$$\tilde{2}\cdot\tilde{4} = \tilde{2} + 2\cdot\tilde{4} + 3\cdot\tilde{8}$$

oder (wegen $\tilde{8} = \tilde{1}$)

$$\tilde{2}\cdot\tilde{4} = 3\cdot\tilde{1} + \tilde{2} + 2\cdot\tilde{4}.$$

Von den drei Periodenprodukten $\tilde{2}\cdot\tilde{4}$, $\tilde{4}\cdot\tilde{1}$, $\tilde{1}\cdot\tilde{2}$ ist sonach nur eins, $(\tilde{4}\cdot\tilde{1})$, ausführlich berechnet worden; die andern beiden sind mit Hilfe unseres Satzes viel schneller und bequemer ermittelt.

Zusatz 1. Hat man die Darstellung in der Form

$$\Phi(\tilde{\lambda}, \tilde{\mu}, \tilde{\nu}, \ldots) = C + C_0\tilde{\lambda}_0 + C_1\tilde{\lambda}_1 + C_2\tilde{\lambda}_2 + \ldots,$$

so folgt hieraus natürlich

$$\Phi(\widetilde{m\lambda}, \widetilde{m\mu}, \widetilde{m\nu}, \ldots) = C + C_0\widetilde{m\lambda_0} + C_1\widetilde{m\lambda_1} + \ldots.$$

Zusatz 2. Durch die sukzessive Anbringung der Multiplikatoren h, h^2, h^3, ... an den Argumenten der Gleichung

$$\Phi(\tilde{\lambda}, \tilde{\mu}, \tilde{\nu}, \ldots) = \varphi(\tilde{\lambda}_0, \tilde{\lambda}_1, \tilde{\lambda}_2, \ldots, \tilde{\lambda}_\varepsilon)$$

entstehen rechtsseitig die Permutationen der e Elemente $\tilde{\lambda}_0$, $\tilde{\lambda}_1$, ..., $\tilde{\lambda}_\varepsilon$, die sich aus der Hauptpermutation $\tilde{\lambda}_0$, $\tilde{\lambda}_1$, ..., $\tilde{\lambda}_\varepsilon$ sukzessive durch zyklische Vertauschung ergeben

(also z. B. beim Multiplikator h: $\tilde{\lambda}_1, \tilde{\lambda}_2, \ldots, \tilde{\lambda}_\varepsilon, \tilde{\lambda}_0$,

» » h^2: $\tilde{\lambda}_2, \tilde{\lambda}_3, \ldots, \tilde{\lambda}_\varepsilon, \tilde{\lambda}_0, \tilde{\lambda}_1$

usw.).

Wenn man jede Wurzel einer Periode in ihr $h$faches verwandelt (mit $h = g^e$) — oder, was dasselbe ist, wenn man V in V^h verwandelt — ändert sich der Wert der Periode nicht. Ein Periodenpolynom bleibt also bei der Verwandlung von V in V^h ungeändert.

Der obige Darstellungssatz für Periodenpolynome läßt sich nun auf alle mit ganzen Koeffizienten behafteten Wurzelpolynome übertragen, die bei Verwandlung von V in V^h ungeändert bleiben:

Darstellungssatz 2:

Jedes mit ganzen Koeffizienten behaftete Polynom der Wurzeln der Kreisteilungsgleichung, das bei der Substitution von V^h an Stelle von V ungeändert bleibt, läßt sich als Satz f-gliedriger Perioden darstellen.

Beweis. Das vorgelegte Wurzelpolynom Φ habe die Normalform

$$\Phi = \Sigma\, c_s \overline{g^s}, \qquad s = 0, 1, 2, \ldots, p-2.$$

Die Substitution liefert

$$\Phi = \Sigma\, c_s \overline{g^s h},$$

die Anwendung der Substitution auf diesen Φ-Wert

$$\Phi = \Sigma\, c_s \overline{g^s h^2}$$

usw. bis

$$\Phi = \Sigma\, c_s \overline{g^s h^f}.$$

Die Addition dieser f Gleichungen gibt

$$f\Phi = \Sigma\, c_s \widetilde{g^s}.$$

Führen wir in dieser Gleichung die Perioden $\widetilde{g^s}$, bei denen $s \geq e$ ist gemäß der Formel $\eta_{me+n} = \eta_n$ auf die Perioden $\eta_0, \eta_1, \ldots, \eta_\varepsilon$ zurück, so kommt schließlich

$$f\Phi = C_0 \tilde{1} + C_1 \widetilde{g^1} + C_2 \widetilde{g^2} + \ldots + C_\varepsilon \widetilde{g^\varepsilon} = C_0 \eta_0 + C_1 \eta_1 + \ldots + C_\varepsilon \eta_\varepsilon.$$

Vergleichen wir den alten Wert von $f\Phi$

$$f\Phi = f c_0 \overline{1} + f c_1 \overline{g^1} + f c_2 \overline{g^2} + \ldots + f c_e \overline{g^e} + f c_{e+1} \overline{g^{e+1}} + \ldots$$

mit dem neuen

$$f\Phi = C_0 \overline{1} + C_1 \overline{g^1} + C_2 \overline{g^2} + \ldots + C_0 \overline{g^e} + C_1 \overline{g^{e+1}} + \ldots,$$

so folgt weiter (nach dem Eindeutigkeitssatze aus § 66)

$$C_0 = f c_0, \qquad C_1 = f c_1, \qquad \ldots, \qquad C_\varepsilon = f c_\varepsilon,$$

so daß endgültig

$$\Phi = c_0 \tilde{1} + c_1 \widetilde{g^1} + c_2 \widetilde{g^2} + \ldots + c_\varepsilon \widetilde{g^\varepsilon} = c_0 \eta_0 + c_1 \eta_1 + \ldots + c_\varepsilon \eta_\varepsilon$$

ist, w. z. b. w.

Als Sonderfall dieses allgemeinen Darstellungssatzes erscheinen folgende zwei Symmetriesätze:

Symmetriesatz 1:

Jedes mit ganzen Koeffizienten behaftete symmetrische Polynom der f Wurzeln einer f-gliedrigen Periode ist ein Periodensatz (von f-gliedrigen Perioden) mit angebbaren Koeffizienten.

Beweis. $S(\bar{\lambda}, \bar{\lambda}', \bar{\lambda}'', \ldots)$ sei das symmetrische Polynom der f Wurzeln $\bar{\lambda}$, $\bar{\lambda}' = \overline{\lambda h}$, $\bar{\lambda}'' = \overline{\lambda h^2}$, ... der Periode $\tilde{\lambda}$. Da die Substitution V/V^h die Wurzeln $\bar{\lambda}, \bar{\lambda}', \bar{\lambda}'', \ldots$ in $\overline{\lambda h} = \bar{\lambda}'$, $\overline{\lambda' h} = \bar{\lambda}''$, ..., $\overline{\lambda h^f} = \bar{\lambda}$ verwandelt, geht $S(\bar{\lambda}, \bar{\lambda}', \bar{\lambda}'', \ldots)$ durch die Substitution in $S(\bar{\lambda}' \bar{\lambda}'', \ldots, \bar{\lambda})$, d. h. wegen der Symmetrie von S in sich selbst über. Folglich läßt sich S auf Grund des Darstellungssatzes als Periodensatz darstellen.

Aus dem Symmetriesatz folgt unmittelbar:

Die f Wurzeln einer f-gliedrigen Periode sind die Wurzeln einer Gleichung $f$ten Grades, deren Koeffizienten Periodensätze (von f-gliedrigen Perioden) mit angebbaren Koeffizienten sind.

Symmetriesatz 2:

Jedes symmetrische Periodenpolynom der e Perioden $\eta_0, \eta_1, \eta_2, \ldots, \eta_\varepsilon$ ist eine Ganzzahl.

Beweis. $S(\eta_0, \eta_1, \eta_2, \ldots, \eta_\varepsilon)$ sei das vorgelegte symmetrische Periodenpolynom. Durch die Substitution V/V^h geht $\eta_r = \tilde{\lambda}_r$ in $\widetilde{h\lambda_r} = \widetilde{\lambda_{r+1}} = \eta_{r\overset{\circ}{+}1}$, mithin $S(\eta_0, \eta_1, \eta_2, \ldots, \eta_\varepsilon)$ in $S(\eta_1, \eta_2, \ldots, \eta_0)$, d. h. wegen der Symmetrie von S in sich selbst über. Nach dem Darstellungssatze ist nun

$$S(\eta_0, \eta_1, \ldots, \eta_\varepsilon) = C_0 \eta_0 + C_1 \eta_1 + \ldots + C_\varepsilon \eta_\varepsilon.$$

Durch die Substitution V/V^h geht die linke Seite dieser Gleichung in sich selbst, die rechte Seite in $C_0 \eta_1 + C_1 \eta_2 + \cdots + C_\varepsilon \eta_0$ über, so daß

$$C_0 \eta_0 + C_1 \eta_1 + C_2 \eta_2 + \ldots + C_\varepsilon \eta_\varepsilon = C_0 \eta_1 + C_1 \eta_2 + C_2 \eta_3 + \ldots + C_\varepsilon \eta_0$$

ist. Nach dem Eindeutigkeitssatze ist dann

$$C_\varepsilon = C_0, \qquad C_0 = C_1, \qquad C_1 = C_2, \ldots,$$

so daß die Koeffizienten $C_0, C_1, C_2, \ldots, C_\varepsilon$ denselben Wert C haben. Damit wird

$$S = C(\eta_0 + \eta_1 + \eta_2 + \ldots + \eta_\varepsilon),$$

folglich wegen $\eta_0 + \eta_1 + \ldots + \eta_\varepsilon = -1$

$$S = -C,$$

w. z. b. w.

Aus dem Darstellungssatze schließen wir weiter:

Die e f-gliedrigen Perioden $\eta_0, \eta_1, \eta_2, \ldots$ sind die Wurzeln einer irreduziblen Gleichung e^{ten} Grades mit ganzzahligen Koeffizienten.

Beweis. Die Gleichung e^{ten} Grades mit den e Wurzeln $\eta_0, \eta_1, \eta_2, \ldots$ lautet

$$\varphi(x) \equiv (x - \eta_0)(x - \eta_1)(x - \eta_2) \ldots (x - \eta_\varepsilon) = 0.$$

Daß sie ganzzahlige Koeffizienten hat, geht unmittelbar aus dem 2. Symmetriesatze hervor. Ihre Irreduzibilität ergibt sich folgendermaßen: Hätte $\varphi(x)$ einen mit ganzzahligen Koeffizienten behafteten Faktor $\psi(x)$ niedrigeren als e^{ten} Grades, so müßte er für wenigstens einen der Werte $\eta_0, \eta_1, \eta_2, \ldots$, etwa für $x = \eta_r$ verschwinden:

$$\psi(\eta_r) = 0.$$

Nun ist

$$\psi(\eta_r) = \psi(\widetilde{\lambda_r}) = \psi(\overline{g^r} + \overline{g^r h} + \overline{g^r h^2} + \ldots + \overline{g^r h^q}) = \Psi(V),$$

wo $\Psi(V)$ ein mit ganzzahligen Koeffizienten behaftetes Polynom von V bedeutet. Da $\Psi(x)$ für $x = V$ verschwindet, verschwindet es wegen der Irreduzibilität der Kreisteilungsgleichung für jede Wurzel $g^s = \overline{g^s}$ dieser, ist also $\Psi(\overline{g^s}) = 0$. Die Substitution $V/V^{g^s} = \overline{1}/\overline{g^s}$ verwandelt aber $\psi(\eta_r)$ in $\psi(\eta_{r+s})$, so daß aus $\Psi(\overline{g^s}) = 0$

$$\psi(\eta_{r+s}) = 0$$

folgt. Die Gleichung $\psi(x) = 0$ hätte also alle e Perioden $\eta_0, \eta_1, \eta_2, \ldots$ zu Wurzeln, q. e. a.

Die Gleichung $\varphi(x) = 0$, deren Wurzeln die e Perioden $\eta_0, \eta_1, \eta_2, \ldots$ sind, hat mit der Kreisteilungsgleichung noch folgende Eigenschaft gemeinsam:

Jede ihrer Wurzeln ist ein mit rationalen Koeffizienten behaftetes Polynom einer beliebigen ihrer Wurzeln vom höchstens ε^{ten} Grade.

Beweis. ξ und η seien zwei beliebige der e f-gliedrigen Perioden, $\alpha, \beta, \gamma, \ldots$ die übrigen. Nach dem Darstellungssatze läßt sich jede der Potenzen $\xi^2, \xi^3, \xi^4, \ldots, \xi^\varepsilon$ als Periodensatz darstellen, etwa:

$$\xi^r = h_r \xi + k_r \eta + a_r \alpha + b_r \beta + c_r \gamma + \ldots$$

Demgemäß bilden wir das Gleichungssystem

$$\left\{\begin{array}{l} h_1 \xi + k_1 \eta + a_1 \alpha + b_1 \beta + c_1 \gamma + \ldots = 1 \\ h_2 \xi + k_2 \eta + a_2 \alpha + b_2 \beta + c_2 \gamma + \ldots = \xi^2 \\ h_3 \xi + k_3 \eta + a_3 \alpha + b_3 \beta + c_3 \gamma + \ldots = \xi^3 \\ \ldots\ldots\ldots\ldots\ldots\ldots \\ h_\varepsilon \xi + k_\varepsilon \eta + a_\varepsilon \alpha + b_\varepsilon \beta + c_\varepsilon \gamma + \ldots = \xi^\varepsilon \end{array}\right\},$$

in welchem $h_1 = k_1 = a_1 = b_1 = c_1 = \ldots = -1$ ist.

Nun lassen sich ε nicht sämtlich verschwindende rationale Größen $r_0, r_2, r_3, \ldots, r_\varepsilon$ bestimmen, die das Homogensystem

$$\left|\begin{array}{l} a_1 r_0 + a_2 r_2 + \ldots + a_\varepsilon r_\varepsilon = 0 \\ b_1 r_0 + b_2 r_2 + \ldots + b_\varepsilon r_\varepsilon = 0 \\ c_1 r_0 + c_2 r_2 + \ldots + c_\varepsilon r_\varepsilon = 0 \\ \ldots\ldots\ldots\ldots\ldots\ldots \end{array}\right|$$

von $(\varepsilon - 1)$ Gleichungen mit ε Unbekannten $r_0, r_2, \ldots, r_\varepsilon$ befriedigen [die Anzahl der Unbekannten übersteigt die Anzahl der Gleichungen].

Multiplizieren wir also die Gleichungen des obigen ε-zeiligen Gleichungssystems mit den Zahlen $r_0, r_2, r_3, \ldots, r_\varepsilon$, so liefert die Addition der entstehenden ε Gleichungen eine Gleichung von der Form

$$k\eta = r_0 + r_1\xi + r_2\xi^2 + \ldots + r_\varepsilon\xi^\varepsilon$$

mit rationalen Koeffizienten, von denen die der rechten Seite nicht sämtlich verschwinden.

A u c h d e r K o e f f i z i e n t k v e r s c h w i n d e t n i c h t! Um das einzusehen, befreien wir die gefundene Gleichung von etwaigen gebrochenen Koeffizienten und bekommen

$$K\eta = R_0 + R_1\xi + R_2\xi^2 + \ldots + R_\varepsilon\xi^\varepsilon,$$

wo nunmehr alle Koeffizienten Ganzzahlen sind und bei verschwindendem k auch K verschwindet. K kann aber nicht verschwinden, da sonst das Polynom

$$\psi(x) = R_0 + R_1 x + R_2 x^2 + \ldots + R_\varepsilon x^\varepsilon$$

vom niedrigeren als e^{ten} Grade die Periode ξ zur Nullstelle hätte, was nach obigem nicht sein kann.

Die gefundene Gleichung

$$K\eta = R_0 + R_1\xi + R_1\xi^2 + \ldots + R_\varepsilon\xi^\varepsilon$$

sagt aus:

D a r s t e l l u n g s s a t z 3:

J e d e f-g l i e d r i g e P e r i o d e i s t e i n m i t r a t i o n a l e n K o e f f i z i e n t e n b e h a f t e t e s P o l y n o m e i n e r b e l i e b i g e n a n d e r e n f-g l i e d r i g e n P e r i o d e, d e s s e n G r a d g e r i n g e r i s t a l s d i e P e r i o d e n z a h l e.

Die Koeffizienten dieses Polynoms lassen sich durch das geschilderte Verfahren ermitteln.

Z u s a t z. Hat man die Periode $\tilde{\mu}$ als Polynom einer anderen Periode $\tilde{\lambda}$ dargestellt:

$$\boxed{\tilde{\mu} = \varphi(\tilde{\lambda})},$$

so gestattet der Multiplikatorsatz unmittelbar die Darstellung der Periode $\widetilde{m\mu}$ als Polynom der Periode $\widetilde{m\lambda}$:

$$\boxed{\widetilde{m\mu} = \varphi(\widetilde{m\lambda})}.$$

Beispiel. $p = 19$, $f = 6$, $e = 3$, $g = 2$. Die drei Perioden sind $\xi = \tilde{1}$, $\eta = \tilde{2}$, $\zeta = \tilde{4}$. Zunächst ist

$$\tilde{1}\cdot\tilde{1} = \tilde{2} + \tilde{8} + \tilde{9} + \widetilde{12} + \widetilde{13} + \widetilde{19} = \tilde{2} + \tilde{1} + \tilde{4} + \tilde{1} + \tilde{4} + 6$$

oder

$$\tilde{1}^2 = 6 + 2\cdot\tilde{1} + \tilde{2} + 2\cdot\tilde{4} = -4\cdot\tilde{1} - 5\cdot\tilde{2} - 4\cdot\tilde{4},$$

und wir haben das Gleichungssystem ($\varepsilon = 2$)

$$\left\{\begin{array}{l} -\xi \;\; -\eta \;\; -\zeta \;\; = +1 \\ -4\xi - 5\eta - 4\zeta = \xi^2 \end{array}\right\}.$$

Die Elimination von ζ liefert

$$\eta = 4 - \xi^2.$$

Die Anwendung des Multiplikatorsatzes auf die Gleichung

$$\tilde{1}^2 = -4\cdot\tilde{1} - 5\cdot\tilde{2} - 4\cdot\tilde{4}$$

liefert für den Multiplikator 2

$$\tilde{2}^2 = -4\cdot\tilde{2} - 5\cdot\tilde{4} - 4\cdot\tilde{8} = -4\cdot\tilde{2} - 5\cdot\tilde{4} - 4\cdot\tilde{1},$$

und wir bekommen das Gleichungssystem

$$\left\{\begin{array}{l} -\xi \;\; -\eta \;\; -\zeta = 1 \\ -4\xi - 4\eta - 5\zeta = \eta^2 \end{array}\right\}.$$

Die Elimination von ζ liefert

$$\xi = -5 - \eta + \eta^2.$$

Der auf die beiden gefundenen Gleichungen

$$\tilde{2} = 4 - \tilde{1}^2, \qquad \tilde{1} = -5 - \tilde{2} + \tilde{2}^2$$

angewandte Multiplikatorsatz gibt

für den Multiplikator $m = 2$ $\quad \tilde{4} = 4 - \tilde{2}^2, \quad \tilde{2} = -5 - \tilde{4} + \tilde{4}^2,$

» » » $\quad m = 4 \quad \tilde{1} = 4 - \tilde{4}^2, \quad \tilde{4} = -5 - \tilde{1} + \tilde{1}^2.$

Ergebnis:

$$1^0\left\{\begin{array}{l} \eta = 4 - \xi^2 \\ \zeta = -5 - \xi + \xi^2 \end{array}\right\}, \quad 2^0\left\{\begin{array}{l} \zeta = 4 - \eta^2 \\ \xi = -5 - \eta + \eta^2 \end{array}\right\}, \quad 3^0\left\{\begin{array}{l} \xi = 4 - \zeta^2 \\ \eta = -5 - \zeta + \zeta^2 \end{array}\right\}.$$

§ 69. Subperioden

Wenn man in dem Beispiel $p = 61$, $f = 12$, $e = 5$, $h = g^e = g^5$ die Wurzeln

$$\overline{\lambda},\ \overline{\lambda h},\ \overline{\lambda h^2},\ \overline{\lambda h^3},\ \overline{\lambda h^4},\ \overline{\lambda h^5},\ \overline{\lambda h^6},\ \overline{\lambda h^7},\ \overline{\lambda h^8},\ \overline{\lambda h^9},\ \overline{\lambda h^{10}},\ \overline{\lambda h^{11}}$$

der 12-gliedrigen Periode $\overset{12}{\tilde{\lambda}}$ in 3 sukzessive Gruppen zu je 4 Gliedern teilt und diese Gruppen als (sukzessive) Spalten eines rechteckigen Schemas von 3 Spalten und 4 Zeilen anordnet:

$$\left\{\begin{array}{lll} \overline{\lambda} & \overline{\lambda h^4} & \overline{\lambda h^8} \\ \overline{\lambda h} & \overline{\lambda h^5} & \overline{\lambda h^9} \\ \overline{\lambda h^2} & \overline{\lambda h^6} & \overline{\lambda h^{10}} \\ \overline{\lambda h^3} & \overline{\lambda h^7} & \overline{\lambda h^{11}} \end{array}\right\},$$

so bilden die Glieder jeder Zeile eine dreigliedrige Periode, so daß die Periode $\overset{12}{\tilde{\lambda}}$ als Summe von 4 dreigliedrigen Perioden dargestellt werden kann:

$$\overset{12}{\tilde{\lambda}} = \overset{3}{\tilde{\lambda}} + \overset{3}{\widetilde{\lambda h}} + \overset{3}{\widetilde{\lambda h^2}} + \overset{3}{\widetilde{\lambda h^3}}.$$

Die Anordnung zu einem Schema von 4 Spalten und 3 Zeilen:

$$\left\{\begin{array}{llll} \overline{\lambda} & \overline{\lambda h^3} & \overline{\lambda h^6} & \overline{\lambda h^9} \\ \overline{\lambda h} & \overline{\lambda h^4} & \overline{\lambda h^7} & \overline{\lambda h^{10}} \\ \overline{\lambda h^2} & \overline{\lambda h^5} & \overline{\lambda h^8} & \overline{\lambda h^{11}} \end{array}\right\}$$

liefert ebenso die Zerlegung von $\overset{12}{\tilde{\lambda}}$ in 3 viergliedrige Perioden:

$$\overset{12}{\tilde{\lambda}} = \overset{4}{\tilde{\lambda}} + \overset{4}{\widetilde{\lambda h}} + \overset{4}{\widetilde{\lambda h^2}}.$$

Ist allgemein $\pi = p - 1$ das Produkt von zwei Faktoren C und c, deren erster selbst wieder das Produkt von zwei Faktoren a und b ist:

$$\pi = Cc, \qquad C = ab \qquad [\text{also } \pi = abc]$$

und

$$\overset{C}{\tilde{\lambda}} = \overline{\lambda} + \overline{\lambda h} + \overline{\lambda h^2} + \ldots\ldots + \overline{\lambda h^{\Gamma}} \qquad \text{mit } h = g^c,\ \Gamma = C - 1,$$

so gestattet die C-gliedrige Periode $\overset{C}{\tilde{\lambda}}$ die Zerlegung in a b-gliedrige Perioden:

$$\overset{C}{\tilde{\lambda}} = \overset{b}{\tilde{\lambda}} + \overset{b}{\widetilde{\lambda l}} + \overset{b}{\widetilde{\lambda l^2}} + \ldots + \overset{b}{\widetilde{\lambda l^{\alpha}}} \qquad \text{mit } l = g^c,\ \alpha = a - 1$$

sowie auch die Zerlegung in b a-gliedrige Perioden:

$$\overset{C}{\tilde{\lambda}} = \overset{a}{\tilde{\lambda}} + \overset{a}{\widetilde{\lambda l}} + \overset{a}{\widetilde{\lambda l^2}} + \ldots + \overset{a}{\widetilde{\lambda l^{\beta}}} \qquad \text{mit } \beta = b - 1.$$

Demnach verstehen wir unter der Zerlegung der a b-gliedrigen Periode $\overset{ab}{\tilde{\lambda}}$ in a b-gliedrige Perioden die Formel

$$\boxed{\overset{ab}{\tilde{\lambda}} = \overset{b}{\tilde{\lambda}} + \overset{b}{\widetilde{\lambda l}} + \overset{b}{\widetilde{\lambda l^2}} + \dots + \overset{b}{\widetilde{\lambda l^\alpha}}} \quad \text{mit } l = g^c,\ \alpha = a - 1,$$

in welcher z. B.

$$\overset{b}{\tilde{\lambda}} = \bar{\lambda} + \overline{\lambda K} + \overline{\lambda K^2} + \dots + \overline{\lambda K^\beta},$$

allgemein

$$\overset{b}{\widetilde{\lambda l^r}} = \overline{\lambda l^r} + \overline{\lambda l^r K} + \overline{\lambda l^r K^2} + \dots + \overline{\lambda l^r K^\beta} \text{ mit } K = g^B,\ B = c\,a,\ \beta = b - 1$$

ist.

Die a Perioden $\overset{b}{\tilde{\lambda}}$, $\overset{b}{\widetilde{\lambda l}}$, $\overset{b}{\widetilde{\lambda l^2}}$, ..., $\overset{b}{\widetilde{\lambda l^\alpha}}$ nennen wir die b-gliedrigen Subperioden der Periode $\overset{C}{\tilde{\lambda}}$ oder die a b-gliedrigen Perioden der ab-gliedrigen Periode $\tilde{\lambda}$.

Nach dem Darstellungssatze läßt sich jedes Periodenpolynom $\Phi(\tilde{\lambda}, \tilde{\lambda}', \tilde{\lambda}'', \dots)$ b-gliedriger Perioden $\tilde{\lambda}$, $\tilde{\lambda}'$, $\tilde{\lambda}''$, ... (wir lassen hier der Übersichtlichkeit wegen den Höhenzeiger b bei den b-gliedrigen Perioden weg) als Satz der B b-gliedrigen Perioden $\tilde{1}$, $\tilde{g}^1$, $\tilde{g}^2$, ... darstellen.

Uns interessiert hier vornehmlich das symmetrische Periodenpolynom der a b-gliedrigen Subperioden $\tilde{\lambda}_0$, $\tilde{\lambda}_1$, $\tilde{\lambda}_2$, ..., $\tilde{\lambda}_\alpha$ [mit $\lambda_r = \lambda l^r$] der $a\,b$-gliedrigen Periode $\overset{C}{\tilde{\lambda}}$:

$$S = S(\tilde{\lambda}_0, \tilde{\lambda}_1, \tilde{\lambda}_2, \dots, \tilde{\lambda}_\alpha).$$

Seine Darstellung als Periodensatz sei durch die Formel

$$S = S(\tilde{\lambda}_0, \tilde{\lambda}_1, \tilde{\lambda}_2, \dots, \tilde{\lambda}_\alpha) = E_0 \widetilde{g^0} + E_1 \widetilde{g^1} + E_2 \widetilde{g^2} + \dots + E_{\mathcal{B}} \widetilde{g^{\mathcal{B}}}$$
$$\text{mit } \mathcal{B} = B - 1$$

vollzogen, wo also die Koeffizienten E ganze Zahlen sind.

Auf diese Formel wenden wir den Multiplikatorsatz für den Multiplikator l an.

Dadurch geht sie in

$$S(\widetilde{l\lambda_0}, \widetilde{l\lambda_1}, \widetilde{l\lambda_2}, \dots, \widetilde{l\lambda_\alpha}) = E_0 \widetilde{l g^0} + E_1 \widetilde{l g^1} + E_2 \widetilde{l g^2} + \dots + E_{\mathcal{B}} \widetilde{l g^{\mathcal{B}}}$$

über. Nun ist

$$\widetilde{l\lambda_0} = \tilde{\lambda}_1,\ \widetilde{l\lambda_1} = \tilde{\lambda}_2, \dots;\ \widetilde{l\lambda_\alpha} = \widetilde{\lambda l^a} = \widetilde{\lambda g^B} = \tilde{\lambda};\quad \widetilde{l g^r} = \widetilde{g^{c+r}}.$$

Dadurch wird

$$S(\widetilde{\lambda_1}, \widetilde{\lambda_2}, \ldots \widetilde{\lambda_\alpha}, \widetilde{\lambda_0}) = E_0 \widetilde{g^c} + E_1 \widetilde{g^{c+1}} + E_2 \widetilde{g^{c+2}} + \ldots + E_B \widetilde{g^{c+B}}$$

oder, da

$$\widetilde{g^{B+1}} = \widetilde{g^B} = \widetilde{g^0}, \quad \widetilde{g^{B+2}} = \widetilde{g^1}, \ldots, \quad \widetilde{g^{B+c}} = \widetilde{g^{c-1}}$$

ist, und die linke Seite unserer Gleichung wegen der Symmetrie von S gleich $S(\widetilde{\lambda_0}, \widetilde{\lambda_1}, \widetilde{\lambda_2}, \ldots \widetilde{\lambda_\alpha})$ ist,

$$\begin{aligned} S(\widetilde{\lambda_0}, \widetilde{\lambda_1}, \ldots, \widetilde{\lambda_\alpha}) = E_{B-c} \widetilde{g^0} + E_{B-c+1} \widetilde{g^1} + E_{B-c+2} \widetilde{g^2} + \ldots \\ + E_B \widetilde{g^c} + E_1 \widetilde{g^{c+1}} + E_2 \widetilde{g^{c+2}} + \ldots \end{aligned}$$

Der Vergleich dieser Gleichung mit der Ausgangsgleichung liefert die Relation

$$\begin{aligned} E_{B-c} \widetilde{g^0} + E_{B-c+1} \widetilde{g^1} + E_{B-c+2} \widetilde{g^2} + \ldots + E_0 \widetilde{g^c} + E_1 \widetilde{g^{c+1}} \\ + E_2 \widetilde{g^{c+2}} + \ldots + E_{B-c} \widetilde{g^B} = E_0 \widetilde{g^0} + E_1 \widetilde{g^1} + E_2 \widetilde{g^2} + \ldots + E_B \widetilde{g^B}, \end{aligned}$$

und hieraus folgt nach dem Eindeutigkeitssatze die Gleichheit des Koeffizienten von $\widetilde{g^r}$ rechts mit dem Koeffizienten von $\widetilde{g^r}$ links.

Schreibt man entsprechende Koeffizienten untereinander, so erhält man folgende zwei Reihen mit je a Gliedergruppen zu je c Gliedern:

$$\begin{array}{ll|l|} 1^0 & E_0\ E_1\ E_2 \ldots\ldots E_\gamma & E_c\ E_{c+1}\ E_{c+2} \ldots E_{c+\gamma} \\ 2^0 & E_{\alpha c}\ E_{\alpha c+1}\ E_{\alpha c+2} \ldots E_{\alpha c+\gamma} & E_0\ E_1\ E_2 \ldots E_\gamma \end{array}$$

$$\begin{array}{ll c |l} 1^0 & E_{2c}\ E_{2c+1}\ E_{2c+2} \ldots E_{2c+\gamma} & \ldots & E_{\alpha c}\ E_{\alpha c+1}\ E_{\alpha c+2} \ldots E_{\alpha c+\gamma} \\ 2^0 & E_c\ E_{c+1}\ E_{c+2} \ldots E_{c+\gamma} & & E_{\nu c}\ E_{\nu c+1}\ E_{\nu c+2} \ldots E_{\nu c+\gamma} \end{array}$$

in denen $\alpha = a - 1$, $\nu = \alpha - 1$, $\gamma = c - 1$, $\alpha c + \gamma = B$ ist. Aus ihnen folgt

$$\left\{\begin{array}{l} E_c \;\;\;= E_0,\ E_{2c} \;\;\;= E_c,\ \;\;E_{3c} \;\;\;= E_{2c},\ \ldots,\ E_{\alpha c} \;\;\;= E_{\nu c} \\ E_{c+1} = E_1,\ E_{2c+1} = E_{c+1},\ E_{3c+1} = E_{2c+1},\ \ldots,\ E_{\alpha c+1} = E_{\nu c+1} \\ E_{c+2} = E_2,\ E_{2c+2} = E_{c+2},\ E_{3c+2} = E_{2c+2},\ \ldots,\ E_{\alpha c+2} = E_{\nu c+2} \\ \ldots\ldots\ldots\ldots\ldots\ldots\ldots\ldots\ldots\ldots \end{array}\right\}$$

und hieraus:

$$\left\{\begin{array}{l} E_c \;\;\;= E_{2c} \;\;\;= E_{3c} \;\;\;= E_{4c} \ldots = E_{\alpha c} \;\;\;= E_0 \\ E_{c+1} = E_{2c+1} = E_{3c+1} = \ldots\ldots = E_{\alpha c+1} = E_1 \\ E_{c+2} = E_{2c+2} = E_{3c+2} = \ldots\ldots = E_{\alpha c+2} = E_2 \\ \ldots\ldots\ldots\ldots\ldots\ldots\ldots\ldots \\ E_{c+\gamma} = E_{2c+\gamma} = E_{3c+\gamma} = \ldots\ldots = E_{\alpha c+\gamma} = E_\gamma \end{array}\right\}.$$

Demnach ist

$$S = E_0[\widetilde{g^0} + \widetilde{g^c} + \widetilde{g^{2c}} + \dots + \widetilde{g^{x c}}] + E_1[\widetilde{g^1} + \widetilde{g^{1+c}} + \widetilde{g^{1+2c}} + \dots + \widetilde{g^{1+\alpha c}}]$$
$$+ \dots + E_\gamma[\widetilde{g^\gamma} + \widetilde{g^{\gamma+c}} + \widetilde{g^{\gamma+2c}} + \dots + \widetilde{g^{\gamma+\alpha c}}]$$

oder mit $g^c = l$

$$S = E_0[\tilde{1} + \tilde{l} + \widetilde{l^2} + \dots + \widetilde{l^\alpha}] + E_1[\widetilde{g^1} + \widetilde{g^1 l} + \widetilde{g^1 l^2} + \dots + \widetilde{g^1 l^x}]$$
$$+ \dots + E_\gamma[\widetilde{g^\gamma} + \widetilde{g^\gamma l} + \widetilde{g^\gamma l^2} + \dots + \widetilde{g^\gamma l^\alpha}].$$

Nun ist aber

$$\widetilde{g^r} + \widetilde{g^r l} + \widetilde{g^r l^2} + \dots + \widetilde{g^r l^\alpha} = \overset{b}{\widetilde{g^r}} + \overset{b}{\widetilde{g^r l}} + \overset{b}{\widetilde{g^r l^2}} + \dots + \overset{b}{\widetilde{g^r l^\alpha}} = \overset{ab}{\widetilde{g^r}}.$$

Mithin wird (mit $\lambda_r = \lambda\, l^r$)

$$\boxed{S(\overset{b}{\tilde{\lambda}}_0, \overset{b}{\tilde{\lambda}}_1, \dots, \overset{b}{\tilde{\lambda}}_x) = E_0\overset{ab}{\tilde{1}} + E_1\overset{ab}{\widetilde{g^1}} + E_2\overset{ab}{\widetilde{g^2}} + \dots + \overset{ab}{\widetilde{E_\gamma g^\gamma}}} \quad \begin{pmatrix}\alpha = a - 1\\ \gamma = c - 1\end{pmatrix}$$

Diese fundamentale Formel hat folgenden Wortlaut:

Subperiodensatz:

Jedes symmetrische Polynom der a b-gliedrigen Perioden ist ein Satz von a b-gliedrigen Perioden.

Und, was mehr ist, das Gaußsche Verfahren der Verwandlung eines vorgelegten Polynoms in einen Periodensatz bietet das Mittel, die Koeffizienten E_0, $E_1, \dots, E_\gamma$ des betreffenden Periodensatzes zu bestimmen.

Die gefundene Fundamentalformel läßt sich leicht auf eine beliebige andere a b-gliedrige Periode $\overset{ab}{\widetilde{m\lambda}}$ mit ihren a b-gliedrigen Subperioden $\overset{b}{\widetilde{m\lambda_0}} = \overset{b}{\widetilde{m\lambda}}$, $\overset{b}{\widetilde{m\lambda_1}} = \overset{b}{\widetilde{m\lambda l}}$, $\overset{b}{\widetilde{m\lambda_2}} = \overset{b}{\widetilde{m\lambda l^2}}, \dots, \overset{b}{\widetilde{m\lambda_x}} = \overset{b}{\widetilde{m\lambda l^\alpha}}$, wo also

$$\overset{ab}{\widetilde{m\lambda}} = \overset{b}{\widetilde{m\lambda_0}} + \overset{b}{\widetilde{m\lambda_1}} + \overset{b}{\widetilde{m\lambda_2}} + \dots + \overset{b}{\widetilde{m\lambda_\alpha}}$$

ist, übertragen.

Aus der unserer Fundamentalformel unmittelbar vorausgehenden nur b-gliedrige Perioden enthaltenden Formel

$$S(\tilde{\lambda}_0, \tilde{\lambda}_1, \dots, \tilde{\lambda}_x) = E_0 \Sigma \widetilde{g^0 l^s} + E_1 \Sigma \widetilde{g^1 l^s} + \dots + E_\gamma \Sigma \widetilde{g^\gamma l^s},$$

in der der Summationszeiger s in jeder Summe von 0 bis α läuft, folgt durch Anwendung des Multiplikatorsatzes für den beliebigen Multiplikator m

$$S(\widetilde{m\lambda_0}, \widetilde{m\lambda_1}, \dots, \widetilde{m\lambda_x}) = E_0 \Sigma \widetilde{m g^0 l^s} + E_1 \Sigma \widetilde{m g^1 l^s} + \dots + E_\gamma \Sigma \widetilde{m g^\gamma l^s}.$$

Hier ist auf der rechten Seite für $r = 0, 1, 2, \dots, \gamma$

$$\Sigma \widetilde{m g^r l^s} = \overset{b}{\widetilde{m g^r}} + \overset{b}{\widetilde{m g^r l}} + \overset{b}{\widetilde{m g^r l^2}} + \dots + \overset{b}{\widetilde{m g^r l^\alpha}} = \overset{ab}{\widetilde{m g^r}}.$$

Damit entsteht die Formel

$$\boxed{S(\overset{b}{\widetilde{m\lambda_0}}, \overset{b}{\widetilde{m\lambda_1}}, \ldots, \overset{b}{\widetilde{m\lambda_x}}) = E_0 \overset{ab}{\widetilde{m}} + E_1 \overset{ab}{\widetilde{mg}} + E_2 \overset{ab}{\widetilde{mg^2}} + \ldots + E_\gamma \overset{ab}{\widetilde{mg^\gamma}}},$$

welche die angekündigte Übertragung darstellt.

Vermöge dieser Formel braucht man nur das symmetrische Polynom S der a b-gliedrigen Perioden einer e i n z i g e n ab-gliedrigen Periode $\overset{ab}{\tilde{\lambda}}$ als Satz der c ab-gliedrigen Perioden darzustellen, um sofort auch das Polynom S der a b-gliedrigen Perioden einer beliebigen a n d e r e n ab-gliedrigen Periode $\widetilde{m\lambda}$ hinschreiben zu können.

Ein Beispiel wird das Gesagte vollends klar machen. Für $p = 19$ existieren die 3 6-gliedrigen Perioden ($l = g^3 = 2^3 = 8$)

$$\xi = \overset{6}{\tilde{1}} = \bar{1} + \bar{8} + \bar{7} + \overline{18} + \overline{11} + \overline{12}, \quad \eta = \overset{6}{\tilde{2}} = \bar{2} + \overline{16} + \overline{14} + \overline{17} + \bar{3} + \bar{5},$$

$$\zeta = \overset{6}{\tilde{4}} = \bar{4} + \overline{13} + \bar{9} + \overline{15} + \bar{6} + \overline{10}.$$

ξ zerfällt z. B. in die drei 2-gliedrigen Perioden

$$\xi_1 = \overset{2}{\tilde{1}} = \bar{1} + \overline{18}, \quad \xi_2 = \overset{2}{\tilde{8}} = \bar{8} + \overline{11}, \quad \xi_3 = \overset{2}{\tilde{7}} = \bar{7} + \overline{12},$$

η zerfällt z. B. in die drei 2-gliedrigen Perioden

$$\eta_1 = \overset{2}{\tilde{2}} = \bar{2} + \overline{17}, \quad \eta_2 = \overset{2}{\widetilde{16}} = \overline{16} + \bar{3}, \quad \eta_3 = \overset{2}{\widetilde{14}} = \overline{14} + \bar{5},$$

ζ zerfällt z. B. in die drei 2-gliedrigen Perioden

$$\zeta_1 = \overset{2}{\tilde{4}} = \bar{4} + \overline{15}, \quad \zeta_2 = \overset{2}{\widetilde{13}} = \overline{13} + \bar{6}, \quad \zeta_3 = \overset{2}{\tilde{9}} = \bar{9} + \overline{10}.$$

Nach der Multiplikationsformel ist nun, indem wir zunächst nur 2-gliedrige Perioden betrachten (deren Quotient $2^9 \equiv -1 \mod p$ ist)

$$\left\{\begin{array}{l} \xi_2\xi_3 = \tilde{8}\cdot\tilde{7} = \widetilde{15} + \tilde{1} = \overline{15} + \bar{4} + \bar{1} + \overline{18} \\ \xi_3\xi_1 = \tilde{7}\cdot\tilde{1} = \tilde{8} + \widetilde{13} = \bar{8} + \overline{11} + \overline{13} + \bar{6} \\ \xi_1\xi_2 = \tilde{1}\cdot\tilde{8} = \tilde{9} + \widetilde{12} = \bar{9} + \overline{10} + \overline{12} + \bar{7} \end{array}\right\},$$

mithin

$$Q = \xi_2\xi_3 + \xi_3\xi_1 + \xi_1\xi_2 = \overset{6}{\tilde{1}} + \overset{6}{\tilde{4}} = \xi + \zeta$$

womit das symmetrische Polynom Q der 3 2-gliedrigen Perioden ξ_1, ξ_2, ξ_3 der 6-gliedrigen Periode ξ als Satz von 6-gliedrigen Perioden dargestellt ist.

Für die symmetrische Funktion $R = \xi_1\xi_2\xi_3$ bekommen wir, wobei wir die Gliederzahl 2 wieder weglassen,

$$R = \tilde{1}(\widetilde{15} + \tilde{1}) = \tilde{1}\cdot\widetilde{15} + \tilde{1}\cdot\tilde{1} = \tilde{1}(\overline{15} + \bar{4}) + \tilde{1}(\bar{1} + \overline{18}) = \widetilde{16} + \tilde{5} + \tilde{2} + \widetilde{19}$$

oder

$$R = \overline{16} + \bar{3} + \bar{5} + \overline{14} + \bar{2} + \overline{17} + 2,$$

also

$$R = \xi_1\xi_2\xi_3 = 2 + \overset{6}{\tilde{2}} = -2\xi - \eta - 2\zeta,$$

womit auch das symmetrische Polynom R der 3 2-gliedrigen Perioden ξ_1, ξ_2, ξ_3 der 6-gliedrigen Periode ξ als Satz der 6-gliedrigen Perioden dargestellt ist.

Durch Anbringung des Multiplikators $m = 2$ gehen $\xi_1, \xi_2, \xi_3, \xi, \eta, \zeta$ in $\eta_1, \eta_2, \eta_3, \eta, \zeta, \xi$ über, und wir bekommen

$$\eta_2\eta_3 + \eta_3\eta_1 + \eta_1\eta_2 = \eta + \xi, \quad \eta_1\eta_2\eta_3 = -2\xi - 2\eta - \zeta.$$

Durch Anbringung des Multiplikators $m = 4$ gehen $\xi_1, \xi_2, \xi_3, \xi, \eta, \zeta$ in $\zeta_1, \zeta_2, \zeta_3, \zeta, \xi, \eta$ über, und es wird

$$\zeta_2\zeta_3 + \zeta_3\zeta_1 + \zeta_1\zeta_2 = \zeta + \eta, \quad \zeta_1\zeta_2\zeta_3 = -\xi - 2\eta - 2\zeta.$$

Notieren wir noch die drei unmittelbar ablesbaren Relationen

$$\xi_1 + \xi_2 + \xi_3 = \xi, \quad \eta_1 + \eta_2 + \eta_3 = \eta, \quad \zeta_1 + \zeta_2 + \zeta_3 = \zeta,$$

so ist die Darstellung der drei Einerpolynome der 3 2-gliedrigen Subperioden jeder der 3 6-gliedrigen Perioden ξ, η, ζ als Sätze dieser Perioden vollzogen.

Auf Grund dieser Darstellungen erkennen wir, daß die Subperioden ξ_1, ξ_2, ξ_3 die Wurzeln der kubischen Gleichung

$$x^3 - \xi x^2 + (\zeta + \xi)x + (2\xi + \eta + 2\zeta) = 0$$

sind.

Die kubischen Gleichungen, deren Wurzeln die Subperioden η_1, η_2, η_3 bzw. $\zeta_1, \zeta_2, \zeta_3$ sind, bekommen wir hieraus durch zyklische Vertauschung der drei Perioden ξ, η, ζ; sie lauten daher

$$x^3 - \eta x^2 + (\xi + \eta)x + (2\xi + 2\eta + \zeta) = 0$$

bzw.

$$x^3 - \zeta x^2 + (\eta + \zeta)x + (\xi + 2\eta + 2\zeta) = 0.$$

§ 70. Gauß' Fundamentalsatz

Den Abschluß der in den §§ 67—69 entwickelten Eigenschaften der Perioden bildet der

Fundamentalsatz von Gauß:

Die Lösung der Kreisteilungsgleichung

$$z^{p-1} + z^{p-2} + \ldots + z + 1 = 0$$

mit primalem p läßt sich auf die Lösung von Gleichungen $a$ten, $b$ten, $c$ten, ... Grades mit angebbaren Koeffizienten zurückführen, wobei $a, b, c, \ldots$ beliebige Exponenten sind, deren Produkt $p - 1$ ist.

Den Beweis dieses Satzes führen wir der bequemeren Übersicht halber an einem Zahlenbeispiel; man wird aber sehen, daß sich die gezogenen Schlüsse uneingeschränkt auf jeden beliebigen Wert von p bzw. $a, b, c, \ldots$ übertragen.

Es sei also etwa $p = 211$. Als Zerlegung von $p - 1$ wählen wir

$$p - 1 = 2 \cdot 3 \cdot 5 \cdot 7,$$

als Primitivwurzel von p $g = 2$ und als Stammwurzel V der Gleichung $z^{211} = 1$

$$V = z_1 = \cos\frac{2\pi}{211} + i\sin\frac{2\pi}{211}.$$

Als ersten Faktor von $p-1$ nehmen wir 2 und bilden die 2 105-gliedrigen Perioden

$$\left.\begin{aligned} \xi_1 &= \tilde{1} = \overline{g^0} + \overline{g^2} + \overline{g^4} + \ldots + \overline{g^{208}} \\ \xi_2 &= \tilde{2} = \overline{g^1} + \overline{g^3} + \overline{g^5} + \ldots + \overline{g^{209}} \end{aligned}\right\}.$$

Nach Symmetriesatz 2 wissen wir, daß sie die Wurzeln einer ganzzahligen Gleichung 2. Grades

$$\xi^2 + a\xi + A = 0$$

sind:

$$\xi_1 = \frac{-a + \sqrt{a^2 - 4A}}{2}, \qquad \xi_2 = \frac{-a - \sqrt{a^2 - 4A}}{2}.$$

Die Zweideutigkeit der Wurzel läßt sich z. B. dadurch beheben, daß wir die obige Summe für ξ_1 auf Grund der Zahlwerte der in ihr auftretenden Cosinus und Sinus mit einer für den vorliegenden Zweck ausreichenden Genauigkeit abschätzen.

Darauf zerlegen wir jede der 105-gliedrigen Perioden ξ_1 und ξ_2, dem zweiten Zerlegungsfaktor 3 von $p - 1$ entsprechend, in 3 35-gliedrige Perioden; z. B. ξ_1 in

$$\left.\begin{aligned} \eta_1 &= \overline{g^0} + \overline{g^6} + \overline{g^{12}} + \ldots + \overline{g^{204}} \\ \eta_2 &= \overline{g^2} + \overline{g^8} + \overline{g^{14}} + \ldots + \overline{g^{206}} \\ \eta_3 &= \overline{g^4} + \overline{g^{10}} + \overline{g^{16}} + \ldots + \overline{g^{208}} \end{aligned}\right\},$$

ebenso ξ_2 in

$$\left.\begin{aligned} \eta_4 &= \overline{g^1} + \overline{g^7} + \overline{g^{13}} + \ldots + \overline{g^{205}} \\ \eta_5 &= \overline{g^3} + \overline{g^9} + \overline{g^{15}} + \ldots + \overline{g^{207}} \\ \eta_6 &= \overline{g^5} + \overline{g^{11}} + \overline{g^{17}} + \ldots + \overline{g^{209}} \end{aligned}\right\}.$$

Nach dem Subperiodensatze wissen wir, daß die 3 35-gliedrigen Perioden η_1, η_2, η_3 (ebenso auch die 3 Perioden η_4, η_5, η_6) Wurzeln einer Gleichung 3. Grades sind, deren Koeffizienten angebbare Sätze der 105-gliedrigen Perioden ξ_1 und ξ_2 sind, welche letzteren wir aber bereits aus der obigen quadratischen Gleichung kennen.

Die Auflösung der 2 Gleichungen 3. Grades liefert die $2 \cdot 3 = 6$ 35-gliedrigen Perioden η_1, η_2, η_3; η_4, η_5, η_6, wobei etwaige Mißdeutigkeiten über die korrekte Numerierung wieder in der oben geschilderten Weise behoben werden können. Nachdem übrigens (bei der ersten kubischen Gleichung) η_1 bestimmt ist, kann man η_2 und η_3 nach dem Darstellungssatze 3 (§ 68) eindeutig angeben. Ebenso lassen sich η_5 und η_6 als mit rationalen Koeffizienten behaftete Polynome 3. Grades von η_4 angeben.

Damit sind alle $2 \cdot 3 = 6$ 35-gliedrigen Perioden bekannt geworden.

Nunmehr zerlegen wir jede dieser 6 35-gliedrigen Perioden, dem dritten Faktor, 5, von 210 entsprechend, in 5 7-gliedrige Perioden, z. B. η_1 in die 5 Perioden

$$\left.\begin{aligned} \zeta_1 &= \overline{g^0} + \overline{g^{30}} + \overline{g^{60}} + \ldots + \overline{g^{180}} \\ \zeta_2 &= \overline{g^6} + \overline{g^{36}} + \overline{g^{66}} + \ldots + \overline{g^{186}} \\ \zeta_3 &= \overline{g^{12}} + \overline{g^{42}} + \overline{g^{72}} + \ldots + \overline{g^{192}} \\ \zeta_4 &= \overline{g^{18}} + \overline{g^{48}} + \overline{g^{78}} + \ldots + \overline{g^{198}} \\ \zeta_5 &= \overline{g^{24}} + \overline{g^{54}} + \overline{g^{84}} + \ldots + \overline{g^{204}} \end{aligned}\right\},$$

η_2 in die 5 Perioden

$$\left.\begin{aligned} \zeta_6 &= \overline{g^2} + \overline{g^{32}} + \overline{g^{62}} + \ldots + \overline{g^{182}} \\ \zeta_7 &= \overline{g^8} + \overline{g^{38}} + \overline{g^{68}} + \ldots + \overline{g^{188}} \\ &\ldots\ldots\ldots\ldots\ldots\ldots \\ \zeta_{10} &= \overline{g^{26}} + \overline{g^{56}} + \overline{g^{86}} + \ldots + \overline{g^{206}} \end{aligned}\right\},$$

usw. bis schließlich η_6 in die 5 Perioden

$$\left.\begin{aligned} \zeta_{26} &= \overline{g^5} + \overline{g^{35}} + \overline{g^{65}} + \ldots + \overline{g^{185}} \\ &\ldots\ldots\ldots\ldots\ldots\ldots \\ \zeta_{30} &= \overline{g^{29}} + \overline{g^{59}} + \overline{g^{89}} + \ldots + \overline{g^{209}} \end{aligned}\right\}.$$

Die 5 Perioden von η_1 (ebenso die von η_2, ebenso die von η_3 usw.) sind Wurzeln einer Gleichung 5. Grades, deren Koeffizienten angebbare Sätze der 35-gliedrigen Perioden $\eta_1, \eta_2, \ldots, \eta_6$ sind, welche letzteren aber im zweiten Schritt unserer Rechnung bekannt geworden sind. Das gibt im ganzen $6 = 2 \cdot 3$ Gleichungen 5. Grades, als deren Wurzeln die $6 \cdot 5 = 30$ 7-gliedrigen Perioden $\zeta_1, \zeta_2, \ldots \zeta_{30}$ erscheinen.

Im vierten und, der Anzahl 4 unserer Faktoren (von 210) entsprechend, letzten Schritte unserer Rechnung zerlegen wir jede der $2 \cdot 3 \cdot 5 = 30$ Perioden $\zeta_1, \zeta_2, \ldots, \zeta_{30}$ in 7 eingliedrige Perioden, welche letzteren dann die gesuchten 210 Wurzeln der vorgelegten Gleichung

$$z^{210} + z^{209} + \ldots + z + 1 = 0$$

selbst sind. Z. B. sind die Perioden bzw. Wurzeln von ζ_1

$$\overline{g^0},\ \overline{g^{30}},\ \overline{g^{60}},\ \overline{g^{90}},\ \overline{g^{120}},\ \overline{g^{150}},\ \overline{g^{180}},$$

die von ζ_7

$$\overline{g^8},\ \overline{g^{38}},\ \overline{g^{68}},\ \overline{g^{98}},\ \overline{g^{128}},\ \overline{g^{158}},\ \overline{g^{188}}$$

usw.

Die 7 eingliedrigen Perioden von ζ_1 (ebenso die von ζ_2, die von ζ_3 usw.) sind Wurzeln einer Gleichung 7. Grades, deren Koeffizienten angebbare Sätze der 7-gliedrigen Perioden $\zeta_1, \zeta_2, \ldots, \zeta_{30}$ sind, mithin, da letztere durch die Auflösung der obigen 6 Gleichungen 5. Grades gefunden werden können, alle bekannt sind.

Die Auflösung der genannten 30 ($= 2 \cdot 3 \cdot 5$) Gleichungen 7. Grades liefert schließlich die gesuchten $30 \cdot 7 = 210$ Wurzeln $\overline{g^0}, \overline{g^1}, \ldots \overline{g^{209}}$ unserer Kreisteilungsgleichung. Natürlich wird man nur eine dieser Gleichungen 7. Grades auflösen: etwa die erste, welche $\overline{g^0} = \overline{1} = z_1$ zu ihren Wurzeln zählt, insofern ja die Potenzen von z_1 dann alle Wurzeln der Kreisteilungsgleichung liefern.

Man sieht ein, daß es bei dem beschriebenen Verfahren gleichgültig ist, aus wieviel Faktoren $p-1$ besteht, und in welche Faktoren man $p-1$ zerlegt.

Ein Fall ist von besonderer Bedeutung: derjenige, in welchem $p-1$ nur den Primfaktor 2 hat, also die Form

$$p - 1 = 2^n$$

besitzt. In diesem Falle nämlich kann man $p-1$ in ein Produkt aus n gleichen Faktoren 2 zerlegen:

$$p - 1 = 2 \cdot 2 \cdot \ldots \cdot 2,$$

und die in den sukzessiven Schritten unserer Rechnung auftretenden Gleichungen sind alle **zweiten** Grades!

Dieser Spezialfall gibt den

Satz von Gauß:

Ist das primale p der Kreisteilungsgleichung

$$z^{p-1} + z^{p-2} + \ldots + z + 1 = 0$$

eine Fermatzahl, d. h. von der Form

$$p = F_n = 2^{2^n} + 1,$$

so ist die Kreisteilungsgleichung auf lauter quadratische Gleichungen zurückführbar.

In geometrischer Ausdrucksweise:

Jedes reguläre p-Eck, in welchem p eine primale Fermatzahl bedeutet, ist mit Zirkel und Lineal konstruierbar.

Die Fälle $p = F_0 = 2^{2^0} + 1 = 3$ und $p = F_1 = 2^{2^1} + 1 = 5$ sind seit dem Altertum bekannt. Gauß lehrte als erster die Konstruktion des regelmäßigen 17-Ecks ($p = F_2 = 2^{2^2} + 1$). Er sagt dazu: „Man muß sich wundern daß, obwohl die Teilung des Kreises in 3 und 5 Teile schon im Zeitalter Euklids bekannt war, diesen Entdeckungen in einem

Zeitraume von 2000 Jahren nichts hinzugefügt wurde, daß vielmehr alle Geometer es als sicher angenommen haben, daß mit Ausnahme der aus der Drei- und Fünfteilung ableitbaren Konstruktionen keine weitere Teilung mit Zirkel und Lineal möglich ist".

Gauß maß seiner Entdeckung (mit Recht) eine solche Bedeutung bei, daß er sich auf seinen Grabstein ein reguläres Siebzehneck eingemeißelt wünschte. Auch sein Denkmal in Braunschweig enthält die Siebzehnecksfigur. Die Durchführung der Gaußschen Rechnung für das Siebzehneck folgt im nächsten Paragraphen.

Hier erwähnen wir noch zwei weitere Fälle primaler Fermatzahlen:

$$p = F_3 = 2^{2^3} + 1 = 257 \quad \text{und} \quad p = F_4 = 2^{2^4} + 1 = 65537.$$

Nach dem Gaußschen Satze sind also die beiden Gleichungen

$$z^{257} = 1 \quad \text{und} \quad z^{65537} = 1$$

auf quadratische Gleichungen zurückführbar, ist m. a. W. sowohl das reguläre 257-Eck als auch das reguläre 65537-Eck mit Zirkel und Lineal konstruierbar.

Über das 257-Eck hat Richelot im IX. Bande von Crelles Journal eine 84 Seiten umfassende Arbeit veröffentlicht, die später von Pascal und Affolter ins Geometrische übertragen wurde (Rendiconti della Reale Academia di Napoli, 1887 und Göttinger Nachrichten, 1894).

Das 65537-Eck hat Hermes in Lingen a. d. Ems nach der Gaußschen Methode in zehnjähriger Arbeit abgehandelt. Sein mit bewunderungswürdigem Fleiße hergestelltes Manuskript wird im mathematischen Seminar der Universität Göttingen aufbewahrt.

Die nun folgenden Fälle $n = 5, 6, 7, 8, 9$ führen nicht auf Primzahlen. Es ist

$$F_5 = 2^{2^5} + 1 = 641 \cdot 6700417,$$
$$F_6 = 2^{2^6} + 1 = 274177 \cdot 67280421310721.$$

Auch F_7 und F_8 sind, wie man gefunden hat, zusammengesetzte Zahlen; doch sind ihre Faktoren noch nicht bekannt.

F_9 hat den Teiler $37 \cdot 2^{16} + 1$ usw. Bis jetzt hat man jedenfalls keine weiteren primalen Fermatzahlen gefunden; es wäre also möglich, daß F_0, F_1, F_2, F_3 und F_4 die einzigen primalen Fermatzahlen sind.

Bedeutet nun $\mathfrak{S}$ das System aller primalen Fermatzahlen, so läßt sich mit Zirkel und Lineal jedes reguläre n-Eck zeichnen, dessen Eckenzahl n ein Produkt Π aus Zahlen $\mathfrak{S}$ ist, welches keine gleichen Faktoren enthält, sowie jedes n-Eck, für welches $n : \Pi$ eine Potenz von 2 ist.

Beweis. Es sei zunächst Π das Produkt von zwei Zahlen p und q aus $\mathfrak{S}$. Wir bestimmen zwei positive Ganzzahlen x und y derart, daß

$$px - qy = 1$$

ist. Dann hat der Bestimmungsbogen des regulären pq-Ecks den Wert

$$\frac{2\pi}{pq} = x \cdot \frac{2\pi}{q} - y \cdot \frac{2\pi}{p},$$

wird also erhalten, wenn man vom x fachen des bekannten Bestimmungsbogens $2\pi : q$ des regulären q-Ecks, das y fache des Bestimmungsbogens $2\pi : p$ des regulären p-Ecks fortnimmt.

Ist Π das Produkt von drei Zahlen, p, q, r aus $\mathfrak{S}$, so können wir wegen der Fremdheit von pq und r zwei positive Ganzzahlen u und v bestimmen derart, daß

$$pqu - rv = 1$$

ist. Dann wird der Bestimmungsbogen des regulären pqr-Ecks

$$\frac{2\pi}{pqr} = u \cdot \frac{2\pi}{r} - v \cdot \frac{2\pi}{pq},$$

d. h. das $u$fache des Bestimmungsbogens $2\pi : r$ des regulären r-Ecks vermindert um das $v$fache des nach obigem bekannten Bestimmungsbogens $2\pi : pq$ des regulären pq-Ecks. Usw.

Daß ferner jedes 2Π-Eck, 4Π-Eck, 8Π-Eck, ... gezeichnet werden kann, wenn das Π-Eck konstruierbar ist, leuchtet ein.

Zugleich erkennen wir, daß die Betrachtung des regulären p-Ecks, auf die wir unsere ganze Sorge verwandt haben, tatsächlich das Fundament der ganzen Kreisteilungslehre darstellt.

§ 71. Das reguläre Siebzehneck

Wir wenden das Gaußsche Verfahren der Lösung der Kreisteilungsgleichung auf das berühmte Beispiel des Siebzehnecks an. Unsere Gleichung lautet

$$z^{16} + z^{15} + \ldots + z + 1 = 0;$$

ihre Wurzeln $z_1 = \omega = \cos\frac{2\pi}{17} + i\sin\frac{2\pi}{17}, z_2 = \omega^2, z_3 = \omega^3, \ldots, z_{16} = \omega^{16}$

sind die gesuchten Ecken des Siebzehnecks. Wir wählen gleich dieses ω als Stammwurzel V. Als Primitivwurzel von 17 nehmen wir $g = 3$. Die 16 Potenzen von $g : g^0, g^1, \ldots, g^{15}$, die als Exponenten von V fungieren sollen, geben dann modulo 17

$$g^0 \equiv 1,\quad g^1 \equiv 3,\quad g^2 \equiv 9,\quad g^3 \equiv 10,\quad g^4 \equiv 13,\quad g^5 \equiv 5,\quad g^6 \equiv 15,\quad g^7 \equiv 11,$$
$$g^8 \equiv 16,\quad g^9 \equiv 14,\quad g^{10} \equiv 8,\quad g^{11} \equiv 7,\quad g^{12} \equiv 4,\quad g^{13} \equiv 12,\quad g^{14} \equiv 2,\quad g^{15} \equiv 6.$$

I. Achtgliedrige Perioden.

Die beiden achtgliedrigen Perioden sind demnach

$$\xi_1 = \tilde{1} = \bar{1} + \bar{9} + \overline{13} + \overline{15} + \overline{16} + \bar{8} + \bar{4} + \bar{2},$$
$$\xi_3 = \tilde{3} = \bar{3} + \overline{10} + \bar{5} + \overline{11} + \overline{14} + \bar{7} + \overline{12} + \bar{6}.$$

Wie wir wissen, sind sie Wurzeln einer quadratischen Gleichung mit ganzzahligen Koeffizienten.

In der Tat, zunächst ist die Summe der Perioden

$$\xi_1 + \xi_3 = \overline{g^0} + \overline{g^1} + \overline{g^2} + \dots + \overline{g^{15}} = z_1 + z_2 + \dots + z_{16} = -1.$$

Um das Produkt $\xi_1 \cdot \xi_3$ auszurechnen, benutzen wir Gauß' Multiplikationsformel. Sie gibt

$$\begin{aligned} \xi_1 \xi_3 = \tilde{1} \cdot \tilde{3} = \tilde{4} + \widetilde{11} + \tilde{6} + \widetilde{12} + \widetilde{15} + \tilde{8} + \widetilde{13} + \tilde{7} = \\ \xi_1 + \xi_3 + \xi_3 + \xi_3 + \xi_1 + \xi_1 + \xi_1 + \xi_3 = \\ 4(\xi_1 + \xi_3) = -4. \end{aligned}$$

Die quadratische Gleichung für die beiden achtgliedrigen Perioden heißt demnach

$$\xi^2 + \xi - 4 = 0.$$

Um festzustellen, welche von ihren Wurzeln ξ_1, welche ξ_3 ist, entwerfen wir eine Skizze des Siebzehnecks. Schreibt man

$$\left.\begin{aligned} \xi_1 = (\bar{1} + \overline{16}) + (\bar{2} + \overline{15}) + (\bar{4} + \overline{13}) + [\bar{8} + \bar{9}] \\ \xi_3 = (\bar{3} + \overline{14}) + [\bar{5} + \overline{12}] + [\bar{6} + \overline{11}] + [\bar{7} + \overline{10}] \end{aligned}\right\},$$

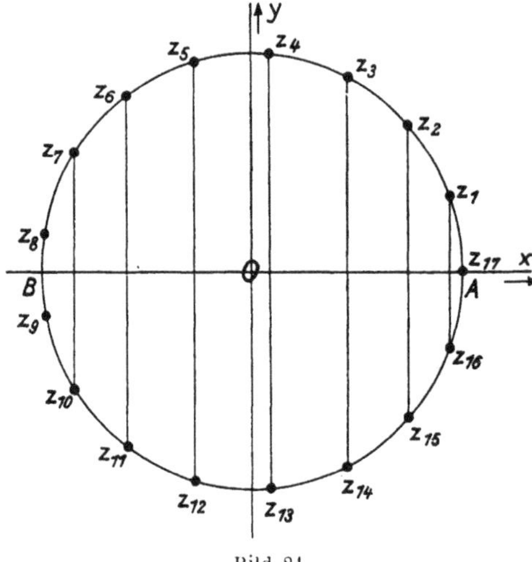

Bild 21.

so zeigt ein Blick auf die Figur, daß die runden Klammern positive, die eckigen negative Werte sind und zeigt z. B. auch, daß $[\bar{7} + \overline{10}]$ betraglich $(\bar{3} + \overline{14})$ übersteigt, so daß ξ_3 negativ ist. Ebenso sieht man, daß die Summe von $(\bar{1} + \overline{16})$ und $(\bar{2} + \overline{15})$ in der ersten Zeile den Betrag des negativen Wertes $[\bar{8} + \bar{9}]$ weit übersteigt, so daß ξ_1 positiv ist. Folglich ist

(1) $$\xi_1 = \frac{-1 + \sqrt{17}}{2}, \qquad \xi_3 = \frac{-1 - \sqrt{17}}{2}$$

II. Viergliedrige Perioden.

Wir kommen nun zu den 4 viergliedrigen Perioden, bei deren Schreibung wir, da wir in dieser zweiten Phase unserer Entwicklung nur viergliedrige Perioden betrachten, den die Gliederzahl anzeigenden Zeiger über der Tilde der Bequemlichkeit weglassen! Sie sind

$$\begin{Bmatrix} \eta_1 = \bar{1} + \overline{13} + \overline{16} + \bar{4} = \tilde{1} \\ \eta_2 = \bar{9} + \overline{15} + \bar{8} + \bar{2} = \tilde{2} \end{Bmatrix}, \qquad \begin{Bmatrix} \eta_3 = \bar{3} + \bar{5} + \overline{14} + \overline{12} = \tilde{3} \\ \eta_6 = \overline{10} + \overline{11} + \bar{7} + \bar{6} = \tilde{6} \end{Bmatrix},$$

und wir wissen, daß η_1 und η_2 und ebenso auch η_3 und η_6 Wurzeln je einer quadratischen Gleichung sind, deren Koeffizienten Sätze von ξ_1 und ξ_3 sind.

Was die erste dieser 2 quadratischen Gleichungen anbetrifft, so ist zunächst die Summe der Wurzeln

$$\eta_1 + \eta_2 = \bar{1} + \bar{9} + \overline{13} + \overline{15} + \overline{16} + \bar{8} + \bar{4} + \bar{2} = \xi_1.$$

Das Produkt finden wir wieder nach Gauß' Multiplikationsformel:

$$\eta_1 \eta_2 = \tilde{1} \cdot \tilde{2} = \widetilde{10} + \widetilde{16} + \tilde{9} + \tilde{3} = \eta_6 + \eta_1 + \eta_2 + \eta_3 = -1.$$

Die quadratische Gleichung für η_1 und η_2 lautet

$$\eta^2 - \xi_1 \eta - 1 = 0.$$

Bei der zweiten quadratischen Gleichung wird ebenso

$$\eta_3 + \eta_6 = \xi_3, \quad \eta_3 \cdot \eta_6 = \tilde{3}\,\tilde{6} = \widetilde{13} + \widetilde{14} + \widetilde{10} + \tilde{9} = \eta_1 + \eta_3 + \eta_6 + \eta_2 = -1.$$

Die Gleichung für η_3 und η_6 lautet

$$\eta^2 - \xi_3 \eta - 1 = 0.$$

Aus den Schreibungen

$$\begin{Bmatrix} \eta_1 = (\bar{1} + \overline{16}) + (\bar{4} + \overline{13}) \\ \eta_2 = (\bar{2} + \overline{15}) + [\bar{8} + \bar{9}] \end{Bmatrix} \quad \text{und} \quad \begin{Bmatrix} \eta_3 = (\bar{3} + \overline{14}) + [\bar{5} + \overline{12}] \\ \eta_6 = [\bar{6} + \overline{11}] + [\bar{7} + \overline{10}] \end{Bmatrix}$$

und dem Anblick unserer Figur folgt sofort, daß η_1 positiv, η_2 negativ und η_3 positiv, η_6 negativ ist. Folglich bekommen wir

$$(2) \qquad \begin{Bmatrix} \eta_1 = \dfrac{\xi_1 + \sqrt{\xi_1^2 + 4}}{2} \\ \eta_2 = \dfrac{\xi_1 - \sqrt{\xi_1^2 + 4}}{2} \end{Bmatrix} \quad \text{und} \quad \begin{Bmatrix} \eta_3 = \dfrac{\xi_3 + \sqrt{\xi_3^2 + 4}}{2} \\ \eta_6 = \dfrac{\xi_3 - \sqrt{\xi_3^2 + 4}}{2} \end{Bmatrix}$$

III. Zweigliedrige Perioden.

Im III. Schritt unserer Entwicklung erscheinen die 8 zweigliedrigen Perioden (mit Weglassung des oberen Tildezeigers)

$$\begin{Bmatrix} \zeta_1 = \bar{1} + \overline{16} = \tilde{1} \\ \zeta_4 = \overline{13} + \bar{4} = \tilde{4} \end{Bmatrix}, \qquad \begin{Bmatrix} \zeta_8 = \bar{9} + \bar{8} = \tilde{8} \\ \zeta_2 = \overline{15} + \bar{2} = \tilde{2} \end{Bmatrix},$$

$$\begin{Bmatrix} \zeta_3 = \bar{3} + \overline{14} = \tilde{3} \\ \zeta_5 = \bar{5} + \overline{12} = \tilde{5} \end{Bmatrix}, \qquad \begin{Bmatrix} \zeta_7 = \overline{10} + \bar{7} = \tilde{7} \\ \zeta_6 = \overline{11} + \bar{6} = \tilde{6} \end{Bmatrix}.$$

Je zwei in geschweifter Klammer stehende Perioden sind Wurzeln einer quadratischen Gleichung, deren Koeffizienten Sätze der Perioden $\eta_1, \eta_2, \eta_3, \eta_4$ sind.

Beim ersten Paar ist z. B.

$$\zeta_1 + \zeta_4 = \overline{1} + \overline{16} + \overline{13} + \overline{4} = \eta_1,$$

$$\zeta_1 \zeta_4 = \tilde{1} \cdot \tilde{4} = \widetilde{14} + \tilde{5} = \zeta_3 + \zeta_5 = \overline{3} + \overline{14} + \overline{5} + \overline{12} = \eta_3.$$

Beim zweiten ist

$$\zeta_8 + \zeta_2 = \overline{9} + \overline{8} + \overline{15} + \overline{2} = \eta_2,$$

$$\zeta_8 \cdot \zeta_2 = \tilde{2} \cdot \tilde{8} = \widetilde{11} + \widetilde{10} = \zeta_6 + \zeta_7 = \overline{10} + \overline{7} + \overline{11} + \overline{6} = \eta_6.$$

Wir benötigen für das Folgende nur das erste Paar. Die quadratische Gleichung mit den Wurzeln ζ_1 und ζ_4 lautet

$$\zeta^2 - \eta_1 \zeta + \eta_3 = 0.$$

Aus

$$\zeta_1 = (\overline{1} + \overline{16}) \qquad \text{und} \qquad \zeta_4 = (\overline{4} + \overline{13})$$

und dem Anblick der Figur geht hervor, daß beide Wurzeln ζ_1 und ζ_4 positiv sind und daß $\zeta_1 > \zeta_4$ ist. Daher wird

$$(3) \qquad \zeta_1 = \frac{\eta_1 + \sqrt{\eta_1^2 - 4\eta_3}}{2}, \qquad \zeta_4 = \frac{\eta_1 - \sqrt{\eta_1^2 - 4\eta_3}}{2}$$

Konstruktion des Siebzehnecks.

Von den gefundenen Gleichungen benötigen wir zur Konstruktion des Siebzehnecks nur (1), (2) und (3). (1) liefert ξ_1 und ξ_3, (2) liefert η_1 und η_3 und (3) endlich ζ_1.

Die Kenntnis von ζ_1 genügt zur Konstruktion des Siebzehnecks: Man trage vom Nullpunkt auf der positiven Zahlenachse die Strecke ζ_1 ab; ihre Mittelsenkrechte trifft den Kreis in zwei Ecken (z_1 und z_{16}) des Siebzehnecks; der Mittelpunkt des z_1 und z_2 verbindenden Bogens ist eine dritte Ecke (z_{17}).

§ 72. Gleichungen, deren Wurzeln mit Zirkel und Lineal konstruierbar sind

Zur Abrundung unserer Betrachtungen über die Kreisteilungsgleichung fehlt noch der Nachweis, daß außer den in § 70 genannten Vielecken, deren Eckenzahl eine primale Fermatzahl ist, und den daraus ableitbaren Vielecken weitere Polyzone mit Zirkel und Lineal nicht konstruierbar sind, daß m. a. W. alle Kreisteilungsgleichungen, deren Grad n nicht von der Form

$$n = 2^e F_\lambda F_\mu F_\nu \ldots$$

ist, wo F_λ, F_μ, F_ν, ... paarweise ungleiche primale Fermatzahlen bedeuten, nicht auf quadratische Gleichungen zurückführbar sind.

Dieser Nachweis besteht aus zwei Schritten. Im ersten zeigen wir, daß der Grad einer irreduziblen Gleichung mit ganzzahligen Koeffizienten, welcher ein mit Zirkel und Lineal konstruierbarer Ausdruck genügt, eine Potenz von 2 sein muß, im zweiten, daß die Kreisteilungsgleichung, deren Grad eine Potenz einer ungeraden Primzahl ist, irreduzibel ist.

Wir betrachten zuerst die Bauart von Ausdrücken [die wir uns als zu konstruierende Strecken denken], die sich in unserer Gaußebene mit Zirkel und Lineal zeichnen lassen. Wenn ein solcher Ausdruck nicht einfach eine Rationalzahl ist, über deren Konstruktion wir kein Wort zu verlieren brauchen, so ist er aus Quadratwurzeln aufgebaut. Der einfachste derartige Ausdruck ist $\sqrt{2}$; er wird bekanntlich als Hypotenuse eines rechtwinkligen Dreiecks mit den Katheten 1 und 1 gefunden. Der nächst einfache Ausdruck ist $\sqrt{3}$. Die einfachste Konstruktion von $\sqrt{3}$ verläuft in der Weise, daß man einen Kreis vom Halbmesser 1 zeichnet und von irgendeinem Randpunkte mit demselben Halbmesser auf ihn einschlägt: der Abstand der entstehenden Schnittpunkte ist $\sqrt{3}$. $\sqrt{5}$ ergibt sich als Hypotenuse des rechtwinkligen Dreiecks mit den Katheten 1 und 2 usw. Auch weiß man, daß man bei geometrischen Konstruktionsaufgaben oft Ausdrücken von der Form $\sqrt{a^2+b^2}$, $\sqrt{ab}$, $a\sqrt{2}$, $a\sqrt[4]{2}$, $ab:\sqrt{cd}$ usw. begegnet, in denen a, b, c, d gegebene oder konstruierbare Strecken sind, und die sich leicht mit Zirkel und Lineal konstruieren lassen. Komplizierter sind schon Ausdrücke wie $\sqrt{a+\sqrt{b}}$ oder $(\sqrt{a+b+c}):(\sqrt{d}+\sqrt{e})$ oder $\sqrt{a+b\sqrt{c}+\sqrt{a\sqrt{b}-c\sqrt{d}}}$ usw. Wir knüpfen unsere nächste Überlegung an den Ausdruck

$$s=\frac{\sqrt{a+\sqrt{b+\sqrt{c}}}-\sqrt{d-\sqrt{e}}}{\sqrt{f-g\sqrt{h}+\sqrt{k}}}+\frac{l}{\sqrt{2m-3\sqrt{n}}}.$$

Hier achten wir vor allem auf die **Ordnung des Ausdrucks**, d. i. die Höchstzahl von Wurzeln, die in einem derartigen Wurzelausdruck irgendwo übereinanderstehen. Der Ausdruck s ist **dritter Ordnung**; er enthält außerdem Ausdrücke zweiter Ordnung (z. B. $\sqrt{f-g\sqrt{h}}$), erster Ordnung (z. B. $\sqrt{n}$) und nullter Ordnung (z. B. $2m$ oder l). Der Ausdruck

$$\sqrt{6}+\frac{2}{7-\sqrt{11}}+\frac{\sqrt{8}}{\sqrt{7+\sqrt{11}}}-2\sqrt{3+\sqrt{4+5\sqrt{6-\sqrt{7}}}}$$

ist also vierter Ordnung.

Wir denken uns in der Folge jeden Ausdruck $m$ter Ordnung auf die Normalform gebracht, die dadurch gekennzeichnet ist, daß sich keiner der in ihm vorkommenden Ausdrücke νter Ordnung (mit $\nu \leqq m$) durch die andern in ihm vorhandenen Ausdrücke νter oder niedrigerer Ordnung ausdrücken läßt, daß ferner alle Nenner durch Rationalisierung beseitigt sind und daß von keiner Wurzel höhere Potenzen als die erste vorkommen.

Um z. B. $x = (2 + \sqrt{3})^4$ auf die Normalform zu bringen, schreiben wir $(2 + \sqrt{3})^2 = 7 + 4\sqrt{3}$, $x = 97 + 56\sqrt{3}$. Die Normalform von $y = \frac{1}{3\sqrt{2} - 2\sqrt{3}}$ ist

$$y = \frac{3\sqrt{2} + 2\sqrt{3}}{(3\sqrt{2} - 2\sqrt{3})(3\sqrt{2} + 2\sqrt{3})} = \frac{3\sqrt{2} + 2\sqrt{3}}{6}.$$

Die Normalform von

$$z = \sqrt{7 + 2\sqrt{5}} + \frac{3}{\sqrt{7 - 2\sqrt{5}}}$$

entsteht so:

$$\frac{3}{\sqrt{7 - 2\sqrt{5}}} = \frac{3\sqrt{7 + 2\sqrt{5}}}{\sqrt{29}},$$

$$z = \sqrt{7 + 2\sqrt{5}}\left(1 + \frac{3}{\sqrt{29}}\right) = \sqrt{7 + 2\sqrt{5}}\,\frac{3 + \sqrt{29}}{\sqrt{29}},$$

$$z = \sqrt{7 + 2\sqrt{5}}\,(29 + 3\sqrt{29}) : 29$$

usw.

Auch die in einem Ausdruck $m$ter Ordnung vorkommenden Ausdrücke von niedrigerer als $m$ter Ordnung denken wir uns in dieser Weise auf ihre Normalformen gebracht.

Der fertige Normalausdruck $n$ter Ordnung läßt sich dann stets $\mathfrak{a} + a\sqrt{\alpha}$ schreiben, wo $\sqrt{\alpha}$ eine Wurzel $m$ter Ordnung bedeutet, und wo $\mathfrak{a}$ und a Ausdrücke von $m$ter oder niedrigerer Ordnung sind, in denen $\sqrt{\alpha}$ nicht mehr vorkommt, die nicht mehr von $\sqrt{\alpha}$ abhängen.

Es sei nunmehr z_1 ein Ausdruck $m$ter Ordnung in der Normalform, der im ganzen e verschiedene Wurzeln von $m$ter oder niedrigerer Ordnung enthält. Ändern wir auf alle möglichen Arten die Vorzeichen dieser e Wurzeln, so ergeben sich (mit z_1) im ganzen

$$n = 2^e$$

Wurzelausdrücke $z_1, z_2, z_3, \ldots, z_n$ [die übrigens nicht alle verschieden zu sein brauchen].

Wir bilden das Polynom

$$f(z) = (z - z_1)(z - z_2) \ldots (z - z_n).$$

Ändern wir in diesem Ausdruck überall das Vorzeichen einer der in ihm enthaltenen Wurzeln, so ändert der Ausdruck seinen Wert nicht, so daß der ausgerechnete Ausdruck diese Wurzel nicht mehr aufweist. Da das aber für jede der e Wurzeln gilt, so kann in f überhaupt keine Wurzel mehr auftreten; $f(z)$ also ist ein Polynom $n$ten Grades mit rationalen Koeffizienten: ein Bruchpolynom.

Wir behaupten jetzt:

Verschwindet ein Bruchpolynom $g(z)$ für irgendeine Wurzel von $f(z)$, so verschwindet es für jede Wurzel von $f(z)$.

Beweis. $g(z)$ verschwinde etwa für $z = z_1$. Wir schreiben z_1 in der obigen Weise:

$$z_1 = \mathfrak{a} + a\sqrt{\alpha},$$

setzen diesen Wert in $g(z)$ ein und bekommen nach Ausrechnung eine Gleichung von der Form

$$\mathfrak{A} + A\sqrt{\alpha} = 0,$$

wo $\mathfrak{A}$ und A Bruchpolynome in $\mathfrak{a}$ und a sind. Aus dieser Gleichung läßt sich nun aber nicht etwa der Schluß $\sqrt{\alpha} = -\mathfrak{A} : A$ ziehen, da sich ja sonst gegen die Voraussetzung $\sqrt{\alpha}$ durch die anderen in z_1 vorkommenden Wurzeln $n$ter oder niedrigerer Ordnung ausdrücken ließe. Folglich müssen $\mathfrak{A}$ und A beide verschwinden:

$$\mathfrak{A} = 0, \qquad A = 0.$$

Die Ausdrücke $\mathfrak{A}$ und A schreiben wir wieder

$$\mathfrak{A} = \mathfrak{b} + b\sqrt{\beta}, \qquad A = \mathfrak{c} + c\sqrt{\gamma},$$

wo $\sqrt{\beta}$ bzw. $\sqrt{\gamma}$ nicht mehr von den in $\mathfrak{b}$ und b bzw. $\mathfrak{c}$ und c vorkommenden Wurzeln abhängt. Aus

$$\mathfrak{b} + b\sqrt{\beta} = 0 \qquad \text{und} \qquad \mathfrak{c} + c\sqrt{\gamma} = 0$$

folgt dann wieder wie oben

$$\mathfrak{b} = 0, \qquad \mathfrak{b} = 0, \qquad \mathfrak{c} = 0, \qquad c = 0,$$

usf. Auf diese Weise kommen wir schließlich zu Gleichungen, die keine Wurzeln mehr, sondern nur noch rationale Zahlen enthalten, die m. a. W. von den Vorzeichen der in z_1 auftretenden Wurzeln unabhängig sind, und die sonach auch gelten, wenn wir diese Vorzeichen irgendwie ändern. Da nun diese Vorzeichenänderung z_1 in einen der Werte $z_2, z_3, \ldots, z_n$ verwandelt, so muß $g(z)$ auch für $z_2, z_3, \ldots, z_n$ verschwinden, w. z. b. w.

Unter allen Bruchpolynomen $g(z)$, die für $z = z_1$ verschwinden, gibt es eins, dessen Grad ν so klein wie möglich ist; es heiße $\varphi(z)$. Dieses Polynom ist natürlich irreduzibel. [Wäre es zerlegbar: $\varphi(z) = u(z) \cdot v(z)$, so wäre wegen $\varphi(z_1) = 0$ etwa $u(z_1) = 0$, gäbe es also gegen die Voraussetzung ein Polynom u vom niedrigeren Grade als φ mit der Wurzel z_1.]

Da das Polynom $f(z)$ für eine Nullstelle des irreduziblen Polynoms $\varphi(z)$ verschwindet, so ist $f(z)$ nach Abels Irreduzibilitätssatz (§ 66) durch $\varphi(z)$ teilbar:

$$f(z) = f_1(z) \cdot \varphi(z).$$

Da weiter $f_1(z)$ für eine gewisse Nullstelle von f, also auch von φ verschwindet [$\varphi(z)$ besitzt wie $g(z)$ sämtliche Wurzeln von f zu Nullstellen], so ist auch $f_1(z)$ durch $\varphi(z)$ teilbar, etwa $f_1(z) = f_2(z) \cdot \varphi(z)$ und

$$f(z) = f_2(z) \cdot \varphi(z)^2$$

usw. Schließlich ergibt sich

$$f(z) = \varphi(z)^{\mu},$$

indem wir als Erstkoeffizienten von f und φ die Einheit annehmen.

Durch Vergleich der Grade der in dieser Gleichung rechts und links stehenden Polynome erhalten wir die Beziehung

$$n = \mu \nu.$$

Da aber $n = 2^e$ war, muß auch μ eine Potenz von 2 sein. Als Ergebnis haben wir den

Fundamentalsatz:

Der Grad einer irreduziblen Gleichung mit rationalen Koeffizienten, welche ein aus Quadratwurzeln gebauter Ausdruck befriedigt, muß eine Potenz von 2 sein.

Wenn also bei primalem p ein reguläres p-Eck mit Zirkel und Lineal konstruierbar sein soll, wenn m. a. W. die Wurzeln der irreduziblen Kreisteilungsgleichung

$$z^{p-1} + z^{p-2} + \ldots + z + 1$$

auf quadratische Gleichungen zurückgeführt werden sollen (Quadratwurzelausdrücke sein sollen), so muß der Grad $p - 1$ der Gleichung eine Potenz von 2 sein, muß die Eckenzahl p eine Fermatzahl sein.

Ein reguläres p-Eck, bei dem die Primzahl p keine Fermatzahl ist, kann mit Zirkel und Lineal nicht konstruiert werden.

Bleibt nur noch die Hoffnung, vielleicht ein reguläres n-Eck konstruieren zu können, dessen Eckenzahl eine Potenz einer primalen Fermatzahl p ist, also z. B. das Neuneck oder Fünfundzwanzigeck oder Siebenundzwanzigeck usw. Aber diese Hoffnung ist illusorisch. Nehmen wir nur einmal die (nächst der ersten) einfachste zweite Potenz, m.a.W. das P-Eck mit $P = p^2$ (und natürlich $p = F_n$).

Die zugrunde zu legende Gleichung lautet

$$z^P = 1$$

oder $z^P - 1 = 0$. Unsere erste Sorge ist, $z^P - 1$ in ein Produkt von Polynomen niedrigerer Grade zu zerlegen. Wir bekommen

$$(z^P - 1) = (z^p - 1)(z^{p(p-1)} + z^{p(p-2)} + \ldots + z^p + 1) = 0.$$

Der linke Faktor liefert in seinen bekannten Nullstellen die Ecken des regulären p-Ecks, hat also momentan für uns kein Interesse. Auf den rechten Faktor kommt es an; seine Nullstellen liefern die gewünschten Ecken des P-Ecks.

Nun ist der Grad $p(p-1)$ dieses Faktors zwar keine Potenz von 2. Aber es könnte ja sein, daß sich der Faktor

$$z^{p(p-1)} + z^{p(p-2)} + \ldots + z^p + 1$$

in Faktoren zerlegen ließe, von denen wenigstens einer den Grad 2^e hätte, dessen Nullstellen dann u. U. durch Zurückführung auf quadratische Gleichungen ermittelt werden könnten. Aber diese Zerlegung ist leider nicht möglich; die Gleichung

$$z^{p(p-1)} + z^{p(p-2)} + \ldots + z^p + 1 = 0$$

ist irreduzibel, wie aus folgendem Satze hervorgeht, bei dem wir gleich allgemein ein Polygon zugrunde legen, dessen Eckenzahl M eine beliebige Potenz einer Primzahl p ist:

$$M = p^m \qquad \text{mit } m > 1.$$

Die obige Zerlegung sieht dann so aus:

$$(z^M - 1) = (z^N - 1)(z^{N(p-1)} + z^{N(p-2)} + \ldots + z^N + 1)$$
$$\text{mit } N = p^n, \quad n = m - 1,$$

und der in Rede stehende Satz lautet

Irreduzibilität der Kreisteilungsgleichung:

Die Kreisteilungsgleichung

$$F(z) = 0,$$

in welcher $F(z)$ das Polynom $Z^{p-1} + Z^{p-2} + \ldots + Z + 1$, Z das Monom z^N und N die $n$te Potenz der ungeraden Primzahl p mit positivem n bedeutet, ist irreduzibel.

Beweis von Kronecker. (Crelles Journal, Bd. 29. Journal de Liouville, 2me Série, T. 1.)

Angenommen $F(z)$ ließe sich in das Produkt

$$F(z) = \Phi(z) \cdot \Psi(z)$$

der beiden Ganzpolynome $\Phi(z)$ und $\Psi(z)$ [deren Anfangskoeffizienten 1 sind] zerlegen. Dann folgt zunächst aus $F(1) = 1$ etwa

$$\Phi(1) = 1 \qquad \text{und} \qquad \Psi(1) = p.$$

Wir betrachten jetzt das Restsystem

$$1, 2, 3, 4, \ldots, M$$

des Moduls $M = Np = p^m$ (mit $m = n + 1$). Es enthält genau N durch p teilbare Zahlen:

$$p, 2p, \ldots, Np;$$

seine übrigen Angehörigen

$$a, b, c, \ldots,$$

$\varphi(M)$ an der Zahl, sind fremd zu M. Bedeutet weiter E eine Stammwurzel der Gleichung $z^M = 1$, so stellen

$$E^a, \quad E^b, \quad E^c, \quad \ldots$$

die sämtlichen $\varphi(M)$ Stammwurzeln dieser Gleichung dar (§ 65), während die untereinander verschiedenen Wurzeln

$$E^p, \quad E^{2p}, \quad E^{3p}, \quad \ldots, \quad E^{Np}$$

die Wurzeln der Gleichung $z^N - 1 = 0$ sind. Deshalb ergibt sich aus

$$z^M - 1 = (z^N - 1) F(z),$$

daß die $\varphi(M)$ Wurzeln

$$E^a, E^b, E^c, \ldots$$

die Wurzeln von $F(z)$ sind.

Da nun $\Phi(z)$ für mindestens e i n e dieser Wurzeln verschwinden muß, ist sicher für jede Stammwurzel E

$$\Phi(E^a) \cdot \Phi(E^b) \cdot \Phi(E^c) \ldots = 0$$

verschwindet also das Ganzpolynom

$$\Phi(z^a) \cdot \Phi(z^b) \cdot \Phi(z^c) \ldots$$

für j e d e Wurzel von $F(z)$. Dieses Ganzpolynom ist mithin durch $F(z)$ ohne Rest teilbar:

$$\Phi(z^a) \cdot \Phi(z^b) \cdot \Phi(z^c) \ldots = F(z) \cdot G(z),$$

wo nach Gauß' Lemma auch $G(z)$ ein Ganzpolynom ist. Setzt man jetzt in dieser Relation

$$z = 1,$$

so erhält man links den Wert 1, während rechts das Produkt pq der beiden Ganzzahlen $F(1) = p$ und $G(1) = q$ erscheint.

Dieser Widerspruch verschwindet nur, wenn man die Irreduzibilität der Kreisteilungsgleichung $F(z) = 0$ zugibt.

Abschließend können wir sagen:

S a t z v o n G a u ß :

D a s r e g u l ä r e n-E c k k a n n d a n n u n d n u r d a n n m i t Z i r k e l u n d L i n e a l k o n s t r u i e r t w e r d e n, w e n n s e i n e E c k e n z a h l d i e F o r m $2^n F_1 F_2 \ldots$ h a t, w o d i e F a k t o r e n F p a a r w e i s e v e r s c h i e d e n e p r i m a l e F e r m a t z a h l e n s i n d.

Sechster Teil

Die diophantische quadratische Gleichung mit zwei Unbekannten

Erster Abschnitt

Zurückführung auf Normalformen

§ 73. Problemstellung

Eine diophantische quadratische Gleichung mit zwei Unbekannten hat im allgemeinen die Form

(1) $$ax^2 + bxy + cy^2 + dx + ey + f = 0$$

Hier bedeuten die 6 Koeffizienten a, b, c, d, e, f gegebene Ganzzahlen, und die Aufgabe lautet:

Die Ganzzahlenpaare (x, y) zu bestimmen, welche die Gleichung befriedigen.

Man kann die Sache auch geometrisch auffassen. Die graphische Darstellung von (1) in einem xy-Koordinatensystem ergibt eine Kurve, sog. Kurve zweiter Ordnung, die — wie man weiter unten sehen wird — im allgemeinen ein Kegelschnitt ist. Diese Kurve läuft dann möglicherweise durch einige oder viele Gitterpunkte der Ebene. (Gitterpunkte sind Punkte mit ganzzahligen Koordinaten). Das Problem lautet dann:

Durch welche Gitterpunkte läuft die Kurve

$$ax^2 + bxy + cy^2 + dx + ey + f = 0\,?$$

Wir betrachten zunächst einige Beispiele.

Beispiel 1. Aufgabe von Michnik:

Von wieviel Vielecken ist ein konvexes Polyeder mit 1440 Raumdiagonalen begrenzt, dessen Oberfläche nur Fünf- und Sechsecke enthält?

Lösung. Wir nennen die Anzahl der Ecken, Flächen, Kanten, Raumdiagonalen des Polyeders bzw. e, f, k, d, die Anzahl der den Körper begrenzenden Fünf- bzw. Sechsecke $2x$ bzw. y.

Da jedes Fünfeck 5, jedes Sechseck 6 Seiten besitzt, ist die doppelte Kantenzahl $2k = 5 \cdot 2x + 6 \cdot y$, so daß $2x$ eine gerade, d. h. x eine ganze Zahl und

$$k = 5x + 3y$$

ist. Setzen wir diesen Wert von k und

$$f = 2x + y$$

in die Eulersche Polyederrelation

$$e + f = k + 2$$

ein, so entsteht

$$e = 3x + 2y + 2.$$

Nun ist die Anzahl sämtlicher Eckenlinien des Körpers

$$e \cdot \frac{e - 1}{2} = d + 20\,x + 15\,y - k.$$

[Jedes Fünfeck hat 10, jedes Sechseck 15 Eckenlinien, so daß auf der Oberfläche $(20\,x + 15\,y)$ Eckenlinien lägen, wenn nicht bei dieser Zählung jede Kante doppelt gezählt worden wäre, so daß der erhaltene Betrag noch um k vermindert werden muß.]

Durch Einsetzung der für e und k gefundenen Werte verwandelt sich diese Gleichung in

$$(3x + 2y + 2)\,(3x + 2y + 1) = 2d + 30x + 24y$$

oder wegen $d = 1440$ in

$$9x^2 + 12xy + 4y^2 - 21\,x - 18y - 2878 = 0,$$

d. h. in eine diophantische quadratische Gleichung.

Die graphische Darstellung der durch diese Gleichung dargestellten Parabel zeigt, daß die Parabel den ersten Quadrant zwischen den Stellen A ($x = 19{,}08$, $y = 0$) und B ($x = 0$, $y = 29{,}17$) durchsetzt, so daß wir uns nur um ganzzahlige x bzw. y zu kümmern brauchen, die den Wert 19 bzw. 29 nicht überschreiten.

Wir schreiben die Gleichung als quadratische Gleichung für y:

$$4y^2 + (12x - 18)\,y + [9x^2 - 21\,x - 2878] = 0$$

und erhalten als (kleine) Diskriminante dieser Gleichung den Ausdruck

$$(6x - 9)^2 - 4 \cdot [9x^2 - 21x - 2878] = 11\,593 - 24\,x.$$

Da die Wurzel y der Gleichung eine Ganzzahl sein muß, so muß der gefundene Linearausdruck eine Quadratzahl h^2 sein:

$$11\,593 - 24\,x = h^2.$$

Hieraus folgt zunächst

$$h^2 < 11\,593 \qquad \text{oder} \qquad h < 108.$$

Da anderseits $x < 20$, $24x < 480$ sein soll, muß

$$h^2 > 11113 \qquad \text{oder} \qquad h > 105$$

sein.

Von den durch die für h gefundenen Schranken eingeschlossenen Ganzzahlen 106 und 107 ist aber nach der Definitionsgleichung von h 106, weil gerade, unbrauchbar. Folglich ist $h = 107$ und

$$24x = 11593 - 107^2 = 144 \quad ; \quad x = 6.$$

Aus der für y aufgestellten quadratischen Gleichung wird weiter

$$4y + (6x - 9) = h = 107; \qquad y = 20.$$

Unser Polyeder wird also von 12 Fünfecken und 20 Sechsecken, mithin von 32 Polygonen begrenzt.

Beispiel 2. Drei sukzessive heronische Zahlen zu finden. (Heronische Zahlen sind drei Ganzzahlen a, b, c derart, daß der Inhalt des Dreiecks mit den Seiten a, b, c ganzzahlig ist.)

Lösung. Nennen wir die mittlere der drei Zahlen X, so sind die andern beiden Zahlen $X - 1$ und $X + 1$, und die heronische Formel liefert für den Inhalt J des Dreiecks mit den Seiten $X - 1$, X, $X + 1$ den Wert

$$J = \frac{X}{4}\sqrt{3(X^2 - 4)}.$$

Wir unterscheiden zwei Fälle:

X gerade: $X = 2x$ und X ungerade: $X = 2x + 1$.

Im ersten Falle wird

$$J = x\sqrt{3(x^2 - 1)},$$

und dies wird nur dann eine Ganzzahl, wenn $x^2 - 1$ das Dreifache einer Quadratzahl y^2 ist. Damit kommen wir zur diophantischen quadratischen Gleichung

$$\boxed{x^2 - 3y^2 = 1}.$$

Im zweiten Falle nimmt die Wurzelbasis die Form

$$4N + 3 \qquad \text{mit } N = 3(x^2 + x - 1)$$

an. Da aber die Wurzelbasis eine Quadratzahl sein muß und eine Zahl von der Form $4N + 3$ keine Quadratzahl sein kann, ist dieser Fall nicht zu verwirklichen.

Die Lösungen der Aufgabe werden daher alle geliefert durch die Lösungen der diophantischen Gleichung $x^2 - 3y^2 = 1$.

Die „kleinste" Lösung der Gleichung erkennt man sofort: $x = 2$, $y = 1$, die „zweitkleinste" heißt $x = 7$, $y = 4$. Die folgenden Lösungen erhält man (wie im § 49 gezeigt) durch die Rückgriffsformeln

$$\boxed{\mathfrak{X} = 4 \cdot X - x, \quad \mathfrak{Y} = 4Y - y},$$

in denen (x, y), (X, Y), $(\mathfrak{X}, \mathfrak{Y})$ drei sukzessive Lösungen bedeuten. Da wir im Grunde genommen nur an x Interesse haben, beschränken wir uns auf die erste Rückgriffsformel und haben für die ersten 6 Lösungen folgende x-Werte:

$$2, \quad 7, \quad 26, \quad 97, \quad 362, \quad 1351.$$

Die zugehörigen Dreiecke haben folgende Seitentripel

$$(3, 4, 5), \quad (13, 14, 15), \quad (51, 52, 53), \quad (193, 194, 195),$$
$$(723, 724, 725), \quad (2701, 2702, 2703).$$

Beispiel 3. Die kleinste Lösung der Gleichung

$$\boxed{x^2 - 109\, y^2 = 1}$$

zu finden.

Trotz der Einfachheit des Beispiels ist die Lösung hier durch Probieren (wie im Beispiel 2) nicht zu finden. Man bedarf hierzu der im § 50 auseinandergesetzten Lehre von der Fermatgleichung. Die kleinste Lösung heißt nämlich

$$x = 158070671986249, \qquad y = 15140424455100!!$$

Schon die beiden letzten Beispiele zeigen die eigentümlichen Schwierigkeiten, die die Behandlung der diophantischen quadratischen Gleichungen verursacht. Um uns von diesen Schwierigkeiten eine noch eindringlichere Vorstellung zu verschaffen, betrachten wir im nächsten Paragraphen — unbeschwert durch die allgemeine Theorie der diophantischen quadratischen Gleichungen — lediglich die gewissermaßen einfachste diophantische quadratische Gleichung, die es gibt, die pythagoreische Gleichung

$$x^2 + y^2 = m.$$

§ 74. Die diophantische Gleichung $x^2 + y^2 = m$

Aufgabe: Alle Ganzzahlen x, y zu ermitteln, deren Norm $(x^2 + y^2)$ einer gegebenen positiven Ganzzahl m gleicht. In geometrischer Fassung:

Die Gitterpunkte eines (ebenen) kartesischen Koordinatensystems zu finden, die auf dem um den Ursprung mit dem Radius $\sqrt{m}$ beschriebenen Kreise liegen.

(Dieser Kreis hat die Gleichung $x^2 + y^2 = m$.)

Wir unterscheiden Gitterpunkte erster, zweiter, dritter und vierter Art, je nachdem sie im ersten, zweiten, dritten oder vierten Quadranten liegen. Der erste Quadrant besteht aus sämtlichen Punkten, die im Innern des von der positiven x- und y-Achse gebildeten Winkels oder auf der positiven x-Achse selbst liegen, zum zweiten Quadranten rechnen wir sämtliche Punkte auf der positiven y-Achse und im Innern des von der positiven y-Achse und negativen x-Achse gebildeten Winkels, der dritte Quadrant enthält alle Punkte der negativen x-Achse und alle Punkte, die im Innern des von der negativen x-Achse und negativen y-Achse gebildeten Winkels liegen, der vierte Quadrant endlich alle übrigen Punkte.

Da nun jede dem 2., 3., 4. Quadranten angehörige Lösung (x, y) der Gleichung $x^2 + y^2 = m$ durch Rotation des zu einer gewissen Lösung des ersten Quadranten gehörigen Radiusvektor um 90^0, 180^0, 270^0 erhalten werden kann, so können wir uns auf die Suche nach den dem Erstquadranten angehörigen Lösungen beschränken. Wir nennen diese Lösungen Erstlösungen oder Positivlösungen.

Positivlösungen sind also Lösungen (x, y), in denen $x > 0$, $y \geqq 0$ ist. Der Fall $y = 0$ kommt übrigens nur vor, wenn m eine Quadratzahl ist: $m = n^2$, insofern die Gleichung $x^2 + y^2 = m = n^2$ dann die einzige Positivlösung $x = n$, $y = 0$ mit verschwindendem y aufweist.

Wenn x und y in der Gleichung $x^2 + y^2 = m$ einen größten gemeinsamen Teiler $d > 1$ besitzen: $x = \xi d$, $y = \eta d$, so enthält m den Teiler d^2: $m = \mu d^2$, und die Gleichung geht über in $\xi^2 + \eta^2 = \mu$ mit $\xi \frown \eta$. Da die Lösung (x, y) von $x^2 + y^2 = m$ gewissermaßen der Lösung (ξ, η) der Gleichung $\xi^2 + \eta^2 = \mu$ entstammt, nennen wir die Positivlösungen der Gleichung $x^2 + y^2 = m$, in denen x und y teilerfremd sind, Stammlösungen (auch Primitivlösungen). Es ist klar, daß die einzige Schwierigkeit in der Auffindung der Stammlösungen besteht.

Demgemäß sei (x, y) eine Stammlösung von

(1) $$x^2 + y^2 = m$$

Da $x \frown y$ ist, gibt es genau eine positive Wurzel h der Kongruenz

(2) $$hx \equiv y \mod m$$

Aus (1) und (2) folgt dann

$$x^2 (h^2 + 1) \equiv 0 \mod m$$

und hieraus, da $x \frown m$ ist,

$$h^2 + 1 \equiv 0 \mod m.$$

Jeder Stammlösung (x, y) von (1) entspricht also eine durch die Kongruenz $hx \equiv y \mod m$ eindeutig bestimmte Lösung der Kongruenz

(1') $$t^2 + 1 \equiv 0 \mod m$$

Ist umgekehrt h eine positive Wurzel von (1′), so läßt sich folgendermaßen zeigen, daß ihr genau eine Stammlösung (x, y) von (1) entspricht, in welcher $hx \equiv y \bmod m$ ist.

Wir wählen h kleiner als m und entwickeln (§ 41) $m:h$ in einen geraden symmetrischen Kettenbruch, etwa

$$m:h = (a,\ b,\ c,\ d,\ e,\ e,\ d,\ c,\ b,\ a),$$

so daß

$$m = \overline{a, b, c, d, e, e, d, c, b, a}\ ,\qquad h = \overline{b, c, d, e, e, d, c, b, a}.$$

Da nach Eulers Rekursionsformel (§ 35)

$$\overline{a, b, c, d, e, e, d, c, b, a} = \overline{a, b, c, d, e} \cdot \overline{e, d, c, b, a} + \overline{a, b, c, d} \cdot \overline{d, c, b, a}$$

und nach Eulers Umkehrungsformel (§ 35)

$$\overline{e, d, c, b, a} = \overline{a, b, c, d, e},\qquad \overline{d, c, b, a} = \overline{a, b, c, d},$$

so wird tatsächlich

$$x^2 + y^2 = m$$

mit

$$x = \overline{a, b, c, d},\qquad y = \overline{a, b, c, d, e}.$$

Zugleich wird wegen

$$h\ = \overline{b, c, d, e, e, d, c, b, a} = \overline{b, c, d, e} \cdot \overline{a, b, c, d, e} + \overline{b, c, d}\ \overline{a, b, c, d}$$

$$hx = y\ \overline{a, b, c, d}\ \overline{b, c, d, e} + \overline{b, c, d} \cdot x^2.$$

Da aber nach Eulers Einheitsformel (§ 35)

$$\overline{a, b, c, d} \cdot \overline{b, c, d, e} = \overline{a, b, c, d, e} \cdot \overline{b, c, d} + 1$$

ist, so wird

$$hx = \overline{b, c, d} \cdot y^2 + y + \overline{b, c, d} \cdot x^2$$

oder

$$hx = y + \overline{b, c, d}\, m$$

und damit

$$hx \equiv y \bmod m.$$

[Wäre etwa $m = \overline{a, b, c, d, d, c, b, a}$, $h = \overline{b, c, d, d, c, b, a}$, so würde man setzen

$$x = \overline{a, b, c, d},\qquad y = \overline{a, b, c}$$

und hätte

$$h = \overline{b, c, d} \cdot \overline{a, b, c, d} + \overline{b, c} \cdot \overline{a, b, c}$$

$$hx = \overline{b, c, d}\ x^2 + \overline{a, b, c} \cdot (\overline{b, c}\ \overline{a, b, c, d}),$$

also wegen

$$\overline{b, c}\ \overline{a, b, c, d} = \overline{a, b, c} \cdot \overline{b, c, d} + 1$$

$$hx - y = \overline{b, c, d} \cdot (x^2 + y^2) = \overline{b, c, d}\ m$$

und damit

$$hx \equiv y \bmod m.]$$

[Der Nachweis einer Lösung (x, y) mit $hx \equiv y \bmod m$ kann auch — vielleicht einfacher — so geführt werden.

Wir nehmen h größer als m an und entwickeln $h:m$ in einen Kettenbruch. Aus seinen Näherungsbrüchen greifen wir die beiden sukzessiven $r:s$ und $R:S$ heraus, für die m zwischen ihren Nennerquadraten liegt:

$$s^2 < m < S^2.$$

Aus

$$\left|\frac{h}{m} - \frac{r}{s}\right| < \frac{1}{Ss}$$

folgt nun, wenn man die positive der beiden Ganzzahlen $hs - mr$, $mr - hs$ y nennt,

$$y^2 < \frac{m^2}{S^2} < m$$

und weiter

$$y^2 + s^2 < m + s^2 < 2m.$$

Da aber die linke Seite dieser Ungleichung den Wert $s^2(1 + h^2) - 2\,hrsm + r^2m^2$ hat und $1 + h^2$ laut Voraussetzung durch m teilbar ist, so ist $y^2 + s^2$ durch m teilbar und folglich gleich m. Setzen wir also noch $x = s$, so haben wir

$$x^2 + y^2 = m$$

mit

$$hx \equiv y \bmod m].$$

Die gefundene Lösung (x, y) ist eine Stammlösung.

Beweis. Beim ersten Verfahren erschien die Lösung in der Form

$$x = \overline{a, b, c, d}, \qquad y = \overline{a, b, c, d, e}.$$

Diese beiden Zahlen sind aber [der Einheitsformel

$$\overline{a, b, c, d, e} \cdot \overline{b, c, d} - \overline{a, b, c, d} \cdot \overline{b, c, d, e} = -1$$

entsprechend] teilerfremd.

Außer der gefundenen Stammlösung (x, y) existiert keine zweite Stammlösung (X, Y) mit der Nebenbedingung $hX \equiv Y \bmod m$.

Beweis. Aus $x^2 + y^2 = m$ und $X^2 + Y^2 = m$ würde folgen

$$m^2 = (X^2 + Y^2)(x^2 + y^2) = (Xx + Yy)^2 + (Xy - Yx)^2.$$

Nun ist aber nach den beiden Nebenbedingungen

$$Xx + Yy \equiv Xx(1 + h^2) \equiv 0 \bmod m,$$

mithin

$$Xx + Yy = m \qquad \text{und} \qquad Xy - Yx = 0.$$

Aus diesen beiden Lineargleichungen für X und Y folgt

$$X = x, \qquad Y = y.$$

Wir fassen zusammen:

Die diophantische Gleichung

$$x^2 + y^2 = m$$

besitzt genau so viele Stammlösungen wie die Kongruenz

$$t^2 + 1 \equiv 0 \bmod m \qquad (t < m)$$

Wurzeln besitzt.

Jede Wurzel h ($< m$) der Kongruenz liefert genau eine durch den geraden symmetrischen Kettenbruch

$$m : h = (e_1, e_2, \ldots, e_n, e_n, \ldots, e_2, e_1)$$

bestimmte (die Nebenbedingung $hx \equiv y \bmod m$ befriedigende) Lösung der diophantischen Gleichung, die

bei geradem n $\quad x = \overline{e_1, e_2, \ldots, e_n}, \qquad y = \overline{e_1, e_2, \ldots, e_{n-1}},$

bei ungeradem n $\quad x = \overline{e_1, e_2, \ldots, e_{n-1}}, \qquad y = \overline{e_1, e_2, \ldots, e_n}$

heißt.

Nun besitzt die Kongruenz $t^2 \equiv -1 \bmod m$ nur dann Wurzeln — und zwar 2^e Stück —, wenn der Modul nur Primfaktoren von der Form $4n + 1$ — und zwar e Stück — enthält, oder wenn er das Doppelte einer derartigen Zahl ist.

Wir können daher hinzufügen:

Die diophantische Gleichung

$$x^2 + y^2 = m$$

besitzt nur dann Stammlösungen — und zwar 2^e Stück —, wenn m nur Primfaktoren von der Form $4n + 1$ — und zwar e Stück — enthält, oder wenn m das Doppelte einer solchen Zahl ist.

Als Sonderfall dieses Satzes erscheint

Fermat-Eulers Primzahlsatz:

Jede Primzahl von der Form $4n + 1$ läßt sich auf eine einzige Art als Summe zweier Quadrate darstellen.

[Fermat, Arithmetik des Diophant, 1670. Euler, Novi Commentarii Academiae Petropolitanae ad annos 1754—55.]

Bei dieser Fassung werden die nach unserem Satze vorhandenen zwei Stammlösungen ($x = a$, $y = b$) und ($x = b$, $y = a$), deren ganze Verschiedenheit in ihrer Reihenfolge besteht, als eine Lösung angesehen.

Von den Stammlösungen der diophantischen Gleichung

$$x^2 + y^2 = m \tag{1}$$

wenden wir uns nun zu den Positivlösungen.

Ist (x, y) eine Positivlösung von (1), bei der x und y den größten gemeinsamen Teiler d haben, so ist

$$\xi^2 + \eta^2 = \mu \quad \text{mit} \quad \xi = x : d, \quad \eta = y : d, \quad \xi \frown \eta, \quad \mu = m : d^2,$$

mithin ξ, η eine Stammlösung der diophantischen Gleichung

$$x^2 + y^2 = m : d^2.$$

Bezeichnen wir also die Anzahl der Stammlösungen von (1) mit $\lambda(m)$, die der Positivlösungen mit $\Lambda(m)$, so gilt die Formel

$$\Lambda(m) = \Sigma \lambda(m : d^2) \tag{I}$$

wobei die Summation über alle positiven Teiler d von m zu erstrecken ist, deren Quadrat in m aufgeht.

Die zahlentheoretischen Funktionen $\lambda(m)$ und $\Lambda(m)$ befriedigen für teilerfremde Zahlen m und n die Funktionalgleichungen

$$\lambda(mn) = \lambda(m) \cdot \lambda(n) \qquad \text{und} \qquad \Lambda(mn) = \Lambda(m) \cdot \Lambda(n).$$

Beweis. $\lambda(m)$, $\lambda(n)$, $\lambda(mn)$ sind die Wurzelanzahlen der Kongruenzen

$$x^2 \equiv -1 \bmod m, \quad x^2 \equiv -1 \bmod n, \quad x^2 \equiv -1 \bmod mn,$$

und aus dem Schlußsatze von § 59 folgt ohne weiteres, daß die Wurzelzahl der dritten Kongruenz für teilerfremde m und n dem Produkt der Wurzelzahlen der beiden ersten Kongruenzen gleicht. Also ist

$$\lambda(mn) = \lambda(m) \cdot \lambda(n).$$

Der Beweis für die andere Funktionalgleichung verläuft so:

Es ist, $mn = o$ gesetzt,

$$\Lambda(o) = \Sigma \lambda(o : c^2),$$

wo die Summation über alle quadratischen Teiler c^2 von o zu erstrecken ist. Nun wird aber jeder quadratische Teiler von o durch das Produkt eines quadratischen Teilers a^2 von m und eines quadratischen Teilers b^2 von n gewonnen. Mithin ist

$$\Lambda(o) = \Sigma \lambda(o : c^2) = \Sigma \lambda(mn : a^2 b^2),$$

d. h. nach der ersten Funktionalgleichung

$$\Lambda(o) = \Sigma\lambda\left(\frac{m}{a^2}\right)\cdot\lambda\left(\frac{n}{b^2}\right) = \Sigma\lambda\left(\frac{m}{a^2}\right)\cdot\Sigma\lambda\left(\frac{n}{b^2}\right)$$

oder

$$\Lambda(mn) = \Lambda(m)\cdot\Lambda(n), \text{ w. z. b. w.}$$

Wir führen jetzt den »Charakter« $\chi(g)$ einer Ganzzahl g ein. Wir setzen fest:

$$\chi(g) = \begin{Bmatrix} 0 \text{ für gerades } g \\ +1 \text{ für } g \equiv +1 \bmod 4 \\ -1 \text{ für } g \equiv -1 \bmod 4 \end{Bmatrix}.$$

Mittels des Charakters bilden wir die neue zahlentheoretische Funktion

$$\boxed{X(m) = \Sigma\chi(d)},$$

wo die Summation über alle positiven Teiler d von m zu erstrecken ist.

Auch die Funktionen χ und X befriedigen für teilerfremde m und n die Funktionalgleichungen

$$\boxed{\chi(mn) = \chi(m)\cdot\chi(n) \quad \text{und} \quad X(mn) = X(m)\cdot X(n)}.$$

Beweis. Die erste Gleichung ergibt sich unmittelbar. Die zweite folgt so:

$$X(mn) = \Sigma\chi(ab) = \Sigma\chi(a)\cdot\chi(b) = \Sigma\chi(a)\cdot\Sigma\chi(b) = X(m)\cdot X(n),$$

wo a bzw. b wieder alle Teiler von m bzw. n durchläuft.

Die neue Funktion X ist mit der alten Λ durch die einfache fundamentale Beziehung

$$\boxed{\Lambda(m) = X(m)}$$

verknüpft.

Der Beweis dieser wichtigen Formel ist in Ansehung der beiden Funktionalgleichungen für Λ und X erbracht, wenn er für den einfachen Fall geführt wird, in dem

$$m = p^\mu$$

die Potenz einer Primzahl p ist.

Betrachten wir demgemäß zunächst $\Lambda(p^\mu)$! Je nach der Parität von μ sind zwei Fälle zu unterscheiden.

1. Fall: μ gerade.

Aus der Beziehung zwischen Λ und λ entsteht

$$\Lambda(p^\mu) = \lambda(p^\mu) + \lambda(p^{\mu-2}) + \lambda(p^{\mu-4}) + \ldots + \lambda(p^2) + \lambda(1).$$

Für $p = 2$ und $p \equiv 3 \bmod 4$ verschwinden rechts sämtliche Summanden bis auf den letzten, der den Wert 1 hat; für $p \equiv 1 \bmod 4$ wird jeder der Summanden mit Ausnahme des letzten 2. Daher:

$$\mu \text{ gerade:} \qquad \Lambda(p^\mu) = \begin{cases} 1 & \text{für } p = 2 \\ \mu + 1 & \text{für } p \equiv 1 \bmod 4 \\ 1 & \text{für } p \equiv 3 \bmod 4 \end{cases}$$

2. Fall: μ ungerade.

Hier wird

$$\Lambda(p^\mu) = \lambda(p^\mu) + \lambda(p^{\mu-2}) + \ldots + \lambda(p^3) + \lambda(p).$$

Für $p = 2$ verschwinden sämtliche Posten der rechten Seite bis auf den letzten, der gleich 1 ist. Für $p \equiv 1 \bmod 4$ wird jeder Posten der rechten Seite 2, für $p \equiv 3 \bmod 4$ verschwindet jeder Posten. Daher:

$$\mu \text{ ungerade:} \qquad \Lambda(p^\mu) = \begin{cases} 1 & \text{für } p = 2 \\ \mu + 1 & \text{für } p \equiv 1 \bmod 4 \\ 0 & \text{für } p \equiv 3 \bmod 4 \end{cases}$$

Darauf betrachten wir $X(p^\mu)$.

Es ist

$$X(p^\mu) = \chi(p^\mu) + \chi(p^{\mu-1}) + \chi(p^{\mu-2}) + \ldots + \chi(p) + \chi(1).$$

Hier wird die rechte Seite für $p = 2$ gleich ihrem letzten Gliede $\chi(1) = 1$, für $p \equiv 1 \bmod 4$ gleich $\mu + 1$, für $p \equiv 3 \bmod 4$ bei geradem μ gleich $\chi(1) = 1$ (die andern Posten heben sich abwechselnd weg), bei ungeradem μ gleich 0. Daher:

μ gerade:

$$X(p^\mu) = \begin{cases} 1 & \text{für } p = 2 \\ \mu + 1 & \text{für } p \equiv 1 \bmod 4 \\ 1 & \text{für } p \equiv 3 \bmod 4 \end{cases}$$

μ ungerade:

$$X(p^\mu) = \begin{cases} 1 & \text{für } p = 2 \\ \mu + 1 & \text{für } p \equiv 1 \bmod 4 \\ 0 & \text{für } p \equiv 3 \bmod 4 \end{cases}$$

Aus diesen Zusammenstellungen der Werte von $\Lambda(p^\mu)$ einerseits und $X(p^\mu)$ anderseits lesen wir ab

$$\boxed{\Lambda(p^\mu) = X(p^\mu)}.$$

Aus dieser Gleichung und den Funktionalgleichungen für Λ und X folgt (wie schon oben angegeben)

$$\boxed{\Lambda(m) = X(m)}$$

für jede positive Ganzzahl m.

Da nun $\Lambda(m)$ die Anzahl der Positivlösungen der Gleichung (1) darstellt, $X(m)$ gemäß der Formel $X(m) = \Sigma\chi(d)$ den Überschuß der Anzahl der positiven Teiler der Zahl m von der Form $4n + 1$ über die Anzahl der Teiler von der Form $4n - 1$ darstellt, so haben wir den bemerkenswerten Satz:

Die Anzahl der Positivlösungen der diophantischen Gleichung

$$x^2 + y^2 = m$$

ist gleich dem Überschuß der Anzahl der positiven Teiler der Zahl m von der Form $4n + 1$ über die Anzahl der positiven Teiler von der Form $4n - 1$.

Durch Einführung einer weiteren zahlentheoretischen Funktion kann man noch zu einem für manche Zwecke bequemeren Ausdruck für die Anzahl der Positivlösungen gelangen.

Wir bezeichnen diese Funktion mit $V(m)$ und definieren sie wie folgt:

$V(m)$ ist Null, wenn die kanonische Zerlegung von m mindestens einen Primfaktor von der Form $4n + 3$ in ungerader Vielfachheit enthält, ist in jedem andern Falle $T(\Pi)$[1]), wo Π das Produkt der Primfaktoren von m von der Form $4n + 1$ ist, oder 1, wenn solche Primfaktoren nicht vorhanden sind.

Auch diese Funktion befriedigt, wie man leicht durchprüft, für teilerfremde m und n die Funktionalgleichung

$$\boxed{V(mn) = V(m) \cdot V(n)}\,.$$

Wir bestimmen $V(p^\mu)$, wo p eine Primzahl, μ eine natürliche Zahl bedeutet. Für $p = 2$ wird $V(p^\mu) = 1$.

Für $p \equiv 1 \bmod 4$ wird $V(p^\mu) = T(p^\mu) = \mu + 1$.

Für $p \equiv 3 \bmod 4$ wird bei geradem μ $V(p^\mu) = 1$, bei ungeradem μ $V(p^\mu) = 0$, was folgende Zusammenstellung ergibt:

μ gerade:

$$V(p^\mu) = \begin{cases} 1 & \text{für } p = 2 \\ \mu + 1 & \text{für } p \equiv 1 \bmod 4 \\ 1 & \text{für } p \equiv 3 \bmod 4 \end{cases}$$

μ ungerade:

$$V(p^\mu) = \begin{cases} 1 & \text{für } p = 2 \\ \mu + 1 & \text{für } p \equiv 1 \bmod 4 \\ 0 & \text{für } p \equiv 3 \bmod 4 \end{cases}$$

Aus den Zusammenstellungen für $A(p^\mu)$ und $V(p^\mu)$ folgt

$$\boxed{V(p^\mu) = A(p^\mu)}\,,$$

sodann aus dieser Formel und den Funktionalgleichungen für A und V:

$$\boxed{V(m) = A(m)}$$

für jede natürliche Zahl m.

[1]) Die zahlentheoretische Funktion $T(z)$ bedeutet die Anzahl aller positiven Teiler der natürlichen Zahl z.

Aus der letzten Formel ergibt sich nun der Satz, der am schnellsten die Positivlösungszahl $A(m)$ zu vermitteln gestattet.

Die diophantische Gleichung

(1) $$x^2 + y^2 = m$$

besitzt $V(m)$ Positivlösungen.

Da die Anzahl aller Lösungen von (1) das Vierfache der Positivlösungszahl ausmacht, so haben wir noch den Satz:

Die diophantische Gleichung

$$x^2 + y^2 = m$$

hat $4\,V(m)$ Lösungen.

Damit ist die Frage nach der Anzahl der Lösungen der diophantischen Gleichung

$$x^2 + y^2 = m$$

mit bemerkenswerter Einfachheit beantwortet.

Was die Lösungen selbst anbelangt, so wird ihre Auffindung mühelos bewerkstelligt, wenn m eine kleine Zahl oder doch wenigstens das — wenn auch noch so große — Produkt von bekannten kleinen Zahlen ist. In allen anderen Fällen ist die Sache schwierig. Zwar haben wir oben gezeigt, daß die Lösungen der Gleichung

$$x^2 + y^2 = m$$

gefunden werden können, wenn die der Kongruenz

$$t^2 \equiv -1 \bmod m$$

sich bestimmen lassen. Aber das Problem der Bestimmung der Lösungen dieser Kongruenz ist meist schwieriger als das Lösungsproblem der Gleichung.

Nehmen wir z. B. die diophantische Gleichung

$$x^2 + y^2 = 757.$$

Da, wie man leicht feststellt, 757 eine Primzahl von der Form $4n + 1$ ist, besitzt diese Gleichung nur zwei Positivlösungen, von denen die zweite noch dazu durch Vertauschung der Lösungszahlen aus der ersten hervorgeht. Auch ist es durchaus nicht umständlich, diese Lösungen zu finden. Für ein gerades x kommen nur die 13 Werte 26, 24, 22, 20, ..., 4, 2 in Frage, die leicht und schnell durchprobiert sind; es ergibt sich $x = 26$, woraus $y = 9$ folgt. Die einzige Zerlegung von 757 in eine Summe von zwei Quadraten ist demnach

$$757 = 26^2 + 9^2,$$

die einzigen Positivlösungen von

$$x^2 + y^2 = 757$$

sind

$$x = 26,\ y = 9 \qquad \text{und} \qquad x = 9,\ y = 26.$$

Die zugehörige Kongruenz lautet

$$t^2 = -1 \bmod 757,$$

und die Auffindung ihrer Wurzeln ist schwieriger als die Lösung unserer Gleichung. Es ist sogar so, daß man die Lösung der Kongruenz am bequemsten mit Hilfe der Lösung der Gleichung bewerkstelligt: Man bestimmt zunächst die Assoziierte zu 26 modulo 757, also die Zahl z, für die $26\,z = 1 \bmod 757$. Der Eulersche Algorithmus

757	26	3	2	1
	29	8	1	

gibt $-z = \overline{29,\ 8,\ 1} = 262$. Darauf multipliziert man die Gleichung $26^2 + 9^2 = 757$ mit z^2 und bekommt $26^2\,z^2 + 9^2\,z^2 = 757\,z^2$ oder wegen $26\,z \equiv 1 \bmod 757$ die Kongruenz

$$(9\,z)^2 \equiv -1 \text{ oder } 2358^2 \equiv -1 \qquad \text{oder} \qquad \text{wegen } 2358 \equiv 87$$
$$87^2 \equiv -1 \bmod 757,$$

womit unsere Kongruenz gelöst ist. Sie hat die Wurzeln 87 und -87.

Solange also kein bequemer Weg existiert, die Kongruenz $t^2 \equiv -1 \bmod m$ direkt zu lösen, besitzt die Zurückführung der Gleichung auf die Kongruenz vorwiegend theoretisches Interesse, während man hinsichtlich der Lösung der diophantischen Gleichung $x^2 + y^2 = m$ in der Hauptsache auf Versuche angewiesen bleibt.

Ein Fall ist allerdings bekannt, in dem man eine Lösung der Gleichung ohne Versuche bewerkstelligen kann: der Fall nämlich, wo die Periode des Kettenbruchs für $\sqrt{m}$ ungerade ist.

Nach dem Muirschen Satze (§ 49) tauchen dann bekanntlich bei der Herstellung des Kettenbruchs, und zwar in der Mitte des symmetrischen Periodenteils zwei sukzessive Gleichungen von der Form

$$\left.\begin{aligned} \frac{r+b}{a} &= g \ldots \\ \frac{r+b'}{a'} &= g' \ldots \end{aligned}\right\} \text{ mit } \underline{a' = a}$$

auf, wobei gleichzeitig

$$r^2 - b'^2 = a\,a'$$

ist. Dann ist also

$$\boxed{m = a'^2 + b'^2},$$

womit eine Lösung:

$$x = a', \quad y = b'$$

der diophantischen Gleichung $x^2 + y^2 = m$ gefunden ist.

Bei primalem m ist (a', b') zugleich die einzige Lösung.

Beispiel. $\qquad x^2 + y^2 = 11717.$

Hier ist $m = 11717$ eine Primzahl von der Form $4n + 1$. Die Kettenbruchentwicklung für $r = \sqrt{m} = 108{,}24 \ldots$ benötigt folgende Gleichungen:

$$\frac{r+0}{1} = 108, \ldots \quad \frac{r+108}{53} = 4, \ldots \quad \frac{r+104}{17} = 12, \ldots \quad \frac{r+100}{101} = 2, \ldots$$

$$\frac{r+102}{13} = 16, \ldots \quad \frac{r+106}{37} = 5, \ldots \quad \frac{r+79}{148} = 1, \ldots \quad \frac{r+69}{47} = 3, \ldots$$

$$\frac{r+72}{139} = 1, \ldots \quad \frac{r+67}{52} = 3, \ldots \quad \frac{r+89}{73} = 2, \ldots \quad \frac{r+57}{116} = 1, \ldots$$

$$\frac{r+59}{71} = 2, \ldots \quad \frac{r+83}{68} = 2, \ldots \quad \frac{r+53}{131} = 1, \ldots \quad \frac{r+78}{43} = 4, \ldots$$

$$\frac{r+94}{67} = 3, \ldots \quad \frac{r+107}{4} = 53, \ldots \quad \frac{r+105}{173} = 1, \ldots \quad \frac{r+68}{41} = 4, \ldots$$

$$\frac{r+96}{61} = 3, \ldots \quad \frac{r+87}{68} = 2, \ldots \quad \frac{r+49}{137} = 1, \ldots \quad \frac{r+88}{29} = 6, \ldots$$

$$\frac{r+86}{149} = 1, \ldots \quad \frac{r+63}{52} = 3, \ldots \quad \frac{r+93}{59} = 3, \ldots \quad \frac{r+84}{79} = 2, \ldots$$

$$\frac{r+74}{79} = 2, \ldots \text{ usw.}$$

Unsere beiden Gleichungen lauten

$$\frac{r+84}{79} = 2, \ldots, \qquad \frac{r+74}{79} = 2, \ldots,$$

so daß $a = 79$, $b' = 74$, $a' = 79 = a$ ist. Folglich muß

$$79^2 + 74^2 = 11717$$

sein, und eine andere Lösung kann die vorgelegte Gleichung (wenn man von der Vertauschung von 79 mit 74 absieht) nicht haben.

Wir betrachten noch zwei Beispiele, in denen m zusammengesetzt ist.

Beispiel 1.

$$x^2 + y^2 = 190125.$$

Hier ist $m = 190125 = 3^2 \cdot 5^3 \cdot 13^2$, also

$$V(m) = T(5^3 \cdot 13^2) = (3 + 1) \cdot (2 + 1) = 12,$$

so daß im ganzen 12 Positivlösungen existieren.

Die Gleichungen $x^2 + y^2 = 125$ hat $V(125) = T(125) = 4$ Positivlösungen. Diese sind, wie man leicht übersieht (10, 5), (5, 10), (11, 2), (2, 11).

Die Gleichung

$$x^2 + y^2 = 13^2$$

hat die $T(13^2) = 3$ Positivlösungen:

$$13^2 + 0^2 = 169, \qquad 12^2 + 5^2 = 169, \qquad 5^2 + 12^2 = 169.$$

Aus den Positivlösungen der beiden Gleichungen

$$x^2 + y^2 = 5^3 \qquad \text{und} \qquad x^2 + y^2 = 13^2$$

finden wir nach Eulers Normformel

$$(a^2 + b^2)(\alpha^2 + \beta^2) = (a\alpha \pm b\beta)^2 + (a\beta \pm b\alpha)^2$$

alle $T(5^3 \cdot 13^2) = 4 \cdot 3$ Positivlösungen der Gleichung

$$x^2 + y^2 = 5^3 \cdot 13^2 = 21125:$$

$x =$ 145	143	142	130	122	110	95	79	65	31	26	10
$y =$ 10	26	31	65	79	95	110	122	130	142	143	145

Durch Multiplikation dieser 12 Zahlenpaare mit 3 erhält man schließlich die 12 Positivlösungen von

$$x^2 + y^2 = 3^2 \cdot 5^3 \cdot 13^2 = 190125.$$

Beispiel 2.

$$x^2 + y^2 = 145321.$$

Die kanonische Zerlegung des Freiglieds m gibt

$$m = 145321 = 11^2 \cdot 1201.$$

Hier ist die Anzahl der Positivlösungen $V(m) = T(1201) = 2$. Um sie zu finden, suchen wir die Lösungen der Hilfsgleichung

$$x^2 + y^2 = 1201,$$

und zwar am besten durch Versuche. Wir wählen für x sukzessive 34, 32, 30, 28, ..., scheiden die unbrauchbaren Werte aus, was sehr schnell zu bewerkstelligen ist [32 paßt z. B. nicht, weil $1201 - 32^2$ als Schlußziffer eine 7 hat, also kein Quadrat sein kann] und bekommen so $x = 24$, $y = 25$. Die einzigen Positivlösungen der Hilfsgleichung sind daher $x = 24$, $y = 25$ und $x = 25$, $y = 24$, mithin die einzigen Positivlösungen der vorgelegten Gleichung

$$x = 275,\ y = 264 \qquad \text{und} \qquad x = 264,\ y = 275.$$

§ 75. Reduktion auf Normalformen

Wir versuchen, die allgemeine diophantische quadratische Gleichung

$$\varphi \equiv a x^2 + b x y + c y^2 + d x + e y + f = 0$$

durch Einführung neuer Variabler auf eine durch einfachere Bauart ausgezeichnete Normalform zurückzuführen.

Zunächst ist klar, daß die drei Koeffizienten a, b, c nicht zugleich verschwinden können, da ja die Gleichung dann linear und nicht quadratisch wäre.

Ferner erörtern wir vorweg den Ausnahmefall, in dem a und c verschwinden, die Gleichung also die einfache Form

$$b x y + d x + e y + f = 0$$

besitzt.

Durch Multiplikation der Gleichung mit b entsteht

$$X Y = F$$

$$\text{mit } X = b x + e, \qquad Y = b y + d, \qquad F = d e - b f.$$

Um die Aufgabe zu lösen, brauchen wir also nur F in ein Produkt I · II von zwei ganzzahligen Faktoren I und II zu zerlegen,

$$X = \mathrm{I} \quad \text{und} \quad Y = \mathrm{II}$$

zu setzen und zu prüfen, ob diese Ansätze ganzzahlige Werte für x und y liefern. Wenn es der Fall ist, bildet das Paar (x, y) eine Lösung.

Da eine Zahl (F) nur auf eine endliche Anzahl von Arten in ein Produkt von Ganzzahlen verwandelt werden kann, so besitzt die vorgelegte Gleichung im Falle $a = c = 0$ nur endlich viele Auflösungen, wobei es allerdings auch vorkommen kann, daß keine einzige Lösung existiert.

Beispiel

$$7 x y + 2 x + y - 13 = 0.$$

$$X Y = 89 \qquad \text{mit} \quad X = 7 x + 1 \qquad Y = 7 y + 2.$$

Da 89 Primzahl ist, gibt es nur die vier Produktdarstellungen $1 \cdot 89$, $89 \cdot 1$, $-1 \cdot -89$, $-89 \cdot -1$ und entsprechend die vier Ansätze

$$\left\{\begin{matrix} 7x + 1 = 1 \\ 7y + 2 = 89 \end{matrix}\right\}, \left\{\begin{matrix} 7x + 1 = 89 \\ 7y + 2 = 1 \end{matrix}\right\}, \left\{\begin{matrix} 7x + 1 = -1 \\ 7y + 2 = -89 \end{matrix}\right\}, \left\{\begin{matrix} 7x + 1 = -89 \\ 7y + 2 = -1 \end{matrix}\right\},$$

von denen keiner auf eine Lösung führt. Die Aufgabe hat keine Lösung. M. a. W.: Die Hyperbel

$$7 x y + 2 x + y - 13 = 0$$

läuft durch keinen Gitterpunkt.

Beispiel 2.

$$6 x y + 4 x + 3 y - 53 = 0.$$

Hier kann auf die Multiplikation mit b verzichtet werden. Die Gleichung schreibt sich

$$(2x+1)\,(3y+2) = 55$$

und führt auf die 8 Ansätze

$$\left\{\begin{array}{l} 2x+1 = 1, \ -1, \ 5, \ -5, \ 11, \ -11, \ 55, \ -55 \\ 3y+2 = 55, \ -55, \ 11, \ -11, \ 5, \ -5, \ 1, \ -1 \end{array}\right\},$$

von denen nur der 2., 3., 5. und 8. auf eine Lösung führt:

$$\left\{\begin{array}{l} x = -1 \\ y = -19 \end{array}\right\}, \quad \left\{\begin{array}{l} x = 2 \\ y = 3 \end{array}\right\}, \quad \left\{\begin{array}{l} x = 5 \\ y = 1 \end{array}\right\}, \quad \left\{\begin{array}{l} x = -28 \\ y = -1 \end{array}\right\}.$$

Die Hyperbel

$$7xy + 2x + y - 13 = 0$$

passiert nur die genannten 4 Gitterpunkte.

Nach Erledigung dieses Ausnahmefalles setzen wir für das Folgende voraus, daß a positiv ist. Bei negativem a würde man die Gleichung mit -1 multiplizieren, bei verschwindendem a würde man die Größen c, d, e, x, y in a, e, d, y, x umbenennen.]

Wir multiplizieren die Gleichung mit $4a$ und bekommen

$$\boxed{X^2 = D\,y^2 + 2\,M\,y + \mathfrak{D}},$$

wobei

$$\boxed{X = 2\,a\,x + b\,y + d}$$

ist, welche Linearfunktion die Ableitung von φ nach x darstellt, und die neuen Koeffizienten die Werte

$$\boxed{D = b^2 - 4\,a\,c, \quad M = b\,d - 2\,a\,e, \quad \mathfrak{D} = d^2 - 4\,a\,f}$$

haben. Der Koeffizient D ist die Diskriminante der quadratischen Gleichung

$$a\,x^2 + b\,x\,y + c\,y^2 = 0$$

für die Unbekannte $z = x:y$, die man erhält, wenn man die Summe der quadratischen Glieder $a\,x^2$, $b\,x\,y$, $c\,y^2$ von φ gleich Null setzt, während $\mathfrak{D}$ die Diskriminante der quadratischen Gleichung

$$a\,x^2 + d\,x + f = 0$$

darstellt, die man erhält, wenn man die Summe der y nicht enthaltenden Glieder von φ gleich Null setzt.

Für den halben Mittelkoeffizient M der rechten Seite läßt sich ein derart einfaches mnemotechnisches Mittel zunächst nicht angeben;

man achte aber darauf, daß b und d die nächsten, e und f die übernächsten »Nachbarn« von c sind (s. u.).

Beim Fortgang unserer Betrachtung tritt erstmalig die ausschlaggebende Bedeutung der Diskriminante

$$D = b^2 - 4ac$$

für unser Problem in Erscheinung. Wenn D nämlich nicht verschwindet, ist durch Multiplikation der Gleichung

$$X^2 = Dy + 2\,My + \vartheta$$

ihre Überführung in die sog. Zentralform möglich, während bei verschwindendem D diese Multiplikation keinen Sinn hat und die Gleichung in ihrer nichtzentralen Form belassen werden muß, wobei sie übrigens die einfache Gestalt

$$\text{(1)} \qquad \boxed{X^2 = Y} \qquad (D = 0)$$

mit

$$X = 2ax + by + d, \qquad Y = 2\,My + \mathfrak{D}$$

annimmt.

Verwandlung in die Zentralform.

Durch Multiplikation mit $D\,(\neq 0)$ ergibt sich weiter

$$D X^2 = (Dy + M)^2 + (D\,\mathfrak{D} - M^2).$$

Das hier rechts stehende Freiglied hat den Wert

$$\boxed{D\mathfrak{D} - M^2 = 4\,a\,H}$$

mit

$$\boxed{H = 4\,acf + bde - ae^2 - cd^2 - fb^2}\,.$$

Was die neue Koeffizientenverbindung H anbetrifft, so erkennt der mit den einfachsten Begriffen der Determinantenlehre vertraute Leser, daß H die (ganzzahlige) Hälfte der Determinante

$$\begin{vmatrix} 2\,a & b & d \\ b & 2\,c & e \\ d & e & 2\,f \end{vmatrix}$$

ist, deren Zeilen (auch Spalten) die Koeffizienten der drei nach x, y, z genommenen Ableitungen

$$\left\{\begin{array}{l} \Phi_x = 2ax + by + dz \\ \Phi_y = bx + 2cy + ez \\ \Phi_z = dx + ey + 2fz \end{array}\right\}$$

der »homogen gemachten« Funktion φ:

$$\Phi = ax^2 + bxy + cy^2 + dxz + eyz + fz^2$$

sind, während M den Cofaktor oder die Adjunkte des Mittelelements der letzten Zeile (oder Spalte) der Determinante darstellt.

Führen wir (neben $X = 2ax + by + d$) die neue Variable

$$Y = Dy + M$$

ein, so erhält unsere Ausgangsgleichung (im Falle $D \neq 0$) die Zentralform

$$\boxed{DX^2 - Y^2 = 4aH} \qquad (D \neq 0) \tag{2}$$

mit

$$X = 2ax + by + d, \qquad Y = Dy + M.$$

Die Benennung »Zentralform« erklärt sich dadurch, daß jeder Lösung (X, Y) von (2) eine zweite $(-X, -Y)$ entspricht, die man durch Spiegelung im Zentrum der Zahlenachse erhält. Man kann auch sagen:

Die in einem XY-Koordinatensystem durch (2) dargestellte Kurve besitzt ein Zentrum: jedem ihrer Punkte (X, Y) entspricht ein zweiter $(-X, -Y)$; der in der Mitte ihrer Verbindungslinie liegende Koordinatenursprung ist das Zentrum der Kurve.

Wir müssen noch eine andere Schreibung der Gleichung (2) kennenlernen, bei der durch die Einführung neuer Variabler [wie in (2)] die Lineargliecler verschwinden, die Koeffizienten a, b, c aber erhalten bleiben.

Die ausführliche Schreibung von (2) lautet

$$D(2ax + by + d)^2 - (Dy + M)^2 = 4aH.$$

Hier multiplizieren wir abermals mit D und bekommen

$$(2aDx + bDy + Dd)^2 - D(Dy + M)^2 = 4aDH.$$

Durch Einführung der neuen Variable

$$\boxed{\eta = Dy + M}$$

wird die zweite runde Klammer unserer Gleichung η, die erste

$$2aDx + b\eta + Dd - bM = 2a(Dx + L) + b\eta = 2a\xi + b\eta,$$

wenn wir

$$\boxed{be - 2cd = L} \qquad \text{und} \qquad \boxed{Dx + L = \xi}$$

setzen. Daher verwandelt sich die Gleichung in

$$(2a\xi + b\eta)^2 - D\eta^2 = 4aDH$$

oder (aus multiplizierend und $D = b^2 - 4ac$ anwendend) in die Zentralform

$$\boxed{a\xi^2 + b\xi\eta + c\eta^2 = DH}. \tag{2'}$$

Für den mit der Lehre von den Kurven zweiter Ordnung vertrauten Leser sei folgendes hinzugefügt:

Die Kurve

$$\varphi = a x^2 + b x y + c y^2 + d x + e y + f = 0,$$

bei welcher $D = b^2 - 4ac$ nicht verschwindet, hat ein Zentrum, dessen Koordinaten x_0, y_0 sich durch die beiden Gleichungen

$$\varphi_x = 0, \qquad \varphi_y = 0$$

zu

$$x = x_0 = -L : D, \qquad y = y_0 = -M : D$$

bestimmen. Transformiert man durch die Transformationsformeln

$$x = \mathfrak{x} + x_0, \quad y = \mathfrak{y} + y_0$$

vom alten Koordinatensystem xy zu einem neuen $\mathfrak{x}\mathfrak{y}$, dessen Achsen durch das Zentrum den alten Achsen parallel laufen, so geht die Kurvengleichung (wegen $2\varphi = x\varphi_x + y\varphi_y + dx + ey + 2f$ wird $2\varphi_0 = dx_0 + ey_0 + 2f = -2H : D$) in

$$a\mathfrak{x}^2 + b\mathfrak{x}\mathfrak{y} + c\mathfrak{y}^2 = H : D$$

über.

Multipliziert man hier mit D^2 und setzt der hier vorgeschriebenen Ganzzahligkeit wegen (insofern $\mathfrak{x}$ und $\mathfrak{y}$ vielleicht nicht ganz sind)

$$D\mathfrak{x} = Dx + L = \xi, \qquad D\mathfrak{y} = Dy + M = \eta,$$

so erhält man auch auf diesem Wege die Gleichung

$$(2') \qquad a\xi^2 + b\xi\eta + c\eta^2 = DH$$

mit ganzzahligen ξ und η.

Auf die Beziehung der Konstante M zur Determinante Δ wurde schon oben hingewiesen. Hier werde noch darauf aufmerksam gemacht, daß L der Cofaktor oder die Adjunkte des linken Elements der letzten Zeile ist.

Wir haben nunmehr folgendes

Ergebnis:

Die diophantische quadratische Gleichung

$$a x^2 + b x y + c y^2 + d x + e y + f = 0$$

läßt sich im Falle $D = 0$ auf die Normalform

$$(1) \qquad \boxed{X^2 = Y}$$

mit $\quad X = 2ax + by + d, \qquad Y = 2My + \mathfrak{D},$

im Falle $D \neq 0$ auf jede der beiden Normalformen

$$\boxed{DX^2 - Y^2 = 4aH} \tag{2}$$

mit $\quad X = 2ax + by + d, \qquad Y = Dy + M$

$$\boxed{a\xi^2 + b\xi\eta + c\eta^2 = DH} \tag{2'}$$

mit $\quad \xi = Dx + L, \qquad \eta = Dy + M$

zurückführen.

Die dabei auftretenden Konstanten sind

$$\boxed{D = b^2 - 4ac}, \qquad \mathfrak{D} = d^2 - 4af,$$
$$H = 4acf + bde - ae^2 - cd^2 - fb^2,$$
$$L = be - 2cd, \qquad M = bd - 2ae.$$

Man achte darauf, daß

$$2H = \begin{vmatrix} 2a & b & d \\ b & 2c & e \\ d & e & 2f \end{vmatrix}$$

und L die Adjunkte des linken, M die des mittleren Elements der letzten Zeile dieser Determinante ist.

Nach Zurückführung der allgemeinen diophantischen quadratischen Gleichung auf einfachere »Normalformen« wird unsere nächste Aufgabe darin bestehen, diese Normalformen genauer zu untersuchen. Wir unterscheiden dabei drei Fälle:

I. Parabolischer Fall: $D = 0$,
II. Elliptischer Fall: $D < 0$,
III. Hyperbolischer Fall: $D > 0$.

Der Grund für diese geometrische Bezeichnung liegt in der engen und wichtigen Beziehung, die unsere diophantische Gleichung bei verschwindendem D zur Parabel, bei negativem D zur Ellipse und bei positivem D zur Hyperbel besitzt und die wir im nächsten Paragraphen kurz erörtern müssen.

§ 76. Geometrische Bedeutung der Gleichung $\varphi \equiv ax^2 + bxy + cy^2 + dx + ey + f = 0$

Die gegebenen 6 Koeffizienten a, b, c, d, e, f und die beiden Variablen x und y seien in diesem Paragraphen ausnahmsweise beliebige reelle Größen.

Wir denken uns x und y als rechtwinklige Koordinaten eines xy-Koordinatensystems und stellen die Gleichung $\varphi = 0$ in diesem System graphisch dar.

Wie sieht die entstehende Schaukurve aus?

Zur Beantwortung dieser hochwichtigen Frage benutzen wir die gefundenen Normalformen (die natürlich auch für nicht ganzzahlige a, b, c, d, e, f, x, y gelten). Wir betrachten zuerst den Fall

$$\boxed{D = 0}.$$

Durch die Substitution

$$2ax + by + d = X, \qquad 2\,My + \mathfrak{D} = Y$$

geht die vorgelegte Gleichung in

$$X^2 = Y$$

über. Nun sind in unserm Koordinatensystem X und Y Größen, die den Abständen u und v des Punktes (x, y) von den beiden Geraden

$$\text{I:} \quad 2\,ax + by + d = 0 \qquad \text{und} \qquad \text{II:} \quad 2\,My + \mathfrak{D} = 0$$

proportional sind:

$$X = N\,u \left(\text{mit } N = \left|\sqrt{4\,a^2 + b^2}\right|\right) \quad \text{und} \quad Y = |2\,M|\,v,$$

wobei jeder Abstand positiv oder negativ in Rechnung zu stellen ist, je nachdem er auf der positiven oder negativen Seite der Geraden liegt. (Unter der positiven Seite der Geraden $X = 0$ z. B. versteht man die Seite auf der X positiv ausfällt.)

Durch die Substitution dieser Werte nimmt die Gleichung $X^2 = Y$ die Form

$$u^2 = mv \quad \text{mit} \quad m = |2\,M| : N^2$$

an.

In der Figur sind das Koordinatensystem xy mit seinem Ursprunge O, die Geraden I und II mit ihrem Schnittpunkt S, ein beliebiger Punkt $P\,(x, y)$ unserer Schaukurve und seine Abstände $PU = u$ und $PV = v$ von I und II dargestellt. Der Sinus bzw. Cosinus des von I und II gebildeten spitzen Winkels heiße i bzw. o, der Sinus bzw. Cosinus des doppelten Winkels J bzw. O, so daß $J = 2\,i\,o$ und $O = 2\,o^2 - 1$ ist.

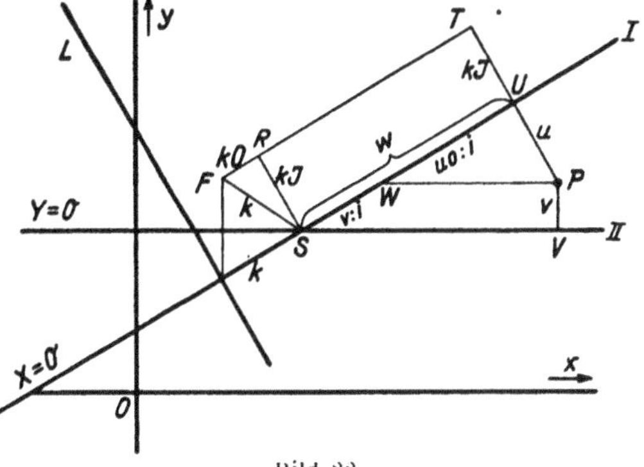

Bild 22.

Wir tragen von S aus auf dem negativen Teile (d. h. demjenigen, in dessen Punkten Y (oder v) negativ ist] der Geraden I das Stück

$$k = m : 4\,i$$

ab, ziehen durch den Endpunkt der Abtragung die Senkrechte L zu I und spiegeln die Abtragung in II nach SF. Schließlich ziehen wir noch die Parallelen PW zu II bis zum Schnitt W mit I, PT zu L und FT zu I bis zum Schnitt T und SR zu L bis zum Schnitt R mit FT.

Dann ist $SW = v : i$, $WU = ou : i$, mithin

$$RT = SU = w = (v + ou) : i$$

und $FR = kO$, $SR = kJ$, mithin

$$FT = kO + w, \qquad TP = kJ + u.$$

Nunmehr achten wir auf die Abstände

$$FP = r \qquad \text{und} \qquad LP = s$$

des beliebigen Kurvenpunktes P von dem festen Punkte F und der festen Geraden L.

Nach dem pythagoreischen Satze ist

$$FP^2 = FT^2 + PT^2$$

oder

$$r^2 = (kO + w)^2 + (kJ + u)^2$$

oder

$$r^2 = k^2 + w^2 + 2kOw + [2\,kJu + u^2].$$

Ersetzen wir in der eckigen Klammer u^2 gemäß der Kurvengleichung durch $4\,kiv$, so erhält sie den Wert

$$[\quad] = 4\,ki\,(ou + v) = 4\,ki^2w,$$

und es wird

$$r^2 = k^2 + w^2 + 2\,kw\,(O + 2\,i^2) = k^2 + w^2 + 2\,kw$$

oder

$$r = k + w.$$

Die Bestimmung von s ist einfacher. Hier folgt aus

$$LP = LS + SU$$

sofort

$$s = k + w.$$

Aus den für r und s gefundenen Gleichungen ergibt sich

$$\boxed{r = s} \qquad \text{oder} \qquad \boxed{FP = LP},$$

in Worten:

Unsere Schaukurve ist der Ort des Punktes, der von einem festen Punkte F und einer festen Geraden L ständig gleich weit entfernt bleibt. Eine solche Kurve heißt aber bekanntlich Parabel. Daher:

Die Gleichung

$$ax^2 + bxy + cy^2 + dx + ey + f = 0$$

stellt bei verschwindender Diskriminante $D = b^2 - 4ac$ eine Parabel dar.

Eine Ausnahme bildet nur der Fall

$$M = bd - 2ae = 0.$$

In diesem Ausnahmefalle stellt die Gleichung $\varphi = 0$ [sich auf $X^2 = \mathfrak{D}$ reduzierend] ein Paar verschiedener oder zusammenfallender Geraden dar, je nachdem $\mathfrak{D}$ von Null verschieden ist oder nicht. [Die beiden verschiedenen Geraden $X = \sqrt{\mathfrak{D}}$ und $X = -\sqrt{\mathfrak{D}}$ sind allerdings im Falle $\mathfrak{D} < 0$ imaginär.]

Nunmehr schreiten wir zur Betrachtung des Falles

$$\boxed{D \neq 0}.$$

Von den beiden Normalformen, auf die wir diesen Fall zurückgeführt haben, wählen wir die zweite:

$$a\xi^2 + b\xi\eta + c\eta^2 = DH,$$

die dadurch aus der Ausgangsgleichung entsteht, daß wir vermöge der Transformation

$$Dx + L = \xi, \qquad Dy + M = \eta$$

die Lineargleider zum Verschwinden bringen oder wegen des augenblicklich im Vordergrunde stehenden geometrischen Gesichtspunkts zweckmäßiger die Form

$$a\mathfrak{x}^2 + b\mathfrak{x}\mathfrak{y} + c\mathfrak{y}^2 = F = H : D,$$

die aus

$$ax^2 + bxy + cy^2 + dx + ey + f = 0$$

durch die Transformation

$$x = \mathfrak{x} + x_0, \qquad y = \mathfrak{y} + y_0$$

zum neuen Koordinatensystem $\mathfrak{x}\mathfrak{y}$ entsteht, dessen Achsen der x- bzw. y-Achse parallel laufen, und dessen Ursprung U der Punkt mit den alten Koordinaten

$$x_0 = -L : D, \qquad y_0 = -M : D$$

ist.

Unsere Frage lautet demnach:

In einem rechtwinkligen Koordinatensystem xy ist die Gleichung

$$A x^2 + 2 \Gamma x y + B y^2 = F \qquad (A > 0)$$

mit nicht verschwindender Diskriminante

$$D = \Gamma^2 - A B$$

graphisch dargestellt; wie sieht die Schaukurve aus?

Wir beantworten die Frage mit Hilfe des

Lemma:

Die Kurve

(1) $$A x^2 + 2 \Gamma x y + B y^2 = F$$

besitzt bei nichtverschwindender Diskriminante $D = \Gamma^2 - A B$ Brennpunkte.

[Ein Brennpunkt einer Kurve ist ein fester Punkt, dessen Abstand vom beweglichen Kurvenpunkt $P(x, y)$ eine Linearfunktion $(\lambda x + \mu y + \nu)$ der Koordinaten x, y ist.]

Um das Lemma zu beweisen, zeigen wir, daß sich die Kurvengleichung auf die Form

(2) $$(\lambda x + \mu y + \nu)^2 = (x - h)^2 + (y - k)^2$$

bringen läßt, in der λ, μ, ν, h, k gewisse (von A, B, Γ, F abhängige) Konstanten sind.

Um die Übereinstimmung der Kurven (1) und (2) zu erreichen, brauchen wir λ, μ, ν, h, k nur so zu ermitteln, daß die Koeffizienten von (1) den entsprechenden Koeffizienten von (2) proportional sind. Das führt zu den 6 Bedingungsgleichungen

$$A = (\lambda^2 - 1)\, T, \qquad B = (\mu^2 - 1)\, T, \qquad \Gamma = \lambda \mu T.$$
$$h = -\lambda \nu, \qquad k = -\mu \nu, \qquad F = (h^2 + k^2 - \nu^2)\, T,$$

unter T den unbekannten Proportionalitätsfaktor verstanden.

Letzteren erhalten wir, wenn wir $\lambda^2 = 1 + \frac{A}{T}$ und $\mu^2 = 1 + \frac{B}{T}$ in die quadrierte dritte Bedingungsgleichung einsetzen. Das gibt die quadratische Gleichung

$$T^2 + S T - D = 0 \qquad \text{mit } S = A + B$$

für T. Ihre Wurzeln lauten

$$T = \frac{-S + R}{2} \quad \text{und} \quad T = \frac{-S - R}{2},$$

wobei der Betrag R durch jede der beiden Formeln

$$R^2 = S^2 + 4D, \qquad R^2 = U^2 + 4\Gamma^2 \quad \text{mit} \quad U = A - B$$

bestimmt ist.

Im Falle $D < 0$ sind beide Wurzeln negativ, im Falle $D > 0$ ist die erste positiv, die zweite negativ.

Nun ist einerseits wegen

$$F = (h^2 + k^2 - \nu^2)\, T = \nu^2\, T\, (\lambda^2 + \mu^2 - 1) = \nu^2\, T \left(1 + \frac{S}{T}\right) = D\, \nu^2 : T$$
$$\nu^2 = F\, T : D,$$

so daß im Falle $D > 0$ nur diejenige der beiden Wurzeln brauchbar ist, deren Vorzeichen mit dem von $F : D$ übereinstimmt.

Im Falle $D < 0$, in dem wegen

$$(2\, A\, x + \Gamma\, y)^2 - D\, y^2 = 4\, A\, F$$

F notwendig positiv ist, wenn (1) überhaupt eine Kurve darstellen soll, scheint es zunächst, als ob beide Wurzeln brauchbar wären. Da aber wegen

$$\lambda^2 = 1 + \frac{A}{T} \quad \text{und} \quad \mu^2 = 1 + \frac{B}{T}$$

die beiden Quotienten $(A + T) : T$ und $(B + T) : T$ positiv sein müssen und bei der

1\. Wurzel $\quad \dfrac{A + T}{T} = \dfrac{U + R}{T} < 0, \quad \dfrac{B + T}{T} = \dfrac{R - U}{T} < 0,$

dagegen bei der

2\. Wurzel $\quad \dfrac{A + T}{T} = \dfrac{U - R}{T} > 0, \quad \dfrac{B + T}{T} = \dfrac{-R - U}{T} > 0$

ausfällt, so ist auch im Falle $D < 0$ nur eine der beiden Wurzeln, und zwar die betraglich größere brauchbar.

Daß übrigens auch im Falle $D > 0$ die durch die Bedingung $F\, T : D > 0$ fixierte Wurzel T die Quotienten $(A + T) : T$ und $(B + T) : T$ positiv macht, wird der Leser leicht bestätigen.

Wir bezeichnen die brauchbare der beiden Wurzeln unserer quadratischen Gleichung mit T und haben

$$\nu^2 = F\, T : D, \quad \lambda^2 = 1 + A : T, \quad \mu^2 = 1 + B : T, \quad \lambda\mu = \Gamma : T,$$
$$h = -\lambda\, \nu, \quad k = -\mu\, \nu.$$

Für jedes diesen 6 Relationen entsprechende Größenquintupel λ, μ, ν, h, k stellt (2) die Gleichung (1) dar.

Ehe wir die für unsern Zweck passenden Werte aussuchen, beweisen wir noch, daß für jedes solche Quintupel und für jeden Punkt (x, y)

unserer Schaukurve

$$(\lambda x + \mu y)^2 \lesseqgtr \nu^2 \text{ ist, je nachdem } D \lesseqgtr 0$$

ist.

Beweis. Aus

$$(\lambda x + \mu y + \nu)^2 = (x - h)^2 + (y - k)^2$$

folgt

$$(\lambda x + \mu y)^2 = x^2 + y^2 + h^2 + k^2 - \nu^2,$$

so daß unsere Behauptung auf

$$N + k^2 + k^2 - \nu^2 \lesseqgtr \nu^2 \qquad \text{mit } N = x^2 + y^2$$

hinauskommt.

Nun ist

$$h^2 + k^2 - \nu^2 = \nu^2 (\lambda^2 + \mu^2 - 1) = \nu^2 \left(1 + \frac{S}{T}\right),$$

so daß unsere Ungleichung die Gestalt

$$N \lesseqgtr - \frac{S \nu^2}{T}$$

oder

$$N \lesseqgtr - \frac{F S}{D}$$

annimmt.

Aus

$$A x^2 + 2 \Gamma x y + B y^2 = F$$

folgt aber

$$N = \frac{F (x^2 + y^2)}{A x^2 + 2 \Gamma x y + B y^2}$$

oder

$$(A N - F) x^2 + 2 \Gamma N x y + (B N - F) y^2 = 0.$$

Da diese für $z = x : y$ quadratische Gleichung reelle Wurzeln z hat, muß ihre Diskriminante positiv oder Null sein:

$$D N^2 + F S N - F^2 \geqq 0$$

oder

$$D (N - \alpha)(N - \beta) \geqq 0,$$

wenn wir die Wurzeln der Gleichung $D N^2 + F S N - F^2 = 0$ α und β nennen. Diese Wurzeln sind

$$\alpha = \frac{-F S + W}{2 D} \quad \text{und } \beta = \frac{-F S - W}{2 D} \quad \text{mit } W^2 = S^2 F^2 + 4 D F^2.$$

Bei positivem D ist β negativ, α positiv, so daß

$$N > \alpha > \frac{-F S - F S}{2 D} = - \frac{F S}{D}$$

ist.

Bei negativem D ist $0 < \alpha < \beta$, und da jetzt N innerhalb der beiden Wurzeln liegen muß, ist

$$N < \beta < \frac{-FS - FS}{2D} = -\frac{FS}{D}.$$

Damit ist unser Satz für beide Fälle bewiesen.

Den obigen 6 Relationen entsprechend wählen wir jetzt ν positiv, darauf λ und μ auf die beiden einzig möglichen Weisen (λ, μ und $-\lambda$, $-\mu$) und bestimmen die zugehörigen Wertepaare (h, k) und $(-h, -k)$. Dann heißt die Kurvengleichung so gut

$$(\lambda x + \mu y + \nu)^2 = (x - h)^2 + (y - k)^2$$

wie

$$(\lambda x + \mu y - \nu)^2 = (x + h)^2 + (y + k)^2.$$

Hierauf führen wir die Punkte H (h, k) und K $(-h, -k)$ ein sowie ihre Abstände r und s vom beliebigen Kurvenpunkte $P(x, y)$. Aus den beiden Gleichungen, deren Rechtsseiten r^2 und s^2 sind, folgt dann

im Falle $D < 0$ wegen $|\lambda x + \mu y| < \nu$

$$\left\{\begin{array}{r} \lambda x + \mu y + \nu = r \\ -\lambda x - \mu y + \nu = s \end{array}\right\},$$

im Falle $D > 0$ wegen $|\lambda x + \mu y| > \nu$

$$\left\{\begin{array}{r} \lambda x + \mu y + \nu = r \\ \lambda x + \mu y - \nu = s \end{array}\right\}.$$

Die gefundenen Formelpaare zeigen:

Die Kurve

$$Ax^2 + 2\Gamma xy + By^2 = F$$

hat zwei Brennpunkte H und K, von denen der eine das Spiegelbild des andern im Ursprung bildet.

Damit ist das Lemma bewiesen.

Nun kommen wir schnell zum Ziel. Addieren wir die beiden Gleichungen des ersten Formelpaares, so entsteht die einfache Formel

$$\boxed{r + s = 2\nu}.$$

Sie sagt aus: unsere Kurve ist im Falle $D < 0$ der Ort des Punktes, dessen Abstände von zwei festen Punkten eine unveränderliche Summe besitzen. Dieser Ort heißt aber bekanntlich Ellipse.

Durch Subtraktion der beiden Gleichungen des zweiten Formelpaares entsteht

$$\boxed{r - s = 2\nu}.$$

Das heißt: unsere Kurve ist im Falle $D > 0$ der Ort des Punktes, dessen Abstände von zwei festen Punkten eine unveränderliche Differenz besitzen. Dieser Ort heißt bekanntlich Hyperbel.

Ergebnis.

Die Gleichung

$$ax^2 + bxy + cy^2 + dx + ey + f = 0$$

stellt bei nichtverschwindender Diskriminante $D = b^2 - 4ac$ eine Ellipse oder Hyperbel dar, je nachdem D negativ oder positiv ist.

Eine Ausnahme kann im ersten Falle nur eintreten, wenn die Determinante $2H$ verschwindet oder positiv ist, wodurch nämlich die Ellipse in einen Punkt zusammenschrumpft oder imaginär wird, im zweiten Falle nur, wenn H verschwindet, wodurch die Kurve in ein Geradenpaar ausartet (dessen Gleichung $a\mathfrak{x}^2 + b\mathfrak{x}\mathfrak{y} + c\mathfrak{y}^2 = 0$ ist).

Zusatz.

Hauptachsenproblem der Kurven zweiter Ordnung.

Der Leser wird bemerken, daß die Entwicklung, die zum Brennpunktssatz geführt haben, zugleich ein einfaches Mittel enthalten, das Hauptachsenproblem der zentrischen Kurven zweiter Ordnung zu lösen, d. h. die Hauptachsen der Kurve

$$Ax^2 + 2\Gamma xy + By^2 = F$$

nach Größe und Lage zu bestimmen. (Das Koordinatensystem ist dabei rechtwinklig vorausgesetzt.)

Nachdem nämlich die Wurzel T der quadratischen Gleichung

$$T^2 + ST = D \qquad \text{mit } S = A + B,\ D = \Gamma^2 - AB$$

so bestimmt ist, daß $\nu^2 = FT : D$ positiv ausfällt, wobei im elliptischen Falle $(D < 0)$ die betraglich größere Wurzel zu nehmen ist, haben wir in ν schon die halbe Hauptsache:

$$\boxed{\nu = a}.$$

Darauf liefern die Rezepte

$$\lambda^2 = 1 + \frac{A}{T}, \qquad \mu^2 = 1 + \frac{B}{T}$$

die beiden Koeffizienten λ und μ, wenn man noch bedenkt, daß das Vorzeichen von $\lambda\mu T$ mit dem des Mittelkoeffizienten Γ der vorgelegten Gleichung übereinstimmen muß. Das gibt zwei Wertepaare λ, μ und ihnen entsprechend die beiden Brennpunkte

$$(h, k) = (\lambda\nu, \mu\nu) \quad \text{und} \quad (-h, -k) = (-\lambda\nu, -\mu\nu).$$

Mit Hauptachse und Brennpunkt ist aber die vorgelegte Kurve vollständig bestimmt.

Zwei Beispiele mögen die Einfachheit des Verfahrens dartun.

Beispiel 1.

$$59x^2 + 24xy + 66y^2 = 150.$$

Die Gleichung für T lautet ($D = -3750$)

$$T^2 + 125\,T + 3750 = 0$$

und hat die (betraglich größere) Wurzel

$$T = -75.$$

Daher wird

$$\nu^2 = \frac{FT}{D} = 3, \qquad \nu = a = \sqrt{3}.$$

Weiter wird

$$\lambda^2 = 1 + \frac{A}{T} = \frac{16}{75}, \qquad \mu^2 = 1 + \frac{B}{T} = \frac{9}{75};$$

also z. B.

$$\lambda = 4 : 5\sqrt{3}, \qquad \mu = -3 : 5\sqrt{3}.$$

Die Brennpunktskoordinaten sind

$$h = +\frac{4}{5}, \quad k = -\frac{3}{5} \quad \text{und} \quad h = -\frac{4}{5}, \quad k = +\frac{3}{5}.$$

Die lineare Exzentrizität e wird $e = \sqrt{h^2 + k^2} = 1$, die halbe Nebenachse $b = \sqrt{a^2 - e^2} = \sqrt{2}$.

Die Kurve ist eine Ellipse mit den Halbachsen $\sqrt{3}$ und $\sqrt{2}$. Die Lage der Hauptachse bestimmt sich durch die Brennpunktskoordinaten $\left(\frac{4}{5}, -\frac{3}{5}\right)$.

Beispiel 2.

$$44x^2 + 600xy - 551y^2 = 676.$$

Hyperbolischer Fall: $D = 114244$. Die Gleichung für T lautet

$$T^2 - 507T - 114244 = 0.$$

Für die Positivität von ν^2 kommt nur die Wurzel $T = 676$ in Frage. Mit ihr wird

$$\nu^2 = FT : D = 4, \qquad \nu = a = 2.$$

Weiter wird

$$\lambda^2 = 1 + \frac{A}{T} = \frac{720}{676}, \qquad \mu^2 = 1 + \frac{B}{T} = \frac{125}{676},$$

$$h = \nu\lambda = \frac{12}{13}\sqrt{5}, \qquad k = \nu\mu = \frac{5}{13}\sqrt{5},$$

$$e^2 = h^2 + k^2 = 5, \quad b^2 = e^2 - a^2 = 1.$$

Die Kurve ist eine Hyperbel mit den Halbachsen 2 und 1. Die Lage der Hauptachse bestimmt sich durch die Brennpunktskoordinaten $\left(\frac{12}{13}\sqrt{5}, \frac{5}{13}\sqrt{5}\right)$.

§ 77. Parabolischer Fall

Unsere diophantische Gleichung lautet

(0) $ax^2 + bxy + cy^2 + dx + ey + f = 0$ mit $a > 0, D = b^2 - 4ac = 0$

und wird reduziert auf die Normalform

(0′) $$X^2 = Y$$

mit

$$X = 2ax + by + d, \qquad Y = 2My + \mathfrak{D}$$

und $$M = bd - 2ae, \qquad \mathfrak{D} = d^2 - 4af.$$

Zwei Fälle sind zu unterscheiden:

I. $M = 0$, II. $M \neq 0$.

I. $M = 0$.

$$X^2 = \mathfrak{D}.$$

Hier ergeben sich drei Unterfälle:

1^0 $\mathfrak{D} < 0$, 2^0 $\mathfrak{D} = 0$, 3^0 $\mathfrak{D} > 0$.

Im Falle 1^0 besitzt die Gleichung (0) keine Lösung.
Im Falle 2^0 stellt die Kurve (0) die Gerade

$$X = 0$$

dar; die Gleichung (0) reduziert sich auf die lineare diophantische Gleichung

$$2ax + by + d = 0.$$

Im Falle 3^0 stellt die Kurve (0) ein Paar paralleler Geraden dar; die diophantische Gleichung (0) kann Lösungen nur dann besitzen, wenn $\mathfrak{D}$ eine Quadratzahl $\mathfrak{d}^2$ ist, in welchem Falle (0) auf die beiden Lineargleichungen

$$ax + 2by + d - \mathfrak{d} = 0 \qquad \text{und} \qquad ax + 2by + d + \mathfrak{d} = 0$$

hinauskommt.

II. $M \neq 0$.

Im allgemeinen liegt dieser Fall vor. Aus

(1) $$X^2 = 2My + \mathfrak{D}$$

folgt

(1′) $$X^2 \equiv \mathfrak{D} \bmod 2M$$

so daß zur Lösbarkeit von (0) zunächst die Lösbarkeit der Kongruenz (1′) erforderlich ist.

Demgemäß sei X_1 eine Wurzel von (1′) und

$$X_1^2 = 2\,My_1 + \mathfrak{D}.$$

Jede zu dieser Wurzel gehörige Lösung von (1′) hat die Form

$$X = X_1 + 2\,Ms$$

mit beliebig ganzzahligem s, und der (1) entsprechende y-Wert wird

(1a) $$y = y_1 + 2\,X_1 s + 2\,Ms^2$$

Ein mit diesem y zusammengehöriger x-Wert muß die Bedingung

$$2ax + by + d = X$$

befriedigen, woraus für x die Vorschrift

(2) $$ax = h + ks + ls^2$$

mit

$$2h = X_1 - by_1 - d, \qquad k = M - bX_1, \qquad l = -bM$$

resultiert. [Aus $X_1^2 - \mathfrak{D} = 2\,My_1$ oder $X_1^2 - d^2 = 2\,(My_1 + 2af)$ folgt, daß $(X_1 - d)\,(X_1 + d)$ gerade ist. Da aber $X_1 - d$ und $X_1 + d$ gleichartig sind, muß $X_1 - d$ gerade sein. Folglich ist auch (wegen des geraden b) $X_1 - d - by_1$ gerade.]

Da

$$l = -bM = -b\,(bd - 2\,ae) = 2\,abe - b^2 d = 2\,a\,(be - 2\,cd),$$

also

$$l = 2aL$$

ist, so ergibt sich aus (2) für s die Bedingung

(2′) $$h + ks \equiv 0 \bmod a,$$

so daß zu der mit Hilfe der Größen X_1 und y_1 angestrebten Lösbarkeit von (0) auch die Lösbarkeit der Kongruenz (2′) erforderlich ist.

Diese Kongruenz ist aber nur lösbar, wenn der größte gemeinsame Teiler g von a und k in h aufgeht.

Demgemäß sei

$$h = gh', \qquad k = gk', \qquad a = ga', \qquad k' \frown a',$$

so daß sich (2′) in

$$h' + k's \equiv 0 \bmod a'$$

verwandelt.

Bedeutet s_0 die Wurzel dieser Kongruenz und ist

$$h' + k's_0 = a'x_0,$$

so hat jede Lösung der Kongruenz und damit auch von (2′) die Form

$$s = s_0 + a' t$$

mit beliebig ganzzahligem t.

Zugleich wird

$$h + ks = h + ks_0 + k' at = a (x_0 + k' t)$$

und wegen (2) und (1a)

$$\begin{cases} x = x_0 + k' t + 2 L t^2 \\ y = y_0 + Kt + 2 M a'^2 t^2 \end{cases}$$

mit

$$y_0 = y_1 + 2 X_1 s_0 + 2 M s_0^2 \quad \text{und} \quad K = 2a' (X_1 + 2 M s_0).$$

Unter der Annahme, daß X_1 die Kongruenz (1′), s_0 die Kongruenz (2′) befriedigt, stellt das für x und y gefundene Gleichungspaar für jedes ganzzahlige t eine Lösung von (0) dar.

Durchläuft der Parameter t alle Ganzzahlen, so liefert das Gleichungspaar eine unendliche Serie von Gitterpunkten der Parabel (0).

Jedes die Kongruenzen (1′) und (2′) befriedigende Paar (X_1, s_0) liefert eine Lösungsserie.

Die Gesamtheit aller Lösungsserien umfaßt sämtliche Gitterpunkte der Parabel.

Beispiel 1. $\quad 3x^2 + 30xy + 75y^2 + x - 2y - 103 = 0.$

Hier wird $M = 42$, $\mathfrak{D} = 1237$ und

$$X^2 = 84y + 1237 \qquad \text{mit} \qquad X = 6x + 30y + 1,$$

mithin z. B.

$$X^2 \equiv 5 \mod 7.$$

Da aber 5 quadratischer Nichtrest von 7 ist, besitzt diese Kongruenz keine Wurzel. Die vorgelegte diophantische Gleichung hat keine Lösung.

Die Parabel

$$3x^2 + 30xy + 75y^2 + x - 2y - 103 = 0$$

läuft durch keinen einzigen Gitterpunkt der xy-Ebene.

Beispiel 2.

$$x^2 - 2xy + y^2 + 3x - 8y - 13 = 0.$$

Hier wird $M = 10$, $\mathfrak{D} = 61$, $L = 10$ und

$$X^2 = 20y + 61 \qquad \text{mit} \qquad X = 2x - 2y + 3.$$

Die Kongruenz

$$X^2 \equiv 61 \mod 20$$

hat die vier Wurzeln 1, 9, 11, 19. Für $X_1 = 1$ wird $y_1 = -3$, $X = 1 + 20s$, $x = -4 + 12s + 20s^2$, $y = -3 + 2s + 20s^2$. Die Kongruenz (2'), hier

$$-4 + 12s \equiv 0 \bmod 1,$$

ist trivial. Wir setzen etwa $s_0 = 0$, $s = t$ und haben

$$x = -4 + 12t + 20t^2, \qquad y = -3 + 2t + 20t^2,$$

welches Formelpaar die erste Gitterpunktserie liefert. In der Umgebung des Ursprungs gehören dieser Serie folgende 5 Gitterpunkte an:

t	-2	-1	0	$+1$	$+2$
x	52	4	-4	28	100
y	73	15	-3	19	81

Für $X_1 = 9$, $y_1 = 1$ entsteht die Serie

$$x = 4 + 28t + 20t^2, \qquad y = 1 + 18t + 20t^2$$

mit den dem Ursprung nächsten Punkten

t	-2	-1	0	$+1$	$+2$
x	28	-4	4	52	140
y	45	3	1	39	117

Für $X_1 = 11$, $y_1 = 3$ entsteht die Serie

$$x = 7 + 32t + 20t^2, \qquad y = 3 + 22t + 20t^2.$$

Die dem Ursprung benachbarten 5 Gitterpunkte sind

t	-2	-1	0	$+1$	$+2$
x	23	-5	7	59	151
y	39	1	3	45	127

Für $X_1 = 19$, $y_1 = 15$ endlich ergibt sich die Serie

$$x = 23 + 48t + 20t^2, \quad y = 15 + 38t + 20t^2$$

mit den dem Ursprung zunächst liegenden Gitterpunkten

t	-3	-2	-1	0	$+1$
x	59	7	-5	23	91
y	81	19	-3	15	73

Statt $X_1 = 19$ hätte man bequemer $X_1 = -1$ (und $y_1 = -3$) nehmen können und hätte die Serie 4 in der Gestalt

$$x = -5 + 8t + 20t^2, \quad y = -3 - 2t + 20t^2$$

also mit etwas einfacheren Koeffizienten bekommen. Natürlich stimmen die beiden Serien überein, da die letzte in die vorletzte übergeht, wenn man t durch $t + 1$ ersetzt.

Die angegebenen vier Serien erschöpfen alle Gitterpunkte der Parabel.

Beispiel 3. $9x^2 - 30xy + 25y^2 + x - 2y - 3 = 0$. Hier ist $M = 6$, $\mathfrak{D} = 109$, $L = 10$ und

$$X^2 = 12y + 109 \quad \text{mit} \quad X = 18x - 30y + 1.$$

Die Kongruenz

$$X^2 \equiv 109 \mod 12$$

hat die vier Wurzeln $+1, -1, +5, -5$. Für $X_1 = +1$ wird $y_1 = -9$, $X = 1 + 12s$, $9x = -135 + 36s + 180s^2$.

Die Kongruenz (2′), hier

$$-135 + 36s \equiv 0 \mod 9$$

ist trivial. Wir nehmen $s_0 = 0$, $s = t$ und haben

$$x = -15 + 4t + 20t^2, \quad y = -9 + 2t + 12t^2$$

als erste Gitterpunktserie.

Für $X_1 = -1$ wird $y_1 = -9$, $X = 12s - 1$,

$$9x = -136 + 36s + 180s^2.$$

Die Kongruenz (2′) wird

$$36s - 136 \equiv 0 \mod 9$$

und ist unlösbar. Der Fall $X_1 = -1$ liefert keine Lösungsserie.

Für $X_1 = +5$ wird $y_1 = -7$, $X = 5 + 12s$,

$$9x = -103 + 156s + 180s^2,$$

so daß auch hier keine Lösungsserie entsteht.

Für $X_1 = -5$ endlich wird $y_1 = -7$, $X = 12s - 5$ und

$$9x = -108 - 144s + 180s^2$$

oder, statt s t schreibend,

$$x = -12 - 16t + 20t^2 \quad \text{und} \quad y = -7 - 10t + 12t^2.$$

So bekommen wir bei dieser Aufgabe nur die zwei Lösungsserien

$$x = -15 + 4t + 20t^2, \qquad y = -9 + 2t + 12t^2$$

und

$$x = -12 - 16t + 20t^2, \qquad y = -7 - 10t + 12t^2.$$

Die einfachsten Gitterpunkte sind

	t	-2	-1	0	$+1$	$+2$
bei der ersten Serie	x	57	1	-15	9	73
	y	35	1	-9	5	43
bei der zweiten Serie	x	100	24	-12	-8	36
	y	61	15	-7	-5	21

§ 78. Elliptischer Fall

Es handelt sich um die diophantische Gleichung

$$ax^2 + bxy + cy^2 + dx + ey + f = 0 \quad \text{mit } a > 0, D = b^2 - 4ac < 0 \quad (0)$$

Sie reduziert sich auf die Normalform

$$DX^2 - Y^2 = 4aH$$

oder, wie wir hier schreiben wollen,

$$(0') \qquad \Delta X^2 + Y^2 = F$$

mit

$$\Delta = -D > 0, \qquad F = -4aH.$$

Hier können sich drei Fälle ereignen:

$$1^0 \quad H > 0, \qquad 2^0 \quad H = 0, \qquad 3^0 \quad H < 0.$$

Im Falle 1^0 ist F negativ, gibt es also keine Ganzzahlen X, Y, die (0′) befriedigen; die Gleichung (0) hat keine Lösung.

Im Falle 2^0 besitzt (0′) nur die eine Lösung $X = 0$, $Y = 0$; die durch (0) dargestellte Ellipse schrumpft auf einen Punkt zusammen. Dieser Punkt hat gemäß

$$2ax + by + d = 0, \qquad Dy + M = 0$$

die Koordinaten [Zentrum!]

$$x = L : \Delta, \qquad y = M : \Delta,$$

ist sonach nur dann ein Gitterpunkt, wenn Δ in L und M aufgeht.

Die Gleichung (0) hat bei verschwindendem H genau eine oder keine Lösung, je nachdem D in L und M aufgeht oder nicht.

Damit sind die Fälle 1^0 und 2^0 schnell abgetan; eigentliches Interesse und eigentümliche Schwierigkeiten bietet nur der Fall 3^0, in welchem die Determinante $2H$ von (0) negativ, das Freiglied F von (0′) positiv ist.

Zunächst ist klar, daß, wenn überhaupt, die Gleichung (0) nur eine endliche Anzahl von Lösungen besitzen kann, einerseits, weil auf einer Ellipse, die ja (0) in diesem Falle darstellt, nur endlich viele Gitterpunkte liegen können, anderseits, weil aus (0′)

$$\Delta X^2 \leq F \qquad \text{oder} \qquad |X| < \sqrt{F : \Delta}$$

folgt, so daß für X nur Ganzzahlen in Frage kommen, deren Betrag den Wert $\omega = \sqrt{F : \Delta}$ nicht übertrifft. Letztere Bemerkung weist gleichzeitig einen Weg, die Lösungen auch wirklich zu finden:

Man notiert die betraglich ω nicht überschreitenden Ganzzahlen X, für die der Ausdruck $F - \Delta X^2$ eine Quadratzahl Y^2 wird; jedes derartige Zahlenpaar X, Y liefert eine Lösung von (0′), andere Lösungen gibt es nicht.

Das Verfahren ist zwar, namentlich bei großem ω, zeitraubend, führt aber sicher zum Ziel. Übrigens läßt es sich in zahlreichen Fällen abkürzen, so daß man nicht gezwungen ist, alle unterhalb ω gelegenen Ganzzahlen durchzuprobieren.

Nachdem die zulässigen Paare (X, Y) gefunden sind, ist das übrige leicht. Man stellt bei jedem derartigen Paare fest, ob das aus $Dy + M = Y$ folgende y und das dann aus $2ax + by + d = X$ folgende x ganzzahlig sind; jedes so entstehende Paar (x, y) ist eine Lösung von (0), andere Lösungen existieren nicht.

Wir wenden das geschilderte Verfahren auf einige Beispiele an.

Beispiel 1.

$$3x^2 + 9xy + 7y^2 - 114x - 175y + 1099 = 0.$$

Hier ist $D = -3$, $M = 24$, $H = 0$; mithin $X = Y = 0$. Aus

$$6x + 9y - 114 = 0 \qquad \text{und} \qquad -3y + 24 = 0$$

folgt $x = 7$, $y = 8$. Die Aufgabe hat nur eine ganzzahlige Lösung: $x = 7$, $y = 8$.

Beispiel 2.

$$x^2 + xy + y^2 + x + y = 100.$$

Hier ist $D = -3$, $M = -1$, $H = -301$, und

$$3X^2 + Y^2 = 1204.$$

Wir suchen zunächst nur positive Lösungen dieser Gleichung. Da X und Y gleichartig sein müssen, unterscheiden wir zwei Fälle: 1⁰ X und Y beide gerade, 2⁰ X und Y beide ungerade.

Im 1. Falle setzen wir $X = 2U$, $Y = 2V$ und haben

$$3U^2 + V^2 = 301.$$

Hier müssen U und V wieder ungleichartig sein, und zwar U gerade $= 2u$, V ungerade (da umgekehrt die linke Seite $\equiv 3 \bmod 4$ würde). Daher wird

$$12u^2 + V^2 = 301,$$

mithin $u \leq 5$. Die Probe liefert zwei Lösungen: $u = 5$, $V = 1$ und $u = 1$, $V = 17$ und damit $X = 20$, $Y = 2$ und $X = 4$, $Y = 34$.

Im 2. Falle setzen wir $X = 2U + 1$, $Y = 2V + 1$ und bekommen

$$3UU_1 + VV_1 = 300 \qquad \text{mit} \qquad U_1 = U + 1, \qquad V_1 = V + 1.$$

Das gibt

$$VV_1 = 3(100 - UU_1)$$

und, da $U < 10$ sein muß, nur die 9 Möglichkeiten $U = 1, 2, 3, \ldots, 9$ und entsprechend $VV_1 = 294, 282, 264, 240, 210, 174, 132, 84, 30$.

Von diesen geben nur die 4., 5., 7. und 9. ein ganzzahliges V, nämlich bzw. $V = 15, 14, 11, 5$, zu denen die vier Lösungen $X = 9$, $Y = 31$; $X = 11$, $Y = 29$; $X = 15$, $Y = 23$ und $X = 19$, $Y = 11$ gehören. Die Gleichung

$$3\,X^2 + Y^2 = 1204$$

hat demnach die sechs positiven Lösungen

X	4	9	11	15	19	20
Y	34	31	29	23	11	2

Zu diesen kommen noch weitere 18 Lösungen, die man erhält, indem man die Vorzeichen von X und Y beliebig wählt. Durch Substitution dieser 24 Wertepaare in die Gleichungen $2x + y + 1 = X$ und

$-3y - 1 = Y$ erhalten wir im ganzen 12 Wertepaare (x, y).

Die Ellipse $x^2 + xy + y^2 + x + y = 100$ läuft durch die 12 Gitterpunkte

x	-1	-4	-8	-10	-10	-8	-4	-1	$+10$	$+11$	$+11$	$+10$
y	$+10$	$+11$	$+11$	$+10$	-1	-4	-8	-10	-10	-8	-4	-1

Beispiel 3.

$$x^2 + 3xy + 4y^2 - 8x - 9y - 223 = 0.$$

Hier ist $D = -7$, $M = -6$, $H = -1682$ und

$$7\,X^2 + Y^2 = 6728.$$

Die Gleichung sagt zunächst aus, daß X und Y ungerade sein müssen. [Bei geradem X und Y: $X = 2U$, $Y = 2V$ wäre $7U^2 + V^2 = 1682$, und die linke Seite dieser Gleichung kann nie $\equiv 2 \bmod 4$ sein.]

Aus der Schreibung

$$7X^2 + Y^2 = 7 \cdot 961 + 1$$

folgt weiter

$$Y^2 \equiv 1 \bmod 7 \qquad \text{oder} \qquad (Y+1)(Y-1) \equiv 0 \bmod 7$$

oder

$$Y = 14n + \varepsilon,$$

wo n eine Ganzzahl und ε die positive oder negative Einheit bedeutet [$7n + \varepsilon$ wäre gerade!]. Aus $Y^2 < 6728$ ergibt sich $Y \leqq 82$, so daß (bei positivem Y) für n nur die Werte 0, 1, 2, 3, 4, 5 in Frage kommen.

Durch die Substitution $Y = 14n + \varepsilon$ entsteht

$$X^2 + 28n^2 + 4n\varepsilon = 961 = 7 \cdot 137 + 2,$$

mithin für n und ε die Vorschrift

$$4n\varepsilon \equiv 2 - X^2 \bmod 7,$$

also, da es nur die 3 quadratischen Reste 1, 4, 2 von 7 gibt,

$$4n\varepsilon \equiv 0 \quad \text{oder} \quad 1 \quad \text{oder} \quad 5 \bmod 7.$$

Im ersten Falle wird $n = 0$, $\varepsilon = +1$ oder -1,
» zweiten » » $n = 2$, $\varepsilon = 1$ oder $n = 5$, $\varepsilon = -1$,
» dritten » » $n = 3$, $\varepsilon = 1$ oder $n = 4$, $\varepsilon = -1$.

So ergeben sich folgende Y-Werte:

$$Y = 1, \quad 29, \quad 69, \quad 43, \quad 55,$$

von denen aber 69 und 43 unbrauchbar sind, da sie X irrational machen.

Die positiven Lösungen der diophantischen Gleichung

$$7\,X^2 + Y^2 = 6728$$

sind daher

X	31	29	23
Y	1	29	55

Aus den hieraus ohne weiteres ablesbaren 12 zulässigen Wertepaaren (X, Y) findet man mittels der Gleichungen

$$2x + 3y - 8 = X, \qquad -7y - 6 = Y$$

die gesuchten Wertepaare (x, y).

Die Ellipse $x^2 + 3xy + 4y^2 - 8x - 9y - 223 = 0$ enthält nur sechs Gitterpunkte; diese sind

x	$+5$	-18	-10	-3	$+21$	$+26$
y	$+7$	$+7$	-1	-5	-1	-5

.

§ 79. Hyperbolischer Fall

Den Ausgangspunkt bildet die diophantische Gleichung

(0) $ax^2 + bxy + cy^2 + dx + ey + f = 0$ mit $D = b^2 - 4ac > 0$

Wir denken sie auf die zentrale Normalform

(0′) $$a\xi^2 + b\xi\eta + c\eta^2 = DH$$

reduziert, in welcher (§ 75)

$\xi = Dx + L$, $\eta = Dy + M$ mit $L = be - 2cd$, $M = bd - 2ae$

ist.

Wie beim parabolischen und elliptischen Falle kommt alles auf die Lösung der reduzierten Gleichung (0′) an. Sowie nämlich die Lösungen (ξ, η) von (0′) gefunden sind, erhält man die Lösungen (x, y) von (0) in Gestalt derjenigen Brüche

$$x = (\xi - L) : D, \qquad y = (\eta - M) : D,$$

die Ganzzahlen sind.

Während aber im parabolischen und elliptischen Falle die Lösung von (0') verhältnismäßig elementar war, ergeben sich im hyperbolischen Falle eigentümliche Schwierigkeiten, die erst Lagrange in seiner Lösung der Fermatgleichung (§ 50) überwunden hat. Wir können daraus schon entnehmen, daß die Lösung von (0') durch Zurückführung auf Fermatgleichungen erfolgt. Wir setzen diese Zurückführung in diesem Paragraphen auseinander, erörtern nur zuvor einige triviale Fälle.

1^0. H verschwindet. Wir verwenden die nichtzentrale Normalform:

$$D X^2 - Y^2 = 0.$$

Bei nichtquadratischem D ist $X = 0$, $Y = 0$ die einzige Lösung.

Bei quadratischem D: $D = \delta^2$ verwandelt sich die Gleichung in

$$(\delta X + Y)\, \delta X - Y) = 0$$

und reduziert sich auf die beiden Lineargleichungen

$$\delta X + Y = 0 \qquad \text{und} \qquad \delta X - Y = 0,$$

die man sukzessive zu lösen hat.

2^0. Einer der Koeffizienten a, c verschwindet. Für $c = 0$ z. B. erhält man

$$a\xi^2 + b\xi\eta = DH$$

oder

$$\xi\,(a\xi + b\eta) = DH.$$

Man hat also die rechte Seite irgendwie in ein Produkt von zwei Faktoren m und n zu zerlegen und $\xi = m$, $a\xi + b\eta = n$ zu setzen. So oft dieser Ansatz zwei Ganzzahlen ξ, η liefert, so oft hat man eine Lösung.

3^0. D ist eine Quadratzahl: $D = \delta^2$. Die Gleichung schreibt sich

$$(\delta X + Y)\,(\delta X - Y) = 4aH.$$

Wie in 2^0 schreibt man die rechte Seite irgendwie als Produkt mn von zwei Faktoren und setzt $\delta X + Y = m$, $\delta X - Y = n$. So oft dieser Ansatz zwei Ganzzahlen X, Y liefert, so oft hat man eine Lösung.

Nach Erledigung dieser einfachen Fällekommen wir zum allgemeinen Fall, in welchem das Freiglied nicht verschwindet und die Diskriminante D nichtquadratisch ist.

Im Interesse übersichtlicher Bezeichnungen nennen wir das Freiglied F und schreiben statt ξ, η x, y. Wir geben unserer Aufgabe dann folgende Form:

Die diophantische Gleichung

$$ax^2 + bxy + cy^2 = F \tag{1}$$

zu lösen, in der das Freiglied F eine beliebige nicht verschwindende Ganzzahl und die Diskriminante $D = b^2 - 4ac$ positiv und nichtquadratisch ist.

Bei ihrer Lösung beschränken wir uns unbeschadet der Allgemeinheit auf Stammgleichungen, das sind solche, in denen a, b, c teilerfremd sind. [Haben a, b, c den größten gemeinsamen Teiler $g > 1$, so muß g in F aufgehen, und die Gleichung kommt auf

$$a'x^2 + b'xy + c'y^2 = F'$$

mit $a' = a:g$, $b' = b:g$, $c' = c:g$, $F' = F:g$ hinaus, in welcher nunmehr die Koeffizienten a', b', c' teilerfremd sind.]

Wir beschränken uns weiter auf Primitivlösungen, das sind Lösungen, in denen x und y teilerfremd sind. [Haben x und y den größten gemeinsamen Teiler $d > 1$ mit $x = dx'$, $y = dy'$ und $x' \frown y'$, so muß d^2 in F aufgehen, etwa $F = d^2 F'$ sein, und wir haben

$$ax'^2 + bx'y' + cy'^2 = F'.$$

Wir brauchen dann nur die Primitivlösungen x', y' dieser Gleichung zu suchen, um in den dadurch bestimmten Wertepaaren $x = dx'$, $y = dy'$ die Lösungen von (1) zu bekommen, die den größten gemeinsamen Teiler d haben.]

Wir beschränken uns sogar auf eine besondere Art von Primitivlösungen — wir nennen sie Sonderlösungen — nämlich auf solche, in denen auch F und y teilerfremd sind. [Bedeutet G den größten gemeinsamen Teiler von F und y, so hat auch wegen der Fremdheit von x und y, a diesen Teiler, ist also etwa $a = Ga'$, $y = Gy'$, $F = GF'$, und wir bekommen, statt x, b, Gc bzw. x', b', c' schreibend,

$$a'x'^2 + b'x'y' + c'y'^2 = F',$$

worin jetzt y' und F' teilerfremd sind. Die Sonderlösungen x', y' dieser Gleichung liefern alle Primitivlösungen $x = x'$, $y = Gy'$ von (1), bei denen F und y den größten gemeinsamen Teiler G haben.]

Wir führen nun (1) durch die Substitution

$$x = qX + FY, \qquad y = X$$

in eine diophantische »Einheitsgleichung«

$$AX^2 + BXY + CY^2 = 1 \tag{2}$$

über, d. h. in eine Gleichung mit dem Freigliede 1. Dabei ist

$$A = (aq^2 + bq + c):F, \qquad B = 2aq + b, \qquad C = Fa,$$

und damit A ganzzahlig wird (B und C sind es von selbst), wählen wir die Ganzzahl q so, daß die Kongruenz

$$aq^2 + bq + c \equiv 0 \bmod F \tag{1'}$$

befriedigt wird. Daß diese Kongruenz im Falle des Vorhandenseins einer Sonderlösung x, y von (1) auch eine Wurzel besitzt, folgt daraus, daß sich wegen der Fremdheit von F und y zwei Ganzzahlen q und Y derart bestimmen lassen, daß

$$x = qX + FY \qquad \text{mit } X = y$$

wird. Ersetzt man dann aber in (1) x und y durch $qX + FY$ und X, so entsteht

$$AX^2 + BXY + CY^2 = 1$$

mit den oben angegebenen Koeffizienten, und da AX^2 ganz und X zu F fremd ist, muß A ganz sein, so daß (1') die Wurzel q hat.

Die neue diophantische Gleichung (2) hat dieselbe Diskriminante wie die alte (1), da

$$B^2 - 4AC = (2aq + b)^2 - 4a(aq^2 + bq + c) = b^2 - 4ac.$$

Jede Lösung X, Y von (2) liefert eine Lösung

$$x = qX + FY, \qquad y = X$$

von (1).

In der Tat wird für dieses Wertepaar (x, y)

$$\begin{aligned} ax^2 + bxy + cy^2 &= a(qX + FY)^2 + b(qX + FY)X + cX^2 \\ &= (aq^2 + bq + c)X^2 + (2aq + b)FXY + aF^2Y^2 \\ &= F(AX^2 + BXY + CY^2) = F. \end{aligned}$$

Daß umgekehrt jede Sonderlösung x, y von (1) eine Lösung X, Y einer Einheitsgleichung liefert, wurde oben schon gezeigt.

Um daher sämtliche Sonderlösungen (x, y) der Gleichung (1) zu bekommen, brauchen wir nur Einheitsgleichungen zu lösen. Das sind an sich unendlich viele wegen der unendlich vielen Lösungen q der Kongruenz (1'). Wir brauchen uns aber nur um jene zu kümmern, die zu den verschiedenen (d. h. modulo F inkongruenten) Wurzeln von (1') gehören, und deren Anzahl nur gering ist.

Es sei nämlich q' eine zu q kongruente Lösung von (1'), etwa $q' = q + Ft$, ferner

(2') $$A'X'^2 + B'X'Y' + C'Y'^2 = 1$$

mit $FA' = aq'^2 + bq' + c$, $B' = 2aq' + b$, $C' = Fa$ die zu q' gehörige Einheitsgleichung, (X', Y') eine Lösung derselben und

$$x' = q'X' + FY', \qquad y' = X'$$

die durch (X', Y') gelieferte Lösung von (1). Wir haben

$$x' = qX' + F(Y' + tX'),$$

setzen demgemäß

$$X = X', \qquad Y = Y' + tX'$$

und behaupten, daß (X, Y) eine Lösung von (2) darstellt.

Beweis. Es ist

$$AX^2 + BXY + CY^2 = (A + Bt + Ct^2)X'^2 + (2Ct + B)X'Y' + CY'^2.$$

Anderseits wird

$$FA' = aq'^2 + bq' + c = F(A + Bt + Ct^2),$$
$$B' = 2aq' + b = 2Ct + B, \qquad C' = C.$$

Mithin ist tatsächlich

$$AX^2 + BXY + CY^2 = A'X'^2 + B'X'Y' + C'Y'^2 = 1.$$

Die angegebene Lösung (x', y') kann demnach, statt durch (2′) gerade so gut durch die Lösung (X, Y) von (2) geliefert werden, so daß die Bildung der Einheitsgleichung (2′) nicht nötig ist.

Damit gilt der

Satz:

Die diophantische Gleichung

$$(1) \qquad ax^2 + bxy + cy^2 = F$$

läßt sich hinsichtlich ihrer Sonderlösungen auf eine beschränkte Anzahl von Einheitsgleichungen mit derselben Diskriminante zurückführen.

Die einzige Aufgabe, die uns noch beschäftigt, lautet daher:

Die diophantische Einheitsgleichung

$$(\mathrm{I}) \qquad ax^2 + bxy + cy^2 = 1$$

zu lösen, deren Diskriminante eine positive nichtquadratische Zahl ist.

Zunächst erkennt man, daß eine solche Gleichung nicht notwendig Lösungen haben muß. Man betrachte z. B. die einfache Gleichung

$$3x^2 - y^2 = 1.$$

Sie kann keine Lösung haben, insofern aus ihr $y^2 \equiv -1 \bmod 3$ folgen würde, was aber widersinnig ist, da -1 kein quadratischer Rest von 3 sein kann.

Es hat also nur Sinn, sich mit solchen Einheitsgleichungen zu befassen, die auch wirklich Lösungen besitzen.

Demgemäß sei $x = \alpha$, $y = \gamma$ eine Lösung von (I). Sie ist ganz von selbst primitiv, da wegen der rechten Seite von (I) α und γ keinen gemeinsamen Teiler haben können.

Wir verwandeln nun die quadratische Form[1])

$$\mathfrak{f} = ax^2 + bxy + cy^2$$

der Variablen x und y durch eine geeignete lineare Substitution

[1]) Unter einer Form versteht man ein homogenes Polynom mehrerer Veränderlichen.

— Transformation —

$$S = \begin{pmatrix} \alpha & \beta \\ \gamma & \delta \end{pmatrix}$$

(in der auch die Koeffizienten β und δ ganz sind) d. h. durch den Ansatz

$$\text{(I')} \qquad \left\{ \begin{array}{l} x = \alpha X + \beta Y \\ y = \gamma X + \delta Y \end{array} \right\}$$

in eine andere quadratische Form

$$\mathfrak{F} = A X^2 + B X Y + C Y^2$$

der neuen Variablen X und Y derart, daß jeder Lösung (x, y) der diophantischen Gleichung (I) eine Lösung (X, Y) der diophantischen Gleichung

$$\text{(II)} \qquad A X^2 + B X Y + C Y^2 = 1$$

entspricht und umgekehrt.

Dazu ist nur nötig, die Substitution so einfach wie möglich, nämlich so zu wählen, daß der Substitutionsmodul

$$\varepsilon = \alpha \delta - \beta \gamma$$

gleich 1 wird, daß, wie man sagt, die Substitution unimodular ist. Um die fehlenden Koeffizienten β und δ zu bekommen, schreiben wir die Ausgangsgleichung

$$a \alpha^2 + b \alpha \gamma + c \gamma^2 = 1$$

so, daß sie die Gestalt

$$\alpha \delta - \beta \gamma = 1$$

annimmt, nämlich so:

$$\alpha (a \alpha + \dot{b} \gamma) + [\bar{b} \alpha + c \gamma] \gamma = 1,$$

wobei die runde Klammer δ, die eckige $-\beta$ darstellen soll: Wir brauchen dazu die Ganzzahlen $\dot{b}$ und $\bar{b}$ nur der Bedingung

$$\dot{b} + \bar{b} = b$$

gemäß zu wählen. Die einfachste Wahl gibt

$$\dot{b} = \frac{b + \Phi}{2}, \qquad \bar{b} = \frac{b - \Phi}{2},$$

wo Φ bei geradem b den Wert Null, bei ungeradem b den Wert Eins hat.

Unsere Substitution lautet also

$$S = \begin{pmatrix} \alpha & \beta \\ \gamma & \delta \end{pmatrix} \qquad \text{mit} \left\{ \begin{array}{l} \beta = - \bar{b} \alpha - c \gamma \\ \delta = + a \alpha + \dot{b} \gamma \end{array} \right\}.$$

Führen wir die Substitution — zunächst noch mit Beibehaltung der

Buchstaben β und δ — aus, so wird

$$\mathfrak{f} = ax^2 + bxy + cy^2 = \mathfrak{F} = AX^2 + BXY + CY^2,$$

wobei die neuen Koeffizienten, wie man leicht nachrechnet, die Werte

$$\left\{\begin{array}{l} A = \quad a\alpha^2 + b\alpha\gamma \qquad\quad + \quad c\gamma^2 \\ B = 2a\alpha\beta + b(\alpha\delta + \beta\gamma) + 2c\gamma\delta \\ C = \quad a\beta^2 + b\beta\delta \qquad\quad + \quad c\delta^2 \end{array}\right\}$$

haben. Zugleich ergibt die Ausrechnung für die Diskriminante der neuen Form den einfachen Wert

$$B^2 - 4AC = \varepsilon^2(b^2 - 4ac) = D.$$

Die neue Form hat dieselbe Diskriminante wie die alte.

Diese beiden Ergebnisse gelten für jede unimodulare Transformation S.

Bei unserer speziellen Transformation mit

$$\beta = -\bar{b}\alpha - c\gamma, \qquad\qquad \delta = +a\alpha + \dot{b}\gamma$$

sind die neuen Koeffizienten wesentlich einfacher gebaut.

Zunächst ist nach Voraussetzung

$$A = a\alpha^2 + b\alpha\gamma + c\gamma^2 = 1.$$

Für B bekommen wir

$$B = (b - 2\bar{b})\,a\alpha^2 + (\dot{b} - \bar{b})\,b\alpha\gamma + (2\dot{b} - b)\,c\gamma^2.$$

Hier hat jede der drei Klammern den Wert

$$\dot{b} - \bar{b} = \Phi,$$

so daß

$$B = \Phi\,(a\alpha^2 + b\alpha\gamma + c\gamma^2) = \Phi$$

wird.

Für C endlich entsteht

$$C = [\bar{b}^2 - b\bar{b} + ca]\,a\alpha^2 + [2ac(\bar{b} + \dot{b}) : b - \dot{b}\bar{b} - ca]\,b\alpha\gamma$$
$$+ [ac - b\dot{b} + \dot{b}^2]\,c\gamma^2.$$

Hier hat jede der drei eckigen Klammern den Wert $ac - \dot{b}\bar{b}$. Nun ist

$$\dot{b}\bar{b} - ac = \frac{b^2 - \Phi^2}{4} - ac = \frac{D - \Phi}{4},$$

da $D > 1$ ist, eine natürliche Zahl N:

$$\dot{b}\bar{b} - ac = N$$

und damit

$$C = -N.$$

Die neue Form $\mathfrak{F}$ hat demnach die einfache Gestalt

$$X^2 + \Phi XY - NY^2.$$

Die diophantische Gleichung

$$\text{(I)} \qquad ax^2 + bxy + cy^2 = 1$$

ist durch die unimodulare Transformation

$$\begin{cases} x = \alpha X + \beta Y \\ y = \gamma X + \delta Y \end{cases}$$

auf die diskriminantengleiche sog. Fermatgleichung

$$\text{(II)} \qquad X^2 + \Phi XY - NY^2 = 1$$

zurückgeführt, in welcher Φ einen der beiden Werte 0 oder 1 hat und N eine natürliche Zahl ist. $[D = 4N + \Phi]$.

Jeder Lösung x, y der einen Gleichung entspricht auf Grund der Tranformation eine Lösung der anderen und umgekehrt.

Die vollständige Lösung der Fermatgleichung findet sich im § 50.

Bedeutet $X = F$, $Y = G$ die Fundamental- oder Grundlösung der Fermatgleichung (II), d. h. diejenige, in welcher Y einen möglichst kleinen positiven Wert hat und X gleichfalls positiv ist, so erhält man sämtliche Lösungen (X, Y) der Fermatgleichung (II) durch

Lagranges-Formel $\boxed{X - Y\Omega = \pm (F - G\Omega)^n}$,

in welcher Ω eine Wurzel der Gleichung

$$Z^2 + \Phi Z - N = 0$$

bedeutet, der Exponent n alle Ganzzahlen durchläuft und sowohl das obere als auch das untere Vorzeichen gilt.

Um auch eine Formel zu bekommen, in der sämtliche Lösungen der diophantischen Gleichung (I) vereint sind, bringen wir zunächst die Substitution (I') auf eine andere Form.

Die quadratische Gleichung

$$az^2 + bz + c = 0$$

hat die beiden Wurzeln

$$\omega = \frac{-b + r}{2a} \quad \text{und} \quad \overline{\omega} = \frac{-b - r}{2a} \qquad (r = |\sqrt{D}|),$$

die Wurzeln der quadratischen Gleichung

$$Z^2 + \Phi Z - N = 0$$

seien entsprechend

$$\Omega = \frac{-\Phi + r}{2} \quad \text{und} \quad \overline{\Omega} = \frac{-\Phi - r}{2}.$$

Durch Elimination von r entsteht die Relation

$$\Omega = a\omega + \bar{b}$$

zwischen Ω und ω.

Nun betrachten wir auf Grund der Transformation (I′) die Linearfunktion $x - y\omega$. Es ist

$$x - y\omega = (\alpha X + \beta Y) - (\gamma X + \delta Y)\,\omega = (\alpha - \gamma\omega)\,X - (\delta\omega - \beta)\,Y.$$

Da aber

$$\delta\omega - \beta = (a\alpha + \dot{b}\gamma)\,\omega + \bar{b}\alpha + c\gamma = \alpha\,(a\omega + \bar{b}) + \gamma\omega\,[\dot{b} + c:\omega],$$

$-c:\omega = a\omega + b$, also $\dot{b} + c:\omega = -(a\omega + \bar{b}) = -\Omega$, mithin

$$\delta\omega - \beta = (\alpha - \gamma\omega)\,\Omega$$

ist, so wird

$$\text{(I″)} \qquad \boxed{x - y\omega = (\alpha - \gamma\omega)\,(X - Y\Omega)}\,.$$

Diese bemerkenswerte Formel vertritt vollständig die Transformation (I′).

Bedeutet (x, y) irgendeine Lösung von (I), (X, Y) die ihr zufolge (I′) entsprechende Lösung von (II), und nennt man $x - y\omega$ einen Lösungsfaktor von (I), $X - Y\Omega$ den entsprechenden Lösungsfaktor von (II), so folgt aus (I″):

Man findet die Lösungsfaktoren von (I) durch Multiplikation der Lösungsfaktoren von (II) mit dem ein für allemal ausgewählten, sonst aber beliebigen, festen Lösungsfaktor $\alpha - \gamma\omega$ von (I).

Nun wird die allgemeine Lösung von (II) durch Lagranges Formel geliefert. Daher gilt der interessante Satz:

Sämtliche Lösungen (x, y) der diophantischen Gleichung

$$\text{(I)} \qquad a x^2 + b x y + c y^2 = 1$$

ergeben sich durch die Formel

$$\text{(III)} \qquad \boxed{x - y\omega = \pm\,(\alpha - \gamma\omega)\,(F - G\Omega)^n}\,,$$

wenn der Exponent n alle Ganzzahlen durchläuft.

Dabei bedeutet, um es zu wiederholen (F, G), die Grundlösung der Fermatgleichung

$$X^2 + \Phi X Y - N Y^2 = 1,$$

und (α, γ) eine feste, sonst aber beliebige Lösung von (I).

Zur Anwendung der Formel ist allerdings die Kenntnis einer Lösung (α, γ) von (I) erforderlich. Unsere nächste Aufgabe wird sonach darin bestehen, uns eine Lösung (x, y) von (I) zu verschaffen.

Nach wie vor die Existenz der Lösung (α, γ) von (I) voraussetzend, haben wir für die beiden zum Exponent n gehörigen Lösungen

$$x - y\omega = \pm(\alpha - \gamma\omega)(F - G\Omega)^n$$

oder, wenn wir die Beträge

$$|x - y\omega| = \zeta, \quad |\alpha - \gamma\omega| = \lambda, \quad F - G\Omega = \Theta$$

einführen,

$$\zeta = \lambda\Theta^n.$$

Nun ist

$$\Theta = F - G\Omega$$

ein positiver echter Bruch.

In der Tat; zunächst sind die Größen $F - G\Omega$ und $F - G\overline{\Omega}$ beide positiv, da sowohl ihre Summe als auch ihr Produkt positiv sind:

$$(F - G\Omega) + (F - G\overline{\Omega}) = 2F + G\Phi,$$
$$(F - G\Omega)(F - G\overline{\Omega}) = F^2 + \Phi FG - NG^2 = 1.$$

Sodann hat ihr Produkt den Wert 1, und außerdem ist die erste die kleinere von ihnen, da $(F - G\overline{\Omega}) - (F - G\Omega) = Gr > 0$ ist.

Aus diesem Grunde läßt sich der Exponent n so bestimmen, daß $\zeta = \lambda\Theta^n$ oberhalb Θ liegt, die Einheit jedoch nicht überschreitet:

$$\Theta < \zeta < 1.$$

Setzen wir nämlich die Ungleichung

$$\Theta < \lambda\Theta^n \leqq 1$$

an, so schreibt sie sich logarithmisch

$$-\lg\lambda + \lg\Theta < n\lg\Theta \leqq -\lg\lambda$$

oder

$$\sigma + 1 > n \geqq \sigma \qquad \text{mit} \quad \sigma = -\lg\lambda : \lg\Theta.$$

Diese Ungleichung legt aber genau einen Wert von n fest. Diesen wählen wir und haben eine Lösung x, y, für welche

(3) $$\Theta < |x - y\omega| < 1$$

ist. Nun folgt weiter aus

$$\omega + \overline{\omega} = -b : a, \qquad \omega \cdot \overline{\omega} = c : a$$
$$a(x - y\omega)(x - y\overline{\omega}) = ax^2 + bxy + cy^2 = 1$$

oder

$$a(x - y\overline{\omega}) = 1 : (x - y\omega)$$

und hieraus und aus (3)

(4) $$\frac{1}{a} < |x - y\overline{\omega}| < \frac{1}{a\Theta}.$$

Wenn also unsere diophantische Gleichung (I) überhaupt Lösungen hat, so existiert sicher eine Lösung (x, y), die die Ungleichungen (3) und (4) befriedigt.

Nun liegt aber jeder diese Ungleichungen befriedigende Punkt (x, y) in dem durch die geraden Linien

$$x - y\,\omega = 1, \quad x - y\,\omega = -1, \quad x - y\,\overline{\omega} = \frac{1}{a\,\Theta}, \quad x - y\,\overline{\omega} = -\frac{1}{a\,\Theta}$$

begrenzten Parallelogramm.

Man braucht also nur nachzusehen, ob der in diesem Parallelogramm liegende Bogen der Hyperbel (I) einen Gitterpunkt aufweist, um in seinen Koordinaten die für die Formel (III) nötigen Werte α und γ zu erhalten.

Liegt auf dem genannten Hyperbelbogen kein Gitterpunkt, so besitzt die vorgelegte diophantische Gleichung (I) keine Lösung.

Beispiel. $$2\,x^2 - 3\,xy - y^2 = 19.$$

Die Diskriminante ist $D = 17$. Da das Freiglied $F = 19$ eine Primzahl ist, existieren nur Sonderlösungen.

Wir lösen zuerst die Kongruenz

$$2\,q^2 - 3\,q - 1 \equiv 0 \mod 19;$$

ihre Wurzeln sind $q = 4$ und $q = 7$.

Ihnen entsprechen die beiden durch die Transformation

$$x = qX + FY, \qquad y = X$$

entstehenden Einheitsgleichungen

$$[1] \qquad X^2 + 13\,XY + 38\,Y^2 = 1 \qquad (\text{durch } q = 4)$$
$$[2] \qquad 4\,X^2 + 25\,XY + 38\,Y^2 = 1 \qquad (\text{durch } q = 7)$$

Darauf suchen wir von jeder dieser Gleichungen eine Lösung (α, γ). Bei [1] haben wir diese sofort: $\alpha = 1$, $\gamma = 0$. Bei [2] schreiben wir [2] zunächst

$$8\,X + 25\,Y = \sqrt{17\,Y^2 + 16}$$

und suchen ein Y, das die rechts stehende Wurzel rational macht. Das gibt $Y = 0, 3, 5$ usw. $Y = 0$ paßt nicht, da es $X = 0{,}5$ liefert, wohl aber $Y = 3$ (übrigens auch $Y = 5$), worauf $X = -11$ wird. Für [2] wählen wir demgemäß $\alpha = -11$, $\gamma = 3$.

Durch die Substitution

$$\begin{cases} X = \alpha\,u + \beta\,v \\ Y = \gamma\,u + \delta\,v \end{cases} \quad \text{mit} \quad \begin{cases} \beta = -\,\overline{b}\,\alpha - c\,\gamma \\ \delta = +\,a\,\alpha + \overline{b}\,\gamma \end{cases}$$

transformieren wir nun [1] und [2] in die Fermatgleichung

$$u^2 + \Phi\, uv - N\, v^2 = 1. \qquad (\Phi = 1,\ N = 4.)$$

[Hier ist

bei [1] $\begin{pmatrix}\alpha & \beta\\ \gamma & \delta\end{pmatrix} = \begin{pmatrix}1 & -6\\ 0 & 1\end{pmatrix}$, bei [2] $\begin{pmatrix}\alpha & \beta\\ \gamma & \delta\end{pmatrix} = \begin{pmatrix}-11 & 18\\ 3 & -5\end{pmatrix}$.

und Φ bei beiden Gleichungen 1, da b in beiden Fällen ungerade ist.]

Der Kettenbruch für die Hauptwurzel $\varkappa = \frac{\sqrt{17}-1}{2}$ der Gleichung

$$z^2 + z - 4 = 0$$

lautet

$$\varkappa = (1,\ 1,\ 1,\ 3).$$

Der Grundfaktor wird [mit $f : g = (1,\ 1,\ 1)$] $f - g\bar{\varkappa} = 3 - 2\bar{\varkappa}$, der Grundlösungsfaktor $F - G\bar{\varkappa} = (f - g\bar{\varkappa})^2 = 25 - 16\bar{\varkappa}$ oder bei Benutzung der Hauptwurzel $F - G\varkappa = (f - g\varkappa)^2 = 25 - 16\varkappa$.

Die Lösungen $(X,\ Y)$ der beiden Einheitsgleichungen [1] und [2] entstehen durch die Formeln

[1′] $\qquad X - Y\Omega = (\alpha - \gamma\Omega)(u - v\varkappa) = u - v\varkappa,$

[2′] $\qquad X - Y\Omega = (\alpha - \gamma\Omega)(u - v\varkappa) = (-11 - 3\,\Omega)(u - v\varkappa),$

wobei in [1′] bzw. [2′] Ω die Hauptwurzel der Gleichung $Z^2 + 13Z + 38 = 0$ bzw. $4\,Z^2 + 25Z + 38 = 0$ bedeutet und $u - v\varkappa$ in beiden Gleichungen alle Lösungsfaktoren der obigen Fermatgleichung durchläuft.

Im ersten Falle wird $\Omega = \varkappa - 6$, im zweiten $4\,\Omega = \varkappa - 12$, so daß man zweckmäßig

[1′] $\quad X - Y\Omega = u - 6v - v\,\Omega,$

[2′] $\quad X - Y\Omega = (-11 - 3\,\Omega)(u - 12v - 4v\,\Omega)$
$\qquad = (18v - 11\,u) - (3u - 5v)\,\Omega$

schreibt.

Die Lösungen von [1] bzw. [2] sind also

[1″] $\qquad X = u - 6v, \qquad Y = v$

bzw.

[2″] $\qquad X = 18v - 11u, \qquad Y = 3u - 5v,$

wo u, v eine beliebige Lösung der Fermatgleichung bedeutet.

Die kleinsten Lösungen der Fermatgleichung sind

u	1	−1	25	−25	41	−41	1649	−1649
v	0	0	16	−16	−16	16	1056	−1056

.

Ihnen entsprechen die Lösungen

X	1	-1	-71	71	$+137$	-137	-4687	4687	von [1]
Y	0	0	16	-16	-16	16	1056	-1056	

und

X	-11	11	13	-13	-739	739	869	-869	von [2].
Y	3	-3	-5	5	203	-203	-333	333	

Aus den Lösungen (X, Y) von [1] und [2] erhalten wir dem Formelpaare

$$x = qX + FY, \qquad y = X$$

gemäß die Lösungen (x, y) der vorgelegten Gleichung. Das gibt zwei Lösungssysteme, das eine auf der Kongruenzwurzel $q = 4$, das andre auf $q = 7$ aufgebaut.

Den obigen Wertepaaren (X, Y) entsprechen so folgende 16 Lösungen (x, y) der Gleichung

$$2x^2 - 3xy - y^2 = 19:$$

x	4	-4	20	-20	244	-244	1316	-1316
y	1	-1	-71	71	137	-137	-4687	4687 ,

x	-20	20	-4	4	-1316	1316	-244	$+244$
y	-11	11	13	-13	-739	739	869	-869 .

Zweiter Abschnitt

Quadratische Formen

§ 80. Substitutionen und Formen

Die diophantische quadratische Gleichung

$$58x^2 - 82xy + 29y^2 = 181$$

geht durch Einführung der neuen Unbekannten

$$X = 7x - 5y \qquad \text{und} \qquad Y = 3x - 2y$$

oder, was auf dasselbe hinauskommt, durch die Substitution (Transformation)

$$x = 5Y - 2X, \qquad y = 7Y - 3X$$

in die neue, weit einfachere diophantische quadratische Gleichung

$$X^2 + Y^2 = 181$$

über. Man wird also, statt die vorgelegte Gleichung anzugreifen, die einfachere neue Gleichung lösen und dann die gesuchten Unbekannten x und y den Transformationsformeln entnehmen.

Die neue Gleichung hat, wie man leicht nachprüft, genau acht Lösungen:

X	10	9	-9	-10	-10	-9	9	10
Y	9	10	10	9	-9	-10	-10	-9

Setzt man diese Werte sukzessive in die Formeln

$$x = 5Y - 2X, \qquad y = 7Y - 3X$$

ein, so entstehen sämtliche Lösungen (x, y) der vorgelegten Gleichung:

x	25	32	68	65	-25	-32	-68	-65
y	33	43	97	93	-33	-43	-97	-93

Geht man umgekehrt von der einfachen Gleichung

$$X^2 + Y^2 = 181$$

aus, und substituiert in ihr

$$X = \alpha x + \beta y, \quad Y = \gamma x + \delta y$$

mit ganzzahligen, sonst aber beliebigen Koeffizienten $\alpha, \beta, \gamma, \delta$, so entsteht die diophantische Gleichung

$$a x^2 + b x y + c y^2 = 181$$

mit

$$a = \alpha^2 + \gamma^2, \qquad b = 2(\alpha\beta + \gamma\delta), \qquad c = \beta^2 + \delta^2.$$

Wegen der Willkür von $\alpha, \beta, \gamma, \delta$ umfaßt diese Gleichung eine Schar von unendlich vielen diophantischen Gleichungen. Da ihre Lösungen (x, y) den Substitutionsformeln zufolge aus den Lösungen (X, Y) der Ausgangsgleichung gewonnen werden können, wäre es ganz abwegig, diese vielen diophantischen Gleichungen alle einzeln lösen zu wollen; vielmehr wird man sich auf die Lösung der einen Ausgangsgleichung beschränken.

Diese einfache Überlegung zeigt uns deutlich den großen Nutzen, den das Studium der Substitutionen bei der Lösung von (diophantischen) Gleichungen gewähren kann.

Wir werden uns daher in diesem einleitenden Paragraphen zunächst mit den wichtigsten Eigenschaften der hierher gehörigen Substitutionen vertraut machen.

Dies sind lineare binäre homogene Substitutionen oder, wie man auch sagt, Transformationen — wir nennen sie im folgenden kurz nur Substitutionen oder Transformationen — d. h. Substitutionen von der Gestalt

$$x = \alpha x' + \beta y', \qquad y = \gamma x' + \delta y',$$

wo x und y alte, x' und y' neue Variable bedeuten und $\alpha, \beta, \gamma, \delta$ die ganzzahligen Elemente oder Koeffizienten der Transformation sind, deren Verbindung

$$\varepsilon = \alpha\delta - \beta\gamma$$

der Modul oder die Determinante der Substitution heißt; und es handelt sich darum, die Wirkung derartiger Transformationen auf binäre quadratische Formen der Variablen x und y zu untersuchen.

Eine binäre quadratische Form — im folgenden nur Form genannt — ist ein homogenes Polynom

$$f = ax^2 + bxy + cy^2$$

von zwei ganzzahligen Variablen x und y. In ihm sind a, b, c die konstanten ganzzahligen Koeffizienten der Form, ihre Verbindung

$$D = b^2 - 4ac$$

die sog. Diskriminante der Form.

Je nachdem die Diskriminante D negativ oder positiv ist, heißt die Form definit oder indefinit.

Der Identität

$$\boxed{4af = (2ax + by)^2 - Dy^2}$$

entsprechend kann eine definite Form nur Werte mit demselben Vorzeichen annehmen, während eine indefinite Form sowohl positive als auch negative Werte annehmen kann. Was die definiten Formen anbetrifft, so genügt es durchaus, nur positive Definite zu betrachten, also solche, in denen beide Außenkoeffizienten a und c positiv sind.

Eine Form heißt primitiv oder imprimitiv, je nachdem der größte gemeinsame Teiler ihrer Koeffizienten den Wert 1 hat oder nicht. Die Primitivform (mit teilerfremden Koeffizienten) wird auch Stammform genannt.

Da die Unterschiede zwischen verschiedenen Formen hauptsächlich durch ihre Koeffizienten bedingt sind, kommt es meist auf die Bezeichnung der Variablen nicht an. Man schreibt die Form

$$f = ax^2 + bxy + cy^2$$

dann kurz

$$f = [a, b, c] \qquad \text{oder} \qquad f = (a \,|\, b \,|\, c)$$

oder noch kürzer $\qquad f = a|b|c \quad .$

Da sich eine Form

$$f = ax^2 + bxy + cy^2$$

bzw. eine diophantische quadratische Gleichung

$$ax^2 + bxy + cy^2 = f$$

mit quadratischem D ($D = g^2$) gemäß der obigen Identität auf ein Produkt der beiden Linearformen $2ax + (b + g)y$ und $2ax + (b - g)y$ bzw. auf zwei Lineargleichungen zurückführen läßt, welcher Fall eine wesentlich einfachere Behandlung gestattet und hier nicht hingehört, so betrachten wir im folgenden nur Formen mit nichtquadratischer Diskriminante. [$\varDelta = -D$ darf ein Quadrat sein.]

Durch Anwendung der Transformation

$$x = \alpha x' + \beta y', \qquad y = \gamma x' + \delta y'$$

auf die Form

$$f = a x^2 + b x y + c y^2$$

verwandelt sich diese in die neue Form

$$f' = a' x'^2 + b' x' y' + c' y'^2$$

mit den Koeffizienten

$$(1) \qquad \boxed{\begin{aligned} a' &= a\alpha^2 + b\,\alpha\gamma + c\gamma^2 \\ b' &= 2a\,\alpha\beta + b\,(\alpha\delta + \beta\gamma) + 2c\gamma\delta \\ c' &= a\beta^2 + b\,\beta\delta + c\,\delta^2 \end{aligned}}$$

und der Diskriminante

$$\boxed{D' = \varepsilon^2 D} \qquad (D' = b'^2 - 4a'c').$$

[Man erhält diese Formel entweder durch Ausrechnung des Ausdrucks $b'^2 - 4a'c'$, wobei man für a', b', c' die Werte (1) benutzt oder bequemer auf folgendem Wege. Es ist

$$\left\{\begin{aligned} 2a' &= A\alpha + \Gamma\gamma \\ b' &= A\beta + \Gamma\delta \\ b' &= B\alpha + \varDelta\gamma \\ 2c' &= B\beta + \varDelta\delta \end{aligned}\right\} \text{ mit } \left\{\begin{aligned} A &= 2a\alpha + b\gamma \\ B &= 2a\beta + b\delta \\ \Gamma &= 2c\gamma + b\alpha \\ \varDelta &= 2c\delta + b\beta \end{aligned}\right\}.$$

(A und Γ sind die »Ableitungen« von a' nach α und γ, B und $\varDelta$ die Ableitungen von c' nach β und δ!)

Demnach wird $-D' =$

$$\begin{vmatrix} 2a' & b' \\ b' & 2c' \end{vmatrix} = \begin{vmatrix} A\alpha + \Gamma\gamma & A\beta + \Gamma\delta \\ B\alpha + \varDelta\gamma & B\beta + \varDelta\delta \end{vmatrix} = \begin{vmatrix} \alpha & \beta \\ \gamma & \delta \end{vmatrix} \cdot \begin{vmatrix} A & B \\ \Gamma & \varDelta \end{vmatrix}.$$

Der zweite rechts stehende Faktor aber hat den Wert

$$\begin{vmatrix} A & B \\ \Gamma & \varDelta \end{vmatrix} = \begin{vmatrix} 2a\alpha + b\gamma & 2a\beta + b\delta \\ 2c\gamma + b\alpha & 2c\delta + b\beta \end{vmatrix} = \begin{vmatrix} \alpha & \beta \\ \gamma & \delta \end{vmatrix} \cdot \begin{vmatrix} 2a & b \\ b & 2c \end{vmatrix}.$$

Folglich ist

$$-D' = \varepsilon \cdot \varepsilon \cdot -D \cdot]$$

Da die Bezeichnung der Transformationsvariablen bei diesem Vorgange von untergeordneter Bedeutung ist, es hauptsächlich auf die Substitutionskoeffizienten α, β, γ, δ ankommt, so spricht man oft nur von der Substitution

$$S = \begin{pmatrix} \alpha & \beta \\ \gamma & \delta \end{pmatrix}$$

und schildert den Übergang von f nach f' (mit den obigen Koeffizienten a', b', c') kurz durch die Formel

$$\boxed{f S = f'} \qquad \text{mit } S = \begin{pmatrix} \alpha & \beta \\ \gamma & \delta \end{pmatrix}.$$

Zwei Substitutionen

$$S = \begin{pmatrix} \alpha & \beta \\ \gamma & \delta \end{pmatrix} \quad \text{und} \quad S' = \begin{pmatrix} \alpha' & \beta' \\ \gamma' & \delta' \end{pmatrix}$$

heißen gleich, geschrieben:

$$S = S' \quad \text{oder} \quad \begin{pmatrix} \alpha & \beta \\ \gamma & \delta \end{pmatrix} = \begin{pmatrix} \alpha' & \beta' \\ \gamma' & \delta' \end{pmatrix},$$

wenn sie in allen entsprechenden Elementen übereinstimmen, wenn also

$$\left\{ \begin{matrix} \alpha' = \alpha & \beta' = \beta \\ \gamma' = \gamma & \delta' = \delta \end{matrix} \right\}$$

ist.

Bei dieser Festsetzung gelten also die beiden Substitutionen

$$S = \begin{pmatrix} \alpha & \beta \\ \gamma & \delta \end{pmatrix} \quad \text{und} \quad S_1 = \begin{pmatrix} -\alpha & -\beta \\ -\gamma & -\delta \end{pmatrix}$$

als ungleich, obwohl, wie man sofort wahrnimmt, auch

$$f S_1 = f'$$

ist, S_1 also auf f dieselbe Wirkung äußert wie S.

Will man von dem gegeben gedachten f' zu f vordringen, so dient dazu die Umkehrtransformation, Umkehrung oder Inverse von S

$$\bar{S} = \begin{pmatrix} \bar{\alpha} & \bar{\beta} \\ \bar{\gamma} & \bar{\delta} \end{pmatrix} \quad \text{bzw.} \quad \left\{ \begin{matrix} x' = \bar{\alpha} x + \bar{\beta} y \\ y' = \bar{\gamma} x + \bar{\delta} y \end{matrix} \right\}$$

mit

$$\left\{ \begin{matrix} \bar{\alpha} = \delta : \varepsilon & \bar{\beta} = -\beta : \varepsilon \\ \bar{\gamma} = -\gamma : \varepsilon & \bar{\delta} = \alpha : \varepsilon \end{matrix} \right\} \qquad (\varepsilon = \alpha\delta - \beta\gamma).$$

Damit diese Umkehrung möglich ist, darf ε nicht verschwinden; und damit auch die Umkehrungselemente $\bar{\alpha}$, $\bar{\beta}$, $\bar{\gamma}$, $\bar{\delta}$ Ganzzahlen sind, betrachten wir in der Folge nur unimodulare Transformationen, d. h. solche, deren Modul die positive oder negative Einheit ist:

$$\varepsilon = \alpha\delta - \beta\gamma = \pm 1.$$

Bei einer unimodularen Substitution $S = \begin{pmatrix}\alpha\,\beta\\ \gamma\,\delta\end{pmatrix}$ schreibt sich die Umkehrung

$$\overline{S} = \begin{pmatrix}\varepsilon\delta & -\varepsilon\beta\\ -\varepsilon\gamma & \varepsilon\alpha\end{pmatrix}$$

und der Modul $\bar{\varepsilon}$ der Umkehrung ist (wegen $\bar{\alpha}\bar{\delta} - \bar{\beta}\bar{\gamma} = \alpha\delta - \beta\gamma$)

$$\boxed{\bar{\varepsilon} = \varepsilon},$$

d. h. gleich dem Modul der Ausgangstransformation.

Bei einer unimodularen Transformation stimmt die Diskriminante der durch die Transformation entstehenden Form mit der Diskriminante der Ausgangsform überein:

$$\boxed{D' = D}.$$

Die Umkehrungsformel

$$f'\,\overline{S} = f$$

umfaßt die drei Koeffizientenrelationen

$$(2)\qquad \left\{\begin{aligned} a &= a'\bar{\alpha}^2 + b'\bar{\alpha}\bar{\gamma} + c'\bar{\gamma}^2\\ b &= 2a'\bar{\alpha}\bar{\beta} + b'(\bar{\alpha}\bar{\delta} + \bar{\beta}\bar{\gamma}) + 2c'\bar{\gamma}\bar{\delta}\\ c &= a'\bar{\beta}^2 + b'\bar{\beta}\bar{\delta} + c'\bar{\delta}^2 \end{aligned}\right\}.$$

Der Anblick der Formeltripel (1) und (2) lehrt noch:

Die Neukoeffizienten a', b', c' haben denselben größten gemeinsamen Teiler wie die Ausgangskoeffizienten a, b, c.

Besonders einfache Transformationen entstehen, wenn eins der Transformationselemente verschwindet. In dieser Hinsicht haben z. B. die beiden Transformationen

$$\mathfrak{P} = \begin{pmatrix}1 & n\\ 0 & 1\end{pmatrix} \qquad \text{und} \qquad \mathfrak{Q} = \begin{pmatrix}0 & -1\\ 1 & n\end{pmatrix}$$

besondere Bedeutung erlangt.

Durch Anwendung der Substitution $\mathfrak{P}$ auf $f = a\,|b|\,c$ entsteht $f' = a'\,|b'|\,c'$ mit

$$\boxed{a' = a, \qquad b' = b + n\cdot 2a, \qquad c' = an^2 + bn + c}.$$

Man nennt die beiden Formen f und f' aus einem in § 81 ersichtlichen Grunde parallel.

Durch Anwendung der Transformation $\mathfrak{Q}$ auf $f = a\,|b|\,c$ entsteht $f' = a'\,|b'|\,c'$ mit

$$\boxed{a' = c, \qquad b' = -b + n \cdot 2c, \qquad c' = a - bn + cn^2}\,.$$

Die beiden Formen f und f' heißen (nach Gauß) Nachbarn: f' der rechte Nachbar von f, f der linke von f'.

Wir denken uns nun wieder die Form f durch die unimodulare Substitution $S = \begin{pmatrix}\alpha & \beta \\ \gamma & \delta\end{pmatrix}$ in die Form f' transformiert und transformieren dann weiter f' durch die Substitution

$$S' = \begin{pmatrix}\alpha' & \beta' \\ \gamma' & \delta'\end{pmatrix} \qquad \text{oder} \qquad \left\{\begin{matrix} x' = \alpha' x'' + \beta' y'' \\ y' = \gamma' x'' + \delta' y'' \end{matrix}\right\}$$

mit dem Modul $\varepsilon' = \alpha'\delta' - \beta'\gamma' = \pm 1$ in die Form f'':

$$f'\,S' = f''.$$

Wir sagen dann: wir haben nacheinander auf f die Substitutionen S und S' angewandt und schreiben das

$$f\,S\,S' = f''.$$

Es ist nun möglich, diesen in zwei Schritten, nämlich durch zwei sukzessiv auf f angewandte Transformationen bewirkten Übergang von f zu f'' auch in einem Schritte, nämlich durch eine einzige Substitution S'' zu erzielen.

Ersetzen wir nämlich in

$$x = \alpha x' + \beta y', \qquad y = \gamma x' + \delta y'$$

x' und y' gemäß den Transformationsformeln

$$x' = \alpha' x'' + \beta' y'', \qquad y' = \gamma' x'' + \delta' y'',$$

so entsteh

$$x = \alpha'' x'' + \beta'' y'', \qquad y = \gamma'' x'' + \delta'' y''$$

mit

$$\boxed{\begin{matrix} \alpha'' = \alpha\alpha' + \beta\gamma', & \beta'' = \alpha\beta' + \beta\delta' \\ \gamma'' = \gamma\alpha' + \delta\gamma', & \delta'' = \gamma\beta' + \delta\delta' \end{matrix}}\,;$$

und wir sehen, daß wir auch durch die eine Transformation

$$\left\{\begin{matrix} x' = \alpha'' x'' + \beta'' y'' \\ y = \gamma'' x'' + \delta'' y'' \end{matrix}\right\} \qquad \text{oder} \qquad S'' = \begin{pmatrix}\alpha'' & \beta'' \\ \gamma'' & \delta''\end{pmatrix}$$

von f nach f'' kommen:

$$f\,S'' = f''.$$

Um diese Gleichwertigkeit der Operationenfolge $S\,S'$ und der Einzeloperation S'' auszudrücken, schreiben wir

$$\boxed{S'' = S\,S'}$$

und nennen S'' das Produkt der Substitutionen S und S', wobei aber die »Faktoren« S und S' dieses »Produkts« in diesem Falle in der Reihenfolge S, S' (nicht S', S) genommen werden müssen.

Ausführlich schreibt sich diese Produktformel

$$\begin{pmatrix} \alpha'' & \beta'' \\ \gamma'' & \delta'' \end{pmatrix} = \begin{pmatrix} \alpha & \beta \\ \gamma & \delta \end{pmatrix} \cdot \begin{pmatrix} \alpha' & \beta' \\ \gamma' & \delta' \end{pmatrix}.$$

Um die oben verzeichneten Werte für α'', β'', γ'', δ'' dem Gedächtnis bequem einzuprägen, merke man sich:

Multiplikationsvorschrift

Das in der $r$ten Zeile und $s$ten Spalte des Produkts stehende Element ist das Produkt aus der $r$ten Zeile des ersten und der $s$ten Spalte des zweiten Faktors, z. B. $\beta'' = \alpha\beta' + \beta\delta'$.

Wendet man die Multiplikationsvorschrift z. B. auf die Bildung des Produkts der beiden Substitutionen

$$S = \begin{pmatrix} \alpha & \beta \\ \gamma & \delta \end{pmatrix} \quad \text{und} \quad \overline{S} = \begin{pmatrix} \varepsilon\delta & -\varepsilon\beta \\ -\varepsilon\gamma & \varepsilon\alpha \end{pmatrix}$$

an, so erhält man die wichtige Formel

$$\boxed{S\overline{S} = \overline{S}S = I} \qquad \text{mit } I = \begin{pmatrix} 1 & 0 \\ 0 & 1 \end{pmatrix}.$$

Die Substitution

$$I = \begin{pmatrix} 1 & 0 \\ 0 & 1 \end{pmatrix}$$

führt jede Form identisch in sich über und wird deshalb die identische Substitution genannt.

Auf Grund der Multiplikationsvorschrift beweist man auch leicht die wichtige Regel:

Die Umkehrung des Produkts zweier Transformationen ist gleich dem Produkt der in umgekehrter Reihenfolge genommenen Umkehrungen der Transformationen.

In Zeichen:

$$\boxed{\overline{ST} = \overline{T}\,\overline{S}}.$$

[Diese Formel gilt auch bei beliebigen Werten der Moduln ε und ε'.]

Für den Modul

$$\varepsilon'' = \alpha''\delta'' - \beta''\gamma''$$

des Produkts S'' der beiden Substitutionen S und S' erhalten wir durch

Einsetzen der Werte für α'', β'', γ'', δ'' die Formel

$$(\alpha''\delta'' - \beta''\gamma'') = (\alpha\delta - \beta\gamma)(\alpha'\delta' - \beta'\gamma')$$

oder kurz

$$\boxed{\varepsilon'' = \varepsilon\,\varepsilon'}.$$

Der Modul des Produkts zweier Substitutionen ist gleich dem Produkt der Moduln der Substitutionen.

(Dieser Satz gilt auch für Substitutionen, deren Moduln beliebig sind.)

Daß bei der Bildung des Produkts zweier Substitutionen die beiden Faktoren im allgemeinen nicht miteinander vertauscht werden dürfen, daß, wie man sagt, bei der Multiplikation von Substitutionen das kommutative Gesetz nicht gilt, zeigen schon die einfachsten Beispiele. So ist z. B.:

(3)
$$\begin{pmatrix} 3 & 2 \\ 7 & 5 \end{pmatrix}\begin{pmatrix} 2 & 1 \\ 3 & 2 \end{pmatrix} = \begin{pmatrix} 12 & 7 \\ 29 & 17 \end{pmatrix},$$

dagegen

$$\begin{pmatrix} 2 & 1 \\ 3 & 2 \end{pmatrix}\begin{pmatrix} 3 & 2 \\ 7 & 5 \end{pmatrix} = \begin{pmatrix} 13 & 9 \\ 23 & 16 \end{pmatrix}.$$

Dagegen bleibt eine andere Gesetzmäßigkeit der gewöhnlichen Multiplikation bei der Multiplikation von Transformationen erhalten:

Die Multiplikation von Substitutionen befolgt das assoziative Gesetz (Verbindungsgesetz).

M. a. W.: Drei beliebige Substitutionen S, T, U befriedigen die Formel

$$\boxed{(S\,T)\,U = S\,(T\,U)}.$$

Das soll heißen: Bildet man einmal das Produkt $P = S\,T$ der beiden Substitutionen S und T (in dieser Reihenfolge) und daraus das Produkt $P\,U$, ein andermal das Produkt $\Pi = T\,U$ und dann das Produkt $S\,\Pi$, so erhält man beidemal dieselbe Substitution.

Beweis. Es sei

$$S = \begin{pmatrix} A & B \\ C & D \end{pmatrix}, \qquad T = \begin{pmatrix} a & b \\ c & d \end{pmatrix}, \qquad U = \begin{pmatrix} \alpha & \beta \\ \gamma & \delta \end{pmatrix}.$$

Dann ist

$$P = \begin{pmatrix} Aa + Bc & Ab + Bd \\ Ca + Dc & Cb + Dd \end{pmatrix} \quad \text{und} \quad \Pi = \begin{pmatrix} a\alpha + b\gamma & a\beta + b\delta \\ c\alpha + d\gamma & c\beta + d\delta \end{pmatrix},$$

mithin

$$PU = \begin{pmatrix} \alpha(Aa + Bc) + \gamma(Ab + Bd) & \beta(Aa + Bc) + \delta(Ab + Bd) \\ \alpha(Ca + Dc) + \gamma(Cb + Dd) & \beta(Ca + Dc) + \delta(Cb + Dd) \end{pmatrix}$$

und

$$S\,\Pi = \begin{pmatrix} A(a\alpha + b\gamma) + B(c\alpha + d\gamma) & A(a\beta + b\delta) + B(c\beta + d\delta) \\ C(a\alpha + b\gamma) + D(c\alpha + d\gamma) & C(a\beta + b\delta) + D(c\beta + d\delta) \end{pmatrix},$$

und man sieht, daß die beiden gefundenen Substitutionen PU und $S\Pi$ in allen vier Koeffizienten übereinstimmen.

Da es einerlei ist, ob man die Substitution ST mit U oder S mit der Substitution TU multipliziert, kann man auf die Klammern in den diesbezüglichen Anweisungen $(ST) \cdot U$ und $S \cdot (TU)$ verzichten und einfach STU schreiben. Nur darf man die Reihenfolge der Faktoren S, T, U nicht ändern!

Auch bei Produkten von mehr als 3 Faktoren ist es einerlei, in welcher Reihenfolge man multipliziert, wofern man nur die Anordnung der Faktoren unverändert läßt. So ist z. B.

$$(ST) \cdot (UV) = S \cdot (TUV) = S \cdot (TU) \cdot V,$$

wie man auf Grund des Verbindungsgesetzes leicht erkennt.

Im Zusammenhang mit dieser Vereinfachung steht auch die wichtige Regel:

Man kann eine Relation zwischen Substitutionen S, T, U, V, W, ... wie etwa

$$ST = UVW$$

mit ein und derselben Substitution Σ (als Faktor) multiplizieren, jedoch beiderseitig nur rechts:

$$ST\Sigma = UVW\Sigma$$

oder beiderseitig nur links:

$$\Sigma ST = \Sigma UVW.$$

Die Schreibweise $\Sigma ST = UVW\Sigma$ z. B. führt im allgemeinen zu einem falschen Ergebnis.

Das Verbindungsgesetz liefert noch die wichtige Rechenregel:

Aus	$U = ST$		
folgt	$S = U\overline{T}$	und	$T = \overline{S}U$

Beweis. Nach dem Verbindungsgesetz ist $U\overline{T} = (ST) \cdot \overline{T} = S \cdot (T\overline{T}) = S \cdot \begin{pmatrix} 1 & 0 \\ 0 & 1 \end{pmatrix} = S$. Der Beweis für die andere Formel ist ähnlich.

Zusatz. Aus den Transformationsgleichungen

$$x = \alpha x' + \beta y', \qquad y = \gamma x' + \delta y'$$

folgt durch Division

$$\frac{x}{y} = \frac{\alpha x' + \beta y'}{\gamma x' + \delta y'}$$

oder, wenn man

$$x : y = z, \qquad x' : y' = z'$$

setzt,

$$z = \frac{\alpha z' + \beta}{\gamma z' + \delta}.$$

Diese Gleichung ist ebenfalls eine Transformation, eine Zahlentransformation, die den Übergang von der Zahl z zur Zahl z' vermittelt, und wenn man z' als explizite Funktion von z darstellen will, sich

$$z' = \frac{\delta z - \beta}{-\gamma z + \alpha}$$

schreibt.

Man kann den Übergang von einer Zahl z vermittels einer Transformation $S = \begin{pmatrix} \alpha & \beta \\ \gamma & \delta \end{pmatrix}$ zu einer neuen Zahl z' (oder Z) auch durch die Vorschrift

$$z' = \frac{\alpha z + \beta}{\gamma z + \delta} \qquad \left(\text{oder } Z = \frac{\alpha z + \beta}{\gamma z + \delta}\right)$$

festsetzen. Welche von den beiden Gleichungsformen

$$z = \frac{\alpha z' + \beta}{\gamma z' + \delta}, \qquad z' = \frac{\alpha z + \beta}{\gamma z + \delta}$$

als Übergangsvorschrift dienen soll, ist Sache besonderer Vereinbarung.

§ 81. Zusammenzetzung von Transformationen

Es ereignet sich oft, daß man eine Form f durch eine Substitution S in eine zweite Form f' überführen muß, diese durch die Substitution T in eine dritte Form f'', diese durch die Substitution U in eine vierte, f''', usw. Aus dem vorigen Paragraphen wissen wir, daß die dabei auftretenden Substitutionen multiplikativ miteinander zu kombinieren sind, wenn man direkt von f zu f'' oder zu f''', ... übergehen will. Mit dieser Zusammensetzung von Transformationen wollen wir uns jetzt unter Heranziehung der Multiplikationsregeln aus § 80 etwas näher vertraut machen, beschränken uns aber dabei auf Transformationen mit dem Modul 1.

Die einfachste aller Substitutionen ist die schon früher aufgetretene identische Transformation

$$I = \begin{pmatrix} 1 & 0 \\ 0 & 1 \end{pmatrix},$$

die jede Form f in sich selbst überführt:

$$f\,I = f.$$

Dasselbe tut die Substitution

$$J = \begin{pmatrix} -1 & 0 \\ 0 & -1 \end{pmatrix};$$

auch für diese ist

$$f J = f.$$

Die identische Substitution ist unter den Transformationen das, was die 1. unter den Zahlen ist:

Durch Multiplikation einer beliebigen Substitution S mit I bleibt diese unverändert, einerlei sogar, ob man links oder rechts multipliziert:

$$\boxed{I \cdot S = S \cdot I = S}.$$

Die Multiplikation von S mit J gibt

$$J\begin{pmatrix} \alpha & \beta \\ \gamma & \delta \end{pmatrix} = \begin{pmatrix} \alpha & \beta \\ \gamma & \delta \end{pmatrix} J = \begin{pmatrix} -\alpha & -\beta \\ -\gamma & -\delta \end{pmatrix}.$$

Das Produkt aus einer beliebigen Substitution

$$S = \begin{pmatrix} \alpha & \beta \\ \gamma & \delta \end{pmatrix}$$

und ihrer Umkehrung

$$\bar{S} = \begin{pmatrix} \delta & -\beta \\ -\gamma & \alpha \end{pmatrix}$$

gibt stets die identische Substitution, gleichgültig in welcher Reihenfolge multipliziert wird:

$$\boxed{S \cdot \bar{S} = \bar{S} \cdot S = I}.$$

Zwei Substitutionen, die, wie I und S oder wie S und $\bar{S}$, dasselbe Produkt ergeben, einerlei in welcher Reihenfolge multipliziert wird, heißen permutabel.

Auch beliebige Potenzen einer Substitution S sind permutabel.

Unter S^2, S^3, S^4, ... versteht man natürlich die Substitutionen SS, $S^2 \cdot S$, $S^3 \cdot S$, ...; und es ist z. B. $S^2 \cdot S = (SS)\, S = S\,(SS) = S \cdot S^2$ oder z. B. $S^3 \cdot S^2 = (S^2 S)\, S^2 = S^2\,(S S^2) = S^2 S^3$.

Es gibt auch Potenzen von S mit negativen Exponenten. Der Formel $S\bar{S} = I$ gemäß versteht man unter S^{-1} die Substitution $\bar{S}$, unter S^{-n} die Substitution $(S^{-1})^n = \bar{S}^n$. Die Permutabilität gilt auch für Potenzen mit negativen Exponenten; so ist z. B. $S^5 \cdot S^{-3} = S^{-3} \cdot S^5$. [Es ist $S^5 \cdot S^{-3} = S^5 \bar{S}^3 = S^4 S \cdot \bar{S}\bar{S}^2 = S^4 \cdot S\bar{S} \cdot \bar{S}^2 = S^4 \cdot \bar{S}^2 = S^3\, S \cdot \bar{S}\, \bar{S} = S^3 \cdot S\bar{S} \cdot \bar{S} = S^3 \bar{S} = S^2 \cdot S\bar{S} = S^2$, und S^{-3}. S^5 ist ebenfalls S^2.]

Die nächst der identischen Substitution einfachsten und wichtigsten Transformationen sind die beiden »Grundsubstitutionen«

$$\mathfrak{T} = \begin{pmatrix} 1 & 1 \\ 0 & 1 \end{pmatrix} \quad \text{und} \quad \mathfrak{S} = \begin{pmatrix} 0 & -1 \\ 1 & 0 \end{pmatrix}.$$

Fassen wir diese beiden Transformationen als Zahlentransformationen auf, so bedeutet z. B. die erste, daß man aus einer Zahl ω eine neue

$$\Omega = \omega + 1,$$

die zweite, daß man aus ω die neue Zahl

$$\Omega = -\frac{1}{\omega}$$

machen soll. Denkt man sich ω und Ω als Zahlen der komplexen Zahlenebene, so stellt die Substitution $\mathfrak{T}$ eine Translation [Parallelverschiebung] um den Betrag 1, die Transformation $\mathfrak{S}$ eine Spiegelung dar [genauer gesagt: die Aufeinanderfolge einer Spiegelung (Inversion) im Einheitskreise und einer Spiegelung in der imaginären Zahlenachse]. Aus diesem Grunde wollen wir die Transformation $\mathfrak{T}$ bzw. $\mathfrak{S}$ als Translation bzw. Spiegelung bezeichnen, womit zugleich die Wahl der Buchstaben erklärt ist.

Die Inversen von $\mathfrak{S}$ und $\mathfrak{T}$ sind

$$\overline{\mathfrak{S}} = \mathfrak{S}^{-1} = \begin{pmatrix} 0 & 1 \\ -1 & 0 \end{pmatrix} \quad \text{und} \quad \overline{\mathfrak{T}} = \mathfrak{T}^{-1} = \begin{pmatrix} 1 & -1 \\ 0 & 1 \end{pmatrix},$$

so daß für jede Einheit e

$$\boxed{\mathfrak{S}^e = \begin{pmatrix} 0 & -e \\ +e & 0 \end{pmatrix}, \quad \mathfrak{T}^e = \begin{pmatrix} 1 & e \\ 0 & 1 \end{pmatrix}}$$

ist.

Wir betrachten jetzt die Einwirkung der Translation auf beliebige Substitutionen.

Die auf eine beliebige Substitution

$$S = \begin{pmatrix} \alpha & \beta \\ \gamma & \delta \end{pmatrix}$$

angewandte Rechts- bzw. Linksmultiplikation mit $\mathfrak{T}^e$ liefert

$$\begin{pmatrix} \alpha & \beta \\ \gamma & \delta \end{pmatrix} \mathfrak{T}^e = \begin{pmatrix} \alpha & \beta + e\alpha \\ \gamma & \delta + e\gamma \end{pmatrix}, \quad \mathfrak{T}^e \begin{pmatrix} \alpha & \beta \\ \gamma & \delta \end{pmatrix} = \begin{pmatrix} \alpha + e\gamma & \beta + e\delta \\ \gamma & \delta \end{pmatrix}.$$

Die Rechtsmultiplikation einer Substitution mit $\mathfrak{T}^e$ z. B. vermehrt die rechte Substitutionsspalte um die e fache linke.

Nach dieser Regel ist z. B.

$$\mathfrak{T}^2 = \mathfrak{T} \cdot \mathfrak{T} = \begin{pmatrix} 1 & 2 \\ 0 & 1 \end{pmatrix}, \qquad \mathfrak{T}^3 = \mathfrak{T}^2 \cdot \mathfrak{T} = \begin{pmatrix} 1 & 3 \\ 0 & 1 \end{pmatrix}, \quad \ldots,$$

allgemein

$$\mathfrak{T}^n = \begin{pmatrix} 1 & n \\ 0 & 1 \end{pmatrix}.$$

Nennen wir also die wichtige Transformation $\begin{pmatrix} 1 & n \\ 0 & 1 \end{pmatrix}$, in der n nach Belieben positiv oder negativ ist, $\mathfrak{P}$, so gilt die Formel

$$\boxed{\mathfrak{P} = \mathfrak{T}^n} \qquad \text{mit } \mathfrak{P} = \begin{pmatrix} 1 & n \\ 0 & 1 \end{pmatrix}.$$

Sie gestattet, die Transformation $\mathfrak{P}$ durch die Translation $\mathfrak{T}$ auszudrücken.

Die auf eine beliebige Substitution $S = \begin{pmatrix} \alpha & \beta \\ \gamma & \delta \end{pmatrix}$ angewandte Rechtsmultiplikation mit $\mathfrak{P} = \mathfrak{T}^n$, wo nunmehr n beliebig positiv oder negativ ist, liefert die wichtige Formel

$$\boxed{S\,\mathfrak{P} = \begin{pmatrix} \alpha & \beta \\ \gamma & \delta \end{pmatrix} \mathfrak{T}^n = \begin{pmatrix} \alpha & \beta + n\alpha \\ \gamma & \delta + n\gamma \end{pmatrix}}$$

bzw. Regel:

Die Rechtsmultiplikation einer beliebigen Substitution mit der Substitution

$$\mathfrak{P} = \begin{pmatrix} 1 & n \\ 0 & 1 \end{pmatrix} = \mathfrak{T}^n$$

vermehrt die rechte Substitutionsspalte um das n fache der linken.

Wenden wir diese Regel auf die Spiegelung $\mathfrak{S}$ und ihre Inverse $\overline{\mathfrak{S}}$ an, so entstehen die beiden wichtigen Formeln

$$\boxed{\begin{pmatrix} 0 & -1 \\ 1 & n \end{pmatrix} = \mathfrak{S}\,\mathfrak{T}^n, \qquad \begin{pmatrix} 0 & 1 \\ -1 & n \end{pmatrix} = \overline{\mathfrak{S}}\,\mathfrak{T}^n}$$

Sie gestatten, die wichtigen Transformationen

$$\begin{pmatrix} 0 & -1 \\ 1 & n \end{pmatrix} \quad \text{und} \quad \begin{pmatrix} 0 & 1 \\ -1 & n \end{pmatrix}$$

bei beliebig positivem oder negativem n durch die Grundtransformationen $\mathfrak{S}$ und $\mathfrak{T}$ auszudrücken.

Nunmehr betrachten wir die Einwirkung der Spiegelung auf beliebige Transformationen. Wir finden

$$\boxed{\begin{pmatrix} \alpha & \beta \\ \gamma & \delta \end{pmatrix} \mathfrak{S} = \begin{pmatrix} \beta & -\alpha \\ \delta & -\gamma \end{pmatrix}, \qquad \begin{pmatrix} \alpha & \beta \\ \gamma & \delta \end{pmatrix} \overline{\mathfrak{S}} = \begin{pmatrix} -\beta & \alpha \\ -\delta & \gamma \end{pmatrix}}\,.$$

Die Rechtsmultiplikation einer beliebigen Substitution mit $\mathfrak{S}$ bzw. $\bar{\mathfrak{S}}$ bewirkt Spaltenvertauschung mit zusätzlicher Vorzeichenänderung in der Spalte, die auch im Multiplikator das Minuszeichen hat.

Nach diesen Vorbereitungen sind wir imstande, den folgenden Fundamentalsatz zu beweisen:

Jede Substitution $S = \begin{pmatrix}\alpha & \beta \\ \gamma & \delta\end{pmatrix}$ läßt sich aus Potenzen der beiden Grundsubstitutionen zusammensetzen.

Beweis. Wir führen den Beweis an einem Zahlenbeispiel; die Schlußweise wird dadurch übersichtlicher, ohne an Allgemeinheit der Beweiskraft einzubüßen. Wir stellen uns die Aufgabe, die Substitution

$$S = \begin{pmatrix}13 & 29 \\ 69 & 154\end{pmatrix}$$

aus den Grundsubstitutionen $\mathfrak{S}$ und $\mathfrak{T}$ zusammenzusetzen.

Wir multiplizieren S rechts mit einer Potenz $\mathfrak{T}^n$ von $\mathfrak{T}$ derart, daß von den oberen Elementen des Produkts das rechte kleiner als das halbe linke wird; dieser Multiplikator ist $\mathfrak{T}^{-2}$. In der Tat wird

$$S\mathfrak{T}^{-2} = \begin{pmatrix}13 & 3 \\ 69 & 16\end{pmatrix} = U.$$

Wir multiplizieren die neue Substitution U zwecks Spaltenvertauschung mit $\mathfrak{S}$ und bekommen

$$U\mathfrak{S} = \begin{pmatrix}3 & -13 \\ 16 & -69\end{pmatrix} = V.$$

Wir multiplizieren V rechts abermals mit einer so hohen Potenz von $\mathfrak{T}$, daß von den oberen Elementen des Produkts das rechte kleiner als das halbe linke wird; der Multiplikator ist $\mathfrak{T}^4$, und es wird

$$V\mathfrak{T}^4 = \begin{pmatrix}3 & -1 \\ 16 & -5\end{pmatrix} = W.$$

Wir behaften W mit dem Faktor $\bar{\mathfrak{S}}$ und bekommen

$$W\bar{\mathfrak{S}} = \begin{pmatrix}1 & 3 \\ 5 & 16\end{pmatrix} = X.$$

Wir multiplizieren X rechts mit $\mathfrak{T}^{-3}$ und bekommen

$$X\mathfrak{T}^{-3} = \begin{pmatrix}1 & 0 \\ 5 & 1\end{pmatrix} = Y.$$

Die Multiplikation von Y mit $\bar{\mathfrak{S}}$ gibt

$$Y\bar{\mathfrak{S}} = \begin{pmatrix}0 & 1 \\ -1 & 5\end{pmatrix} = Z,$$

und Z ist nach einer unserer obigen Formeln

$$Z = \overline{\mathfrak{S}}\,\mathfrak{T}^5.$$

Wir haben nun sukzessive

$$S = U\,\mathfrak{T}^2 = V\,\overline{\mathfrak{S}}\,\mathfrak{T}^2 = W\,\overline{\mathfrak{T}}^4\,\overline{\mathfrak{S}}\,\mathfrak{T}^2 = X\,\mathfrak{S}\,\overline{\mathfrak{T}}^4\,\overline{\mathfrak{S}}\,\mathfrak{T}^2 = Y\,\mathfrak{T}^3\,\mathfrak{S}\,\overline{\mathfrak{T}}^4\,\overline{\mathfrak{S}}\,\mathfrak{T}^2 =$$
$$= Z\,\mathfrak{S}\,\mathfrak{T}^3\,\mathfrak{S}\,\overline{\mathfrak{T}}^4\,\overline{\mathfrak{S}}\,\mathfrak{T}^2 = \overline{\mathfrak{S}}\,\overline{\mathfrak{T}}^5\,\mathfrak{S}\,\mathfrak{T}^3\,\mathfrak{S}\,\overline{\mathfrak{T}}^4\,\overline{\mathfrak{S}}\,\mathfrak{T}^2$$

oder

$$S = \mathfrak{S}^{-1}\,\mathfrak{T}^{-5}\,\mathfrak{S}\,\mathfrak{T}^3\,\mathfrak{S}\,\mathfrak{T}^{-4}\,\mathfrak{S}^{-1}\,\mathfrak{T}^2,$$

womit die Zusammensetzung vollzogen ist.

Wäre statt S die Substitution

$$T = \begin{pmatrix} 29 & -13 \\ 154 & -69 \end{pmatrix}$$

vorgelegt gewesen, so hätte man den Algorithmus mit dem Multiplikator $\overline{\mathfrak{S}}$ begonnen und im ersten Schritte

$$T\,\overline{\mathfrak{S}} = \begin{pmatrix} 13 & 29 \\ 69 & 154 \end{pmatrix} = S$$

erhalten.

§ 82. Äquivalenz

Neben den Formen

$$f = ax^2 + bxy + cy^2 \qquad \text{und} \qquad f' = a'x'^2 + b'y'^2 + c'z'^2,$$

deren zweite durch die Transformation

$$S = \begin{pmatrix} \alpha & \beta \\ \gamma & \delta \end{pmatrix} \qquad \text{oder} \qquad \begin{Bmatrix} x = \alpha x' + \beta y' \\ y = \gamma x' + \delta y' \end{Bmatrix}$$

aus f hervorgeht, betrachten wir die quadratischen Gleichungen

$$az^2 + bz + c = 0 \qquad \text{und} \qquad a'z'^2 + b'z' + c' = 0,$$

die durch Nullsetzen von f und f' und Einführung der Quotienten

$$z = x : y \qquad \text{und} \qquad z' = x' : y'$$

entstehen sowie die irrationalen Wurzeln

$$\omega = \frac{-b + r}{2a}, \quad \overline{\omega} = \frac{-b - r}{2a} \qquad \text{und} \qquad \omega' = \frac{-b' + r}{2a'}, \quad \overline{\omega'} = \frac{-b' - r}{2a'}$$

dieser Gleichungen, die wir zugleich die W u r z e l n d e r F o r m e n f und f' nennen.

Dabei bedeutet r den Betrag der Quadratwurzel aus der gemeinsamen Diskriminante D der beiden Formen, falls D positiv ist, hingegen das i-fache des Betrages der Quadratwurzel aus der entgegengesetzten Diskriminante $\Delta = -D$, wenn D negativ ist.

ω bzw. ω' heißt die Hauptwurzel der quadratischen Gleichung oder der quadratischen Form f bzw. f', ihre Konjugierte $\bar{\omega}$ bzw. $\bar{\omega}'$ die Nebenwurzel.

Der Transformationsgleichungen wegen besteht zwischen z und z' die homographische Beziehung

$$z = \frac{\alpha z' + \beta}{\gamma z' + \delta}.$$

Da nun f und f' identisch sind, mithin nur gleichzeitig verschwinden können, kann man vermuten, daß zwischen den Nullstellen ω und ω' die Beziehung

$$\omega = \frac{\alpha \omega' + \beta}{\gamma \omega' + \delta}$$

besteht, d. h. daß die beiden Wurzeln ω und ω' äquivalent sind (§ 42). Zur Prüfung dieser Vermutung rechnen wir den Bruch $(\alpha \omega' + \beta):(\gamma \omega' + \delta)$ aus. Es ist

$$\frac{\alpha \omega' + \beta}{\gamma \omega' + \delta} = \frac{\alpha \frac{-b' + r}{2a'} + \beta}{\gamma \frac{-b' + r}{2a'} + \delta} = \frac{(2a'\beta - b'\alpha) + \alpha r}{[2a'\delta - b'\gamma] + \gamma r}.$$

Die runde Klammer ist

$$2\beta(a\alpha^2 + b\alpha\gamma + c\gamma^2) - \alpha(2a\alpha\beta + b\alpha\delta + b\beta\gamma + 2c\gamma\delta) = -\varepsilon(b\alpha + 2c\gamma),$$

die eckige

$$2\delta(a\alpha^2 + b\alpha\gamma + c\gamma^2) - \gamma(2a\alpha\beta + b\alpha\delta + b\beta\gamma + 2c\gamma\delta) = \quad \varepsilon(2a\alpha + b\gamma),$$

mithin

$$\frac{\alpha \omega' + \beta}{\gamma \omega' + \delta} = \frac{\alpha r - \varepsilon(b\alpha + 2c\gamma)}{\varepsilon(2a\alpha + b\gamma) + \gamma r}.$$

Um hier rechts die Wurzel r aus dem Nenner fortzuschaffen, erweitern wir den Bruch mit $\varepsilon(2a\alpha + b\gamma) - \gamma r$ und bekommen als neuen Nenner

$$(2a\alpha + b\gamma)^2 - \gamma^2 r^2 = (2a\alpha + b\gamma)^2 - \gamma^2(b^2 - 4ac) = 4aa',$$

als neuen Zähler

$$-\alpha\gamma r^2 - (2a\alpha + b\gamma)(b\alpha + 2c\gamma) + 2\,\varepsilon a' r = -2ba' + 2\varepsilon a' r.$$

Damit wird unser Bruch

$$\frac{\alpha \omega' + \beta}{\gamma \omega' + \delta} = \frac{-b + \varepsilon r}{2a}.$$

Die vermutete Beziehung

$$\omega = \frac{\alpha \omega' + \beta}{\gamma \omega' + \delta}$$

zwischen den Hauptwurzeln ω und ω' der beiden Formen f und f' besteht also nur, wenn der Transformationsmodul ε die positive Einheit ist, d. h. wenn ω und ω' eigentlich äquivalent sind. [Bei negativem Modul $\varepsilon = -1$ ist $\omega = \frac{\alpha\overline{\omega'} + \beta}{\gamma\overline{\omega'} + \delta}$.]

Um möglichst einfache Verhältnisse zu haben, betrachten wir daher nur eigentliche Transformationen, d. h. solche, deren Modul die positive Einheit ist.

Der Bequemlichkeit wegen werden wir aber auch diese speziellen Substitutionen nur kurzweg Substitutionen oder Transformationen nennen, was bei der Lektüre im Auge zu behalten ist.

Unser Ergebnis spricht sich dann folgendermaßen aus:

Geht die Form f durch die Substitution

$$S = \begin{pmatrix} \alpha & \beta \\ \gamma & \delta \end{pmatrix} \qquad (\alpha\delta - \beta\gamma = 1)$$

in die Form f' über, so besteht zwischen den Hauptwurzeln ω und ω' der beiden Formen die homographische Beziehung

$$\omega = \frac{\alpha\omega' + \beta}{\gamma\omega' + \delta};$$

die Hauptwurzeln sind einander (eigentlich) äquivalent.

Anmerkung. Wenn aus der Form

$$f = ax^2 + bxy + cy^2$$

durch die Substitution

$$S = \begin{pmatrix} \alpha & \beta \\ \gamma & \delta \end{pmatrix} \quad \text{oder} \quad \begin{Bmatrix} x = \alpha x' + \beta y' \\ y = \gamma x' + \delta y' \end{Bmatrix}$$

d e Form

$$f' = a'x'^2 + b'x'y' + c'y'^2$$

hervorgegangen ist, steht im Hinblick darauf, daß es bei einer Form im wesentlichen auf ihre Koeffizienten, nicht aber auf die Bezeichnung der Variablen ankommt, nichts im Wege, die Bezeichnungen x', y' durch die bequemeren x, y zu ersetzen und

$$f' = a'x^2 + b'xy + c'y^2$$

zu schreiben. Die Substitution S auf die Form f anwenden bedeutet eben, in f x und y durch die Linearformen $\alpha x + \beta y$ und $\gamma x + \delta y$ zu ersetzen, wodurch f dann in

$$f' = a'x^2 + b'xy + c'y^2$$

übergeht. (Natürlich sind die neuen x und y nicht mit den alten x und y zu verwechseln.) Bei dieser Variablenbezeichnung schreiben wir unsere Substitution natürlich nicht mehr $x = \alpha x' + \beta y'$, $y = \gamma x' + \delta y'$, sondern etwa

$$\left\{\begin{array}{c|c} x & \alpha x + \beta y \\ y & \gamma x + \delta y \end{array}\right\},$$

während die andere Schreibung

$$S = \begin{pmatrix} \alpha & \beta \\ \gamma & \delta \end{pmatrix}$$

unverändert fortbesteht.

Auch die Substitution — Zahlentransformation —

$$\omega = \frac{\alpha \omega' + \beta}{\gamma \omega' + \delta},$$

vermöge welcher eine vorgelegte Funktion $F(\omega)$ von ω in eine neue Funktion $F\left(\frac{\alpha \omega' + \beta}{\gamma \omega' + \delta}\right) = \Phi(\omega')$ übergeführt wird, kann man entsprechend statt $S = \begin{pmatrix} \alpha & \beta \\ \gamma & \delta \end{pmatrix}$

$$\omega \left| \frac{\alpha \omega + \beta}{\gamma \omega + \delta} \right.$$

schreiben, was dann bedeutet, daß man in $F(\omega)$ das Argument durch $\frac{\alpha \omega + \beta}{\gamma \omega + \delta}$ ersetzen und dadurch aus $F(\omega)$ die neue Funktion $\Phi(\omega)$ herstellen soll:

$$F S = \Phi.$$

Äquivalenz zweier Formen.

Auf Grund des oben bewiesenen Satzes »Die Hauptwurzeln zweier durch eine Substitution S (gemäß der Gleichung $f S = f'$) miteinander verbundene Formen f und f' sind (eigentlich) äquivalent« kommen wir auf folgende Definition:

Zwei Formen f und f' heißen äquivalent, wenn sie durch eine Substitution $S = \begin{pmatrix} \alpha & \beta \\ \gamma & \delta \end{pmatrix}$ [mit $\alpha\delta - \beta\gamma = 1$] miteinander verknüpft sind.

Die Gleichungen

$$f' = f S \qquad \text{und} \qquad f = f' \bar{S}$$

lesen wir: »f' ist äquivalent zu f« und »f ist äquivalent zu f'« und schreiben

$$f' \sim f \qquad \text{oder} \qquad f \sim f'.$$

Die Äquivalenz besitzt also die Eigenschaft der Symmetrie. Sie besitzt außerdem die Eigenschaften der Reflexivität und Transitivität; erstere ausgedrückt durch den Satz:

»Jede Form ist sich selbst äquivalent«,

letztere durch den Satz:

»Sind zwei Formen ein und derselben dritten äquivalent, so sind sie unter sich äquivalent.«

Beweis. Die Reflexivität folgt einfach aus

$$f\begin{pmatrix}1 & 0\\ 0 & 1\end{pmatrix} = f.$$

Die Transitivität ergibt sich so: Aus $f_1 \sim f_3$ und $f_2 \sim f_3$ folgt zunächst etwa $f_1 = f_3 S$ und $f_3 = f_2 T$ und hieraus $f_1 = f_2 U$ mit $U = TS$; das heißt aber: $f_1 \sim f_2$.

Durch Einführung des Begriffes äquivalenter Formen erhält der Ausgangssatz unserer Betrachtung die einfache Gestalt:

Äquivalente Formen haben äquivalente Hauptwurzeln.

Dieser Satz läßt sich folgendermaßen umkehren:

Zwei diskriminantengleiche Formen mit äquivalenten Hauptwurzeln sind äquivalent.

Beweis. $f = (a, b, c)$ und $f' = (a', b', c')$ seien zwei Formen mit derselben Diskriminante $D = r^2$ und den durch die Relation

$$\omega = \frac{\alpha\,\omega' + \beta}{\gamma\,\omega' + \delta} \qquad (\varepsilon = \alpha\delta - \beta\gamma = 1)$$

verbundenen Hauptwurzeln

$$\omega = \frac{-b + r}{2a} \qquad \text{und} \qquad \omega' = \frac{-b' + r}{2a'}.$$

Wir kehren um:

$$\omega' = \frac{\delta\,\omega - \beta}{-\gamma\,\omega + \alpha},$$

ersetzen rechts ω durch $(r - b) : 2a$ und erhalten

$$\omega' = \frac{\delta r - (2a\beta + b\delta)}{(2a\alpha + b\gamma) - \gamma r}.$$

Diesen Bruch erweitern wir, um den Nenner rational zu machen, mit $(2a\alpha + b\gamma) + \gamma r$ und bekommen durch Ausmultiplikation

$$\omega' = \frac{2a\varepsilon r - 2aB}{4aA} = \frac{-B + r}{2A},$$

wobei

$$A = a\alpha^2 + b\alpha\gamma + c\gamma^2, \qquad B = 2a\alpha\beta + b\,(\alpha\delta + \beta\gamma) + 2c\gamma\delta$$

ist.

Führen wir noch eine dritte Größe

$$C = a\beta^2 + b\beta\delta + c\delta^2$$

ein, so ist, wie wir von früher her (§ 80) wissen,

$$B^2 - 4AC = \varepsilon^2 (b^2 - 4ac) = b^2 - 4ac = D.$$

Aus der für ω' gefundenen Gleichung

$$\frac{-b' + r}{2a'} = \frac{-B + r}{2A}$$

folgt nun zunächst

$$a' = A, \qquad b' = B,$$

darauf aus

$$b'^2 - 4a'c' = D = B^2 - 4AC$$

auch noch

$$c' = C.$$

Da nun $fS = A \mid B \mid C$ ist, bekommen wir

$$fS = f' \quad \text{oder} \quad f \sim f', \qquad \text{w. z. b. w.}$$

Somit gilt folgender

Fundamentalsatz:

Zwei Formen gleicher Diskriminante sind dann und nur dann äquivalent, wenn ihre Hauptwurzeln äquivalent sind.

Anmerkung. Der Zusatz »gleicher Diskriminante« ist erforderlich, da z. B. die Formen $f = x^2 + y^2$ und $F = 3x^2 + 3y^2$ zwar gleiche, also auch äquivalente Hauptwurzeln haben, aber nicht äquivalent sind.

Durch diesen fundamentalen Satz ist die Frage nach der Äquivalenz zweier Formen auf die nach der Äquivalenz ihrer Hauptwurzeln (und umgekehrt) zurückgeführt.

Formenklassen.

Man teilt alle Formen mit derselben Diskriminante D in Klassen ein derart, daß zwei Formen in dieselbe Klasse oder in verschiedene Klassen kommen, je nachdem sie äquivalent sind oder nicht.

Die Untersuchungen der Paragraphen 84 und 85 werden zeigen, daß es zu gegebener Diskriminante nur eine endliche Anzahl von Klassen gibt:

Die Klassenzahl ist endlich.

Wir werden so auf zwei fundamentale Äquivalenzprobleme geführt:

I. Festzustellen, ob zwei vorgelegte diskriminantengleiche Formen äquivalent sind, m. a. W. in dieselbe Klasse gehören.

II. Alle Transformationen anzugeben, durch welche die eine von zwei gegebenen äquivalenten Formen in die andere übergeht.

Die Lösung dieser beiden zusammengehörigen Aufgaben wird in den drei folgenden Paragraphen auseinandergesetzt werden.

§ 83. Automorphe

Wenn man eine Substitution S kennt, die eine (vorgelegte) Form f in eine andere (gegebene) Form überführt, ist es von großer Wichtigkeit zu wissen, ob es außer S noch andere Transformationen T gibt, welche ebenfalls f in f' überführen und diese Transformationen T zu ermitteln.

Ist nun

$$fS = f' \qquad \text{und} \qquad fT = f',$$

so folgt

$$fT\bar{S} = f'\bar{S} = f$$

oder, wenn man

$$T\bar{S} = O$$

setzt,

$$fO = f.$$

Die Substitution O hat also die Eigenschaft, f in sich selbst zu verwandeln.

Eine Substitution, die eine Form in sich selbst überführt, heißt ein Automorph (eine Automorphie) der Form.

Die Substitution O ist demgemäß ein Automorph von f. Zugleich erhalten wir für T die Formel

$$\boxed{T = OS}\,.$$

Umgekehrt erhalten wir für jedes Automorph O von f

$$fOS = fS = f'.$$

Daher gilt der Satz:

Die einzigen Transformationen, die die Form f in f' verwandeln, sind die Transformationen von der Gestalt OS, wo O ein beliebiges Automorph von f bedeutet.

Es kommt deshalb darauf an, die Automorphe einer vorgelegten Form f zu finden.

Um diese Aufgabe zu lösen, sei

$$f = a\,|b|\,c$$

die vorgelegte Form,

$$O = \begin{pmatrix} \alpha & \beta \\ \gamma & \delta \end{pmatrix}$$

ein Automorph von ihr.

Aus

$$fO = f$$

folgt sofort das Gleichungstripel

$$\left\{\begin{array}{l} a = a\alpha^2 + b\alpha\gamma + c\gamma^2 \\ b = 2a\alpha\beta + b(\alpha\delta + \beta\gamma) + 2c\gamma\delta \\ c = a\beta^2 + b\beta\delta + c\delta^2 \end{array}\right\},$$

zu dem noch die Relation

$$\alpha\delta - \beta\gamma = 1$$

tritt.

Ist g eine beliebige Ganzzahl,

$$A = ga, \quad B = gb, \quad C = gc$$

und

$$F = A \,|\, B \,|\, C,$$

so folgt aus $fO = f$, $gfO = gf$ oder $FO = F$ und hieraus, daß jedes Automorph von f auch Automorph von F ist. Bedeutet umgekehrt U ein Automorph von F, so folgt aus $FO = F$ $\frac{F}{g} O = \frac{F}{g}$ oder $fO = f$ und hieraus, daß jedes Automorph von F auch Automorph von f ist. Zwei Formen mit proportionalen Koeffizienten haben dieselben Automorphe.

Aus diesem Grunde kümmern wir uns bei der Automorphensuche nur um Primitivformen.

Demgemäß nehmen wir a, b, c teilerfremd an.

Durch Subtraktion der mit 2δ multiplizierten ersten Zeile und der mit γ multiplizierten zweiten Zeile des obigen Gleichungstripels entsteht

$$2a\delta - b\gamma = 2a\alpha(\alpha\delta - \beta\gamma) + b\gamma(\alpha\delta - \beta\gamma) = 2a\alpha + b\gamma$$

oder

$$a(\alpha - \delta) + b\gamma = 0.$$

Durch Subtraktion der mit 2β multiplizierten ersten und der mit α multiplizierten zweiten Zeile ergibt sich

$$2a\beta - b\alpha = -b\alpha(\alpha\delta - \beta\gamma) - 2c\gamma(\alpha\delta - \beta\gamma) = -b\alpha - 2c\gamma$$

oder

$$a\beta + c\gamma = 0.$$

Aus der zweiten gefundenen Gleichung folgt, daß die beiden Quotienten $\gamma : a$ und $-\beta : c$ denselben Wert v haben:

$$\gamma = av \quad , \quad \beta = -cv,$$

durch Substitution dieses Wertes für γ in die erste gefundene Gleichung ergibt sich, daß

$$\alpha - \delta = -bv$$

ist. Nun gibt es wegen der Teilerfremdheit von a, b, c ganze Zahlen ξ, η, ζ derart, daß

$$a\xi + b\eta + c\zeta = 1$$

ist. Multiplizieren wir die für γ, β und $\alpha - \delta$ gefundenen Gleichungen mit ξ, $-\zeta$, $-\eta$ und addieren sie dann, so entsteht

$$v = \gamma\xi + (\delta - \alpha)\,\eta - \beta\zeta.$$

Die Größe v ist also eine Ganzzahl.

Wir führen nun eine Hilfszahl Φ ein, die den Wert Null oder Eins haben soll, je nachdem b gerade oder ungerade ist. Die beiden Brüche

$$\boxed{\dot{b} = \frac{b + \Phi}{2} \qquad \text{und} \qquad \bar{b} = \frac{b - \Phi}{2}}$$

sind dann in jedem Falle Ganzzahlen; und es gelten die Formeln

$$\boxed{\dot{b} + \bar{b} = b, \qquad \dot{b} - \bar{b} = \Phi}\,.$$

Durch Einführung der Hilfszahl Φ läßt sich die Gleichung $\alpha - \delta = -bv$ schreiben $\alpha - \delta = -v(\dot{b} + \bar{b})$ oder

$$\alpha + \bar{b}v = \delta - \dot{b}v.$$

Wir setzen jede Seite dieser Gleichung gleich u und haben $\alpha = u - \bar{b}v$ und $\delta = u + \dot{b}v$, mithin, wenn wir die für α, β, γ, δ gefundenen Werte zusammenstellen,

$$\left\{\begin{matrix} \alpha = u - \bar{b}v & \beta = -cv \\ \gamma = av & \delta = u + \dot{b}v \end{matrix}\right\},$$

wo u und v gewisse Ganzzahlen sind.

Nun gilt aber die Gleichung

$$\alpha\delta - \beta\gamma = 1.$$

Setzen wir die zusammengestellten Werte hier ein, so entsteht

$$u^2 + \Phi uv - Nv^2 = 1 \qquad \text{mit } N = \dot{b}\bar{b} - ac.$$

Die Ganzzahl N hängt eng mit der Diskriminante $D = b^2 - 4ac$ unserer Form zusammen. Es ist nämlich

$$\dot{b}\bar{b} - ac = \frac{b^2 - \Phi^2}{4} - ac = \frac{D - \Phi^2}{4} = \frac{D - \Phi}{4},$$

oder

$$D = 4N + \Phi,$$

dem Umstande entsprechend, daß D die Form $4N$ oder $4N + 1$ haben muß, je nachdem b gerade oder ungerade ist.

Das Ergebnis unserer Untersuchung ist folgender

Erster Automorphsatz:

Jedes Automorph $O = \begin{pmatrix} \alpha & \beta \\ \gamma & \delta \end{pmatrix}$ der Form $f = a\,|b|\,c$ hat die Elemente

$$\boxed{\begin{matrix} \alpha = u - \bar{b}v & \beta = -cv \\ \gamma = av & \delta = u + \dot{b}v \end{matrix}} \qquad \text{mit} \left\{ \begin{aligned} \dot{b} &= \frac{b + \Phi}{2} \\ \bar{b} &= \frac{b - \Phi}{2} \end{aligned} \right\},$$

wo die Ganzzahlen u, v die Fermatgleichung

$$\boxed{u^2 + \Phi uv - Nv^2 = 1}$$

befriedigen.

In dieser hat Φ den Wert 0 oder 1, je nachdem b gerade oder ungerade ist, und die Ganzzahl N steht zur Diskriminante $D = b^2 - 4ac$ der Form in der Beziehung

$$\boxed{D = 4N + \Phi},$$

die sich auch

$$\boxed{\dot{b}\bar{b} - ac = N}$$

schreiben läßt.

Daß auch umgekehrt jedes Wertequadrupel α, β, γ, δ der angegebenen Eigenschaft ein Automorph der Form f liefert, folgt leicht durch Ausführung der Transformation gemäß den Relationen

$$fO = f' = a'\,|b'|\,c',$$

$$\left\{ \begin{aligned} a' &= a\alpha^2 + b\alpha\gamma + c\gamma^2 \\ b' &= 2a\alpha\beta + b(\alpha\delta + \beta\gamma) + 2c\gamma\delta \\ c' &= a\beta^2 + b\beta\delta + c\delta^2 \end{aligned} \right\}.$$

[Zunächst ist $a' = a(u - \bar{b}v)^2 + b(u - \bar{b}v)\,av + ca^2v^2$, und in diesem Ausdruck sind die Koeffizienten von u^2, uv, v^2 bzw. a, $a(b - 2\bar{b}) = a\Phi$, $a(\bar{b}^2 - b\bar{b} + ca) = a(ac - \dot{b}\bar{b}) = -aN$, so daß

$$a' = a[u^2 + \Phi uv - Nv^2] = a$$

wird.

Dann ist $b' = -2a(u - \bar{b}v)\,cv + b[(u - \bar{b}v)(u + \dot{b}v) - acv^2] + 2cav(u + \dot{b}v)$, und in diesem Ausdruck sind die Koeffizienten von u^2, uv, v^2 bzw. b, $-2ac + \Phi b + 2ca = \Phi b$, $+ 2ac\bar{b} - b\dot{b}\bar{b} - acb + 2ac\dot{b} = 2acb - acb - b\dot{b}\bar{b} = b(ac - \dot{b}\bar{b}) = -bN$, so daß

$$b' = b\ \ (u^2 + \Phi uv - Nv^2) = b$$

wird.

Endlich ist $c' = ac^2v^2 - bcv(u + \dot{b}v) + c(u + \dot{b}v)^2$, und hier sind die Koeffizienten von u^2, uv, v^2 bzw. c, $c(2\dot{b} - b) = c\Phi$, $c(ac - b\dot{b} + \dot{b}^2) = c(ac - \dot{b}\bar{b}) = -cN$, so daß $c' = c\ \ (u^2 + \Phi uv - Nv^2) = c$ wird.]

Multiplikation von Automorphen.

Sind O und o zwei beliebige Automorphe, so ist auch ihr Produkt $O = Oo$ ein Automorph.

Da jedes Automorph O durch eine Lösung (U, V) der Fermatgleichung erzeugt wird, können wir diesen Zusammenhang durch das Zeichen

$$O = [U,\ V]$$

ausdrücken. Ähnlich ist $o = [u,\ v]$.

Um die Multiplikation Oo auszuführen, benutzen wir die Produktformel

$$\begin{pmatrix} A & B \\ \Gamma & \Delta \end{pmatrix} \begin{pmatrix} \alpha & \beta \\ \gamma & \delta \end{pmatrix} = \begin{pmatrix} \mathfrak{A} & \mathfrak{B} \\ \mathfrak{C} & \mathfrak{D} \end{pmatrix}$$

mit

$$\begin{pmatrix} \mathfrak{A} = A\alpha + B\gamma & \mathfrak{B} = A\beta + B\delta \\ \mathfrak{C} = \Gamma\alpha + \Delta\gamma & \mathfrak{D} = \Gamma\beta + \Delta\delta \end{pmatrix}$$

in welcher hier

$$\begin{pmatrix} A = U - \bar{b}V & B = -cV \\ \Gamma = aV & \Delta = U + \dot{b}V \end{pmatrix} \quad \text{und} \quad \begin{pmatrix} \alpha = u - \bar{b}v & \beta = -cv \\ \gamma = av & \delta = u + \dot{b}v \end{pmatrix}$$

ist.

Die Ausrechnung ergibt

$$\mathfrak{A} = (U - \bar{b}V)(u - \bar{b}v) - acVv = Uu - (Uv + Vu)\bar{b} + (\bar{b}^2 - ac)Vv$$

oder wegen

$$\bar{b}^2 = \bar{b}\dot{b} - \bar{b}\Phi \qquad \text{und} \qquad \dot{b}\bar{b} - ac = N$$

$$\mathfrak{A} = Uu + NVv - \bar{b}(Uv + Vu + \Phi Vv),$$

womit die beiden Größen

$$\mathfrak{U} = Uu + NVv, \qquad \mathfrak{V} = Uv + Vu + \Phi Vv$$

auftreten.

Weiter wird (wegen $\dot{b} - \bar{b} = \Phi$)

$$\mathfrak{B} = -(U - \bar{b}V)cv - cV(u + \dot{b}v) = -c(Uv + Vu + \Phi Vv) = -c\mathfrak{V},$$
$$\mathfrak{C} = a \cdot V(u - \bar{b}v) + (U + \dot{b}V)av = a(Uv + Vu + \Phi Vv) = a\mathfrak{V}$$

und

$$\mathfrak{D} = -acVv + (U + \dot{b}V)(u + \dot{b}v) = Uu + (\dot{b}^2 - ac)Vv + \dot{b}(Uv + Vu),$$

also wegen

$$\dot{b}^2 = \dot{b}\bar{b} + \dot{b}\Phi \qquad \text{und} \qquad \dot{b}\bar{b} - ac = N$$
$$\mathfrak{D} = (Uu + NVv) + \dot{b}(Uv + Vu + \Phi Vv) = \mathfrak{U} + \dot{b}\mathfrak{V}.$$

Demnach ist

$$\begin{pmatrix} \mathfrak{A} = \mathfrak{U} - \bar{b}\mathfrak{V} & \mathfrak{B} = -c\mathfrak{V} \\ \mathfrak{C} = a\mathfrak{V} & \mathfrak{D} = \mathfrak{U} + \dot{b}\mathfrak{V} \end{pmatrix}$$

mit

$$\mathfrak{U} = Uu + NVv, \qquad \mathfrak{V} = Uv + Vu + \Phi Vv$$

und

$$[\mathfrak{U}, \mathfrak{V}] = [U, V] \cdot [u, v],$$

wobei die beiden Größen $\mathfrak{U}$ und $\mathfrak{V}$ die Fermatgleichung befriedigen, was aber nicht mehr nachgerechnet zu werden braucht.

Unser Ergebnis lautet:

Sind U, V bzw. u, v die Erzeugenden der Automorphe O und o, so sind

$$\boxed{\mathfrak{U} = Uu + NVv, \qquad \mathfrak{V} = Uv + Vu + \Phi Vv}$$

die Erzeugenden ihres Produkts

$$\mathfrak{O} = Oo = oO.$$

Die Hauptwurzel der Gleichung

$$z^2 + \Phi z - N = 0$$

sei $\varkappa$. Gerade so gut wie wir nun u und v die Erzeugenden des Automorphs o genannt haben, können wir auch den Ausdruck $u - v\varkappa$ als »Erzeugungsfaktor« des Automorphs bezeichnen. Unser Satz erhält dann in Rücksicht auf die Beziehung

$$\mathfrak{U} - \mathfrak{V}\varkappa = (U - V\varkappa)(u - v\varkappa)$$

[die auf Grund der Formel $\varkappa^2 = N - \Phi\varkappa$ leicht zu verifizieren ist] die Form:

Der Erzeugungsfaktor des Produkts zweier Automorphe ist das Produkt der Erzeugungsfaktoren der Automorphe.

Auch sieht man sofort, daß dieses Gesetz für Produkte aus beliebig vielen Automorphen gilt.

Nun ist aber jeder Erzeugungsfaktor eines Automorphs zugleich Lösungsfaktor (§ 50) der Fermatgleichung, und aus der Theorie der Fermatgleichung (§ 50) ist der fundamentale Satz bekannt:

Jeder Lösungsfaktor der Fermatgleichung

$$u^2 + \Phi uv - Nv^2 = 1$$

ist eine Potenz des Grundlösungsfaktors (bzw. das Entgegengesetzte einer solchen Potenz). Dabei bedeutet »Grundlösungsfaktor« den Lösungsfaktor $\lambda = u - v\varkappa$, bei dem u und v beide positiv und v möglichst klein ist.

Durchläuft also der Exponent n in $\pm\lambda^n$ alle Ganzzahlen, so erhält man alle Automorpherzeugungsfaktoren, und wenn man das zur Grundlösung (u, v) gehörige »Grundautomorph«

$$o = [u, v] = \begin{pmatrix} u - \bar{b}v & -cv \\ \alpha v & u + \dot{b}v \end{pmatrix}$$

einführt, so liefert die Formel

$$\boxed{O = \pm o^n} \qquad (n \text{ beliebig ganz})$$

alle Automorphe O der vorgelegten Form.

In Worten:

Zweiter Automorphsatz:

Die Automorphe einer Form sind die Potenzen des Grundautomorphs (bzw. das Jfache davon).

Die Automorphsätze setzen uns instand, sämtliche Automorphe einer vorgelegten Form f zu ermitteln.

Dabei besteht aber zwischen definiten und indefiniten Formen ein wesentlicher Unterschied, so daß wir jede der beiden Formarten gesondert behandeln.

I. Definite Formen. $D < 0$.

Aus $D = 4N + \Phi$ folgt zunächst, daß wegen der Negativität von D die Größe N negativ, etwa $N = -M$ ist, wo nun M eine positive Ganzzahl darstellt. Die Fermatgleichung schreibt sich dann

$$u^2 + \Phi uv + Mv^2 = 1.$$

Ihre denkbar einfachste Gestalt erhält sie für $M = 1$ und $\Phi = 0$, nämlich

$$u^2 + v^2 = 1.$$

Die Diskriminante ist dann — 4. Umgekehrt folgt aus $D = -4$, daß b gerade, also $\Phi = 0$ und $M = 1$ ist.

Die einzigen Lösungen der Fermatgleichung sind dann

u	1	— 1	0	0
v	0	0	1	— 1

Jede Form von der Diskriminante — 4 hat genau vier Automorphe, die den zusammengestellten vier Wertepaaren (u, v) entsprechen.

Die einfachste Form, die es überhaupt gibt,

$$f = x^2 + y^2$$

z. B. hat die vier Automorphe

$$I,\ J,\ \mathfrak{S},\ \overline{\mathfrak{S}}.$$

Die vier Automorphe der Form

$$2x^2 + 6xy + 5y^2$$

sind, der Automorphformel

$$O = \begin{pmatrix} u - 3v & -5v \\ 2v & u + 3v \end{pmatrix}$$

entsprechend,

$$\begin{pmatrix} 1 & 0 \\ 0 & 1 \end{pmatrix}, \quad \begin{pmatrix} -1 & 0 \\ 0 & -1 \end{pmatrix}, \quad \begin{pmatrix} -3 & -5 \\ 2 & 3 \end{pmatrix}, \quad \begin{pmatrix} 3 & 5 \\ -2 & -3 \end{pmatrix}.$$

Der nächst einfache Fall liegt bei $M = 1$, $\Phi = 1$ vor, d. h. dann (und nur dann), wenn die Diskriminante — 3 ist. Die zugehörige Fermatgleichung lautet

$$u^2 + uv + v^2 = 1$$

und hat die einzigen 6 Lösungen

u	1	— 1	0	0	1	— 1
v	0	0	1	— 1	— 1	1

Jede Form von der Diskriminante — 3 hat genau sechs Automorphe.

Die einfachste derartige Form

$$f = x^2 + xy + y^2$$

z. B. hat die sechs der Automorphformel

$$O = \begin{pmatrix} u & -v \\ v & u + v \end{pmatrix}$$

entsprechenden sechs Automorphe

$$I,\ J,\ \mathfrak{S}\mathfrak{T},\ \overline{\mathfrak{S}}\mathfrak{T},\ \mathfrak{T}\overline{\mathfrak{S}},\ \mathfrak{T}\mathfrak{S}$$

ausführlich:

$$\begin{pmatrix} 1 & 0 \\ 0 & 1 \end{pmatrix}, \begin{pmatrix} -1 & 0 \\ 0 & -1 \end{pmatrix}, \begin{pmatrix} 0 & -1 \\ 1 & 1 \end{pmatrix}, \begin{pmatrix} 0 & 1 \\ -1 & -1 \end{pmatrix}, \begin{pmatrix} 1 & 1 \\ -1 & 0 \end{pmatrix}, \begin{pmatrix} -1 & -1 \\ 1 & 0 \end{pmatrix}.$$

(Die Transformationen $\mathfrak{T}\mathfrak{S}$ und $\mathfrak{S}\mathfrak{T}$ und ihre Inversen $\overline{\mathfrak{S}}\overline{\mathfrak{T}}$ und $\mathfrak{T}\overline{\mathfrak{S}}$ sind keine Automorphe von f.)

Liegt M oberhalb 1, d. h. der Betrag der Diskriminante oberhalb 4, so hat die Fermatgleichung

$$u^2 + \Phi uv + Mv^2 = 1$$

nur die beiden Lösungen

u	1	-1
v	0	0

[Aus der Schreibung $(2u + \Phi v)^2 + (4M - \Phi)v^2 = 4$ der Fermatgleichung folgt, da $4M$ mindestens 8 ist, daß v nur den Wert 0 haben kann.]

Alle Formen, deren Diskriminanten unterhalb -4 liegen, haben nur die beiden den Wertepaaren $(u = 1, v = 0)$ und $(u = -1, v = 0)$ entsprechenden Automorphe

$$I \text{ und } J.$$

Unsere Ergebnisse nochmals teilweise wiederholend, fassen wir folgendermaßen zusammen:

Definite Formen haben nur zwei Automorphe: I und J, ausgenommen die Formen von den Diskriminanten -4 und -3, die vier bzw. sechs Automorphe haben.

II. Indefinite Formen. $D > 0$.

Bei indefiniten Formen ist, der Gleichung $D = 4N + \Phi$ entsprechend, der Koeffizient N der Fermatgleichung

$$u^2 + \Phi uv - Nv^2 = 1$$

eine natürliche Zahl, die im Falle $D = 5$ den Wert 1 hat, sonst aber stets größer als 1 ist.

Wie wir aus § 50 wissen, hat unsere Fermatgleichung stets unendlich viele Lösungen (U, V).

Die wichtigste von ihnen, die Grundlösung (U, V), auch kleinste Lösung genannt, bekommt man aus der Kettenbruchentwicklung der Hauptwurzel $\varkappa$ der Gleichung

$$z^2 + \Phi z - N = 0$$

als Zähler u und Nenner v des Näherungsbruches, der sich ergibt, wenn man die Entwicklung bei gerader bzw. ungerader Periodenlänge unmittelbar vor dem Schluß der ersten bzw. zweiten Periode abbricht. Alle übrigen

Lösungen (U, V) liefert die Formel

$$U - V\varkappa = \pm (u - v\varkappa)^n,$$

wenn n alle Ganzzahlen durchläuft und beide Vorzeichen berücksichtigt werden.

Folglich:

Jede indefinite Form hat unendlich viele Automorphe. Diese ergeben sich durch beliebige Potenzierung des Grundautomorphs $o = [u, v]$, wo $u - v\varkappa$ den Grundlösungsfaktor der Fermatgleichung

$$x^2 + \Phi xy - Ny^2 = 1$$

bedeutet.

Durch die Existenz unendlich vieler Automorphe unterscheiden sich die indefiniten Formen wesentlich von den definiten.

§ 84. Reduzierte definite Formen

Wir betrachten nur positive definite Formen der Diskriminante $D = -\Delta$. $F = A\,|B|\,C$ sei eine beliebige von ihnen. Unter den zu ihr äquivalenten Formen greifen wir die heraus, in welchen der erste Koeffizient ein Minimum, a, ist. Unter den dadurch bevorzugten Formen wählen wir diejenigen heraus, in denen der dritte Koeffizient ein Minimum, c, ist. Durch diese Auswahl erhalten wir mindestens eine zu F äquivalente Form

$$f = a\,|b|\,c,$$

die wir Minimalform nennen. In ihr ist zunächst

(1) $$a < c.$$

Wäre nämlich $a > c$, so hätte die zu F äquivalente Form $f\mathfrak{S} = c\,|-b|\,a$ einen Erstkoeffizienten, der kleiner als a wäre, gegen die Voraussetzung.

In ihr ist zweitens

(2) $$|\,b\,| \leq a.$$

Wenden wir nämlich auf f die Substitution $\begin{pmatrix} 0 & 1 \\ -1 & \varepsilon \end{pmatrix}$ mit $\varepsilon^2 = 1$ an, so entsteht aus f

$$f' = a'\,|b'|\,c' \qquad \text{mit } c' = a + b\varepsilon + c\varepsilon^2.$$

Da nun von allen Drittkoeffizienten c der kleinste ist, muß $c' > c$, folglich

$$1^0 \quad a + b + c \geq c, \qquad 2^0 \quad a - b + c \geq c,$$

d. h. sowohl $-b$ als auch $b \leq a$ sein.

Wenn in (1) das Gleichheitszeichen gilt, heißt die gefundene Minimalform $a\ |b|\ a$. In diesem Falle ist auch $a\ |-b|\ a$ eine Minimalform, da sie erstens wegen

$$[a, -b, a]\ \mathfrak{S} = [a, b, a]$$

zu F äquivalent ist, zweitens die beiden Minimumbedingungen erfüllt.

Wenn in (2) das Gleichheitszeichen gilt, ist die gefundene Minimalform $a\ |a|\ c$ bzw. $a\ |-a|\ c$, und auch diese beiden Formen sind wegen

$$[a, -a, c]\ \mathfrak{T} = [a, a, c]$$

zu F äquivalent.

Wir definieren nunmehr:

Eine positive Form $[a, b, c]$ heißt reduziert, wenn

$$\boxed{b < a \leq c}$$

und im Falle eines Gleichheitszeichens b positiv ist.

Und haben den Satz:

Jede positive Form ist einer reduzierten Form äquivalent.

Um die reduzierte Form, welcher eine beliebig vorgegebene Form $f = a\ |\ b\ |\ c$ äquivalent ist, zu finden, geht man am bequemsten folgendermaßen vor. Man bestimmt gemäß der auf f angewandten Substitution $\begin{pmatrix} 0 & -1 \\ 1 & \delta \end{pmatrix}$ einen rechten Nachbar $f' = a'\ |b'|\ c'$ von f, bei dem die Bedingung $|\ b'\ | < a'$ erfüllt ist. Wegen der beiden Relationen

$$a' = c \qquad \text{und} \qquad b' + b = 2c\delta$$

geht das.

Ist f' noch nicht reduziert, so bestimmt man einen rechten Nachbar $f'' = a''\ |b''|\ c''$ von f', für den $|b''| \leq a''$ ausfällt. Wenn auch f'' noch nicht reduziert ist, schreitet man in derselben Weise zu f''' vor usw. Schließlich muß auf diesem Wege einmal eine reduzierte Form erscheinen, da sonst aus

$$a > c, \quad a' > c', \quad a'' > c'', \quad a''' > c''', \quad \ldots$$

und

$$a' = c, \quad a'' = c', \quad a''' = c''$$

eine unbegrenzt abnehmende Reihe

$$a, \quad a', \quad a'', \quad a''', \quad \ldots$$

von positiven Ganzzahlen resultieren würde, was natürlich ausgeschlossen ist.

Beispiel. Die reduzierte Form zu bestimmen, welcher die Form

$$f = a\,|b|\,c = 5x^2 - 11xy + 7y^2$$

der Determinante -19 äquivalent ist. Der nach dem auseinandergesetzten Verfahren zu bestimmende rechte Nachbar $f' = a'\,|b'|\,c'$ ergibt sich aus $a' = c = 7$ und $b' + b = 2c\delta$, d. h. $b' = 14\delta + 11$, welche Gleichung (wegen $|b'| \leqq a'$) $\delta = -1$ und $b' = -3$ liefert, zu

$$f' = fS = a'\,|b'|\,c' = 7\,|-3|\,1 \qquad \text{mit } S = \begin{pmatrix} 0 & -1 \\ 1 & -1 \end{pmatrix}.$$

f' ist noch nicht reduziert.

Der rechte Nachbar $f'' = a''\,|b''|\,c''$ von f' ergibt sich aus $a'' = c' = 1$ und $b'' + b' = 2c'\delta'$, d. h. $b'' = 2\delta' + 3$, welche Gleichung (wegen $|b''| \leqq a''$) $\delta' = -1$ und $b'' = +1$ liefert, zu

$$f'' = f'S' = a''\,|b''|\,c'' = 1\,|1|\,5 \qquad \text{mit } S' = \begin{pmatrix} 0 & -1 \\ 1 & -1 \end{pmatrix}.$$

Hier sind die Reduktionsbedingungen $|b''| = a'' < c''$ und $b'' > 0$ erfüllt; f'' ist reduziert. Es ist zugleich äquivalent zu f, geht aus f durch die Transformation

$$S'' = SS' = \begin{pmatrix} 0 & -1 \\ 1 & -1 \end{pmatrix}\begin{pmatrix} 0 & -1 \\ 1 & -1 \end{pmatrix} = \begin{pmatrix} -1 & 1 \\ -1 & 0 \end{pmatrix}$$

hervor. Tatsächlich verwandelt sich f durch die Transformation

$$x = Y - X, \qquad y = -X$$

in die reduzierte Form

$$X^2 + XY + 5Y^2.$$

Die Anzahl der reduzierten Formen ist endlich.

Beweis. Aus $4ac = b^2 + \Delta$ und der Reduktionsbedingung $|b| \leqq a \leqq c$ folgt zunächst

$$4a^2 \leqq 4ac = b^2 + \Delta \leqq a^2 + \Delta$$

und hieraus

$$\boxed{a \leqq \sqrt{\frac{\Delta}{3}}} \quad \text{sowie auch} \quad \boxed{|b| \leqq \sqrt{\frac{\Delta}{3}}}.$$

Diese beiden Bedingungen erlauben nur endlich viele Zahlenpaare a, b; von diesen sind dann nur die brauchbar, die $c = (b^2 + \Delta) : 4a$ ganzzahlig machen, und von letzteren nur diejenigen, die auch die Reduktionsbedingungen erfüllen.

Beispiel. Die zur Diskriminante $D = -12$ gehörigen reduzierten Formen aufzustellen. Die Bedingungen $|b| \leqq 2$ und $a \leqq 2$ lassen nur die Fälle $b = -2, -1, 0, +1, +2$ und $a = 1, 2$ offen. Da $\Delta + b^2$ durch $4a$ teilbar sein muß, scheiden die Fälle $b = \pm 1$ aus, und wir bekommen das Schema

$$\left|\begin{array}{rccc} b = & -2, & 0, & +2 \\ b^2 + 12 = & 16, & 12, & 16 \\ a = & \begin{cases}1\\2,\end{cases} & 1, & \begin{cases}1\\2\end{cases} \\ c = & \begin{cases}4\\2,\end{cases} & 3, & \begin{cases}4\\2\end{cases} \end{array}\right|.$$

So entstehen die 5 Formen $1\,|-2|\,4$, $2\,|-2|\,2$, $1\,|0|\,3$, $1\,|2|\,4$, $2\,|2|\,2$. Aber nur zwei von ihnen sind reduziert:

$$1\,|0|\,3 \qquad \text{und} \qquad 2\,|2|\,2.$$

Zwei (verschiedene) reduzierte Formen können nicht äquivalent sein.

Beweis. Angenommen, es gäbe zwei reduzierte Formen $f = a\,|b|\,c$ und $f' = a'\,|b'|\,c'$, die äquivalent sind, und $\begin{pmatrix}\alpha & \beta\\ \gamma & \delta\end{pmatrix}$ sei die unimodulare Substitution, die f ind f' verwandelt. Es gelten dann die vier Formeln

$$a' = a\alpha^2 + b\alpha\gamma + c\gamma^2, \qquad b' = 2a\alpha\beta + b(\alpha\delta + \beta\gamma) + 2c\gamma\delta,$$
$$c' = a\beta^2 + b\beta\delta + c\delta^2, \qquad \alpha\delta - \beta\gamma = 1.$$

Dabei setzen wir $a' \leq a$ voraus. Aus $a' \leq a$ und

$$4aa' = (2a\alpha + b\gamma)^2 + \Delta\gamma^2$$

folgt

$$(2a\alpha + b\gamma)^2 + \Delta\gamma^2 \leq 4a^2$$

und hieraus wegen $a^2 < \Delta : 3$

$$(2a\alpha + b\gamma)^2 + \Delta\gamma^2 \leq \frac{4}{3}\Delta.$$

So bestehen für γ nur zwei Möglichkeiten:

$$1^0 \quad \gamma = 0, \qquad\qquad 2^0 \quad \gamma^2 = 1.$$

Im ersten Falle folgt aus $\alpha\delta - \beta\gamma = 1$ $\alpha\delta = 1$, d. h. $\delta = \alpha$ und $a' = a\alpha^2 = a$, also

$$a' = a.$$

Für b' gibt jetzt die obige Formel $b' - b = 2a\alpha\beta$. Daher gilt bei nicht verschwindendem β die Ungleichung

$$|b' - b| \geq 2a.$$

Anderseits folgt aus den Reduktionsbedingungen $|b| \leq a$ $|b'| \leq a'$

$$|b' - b| \leq 2a.$$

Diese beiden Ungleichungen sind nur miteinander verträglich, wenn $|b' - b| = 2a$, d. h. (da $|b| \leq a$ und $|b'| \leq a$ ist), wenn $b = \pm a$, $b' = \mp a$ ist. Da dieser Ansatz aber den Reduktionsbedingungen widerspricht, muß β verschwinden. Das gibt dann

$$b' = b \qquad \text{und weiterhin} \qquad c' = c.$$

Die Formen f und f' sind identisch.

2⁰ Im Falle $\gamma^2 = 1$ ist einerseits wegen $a' - c = a\alpha^2 + b\alpha\gamma$ und $a' - c < 0$

$$a\alpha^2 + b\alpha\gamma \leq 0,$$

anderseits wegen $|b| < a$

$$a\alpha^2 + b\alpha\gamma > 0.$$

Aus diesen beiden Ungleichungen folgt $a\alpha^2 + b\alpha\gamma = 0$ und damit $a' = c$, und, weil $a' < a$ und $a \leq c$ ist,

$$a' = c = a.$$

Nun ist wegen $\beta\gamma = \alpha\delta - 1$

$$b' + b = 2a\alpha\beta + 2b\alpha\delta + 2c\gamma\delta,$$

mithin, da (wegen $a\alpha^2 + b\alpha\gamma = 0$) b durch a teilbar ist

$$b' + b \equiv 0 \mod 2a,$$

also (wegen $|b| < a$ und $|b'| < a'$)

$$b' = b = a \qquad \text{und ferner} \qquad c' = c.$$

Auch im Falle 2⁰ sind die Formen f und f' identisch.

Zwei reduzierte Formen sind also nur dann äquivalent, wenn sie identisch sind.

Nichtidentische reduzierte Formen sind stets inäquivalent.

Da jede Form der Diskriminante $D = -\Delta$ einer Reduzierten äquivalent ist, und da es nur eine endliche Anzahl von Reduzierten gibt, so können wir sagen:

Die Klassenzahl der Formen gegebener negativer Diskriminante ist endlich.

Sie stimmt mit der Anzahl der Reduzierten überein.

§ 85. Reduzierte indefinite Formen

Eine indefinite Form heißt reduziert, wenn ihre Hauptwurzel eine reduzierte Zahl ist.

Nennen wir den Kettenbruch für die Hauptwurzel einer Form kurz den Kettenbruch der Form, so können wir sagen:

Eine indefinite Form heißt reduziert, wenn ihr Kettenbruch rein periodisch ist.

Und auf Grund der Koeffizientenbedingungen der reduzierten quadratischen Gleichung:

Die indefinite Form

$$f = ax^2 + bxy + cy^2$$

ist dann, und nur dann reduziert, wenn a positiv ist, b und c negativ sind und zudem $|a + c|$ unterhalb $|b|$ liegt, in Zeichen:

$$\boxed{a > 0, \quad b < 0, \quad c < 0, \quad |a + c| < |b|}\,.$$ [1]

Zu gegebener Diskriminante $D = b^2 - 4ac$ existieren nur endlich viele reduzierte Formen.

Beweis. Aus $a \cdot -c = (D - b^2) : 4$ folgt zunächst, daß für b nur negative Ganzzahlen in Frage kommen, deren Beträge unterhalb $r = \sqrt{D}$ liegen, und für die außerdem $D - b^2$ durch 4 teilbar ist. Die zu jedem derartigen b möglichen Werte von a und c findet man durch die Faktorenzerlegung $a \cdot -c$ von $(D - b^2) : 4$, wobei dann jeweils nur die Werte a, $-c$ zulässig sind, deren Unterschied betraglich unter $|b|$ liegt.

Das gibt aber nur endlich viele Zahlentripel a, b, c.

Beispiel: $D = 37$.

Für b kommen nur die Zahlen

$$b = -1; \; -3; \; -5$$

in Frage; für sie hat $(D - b^2) : 4$ die Werte $(D - b^2) : 4 = 9;\ 7;\ 3$. Das gibt dann für die Faktoren a und $-c$

$$\begin{Bmatrix} a = 1,\ 3,\ 9; & 1,\ 7; & 1,\ 3 \\ -c = 9,\ 3,\ 1; & 7,\ 1; & 3,\ 1 \end{Bmatrix},$$

von denen aber nur die drei Fälle $a = 3$, $c = -3$; $a = 1$, $c = -3$ und $a = 3$, $c = -1$ brauchbar sind.

Zur Diskriminante 37 gibt es also genau 3 reduzierte Formen:

$$3\,|-1|-3, \qquad 1\,|-5|-3, \qquad 3\,|-5|-1.$$

Daß es aber auch zu jeder Diskriminante reduzierte Formen gibt, kann man leicht folgendermaßen zeigen. Bedeutet Φ wieder (vgl. §§ 50, 83) die Null oder Eins, je nachdem b gerade oder ungerade ist, N die

[1] Diese vier Bedingungen können auch

$$\boxed{a > 0 \;,\; c < 0 \;,\; a + b + c < 0 \;,\; a - b + c > 0}$$

geschrieben werden.

natürliche Zahl, die mit D durch die Relation $D = 4N + \Phi$ verbunden ist, und g die Ganzzahl, für welche

$$g^2 + \Phi g < N < (g + 1)^2 + \Phi (g + 1)$$

ist, so stellt die Form

$$a\,|b|\,c = 1\,|-2g - \Phi|\,g^2 + \Phi g - N$$

eine reduzierte Form der Diskriminante D dar. In der Tat ist

$$a + b + c = 1 - (2g + \Phi) + c$$

negativ und

$$a - b + c = 1 + 2\,g + \Phi + g^2 + \Phi g - N = (g + 1)^2 + \Phi (g + 1) - N$$

positiv.

Es sei nun $f = a\,|b|\,c$ eine reduzierte indefinite Form der Diskriminante D, $\omega = \frac{r - b}{2a}$ [mit $r = |\sqrt{D}|$] ihre Hauptwurzel und etwa

$$\omega = (\overline{h, k, l, m, n})$$

ihr Kettenbruch. Wir achten z. B. auch auf den Kettenbruch

$$\omega' = (\overline{k, l, m, n, h}),$$

der durch zyklische Verschiebung aus ω entsteht. Wir können dann schreiben

$$\omega = (h, \omega') = h + \frac{1}{\omega'}$$

oder

$$\omega' = \frac{1}{\omega - h} = \frac{2a}{r + b'} = \frac{r - b'}{2a'},$$

wobei (§ 43, § 46)

$$-a' = ah^2 + bh + c, \qquad -b' = 2ah + b$$

ist. Führen wir außer a' und b' noch die dritte Ganzzahl $c' = -a$ ein, so ist

$$f' = a'\,|b'|\,c'$$

eine Form der Diskriminante D, deren Hauptwurzel ω' reduziert ist (§ 46), die also selbst gleichfalls reduziert ist.

Genau so bekommen wir, von $f' = a'\,|\,b'\,|\,c'$ ausgehend, die neue Reduzierte

$$\omega'' = \frac{1}{\omega' - k} = (\overline{l, m, n, h, k})$$

und die dazugehörige reduzierte Form

$$f'' = a'' \,|b''|\, c''.$$

Wenn wir in dieser Weise fortfahren, so erhalten wir im ganzen (wegen der fünfstelligen Periode des Ausgangskettenbruchs) 5 Formen f, f', f'', f''', f^{IV}, die sämtlich reduziert sind. Bezeichnen wir die Hauptwurzel einer Form $f = a \,|\, b \,|\, c$ durch das Zeichen ∇f, so haben wir die 5 Wurzeln

$$\nabla f = (\overline{h, k, l, m, n}), \quad \nabla f' = (\overline{k, l, m, n, h}), \quad \nabla f'' = (\overline{l, m, n, h, k}),$$
$$\nabla f''' = (\overline{m, n, h, k, l}), \quad \nabla f^{IV} = (\overline{n, h, k, l, m}),$$

deren Kettenbruchperioden durch zyklische Verschiebung auseinander hervorgehen.

Demnach lassen sich die zu ein und derselben Diskriminante D gehörigen reduzierten Formen zu Serien anordnen, derart, daß die Kettenbruchperioden der Formen einer Serie durch zyklische Vertauschung auseinander hervorgehen.

Es wird gut sein, die Erscheinung an einem Beispiele ausführlich zu betrachten.

Aufstellung der zur Diskriminante 316 gehörigen Serien reduzierter Formen.

Aus $b^2 - 4ac = 316$ folgt, daß nur gerade b brauchbar sind, folgende 8 Stück:

$$b = -2, \; -4, \; -6, \; -8, \; -10, \; -12, \; -14, \; -16.$$

Die zugehörigen Werte von $(316 - b^2) : 4$ sind

$$a \cdot -c = 78, \; 75, \; 70, \; 63, \; 54, \; 43, \; 30, \; 15.$$

Zur Reduziertheit brauchbare Zerlegungen liefern laut Vorschrift $|a + c| < |b|$ nur die Fälle 3; 4; 5; 7; 8, nämlich bzw. die Zerlegungen $7 \cdot -10$; $7 \cdot -9$; $6 \cdot -9$; $2 \cdot -15$, $3 \cdot -10$, $5 \cdot -6$; $1 \cdot -15$, $3 \cdot -5$ und die hieraus durch Vertauschung der Faktorbeträge entstehenden. Demnach existieren folgende 16 Reduzierten:

$$(7 \,|-6|-10), \quad (7\,|-8|-9), \quad (6\,|-10|-9), \quad (2\,|-14|-15),$$
$$(10\,|-6|-7), \quad (9\,|-8|-7), \quad (9\,|-10|-6), \quad (15\,|-14|-2),$$

$$(3\,|-14|-10), \quad (5\,|-14|-6), \quad (1\,|-16|-15), \quad (3\,|-16|-5),$$
$$(10\,|-14|-3), \quad (6\,|-14|-5), \quad (15\,|-16|-1), \quad (5\,|-16|-3).$$

Erste Serie:

Wir entwickeln ihre Hauptwurzeln in Kettenbrüche nach dem ersten Verfahren von § 43 $\mathfrak{r} = \sqrt{79}$.

7	−6	−10	$\frac{\mathfrak{r}+3}{7} = 1,$
	7		
	1	1	
9	−8	−7	$\frac{\mathfrak{r}+4}{9} = 1,$
	9		
	1	1	
6	−10	−9	$\frac{\mathfrak{r}+5}{6} = 2,$
	12		
	2	4	
5	−14	−6	$\frac{\mathfrak{r}+7}{5} = 3,$
	15		
	1	3	
3	−16	−5	$\frac{\mathfrak{r}+8}{3} = 5,$
	15		
	−1	−5	
10	−14	−3	$\frac{\mathfrak{r}+7}{10} = 1,$
	10		
	−4	−4	
7	−6	−10	

Damit ist die erste Serie gefunden; sie umfaßt die 6 Reduzierten

7 |— 6| — 10, 9 |— 8| — 7, 6 |— 10| — 9, 5 |— 14| — 6,
3 |— 16| — 5, 10 |— 14| — 3.

Die Hauptwurzeln und zugleich Kettenbrüche dieser Formen sind bzw.

$(\overline{1, 1, 2, 3, 5, 1})$, $(\overline{1, 2, 3, 5, 1, 1})$, $(\overline{2, 3, 5, 1, 1, 1})$,
$(\overline{3, 5, 1, 1, 1, 2})$, $(\overline{5, 1, 1, 1, 2, 3})$, $(\overline{1, 1, 1, 2, 3, 5})$.

Zweite Serie.

Die zweite Serie erhalten wir sofort auf Grund des Satzes von Galois, demzufolge die Umkehrung des Kettenbruches für die Hauptwurzel der reduzierten Gleichung $ax^2 - bx - c = 0$ die Hauptwurzel der reduzierten Gleichung $cx^2 - bx - a = 0$ liefert. Sie umfaßt die 6 reduzierten Formen

10 |— 6| — 7, 3 |— 14| — 10, 5 |— 16| — 3,
6 |— 14| — 5, 9 |— 10| — 6, 7 |— 8| — 9,

und ihre Kettenbrüche lauten

$(\overline{1, 5, 3, 2, 1, 1})$, $(\overline{5, 3, 2, 1, 1, 1})$, $(\overline{3, 2, 1, 1, 1, 5})$,
$(\overline{2, 1, 1, 1, 5, 3})$, $(\overline{1, 1, 1, 5, 3, 2})$, $(\overline{1, 1, 5, 3, 2, 1})$.

Dritte Serie:

2	-14	-15	$\frac{\mathfrak{r}+7}{2} = 7,$
	14		
	0	0	
15	-14	-2	$\frac{\mathfrak{r}+7}{15} = 1,$
	15		
	1	1	
1	-16	-15	$\frac{\mathfrak{r}+8}{1} = 16,$
	16		
	0	0	
15	-16	-1	$\frac{\mathfrak{r}+8}{15} = 1,$
	15		
	-1	-1	
2	-14	-15	

Die dritte Serie umfaßt 4 reduzierte Formen:

$$2\,|-14|-15, \quad 15\,|-14|-2, \quad 1\,|-16|-15, \quad 15\,|-16|-1,$$

deren Wurzeln bzw. Kettenbrüche

$$(\overline{7, 1, 16, 1}), \quad (\overline{1, 16, 1, 7}), \quad (\overline{16, 1, 7, 1}), \quad (\overline{1, 7, 1, 16})$$

sind. Die 16 reduzierten Formen der Diskriminante 316 verteilen sich auf eine 4-gliedrige und zwei 6-gliedrige Serien.

Bei definiten Formen (derselben Diskriminante) sind zwei verschiedene Reduzierten stets inäquivalent.

Nicht so bei den indefiniten Formen. Wir numerieren die Formen einer Serie derart, daß die Perioden ihrer Kettenbrüche sukzessive durch die sukzessiven zyklischen Verschiebungen ihrer Elemente entstehen. Wir nennen eine Serie gerade oder ungerade, je nachdem die Anzahl ihrer Formen (die Elementenzahl der Periode) gerade oder ungerade ist, und zwei Serien sollen verschieden heißen, wenn eine Periode der einen Serie in der anderen Serie nicht vorkommt.

Dann gilt folgender Satz von der

Reduziertenäquivalenz.

Zwei Reduzierten verschiedener Serien können niemals äquivalent sein.

Zwei beliebige Reduzierten einer ungeraden Serie sind stets äquivalent.

Zwei Reduzierten einer geraden Serie sind äquivalent oder nicht, je nachdem ihre Nummern gleichartig sind oder nicht.

Beweis. I. Wären zwei Formen verschiedener Serien äquivalent, so müßten (§ 42) ihre Kettenbrüche von einer bestimmten Stelle an übereinstimmen, was aber wegen der Verschiedenheit der Serien nicht der Fall ist.

II. Wir brauchen nur zu zeigen, daß je zwei Nachbarn einer ungeraden Serie äquivalent sind. Wir betrachten z. B. die obige Serie f, f', f'', f''', f^{IV} mit den Wurzeln $\omega, \omega', \omega'', \omega''', \omega^{IV}$. Greifen wir etwa ω' und ω'' heraus:

$$\omega' = (\overline{k, l, m, n, h}), \qquad \omega'' = (\overline{l, m, n, h, k}).$$

Wir schreiben statt ω'

$$\omega' = (k, l, m, n, h, k, \overline{l, m, n, h, k}) = (k, l, m, n, h, k, \omega'').$$

Bedeutet also $p:q$ den Näherungsbruch (k, l, m, n, h), $P:Q$ den Näherungsbruch (k, l, m, n, h, k), so wird

$$\omega' = \frac{P\omega'' + p}{Q\omega'' + q} \qquad \text{mit } Pq - Qp = 1.$$

Daher ist

$$\omega' \sim \omega'', \text{ mithin auch } \quad f' \sim f''.$$

III. Dagegen sind zwei Nachbarn einer geraden Serie stets inäquivalent.

Die Serie bestehe etwa aus den 4 Formen f, f', f'', f''' mit den Wurzeln

$$\omega = (\overline{g, h, k, l}), \quad \omega' = (\overline{h, k, l, g}), \quad \omega'' = (\overline{k, l, g, h}), \quad \omega''' = (\overline{l, g, h, k}).$$

Wäre nun z. B. $\omega \sim \omega'$, etwa

$$\omega' = \frac{\alpha\omega + \beta}{\gamma\omega + \delta} \qquad \text{mit } \alpha\delta - \beta\gamma = +1,$$

so wird aus der Gleichung

$$\omega = g + \frac{1}{\omega'}$$

$$\omega = \frac{A\omega + B}{\Gamma\omega + \Delta}$$

mit

$$A = g\alpha + \gamma, \quad B = g\beta + \delta, \quad \Gamma = \alpha, \quad \Delta = \beta,$$

also

$$A\Delta - B\Gamma = -1.$$

Nach § 47 kann aber eine reduzierte Zahl mit gerader Periode sich nicht selbst uneigentlich äquivalent sein, wie es doch die Gleichung

$$\omega = \frac{A\omega + B}{\Gamma\omega + \Delta}$$

verlangt. Also muß die Annahme $\omega \sim \omega''$ falsch sein.

Daß natürlich zwei Formen gleichartiger Nummer einer geraden Serie äquivalent sind, ist sehr leicht einzusehen.

Die erzeugende Periode sei etwa g, h, k, l, m, n, und wir sollen etwa die Äquivalenz von

$$\omega = (\overline{g, h, k, l, m, n}) \quad \text{und} \quad \Omega = (\overline{m, n, g, h, k, l})$$

nachweisen. Nun, es ist

$$\omega = (\overline{g, h, k, l, \Omega}),$$

folglich

$$\omega = \frac{P\Omega + p}{Q\Omega + q}$$

mit

$$p : q = (g, h, k), \qquad P : Q = (g, h, k, l)$$

und

$$Pq - Qp = +1.$$

Damit ist der Satz von der Reduziertenäquivalenz bewiesen.

Den Abschluß dieses Paragraphen bildet der

Satz:

Jede indefinite Form ist einer Reduzierte äquivalent.

Beweis. $f = a|b|c$ sei eine indefinite Form der Diskriminante D, ω ihre Hauptwurzel. Da wir f nichtreduziert annehmen, hat ω eine Vorperiode, die gerade oder ungerade sein kann. Es sei etwa

$$\omega = (h, k, \overline{p, q, r}) \quad \text{bzw.} \quad \omega = (h, k, l, \overline{p, q, r}),$$

wobei dann

$$\varrho = (\overline{p, q, r}) \quad \text{bzw.} \quad \varrho' = (\overline{q, r, p})$$

die Hauptwurzel einer gewissen reduzierten Form φ bzw. φ' von D ist.

Wir schreiben

$$\omega = (h, k, \varrho) \quad \text{bzw.} \quad \omega = (h, k, l, p, \varrho'),$$

nennen den letzten und vorletzten Näherungsbruch des durch die Vorperiode bzw. die um p verlängerte Vorperiode gebildeten Kettenbruchs $\alpha : \gamma$ bzw. $\beta : \delta$, so ist

$$\omega = \frac{\alpha\varrho + \beta}{\gamma\varrho + \delta} \quad \text{bzw.} \quad \omega = \frac{\alpha\varrho' + \beta}{\gamma\varrho' + \delta}$$

mit

$$\alpha\delta - \beta\gamma = +1.$$

Aus

$$\omega \sim \varrho \quad \text{bzw.} \quad \omega \sim \varrho'$$

folgt

$$f \sim \varphi \quad \text{bzw.} \quad f \sim \varphi',$$

und die Form f geht vermöge der durch unsere Kettenbrüche

angebbaren (eigentlichen) Transformation

$$T = \begin{pmatrix} \alpha & \beta \\ \gamma & \delta \end{pmatrix}$$

in die reduzierte Form φ bzw. φ' über, womit unser Satz bewiesen ist.

Aus dem Satze und der Endlichkeit der Reduziertenzahl folgt noch:

Die Klassenzahl der Formen gegebener positiver Diskriminante ist endlich.

§ 86. Die diophantische quadratische Gleichung

Wir sind nunmehr imstande, die diophantische quadratische Gleichung

$$a x^2 + b x y + c y^2 = F \qquad F > 0$$

mit nichtquadratischer Diskriminante $D = b^2 - 4ac$ zu lösen, anders ausgedrückt: die Darstellungen (x, y) der gegebenen Zahl F durch die Form $f = a|b|c$ zu finden.

Wir stellen zunächst fest, daß wir uns auf Stammlösungen beschränken können.

Eine Stammlösung — auch Primitivlösung oder auch Eigentliche Lösung (Darstellung) genannt — ist eine Lösung (x, y) mit teilerfremden x und y.

Bei einer Lösung nämlich, in welcher x und y den größten gemeinsamen Teiler $d > 1$ haben, muß die linke Seite und damit das Freiglied F der rechten Seite durch d^2 teilbar sein, und wir haben

$$a x'^2 + b x' y' + c y'^2 = F'$$

mit $x' = x : d$, $y' = y : d$, $F' = F : d^2$, so daß wir nur die (»zum Stamme F' gehörigen«) Stammlösungen (x', y') der neuen Gleichung zu ermitteln brauchen, um dann in $x = dx'$, $y = dy'$ diejenigen Lösungen der Ausgangsgleichung zu haben, die den größten gemeinsamen Teiler d besitzen.

Angenommen nun, wir hätten bereits eine Stammlösung (α, γ) gefunden, so daß

$$a\alpha^2 + b\alpha\gamma + c\gamma^2 = F$$

ist.

Wir führen die Form

$$f = a x^2 + b x y + c y^2$$

durch die Substitution

$$S = \begin{pmatrix} \alpha & \beta \\ \gamma & \delta \end{pmatrix}$$

in welcher die Elemente β und δ einstweilen noch unbestimmt sind, in die neue Form f' über:

$$fS = f' = F\,|G|\,H.$$

Es ist dann

$$\left\{\begin{array}{l} F \;= a\alpha^2 + b\alpha\gamma + c\gamma^2 \\ G \;= 2a\alpha\beta + b\,(\alpha\delta + \beta\gamma) + 2c\gamma\delta \\ H \;= a\beta^2 + b\beta\delta + c\delta^2 \end{array}\right\},$$

wobei übrigens nach Bestimmung von F und G der dritte Koeffizient H auch aus der Relation

$$G^2 - 4FH = D \quad (= b^2 - 4ac)$$

gewonnen werden kann.

Nun ist der Mittelkoeffizient G der neuen Form eine Wurzel der Kongruenz

$$z^2 \equiv D \bmod 4\,F.$$

Wir wählen die noch nicht festgelegten Transformationselemente β und δ so, daß G möglichst einfach ausfällt, daß es nämlich in der ersten Hälfte des zum Modul $4\,F$ gehörigen Gemeinrestsystems

$$0,\ 1,\ 2,\ \ldots,\ 2\,F,\ \ldots,\ 4\,F - 1$$

liegt. Dazu ist nötig und hinreichend, daß β und δ die beiden Bedingungen

$$\alpha\delta - \beta\gamma = 1 \qquad \text{und} \qquad 0 < (2a\alpha + b\gamma)\,\beta + (b\alpha + 2c\gamma)\,\delta < 2\,F$$

erfüllen. Es gibt aber nur ein einziges Zahlenpaar β, δ, welches diese Bedingungen befriedigt.

In der Tat: μ sei die kleinste positive Zahl, für welche $1 + \gamma\mu$ durch α teilbar ist, und $1 + \gamma\mu = \alpha\nu$. Dann hat das Paar β, δ notwendig die Form

$$\beta = \mu + \alpha\,t, \qquad \delta = \nu + \gamma\,t$$

(bei ganzzahligem t). Gehen wir mit diesen Werten in die Ungleichung ein, so erhält diese die Form

$$0 \leq k + 2\,F\,t < 2\,F \qquad \text{mit } k = (2\,a\,\alpha + b\,\gamma)\,\mu + (b\,\alpha + 2\,c\gamma)\,\nu,$$

und diese Ungleichung hat genau eine Lösung t. Dieser Wert von t legt die Transformationskoeffizienten β und δ eindeutig fest.

Nun heißen die Wurzeln der Kongruenz

$$z^2 \equiv D \bmod 4\,F,$$

die derjenigen Hälfte des Restsystems $0, 1, 2, \ldots, 4\,F - 1$ angehören, welche die kleinsten Systemzahlen umfaßt, die Minimalwurzeln der Kongruenz. Die Anzahl dieser Minimalwurzeln ist gerade halb so groß wie die Anzahl aller Wurzeln (was sofort daraus folgt, daß zu jeder Wurzel z eine zweite $z + 2F$ angegeben werden kann). Daher gilt folgender

Fundamentalsatz:

Zu jeder Stammlösung (α, γ) der Gleichung

$$ax^2 + bxy + cy^2 = F$$

existiert eine einzige Transformation

$$S = \begin{pmatrix} \alpha & \beta \\ \gamma & \delta \end{pmatrix}$$

[d. h. hier ein einziges Wertepaar (β, δ)] sowie eine einzige von den Lösungswerten α, γ abhängige Minimalwurzel G der Kongruenz

$$z^2 \equiv D \bmod 4F$$

derart, daß die Form $f = a\,|\,b\,|\,c$ durch die Substitution S in die äquivalente Form $f' = F\,|G|\,H$ übergeht.

Dabei bedeutet D die Diskriminante $b^2 - 4ac$ der Gleichung und H den ganzzahligen Quotient $(G^2 - D) : 4F$.

Von der Lösung (α, γ) sagt man: sie gehört zur Minimalwurzel G.

Nach Erreichung dieses Fundamentalsatzes ist der Weg zur Lösung unserer diophantischen Gleichung vorgezeichnet.

Vorschrift zur Ermittlung der Stammlösungen der diophantischen quadratischen Gleichung

$$ax^2 + bxy + cy^2 = F.$$

Zuerst ist die Kongruenz

$$z^2 \equiv D \bmod 4F$$

zu betrachten. Hat sie keine Wurzeln, so besitzt auch die diophantische Gleichung keine eigentliche Lösung.

Hat sie Wurzeln, so suche man ihre Minimalwurzeln (deren Anzahl halb so groß ist wie die gesamte Wurzelzahl) und zu jeder Minimalwurzel G die Form $f' = F\,|G|\,H$ [mit $H = (G^2 - D) : 4F$].

Sodann stellt man für jede so gefundene Form f' fest, ob sie der Form $f = a\,|b|\,c$ äquivalent ist oder nicht.

Im Verneinungsfalle existiert keine zur Wurzel G gehörige Lösung der diophantischen Gleichung (keine Darstellung (α, γ) der Zahl F durch die Form f), ist die Minimalwurzel G nicht brauchbar.

Ist dagegen f' zu f äquivalent, die Minimalwurzel G brauchbar, so bestimme man alle Transformationen T, die f in f' verwandeln. Bedeutet S eine beliebig ausgewählte von ihnen, so bekommt man sie bekanntlich alle, wenn man im Produkt $T = OS$ den Faktor O alle Automorphe von f durchlaufen läßt. Die Elemente A und Γ der Linksspalte jeder so entstehenden Transformation

$$T = \begin{pmatrix} A & B \\ \Gamma & \Delta \end{pmatrix}$$

bilden eine Lösung der diophantischen Gleichung; andere Primitivlösungen als die genannten gibt es nicht.

Bei brauchbarer Minimalwurzel G liefern die zugehörigen Transformationen T ein System von mindestens zwei, bei indefiniten Formen sogar unendlich viele Lösungen (A, Γ), so daß soviel Lösungssysteme existieren wie es brauchbare Minimalwurzeln gibt.

Niemals aber stimmt eine Lösung eines Systems mit einer Lösung eines andern überein.

[Beweis. Angenommen, (A, Γ) sei eine gleichzeitig zu zwei verschiedenen brauchbaren Minimalwurzeln G und G' gehörige Lösung. Dann gäbe es also zwei Transformationen

$$T = \begin{pmatrix} A & B \\ \Gamma & \Delta \end{pmatrix} \quad \text{und} \quad T' = \begin{pmatrix} A' & B' \\ \Gamma' & \Delta' \end{pmatrix} \quad \text{mit} \begin{cases} A' = A \\ \Gamma' = \Gamma \end{cases}$$

derart, daß

$$f\begin{pmatrix} A & B \\ \Gamma & \Delta \end{pmatrix} = F\,|G|\,H \qquad \text{und} \qquad f\begin{pmatrix} A & B' \\ \Gamma & \Delta' \end{pmatrix} = F\,|G'|\,H'$$

wäre. Das ist nach dem Fundamentalsatze aber unmöglich, da jede Stammlösung (A, Γ) nur eine einzige Minimalwurzel (G) liefert, w. z. b. w.]

Vielleicht ist es nicht überflüssig, hinzuzufügen, daß auch zwei Lösungen — bestimmt durch die Produkte OS und $O'S$ (mit $O \neq O'$) — ein und desselben Systems niemals übereinstimmen können. [Beweis folgt ohne weiteres aus § 83.]

Beispiel 1.

$$3x^2 + 5xy + 7y^2 = 29.$$

Da das Freiglied keinen quadratischen Faktor hat, besitzt die Gleichung nur Primitivlösungen. Die Diskriminante ist $D = -59$. Zu ihr gehören 4 Reduzierten:

$$f_1 = 1\,|1|\,15, \qquad f_2 = 1\,|-1|\,15, \qquad f_3 = 3\,|1|\,5, \qquad f_4 = 3\,|-1|\,5,$$

und das im § 85 auseinandergesetzte Verfahren läßt erkennen, daß die

Form $f = 3\,|5|\,7$ zu f_4 äquivalent ist, da

$$(3\,|5|\,7)\begin{pmatrix}1 & -1\\ 0 & 1\end{pmatrix} = (3\,|-1|\,5) = f_4$$

ist.

Unsere Kongruenz lautet

$$z^2 \equiv -59 \bmod 4 \cdot 29.$$

Aus ihr folgt zunächst $z^2 \equiv -1 \bmod 29$, welche Hilfskongruenz die Wurzeln 12 und -12, mithin die allgemeine Lösung $29n + 12\varepsilon$ (mit $\varepsilon^2 = 1$) besitzt. z hat daher die Form $z = 29n + 12\varepsilon$, und da es ungerade sein muß, erhält man die 4 Wurzeln ± 17, ± 41, wovon 17 und 41 Minimalwurzeln sind.

Die Minimalwurzel 17 liefert die Form $f' = 29\,|17|\,3$, und diese ist der Reduzierten f_3 äquivalent, gemäß der Formel

$$(29\,|17|\,3)\begin{pmatrix}0 & -1\\ 1 & 3\end{pmatrix} = (3\,|1|\,5) = f_3.$$

Da also f' nicht zu f äquivalent ist, liefert die Minimalwurzel 17 keine Lösung der diophantischen Gleichung.

Die Minimalwurzel 41 gibt $f' = (29\,|\,41\,|\,15)$, und diese Form ist der Reduzierten f_4 äquivalent, nach der Formel

$$(29\,|41|\,15)\begin{pmatrix}1 & -2\\ -1 & 3\end{pmatrix} = (3\,|-1|\,5) = f_4.$$

Folglich sind auch f und f' äquivalent:

$$f\begin{pmatrix}1 & -1\\ 0 & 1\end{pmatrix}\begin{pmatrix}3 & 2\\ 1 & 1\end{pmatrix} = f\begin{pmatrix}2 & 1\\ 1 & 1\end{pmatrix} = f' = (29\,|41|\,15).$$

Die Minimalwurzel 41 liefert also die Substitution

$$S = \begin{pmatrix}2 & 1\\ 1 & 1\end{pmatrix},$$

welche f in f' überführt.

Die Automorphe von f sind (§ 83)

$$I = \begin{pmatrix}1 & 0\\ 0 & 1\end{pmatrix} \qquad \text{und} \qquad J = \begin{pmatrix}-1 & 0\\ 0 & -1\end{pmatrix},$$

die einzigen Transformationen also, die $f = 3\,|5|\,7$ in $f' = 29\,|41|\,15$ verwandeln,

$$T = S = \begin{pmatrix}2 & 1\\ 1 & 1\end{pmatrix} \qquad \text{und} \qquad T' = JS = \begin{pmatrix}-2 & -1\\ -1 & -1\end{pmatrix}.$$

Unsere diophantische Gleichung hat nur die beiden Lösungen (2, 1) und $(-2, -1)$.

Beispiel 2.

$$f \equiv x^2 + 5xy + 2y^2 = 13, \qquad (D = 17,\ r = \sqrt{17}).$$

Auch diese Gleichung kann nur Stammlösungen haben.

Zur Diskriminante 17 gehören drei einander äquivalente Reduzierten

$$f_1 = 1\,|-3|-2, \qquad f_2 = 2\,|-3|-1, \qquad f_3 = 2\,|-1|-2,$$

die eine Serie bilden.

Ihre Wurzeln ω_1, ω_2, ω_3 bzw. Kettenbrüche sind

$$\omega_1 = (\overline{3, 1, 1}), \qquad \omega_2 = (\overline{1, 1, 3}), \qquad \omega_3 = (\overline{1, 3, 1}).$$

Da die Wurzel von f $\omega = (-1, 1, \overline{1, 3})$ ist, so ist $f \sim f_3 \sim f_1 \sim f_2$.

Die zu lösende Kongruenz lautet

$$z^2 = 17 \bmod 52.$$

Sie ergibt zunächst $z^2 \equiv 4 \bmod 13$, also $z = 2\varepsilon + 13m$ mit $\varepsilon^2 = 1$ und ungeradem m. So kommen wir zu den 4 Wurzeln ± 11 und ± 15, wovon 11 und 13 die Minimalwurzeln sind. Letztere liefern die Formen $f' = 13\,|\,11\,|\,2$ und $f'' = 13\,|\,15\,|\,4$ mit den Hauptwurzeln

$$\omega' = \frac{r - 11}{26} \qquad \text{und} \qquad \omega'' = \frac{r - 15}{26}.$$

und zugehörigen Kettenbrüchen

$$\omega' = (-1, 1, 2, \overline{1, 3, 1}) \quad \text{und} \quad \omega'' = (-1, 1, 1, 2, \overline{1, 1, 3}).$$

Aus dem Anblick dieser Entwicklungen geht hervor, daß beide zu ω_1 (wie ω_2) äquivalent sind, also sowohl f' wie auch f'' zu f_1 (wie auch f_2) und damit natürlich auch zu f äquivalent ist. Daher sind beide Minimalwurzeln und beide Formen brauchbar; jede liefert eine Lösung.

Um die Äquivalenz $\omega \sim \omega'$ bzw. $f \sim f'$ zum Ausdruck zu bringen, schreiben wir

$$\omega = (-1, \omega_2), \qquad \omega' = (-1, 1, 2, 1, 3, \omega_2),$$

und bekommen

$$\frac{1}{\omega + 1} = \omega_2, \qquad \frac{1}{\omega' + 1} = (1, 2, 1, 3, \omega_2) = \frac{15\,\omega_2 + 4}{11\,\omega_2 + 3}$$

und hieraus

$$\omega = \frac{19\,\omega' + 5}{-4\,\omega' - 1}$$

sowie

$$f\,S' = f' \qquad \text{mit} \quad S' = \begin{pmatrix} 19 & 5 \\ -4 & -1 \end{pmatrix}$$

und die zugehörige Lösung $\underline{x = 19,\ y = -4}$ der diophantischen Gleichung.

Die Äquivalenz zwischen ω und ω'' bzw. f und f'' folgt so:

$$\omega = (-1, 1, 1, 3, \omega_2), \qquad \omega'' = (-1, 1, 1, 2, \omega_2)$$

$$\frac{1}{\omega+1} = (1, 1, 3, \omega_2), \qquad \frac{1}{\omega''+1} = (1, 1, 2, \omega_2)$$

$$\frac{1}{\omega+1} = \frac{7\omega_2+2}{4\omega_2+1}, \qquad \frac{1}{\omega''+1} = \frac{5\omega_2+2}{3\omega_2+1},$$

$$\omega = \frac{\omega''+1}{-4\omega''-3}$$

$$f S'' = f'' \qquad \text{mit} \quad S'' = \begin{pmatrix} 1 & 1 \\ -4 & -3 \end{pmatrix}.$$

Die zugehörige Lösung ist $\underline{x = 1, \; y = -4}$.

Um alle Lösungen der vorgelegten Gleichung zu finden, benötigen wir die Automorphe von $f = a\,|b|\,c = 1\,|5|\,2$.

Diese folgen aus der Fermatgleichung

$$u^2 + uv - 4v^2 = 1, \qquad (\Phi = 1, \; N = 4).$$

Die Grundlösung ist, wie aus dem Kettenbruch

$$\varkappa = (1, \overline{1, 1, 3})$$

der Wurzel $\varkappa$ von $z^2 + z - 4 = 0$ hervorgeht, $u = P$, $v = Q$, wo $P : Q$ den Näherungsbruch

$$P : Q = (1, 1, 1, 3, 1, 1) = 25 : 16$$

bedeutet, also $u = 25$, $v = 16$.

Daraus folgt das Grundautomorph

$$O = \begin{pmatrix} \alpha & \beta \\ \gamma & \delta \end{pmatrix} \quad \text{mit} \quad \begin{Bmatrix} \alpha = u - 2v & \beta = -2v \\ \gamma = v & \delta = u + 3v \end{Bmatrix},$$

also

$$O = \begin{pmatrix} -7 & -32 \\ 16 & 73 \end{pmatrix}.$$

Die Linksmultiplikation von S' und S'' mit irgendeiner Potenz von O liefert jeweils zwei Substitutionen T' und T'', deren Linksspalten Lösungen darstellen. Andere Lösungen gibt es nicht.

So ist z. B.

$$O S' = \begin{pmatrix} -7 & -32 \\ 16 & 73 \end{pmatrix} \begin{pmatrix} 19 & 5 \\ -4 & -1 \end{pmatrix} = \begin{pmatrix} -5 & * \\ +12 & * \end{pmatrix},$$

$$O S'' = \begin{pmatrix} -7 & -32 \\ 16 & 73 \end{pmatrix} \begin{pmatrix} 1 & 1 \\ -4 & -3 \end{pmatrix} = \begin{pmatrix} 121 & * \\ -276 & * \end{pmatrix},$$

$$O^{-1} S' = \begin{pmatrix} 73 & 32 \\ -16 & -7 \end{pmatrix} \begin{pmatrix} 19 & 5 \\ -4 & -1 \end{pmatrix} = \begin{pmatrix} 1259 & * \\ -276 & * \end{pmatrix},$$

wodurch die Lösungen (— 5, 12), (121, — 276) und (1259, — 276) entstanden sind.

Beispiel 3.

$$537x^2 + 1228xy + 702y^2 = 1.$$

Die Diskriminante der Form

$$f = 537x^2 + 1228xy + 702y^2$$

ist $D = 88$. Um für die etwas großen Koeffizienten der Form kleinere einzutauschen, suchen wir mit Hilfe des Kettenbruchs für die Wurzel ω von f zunächst die Reduzierte, der f äquivalent ist. Der Kettenbruch bestimmt sich aus den Gleichungen (mit $\mathfrak{r} = \sqrt{22} = 4, \ldots$)

$$\frac{\mathfrak{r} - 614}{537} = -2 + \ldots \quad \frac{460 - \mathfrak{r}}{394} = 1, \ldots \quad \frac{\mathfrak{r} + 66}{11} = 6, \ldots \quad \frac{\mathfrak{r}}{2} = 2, \ldots$$

$$\frac{\mathfrak{r} + 4}{3} = 2, \ldots \quad \frac{\mathfrak{r} + 2}{6} = 1, \ldots \quad \frac{\mathfrak{r} + 4}{1} = 8, \ldots \quad \frac{\mathfrak{r} + 4}{6} = 1, \ldots$$

$$\frac{\mathfrak{r} + 2}{3} = 2, \ldots \quad \frac{\mathfrak{r} + 4}{2} = 4, \ldots \quad \frac{\mathfrak{r} + 4}{3} = \ldots\ldots\ldots\ldots\ldots,$$

so daß

$$\omega = (-2, 1, 6, 2, \overline{2, 1, 8, 1, 2, 4})$$

Daher ist f der reduzierten Form f_1 äquivalent, deren Wurzel

$$\varrho = (\overline{2, 1, 8, 1, 2, 4})$$

ist. Aus $(2, 1, 8, 1, 2) = 84 : 29$ und $(2, 1, 8, 1, 2, 4) = 365 : 126$ folgt die quadratische Gleichung für ϱ:

$$\varrho = \frac{365\varrho + 84}{126\varrho + 29}$$

oder $126\varrho^2 - 336\varrho - 84 = 0$ oder, vereinfacht,

$$3\varrho^2 - 8\varrho - 2 = 0.$$

Die zugehörige reduzierte Form lautet

$$f_1 = 3x^2 - 8xy - 2y^2.$$

Die Äquivalenz zwischen f und f_1 bestimmt sich durch die zwischen ihren Wurzeln:

$$\omega = (-2, 1, 6, 2, \varrho)$$

oder wegen $(-2, 1, 6) = -8 : 7$ und $(-2, 1, 6, 2) = -17 : 15$

$$\omega = \frac{-17\varrho - 8}{15\varrho + 7},$$

so daß, was man auch bestätigt, f durch die Transformation

$$\begin{array}{c|c} x & -17x - 8y \\ y & 15x + 7y \end{array} \qquad \text{oder} \qquad T = \begin{pmatrix} -17 & -8 \\ 15 & 7 \end{pmatrix}$$

in f_1 übergeht:

$$fT = f_1.$$

Statt der umständlicheren Gleichung

$$537x^2 + 1228xy + 702y^2 = 1 \tag{1}$$

können wir also die weit einfachere Gleichung

$$3x^2 - 8xy - 2y^2 = 1 \tag{2}$$

lösen. Jeder Lösung (x, y) von (2) entspricht die Lösung $(-17x - 8y, 15x + 7y)$ von (1); andere Lösungen als die so fixierten besitzt (1) nicht.

Nach Erledigung dieses Punktes haben wir es nur noch mit der einfachen Form

$$f_1 = 3x^2 - 8xy - 2y^2 = 1$$

zu tun. Nach der oben auseinandergesetzten Lösungsmethode benötigen wir die zur Diskriminante $D = 88$ gehörigen Reduzierten $(a \mid b \mid c)$. Wegen

$$a \cdot -c = \frac{D - b^2}{4} = \frac{88 - b^2}{4}$$

kommen nur folgende 5 Werte für $-b$ bzw. $a \cdot -c$ in Frage:

$$\begin{Bmatrix} -b = & 0, & 2, & 4, & 6, & 8 \\ a \cdot -c = & 22, & 21, & 18, & 13, & 6 \end{Bmatrix}$$

Werte von a und $-c$, deren Unterschied $< -b$ ist, liefern aber nur die dritte und fünfte Spalte, und zwar $a = 3$, $c = -6$ bzw. $a = 6$, $c = -3$ und $a = 1$, $c = -6$; $a = 6$, $c = -1$; $a = 2$, $c = -3$; $a = 3$, $c = -2$.

Zur Diskriminante $D = 88$ gibt es daher nur die sechs reduzierten Formen

$3|-4|-6$, $6|-4|-3$, $1|-8|-6$, $6|-8|-1$, $2|-8|-3$,
$3|-8|-2$.

Um die von ihnen gebildeten Serien zu ermitteln, beginnen wir mit f_1 und bekommen für die Wurzeln der f_1 enthaltenden Serie das Schema·

3	-8	-2	$\frac{\mathfrak{r}+4}{3}=2,\ldots$
	6		
	-2	-4	
6	-4	-3	$\frac{\mathfrak{r}+2}{6}=1,\ldots$
	6		
	2	2	
1	-8	-6	$\frac{\mathfrak{r}+4}{1}=8,\ldots$
	8		
	0	0	
6	-8	-1	$\frac{\mathfrak{r}+4}{6}=1,\ldots$
	6		
	-2	-2	
3	-4	-6	$\frac{\mathfrak{r}+2}{3}=2,\ldots$
	6		
	2	4	
2	-8	-3	$\frac{\mathfrak{r}+4}{2}=4,\ldots$
	8		
	0	0	
3	-8	-2	

Diese Serie umfaßt also die Formen

$$f_1 = 3\,|-8|-2,\quad f_2 = 6\,|-4|-3,\quad f_3 = 1\,|-8|-6,$$
$$f_4 = 6\,|-8|-4,\quad f_5 = 3\,|-4|-6,\quad f_6 = 2\,|-8|-3$$

mit den Wurzeln

$$\varrho_1 = (\overline{2, 1, 8, 1, 2, 4}),\quad \varrho_2 = (\overline{1, 8, 1, 2, 4, 2}),\quad \varrho_3 = (\overline{8, 1, 2, 4, 2, 1}),$$
$$\varrho_4 = (\overline{1, 2, 4, 2, 1, 8}),\quad \varrho_5 = (\overline{2, 4, 2, 1, 8, 1}),\quad \varrho_6 = (\overline{4, 2, 1, 8, 1, 2}).$$

Wir sehen, daß diese Serie zugleich **alle** reduzierten Formen umfaßt.

Nun zur Lösung der diophantischen Gleichung

$$f_1 = 3x^2 - 8xy - 2y^2 = 1!$$

Die zugehörige Kongruenz lautet

$$z^2 \equiv D \bmod 4F, \qquad \text{d. h.} \qquad z^2 \equiv 88 \bmod 4.$$

Wegen $2F = 2$ hat diese Kongruenz nur **eine** Minimalwurzel $z = G = 0$, der dann die Form $\varphi = F\,|G|\,H = 1\,|0|-22$ entspricht. Die Wurzel ω dieser Form ist

$$\omega = \sqrt{22} = (4, \overline{1, 2, 4, 2, 1, 8})$$

und wie aus der Schreibung

$$\omega = (4, 1, 2, 4, \overline{2, 1, 8, 1, 2, 4})$$

hervorgeht, der Wurzel $\varrho = (2, 1, 8, 1, 2, 4)$ von f_1 äquivalent. Wegen $(4, 1, 2) = 14:3$ und $(4, 1, 2, 4) = 61:13$ lautet die Äquivalenz

$$\omega = \frac{61\varrho + 14}{13\varrho + 3}$$

und die Äquivalenz zwischen φ und f_1

$$\varphi \bar{S} = f_1 \qquad \text{mit} \quad \bar{S} = \begin{pmatrix} 61 & 14 \\ 13 & 3 \end{pmatrix}.$$

Damit haben wir eine Substitution:

$$S = \begin{pmatrix} \alpha & \beta \\ \gamma & \delta \end{pmatrix} = \begin{pmatrix} 3 & -14 \\ -13 & 61 \end{pmatrix},$$

welche f_1 in φ überführt, und eine Darstellung $(\alpha, \gamma) = (3, -13)$ von $F = 1$ durch f_1:

$$3\alpha^2 - 8\alpha\gamma - 2\gamma^2 = 3 \cdot 3^2 - 8 \cdot 3 \cdot -13 - 2 \cdot (-13)^2 = F = 1.$$

Alle anderen Lösungen (x, y) der diophantischen Gleichung

$$f_1 = 3x^2 - 8xy - 2y^2 = 1$$

werden durch die Erstspalte der Transformation

$$\Pi = OS$$

geliefert, wo O ein beliebiges Automorph von f_1 ist. Wie wir wissen, entstehen alle Automorphe der Form $a\,|b|\,c$ durch die Potenzen des Grundautomorphs

$$o = \begin{pmatrix} u - \bar{b}v & -cv \\ av & u + \dot{b}v \end{pmatrix},$$

in welchem (u, v) die Grundlösung der Fermatgleichung

$$u^2 + \Phi uv - Nv^2 = 1$$

bedeutet. Diese Gleichung lautet hier (wegen $b = -8$, $\Phi = 0$, $D = 4N + \Phi$, $N = 22$)

$$u^2 - 22v^2 = 1$$

und hat wegen

$$\varkappa = \sqrt{22} = (4, \overline{1, 2, 4, 2, 1, 8})$$

und $(4, 1, 2, 4, 2, 1) = 197:42$
die Grundlösung

$$u = 197, \quad v = 42,$$

so daß das Grundautomorph [wegen $\dot{b} = \bar{b} = -4$]

$$o = \begin{pmatrix} 365 & 84 \\ 126 & 29 \end{pmatrix}$$

ist.

Sämtliche Lösungen (α, γ) der diophantischen Gleichung

$$3x^2 - 8xy - 2y^2 = 1$$

werden also durch die Erstspalte der Transformation

$$\begin{pmatrix} \alpha & \beta \\ \gamma & \delta \end{pmatrix} = o^n S = o^n \begin{pmatrix} 3 & -14 \\ -13 & 61 \end{pmatrix}$$

geliefert.

Für $n = 0, 1, -1, 2, -2$ z. B. ergibt sich

α	3	3	1179	1179	464523
γ	-13	1	-5123	407	-2018449

Aus diesen Lösungen resultieren gemäß den Formeln

$$x = -17\alpha - 8\gamma, \qquad y = 15\alpha + 7\gamma$$

ebenso viele Lösungen der vorgelegten Gleichung (1):

x	53	-59	20941	-23299	8250701
y	-46	52	-18176	20534	-7161298

Zu diesen Lösungen kommen dann selbstverständlich die Lösungen $(-x, -y)$.

Statt nun zur Gewinnung aller Lösungen die Potenzen o^n des Grundautomorphs o zu verwenden, kann man auch die ursprüngliche allgemeine Form

$$O = \begin{pmatrix} u - \bar{b}v & -cv \\ av & u + \dot{b}v \end{pmatrix}$$

des Automorphs (§ 83) beibehalten, in welcher (u, v) eine beliebige Lösung der Fermatgleichung

$$u^2 + \Phi uv - Nv^2 = 1$$

darstellt, und die bei der Form $f_1 = 3 \mid -8 \mid -2$ [wegen $b = -8$, $\dot{b} = \bar{b} = -4$] die Gestalt

$$O = \begin{pmatrix} u + 4v & 2v \\ 3v & u - 4v \end{pmatrix}$$

annimmt. Jede Lösung (α, γ) der diophantischen Gleichung (2) wird dann durch die Erstspalte des Produkts

$$OS = \begin{pmatrix} u + 4v & 2v \\ 3v & u - 4v \end{pmatrix} \begin{pmatrix} 3 & -14 \\ -13 & 61 \end{pmatrix}$$

geliefert, lautet also

$$\alpha = 3u - 14v, \qquad \gamma = -13u + 61v.$$

Aus

$$x = -17\alpha - 8\gamma, \qquad y = 15\alpha + 7\gamma$$

bekommen wir dann die allgemeine Lösung der vorgelegten diophantischen Gleichung

$$537x^2 + 1228xy + 702y^2 = 1$$

zu

$$x = 53u - 250v, \qquad y = -46u + 217v,$$

wo (u, v) eine beliebige Lösung der Fermatgleichung

$$u^2 - 22v^2 = 1$$

bedeutet.

§ 87. Lösungszahlen

Eins der interessantesten Probleme aus der Lehre von den diophantischen Gleichungen ist die Frage nach der Lösungszahl, d. h. nach der Anzahl der Lösungen, die eine vorgelegte diophantische Gleichung besitzt. Daß die Beantwortung dieser so einfach klingenden Frage durchaus nicht leicht ist, zeigt schon die Tatsache, daß selbst ein so genialer Zahlentheoretiker wie Pierre Fermat zwar die Lösungszahl der berühmten diophantischen Gleichung

$$x^2 + y^2 = F$$

anzugeben vermochte, den Beweis dafür jedoch nicht erbringen konnte, sondern Euler überlassen mußte, zeigen auch die Entwicklungen in § 74, wo diese Fermat-Eulersche Gleichung näher untersucht ist.

Die in den vorausgehenden Paragraphen vorgetragenen elementaren Sätze aus der von Gauß geschaffenen Lehre von den quadratischen Formen gestatten die Frage nach der Lösungszahl in einfachster Weise zu entscheiden.

Wir müssen uns jedoch aus Raummangel auf einige besonders markante Beispiele beschränken.

Wir beginnen mit dem Fermat-Eulerschen Problem der Gleichung

$$x^2 + y^2 = F,$$

betrachten aber nur eigentliche Lösungen (x, y), da die gemeinteiligen Lösungen ja auf diesen Fall zurückgeführt werden können.

Die Diskriminante der Form $f = x^2 + y^2$ ist $D = -4$, ihre Entgegengesetzte $\Delta = -D = 4$. Aus

$$4ac = \Delta + b^2, \qquad |b| \leq a \leq c, \qquad |b| \leq a \leq \sqrt{\frac{\Delta}{3}}$$

folgt, daß es nur eine reduzierte Form der Diskriminante -4 gibt:

$$f = x^2 + y^2,$$

so daß jede Form der Diskriminante -4 der Form f äquivalent sein muß.

Zur Lösung der diophantischen Gleichung

$$x^2 + y^2 = F$$

dient die Kongruenz

$$z^2 \equiv D \bmod 4F, \qquad \text{hier:} \quad z^2 \equiv -4 \bmod 4F.$$

Jede Wurzel dieser Kongruenz ist also eine gerade Zahl $z = 2\zeta$, und die Kongruenz reduziert sich auf

$$\zeta^2 \equiv -1 \bmod F.$$

Damit diese Hilfskongruenz lösbar ist, darf F weder den Faktor 4, noch einen Primfaktor von der Form $4N + 3$ enthalten. Wir müssen demnach annehmen, daß F nur Primfaktoren von der Form $4N + 1$ und allenfalls noch einmal den Primfaktor 2 enthält. In diesem Falle hat die Hilfskongruenz bei n paarweise verschiedenen ungeraden Primfaktoren 2^n Wurzeln (§ 59), die wir der Folge 0, 1, 2, ..., $F - 1$ entnommen denken. Zu jeder solchen Wurzel ζ gehört eine Minimalwurzel $z = 2\zeta$ der Ausgangskongruenz, so daß diese 2^n Minimalwurzeln besitzt. Jeder Minimalwurzel G entspricht eine Form $f' = F \mid G \mid H$ der Diskriminante D, die nach dem oben Gesagten der Reduzierten f äquivalent ist:

$$f S = f' \qquad \text{mit} \quad S = \begin{pmatrix} \alpha & \beta \\ \gamma & \delta \end{pmatrix}.$$

Zur Minimalwurzel G gehört auf diese Weise die eigentliche Lösung (α, γ) sowie ferner jede Lösung, die aus der Transformation $T = OS$ entspringt, wo O ein Automorph von f ist. Da f 4 Automorphe besitzt (§ 83), liefert die Minimalwurzel G ein System von 4 Lösungen, und da 2^n Minimalwurzeln vorhanden sind, besitzt unsere diophantische Gleichung genau 2^{n+2} Lösungen.

Die diophantische Gleichung $x^2 + y^2 = F$ hat nur eigentliche Lösungen, wenn F weder den Faktor 4 noch einen Primfaktor von der Form $4N + 3$ enthält; und zwar hat sie dann genau 2^{n+2} eigentliche Lösungen, wo n die Anzahl der in F steckenden untereinander verschiedenen Primfaktoren von der Form $4N + 1$ bedeutet.

In dem trivialen Falle, wo F gar keinen Primfaktor von der Form $4N + 1$ besitzt, also im Falle

$$F = 1 \qquad \text{oder} \qquad F = 2$$

setzen wir natürlich $n = 0$. Tatsächlich haben wir dann $2^{0+2} = 2^2 = 4$ Lösungen, nämlich bei

$$F = 1 \quad (1, 0), \ (-1, 0), \ (0, 1), \ (0, -1),$$
$$F = 2 \quad (1, 1), \ (1, -1), \ (-1, 1), \ (-1, -1).$$

Der wichtigste und einfachste Fall liegt vor, wenn F eine Primzahl von der Form $4N + 1$ ist. In diesem Falle sind $2^3 = 8$ Lösungen vorhanden. Bedeutet (x, y) eine Positivlösung $(x > 0, y > 0)$, so sind dies die 8 Lösungen

$$(x, y), \ (x, -y), \ (-x, y), \ (-x, -y), \ (y, x)\, y, -x), \ (-y, x), (-y, -x),$$

und wir haben den

Satz von Fermat-Euler:

Jede Primzahl p von der Form $4N + 1$ ist auf eine und nur auf eine Weise in eine Summe von zwei Quadraten zerlegbar:

$$p = x^2 + y^2.$$

[Hierbei gelten $x^2 + y^2$ und $y^2 + x^2$ als eine einzige Zerlegung und x und y als positiv.]

Beispiel 2. Unser nächstes Beispiel betrifft die diophantische Gleichung

$$x^2 + 2y^2 = F,$$

in welcher wir F natürlich als ungerade voraussetzen. Die Diskriminante der Form $f = x^2 + 2y^2$ ist $D = -8$, ihre Entgegengesetzte

$$\Delta = -D = 8.$$

Aus

$$4ac = \Delta + b^2, \quad |b| \leq a \leq c, \quad |b| \leq a \leq \sqrt{\frac{\Delta}{3}}$$

folgt, daß auch hier nur die eine Reduzierte

$$f = x^2 + 2y^2$$

vorliegt. Jede Form der Diskriminante -8 ist daher zu f äquivalent.

Die Lösungskongruenz lautet

$$z^2 \equiv -8 \mod 4F$$

und wird durch die Substitution $z = 2\zeta$ auf die Hilfskongruenz

$$\zeta^2 \equiv -2 \mod F$$

zurückgeführt.

Wenn diese Kongruenz lösbar sein soll, muß für jeden in F steckenden Primfaktor p $\left(\frac{-2}{p}\right) = +1$ sein. Nun ist

$$\left(\frac{-2}{p}\right) = \left(\frac{-1}{p}\right) \cdot \left(\frac{2}{p}\right) = \iota^{\frac{p-1}{2}} \iota^{\frac{p^2-1}{8}} = \iota^{\frac{p-1}{2}+\frac{p^2-1}{8}}.$$

Daher muß $\frac{p-1}{2} + \frac{p^2-1}{8}$ von der Form $2M$ sein:

$$4p - 4 + p^2 - 1 = 16M \qquad \text{oder} \qquad (p+2)^2 = 16M + 9.$$

Probiert man sukzessive mit $p = 8N+1$, $8N+3$, $8N+5$, $8N+7$ durch, so führen nur die beiden ersten Fälle auf die Form $16M+9$.

Die Kongruenz ist sonach nur lösbar, wenn die in F steckenden Primfaktoren eine der beiden zulässigen Formen $8N+1$ und $8N+3$ haben.

Wir setzen sonach diese Bedingung als erfüllt voraus. Stecken in F n paarweise verschiedene derartige Primfaktoren, so hat die Hilfskongruenz 2^n Wurzeln und damit die Lösungskongruenz genau 2^n Minimalwurzeln.

Jeder Minimalwurzel G entspricht eine Form $f' \doteq F \; |G| \; H$ der Diskriminante -8, die dann der Form f äquivalent ist:

$$fS = f' \qquad \text{mit} \quad S = \begin{pmatrix} \alpha & \beta \\ \gamma & \delta \end{pmatrix}$$

Zur Minimalwurzel G gehört so die primitive Lösung (α, γ), ferner jede durch die Erstspalte der Transformation $T = OS$ gelieferte Lösung, wo O eins der beiden Automorphe von f ist (§ 83). Daher entstehen im ganzen 2^{n+1} Lösungen.

Die diophantische Gleichung

$$x^2 + 2y^2 = F$$

hat (bei ungeradem F) nur dann eigentliche Lösungen, wenn jeder Primfaktor von F eine der beiden Formen $8N+1, 8N+3$ hat. Besitzt F n derartige untereinander verschiedene Primfaktoren, so hat die Gleichung genau 2^{n+1} Lösungen.

Hier ist wieder der triviale Fall $F = 1$ zu verzeichnen, in welchem wir $n = 0$ setzen und die $2^{0+1} = 2^1 = 2$ Lösungen $(1, 0)$, $(-1, 0)$ vorhanden sind.

Besonderes Interesse erregt der Fall $n = 1$. Ist F eine Primzahl von der Form $8N+1$ oder $8N+3$, so hat die Gleichung genau 4 Lösungen:

$$(x, y), \quad (x, -y), \quad (-x, y), \quad (-x, -y),$$

falls etwa die Positivlösung (x, y) heißt.

Lassen wir die Lösungen $(x, -y)$, $(-x, y)$ und $(-x, -y)$ als selbstverständlich außer acht, so haben wir den

Satz von Lagrange:

Jede Primzahl von einer der beiden Formen $8N+1$ und $8N+3$ läßt sich stets auf genau eine Weise in ein Quadrat und ein doppeltes Quadrat zerlegen.

(Lagrange, Recherches d'Arithmétique, Nouvelles Mémoires de l'Académie de Berlin, 1775.)

Beispiel 3.

$$x^2 + 3y^2 = F,$$

wo wir uns aber aus einem weiter unten ersichtlichen Grunde auf ungerade F beschränken.

Die Diskriminante ist -12, die Lösungskongruenz lautet

$$z^2 \equiv -12 \bmod 4F,$$

die Hilfskongruenz (mit $z = 2\zeta$)

$$\zeta^2 \equiv -3 \bmod F.$$

Für jeden Primfaktor p von F muß $\left(\frac{-3}{p}\right) = +1$ sein. Nun ist

$$\left(\frac{-3}{p}\right) = \left(\frac{-1}{p}\right) \cdot \left(\frac{3}{p}\right) = \iota^{\frac{p-1}{2}} \cdot \left(\frac{3}{p}\right) = \iota^{\frac{p-1}{2}} \cdot \iota^{\frac{p-1}{2}} \cdot \left(\frac{p}{3}\right) = \left(\frac{p}{3}\right),$$

und dies wird nur dann gleich 1, wenn

$$p \equiv 1 \bmod 3$$

ist. Die vorgelegte diophantische Gleichung kann also nur dann Lösungen besitzen, wenn jeder in F steckende Primfaktor von der Form $3N+1$ ist. Wir setzen diese Bedingung als erfüllt voraus.

Die Hilfskongruenz hat 2^n Wurzeln, wenn n die Anzahl der in F steckenden untereinander verschiedenen Primfaktoren bedeutet. Die Lösungskongruenz besitzt dann 2^n Minimalwurzeln.

Nun zu den Reduzierten!

Aus $\qquad 4ac = 12 + b^2, \quad |b| < a < c, \quad |b| \leq a < \sqrt{4}$

ergeben sich für b als zulässig die beiden Werte 0 und 2. Ihnen entsprechen die Reduzierten

$$f = x^2 + 3y^2 \qquad \text{und} \qquad \bar{f} = 2x^2 + 2xy + 2y^2.$$

Bedeutet nun G eine Minimalwurzel, so kann die Form $f' = F\,|G|\,H$ nicht zu $\bar{f}$ äquivalent sein, da aus

$$\bar{f}\begin{pmatrix}\alpha & \beta\\ \gamma & \delta\end{pmatrix} = F\,|G|\,H$$

$F = 2\alpha^2 + 2\alpha\gamma + 2\gamma^2 \equiv 0 \bmod 2$ folgen würde, wo doch F ungrade ist. Folglich muß f' zu f äquivalent sein:

$$fS = f' = F|G|H \qquad \text{mit} \qquad S = \begin{pmatrix} \alpha & \beta \\ \gamma & \delta \end{pmatrix}.$$

Den beiden Automorphen von f entsprechend liefert so jede Minimalwurzel G zwei Lösungen der diophantischen Gleichung, und wir haben das Ergebnis:

Die diophantische Gleichung

$$x^2 + 3y^2 = F$$

hat bei ungradem F nur Lösungen, wenn alle in F steckenden Primfaktoren die Form $3N + 1$ haben. Sind n derartige paarweise verschiedene Primfaktoren vorhanden, so besitzt die Gleichung genau 2^{n+1} Stammlösungen.

Im trivialen Falle $F = 1$, $n = 0$ sind die Lösungen $(1, 0)$ und $(-1, 0)$.

Der bemerkenswerteste Fall ist der, wo das Freiglied eine Primzahl ist. Die Gleichung besitzt dann die 4 Lösungen

$$(x, y), \quad (x, -y), \quad (-x, y), \quad (-x, -y),$$

wenn (x, y) die Positivlösung bedeutet, und wir haben, uns nur um letztere kümmernd, den

Satz von Euler:

Jede Primzahl von der Form $3N + 1$ läßt sich auf eine einzige Weise in ein Quadrat und ein dreifaches Quadrat zerlegen.

(Euler, Supplementum quorundam theorematum arithmeticorum, Novi commentarii Academiae scientiarum Imperialis Petropolitanae, VIII.)

Beispiel 4.

$$x^2 + xy + y^2 = F.$$

Die Diskriminante ist -3, so daß nur die eine Reduzierte

$$f = x^2 + xy + y^2$$

existiert.

Die Lösungskongruenz lautet

$$z^2 \equiv -3 \bmod 4F$$

und ist unlösbar erstens, wenn F einen Primfaktor von der Form $3N + 2$ enthält, zweitens wenn F gerade ist. Enthält aber F nur Primfaktoren von der Form $3N + 1$, so hat die Kongruenz 2^{n+1} Wurzeln, falls n solcher Primfaktoren in F stecken, mithin halb so viele Minimalwurzeln.

Jede Minimalwurzel liefert, den 6 Automorphen der Form f entsprechend, 6 Lösungen, so daß im ganzen $3 \cdot 2^{n+1}$ Lösungen herauskommen.

Die diophantische Gleichung

$$x^2 + xy + y^2 = F$$

hat nur Stammlösungen, wenn F ungerade ist und jeder Primfaktor von F die Form $3N + 1$ hat. Besitzt F n paarweise verschiedene Primfaktoren der Form $3N + 1$, so hat die Gleichung genau $3 \cdot 2^{n+1}$ Lösungen.

Besonderes Interesse erweckt wieder der Fall eines primalen F. Die Gleichung hat dann die 12 Lösungen

$$(x, y), (-x, -y), (y, x), (-y, -x), (x+y, -y), (-x-y, y),$$
$$(-y, x+y), (y, -x-y), (x+y, -x), (-x-y, x), (-x, x+y),$$
$$(x, -x-y),$$

falls (x, y) die Positivlösung bedeutet.

Achtet man nur auf letztere, so gilt der Satz:

Jede Primzahl von der Form $3N + 1$ läßt sich nur auf eine Weise aus den Quadraten und dem Produkt zweier Positivzahlen zusammensetzen.

Zahlenbeispiel.

$$x^2 + xy + y^2 = 1999.$$

$p = 1999$ ist eine Primzahl von der Form $3N + 1$. Die Lösungskongruenz lautet

$$z^2 \equiv -3 \bmod 4p.$$

Wir suchen zuerst die Wurzeln der Kongruenz

$$\zeta^2 \equiv -3 \bmod p.$$

Da 1999 eine Primzahl von der Form $4h - 1$ ist, so läßt sich nach § 60 die Wurzel ζ angeben:

$$\zeta \equiv (-3)^h \equiv (-3)^{500} \equiv 3^{500} \bmod p.$$

Nun ist

$$3^{10} \equiv -921, \quad 3^{20} \equiv 921^2 \equiv 665, \quad 3^{40} \equiv 665^2 \equiv 446,$$
$$3^{80} \equiv 446^2 \equiv -984, \quad 3^{160} \equiv 984^2 \equiv 740, \quad 3^{320} \equiv -126, \quad 3^{480} = -713,$$

mithin

$$3^{500} \equiv -382 \bmod p$$

und

$$\zeta \equiv \pm 382 \bmod p.$$

Die Lösungskongruenz hat also die 2 Minimalwurzeln 1617 (= 1999—382) und 2381 (= 1999 + 382). Wir brauchen uns nur um die erste zu kümmern. Sie liefert

$$H = (1617^2 + 3) : 1999 = 327,$$

so daß

$$f' = F\,|G|\,H = 1999\,|1617|\,327$$

ist. Nach dem in § 84 beschriebenem Verfahren findet man

$$f'\begin{pmatrix}0 & -1\\ 1 & 2\end{pmatrix} = 327\,|-309|\,73 = f'', \quad f''\begin{pmatrix}0 & -1\\ 1 & -2\end{pmatrix} = 73\,|17|\,1 = f''',$$

$$f'''\begin{pmatrix}0 & -1\\ 1 & 9\end{pmatrix} = 1\,|1|\,1 = f,$$

so daß

$$f'\begin{pmatrix}2 & 19\\ -5 & -47\end{pmatrix} = f \qquad \text{oder} \qquad f\begin{pmatrix}-47 & -19\\ 5 & 2\end{pmatrix} = f'$$

wird.

Daher ist (— 47,5) eine Lösung. Aus ihr ergibt sich die Positivlösung (42,5).

Tatsächlich ist

$$42^2 + 42{,}5 + 5^2 = 1999,$$

und dies ist die einzige Zerlegung, die die Primzahl 1999 gestattet.

Register

Zeichenregister

ι bedeutet die negative Einheit (—1)

Determinanten

Von Prof. Heinrich Dörrie. 216 Seiten. Gr.-8⁰. 1940. Halblein. RM. 11.—

Vektoren

Von Prof. Heinrich Dörrie. 308 Seiten, 69 Abbildungen. Gr.-8⁰. 1941. Halblein. RM. 13.50

Kubische und biquadratische Gleichungen

Von Prof. Heinrich Dörrie. Befindet sich in Vorbereitung

Geist der Mathematik

Abschnitte aus der Philosophie der Arithmetik und Geometrie. Von Max Bense. 173 Seiten, 4 Tafeln. 8⁰. 1939. Lw. RM. 4.80

Mathematik für Ingenieure und Techniker

Ein Lehrbuch von Ing. Richard Doerfling. 4. Auflage. 633 Seiten, 306 Abbildungen. Gr.-8⁰. 1942. Hlw. RM. 9.60

Vorlesungen über technische Mechanik

Von Prof. Dr. phil. Dr.-Ing. Aug. Föppl. Gr.-8⁰

Bd. 1: **Einführung in die Mechanik.** 13. Auflage. 414 Seiten, 104 Abbildungen. 1943. Hlw. RM. 11.80

Bd. 2: **Graphische Statik.** 10. Auflage. 416 Seiten, 209 Abbildungen. 1943. Hlw. RM 11.80

Bd. 3: **Festigkeitslehre.** 13. Auflage. 414 Seiten, 114 Abbildungen. 1943. Hlw. RM. 11.80

Bd. 4: **Dynamik.** 9. Auflage. 451 Seiten, 114 Abbildungen. 1942. Hlw. RM. 11.80

Bd. 5: Vergriffen, erscheint nicht neu. An seine Stelle trat das Werk **„Drang und Zwang"**

Bd. 6: **Die wichtigsten Lehren der höheren Dynamik.** 5. Auflage. Erscheint im Herbst 1943

Aufgaben aus technischer Mechanik

Von Prof. Dr. L. Föppl

Unterstufe: Statik, Festigkeitslehre, Dynamik. 3. Auflage. 194 Seiten, 317 Abbildungen. Gr.-8⁰. 1942. RM. 10.—

Oberstufe: Höhere Festigkeitslehre, Flugmechanik, Ähnlichkeitsmechanik, Dynamik der Wellen. 106 Seiten, 74 Abbildungen. Gr.-8⁰. 1932. Ppbd. RM. 7.—

Drang und Zwang

Eine höhere Festigkeitslehre für Ingenieure. Von Prof. Dr. phil. Dr.-Ing. Aug. Föppl und Prof. Dr. Ludwig Föppl

Bd. 1. 3. Auflage. 358 Seiten, 70 Abbildungen. Gr.-8°. 1941. Hlw. RM. 15.50

Bd. 2. 2. Auflage. 390 Seiten, 79 Abbildungen. Gr.-8°. 1928. Hlw. RM. 15.70

Bd. 3. Erscheint 1943.

Laplace-Transformation

Eine Einführung für Physiker, Elektro-, Maschinen- und Bauingenieure. Von Ernst Hameister. 147 Seiten, 17 Abbildungen. Gr.-8°. Brosch. RM. 9.—

Lehrbuch der Elektrotechnik

Von Prof. Dr.-Ing. Günther Oberdorfer

Bd. 2: **Rechenverfahren und allgemeine Theorien der Elektrotechnik.** 2. Auflage. 381 Seiten, 128 Abbildungen. Gr.-8°. 1941. Lw. RM. 18.50

Technische Mechanik

Von Emil Schnack VDI.

1. Teil: Bewegungslehre. 3. Aufl. 118 S., 130 Abb., 61 Beispiele, Kl.-8°. 1943. Kart. RM. 1.80

2. Teil: Gleichgewichtslehre. 3. Aufl. 124 S., 252 Abb., 56 Beispiele, Kl.-8°. 1943. Kart. RM. 1.80

Über den Umgang mit Zahlen

Eine Einführung in die Statistik. Von Dr. Arnold Schwarz. 219 Seiten. 8°. Brosch. RM. 3.50

Philosophie der Mathematik und Naturwissenschaft

Von Prof. Dr. Hermann Weyl. 162 Seiten. Lex.-8°. 1927. Brosch. RM. 6.80

R. OLDENBOURG / MÜNCHEN 1 UND BERLIN

www.ingramcontent.com/pod-product-compliance
Lightning Source LLC
Chambersburg PA
CBHW081523190326
41458CB00015B/5440

* 9 7 8 3 4 8 6 7 7 3 6 0 6 *